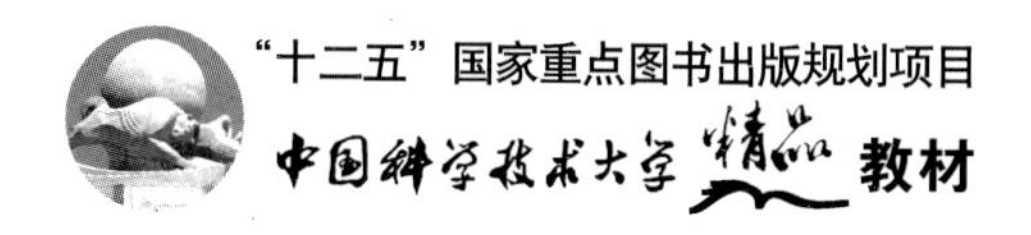

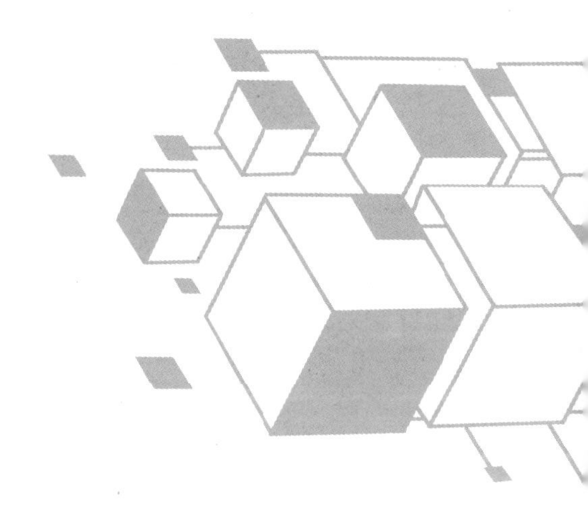

吴龙标　袁宏永　疏学明／编著

Fire Detection and Control Engineering

火灾探测与控制工程

第2版

中国科学技术大学出版社

内容简介

火灾威胁着人类的生命财产安全，为此人类发展了种种技术与方法试图消灭火灾，包括两个方面：如何及早发现火灾以及如何尽快扑灭火灾，也就是研究火灾的发生与发展并采取相应的措施以减少火灾产生的危害。本书从火灾科学的基础研究成果出发，讨论了预防火灾的途径，探测火灾的技术，扑灭火灾的方法，内容全面，切合实际。本书适合相关专业高年级本科生及研究生作为教材使用，对相关从业人员及爱好者也有一定的参考价值。

图书在版编目(CIP)数据

火灾探测与控制工程/吴龙标，袁宏永，疏学明编著．—2版．—合肥：中国科学技术大学出版社，2013.9
（中国科学技术大学精品教材）
"十二五"国家重点图书出版规划项目
ISBN 978-7-312-03308-7

Ⅰ．火… Ⅱ．①吴…②袁…③疏… Ⅲ．火灾监测—自动报警系统—高等学校—教材 Ⅳ．TU998.1

中国版本图书馆CIP数据核字(2013)第181210号

中国科学技术大学出版社出版发行
安徽省合肥市金寨路96号，230026
http://press.ustc.edu.cn
中国科学技术大学印刷厂印刷
全国新华书店经销

开本：710 mm×960 mm 1/16 印张：31.5 插页：2 字数：600千
1999年8月第1版 2013年9月第2版 2013年9月第2次印刷
定价：56.00元

总　　序

2008年，为庆祝中国科学技术大学建校五十周年，反映建校以来的办学理念和特色，集中展示教材建设的成果，学校决定组织编写出版代表中国科学技术大学教学水平的精品教材系列.在各方的共同努力下，共组织选题281种，经过多轮、严格的评审，最后确定50种入选精品教材系列。

五十周年校庆精品教材系列于2008年9月纪念建校五十周年之际陆续出版，共出书50种，在学生、教师、校友以及高校同行中引起了很好的反响，并整体进入国家新闻出版总署的“十一五”国家重点图书出版规划。为继续鼓励教师积极开展教学研究与教学建设，结合自己的教学与科研积累编写高水平的教材，学校决定，将精品教材出版作为常规工作，以《中国科学技术大学精品教材》系列的形式长期出版，并设立专项基金给予支持。国家新闻出版总署也将该精品教材系列继续列入“十二五”国家重点图书出版规划。

1958年学校成立之时，教员大部分来自中国科学院的各个研究所。作为各个研究所的科研人员，他们到学校后保持了教学的同时又作研究的传统。同时，根据“全院办校，所系结合”的原则，科学院各个研究所在科研第一线工作的杰出科学家也参与学校的教学，为本科生授课，将最新的科研成果融入到教学中。虽然现在外界环境和内在条件都发生了很大变化，但学校以教学为主、教学与科研相结合的方针没有变。正因为坚持了科学与技术相结合、理论与实践相结合、教学与科研相结合的方针，并形成了优良的传统，才培养出了一批又一批高质量的人才。

学校非常重视基础课和专业基础课教学的传统，也是她特别成功的原因之一。当今社会，科技发展突飞猛进、科技成果日新月异，没有扎实的基础知识，很难在科学技术研究中作出重大贡献。建校之初，华罗庚、吴有训、严济慈等老一辈科学家、教育家就身体力行，亲自为本科生讲授基础课。他们以渊博的学识、精湛的讲课艺术、高尚的师德，带出一批又一批杰出的年轻教员，培养了一届又一届优秀学生。入选精品教材系列的绝大部分是基础课或专业基础课的教材，其作者大多直接或间接受到过这些老一辈科学家、教育家的教诲和影响，因此在教材中也贯穿着这些先辈的教育教学理念与科学探索精神。

改革开放之初，学校最先选派青年骨干教师赴西方国家交流、学习，他们在带回先进科学技术的同时，也把西方先进的教育理念、教学方法、教学内容等带回到中国科学技术大学，并以极大的热情进行教学实践，使“科学与技术相结合、理论与实践相结合、教学与科研相结合”的方针得到进一步深化，取得了非常好的效果，培养的学生得到全社会的认可。这些教学改革影响深远，直到今天仍然受到学生的欢迎，并辐射到其他高校。在入选的精品教材中，这种理念与尝试也都有充分的体现。

中国科学技术大学自建校以来就形成的又一传统是根据学生的特点，用创新的精神编写教材。进入我校学习的都是基础扎实、学业优秀、求知欲强、勇于探索和追求的学生，针对他们的具体情况编写教材，才能更加有利于培养他们的创新精神。教师们坚持教学与科研的结合，根据自己的科研体会，借鉴目前国外相关专业有关课程的经验，注意理论与实际应用的结合，基础知识与最新发展的结合，课堂教学与课外实践的结合，精心组织材料、认真编写教材，使学生在掌握扎实的理论基础的同时，了解最新的研究方法，掌握实际应用的技术。

入选的这些精品教材，既是教学一线教师长期教学积累的成果，也是学校教学传统的体现，反映了中国科学技术大学的教学理念、教学特色和教学改革成果。希望该精品教材系列的出版，能对我们继续探索科教紧密结合培养拔尖创新人才，进一步提高教育教学质量有所帮助，为高等教育事业作出我们的贡献。

侯建国

中国科学技术大学校长
中国科学院院士
第三世界科学院院士

第2版前言

随着我国国民经济的高速发展，人民生活水平的迅速提高，社会财富的极大丰富，国家、社会对生命财产的安全越来越重视，防灾减灾技术和产品得到了快速发展，不少高校设置了安全科学与技术的相关专业，从事防灾减灾的人数大大增加。出版于20世纪90年代末的《火灾探测与控制工程》一书的部分内容与当前技术发展和产品进步已经不相适应，本书第1版使用过程中发现的问题和不足之处也需要修改，在中国科学技术大学教务处、研究生院和出版社的支持和帮助下，作者对《火灾探测与控制工程》展开了全面修订。这次修订依据最新技术发展与教学的需要，本着保留框架、删旧添新、充实内容的原则，对原书进行了重新编写。

保留框架：全书保留6章的结构。本书主要介绍如何自动探测火灾和探测到火灾后如何自动扑灭火灾，即讨论火灾防治问题。第1章介绍了火灾发生、发展、危害及火灾防治的基本情况。在火灾自动探测方面，围绕火灾参量展开，采用各种各样物理或化学的方法探测这些物理量，这些物理量有着不同的物理化学特性，所采用的探测方法应能有效地感知这些量，从而培养学生从本质上学习火灾探测的科技问题，而不是就探测器本身就事论事。离子感烟探测器虽然目前应用越来越少，但发明和改进这种探测器的思路还是值得认真学习的，从中可以培养学生创新的思维方法，所以保留了这一节。在灭火技术方面，从灭火机理入手讨论火灾扑救问题，任何一种灭火手段都是遵循灭火机理中的某一条或几条规律的，讨论高效灭火技术及方法的本质是更好地符合这些规律。在编写第1版时，认识到火灾信息处理对提高火灾探测可靠性的重要性，安排了第2章一章的篇幅讨论这个问题。防排烟系统对于人员疏散和自动灭火的成功率至关重要，作为第5章标题的一部分，现在看来仍然是正确的。而第4章是连接火灾探测与自动灭火的纽带，第6章告诉读者在本领域中目前的技术动向，相当于给读者出了一些问题。基于上述考虑，所以再版框架保持不变。

删旧添新、充实内容：除了对第1版中的错误和疏漏进行订正外，就下列内容做了变更。

(1) 第1章增加了本书内容的简介，各章结束增加了复习思考题。

(2) 第2章充实了人工神经网络的内容。

(3) 石油、化工、地铁、隧道、电力等行业的需求促进了线型感温火灾探测器、气体火灾探测器的发展，第3章中增加了不少这方面的新技术、新产品，同时精简了第1版中气体火灾探测器的部分内容。吸气式火灾探测器经过20多年的发展，技术日趋成熟，反映这些技术成果的吸气式火灾探测器从第6章调整到第3章。

(4) 这些年来，灭火技术得到了快速发展，各种灭火系统相继问世，第4章中对这些系统的控制过程做了介绍。此外，火灾扑救实践表明，良好的应急照明和疏散指示对于人员疏散和火灾扑救十分重要，所以“火灾应急照明和疏散指示”一节增加了智能疏散指示灯的内容。

(5) 第5章删除了禁止使用的哈龙灭火系统。

(6) 第6章引入多传感火灾探测技术、消防物联网技术、超高层人员定位技术等新技术。

“火灾探测与控制工程”是一门应用性十分强的课程，火灾探测和灭火设备的技术发展快、产品更新快且种类繁多，构成的系统（产品）各式各样、各有特色、兼容性差，不可能在本书中一一介绍，只能介绍一些典型的、有代表性的系统、设备和器件，以此启发读者举一反三、触类旁通，从而掌握火灾探测和扑救的基本原理和方法，体会和实践创新思维的内涵及真谛，希望达到授之以渔的目的。

本书第1、3、4章由中国科学技术大学吴龙标教授编写，第2、5、6章由清华大学袁宏永教授、疏学明副教授编写。方俊副教授、王安平和胡鹄工程师为本书做了许多工作，在此向他们表示感谢！书中参考和引用了一些单位的数据和图表，在此向这些单位表示深深的谢意！此外还要感谢中国科学技术大学出版社为本书的出版所做的大量工作，使得本书如期出版！

火灾探测和扑救技术日新月异，技术层面宽广，加上知识产权、技术保密等原因，书中讨论的问题只反映一定时期的技术水平。由于作者水平有限，书中难免存在不妥甚至错误之处，恳请读者批评指正。

作　者

2013年3月15日

前　言

火的应用促进了人类的进化，推动了社会的发展，加快了科学技术的进步，使人类创造出如此辉煌灿烂的文明。而火失去控制造成的火灾不仅夺去了人类的生命和财产，还破坏了人类赖以生存的生态环境和自然资源，严重地威胁人类的生存安全。因此，防止火灾发生，减少火灾损失就成为人类研究的永恒课题。

千百年来，人类在研究用火的同时，又研究如何防止火灾的发生和发展，到了20世纪70年代末，形成了一门新兴的交叉学科——火灾科学。火灾科学探索火灾孕育、发生和发展的动力学演化机理和规律，研究火灾防治的共性技术基础，主要包括：起火、火灾蔓延和烟气传播；火灾与环境或系统的相互作用；发展火灾过程的三维、多相、非定常、非线性、湍流、传热传质和燃烧相互耦合的数学物理模型、计算机软件模拟和实验模拟；火灾防治的新思想、理论、方法和系统，推动防灭火技术的进步。火灾科学的诞生意味着人类研究火灾进入了一个全面、系统、科学的新时代。

《火灾探测与控制工程》一书是基于火灾科学的基础研究成果，讨论预防火灾的途径，探测火灾的技术，扑灭火灾的方法，是火灾科学的一个重要组成部分。书中第1章讨论了火灾产生的机理、防火对策和国内外火灾自动报警系统的状况。第2章讨论了火灾探测信号特征、数学模型及处理方法。第3章讨论了各种火灾探测器的工作原理及其工程应用。第4章讨论了火灾自动报警和联动控制设备及构成的系统。第5章讨论了各种灭火系统与防排烟系统。第6章讨论了当前两种火灾探测新技术。这些内容基本上涵盖了当前自动消防系统的主要方面，也反映了我们多年来从事本领域研究和应用的部分成果。

在本书的编写过程中，国际火灾协会常务理事、亚澳火灾协会主席、中国科学技术大学副校长、火灾科学国家重点实验室主任范维澄教授十分关心本书的编写和出版，特在百忙之中审阅和修改了本书的部分章节；王清安教授、林其钊副教授对全部书稿进行了认真的审阅，提出了不少宝贵意见，在此向他们表示衷心的感谢！姚伟祥、苏国锋、张本矿、陈涛、武晓燕等同志参与了本书的图表制作和文字输入工作，付出了大量的劳动，在此深表谢意！

本书前言和第1、3、4章由吴龙标撰写，第2、5、6章由袁宏永撰写。书中讹漏之处，敬请各位专家和读者批评指正。

作　者

1999年3月于中国科学技术大学

目　录

第1章 绪　　论

1.1 火灾及其危害

火是诞生万物的本源，没有火就没有宇宙、地球和人类。人类经历了从怕火、躲火到用火、护火、生火的过程，火的应用对人类的文明和社会的进步起到了巨大的推动作用，人类取得了今天如此巨大的成就与火的应用是分不开的。人类在用火过程中或者其他因素导致对火失去控制，使火自由地向周围蔓延，吞食人类的生命和财富，破坏人类的生态环境，这种在时间和空间上失去人为控制，给人类造成灾害的燃烧现象，称为火灾(Fire)。

人类在向自然索取时、在与自然抗争中，遇到了各种各样的灾害，如水灾、旱灾、地震、风灾、火灾等，在众多灾害中，火灾造成的直接损失约为地震的5倍，仅次于干旱和洪涝，而火灾发生的频率位居各灾种之首[1]。根据联合国世界火灾统计中心的统计，火灾造成的损失，美国不到7年翻一番，日本平均16年翻一番，中国平均12年翻一番。统计资料表明，2000年前后，大多数国家的年度火灾直接损失占国民经济总值的0.15%以上，再考虑到火灾间接经济损失、灭火费用、社会影响和长远的经济损失，估计整个火灾损失将占国民经济总值的0.75%。因此，千百年来，人类和火灾进行了长期的斗争，积累了许多防火、灭火的经验教训，创造了各种各样防火、灭火的方法和装备。到20世纪70年代后期，开始出现一门新兴的多学科交叉的学科——火灾科学，其中心内容是用现代高科技手段研究火灾发生、发展和防治的机理和规律，为火灾防治提供新的思想、理论和方法。火灾科学的出现，使得火灾研究进入了科学化、系统化的轨道，并促进了防火、灭火技术的进步。

虽然科学技术的进步使人类的防火、灭火手段发生了很大的变化，取得了可喜的成绩，然而随着社会的重大变革，经济的飞速发展，城市化进程的加快和人口的增长，火灾发生的次数和造成的损失还是在呈上升趋势。如“八五”期间我国共发生火灾20万起、死亡11643人、伤21245人、直接财产损失46.7亿元。而1997年,我国一年就发生火灾14万起、死亡2722人、伤4930人、直接财产损失14.5亿元,其中一次火灾死亡10人以上或过火面积50户以上或直接财产损失100万元以上重特大火灾有88起。我国的城市化率2010年为49.7%,2015年将达到60%。城市人口的快速增长,促进了交通、市政等基础设施的建设,住宅的商品化,土地的有偿使用,促进了城市由平面扩张为主转向立体空间发展,一栋栋高楼大厦拔地而起。我国规定高度超过24米的建筑物为高层建筑,高度超过100米的建筑物为超高层建筑。2010年,我国有高层建筑27.5万栋,其中超高层建筑2377栋[2]。由于高层建筑具有火灾蔓延速度快、火灾隐患多、消防扑救难和人员疏散慢等特点,高层建筑一旦发生火灾,后果十分严重[3]。如2010年上海"11·15"火灾造成58人死亡,71人受伤,直接经济损失1.58亿元,给人们留下了深深的伤痛。工业的快速发展,特别是石油化工和核能的和平利用,在给人类带来巨大财富、提升生活品质的同时,也给企业乃至社会带来了重大的安全隐患。如2010年7月16日,中石油大连油港的一条输油管道发生了爆炸事故,导致1500吨原油泄漏入海,造成430余平方公里海面污染。大连油港在17个月内发生了5次大火,引起市民强烈不满和忧虑。火灾不仅吞食了人类的生命和财富,破坏人类赖以生存的环境和社会的稳定,而且火灾还是一种常见、多发、人为因素为主的灾害,因此防止火灾发生、减少火灾损失就成为人们普遍关心和深入研究的永恒课题了。

1.2 火灾的产生及其分类

1.2.1 火灾产生的条件

火灾是一种在时间和空间上失去人为控制的燃烧现象,是可燃物与氧化剂发生相互作用的一种氧化还原反应,所以产生火灾的必要条件有可燃物、氧化剂和着火源以及它们之间的相互作用。通常将可燃物、氧化剂和着火源称为燃烧三要素,但只有三要素没有相互作用则不会产生火灾。

1. 可燃物

凡是能与氧气或其他氧化剂相互作用产生燃烧的物质都称为可燃物,反之称为不燃物。但是有一些高分子聚合物,如聚氯乙烯、酚醛塑料等,在强烈火焰中能够燃烧，离开火焰后又不能继续燃烧，此类物质称为难燃物。可燃物可以是单质，如碳(C)、硫(S)、氢(H)、铁(Fe)等，也可以是化合物或混合物，如乙醇、甲烷、木材、棉花、纸、汽油等。可燃物按其组成可分为有机可燃物和无机可燃物。从数量上讲，绝大部分是有机可燃物，大部分有机可燃物含有碳(C)、氢(H)、氧(O)元素。碳是有机可燃物的主要成分，其发热量为 $3.35\times10^7\ J\cdot kg^{-1}$，而氢是有机可燃物中含量仅次于碳的成分，其发热量为 $1.42\times10^8\ J\cdot kg^{-1}$。可燃物按其存在形态可分为固体可燃物、液体可燃物和气体可燃物。不同形态的同一种物质燃烧性能是不同的，一般来说气态最容易燃烧，其次是液态，最后是固态。

2. 氧化剂

凡是能和可燃物发生反应并导致可燃物燃烧的物质称为氧化剂。空气中的氧气(体积百分数约为21%)就是一种常见的氧化剂，所以一般可燃物在空气中均能燃烧。例如1 kg木材完全燃烧需4—5 m^3 空气，1 kg石油完全燃烧需10—12 m^3 空气，空气供应不足就会产生不完全燃烧，隔绝空气会使燃烧停止。其他常见的氧化剂有卤族元素，如氟、氯、溴、碘。此外还有一些化合物，如硝酸盐、氯酸盐、重铬酸盐、高锰酸钾及过氧化物等，它们的分子中含氧较多，当受到光、热或摩擦、撞击等作用时，都能发生分解放出氧气，使可燃物氧化燃烧，因此也属于氧化剂。

3. 着火源

着火源可以是明火强制着火，也可以是可燃物本身自燃或受热自燃。强制着火就是常温下，可燃物与火源直接接触产生的燃烧，并且在火源移去后仍能保持继续燃烧的现象。这个火源就称为着火源，可燃物发生着火的最低温度称为着火点或燃点。所有固态、液态和气态可燃物都有着火点。不同可燃物的着火点是不同的，见表1.1。

表1.1 空气中某些可燃物的着火点

可燃物质	着火点(℃)	可燃物质	着火点(℃)	可燃物质	着火点(℃)	可燃物质	着火点(℃)
甲烷	537	异辛烷	415	甲醇	385	甲醛	463
乙烷	472	氨	651	乙醇	363	聚乙烯	424
丙烷	432	乙烯	450	1-丙醇	412	聚苯乙烯	495
丁烷	287	丙烯	455	1-甲醇	343	乙炔	305
戊烷	260	聚氯乙烯	530以上	氢气	500	汽油	390以上
己烷	223	栎木	445	一氧化碳	609	苯	498
庚烷	204	红松	430	氧化乙烯	429	天然气	530
辛烷	260	桦木	426	醋酸	463	焦炉煤气	500

可燃物质在没有外部火花、火焰等火源的作用下，因受热或自身发热并蓄热所产生的自然燃烧称为自燃(Spontaneous ignition)。引起可燃物发生自燃的最低温度称为自燃点。自燃分两种情况：某些物质没有外来热源加热，靠物质内部发生的物理(辐射、吸附等)、化学(分解、化合等)及生物化学(细菌腐败、发酵等)过程产生热量，在这个过程中，也会消耗和散失热量，当热量有积累时，温度升高，使上述过程加快，产生更多热量，如此循环，一旦温度达到自燃点，就会引起燃烧，这种物质自身引起的燃烧称为本身自燃。另一种情况是可燃物在空气中被加热时(如热辐射、摩擦、撞击、放热化学反应、气体快速压缩等)，先开始缓慢氧化并放出热量，提高可燃物的温度，使氧化反应加快，放出更多的热量，当热量积累到自燃点时就产生燃烧，这种燃烧称为受热自燃。可燃物在发热过程中，同时有散热存在，当散热大于或等于发热时，可燃物的热量没有积累，温度不会上升，自燃就不会发生，所以常用控制热源和增加散热等方法来防止火灾的发生。由于固体可燃物的热量相对气体和液体可燃物容易积累，所以固体可燃物比气体可燃物和液体可燃物容易产生自燃。

有了可燃物、氧化剂和着火源的相互作用是否一定产生火灾？不一定。如一根火柴着火了，并不会产生火灾，因为可燃物很少。一根火柴能使一张纸燃烧起来，但不能使煤炭燃烧起来，因为点火能量不够。一个燃烧的火炉如果将炉子封闭起来，火就会熄灭，因为氧气供应不足。所以火灾的发生、发展，除了要具备上面的基本条件外，还有一个量的要求，如在空气中燃烧，空气中氧气浓度不低于16%；可燃物的数量不够，可能“起火不成灾”或造成的损失较小，而火灾规模的大小与可燃物的数量有直接关系；着火源的温度达到该可燃物着火点且着火能量要足够等，这些称之为火灾产生的充分条件。

所以只要破坏燃烧的充要条件，就能达到防火、灭火的目的。

1.2.2 火灾的发生和发展

根据可燃物形态的不同，火灾产生的过程和特点是不同的，见图1.1。

1. 气体火灾

由气体可燃物产生的燃烧引起的火灾称为气体火灾。可燃气体燃烧有一定的浓度要求，浓度低于某一值或高于某一值都烧不起来。不同的可燃气体可燃浓度是不同的，如氢气的可燃浓度下限为4.0%，上限为75%；甲烷的可燃浓度下限为5%，上限为15%。可燃气体预先与空气混合到可燃浓度范围内时，着火源仅仅提供可燃气体氧化或分解以及加热到着火点所需要的能量就能够燃烧，需要的能量比较少，容易燃烧且燃烧速度快，温度上升很快，并有火焰产生，这种燃烧称为预混燃烧。对于低于可燃浓度下限的可燃气体不用担心它发生火灾，根据这个原理，常常通过降低可燃气体浓度的方法进行防火或灭火。对于高于可燃浓度上限的可燃气体，当它从储罐或管道内喷泄出来被点燃时，燃烧在可燃气体与空气的交界面进行，随着温度的升高，导致储罐或管道爆炸，形成火灾。所以高于气体可燃浓度上限的气体浓度是一种不稳定浓度，当以这种浓度与空气混合时，就可能进入可燃浓度范围内而产生燃烧，引起火灾，这种可燃物气体与空气边燃烧边混合的燃烧称为扩散燃烧。

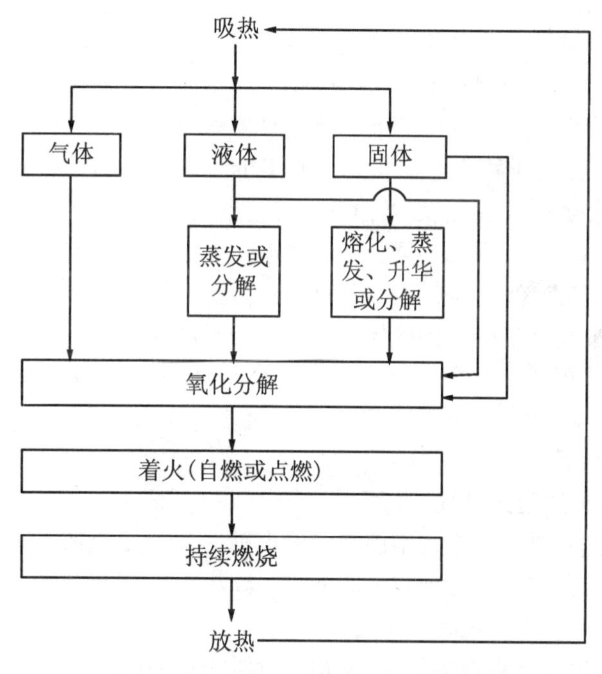

图 1.1 不同状态物质燃烧过程示意图

2. 液体火灾

液体或可熔化的固体物质产生的火灾称为液体火灾。液体可燃物受热时，可燃液体被蒸发或热分解产生可燃气体，可燃气体与空气形成可燃预混气体，遇到明火或高温使可燃液体在液体表面产生气相燃烧，随着温度的升高，蒸发加快，使火灾维持并发展，所以可燃液体燃烧有蒸发(或分解)和气相燃烧两个阶段。由液体蒸发引起的燃烧称蒸发燃烧，由液体热分解产生的燃烧称分解燃烧，只有少数液体能在高温状态下发生直接燃烧。各种液体的表面都有一定的蒸气存在，不同液体在同一温度下蒸发浓度不同，同一种液体随着温度升高，蒸发浓度增大。在液体表面上能产生足够的可燃蒸气，遇火能产生一闪即灭的燃烧现象，称为闪燃(Flash)。在规定的试验条件下，液体表面上产生闪燃的最低温度称为闪点(Flash-point)，如甲苯的闪点为5.5℃，二硫化碳的闪点为－45℃。不同可燃液体的闪点是不同的，不同闪点的可燃液体，火灾危险性也不同，一般把闪点低于45℃的液体称为易燃液体，将闪点高于45℃的液体称为可燃液体。闪点与着火点对于易燃液体大约相差1.5℃，但对于可燃液体，着火点比闪点高多了。在闪点温度，火源移去，闪燃即灭；在着火点，火源移去，液体燃烧继续维持。

3. 固体火灾

固体可燃物产生的燃烧引起的火灾称为固体火灾。多数固体可燃物呈气相燃烧，有些可燃物同时产生气相燃烧和固相燃烧。不同化学组成的固体燃烧过程有所不同，如硫、磷、石蜡、TNT炸药等受热时先熔化成液体，然后蒸发、燃烧；而沥青、木材等受热后先分解成气态和液态可燃物，由气态可燃物和液态可燃物的蒸气再着火形成气相燃烧。在蒸发、分解过程中会留下一些不分解、不挥发的固体碳，固体碳遇到高温在气—固相界面上进行燃烧，构成固相燃烧。固相燃烧没有火焰产生，只产生光和热。液体燃烧和固体燃烧都是在液体或固体的表面燃烧，所以又称表面燃烧或非均相燃烧。而气体燃烧就是均相燃烧。

无论哪一种可燃物燃烧都会产生大量的热量，这些热量又去加热没有燃烧的可燃物，使得燃烧扩大，火灾蔓延，直到三要素之一丧失支持继续燃烧的能力为止，火灾也就自动熄灭。

4. 室内火灾的起火过程

室内火灾的发展过程常用室内平均温度随时间的变化曲线来表示。如图1.2所示，图中 A 为固体火灾的温度—时间曲线，B 为液体火灾的温度—时间曲线。现以曲线 A 为例说明火灾的发展过程。

初起阶段：以受热自燃为例，说明初起阶段火灾的产生过程。固体可燃物开始加热时，由于许多热量消耗于熔化、蒸发或分解过程中，固体可燃物缓慢氧化放出的热量很快散失，其温度只略高于周围的介质。若继续加热，氧化反应速度加快，放出的热量增加，温度不断上升。当温度上升到自燃点时，氧化反应产生的热量等于消耗和散失的热量。此后温度再稍微升高，超过平衡状态，这时即使停止加热，温度也能快速上升，然后出现火焰。室内发生火灾后，最初只是起火部位及其周围可燃物着火燃烧，火灾好像在敞开空间中燃烧，在燃烧区域及其附近存在高温，其他区域温度较低，室内的平均温度不高，火灾的发展速度不快，火势也不稳定，所以初起阶段是实施灭火和进行人员疏散的有利时期。为此需要设置火灾自动报警系统和自动灭火系统，实现火灾早期报警和早期灭火，降低火灾造成的损失。初起阶段的时间长短与着火源、可燃物的性质和分布、通风条件等有关。物质无可见光的缓慢燃烧,通常产生烟和温度升高的迹象称为阴燃(Smouldering)。对于强制着火,阴燃时间很短,所以初起阶段也短。而本身自燃,阴燃时间一般比受热自燃的长,初起时间就更长。

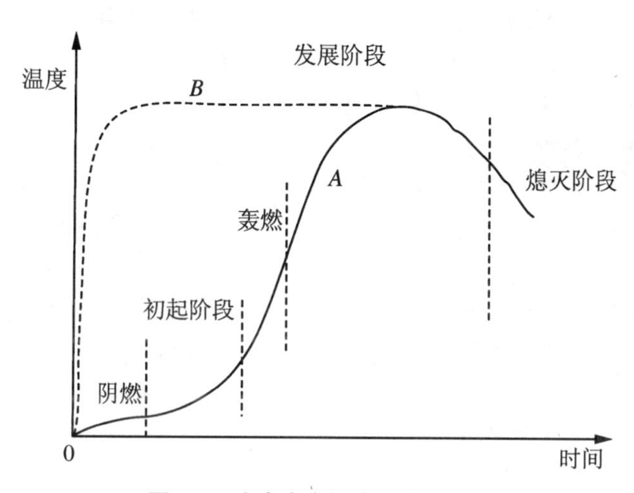

图 1.2 室内火灾温度—时间曲线

全面发展阶段(轰燃):在火灾初起阶段的后期,火灾范围迅速扩大,通风条件又良好,聚集在房间内的可燃气体突然起火,整个房间都充满了火焰,所有可燃物表面都卷入燃烧之中,燃烧很猛烈,温度上升很快,这种状态称为轰燃。轰燃的出现标志着全面发展阶段的开始,其特点是室内进入全面、猛烈燃烧,最高温度可达1100 ℃,建筑物的结构受到严重破坏,甚至倒塌,火焰、高温烟气从房间的开口喷出,向周围房间或建筑物的其他部位蔓延,此时室内还有人员就很难生还。全面发展阶段时间的长短取决于室内可燃物的性质和数量以及通风等条件。

熄灭阶段:随着可燃物挥发物质的不断减少和可燃物的减少,火灾燃烧速度递减,温度下降。当室内平均温度降到最高温度值的 80%时,认为火灾进入熄灭阶段。随着可燃物的烧光,温度下降,明火无法维持,火焰消失,火灾结束。这时可燃固体的灼热焦炭还在继续燃烧,维持着室内的局部高温。

1.2.3 火灾特征及火灾参量

火灾是一种不可控的燃烧现象,燃烧是可燃物与氧化剂作用发生的放热反应,通常伴有火焰、发光和(或)发烟的现象,所以放热、发光和生成新物质是火灾的三个主要特征。此外火灾还产生电磁波、亚声波等。将表征火灾特征的这些参量称为火灾参量(Fire parameter),通过测量火灾参量有无,就可以知道火灾的存在与否。

1. 热量

火灾的热量是可燃物中的化学能经氧化反应转换过来的,火灾放热是火灾的重要特征。各种可燃物放热的能力各不相同,表征各种可燃物放热能力的方法有摩尔燃烧热(单位为 $kJ \cdot mol^{-1}$)、质量热值(单位为 $kJ \cdot kg^{-1}$)、体积热值(单位为 $kJ \cdot m^{-3}$)等。由于摩尔质量很难精确测定,所以用得较少。质量热值是指单位质量可燃物完全燃烧时所放出的热量,可燃物可以是气体、液体和固体;体积热值是指单位体积可燃气完全燃烧时放出的热量。热值根据可燃物中的水和氢燃烧生成的水是液态还是气态,又有高热值和低热值之分,液态水为高热值,气体水为低热值。如甲烷的高热值为 55720 $kJ \cdot kg^{-1}$ 和 39861 $kJ \cdot m^{-3}$,低热值为 50082 $kJ \cdot kg^{-1}$ 和 35823 $kJ \cdot m^{-3}$;木材的燃烧热值只有质量热值,为 16740 $kJ \cdot kg^{-1}$。热值越高,单位质量可燃物放热越多,火灾发展越快。

热量以导热、对流和辐射三种方式向周围传递,使周围没有燃烧的可燃物温度升高,引起燃烧,导致火灾向周围蔓延、扩散,所以燃烧热量既是燃烧产物,又是继续燃烧的条件。三种传热方式在整个火灾过程中同时起作用,但不同的火灾环境、火灾燃烧的不同阶段,各种传热方式的重要性不一样。

2. 火焰

发光的气相燃烧区域称为火焰(Flame)。有火焰的燃烧称为有焰燃烧,如可燃气体燃烧、可燃液体蒸气燃烧、可燃固体挥发燃烧都是有焰燃烧。无火焰的燃烧称为无焰燃烧,如火灾初期的阴燃,固体碳、焦炭和某些金属的燃烧是无焰燃烧。阴燃可以在较低的加热温度和较低的氧气浓度下进行,氧化反应速度和火灾传播速度慢,产生的烟量、可燃气体和有毒气体量较多,当散热条件较差时,热量积累可以从无焰燃烧转换成有焰燃烧。

火焰是一种状态或现象,是可燃物和氧化剂发生化学反应时释放出光和热的现象。光是人类眼睛可以看见的一种电磁波,也称可见光谱。在正常状态下,原子总是处在能量最低的基态,当原子被火焰、电弧、电火花所激发时,核外电子就会吸收能量而被激发跃迁到较高的能级上,处于激发态的电子不稳定,当它跃回到能量较低的能级时就会放出具有一定能量、一定波长的光子。各元素的原子或离子的结构不同,所放出的光的波长就会不一样,呈现的颜色也就各不相同了,如乙烯燃烧时发蓝光,而乙炔燃烧时发白光。氧气供给量不一样,火焰的颜色也不同,如燃气灶燃烧时,如果开始是白光,调节阀门小一些就会出现蓝光。

3. 烟

烟(Smoke)是指人的肉眼可见的悬浮在大气中的燃烧生成物,其粒径为0.01—10 μm。燃烧生成物包括燃烧或热解产生的固体或液体微粒,有不可燃气体(CO_2、SO_2、H_2O等)、可燃气体、较大的分子团、未燃烧的物质颗粒(如CO、气态及液态碳氢化合物、炭粒)以及醇类、醛类、酮类、酸类、脂类和其他化学物质与灰烬。这些悬浮在大气中的固态粒子或液态小滴物质统称为气溶胶(Aerosol)。

烟气是燃烧气体及被这些气体所夹带的颗粒和卷吸混入的大量空气的总称,所以烟气是烟和空气的混合物。

"烟雾"(Smog)一词是由英国人沃伊克思(H. A. Voeux)于1905年所创用的,原意是指空气中的烟煤(Smoke)与自然雾(Fog)相结合的混合体。目前此词含义已超出原意范围,用来泛指由工业排放的固体粉尘为凝结核所生成的雾状物,或由碳氢化合物和氮氧化物经光化学反应生成的二次污染物,是多种污染物的混合体形成的烟雾。雾是指使能见度减小到1 km以内的水滴在大气中的悬浮体系。由上可见,烟雾有人为产生的,也有自然产生的,它具有"烟"和"雾"的二重性。

由上可见,烟、烟气、烟雾都含有燃烧生成物——烟粒子,不同的是烟气中卷入了空气,烟雾中包含了自然雾,在概念上有区别。火灾过程中会产生大量的热量,甚至高温,燃烧气体和热空气夹带着燃烧生成物的颗粒上升,周围的冷空气过来补充,同时带来氧气,使燃烧维持并蔓延,所以火灾产生的烟通常都以烟气的方式存在,所以本书将火灾产生的烟称为烟气。

1.2.4 火灾分类

为了研究和讨论问题方便,有必要对火灾进行分类。从不同的角度出发,有不同的分类方法。

《火灾分类》(GB/T 4968 — 2008)标准规定:根据可燃物的类型和燃烧特性,将火灾分成6类。A类火灾:固体物质火灾。这种物质通常具有有机物性质,一般在燃烧时能产生灼热的余烬。如木材、棉、毛、麻、纸张火灾等。B类火灾:液体或可熔化的固体物质火灾。如汽油、煤油、柴油、原油、甲醇、乙醇、沥青、石蜡火灾等。C类火灾:气体火灾。如煤气、天然气、甲烷、乙烷、丙烷、氢气火灾等。D类火灾:金属火灾。E类火灾:带电火灾——物体带电燃烧的火灾。F类火灾:烹饪器具内的烹饪物(如动植物油脂)火灾。这种火灾分类对选用灭火方式,特别是对选用灭火器具有指导作用。

这里要特别说一下金属火灾。可燃金属有锂、钠、钾、钙、锶、镁、铝、钛、锆、锌、铪、钚、钍和铀,当它们处于薄片状、颗粒状或熔融状时很容易着火;燃烧时产生的热量为普通燃料的5—20倍，火焰温度能达到3000℃以上；在高温下金属的性质特别活泼，能与H_2O、CO_2、N_2、卤素以及卤化合物发生化学反应，使常用灭火剂失去作用，所以要特别注意。

从产生火灾的原因分，有人为火灾和自然火灾。人为火灾是由于人们违反安装或使用规定、违反操作规则、电气设备陈旧、吸烟、用火不慎、玩火、放火等引起的火灾，如电气火灾、建筑火灾、工业火灾、油品火灾等；自然火灾是自然发生的火灾，如地震火灾、雷电火灾及其他原因引起的火灾。据统计，建筑火灾有99%是人为火灾，森林火灾也有90%是人为火灾，因此经常对人员进行火灾安全教育和制定防火安全制度对于防止火灾发生具有十分重要的意义[6]。

从火灾造成的损失划分，2010年以前，划分为特大火灾、重大火灾和一般火灾；2010年开始，划分为四个等级，即一般火灾、较大火灾、重大火灾和特别重大火灾，其划分标准如表1.2所示，只要满足表中任何一条，就是该类火灾。标准随着经济的发展会进行调整，如特大火灾的直接财产损失在1990—1996年是50万元，而1982—1989年是30万元，1997—2010年是100万元，2010年以后是1亿元，伤、亡人数也有调整。

表1.2　火灾类型划分标准

火灾类型	直接财产损失	死亡	重伤
特别重大火灾	≥1亿元	≥30人	≥100人
重大火灾	≥5000万元，<1亿元	≥10人，<30人	≥50人，<100人
较大火灾	≥1000万元，<5000万元	≥3人，<10人	≥10人，<50人
一般火灾	<1000万元	<3人	<10人

从火灾发生的场所分，有建筑火灾、工业火灾、森林火灾、车辆火灾、船舶火灾、隧道火灾、飞机火灾等。据统计，"八五"期间全国共发生各类建筑火灾148824起、死亡10222人、伤9787人、直接经济损失达40亿元，分别占火灾总数的74.5%、87.8%、81.2%、85.7%。所以建筑火灾的预防和控制是火灾防治的重点，也是本书讨论的重点。

1.2.5　建筑火灾的防火对策

火灾给人类带来极大的危害，因此人们对火灾要采取相应的对策，防止火灾的发生，控制火灾的发展和扑灭火灾的存在。在与火灾做斗争的过程中，总结出两种防火策略，即主动防火对策和被动防火对策。主动防火对策是采用预防起火、早期发现、初期灭火等措施，尽可能做到不失火或失火不成灾。这种防火对策可以有效地降低火灾发生的概率，减少火灾发生的起数，但可能会遭受重、特大火灾的危害。被动防火对策是采用以耐火构件划分防火分区，提高建筑结构的耐火性能，设置防排烟系统，设置安全疏散通道等措施，尽量不使火势扩大，保证人员的安全疏散。被动防火对策将火灾控制在一个较小的范围内，能避免火灾造成大的损失，减少了重、特大火灾发生的概率，但不能减少火灾发生的起数。由此可见，只有将主动防火和被动防火相结合，相互补充，才能减少火灾发生的起数和杜绝重、特大火灾的发生。

1. 主动防火对策

预防起火首先要不用可燃物或控制可燃物的数量，控制着火源，防止可燃物与着火源的相互作用就能有效地控制火灾的发生。具体地说：

建筑物尽量采用砖、石、砼及钢材建造；室内装饰宜采用A级(不燃)及B_1级(难燃)材料，少用B_2级(可燃)材料，严格控制使用B_3级(易燃)材料；对可燃建筑构件及可燃固定家具进行阻燃处理；对石油化工企业应防止物料渗漏；厂矿企业应降低可燃气体、蒸气、粉尘在空气中的含量；限制库房内存储物品的种类和数量，等等，通过这些措施来控制可燃物。

空气是氧化剂，它与可燃物密切接触，无法分离；它同样与着火源紧密接触，所以只能通过控制可燃物与着火源的接触来破坏燃烧三要素的相互作用，防止火灾的发生。要特别指出的是：有些可燃物和氧化剂合二为一，如硝酸甘油，这类物质在燃烧时会发生分解反应，使燃烧维持，甚至产生爆炸。对于此类物质，生产应在密闭设备中进行；对有异常危险的要充惰性气体保护；有的物质还要隔绝空气存储，如钠放在煤油中保存，磷放在水中保存，等等。

着火源的能量可以由热能、化学能、电能、机械能转换而来，因此应按国家有关法规设计、安装和使用各种用电设备；采取防雷、防静电措施；严格控制生产、生活使用的各种明火及用火设备；严格管理可以引起自燃的物品及可燃、易燃材料的堆垛。

为了防止可燃物和着火源的相互作用，可以拉开它们之间的距离，距离的大小与着火源的温度和辐射角度有关，还与可燃物的特性有关。此外可以在它们之间设置防火分隔物进行隔离，减少可燃物与着火源的相互作用。

可以采用火灾自动报警系统早期发现火灾，采用自动灭火系统进行初期灭火，火灾自动报警系统和自动灭火系统正是本课程要讨论的内容。

2. 被动防火对策

被动防火是在火灾发生后，将火灾控制在防火分区内，防止火灾向外扩散的措施。据测定，火灾初期由于空气对流造成烟气水平扩散速度为 $0.3\ m \cdot s^{-1}$，燃烧猛烈阶段的水平扩散速度为 $1.5-3\ m \cdot s^{-1}$。对于高层建筑来说，烟气沿竖井的垂直扩散速度为 $3-4\ m \cdot s^{-1}$。另外高层建筑的水平风速大大加快，高空风速可以用(1.1)式来计算：

$$V = V_0\left(\frac{h}{H_0}\right)^n \tag{1.1}$$

式中，H_0——基准高度，当地气象台提供的测点高度，单位为 m；

h——上空某处高度，单位为 m；

V_0——H_0 点的风速，单位为 $m \cdot s^{-1}$；

V——h 点的风速，单位为 $m \cdot s^{-1}$；

n——指数，随地表状态、季节、气象和时间不同而变化，一般在 $0.3-0.5$ 之间。

例如，设 $H_0 = 10\ m$，$V_0 = 5\ m \cdot s^{-1}$，$h = 90\ m$，取 $n = 0.5$，则 $V = 15\ m \cdot s^{-1}$。所以高层建筑上的风速远远高于地面的风速，加快了高层建筑火灾蔓延的速度。由此可见，高层建筑火灾的水平扩散速度和垂直扩散速度都比地面快，火灾蔓延速度快对火灾扑救、人员疏散提出了更高的要求。

建筑设计防火在建筑设计防火规范 GB 50016—2006 中做了详细规定。

总体平面设计应根据建筑物的使用性质、火灾危险性、地形和风向等因素进行合理布局，尽量避免火灾或火灾爆炸在两建筑物之间构成耦合，并为消防车顺利扑救火灾提供条件。

根据建筑物的用途、性质、规模、高度等特征，确定建筑物的耐火等级，以便建筑物在火灾高温持续作用下，柱、梁、墙、楼板、屋盖、吊顶等基本建筑构件能在一定时间内不破坏、不传播火灾，起到延缓和阻止火灾的作用，为人员疏散、物资抢救、火灾扑救和灾后结构修复创造条件。

防火分区和防火分隔是将火灾控制在局部区域中，防止火灾的蔓延和扩大，因此选用的分隔材料，如防火门、防火卷帘和分隔墙等，应保证耐火时间的要求。

防烟分区采用挡烟构件(挡烟梁、挡烟垂壁、隔墙)划分，将烟雾控制在一定范围内，以便排烟系统将烟雾排到室外。除了机械排烟系统外，还有自然排烟以及机械防烟系统，它们共同作用使室内烟雾按规定路径排到室外，保证人员疏散和消防队员扑救火灾的安全。

在建筑设计时，要注意消防疏散通道的设计，以避免火灾发生时，建筑物内的人员被火烧、被烟熏、被房屋倒塌扎伤等伤害。

采暖、通风和空气调节是提高建筑物品质，改善人们生活水准的重要组成部分,建筑设计对这些设施的防火安全措施也非常重要,稍有不慎,可成为着火源或火灾传播通路。电气设计,如电源的负荷及配线、电气和电器设备的可靠性、消防电源的安全性,对于防止电气火灾的发生也是十分重要的。

1.2.6 自动消防系统

自动消防系统(Automatic fire system)是自动防火对策的重要组成部分,它是以被警戒区域(如建筑物、油库、船舶等)为控制对象,通过自动化的手段实现火灾的自动报警和自动灭火,达到降低火灾损失或起火不成灾的目的,其结构方框图见图1.3。

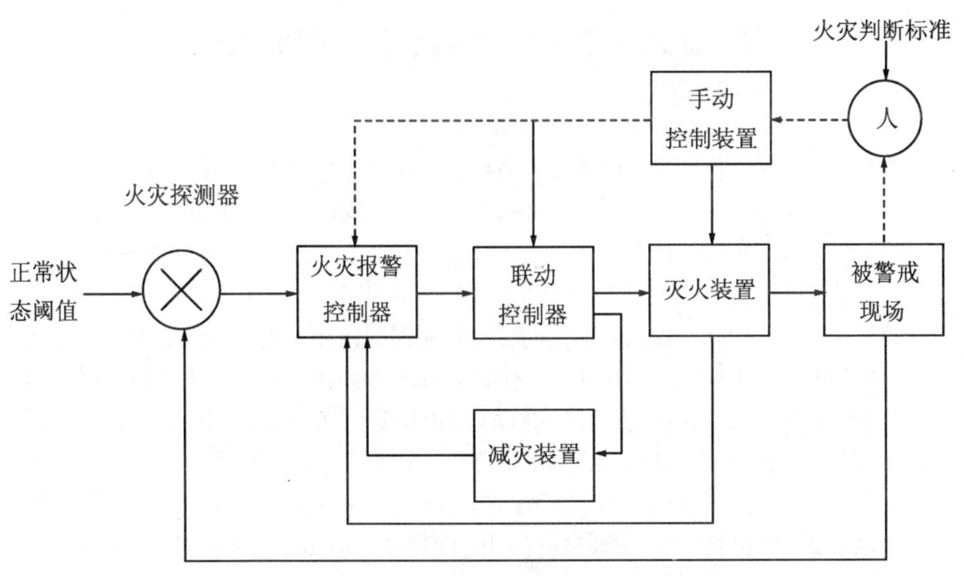

图1.3 自动消防系统结构方框图

火灾探测器长年累月地、不停地监测着被保护区域,当保护区域发生火灾时,火灾探测器检测到由于火灾产生的烟雾、高温、火焰和特有的气体等火灾参量,将其转换成电信号,送到设置在消防控制室的火灾报警控制器,火灾报警控制器经过信号处理、识别、判断之后发出火灾报警信号。如果火灾报警控制器判断不是火灾信号而是干扰信号,就不发出火灾报警信号。火灾报警信号经联动控制器,一方面经火灾警报装置发出声光报警信号或消防广播信号,启动减灾装置,如切断相关区域的非消防电源和启动防火卷帘、防火阀、排烟阀、应急照明、疏散指示等;另一方面启动灭火装置,如消防水泵、自动喷水灭火装置、气体灭火装置等进行灭火。一旦火灾被扑灭,系统停止灭火,由人工恢复系统进入正常工作状态。以上联动执行完成后,绝大多数都有反馈信号送到火灾报警控制器并显示出来,因此消防控制室在火灾过程中是进行火灾扑救的指挥中心。

如果现场有人发现火灾,通过手动控制装置控制系统进入控火、灭火状态,如通过手动报警按钮将火灾报警信号告诉火灾报警控制器,发出声光报警信号,通过紧急启停按钮启动或关闭自动灭火系统,通过不同按钮控制防火门、防火卷帘、排烟阀等关闭或打开。

1.3 我国火灾自动报警系统的现状和未来

消防是公共安全行业,是国民经济和社会发展的重要组成部分,是衡量一个国家现代文明程度的标志之一。改革开放以来,国民经济的飞速发展和各级政府的重视推动了我国消防行业的快速发展。我国在消防人才培养、消防科技研究、消防产品生产、消防监督落实、消防法规建立、消防意识提升等方面都获得了蓬勃的发展,取得了举世瞩目的成绩。以 2010 年为例,我国国内生产总值为 397983 亿元人民币,全年 GDP 比上年增加 10.3%,我国 2008 年消防产业销售额约为 460 亿元,2010 年达到了 700 亿元,加上安装、维保等,消防产业总体规模超过 1180 亿元,2006 — 2010 年,消防产品的平均年销售增长率达到 17%。全国已拥有消防生产企业 5000 多家,消防产品已经步入产业化、规模化、专业化的生产行列,消防设施新技术、新产品、新材料、新工艺的不断采用,使消防产业成为我国最具活力的产业之一。而火灾自动报警系统(Automatic fire alarm system)是消防产业中技术问题最多、技术含量最高、技术创新最活跃的一个领域,是自动消防系统的核心,也是本书讨论的重点。

1.3.1 消防产品

消防产品是指专门用于火灾预防,灭火救援和火灾防护、避难、逃生的产品。根据国家相关规定,消防产品主要分为自动灭火、火灾报警、消防器材、消防装备、建筑防火等五大类。

自动灭火类:气体灭火系统、水系灭火系统、自动跟踪定位射流灭火系统、泡沫灭火系统、干粉灭火系统、厨房灭火设备、灭火剂、沟槽管件等。

火灾报警类:火灾报警控制器、联动控制器、报警装置、警报装置、信号模块、控制模块、消防电源、火灾报警远程监控系统等。

消防器材类:灭火器、消火栓、消防箱、消防水带、应急设备、消防卷盘、消防泵、灌装设备、蓄电池等。

消防装备类:消防员装备、抢险救援器材、破拆工具、消防车、消防枪、消防炮等。

建筑防火类:防火涂料、防火堵料、阻燃材料、防火门、防火卷帘、防火排烟设备、防火配套产品、防火原材料、防火阀等。

消防产品涉及人身和财产安全,必须符合相关的市场准入制度。目前,中国消防产品市场准入实行强制性产品认证制度和型式认可制度,暂无列入上述两种制度管理的消防产品则须通过强制检验。符合以上市场准入规则的境内外消防产品,准予在中国境内销售、使用。其中强制性产品认证和型式认可由国家认证认可监督管理委员会管理,公安部消防产品合格评定中心负责;强制检验由国家消防电子产品质量监督检验中心、国家固定灭火系统和耐火构件质量监督检验中心、国家消防装备质量监督检验中心、国家防火建筑材料质量监督检验中心等四家国家消防产品质量监督检验中心负责。公安部消防产品合格评定中心将强制性产品认证认可工作中的产品检验工作分包给上述四个国家级检验中心,并按有关规定对消防产品及消防相关产品质量检验机构的分包工作过程实施监督。

在生产销售过程中,消防产品生产企业须接受公安消防机构和产品质量技术监督部门或者工商行政管理部门的抽查,发现生产、销售不合格产品或国家明令淘汰的消防产品将受到从重处罚。

1.3.2 消防产业链

产业链是产业经济学中的一个概念,是各个产业部门之间基于一定的技术经济关联并依据特定的逻辑关系和时空布局关系客观形成的链条式关联的关系形态。消防产业链是指某一建设项目从最初的设计、建审、选择消防设备、工程施工、消防验收到后期的管理和维护,也就是消防系统从开始建设到正常运行的全过程。

消防设计是源头,设计的合理、科学、专业与否,对被保护对象至关重要,并关系到消防系统能否稳定工作。设计的依据是国家、行业和地方的相关规范、规程和标准,选用具有市场准入资格的消防产品。当设计无法可依时,要通过性能化设计或专家论证的方式确定设计方案。第二个环节是消防建审。消防设计审核是由公安机关建审部门按照我国现行的消防技术规范、标准对按规定报送的图纸、资料等进行技术审核,并做出行政许可的一种活动。第三个环节是选择消防产品。这是消防产业链最重要的环节，它涉及消防产品的研发、生产、销售等环节，选择性能优良的消防产品是工程项目安全运行的保证。第四个环节是消防工程施工。按照我国相关法律的规定，从事消防施工的单位必须具有相应的施工资质。而施工质量的优劣直接影响到自动消防系统的可靠和稳定工作。第五个环节是消防验收。消防验收时，由经过审核批准的专职消防检测机构，根据消防法律、法规和国家工程建设消防技术标准进行全数检测，并提供相应的检测报告。公安机关消防验收部门对纳入消防行政许可范围的建设工程，在建设单位组织竣工验收合格的基础上，依法对消防设施进行抽查、评定，做出是否发给行政许可的决定。没有得到消防行政许可证的建设项目不得投入使用。第六个环节是管理和维护。按规定，值班维护人员应由经过专门培训取得上岗证的人员担任。值班人员应做好值班记录，应定期检测、维修、保养消防系统和设备，使系统处于良好的运行状态。管理维护同样关系到消防系统的正常运行与非。由上可见，建设消防系统的六个环节环环相扣，一个也不能有差错，只有这样才能保证系统的稳定可靠运行。

1.3.3 火灾自动报警系统的未来

2006—2010年，我国消防产品五年平均年销售增长率为17%，预计未来几年的年增长率在15%—20%之间，因此我国的消防产业面临巨大的发展空间。随着社会经济的发展，集办公、商业、餐饮、娱乐、居住于一体的大型综合体建筑出现，制造业、运输业、仓储业的发展导致生产、存储、居住一体的建筑产生；城市化的快速发展导致城市人口急剧增加，"城中村"、高层和地下建筑大量增加，城乡结合部不断延伸；石油化工等易燃易爆企业增加和规模扩大，等等，使得新的致火因素和火灾危险源大大增加，对消防安全提出了更高的要求。而消防产品的低价竞争，技术创新不足，低端甚至伪劣产品充斥市场等等与快速发展的经济极不适应，与安全产品身份极不协调，影响了我国消防市场的健康发展，阻碍了我国消防产业的进一步发展。

目前我国消防企业及其生产产品的数量和品种都能满足市场需求，部分低端产品甚至存在产能过剩的情况，如灭火器、应急灯等。消防产品基本满足国内需要的同时，部分产品已销往欧美等发达国家。但是，部分技术水平较高或附加值较高的高端产品供应不足或技术水平不高，需要依靠进口产品，对于这种情况，国家和企业应加强技术投入，一方面吸收、消化国外的先进技术和优质产品，为我所用；另一方面要自主创新，走出一条新路。国家及相关部门应扶助具有自主知识产权的消防产品进入消防市场、推广应用。

火灾自动报警系统是主动防火的核心部件，是火灾识别、早期报警、联动控制的关键设备,是自动消防系统的控制指挥中心。火灾自动报警系统性能的优劣关系到能否将火灾扑灭在萌芽状态,做到起火不成灾或使火灾造成的损失不大,所以火灾自动报警系统及其部件的研究是消防产品中最活跃、最具挑战性的领域。

公安消防科学技术"十二五"发展规划关于火灾探测报警技术部分指出:面向高大空间、地下建筑、隧道、油罐区、古建筑等场所,开展分布式光纤感温探测、光纤可燃气体探测、红外可燃气体探测、火焰与烟气视频图像探测及基于粒子属性识别的感烟火灾探测等技术研究,提高特殊和工业场所火灾探测的及时性和可靠性。研究消防联动控制逻辑关系和联动控制有效性评价技术,解决复杂建筑内联动控制关系复杂、可操作性差等问题,提高消防联动设施综合应用效能。进行超大空间建筑内火灾自动报警系统应用技术研究,提高目前超出常规应用条件的此类建筑火灾自动报警系统设计应用的合理性和可靠性。除了上述课题外,下面的问题也值得引起重视:

(1) 物联网。物联网是新一代信息技术的重要组成部分,物联网就是物物相连的互联网,如火灾探测器发现火灾之后,就切断非消防电源、启动消防广播或声光报警器工作、启动消防泵和灭火装置进行灭火、启动防排烟系统工作、启动防火分隔装置实现防火分隔等等,这种系统反应灵敏、动作快捷,但要求各个设备动作精准,否则不能使用,所以物联网在自动消防系统内的应用还有很多工作要做,相对而言,物联网在各个火灾自动报警系统之间、消防设备维修、消防监督等方面会得到较早的应用。

(2) 多参量火灾探测技术的研究。火灾探测器能接收多个火灾参量,结合数据融合技术和人工神经网络技术等信息处理技术,对火灾信号进行综合分析、判断,给出报警信号或多级报警信号,可达到早期报警(Alarm)、杜绝漏报(Failure)、降低误报(False alarm)的目的。

(3) 新型火灾探测器的研究。研究新型火灾探测器以满足对变化的致火因素和火灾危险源的火灾探测的需求。

(4) 无线火灾自动报警系统。对于工矿企业、室外空间、施工工地、改建项目等临时场所或布线极度困难的工业生产基地,采用无线火灾自动报警系统具有设置灵活、成本降低等优势。

(5) 在灭火方面,结合应用领域,围绕灭火机理的研究,开发新型实用的灭火装置和清洁高效的灭火剂仍然是任重道远,任务艰巨。

1.4 本书的主要内容

本书以火灾防治为主线，围绕如何发现火灾和控制火灾这两个主题而展开，全书共分六章，每章结束有复习思考题并列出主要参考文献，书末给出2个附录。下面对各章的主要内容做一简要介绍。

第1章通过讲述火的两面性引出本书的研究对象——火灾，接着讲述火灾的产生、特征、分类及防火的一般处理方法，介绍了我国消防产品的分类，通过消防产业链介绍了消防工程的各个环节、它们之间的相互关系以及对自动消防系统性能的影响，最后对未来的火灾自动防治技术提了一点建议作为本章的结束。

第2章介绍火灾信息的处理方法，从火灾探测信号的特征入手，讲述了火灾信号处理的基本方法、统计检测算法以及人工神经网络算法等。本章介绍的内容虽然没有包括信息处理的方方面面，也没有涵盖目前火灾信号处理所用的各种算法，更没有提供具体算法实例，但火灾信号处理算法的研究对于提高火灾探测器乃至整个火灾自动报警系统可靠性的作用是不容置疑的，这一点在过去的十多年中已被证明，今后将继续被证明。正因为如此，本书在显要位置安排了这章内容，希望以此引起读者的重视。这次再版，对第1版到再版期间人工神经网络在火灾探测方面的研究进展做了介绍，正如书中所说的那样，人工神经网络方法特别适合用于处理复合火灾探测器的火灾信号，而模糊逻辑算法的引入，较好地将人类的形象思维和逻辑思维结合起来，模糊神经网络技术必将在火灾信息处理中发挥重要作用。

第3章说的是火灾探测器，从火灾探测器的分类说到各种探测器的探测机理、工作原理、检验项目、安装场所、使用方法。3.2节介绍了曾经一统天下而目前基本无人问津的离子感烟探测器，是因为这种探测器的设计思想、分析方法不错，在教学中不失为一个好的案例，另外给光电感烟探测器立了一个可用于比较的标杆。3.3节介绍了感温火灾探测器，虽然点型感温探测器应用场合有限，但线型感温探测器的应用越来越多，在有些场合其他火灾探测器还替代不了，所以书中用了不少篇幅讨论各种类型的线型感温探测器。3.4节介绍了火焰探测器，背景干扰是阻碍火焰探测器应用的拦路虎，定点灭火的需要促进了火焰探测器的发展，可视化火灾探测技术为火焰探测器的发展增添了活力，进入21世纪后火焰探测器得到了快速发展。火焰探测器有图像型和能量型两种，图像型火焰探测器在第6章中介绍，本章只讨论能量型火焰探测器。3.5节讨论气体探测器。气体探测器技术新、门类多、应用广、问题也多，所以从各个不同的角度介绍了各种气体探测器，希望以此能找到更合适的火灾探测器和可燃气体探测器。3.6节介绍了复合火灾探测器。复合火灾探测器的基础是单参量火灾探测器，关键技术是信号处理技术。本章是想给学生、研究者提供创新性思维的启示，提供研究问题的方法；提供给设计者、使用者的是一张表，但要知道这张表的来历，还得深刻了解书中内容，这样选用探测器才能由必然王国到自由王国。

第4章介绍了火灾自动报警系统的分类、火灾探测报警系统的主要部件及其工作原理。4.3节介绍了消防联动控制系统的方框图，各联动部分的结构及控制、显示过程，主要有室内消火栓系统、自动喷水灭火系统、细水雾灭火系统、气体灭火系统、泡沫灭火系统、干粉灭火系统、机械防排烟系统、消防广播和警报装置、消防电话、防火门及防火卷帘、电梯回降控制系统等，并对部分装置的工作原理做了讨论。4.4节介绍了火灾自动报警系统中容易被忽视然而又十分重要的消防电源和接地，它对火灾自动报警系统的稳定可靠工作影响极大，所以拿出一节专门讨论。同样，应急照明和疏散指示对于保证人员安全疏散、重要部位的应急照明和消防队员救援工作的顺利进行影响很大，所以也辟出一节专门讨论。4.6节讨论了火灾信号传输，这个问题十分重要，但又关系到各个企业的核心机密，资料少，所以只能说点看法，讲些思路，供参考。最后以火灾自动报警系统的系统图作为本章的总结。

第5章讲述了自动灭火系统与防排烟系统。首先讨论灭火机理，从应用最广泛的水灭火系统，到用于厌水场所的气体灭火系统、隔离灭火的泡沫灭火系统，进行了逐一讨论，介绍了这些灭火系统的适用范围、系统分类、系统组成、设计计算等内容。这里要特别指出的是：只有灭火系统和火灾自动报警联动控制系统相结合才能构成自动灭火系统，才能实现自动发现火灾、自动锁定火灾、自动喷水（或灭火介质）灭火。而目前灭火系统由给排水专业的工程师进行设计，火灾自动报警联动控制系统的设计则由电气工程师完成，容易造成隔行如隔山的情况，笔者认为两个专业有必要了解对方设备的情况，这样有利于做出优秀的防火设计。虽然设计湿式喷淋系统时，电气工程师的作用较小，但它同样包含火灾探测和联动控制技术，这些技术分别在第3、4章中做了介绍，所以建议灭火专家关心一下这两章的内容。本章还讲述了防排烟系统。在联动控制对象中，将防排烟系统独树一帜地提出来是由于它在火灾防治中地位太重要，火灾死亡人员中有70%的人死于烟气，灼热烟气还是火灾蔓延的重要原因，所以优良的防排烟设计对于减少火灾损失、抑制火灾蔓延有着重要的作用。

20世纪的100年创造的财富超过了以往一千年，使得人类的物质生活和精神生活空前的丰富，巨大的财富得益于科学技术的进步，而巨大财富的背后又隐藏着新灾害的产生，所以科学技术的进步既促进人类社会的进步，又向人类提出防治新灾害的挑战。第6章讲述的正是人类为了迎接这种挑战而在防治火灾领域提出的各种新思想、新技术、新方法、新产品。介绍了多传感火灾探测技术、火灾图像识别技术、大空间火灾探测及定点灭火技术、电气火灾监控技术等，这些技术反映了一定时期的技术水平，人类的科学技术总是从一个高度奔向更高的高度，永远不会停留在一个水平上，这就是人类历史长河生生不息的源泉所在！

复习思考题

1. 简述火灾的定义及分类。
2. 举例说明火灾对人类的危害。
3. 发生火灾的必要条件和充分条件各是什么？
4. 气体、液体、固体可燃物的燃烧过程各有什么特点？
5. 火灾分哪几个阶段？如何做好各个阶段的防火工作？
6. 主动防火和被动防火对火灾防治工作的意义各是什么？
7. 消防产品投放市场需要具备哪些条件？
8. 建筑物消防项目从建设到使用需要经过哪些环节？
9. 简要说出本书各章的主要内容及特点。

参 考 文 献

[1] 范维澄，王清安，张人杰，霍然. 火灾科学导论[M]. 武汉：湖北科技出版社，1993.

[2] 何芳连. 乘“十二五”春风消防产品迎新发展：中国消防产业现状及未来五年发展趋势预测[C]// 中国行业资讯大全：消防行业卷，2010.

[3] 吴龙标,卢结成,陆法同,张和平,王进军.关于高层建筑中几个消防问题的探讨[J].中国安全科学学报,1999(8).
[4] 陈莹.工业火灾与爆炸事故预防[M].北京:化学工业出版社,2010.
[5] 解立峰,余永刚,韦爱勇,李斌.防火与防爆工程[M].北京:冶金工业出版社,2010.
[6] 吴龙标,方俊,谢启源.火灾探测与信息处理[M].北京:化学工业出版社,2006.
[7] 王学谦,刘万臣.建筑防火设计手册[M].北京:中国建筑工业出版社,1998.
[8] 于福海.主动防火对策和被动防火对策浅析[C]//现代建筑防火技术研讨会论文集.杭州,1998.
[9] 吴龙标,卢结成,陆法同,丁晓兵.电气火灾产生的机理及其对策[J].中国安全科学学报,1998(6).
[10] 梁延东.建筑消防系统[M].北京:中国建筑工业出版社,1997.
[11] 平野敏右.火灾科学的发展前景[J].火灾科学,1992(1).
[12] 姜文源.建筑灭火设计手册[M].北京:中国建筑工业出版社,1997.

第 2 章　火灾信号的识别算法

2.1　火灾信号的特征

火灾探测器利用火灾物理和化学变化过程中的各种特征参量信号的变化规律，实现检测、识别火灾的目的。火灾特征参量包括烟雾、高温、火焰以及气体成分等。然而这些特征信号在非火灾情况下也可能发生，甚至其变化规律有时与火灾信号相仿。为了正确地判断火灾是否发生，减少误报警，就必须掌握火灾探测信号的标志性特征。早期火灾信号主要有如下几个特征：

1. 随机性

火灾探测器的传感元件输出信号 $x(t)$ 反映火灾特征参量的实时变化特征。由于火灾早期特征状态存在不稳定性，且对于不同类型的火灾又具有不同的表现形式，如慢速阴燃、固体燃料明火燃烧以及快速发展的液体油池火等，导致不同类型的火灾其相应的特征参量存在明显差异。不仅如此，火灾与周围环境的干扰都是随机性事件，周围环境干扰包括气候、温度、灰尘及其本身电子线路引起的电子噪声和人为的其他活动[1]，从而导致火灾探测器输出信号 $x(t)$具有随机性特征。

2. 非结构性

火灾探测与一般的信号检测相比难度较大，这主要由于火灾信号具有非结构性特征：

(1) 人知道如何处理与判断火灾，但难以用数学语言精确描述。

(2) 存在一些实际范例可供学习。

(3) 最终的识别与判断是一种联想、预测过程。

3. 趋势特征

非火灾时探测器输出的信号具有明显的稳态值，而火灾发生时其输出信号则有比较明显的、持续时间较长的正向或负向变化趋势特征。图 2.1 为光电感烟探测器、温度传感器以及CO传感器对欧洲标准试验火TF1(木材明火)的输出信号$x(t)$。其中,纵坐标是信号的相对变化趋势。由图2.1可大致看出:

(1) 非火灾时有明显的稳态值。

(2) 火灾发生时信号显示了比较明显的正向(信号增加)趋势特征。

(3) 信号的趋势变化持续了较长时间,这与一些短暂但强烈的干扰脉冲信号不同。

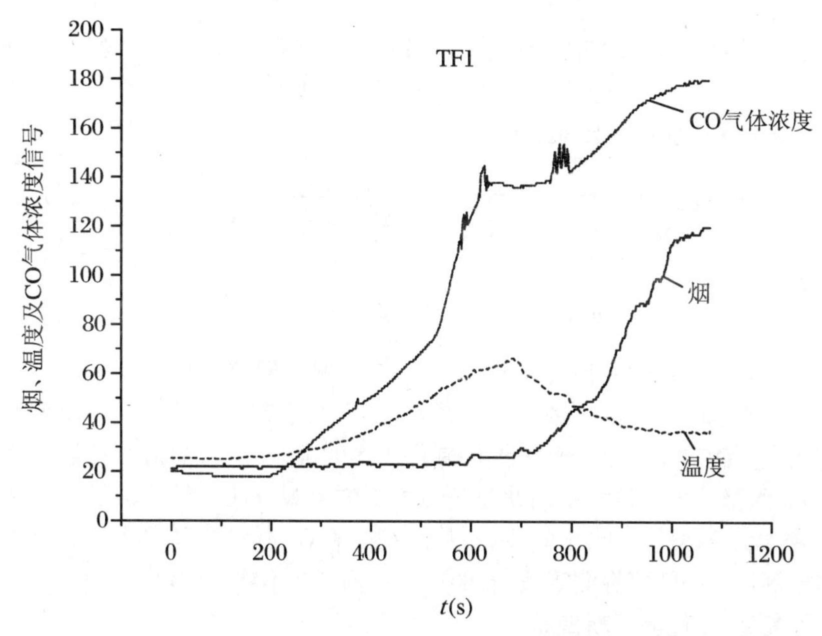

图2.1　木材明火(TF1)中烟、温及CO浓度变化曲线

4. 频谱特征

火灾初期(阴燃阶段)烟信号的主要频率集中在0—15 mHz,温度的频率主要集中在0—55 mHz范围内,而在出现明火之后,火焰的频率为8—12 Hz。但是烟与温度的最大频率随房间的形状和尺寸而有所变化,此外,考虑到环境参量变化对信号频率的影响,通常认为烟雾最高频率为20 mHz,温度最高频率为60 mHz。

由上述火灾信号的特征可见,火灾探测是一种特殊的信号检测,由于火灾信号$x(t)$事先未知且不确定,环境变化与电子噪声均对传感器的输出产生影响,探测器输出信号$x(t)$可近似处理成一种非平稳的随机过程,由火灾信号和非火灾信号两部分组成:

$$x(t)=\begin{cases}x_f(t)+x_n(t)\\x_n(t)\end{cases}\tag{2.1}$$

式中，$x_f(t)$表示火灾特征参数信号；$x_n(t)$表示其他因素引起的非火灾信号，这里统称为噪声。$x_f(t)$与$x_n(t)$之间相互独立，互不影响，在火灾发生时我们无法从$x(t)$中分离出$x_f(t)$，但是在非火灾情况下，$x_n(t)$却有可能产生类似$x_f(t)$的变化。

图2.2所示为火灾信号处理与识别的流程示意图，由传感器将反映火灾早期特征的相关物理参量(烟、温度及气体等)转换为电信号$x(t)$，然后经信号处理模块得到$y(t)=T[x(t)]$的信号，最终经判决逻辑$D[y(t)]$做出火灾或非火灾的判断，此即火灾信号处理与识别算法。

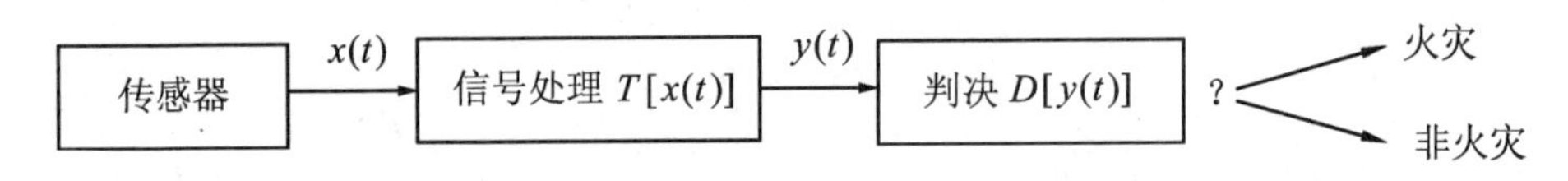

图2.2　火灾信号处理与识别示意图

最初出现的火灾探测器均为开关量式，即探测器对火灾信号产生感应后直接做出“火灾”与“非火灾”的判断，如利用两种热膨胀系数不同的金属片制成的定温式点型火灾探测器。由于当时元器件制作水平的限制，这时的信号处理电路都很简单，因此大量的探测器均使用此类信号处理的直观方法。随着信号处理技术的快速发展，火灾探测算法也不断改进，从最初的直观阈值法，到现代的综合了神经网络与模糊逻辑的智能探测算法，新的火灾探测算法不断出现，从而使火灾自动探测系统不断完善，性能不断提高。

以下主要针对火灾信号的确定性特征、随机性特征、非结构性特征，介绍相应的火灾信号的基本识别算法、火灾信号的统计识别算法、火灾信号的智能识别算法。

2.2　火灾信号的基本识别算法

火灾信号的基本识别算法包括直观阈值算法、趋势算法、斜率算法以及持续时间算法。

2.2.1　直观阈值算法

早期火灾探测器为开关量型火灾探测器，且主要针对火灾某一个物理参量如温度、烟雾等进行检测，当传感器获取参数值超过预设的阈值时，则发出报警信号。这种识别算法思路简单，易于通过简单硬件方式实现，因此在实际工程运用中故障发生较少、便于维护。但这种方法存在对环境适应性和抗干扰能力较弱，误报率较高等缺点。直观阈值法大都直接对火灾传感元件的信号幅值进行处理，主要有固定门限检测法和变化率检测法。

1. 固定门限检测法

这种方法将火灾信号幅值如烟雾颗粒的光电散射信号幅值、烟雾引起电离室中离子电流变化幅值或温度值等与预先设定的相应阈值进行比较，当信号幅值超过阈值时，则直接输出火灾报警信号。在图2.2所示的火灾探测系统示意图中，固定门限检测法可由式(2.2)表示：

$$y(t)=T[x(t)],\quad D[y(t)]=\begin{cases}1, & y(t)>S\\0, & y(t)\leqslant S\end{cases}\tag{2.2}$$

这里 $D[\cdot]=1$ 表示判决为火灾，$D[\cdot]=0$ 表示判决为非火灾，S 为门限。

为了提高探测的可靠性和抗干扰能力，抑制环境中突然出现的电脉冲尖峰、50 Hz工频干扰等干扰信号，降低误报，可对传感器输出信号进行平均以及延时处理，对信号在一段时间内进行积分平均：

$$\overline{X}(t)=\frac{1}{t-t_0}\int_{t_0}^{t}x(t)\mathrm{d}t,\quad y(t)=T[\overline{X}(t)]\tag{2.3}$$

式中，$\Delta t=t-t_0$ 为选定进行平均的时间段。当传感器信号在一定时间内的平均值 $\overline{X}(t)$ 的幅度超过预定阈值 S 后，判决电路才输出火灾报警信号。该 Δt 值的大小对信号的平均效果起着重要的作用。若 Δt 过小，则可能无法将一个较强的脉冲信号进行有效抑制，从而可能导致误报的发生；若 Δt 太大，则可能将实际火灾信号幅值平滑的时间增加，引起报警的延迟甚至导致漏报的发生。实际电路中这种平均和延时处理可采用电容充放电电路来实现。

2. 变化率检测法

火灾探测信号的变化率是一个重要的特征，例如对于感温探测器的输出信号，当温度信号的上升率超过一定值时，表明温度发生了急剧变化，这是火灾产生的高温可能导致的典型特征。变化率较有效的计算方法可采用式(2.4)所示的微分运算：

$$\frac{\mathrm{d}x(t)}{\mathrm{d}t}=y(t),\quad D[y(t)]=\begin{cases}1, & y(t)>S\\0, & y(t)\leqslant S\end{cases}\tag{2.4}$$

在实际应用中，$x(t)$的微分运算通常采用有限时间间隔内，相对应的信号变化值进行近似计算，如式(2.5)所示：

$$y(t)=\frac{\Delta X(t)}{\Delta t}=\frac{X(t_2)-X(t_1)}{t_2-t_1},\quad t_2>t_1\tag{2.5}$$

式中，Δt 为用于计算信号变化斜率的时间间隔，实际中该值往往取信号采样时间间隔。根据传感器输出值计算出信号变化斜率值 $y(t)$之后，即可通过 $y(t)$与预先设定的斜率阈值 S 进行比较，从而做出是否发生火灾的判断。同理，在这种算法中也可以使用信号的平均和延时处理手段来提高探测的可靠性和抗干扰能力。

直观阈值法均能够在一定程度上正确探测到火灾，由于其电路简单而且易于实现，因此在 20 世纪 80 年代模拟量式火灾探测器尚未出现前，几乎所有的火灾探测系统都是采用直观阈值法进行火灾判断，即使是现在，许多模拟量式火灾探测系统仍沿用这种方法，只是将绝对报警阈值改为相对阈值，即所谓阈值补偿，也可将单门限增加为多门限以适应不同应用场合的需要。但是，正是由于直观法对于传感器输出信号过于简单的处理，当噪声和干扰信号 $x_{\mathrm{n}}(t)$也超过阈值时，同样会被判断为火灾，因此其误报警率较高。尽管可以采取对信号取平均和报警延时等措施，但是当干扰幅度过大或持续时间过长时，误报警仍然不可避免。

2.2.2 趋势算法

信号的特征与处理过程采用完整的数学表达式进行描述的方法称为系统法，系统法中最早应用于火灾信号处理的是趋势算法。

1. Kendall-τ 趋势算法

如 2.1 节中所述，发生火灾时，探测器输出信号具有明显的趋势特征，因此可用趋势算法对火灾信号进行分析处理。趋势检测是信号检测中常用的非参数检测方法之一。如图 2.3 所示，该曲线为一段火灾发生时传感器的输出信号 $x(n)$，该曲线是对连续时间信号 $x(t)$以一定间隔抽样而得 $x(n\Delta t)$，简化表示为 $x(n)$。其中横坐标代表离散时间 n，纵坐标 $x(n)$代表火灾发生时产生的烟雾或温度信号，表 2.1 为图 2.3 中部分离散坐标值。由图 2.3 或表 2.1 可见，尽管在 $n=7$—10 区间信号略有下降，然而总体上该曲线具有明显的上升趋势，非参数趋势检测算法能够较准确地检测到信号的这种趋势变化，且不受信号具体值的影响。趋势算法有多种，最常用且便于实现的是 Kendall-τ 检测器，如式(2.6)所示，其只需进行对0和1的加法运算，并具有递归算式，便于降低计算量，提高计算速度。

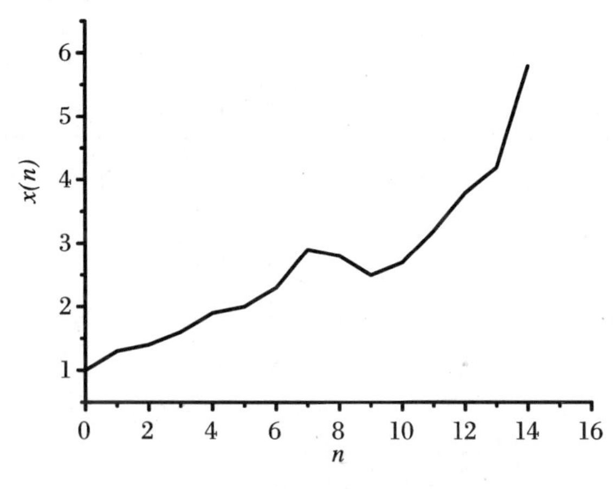

图2.3　某信号的变化趋势特征

表2.1　图2.3中曲线对应的离散值

n	0	1	2	3	4	5	6	7	8	9	10	11	12	13	14
$x(n)$	1	1.3	1.4	1.6	1.9	2.0	2.3	2.9	2.8	2.5	2.7	3.2	3.8	4.2	5.8

$$y(n)=\sum_{i=0}^{N-1}\sum_{j=i}^{N-1}u(x(n-i)-x(n-j)) \tag{2.6}$$

式中，n是离散时间变量，N是用于观测数据的窗长，$u(x)$为单位阶跃函数，如式(2.7)所示。

$$u(x)=\begin{cases}1, & x\geqslant 0\\ 0, & x<0\end{cases} \tag{2.7}$$

以图2.3所示信号变化曲线为例，选取窗长分别为$N=3$与$N=5$，则根据式(2.6)算出的各离散时间点上对应的趋势值分布如表2.2与表2.3所示，式(2.6)中取$x(-1)=x(-2)=0$，$x(-3)=x(-4)=0$。

表2.2　图2.3中曲线对应的Kendall-τ趋势值($N=3$)

n	0	1	2	3	4	5	6	7	8	9	10	11	12	13	14
$y(n)$	6	6	6	6	6	6	6	6	5	3	4	6	6	6	6
τ_1	1.0	1.0	1.0	1.0	1.0	1.0	1.0	1.0	0.83	0.5	0.67	1.0	1.0	1.0	1.0

表 2.3　图 2.3 中曲线对应的 Kendall-τ 趋势值($N=5$)

n	0	1	2	3	4	5	6	7	8	9	10	11	12	13	14
$y(n)$	15	15	15	15	15	15	15	15	14	12	10	13	15	15	15
τ_1	1.0	1.0	1.0	1.0	1.0	1.0	1.0	1.0	9.33	0.8	0.67	8.67	1.0	1.0	1.0

为了对式(2.6)求和的实质深入理解,可将其详细展开,如式(2.8)所示:

$$\begin{aligned} y(n) &= \sum_{i=0}^{N-1}\sum_{j=i}^{N-1} u(x(n-i)-x(n-j)) \\ &= u(x(n)-x(n)) + u(x(n)-x(n-1)) \\ &\quad + \cdots + u(x(n)-x(n-N+1)) \\ &\quad + u(x(n-1)-x(n-1)) + u(x(n-1)-x(n-2)) \\ &\quad + \cdots + u(x(n-1)-x(n-N+1)) \\ &\quad + \cdots + u(x(n-N+1)-x(n-N+1)) \end{aligned} \tag{2.8}$$

由此易见,当 $i=0$ 时,有 N 项 $u(x)$求和;当 $i=1$ 时,有 $N-1$ 项 $u(x)$求和……当 $i=N-1$ 时,只有 1 项,因此对于窗长为 N 的 Kendall-τ 趋势值,总共有 $N(N+1)/2$ 项 $u(x)$求和。若每一项的 $u(x)$函数值均等于 1,则可以得到$y(n)$的最大值,即 $N(N+1)/2$,因此,可以定义相对趋势值 τ_1 如式(2.9)所示:

$$\tau_1(n) = \frac{\text{实际值}}{\text{最大值}} = \frac{y(n)}{N(N+1)/2} \tag{2.9}$$

表 2.2 与表 2.3 中给出了图 2.3 中信号曲线每个时间点对应的相应趋势值,以表 2.3 为例,可以看到在 $n=8,9,10$ 时相对应趋势值有下降,而其他时刻相对应趋势值均为 1,这反映了 $n=7$ — 10 区间信号的下降对其周围若干点的趋势值计算的影响。

由式(2.6)的展开式即式(2.8)可见,信号的下一个时刻的趋势值可由前一时刻对应的趋势值导出,即 $y(n)$可以由 $y(n-1)$和一些附加项计算出,其递归计算公式为

$$\begin{aligned} y(n) = &\ y(n-1) \\ &+ \sum_{i=0}^{N-1}[u(x(n)-x(n-i)) - u(x(n-i-1)-x(n-N))] \end{aligned} \tag{2.10}$$

式(2.10)给出的这种递归计算式在实际运用中极为有效,可大大减少计算量以及存储量,特别是当 N 值较大的时候。通过式(2.6)或式(2.10)计算出趋势值,与预先设定的阈值进行比较后,即可做出火灾或非火灾的判断,如式(2.11)

所示：

$$D[y(t)]=\begin{cases}1, & y(t)>S\\0, & y(t)\leqslant S\end{cases} \quad 或 \quad D[\tau_1]=\begin{cases}1, & \tau_1>S_\tau\\0, & \tau_1\leqslant S_\tau\end{cases} \tag{2.11}$$

最后对趋势算法中的窗长 N 值大小的选取进行讨论。趋势算法中的计算窗长 N 是一个非常重要的参数，它的值直接影响信号趋势计算的效果。窗长短，则趋势值受信号变化影响大，即算出的趋势值对于信号的变化敏感；窗长值选取得较长，则计算出的趋势值较平滑。窗长 N 值大小的选取对于趋势值计算的影响可从表 2.2 与表 2.3 之间的对比明显看出。因此，选择适当大小的窗长，在趋势计算中显得极为关键，使用短窗长可以缩短探测时间，具有较高的响应灵敏度，但容易受到干扰信号的影响而产生误报警；而长窗能够平滑噪声的影响，但探测时间被加长了，且趋势值的响应较迟钝，甚至预设的阈值不适当时可能出现漏报警。

2. 复合 Kendall-τ 趋势算法

由于单输入 Kendall-τ 趋势算法当窗长 N 值选取较小时，对信号上升或下降的趋势较为敏感，当信号中混入较强的干扰信号时，这种对信号的敏感响应就容易导致探测器的误报警。另一方面，火灾发生时存在烟雾、温度、CO 气体等多种信号，这些信号的变化趋势之间具有明显的相关性。利用不同传感器输出信号趋势的相关性，采用改进的复合 Kendall-τ 趋势算法，可以实现更为准确、可靠的火灾报警[2]。

为了能同时表征并计算信号的正、负两种变化趋势，对 Kendall-τ 趋势算法中的单位阶跃函数进行修正，从而定义一个符号函数如下：

$$\operatorname{sgn}(x)=\begin{cases}1, & x>0\\0, & x=0\\-1, & x<0\end{cases} \tag{2.12}$$

利用该符号函数，可用一个数学表达式同时计算信号变化的正、负趋势。在火灾发生发展过程中，可能出现阴燃火到有焰明火的转变，以及突然点燃的油池火等，这些现象均可能造成火灾信号如烟颗粒浓度、温度等的阶跃变化，这种阶跃变化往往表示火灾信号的剧烈增加，但若依据式(2.6)的趋势算法，则计算所得趋势值却较小。

为了在趋势计算中让体现阶跃型变化的信号急剧增加，将两个传感器的输出信号 $x_i(n)(i=1,2)$进行映射变换，如式(2.13)所示：

$$m_i(n)=\begin{cases}m_i(n-1)+k, & x_i(n)-m_i(n-1)>k\\x_i(n), & |x_i(n)-m_i(n-1)|\leqslant k\\m_i(n-1)-k, & x_i(n)-m_i(n-1)<-k\end{cases} \tag{2.13}$$

式中，参数 k 决定了信号变化的最大（或最小）上升（或下降）速率。由于参数 k 的引入，使阶跃信号反映的急剧增加趋势特征体现在计算出的趋势值中，然后利用多输入的 Kendall-τ 趋势算法，即可计算出经过修正的复合信号 $m_1(n)$ 和 $m_2(n)$ 的复合趋势，这种复合趋势同时考虑两个信号 $m_1(n)$ 和 $m_2(n)$ 的变化方向与程度，因此反映的是两个信号变化的乘积关系，如式(2.14)所示：

$$y(n) = \sum_{i=0}^{N-2}\sum_{j=i}^{N-1}\operatorname{sgn}[m_1(n-i)-m_1(n-j)]\cdot\operatorname{sgn}[m_2(n-i)-m_2(n-j)] \tag{2.14}$$

这里 $m_1(n)$ 与 $m_2(n)$ 可以是烟雾与温度信号，也可以是烟雾与 CO 气体浓度信号等，通过对两种火灾信号的综合检测，从而增加了信号检测的可靠性与准确性。这种改进的复合 Kendall-τ 算法其递归公式为

$$\begin{aligned} y(n) = y(n-1) + \sum_{i=0}^{N-2}\{&\operatorname{sgn}[m_1(n)-m_1(n-i-1)] \\ &\times\operatorname{sgn}[m_2(n)-m_2(n-i-1)] \\ &-\operatorname{sgn}[m_1(n-i-1)-m_1(n-N)] \\ &\times\operatorname{sgn}[m_2(n-i-1)-m_2(n-N)]\} \end{aligned} \tag{2.15}$$

由于在符号函数即式(2.12)中定义了当 $x=0$ 时，$\operatorname{sgn}(x)=0$，因而通过式(2.14)或式(2.15)计算出的复合趋势值的范围为

$$-N(N-1)\leqslant y(n)\leqslant N(N-1) \tag{2.16}$$

因此，其相对复合趋势值为

$$\tau(n) = \frac{y(n)}{N(N-1)/2} \tag{2.17}$$

由以上分析可见，Kendall-τ 趋势算法对信号的趋势变化极为敏感；通过选用合适的窗长 N 等方法可以克服干扰信号带来的尖峰变化影响；整个计算过程只需进行简单的加、减计算以及逻辑计算，且具有递归性，因此算法的运行速度快；可用于单输入或多输入信号的检测。

3. 特定趋势算法

前面介绍的信号趋势检测算法只能简单地对信号的正向（上升）或负向（下降）变化趋势进行计算，没有考虑信号的稳态值，未能区分信号变化位于稳定值上方还是下方。根据探测器输出在稳态值以上的正趋势或稳态值以下的负趋势进行判断是否发生火灾的算法，称为特定趋势算法。

如图 2.1 所示，从欧洲标准试验火之一的木材明火（TF1）环境下，光电感烟探测器、温度传感器以及 CO 传感器的输出信号变化过程可看出：在试验火中所用燃

料即木材被点火前，3种传感器的输出值均都相对处于某一稳定值，而点火后传感器输出的烟雾、温度以及CO气体信号均产生了位于各自稳定值上方的正向变化趋势，这种变化趋势即表明了火灾发生的特征。

上述趋势检测器中使用单位阶跃函数进行趋势判别，由于单位阶跃函数的转折门限为0，即使是可以同时考虑信号的正、负变化趋势的复合Kendall-τ趋势算法中所使用的符号函数 $\mathrm{sgn}(x)$，如式(2.12)所示，其转折门限依旧为0。检测器中所用符号函数的转折门限值太小，导致趋势算法对信号的变化过于敏感，以致抗干扰性较差。为了克服趋势检测器的这种抗干扰性较弱的缺点，有必要定义两个新的符号函数 $\mathrm{sgn1}(x)$ 和 $\mathrm{sgn2}(x)$，如式(2.18)与式(2.19)所示：

$$\mathrm{sgn1}(x)=\begin{cases}1, & x>S\\ 0, & -S\leqslant x\leqslant S\\ -1, & x<-S\end{cases} \tag{2.18}$$

$$\mathrm{sgn2}(x)=\begin{cases}1, & x>1\\ 0, & -1\leqslant x\leqslant 1\\ -1, & x<-1\end{cases} \tag{2.19}$$

式中，S 为趋势判断所用的转折门限，$\mathrm{sgn2}(x)$ 实质上是 $\mathrm{sgn1}(x)$ 在 $S=1$ 时的特例。符号函数 $\mathrm{sgn2}(x)$ 主要用于判断信号值与稳态值的相对大小，即处于其上方或下方。引入信号的稳态值(记作 RW)，这样在趋势计算中，不仅比较信号值前后时刻之间的大小，同时还考虑信号值大于还是小于稳态值，因此信号的特定趋势值如式(2.20)所示：

$$y(n)=\sum_{i=0}^{N-2}\sum_{j=1}^{N-1}\mathrm{sgn2}\{\mathrm{sgn1}[x(n-i)-x(n-j)]+\mathrm{sgn1}[x(n-j)-RW]\} \tag{2.20}$$

式中，函数 $\mathrm{sgn2}(x)$ 内变量值计算包括两部分，其一为 $\mathrm{sgn1}[x(n-i)-x(n-j)]$，该部分类似于普通的Kendall-τ趋势计算，只是这里所用的符号函数的转折门限为 S 而不是0；另一部分为 $\mathrm{sgn1}[x(n-j)-RW]$，其作用是用于判断信号 $x(n)$ 与稳态值 RW 之间的大小关系，即处于其上方还是下方。因此，只有当式(2.21)与式(2.22)所示不等式条件同时满足时，$\mathrm{sgn2}(x)$ 才输出1，表示信号在其稳态值上方的正向变化趋势：

$$x(n-j)-RW>S \tag{2.21}$$

$$x(n-i)-x(n-j)>S \tag{2.22}$$

同理，只有当式(2.23)与式(2.24)所示不等式条件同时满足时，$\mathrm{sgn2}(x)$ 才输出 -1，表示信号的负向变化趋势：

$$x(n-j)-RW<-S \tag{2.23}$$

$$x(n-i)-x(n-j)<-S \tag{2.24}$$

由此可见，式(2.20)的 $y(n)$ 只输出信号 $x(n)$ 大于稳态值 RW 的正向变化趋势与小于稳态值 RW 的负向变化趋势，对于信号在稳态值下方的正趋势与大于稳态值的负趋势不响应，故称之为信号的特定趋势算法。式(2.20)也有相应的递归计算式：

$$\begin{aligned}y(n)= y(n-1)+\sum_{i=0}^{N-2}\{&\mathrm{sgn2}[\mathrm{sgn1}(x(n)-x(n-i-1))\\&+\mathrm{sgn1}(x(n-i-1)-RW)]\\&-\mathrm{sgn2}[\mathrm{sgn1}(x(n-i-1)-x(n-N))+\mathrm{sgn1}(x(n-N)-RW)]\}\end{aligned} \tag{2.25}$$

类似地，特定趋势的相对值为

$$\tau_2(n)=\frac{y(n)}{N(N-1)/2} \tag{2.26}$$

为了将特定趋势算法与 Kendall-τ 趋势算法进行比较，这里以图 2.4 所示信号为例，依据式(2.25)与式(2.26)计算该信号的特定趋势值及其相对值 τ_2，同时也依据式(2.6)与式(2.9)计算其 Kendall-τ 趋势值与相对值 τ_1。所计算结果列于表 2.4 中，这里假设信号的稳态值 $RW=2.0$，趋势计算窗长 $N=3$，符号函数 $\mathrm{sgn1}(x)$ 的门限值为 $S=0.05$。

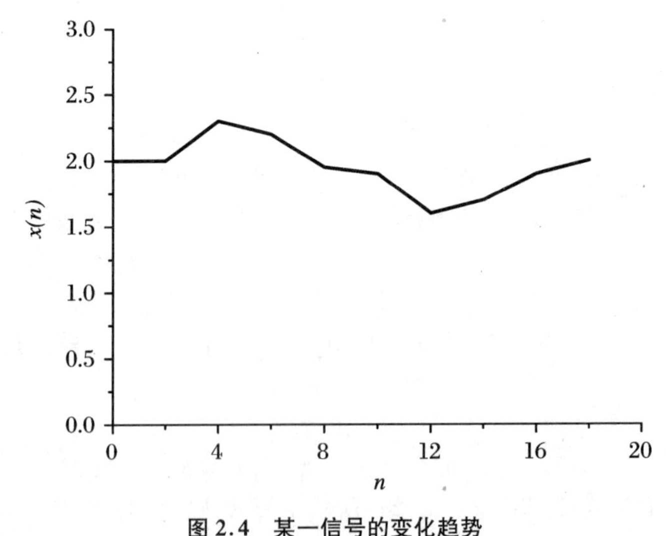

图 2.4　某一信号的变化趋势

从表2.4可以看出，与Kendall-τ趋势算法相比，特定趋势算法能有效减少外界环境带来的信号波动对趋势计算的影响。当信号处于稳定值上方产生负趋势时，或者尽管信号一直保持正向变化趋势但正趋势由强减弱时，对应的特定趋势值均为0，而此时Kendall-τ的趋势值仍相当大；同理，当信号处于稳定值下方产生正向变化趋势时，对应的特定趋势值也为0，而此时计算出的Kendall-τ趋势值却较大(表2.4中，当$n=14,16,18$时)。由此可见特定趋势算法的有效性与合理性。

表2.4　信号的特定趋势值与Kendall-τ趋势值

n	0	2	4	6	8	10	12	14	16	18
$x(n)$	2.0	2.0	2.3	2.2	1.95	1.9	1.6	1.7	1.9	2.0
特定趋势	0	0	1	1	0	0	−3	0	0	0
特定τ_2值	0	0	0.33	0.33	0	0	−1	0	0	0
Kendall趋势值	0	0	2	−1	−3	−1	−3	2	3	2
Kendall τ_1值	0	0	0.67	−0.3	−1	−0.33	−1	0.67	1	0.67

4. 可变窗特定趋势算法

窗长N对于趋势算法产生重要的影响，窗长越短，相对趋势值越大，检测灵敏度越高，同时也意味着容易产生误报；窗长较长，可以在一定程度上减少误报，但窗长过长有可能造成漏报。

为了实现趋势计算所用窗长随信号的不同变化特征而相应变化，将其分为两部分，其中一部分取固定的较小值N，以便快速检测到信号；另一部分为变化值，随着信号趋势而逐渐增大，如果增大后的长窗计算仍有较大的趋势值，可见趋势变化确实明显，而短干扰被长窗平滑掉了。为使窗长能自动变化，需要引入累加函数$k(n)$：

$$k(n+1)=\begin{cases}(k(n)+1)u(y(n)-s_t), & s_t>0\\(k(n)+1)u(s_t-y(n)), & s_t<0\end{cases}\tag{2.27}$$

式中，s_t为预警阈值；$u(x)$为单位阶跃函数，如式(2.7)所示。因此，趋势计算中总的计算窗长为

$$N'=N+k(n)\tag{2.28}$$

则以N'为窗长的特定趋势计算式为

$$y(n)=\sum_{i=0}^{N+k(n-1)-2}\sum_{j=i}^{N+k(n-1)-1}\mathrm{sgn2}[\mathrm{sgn1}(x(n-i)-x(n-j))+\mathrm{sgn1}(x(n-j)-RW)]\tag{2.29}$$

当趋势值 $y(n)$小于预警阈值 s_t 时，$k(n)=0$，即当平时检测器使用，趋势值一旦超过了预警门限，$k(n)$则逐步增加，即窗长逐渐增加。若趋势值超过预警阈值是由于环境噪声引起的，则窗长的增加能够将这种短暂的尖峰干扰信号剔除，从而避免误报的发生；若趋势值的增加是由于真实火灾信号引起，则即使窗长增加，信号的趋势值依然保持一定的大小，当窗长增大到一定值并经历过一段时间之后，趋势值依然较大，则可给出报警信号。这样，可变窗特定趋势算法在一定程度上既保证了对信号的响应灵敏度，又可避免误报的发生。

可变窗特定趋势算法的相对趋势值计算如式(2.30)所示：

$$\tau_3(n)=\frac{y(n)}{N(N-1)/2+Nk(n-1)+k(n-1)(k(n-1)-1)/2} \tag{2.30}$$

类似于 Kendall-τ 趋势算法等，可变窗特定趋势算法也具有递归计算形式，如式(2.31)所示：

$$y(n)=\begin{cases} y(n-1)+\sum\limits_{i=0}^{N+k(n-1)-2}\text{sgn2}\{\text{sgn1}[x(n)-x(n-i-1)] \\ \quad +\text{sgn1}[x(n-i)-RW]\}, \quad |\tau_3(n-1)|\geqslant|s_t|,\text{加长窗重新计算} \\ y(n-1)+\sum\limits_{i=0}^{N-2}\{\text{sgn2}[\text{sgn1}(x(n)-x(n-i-1)) \\ \quad +\text{sgn1}(x(n-i-1)-RW)] \\ \quad -\text{sgn2}[\text{sgn1}(x(n-i-1)-x(n-N))+\text{sgn1}(x(n-N) \\ \quad -RW)]\}, \quad |\tau_3(n-1)|<|s_t|,\text{平时采用短窗长} \end{cases} \tag{2.31}$$

最后指出，这种可变窗长方法也适用于其他 Kendall-τ 等趋势算法，也具有良好的效果。此外，尽管这里窗长可实时根据输入信号的变化而相应变化，但趋势判断转折阈值 s_t 亦即预警阈值仍然是重要参数，需根据响应灵敏度的要求而确定。

5. 复合特定趋势算法

类似于 Kendall-τ 趋势算法，特定趋势算法也可以应用于多输入信号的复合趋势计算。由于复合趋势算法中依据两个以上的火灾信号进行是否发生火灾的判断，综合考虑了更多的火灾信息，因而能够更加及时、准确地探测火灾并降低其误报率，将特定趋势算法应用于复合传感器的信号处理中，可以使探测性能进一步提高。

设有两个输入信号 $x_1(n)$和 $x_2(n)$，其相应的稳态值分别为 RW_1和 RW_2，趋势计算窗长为 N，与复合 Kendall-τ 趋势算法即式(2.14)类似，复合特定趋势如式

(2.32)所示：

$$y(n) = \sum_{i=0}^{N-2}\sum_{j=i}^{N-1} \mathrm{sgn2}[\mathrm{sgn1}(x_1(n-i) - x_1(n-j))\mathrm{sgn1}(x_1(n-j) - RW_1)] \\ \times \mathrm{sgn2}[\mathrm{sgn1}(x_2(n-j) - x_2(n-j)) + \mathrm{sgn1}(x_2(n-j) - RW_2)] \tag{2.32}$$

式中，符号函数 sgn1(x)和 sgn2(x)见式(2.18)与式(2.19)。相应地，$y(n)$的递归计算式为

$$\begin{aligned} y(n) = y(n-1) + 2\sum_{i=0}^{N-2}\{&\mathrm{sgn2}[\mathrm{sgn1}(x_1(n) - x_1(n-i-1)) \\ &+ \mathrm{sgn1}(x_1(n-i-1) - RW_1)] \\ &\times \mathrm{sgn2}[\mathrm{sgn1}(x_2(n) - x_2(n-i-1)) + \mathrm{sgn1}(x_2(n-i-1) - RW_2)] \\ &- \mathrm{sgn2}[\mathrm{sgn1}(x_1(n-i-1) - x_1(n-N)) + \mathrm{sgn1}(x_1(n-N) - RW_1)] \\ &\times \mathrm{sgn2}[\mathrm{sgn1}(x_2(n-i-1) - x_2(n-N)) + \mathrm{sgn1}(x_2(n-N) - RW_2)]\} \end{aligned} \tag{2.33}$$

复合特定趋势的相对值为

$$\tau(n) = \frac{y(n)}{N(N-1)} \tag{2.34}$$

最后指出，复合特定趋势算法要求所选用的两种探测器输出的火灾信号的响应变化趋势的方向必须一致，例如对温度和烟雾信号进行复合特定趋势计算，若温度信号是随火灾发生而增大，则要求烟雾信号也应随火灾发生而输出值增加，否则复合特定趋势计算结果为负值，不利于火警判断。在实际中若两个信号变化趋势不同，则可以在硬件通道中增加倒相电路，或通过软件变换方法实现。此外，如果将式(2.27)所示的累加函数引入复合特定趋势算法，也可构成可变窗复合特定趋势算法，其探测可靠性可更高，但算法也稍复杂[3]。

2.2.3 斜率算法

通过对各种趋势算法的深入讨论可以看出，趋势算法对信号幅值的增加或减小的变化趋势较为敏感，然而趋势算法无法定量确定信号变化趋势的急剧程度，即具有相同变化趋势特征，但其变化速率不同的两个信号对应的趋势值很可能相等。例如，如图 2.5 所示，信号 a、b、c 均有上升变化的趋势，其中阶跃信号 c 上升的斜率最快，而 a 信号与 b 信号在 $N/2$ 至 N 间隔，分别以斜率 k_a 与 k_b 上升，且 b 信号比 a 信号增加的速率快，即 $k_b > k_a$。此时若采用 Kendall-τ 趋势算法对其中的信号 a 与 b 计算其趋势值，当选取的窗长为 N 时，算出的相对趋势值均为 $\tau_1 \approx 0.75$。

由此可见,Kendall-τ 趋势算法是一种非参数检测算法,无法具体确定信号变化趋势的强烈程度,即依据趋势算法计算得到的信号变化的趋势值遗漏了信号本身包含的一部分信息,未能充分反映信号变化的特征。

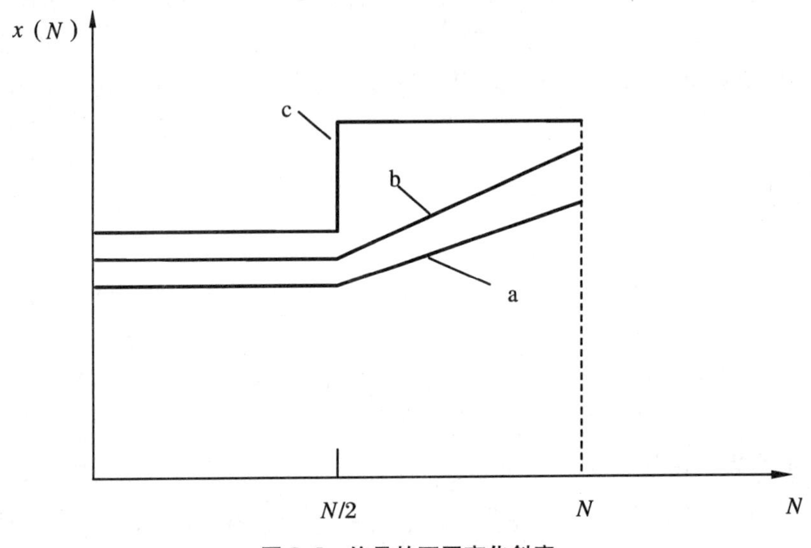

图 2.5 信号的不同变化斜率

此外,Kendall-τ 趋势算法对信号的阶跃变化也不敏感,对于图 2.5 中的阶跃信号 c,其 Kendall-τ 相对趋势值 $\tau_1 \approx 0.5$,反而小于信号 a 和 b 的相对趋势值,而实际上阶跃信号 c 的变化幅度大于信号 a 与 b 的变化幅度,这进一步说明了趋势算法存在一定的缺陷。在火灾探测中,发生火灾特别是当突然发生油池大火时,往往引起信号的急剧变化,类似于这种阶跃信号。如图 2.6 与图 2.7 所示为欧洲标准试验火聚氨酯泡沫塑料火(TF4)与正庚烷火(TF5)对应的光电感烟探测器、温度以及 CO 气体浓度信号的变化趋势。

由图 2.6 和图 2.7 可见,由于 TF4 与 TF5 均属于明火燃烧,发展较快,一旦点火后即迅速释放出大量的火灾烟气,因此,对应的火灾烟雾与 CO 气体浓度信号均急剧增大,很接近于阶跃信号。对于这种近阶跃型火灾信号,若采用一般的趋势算法则可能因其趋势值达不到预警阈值而发生漏报。尽管 R. Siebel 采取对输入信号进行修正的方法,如式(2.13)所示,从而针对类似于阶跃变化的信号增大其对应的趋势值,在一定程度上反映出了信号的阶跃变化特性,然而这种方法只能修正信号在阶跃点附近的值,当阶跃信号持续时间较长时,依然无法较好地体现阶跃信号所表征的信号急剧变化的信息,算出的趋势值依然偏小。为了不但能够识别信号的变化趋势，而且能够具体地识别其变化的急剧程度即信号变化的斜率，为此引入斜率算法。

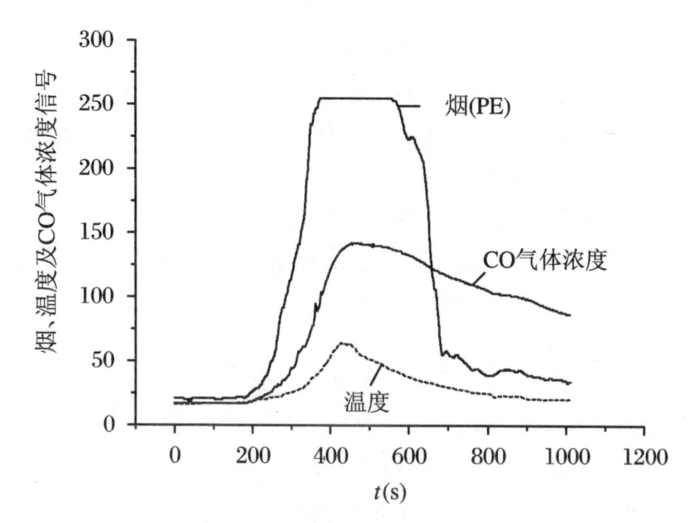

图 2.6　TF4 标准火中光电感烟探测器、温度以及 CO 气体浓度信号

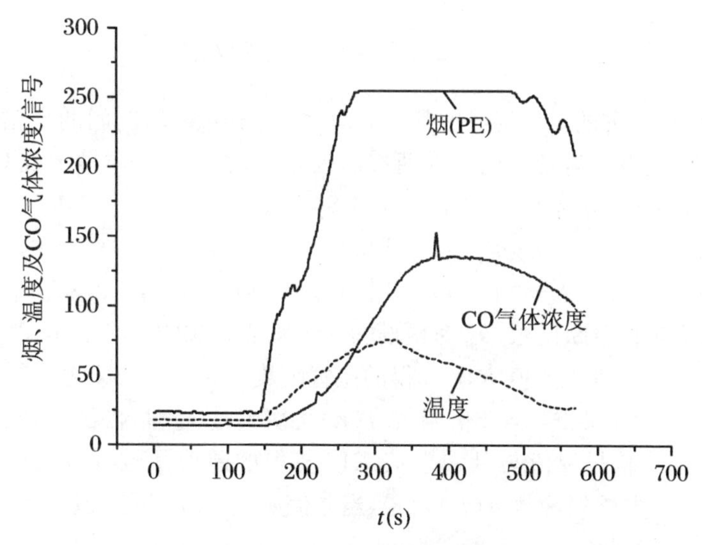

图 2.7　TF5 标准火中光电感烟探测器、温度以及 CO 气体浓度信号

由于火灾探测输出信号大都有其稳态值，即使考虑到干扰或噪声的影响，信号也是在其稳态值的上下波动。假设输入信号为 $x(n)$，相应的稳态值为 RW，可以

定义信号 $x(n)$ 与其稳定值之间的相对差值函数 $d(n)$ 为

$$d(n) = \frac{x(n) - RW}{RW} \tag{2.35}$$

实际运用中，为了补偿环境变化导致的信号稳态值的变化，往往可对信号在较长时间段上求其平均值作为其稳态值。例如，假设探测器每隔 1 秒采样一个数据，若采用探测器在一天内采得数据的平均值作为稳态值，定义一个长度为 $24\times60\times60=86400$ 的队列，该队列中始终存储最近 24 小时内探测器的输出值，则在时刻 n 对应的稳态值可由式(2.36)进行计算。这样探测器采用的稳态值始终跟随外界环境如温度的变化而相应同步变化，避免了诸如季节变化导致的环境温度变化引起感温探测器的误报等，提高了探测器响应性能。

$$RW(n) = \frac{1}{86400}\cdot\sum_{i=1}^{86400}x(i) \tag{2.36}$$

采用探测器输出信号值的相对变化特征比采用其幅度变化的绝对数值更便于判断火灾是否发生，因此这里重点分析信号的相对变化特征，并将信号变化都近似为是线性变化，即如图 2.5 所示，对于信号的相对变化特征而言，该假设较合理且易于实现。如式(2.37)所示的 $k(n_1,n_2)$ 值表征了信号 $x(n)$ 在离散时间 n_1 和 n_2 段的斜率：

$$k(n_1,n_2) = \frac{d(n_2) - d(n_1)}{n_2 - n_1} \tag{2.37}$$

此外，由于火灾的发生将导致某火灾信号产生连续一段时间的变化，这是火灾信号与瞬时干扰脉冲等信号的差异所在。因此，为了抑制噪声等干扰对信号斜率计算的影响，引入一个累加函数 $a(n)$，如式(2.38)所示：

$$a(n) = \begin{cases}[a(n-1)+1]u(d(n-1)-s_g), & s_g>0\\ [a(n-1)+1]u(s_g-d(n-1)), & s_g<0\end{cases} \tag{2.38}$$

式中，$u(x)$ 为单位阶跃函数，s_g 为预设的一个阈值。式(2.38)表示：当 $s_g>0$ 时，只有由信号幅值与其稳态值 RW 算得的差值函数 $d(n)$ 大于 s_g，才进行累加运算，否则累加函数 $a(n)$ 归零，当差值函数 $d(n)$ 再次超过 s_g 时，再次开始累加。对于 $s_g<0$ 时，只有由信号幅值与其稳态值 RW 算得的差值函数 $d(n)$ 小于 s_g，才进行累加运算，否则累加函数 $a(n)$ 归零，当差值函数 $d(n)$ 再次超过 s_g 时，再次开始累加。

因此，可以定义信号的斜率函数如式(2.39)所示：

$$g(n) = d(n)\delta(a(n) - N) \tag{2.39}$$

式中，N 为由斜率计算区间长度决定的常数；$\delta(x)$ 为单位冲激函数，如式(2.40)

所示。

$$\delta(x)=\begin{cases}1, & x=0\\0, & x\neq 0\end{cases} \tag{2.40}$$

式(2.39)中采用单位冲激函数 $\delta(a(n)-N)$是为了确保只对累加函数满足 $a(n)=N$ 的 n 时刻才进行信号斜率的计算。由于一旦 $d(n)>s_g$(当 $s_g>0$ 时)的条件不满足,则累加函数将归零,因此,只有当信号连续向一个方向变化时,函数 $a(n)$值才可能累加到 N,进而计算该时刻的信号变化的斜率值。这样,算法中通过引入累加函数 $a(n)$与参数 N,得以保证每次斜率计算区间的准确。最后需要指出的是:这里参数 N 是斜率算法中的重要参数,其值的大小将对信号斜率值的计算产生影响,在实际使用中必须与探测器中设定的斜率报警阈值综合考虑,即若参数 N 值发生变化而斜率报警阈值不变,将使探测器最终的响应灵敏度等性能发生改变。

2.2.4　持续时间算法

正如前文所述,发生火灾时,探测器检测到的信号具有两个特征,即一方面,其幅值将会产生明显的上升或下降的趋势,趋势算法正是依据这种特征进行火灾探测的;此外,火灾信号还具备另一个特征,即信号变化的相对持续性,这是火灾信号区分于同样具有上升与下降变化趋势的瞬时脉冲等干扰信号的重要判据,因此也可依此对火灾进行探测。由于火灾信号往往可以分解成高频快变部分与低频慢变部分,与非火灾时或干扰信号激励条件下相比,发生火灾时,相应传感器输出信号 $x(t)$中的慢变部分超过某一预设阈值的持续时间相对非火灾信号长得多,这一特点可作为火灾发生的另一判据,从而构建基于持续时间算法的火灾探测器[4]。

1. 单输入偏置滤波算法

为了对火灾信号的持续特征进行检测,首先需要设定一个合适的预警阈值,然后才能计算信号超过该预警阈值的持续时间。由于有限冲激响应(Finite impulse response,FIR)偏置滤波器正好可用于该类持续时间特性计算,所以可用数字滤波器进行这类检测[5]。

若时域 FIR 数字滤波器的输入信号为 $x(n)$,有限冲激响应序列为 $h(n)$,则滤波器的输出可用差分方程表示,如式(2.41)所示:

$$y(n)=\sum_{i=0}^{N-1}h(i)x(n-i) \tag{2.41}$$

式中,$n=0,1,2,\cdots,N-1$。式(2.41)是输入信号 $x(n)$延时链的横向结构,其实现框图如图 2.8 所示,其中 Z^{-1}表示延迟一个单位时间的延迟器。

由式(2.41)以及图2.8可见,滤波器中每一输入均要经过相乘,延时后相乘,最后相加输出,因此可将滤波器输出视为输入信号 $x(n)$ 的 N 个值分别以冲激响应序列 $h(n)$ 作为加权函数求和。为了针对信号超过阈值部分进行计算,在式(2.41)中加入阈值以及单位阶跃函数,从而得到如式(2.42)所示的偏置滤波算法。

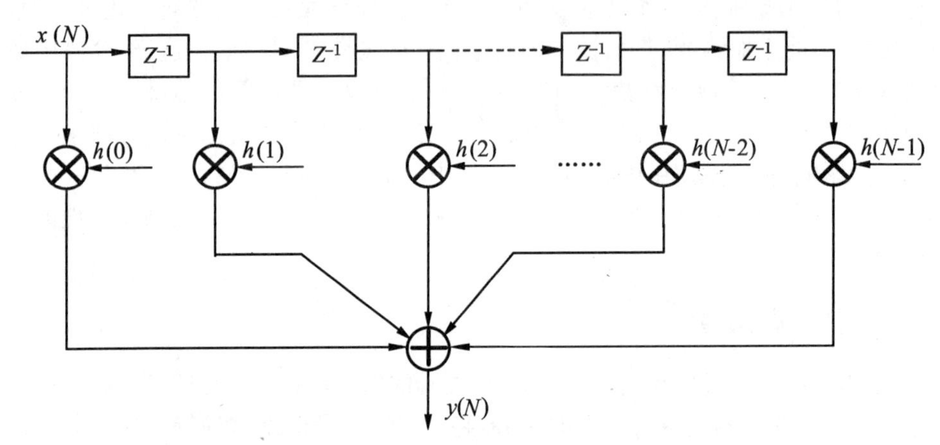

图2.8　FIR横向数字滤波器结构

$$y(n) = C \cdot \sum_{i=0}^{N-1} w(n,i)[x(n-i) - s_t]u[x(n-i) - s_t] \qquad (2.42)$$

式中,C 为常数,$w(n,i)$ 为加权函数,s_t 为阈值。式(2.42)通过采用单位阶跃函数 $u(x)$,从而确保只有当输入信号超过阈值时才对信号超过阈值部分进行累加,滤波器的求和输出 $y(n)$ 中包含了信号超过阈值的持续时间和大小。这种偏置滤波算法对于环境中出现的幅值较大但持续时间较短的干扰脉冲信号具有较强的抑制能力,一定程度上避免了这类干扰信号引起的误报。

若其中的加权函数 $w(n,i)$ 取为常数1,则可将式(2.42)写成递归计算形式:

$$y(n) = [y(n-1) + C(x(n) - s_t)]u[x(n) - s_t] \qquad (2.43)$$

由式(2.43)可见,当 $x(n)$ 超过阈值 s_t 时,$y(n)$ 连续累加,而一旦 $x(n)$ 小于阈值 s_t,则滤波器输出为0。输出值 $y(n)$ 表征的其实是输出信号超出阈值部分的面积,图2.9中显示了这种偏置滤波算法输出值 $y(n)$ 对应的面积示意。

在基于偏置滤波算法的探测器中,阈值是重要的参数,需慎重选取,预警阈值 s_t 以及根据探测器最终输出值 $y(n)$ 而采用的火灾判决阈值 S 的大小直接影响火灾探测的响应时间等参数,若预警阈值与火灾判决阈值选择不合理或者两者不匹配，将可能降低探测器性能。

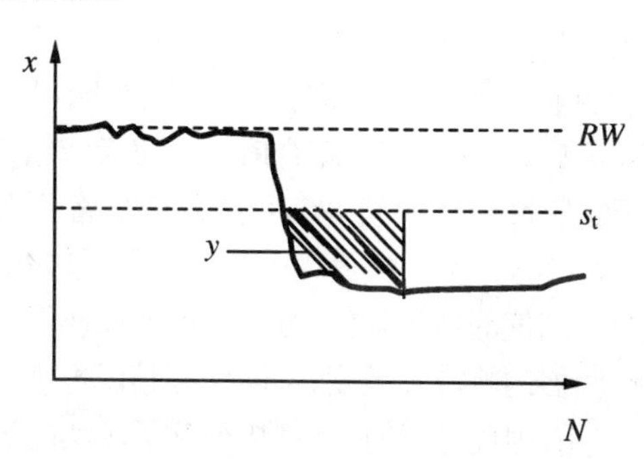

图 2.9　偏置滤波器输出值与面积对应关系

2．复合偏置滤波算法

火灾的发生总伴随着烟雾、热量以及 CO 气体等的释放，只通过单一火灾参量进行是否发生火灾的判断，由于所依据信息量较少而容易产生误报或漏报等，随着人们对火灾探测准确性与及时性要求的提高，采用多传感器或复合传感器技术的火灾探测技术逐渐得到了发展与运用，因此，综合处理多个传感器输出信号的复合算法也越显重要。单输入的偏置滤波算法可扩展用于多输入信号的处理，形成复合偏置滤波算法，构成的滤波器可综合两种或两种以上的火灾信号进行火灾判断，从而提高探测的响应灵敏度及其准确性与可靠性[6]。

若两个输入信号分别为 $x_1(n)$ 与 $x_2(n)$，对这两个输入信号可采用简单加权求和或求积的复合方式。设加权函数为 $w(n,i)$，加权乘积型复合偏置滤波算法如式(2.44)所示：

$$y(n) = C \cdot u[x_1(n) - s_1] \cdot u[x_2(n) - s_2] \cdot \sum_{i=0}^{N-1} w(n,i)[x_1(n-i) - s_1][x_2(n-i) - s_2] \tag{2.44}$$

式中，s_1 为信号 $x_1(n)$ 的预警阈值，s_2 为信号 $x_2(n)$ 的预警阈值，C 为常数，$u(x)$ 为单位阶跃函数。若对两个信号的乘积不加权，即函数 $w(n,i)=1$，则复合偏置滤波算法具有简便的递归计算形式，如式 (2.45)所示：

$$y(n) = \{y(n-1) + C[x_1(n) - s_1][x_2(n) - s_2]\} \cdot u[x_1(n) - s_1] \cdot u[x_2(n) - s_2] \tag{2.45}$$

由式(2.45)可见，只有当两个输入信号均超过各自的预警阈值时，两个信号超过阈值部分的乘积才进行累加运算，否则滤波器输出值归零。这种乘积型复合算法也可称之为“互加权”复合算法，即对于信号 $x_1(n)$ 而言，相当于采用信号 $x_2(n)$

作为加权函数将其信号放大了 $x_2(n)$倍;同理,对于信号 $x_2(n)$,相当于采用信号 $x_1(n)$作为其加权函数。这种复合方式将反映火灾发生的两种信号进行综合叠加,从而提高了火灾探测器的响应灵敏度。而且式(2.45)表明,只有当两个信号的变化幅值均超过其相应的阈值后,才输出信号复合值并以此为依据判断是否发生火灾,可见,一方面,其中环境干扰脉冲导致的某一信号急剧增加将不会导致报警的发生,因此,该算法的误报率将大大降低;另一方面,两个信号同时超过其各自预警阈值时,通过对复合算法输出值报警阈值的适度降低,可大大提高探测器的响应灵敏度。总之,该探测算法既能提高探测器的响应灵敏度,又能降低其误报率,大大提高了其整体性能,且算法的运算简单实用,因此,这种复合算法得到了广泛的运用。

六种欧洲标准火即木材明火(TF1)、木材热解阴燃火(TF2)、棉绳阴燃火(TF3)、聚氨酯泡沫塑料火(TF4)、正庚烷有焰火(TF5)及酒精火(TF6)代表了各种典型火灾现象,包含了固体与液体燃料,以及高温热解、阴燃与明火等各种燃烧状态,其火灾产物具有很强的代表性。因此,可用这 6 种标准火的燃烧产物对各种探测算法的响应灵敏度进行检验。前文中,图 2.1、图 2.6 与图 2.7 给出了 TF1、TF4 与 TF5 这 3 种标准火对应的光电感烟探测器、温度传感器及 CO 传感器的输出信号的变化曲线。另外 3 种标准火即 TF2、TF3 及 TF6 所对应的光电感烟探测器、温度传感器与 CO 传感器的输出信号分别如图 2.10、图 2.11 及图 2.12 所示。

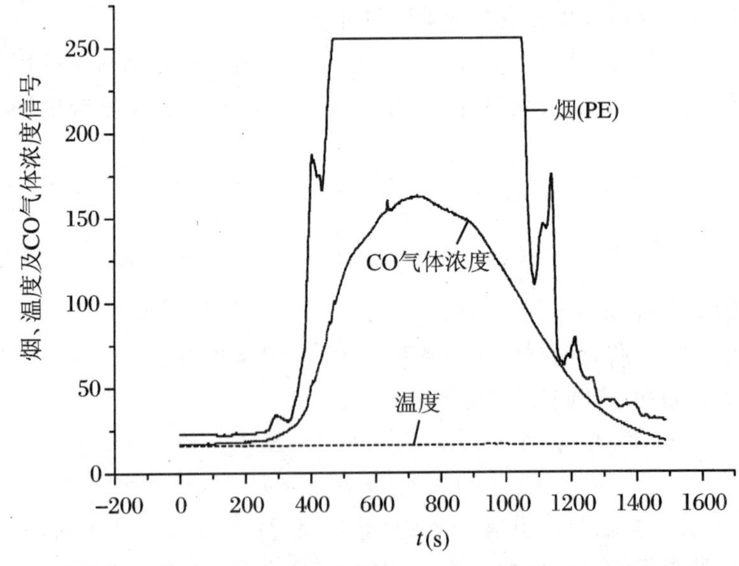

图 2.10　TF2 标准火中光电感烟探测器、温度以及 CO 气体浓度信号

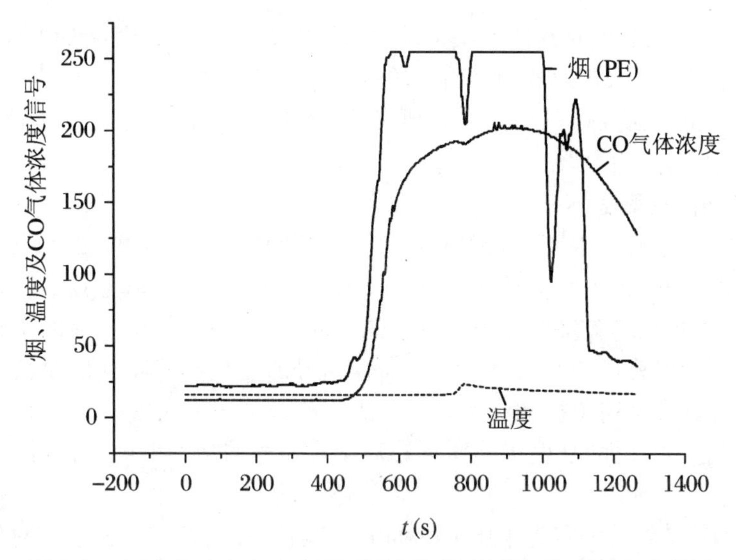

图 2.11　TF3 标准火中光电感烟探测器、温度以及 CO 气体浓度信号

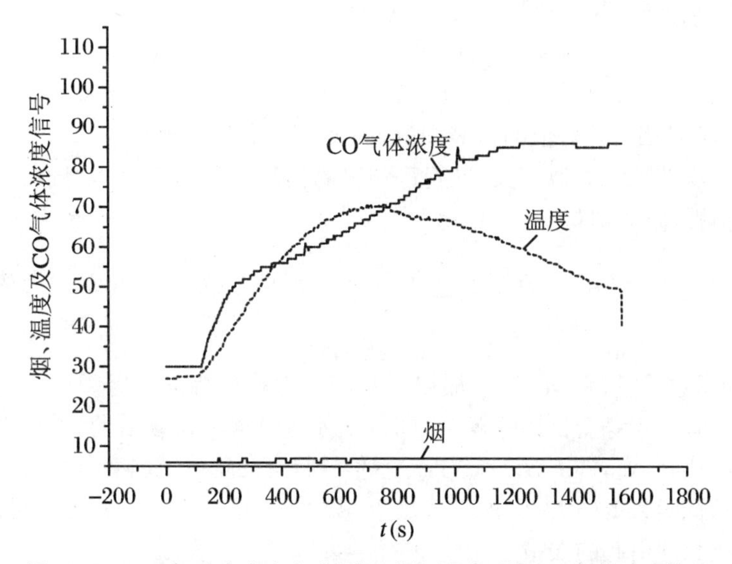

图 2.12　TF6 标准火中光电感烟探测器、温度以及 CO 气体浓度信号

由此 6 种欧洲标准火中，光电感烟探测器、温度传感器及 CO 传感器输出值的变化曲线可见，对于 TF2 与 TF3 这两种阴燃火生成的灰烟，光电感烟探测器输出值均发生急剧增加，变化明显，但是由于阴燃火释放热量较少，因此其温度信号增加得较少；但对于 TF6 即酒精火，其生成极少的烟雾颗粒，因此感烟探测器的输出值变化很小，无法有效对其进行探测，但如图 2.12 可见，其温度及 CO 信号却有较明显的变化，因此，采用对此两种信号的复合算法可有效对其进行早期探测。若对烟雾颗粒、温度以及 CO 气体浓度 3 种信号进行复合，则能更为有效地对 6 种欧洲标准火进行早期可靠探测。

3. 趋势持续算法

由火灾信号的基本变化特征以及上述 6 种欧洲标准火的烟雾、温度及 CO 信号的曲线可见，火灾发生时，一种或一种以上的火灾特征信号具有明显的变化趋势，且这些变化趋势将持续一段较长的时间，而各种环境或人为的干扰因素引起信号变化的趋势持续时间一般较短[7]。信号的变化趋势特征以及持续时间特征均可相对有效地用于探测火灾，为了综合采用这两种火灾信号特征作为判断火灾是否发生的判据，从而提高探测器对干扰信号的抑制能力，可构建趋势持续算法[8]。

这种趋势持续算法首先采用 Kendall-τ 或者可变窗特定趋势算法对信号的相对趋势值 $\tau(n)$ 进行计算，并通过累加函数 $k(n)$ 计算所得信号相对趋势值超过某一预设预警阈值的持续时间，如式(2.46)所示：

$$k(n)=\begin{cases}[k(n-1)+1]u(\tau(n-1)-s_c), & s_c>0\\ [k(n-1)+1]u(s_c-\tau(n-1)), & s_c<0\end{cases} \tag{2.46}$$

式中，s_c 是信号相对趋势值的预警阈值，$u(x)$ 是单位阶跃函数。

与偏置滤波算法类似，对超过趋势预警阈值那部分的相对趋势值进行累加求和，则趋势持续输出值如式(2.47)所示：

$$y(n)=C\cdot u[k(n)-N_t]\cdot\sum_{i=0}^{N-1}w(n,i)[\tau(n-i)-s_c]u[\tau(n-i)-s_c] \tag{2.47}$$

式中，C 为常数参量，$w(n,i)$ 为加权函数，N_t 为趋势持续预警阈值。N_t 的作用在于保证只有当趋势变化持续 N_t 时间以上才进行火灾持续量的计算，否则，若持续时间无法达到 N_t，即 $k(n)<N_t$，表示信号具有的正或负向变化趋势时间太短，由于单位阶跃函数 $u(x)=0$，所以输出 $y(n)=0$。这样在一定程度上可避免环境中短时干扰脉冲引起的误报。

若取加权函数 $w(n,i)=1$，则趋势持续算法具有简便的递归计算方法，如式(2.48)所示：

$$y(n)=\begin{cases}[y(n-1)+(\tau(n)-s_c)]u(k(n)-N_t), & \text{正趋势}\\ [y(n-1)+(s_c-\tau(n))]u(N_t-k(n)), & \text{负趋势}\end{cases} \tag{2.48}$$

这种趋势持续算法综合了趋势算法与持续时间算法的优点，从而可提高探测器的响应灵敏度且降低其误报率。此外，这种趋势持续算法也可针对多个传感器对应的多个信号扩展为复合趋势持续算法[9]，具体与复合持续时间算法类似，可将两种或两种以上的信号进行求和或乘积复合，从而增加了作为火灾判据的信息，进一步提高了探测器的响应性能。

2.3 火灾信号的统计识别算法

火灾探测信号是一种随机信号，适合用统计信号处理的方法进行处理，进而进行火灾判断。在本节中，将介绍一些火灾探测信号的统计检测方法。

2.3.1 随机信号及其处理方法

一个离散时间信号或序列，是一组在时间、空间或其他独立变量中依次得到的观察结果。如火灾探测器的输出信号经过采样后得到的时间序列信号 $x(n)$，可以是对连续的火灾探测信号 $X(t)$ 进行采样的结果，即 $x(n)=X(nT)$，其中 T 为采样周期。

时间序列的关键特征是：观察在时间上是顺序排列的，且相邻的观察值是相关的。当序列的观察是相互关联的时候，可以用过去的观察值来预测未来的值。如果预测是准确的，这个序列被认为是确定的。然而在绝大多数情况下，不能准确地预见时间序列，这种序列就称为随机序列。它们的可预见程度由连续观察值之间的相关性决定，完全不可预见的情况发生在信号的每个采样之间均为相互独立的时候。实际的信息系统中，输送的信号都是随机信号，因为如果输送的是确定性信号，接收方就不可能从信号中获得任何新的消息；即使输送的是确定性信号，由于信道如空间或电路中都有噪声和干扰存在，而噪声和干扰都具有随机特性，所以确定信号也变成了随机信号。随机信号的基本特征是不能准确地预测它的值，即随机信号是不可预见的，找不到一个数学表达式将其表示为时间的函数。

火灾探测信号的采样序列是一种随机信号，并且前后的采样值具有一定的相关性。图2.13是感烟探测器采样输出序列 $x(n)$，取采样信号之间的时间间隔为 l，我们画出点 $(x(n),x(n+l))$ 的分布图，其中 $0\leqslant n\leqslant N-l-1$，$N$ 是数据记录的长度，这样的图称为 $x(n)$ 的散布图。图2.14为其时间间隔为1的散布图，数据点都落在一条正斜率的直线附近，这意味着高的相关性。火灾探测信号是相邻采样点具有一定相关性的随机信号，可以预见对其建立自回归模型是可行的。

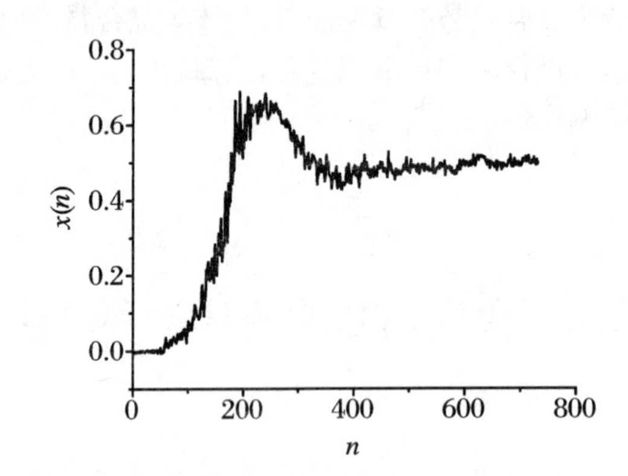

图 2.13　某次试验中感烟探测器的输出采样序列

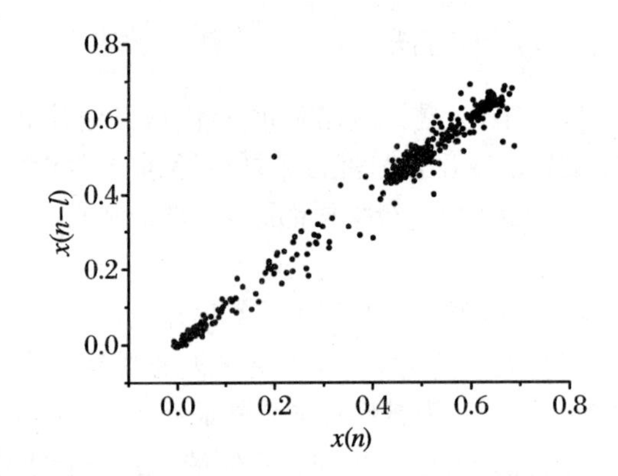

图 2.14　连续采样间隔的某感烟探测器信号散布图

对于随机信号，要用概率和统计方法来描述和处理，这些方法的理论基础为概率论、随机过程等数学理论，按其目标不同，处理方法分为以下两类：

(1) 信号分析：信号分析的主要目的是提取可以用于理解信号产生过程的信息或是提取可以进行信号分类的特征。所采用的大多数方法归类于谱估计和信号建模。在火灾探测中主要是提取可对信号进行分类(分为非火灾和火灾信号)的特征。

(2) 信号滤波：信号滤波的主要目的是依照容许的性能指标改善信号的质量。典型的应用包括噪声和干扰的消除。

以下简要介绍几种信号分析与滤波方法，在后面几节中给出在火灾探测中的具体应用。

1．谱估计

在随机信号分析中，最主要的信号分析工具是谱估计。谱估计是用来表示从一组观测值中估计信号的能量和功率分布的一系列方法的总称。谱估计所使用的方法可分为经典谱估计法和现代谱估计法两类[10]。

经典功率谱估计法：包括周期图法、BT法、平均周期图法（又称分段平均法）、加窗平滑法和WFFT法等。这些方法大多采用对信号加窗的方法截取待分析信号，容易引起频谱泄露，另外频谱的频率分辨率依赖于窗长，使得频谱的频率分辨率较低。

现代功率谱估计法：大多是以随机过程的参数模型为基础，故又称为参数模型法。该方法处理正弦波信号的功率谱时，有谱线分裂和频率偏移现象，后来又提出前、后向AR参数估计法，Marple法，迭代法，数据自适应加权法等，解决了谱线分裂问题。使用这些方法进行谱估计可以减小经典谱估计中的频谱泄露，同时也具有比经典功率谱估计方法高得多的频率分辨率。然而，由于经典谱估计方法计算简单快速，在某些场合仍得到较为广泛的应用。

在很多应用中对两个不同信号之间的相互作用感兴趣，如两个信号具有相同或相似的性质，要描述它们之间的相似度和相互作用，比较简单的方法是采用互相关及其功率谱的方法。

2．信号建模

信号建模的目的在于用尽可能好的方法得到对实际信号的有效表达（即模型），并且这种表达能够体现出这些信号的一组特征，如相关或频谱特征等。

在实际应用中，最感兴趣的是线性含参模型。含参模型表现了由它们的结构决定的相关性。如果参数个数接近相关的范围（相当于采样个数），模型可以模拟任何相关性。一个好的模型应该具有如下特征：模型参数个数尽可能少，根据数据对模型进行参数估计比较容易，模型参数应该具有物理意义。

如果根据信号的行为成功地建立了含参模型，就可以在多种应用中使用这种模型。在火灾探测中，主要的应用包括为火灾识别提供参数，作为判别火灾和非火灾的依据；跟踪信号变化，当信号发生变化时，帮助确定发生变化的原因。

3．自适应滤波

传统的固定系数的频率选择性数字滤波器，有一个特定的响应以希望的方式改变输入信号的频谱[11]。它们的关键特征如下：

（1）滤波器是线性时不变系统。

（2）设计过程中希望用到的参数有通带、转换波段、通带波纹和阻带衰减等，在确定这些参数时，并不需要知道信号的采样值。

（3）当输入信号的各个部分占据不重叠频带时，滤波器工作最好。例如，它可以轻易分离频谱不重叠的信号和噪声。

(4) 滤波器系数在设计阶段选定,并在滤波器的正常运行中保持不变。

然而,实际应用中有很多问题不能用固定数字滤波器很好地解决,因为没有充足的信息设计固定数字滤波器,或设计规则会在滤波器正常运行时改变。绝大多数这些应用都可以用特殊的智能滤波器,即通常说的自适应滤波器来成功解决。自适应滤波器的显著特征是:它在工作过程中不需要用户的干预就能改变响应以改善性能。

自适应滤波器主要包含以下三个模块(见图 2.15):

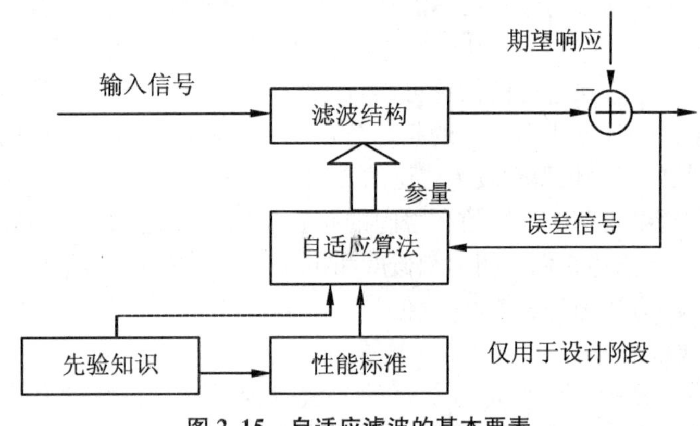

图 2.15　自适应滤波的基本要素

(1) 滤波结构。该模块使用输入信号的测量值产生滤波器的输出。如果输出是输入测量值的线性组合,则滤波器是线性的,否则为非线性的,它的参数由自适应算法进行调整。

(2) 性能标准。自适应滤波器的输出和期望的响应(当可获得时)由性能标准模块处理,并参照特定应用的需求来评估它的质量。

(3) 自适应算法。自适应算法使用性能标准的数值或它的函数、输入的测量值和期望的响应来决定如何修改滤波器的参数,以改善性能。

采用自适应滤波算法的火灾探测器,其滤波器参数可随环境的变化进行调整,使得火灾探测器可适应周围环境的变化。

2.3.2　功率谱检测算法

1. 单输入功率谱检测算法

火灾探测信号 $X(t)$是非平稳随机过程,但可以认为是片断平稳的,对于这类随机信号可以用信号的短时自相关函数和功率谱密度特征进行信号检测。由随机信号分析理论可以知道,一个平稳随机信号 $x(t)$(或其经过抽样后的离散信号 $x(n)$)可以由它的自相关函数 $R_{xx}(\tau)$(对离散信号为 $R_{xx}(n)$)或是 $R_{xx}(\tau)$的傅里叶变换——功率谱密度 $S_{xx}(\omega)$(对离散信号为 $S_{xx}(e^{jw})$)来描述。为了使用信号的功率谱特征进行火灾探测[12]:

① 设火灾探测信号 $x(t)$是平稳随机过程,且信号频率限定在一定频带 $-\omega_g<\omega<\omega_g$ 内。由于火灾探测器的主频谱带宽较窄,做这种限定是合理的。

② 寻找一个非火灾情况下的参考信号 $x'(t)$。

③ 计算 $x(t)$与 $x'(t)$(这里采用信号离散值)的平均功率差,并求出功率谱密度差的积分。

④ 当该积分值达到某一门限时,说明两个信号间有较大的差异,可以判断为火灾。这两个信号的平均功率差定义为

$$\gamma = \int_{-\omega_g}^{\omega_g} [S_{xx}(\omega) - S_{x^r x^r}(\omega)]^2 d\omega \tag{2.49}$$

功率谱密度 $S_{xx}(\omega)$和 $S_{x^r x^r}(\omega)$可以由其自相关函数 $R_{xx}(n)$和 $R_{x'x'}(n)$的离散傅里叶变换表示,即

$$S_{xx}(\omega) = \sum_{n=-\infty}^{\infty} R_{xx}(n) e^{-j\omega n} = \sum_{n=-\infty}^{\infty} R_{xx}(n)[\cos(\omega n) - j\sin(\omega n)] \tag{2.50}$$

整理后得

$$S_{xx}(\omega) = R_{xx}(0) + 2\sum_{k=1}^{\infty} R_{xx}(k)\cos(k\omega) \tag{2.51}$$

同理可得

$$S_{x^r x^r}(\omega) = R_{x^r x^r}(0) + 2\sum_{k=1}^{\infty} R_{x^r x^r}(k)\cos(k\omega) \tag{2.52}$$

式(2.49)中功率谱可用自相关函数表示,即

$$S_{xx}(\omega) - S_{x^r x^r}(\omega) = R_{xx}(0) - R_{x^r x^r}(0) + 2\sum_{n=1}^{\infty} [R_{xx}(n) - R_{x^r x^r}(n)]\cos(\omega k) \tag{2.53}$$

定义 $\Delta R(0)$和 $\Delta R(n)$为

$$\Delta R(0) = R_{xx}(0) - R_{x^r x^r}(0) \tag{2.54}$$

$$\Delta R(n) = R_{xx}(n) - R_{x^r x^r}(n) \tag{2.55}$$

将式(2.53)、式(2.54)、式(2.55)代入式(2.49),可得

$$\gamma = \int_{-\omega_g}^{\omega_g} [\Delta R(0) + 2\sum_{k=1}^{\infty} \Delta R(k)\cos(\omega k)]^2 d\omega \tag{2.56}$$

展开式(2.56)并交换积分次序与求和次序，则有

$$\gamma = \int_{-\omega_g}^{\omega_g} [\Delta R(0)]^2 \mathrm{d}\omega + 4\sum_{k=1}^{\infty} \Delta R(0)\Delta R(k)\int_{-\omega_g}^{\omega_g} \cos(\omega k)\mathrm{d}\omega$$

$$+ 4\sum_{k=1}^{\infty}\sum_{l=1}^{\infty} \Delta R(k)\Delta R(l)\int_{-\omega_g}^{\omega_g} \cos(\omega k)\cos(\omega l)\mathrm{d}\omega \tag{2.57}$$

考虑到

$$\int_{-\omega_g}^{\omega_g} \cos(\omega k)\mathrm{d}\omega = 0, \quad k = 1,2,\cdots \tag{2.58}$$

和正交条件

$$\int_{-\omega_g}^{\omega_g} \cos(\omega k)\cos(\omega l)\mathrm{d}\omega = 0 = \begin{cases} 0, & k \neq l \\ \omega_g, & k = l \end{cases} \tag{2.59}$$

式(2.57)可以简化为

$$\gamma = 2\omega_g [\Delta R(0)]^2 + 4\omega_g \sum_{k=1}^{\infty} [\Delta R(k)]^2 \tag{2.60}$$

将式(2.60)除以 $2\omega_g$，得到相对功率差

$$\gamma_n = [R_{xx}(0) - R_{x^r x^r}(0)]^2 + 2\sum_{k=1}^{\infty} [R_{xx}(k) - R_{x^r x^r}(k)]^2 \tag{2.61}$$

由于式(2.61)中 $k \to \infty$，求和无法实现，根据随机信号理论可知，自相关函数可表示为自协方差函数与均值函数平方之和，即

$$R_{xx}(n) = C_{xx}(n) + E^2[X]$$

式中，$C_{xx}(n)$为随机序列(信号)$x(n)$的自协方差函数。

如果随机过程 X 和参考随机过程 X^r 广义平稳且不包含周期信号成分，那么自协方差序列 $C_{xx}(n)$将随着 n 的增加而减少；如果 X 和 X^r 的数学期望相等，式(2.61)中 k 大于一定值时，$R_{xx}(k) - R_{x^r x^r}(k)$可以忽略，这样，式(2.61)中的求和项可以限制在某个值内，设这个值为 q，则有

$$\gamma_n \geqslant 0 \tag{2.62}$$

仅当 X 和 X^r 相等时等号才成立。由于 $R_{xx}(0)$与功率谱 $S_{xx}(\omega)$的总功率成正比，这样 γ_n 对应于实际信号自相关函数与参考信号自相关函数之间的变化。存在的另一个问题是如何由随机信号 $x(n)$获得其自相关函数 $R_{xx}(n)$，考虑到至少在非火灾情况下信号可视为片断平稳的，对于一个任意随机过程(由矩阵描述)的抽样矢量：

$$\boldsymbol{x}^{\mathrm{T}}(n) = [x(n), x(n-1), \cdots, x(n-q+1), x(n-q)] \tag{2.63}$$

它的自相关矩阵由下式表示：

$$R_{xx} = E[\boldsymbol{x}(n)\boldsymbol{x}^{\mathrm{T}}(n)]$$

$$
=\begin{bmatrix} R_{xx}(n,n) & R_{xx}(n,n-1) & \cdots & R_{xx}(n,n-q) \\ R_{xx}(n-1,n) & R_{xx}(n-1,n-1) & \cdots & R_{xx}(n-1,n-q) \\ \vdots & \vdots & & \vdots \\ R_{xx}(n-q,n) & R_{xx}(n-q,n-1) & \cdots & R_{xx}(n-q,n-q) \end{bmatrix} \tag{2.64}
$$

其中矩阵元素：

$$
R_{xx}(n-i,n-j)=E[x(n-i)x(n-j)],\quad i,j=0,1,\cdots,q \tag{2.65}
$$

如设在时间间隔$(n-q)\leqslant k\leqslant n$中信号的二次统计不变，则式(2.65)所示的矩阵元素可简化为

$$
R_{xx}(n-i,n-j)=R_{xx}(n-j,n-i)=R_{xx}(n,k),\quad k=i-j=0,1,\cdots,q \tag{2.66}
$$

即相应的自相关函数只与时间 n 有关。然后用信号矢量的 L 个抽样值组成观测矢量：

$$
\boldsymbol{x}(n)=[x(n),x(n-1),\cdots,x(n-q+1),x(n-q)]^{\mathrm{T}} \tag{2.67}
$$

来估计时间 n 相对于位移 k 的自相关序列：

$$
r_{xx}(n,k)=[\boldsymbol{x}^{\mathrm{T}}(n)\boldsymbol{x}(n-k)]h(n) \tag{2.68}
$$

式中，$h(n)$为窗函数的单位脉冲响应。$h(n)$定义为

$$
\begin{cases} \sum\limits_{n=0}^{\infty}h(n)=1, & n\geqslant 0 \\ h(n)=0, & n<0 \end{cases} \tag{2.69}
$$

有各种窗函数，如果窗函数选择适当，可以递归计算相关序列 $r_{xx}(n,k)$。常用的有矩形窗、Barnwell 窗。

矩形窗的单位脉冲响应的定义是

$$
h(n)=\begin{cases} \dfrac{1}{l}, & 0\leqslant n\leqslant L-1 \\ 0, & n<0,n>L-1 \end{cases} \tag{2.70}
$$

则矩形窗的 $r_{xx}(n,k)$的递归算式为

$$
r_{xx}(n,k)=\begin{cases} r_{xx}(n-1,k)+\dfrac{1}{L}[x(n)x(n-k) \\ \quad -x(n-L)x(n-(L-k))], & n>L \\ \dfrac{1}{L-k}\sum\limits_{i=k+1}^{L}x(i)x(i-k), & n\leqslant L \end{cases} \tag{2.71}
$$

Barnwell 窗的单位脉冲响应的定义是

$$h(n)=\begin{cases}0, & n<0\\(n+1)(1-\mu)^2\mu^n, & n\geqslant 0\end{cases}\quad(0<\mu<1)\tag{2.72}$$

对于 Barnwell 窗 $r_{xx}(n,k)$的递归算式为

$$r_{xx}(n,k)=\begin{cases}2\mu r_{xx}(n-1,k)-\mu^2 r_{xx}(n-2,k)+x(n)x(n-k), & n>L\\\dfrac{1}{L-k}\sum\limits_{i=k+1}^{L}x(i)x(i-k), & n\leqslant L\end{cases}\tag{2.73}$$

Barnwell 窗的有效窗长取决于参数 μ。将式(2.73)代入式(2.61),得到计算火灾探测信号功率差的公式,即

$$\gamma_n(n)=C\{[r_{xx}(n,0)-r_{xx}^{\mathrm{r}}(n,0)]^2+2\sum_{k=1}^{q}[r_{xx}(n,k)-r_{xx}^{\mathrm{r}}(n,k)]^2\}\tag{2.74}$$

式中,C 为常数。为了限制实际的运算量,求和项数被限制到 q。实际中参考信号 $x'(t)$可以用 $x(t)$本身在非火灾情况下的信号代替,即用一个长窗从 $x(t)$中截取出 $x'(t)$,长窗能平滑掉噪声的影响,而用短窗计算功率谱密度可以保证不丢失火灾信息。最后,对 $\gamma_n(n)$经过门限比较给出火灾或非火灾判决。对于广义平稳随机信号,$\gamma_n(n)$接近于 0,它随着环境的变化可能也发生缓慢的变化,但只要环境变化引起的信号变化在参考窗长以内,$\gamma_n(n)$均能保持接近于 0。

2. 多输入功率谱检测算法

功率谱检测算法还适用于多传感器或复合传感器的信号处理。首先定义输入信号,设有 m 个输入信号 $x_i(n)$,$i=1,\cdots,m$,考虑到实际的火灾探测系统都是有一定的动态范围的,如果设 $x_{i\max}$为第 i 个信号的最大值,$x_{i\min}$为第 i 个信号的最小值,显然第 i 个信号的范围是 $0\leqslant x_{i\min}\leqslant x_i\leqslant x_{i\max}$。由于功率谱算法要求信号变化方向均朝正方向(增加),而有些传感器输出为负方向(减小),为此可以在传感器上加反向器,或对信号进行如下处理:

$$z_i(n)=\begin{cases}x_i(n), & \text{正趋势}\\x_{i\max}-x_i(n), & \text{负趋势}\end{cases}\tag{2.75}$$

由于各个传感器对于不同的火灾探测效果不同,因此在多传感器算法中,可以引入权因子,以调节各个输入信号的大小,将各个传感器信号 $x_1(n),x_2(n),\cdots,x_M(n)$用权因子 $w_j\geqslant 0$ 组合:

$$m(n)=\sum_{j=1}^{M}w_jx_j(n)\tag{2.76}$$

然后对复合修正信号 $m(n)$使用式(2.74)计算其 $\gamma_n(n)$值,以进行火灾判断。

3. 单输入功率谱检测算法的实验

实验在中国科学技术大学火灾科学国家重点实验室的火灾探测实验台上进行,它分为实验燃烧室和实验探测室两大部分。实验燃烧室按照 GB 4715—93 的相关要求建设,能满足火灾实验所需的环境条件。在实验探测室里,主要运用了离子烟浓度计、光学烟尘密度计和温度场动态采集系统实验数据,并对算法进行检验分析[13]。

在以上实验条件下,进行了四种标准试验火的相关数据采集:TF2 木材阴燃火;TF3 棉绳阴燃火;TF4 聚氨酯塑料火;TF5 正庚烷火。利用相关的实验设备对 4 种标准试验火的数据进行采集,并在燃烧实验室中无火灾的状况下,进行了无火灾环境信号的采集。同时,还进行了虚假信号的模拟,采集油烟信号数据。

图 2.16 是在无火灾环境下采集的数据和虚假火灾情况下采集的数据经过算法处理后得到的 γ_n 随时间变化的数据图。从图 2.16 可以看出,在无火灾环境下,γ_n 值最高达到 0.00012,而绝大多数数值都分布在 0.000004 以下,即烟气的密度变化很小,其信号能量幅值几乎等于零。而虚假信号的 γ_n 值最大达到 0.0007。因此,可以确定,判断是否为火灾信号的 γ_n 的阈值不应低于 0.0007。但是,不能单从虚假火灾信号的最大值分析,还要具体分析标准火实验信号的 γ_n 的变化。

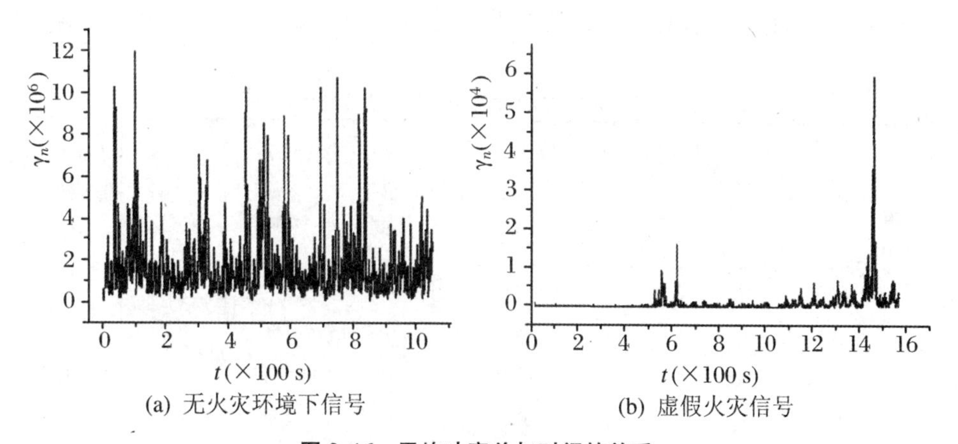

(a) 无火灾环境下信号　　(b) 虚假火灾信号

图 2.16　平均功率差与时间的关系

四种标准火由光学烟尘密度计采集得到的信号,经过算法处理后得到相应的 γ_n。分析发现,四种标准火的信号能量相差数十倍,这是由于不同的火其烟气变化特征不同造成的。选取一种峰值最小的标准试验火信号的 γ_n 值来分析,若对它能够准确、及时地报警,则对另三类标准试验火也能够准确及时地报警。由于 TF4 标准试验火的 γ_n 峰值最小,故选择 TF4 标准试验火信号与虚假火灾信号进行对比分析。

由标准试验火信号与虚假火灾信号的 γ_n 的比较数据可知，与 TF4 标准试验火的 γ_n 相比，虚假火灾信号的 γ_n 可以认为是接近于0。TF4 的 γ_n 值则有很大的跳变。考虑到虚假火灾信号实验并没有统一的标准，本实验的实验环境又为标准实验室，与真实的火灾现场还有差别，所以设定的阈值 0.02 相对于虚假火灾信号的 γ_n 值高两个数量级，以防止可能出现的其他因素引起的干扰信号导致 γ_n 值高峰引起误报。

阈值为 0.02 的 TF4 标准试验火实验在 129 s 时就可以判别火灾。而这一时刻在 TF4 火实验过程中还处于火灾的初期阶段，报警是比较及时的。通过分析 TF4 标准火信号的 γ_n 值，阈值已初步确定，现在用选出的阈值(0.02)对其他三类标准试验火进行检测。采用同样的方法，可以得到 TF2、TF3、TF5 的阈值响应时间分别为 532 s、113 s 和 28 s，都仅处于火灾的初期阶段，报警是十分及时的。同时因阈值高出无火灾信号和虚假火灾信号的 γ_n 值很多，误报率低，报警是准确的。

表 2.5 是实验过程中各类火灾探测器的报警时间与功率谱检测算法阈值响应时间，进行比较可以看出，其中除了对 TF4 标准试验火的判断稍落后外，其余的与传统感烟探测器相比都有很大的优势，对于该环境下的虚假火灾实验信号都没有产生误判。所以，功率谱统计检测算法对于火灾烟气的判别是一种较为有效的方法。

表 2.5　火灾探测实验报警时间比较(单位:s)

火源	功率谱统计监测算法		离子感烟探测器	光电感烟探测器	紫外火焰探测器	火灾图像监测控制系统
	烟尘光学密度信号	离子烟浓度信号				
TF2	532	684	780	780	不报	不报
TF3	113	137	600	780	不报	不报
TF4	128	112	60	不报	2	1
TF5	28	18	120	不报	120	1
虚假火灾	不报	不报	不报	不报	2	2

4. 参数模型算法

参数模型算法是现代功率谱估计中常用的方法，它的原理是：基于绝大多数实际中遇到的随机过程都可以由一个白噪声信号通过一个有理传输函数的系统来逼近，人们可以根据已掌握的待测随机过程的某些特征与知识建立一个模型，然后估计出这个模型的参数，最后由该模型来估计或检测输入随机过程。根据现代谱分析理论著名的Wold分解定理，任何广义的平稳随机过程都可分解为一个完全随机的部分和一个确定的部分，确定过程是可以根据它的过去取样值完全预测未来的过程，例如对于一个有噪声的正弦随机过程可分解为一个纯随机成分（白噪声）和一个确定成分（正弦过程）。基于这种理论，很自然地可以把火灾探测信号看作由一个完全随机的信号（火灾信号、噪声、人为干扰等）和一个长时间相对确定的周期过程组成，因此它适合于使用参数模型方法来识别。

参数模型方法用于火灾探测的基本步骤：

（1）选择合适的模型。

（2）根据测量到的非火灾条件下的信号估计出非火灾模型的参数。

（3）利用标准试验火等火灾实验数据估计出火灾模型参数。

（4）利用这些模型来判断待测信号是火灾信号或非火灾信号。

由此可见，模型的选择非常重要。常用的模型为自回归滑动平均（ARMA）模型、自回归（AR）模型及滑动平均（MA）模型。ARMA模型的描述如下：对于一个平稳随机过程，当输入信号是均值为0、方差为σ_w^2的时间序列$\{y(n)\}$时，一定能够将它拟合成如下形式的随机差分方程：

$$y(n) + \sum_{k=1}^{p} a_k y(n-k) = v(n) + \sum_{l=1}^{q} b_l v(n-k) \tag{2.77}$$

式中$a_k(k=1,2,\cdots,p)$称为自回归（Autoregressive）参数，$b_l(l=1,2,\cdots,q)$称为滑动平均（Moving average）参数，$v(n)$称为残差。当这一模型正确揭示了随机过程的结构与规律时，则$\{v(n)\}$是白噪声。人们称$a_0=b_0=1$，a_k、b_l不全为0的式（2.77）为自回归滑动平均模型，又称ARMA(p,q)模型。

若滑动平均参数$b_l=0(l=1,2,\cdots,q)$，则式（2.77）可简化为

$$y(n) + \sum_{k=1}^{p} a_k y(n-k) = v(n) \tag{2.78}$$

这一模型称为p阶自回归模型，记为AR(p)。

若自回归参数$a_k=0(k=1,2,\cdots,q)$，则式（2.77）可简化为

$$y(n) = v(n) + \sum_{l=1}^{q} b_l v(n-k) \tag{2.79}$$

这一模型称为q阶滑动平均模型，记为MA(q)。

通常，AR模型的应用范围要比ARMA或MA模型要广泛，这是因为在ARMA或MA模型的参数求解过程中，往往要解一组非线性的方程，而AR模型参数的求解只需要求解一组线性方程。另外，由统计信号处理的理论可知，任何ARMA或MA过程都可以用阶数很高的AR模型来表示。因此，在本节中只

介绍AR模型及其推广形式和向量自回归(VAR,Vector autoregressive)模型在火灾探测中的应用。

1) 自回归模型(AR模型)

AR模型是一个离散线性系统,其输入输出关系如式(2.78)所示。对式(2.78)两边同时取 z 变换,得到

$$\sum_{n=0}^{p} a_n z^{-n} Y(z) = V(z)$$

其中 $Y(z)$、$V(z)$分别是 $y(n)$、$v(n)$的 z 变换,由此可得系统的传输函数:

$$H(z) = \frac{Y(z)}{V(z)} = \frac{1}{\sum_{n=0}^{p} a_n z^{-n}} \tag{2.80}$$

这里设 $H(z)$的阶数为 p。

设白噪声 $v(n)$均值为0、方差为 σ^2,它的输出功率谱为

$$S_{yy}(e^{jw}) = \sigma^2 H(e^{jw}) \cdot H(e^{-jw}) = \frac{\sigma^2}{\left|1 + \sum_{n=1}^{p} a_n e^{-jwn}\right|^2} \tag{2.81}$$

对于 p 阶AR模型,可以由它的差分方程导出自相关函数表达式,然后由Levinson算法递推出模型参数。将式(2.78)代入信号的自相关函数表达式,得

$$\begin{aligned} R_{yy}(n, n+m) &= E[y(n)y(n+m)] \\ &= E\left\{y(n)\left[-\sum_{k=1}^{p} a_k y(n+m-k) + v(m+n)\right]\right\} \\ &= -\sum_{k=1}^{p} a_k R_{yy}(m-k) + E[y(n)v(m+n)] \end{aligned}$$

式中,$v(n)$为系统输入的白噪声信号。考虑到系统是因果的,$v(n)$的方差为 σ^2,且与 $y(n)$不相关,则有

$$R_{yy}(m) = \begin{cases} -\sum_{k=1}^{p} a_k R_{yy}(m-k) + \sigma^2, & m = 0 \\ -\sum_{k=1}^{p} a_k R_{yy}(m-k), & m > 0 \end{cases} \tag{2.82}$$

利用自相关函数的偶对称性质,式(2.82)可以表示成矩阵形式,即

$$\begin{bmatrix} R(0) & R(1) & \cdots & R(p) \\ R(1) & R(0) & \cdots & R(p-1) \\ \vdots & \vdots & & \vdots \\ R(p) & R(p-1) & \cdots & R(0) \end{bmatrix} \begin{bmatrix} 1 \\ a_1 \\ \vdots \\ a_p \end{bmatrix} = [\sigma^2 \quad 0 \quad \cdots \quad 0]^T \tag{2.83}$$

这是AR(p)(p阶AR模型)的Yule-Walker方程,只要得到信号的$p+1$个自相关函数值,就能解出$p+1$个模型参数$a_1,a_2,\cdots,a_p,\sigma^2$。

可以通过直接解Yule-Walker方程得到模型的参数$a_k(k=1,2,\cdots,p)$,也可以通过Levinson递推算法求解这些参数。Levinson递推算法是一种参数递推算法,所谓参数递推算法是指利用已经求解出的低阶模型参数递推出高阶模型参数的一种方法。为了递推的需要,将参数a_k替换为a_{nk},其中第一个参数n表示当前递推中使用的AR模型为n阶,第二个参数k表示第k个自回归参数。

对$n=2$的情形,即

$$y(n)+a_{21}y(n-1)+a_{22}y(n-2)=v(n)$$

由Yule-Walker方程(2.83)式,得

$$\begin{cases}R(1)+a_{21}R(0)+a_{22}R(1)=0\\R(2)+a_{21}R(1)+a_{22}R(0)=0\end{cases}$$

由此可得模型参数为

$$\begin{bmatrix}a_{21}\\a_{22}\end{bmatrix}=-\begin{bmatrix}R(0)&R(1)\\R(1)&R(0)\end{bmatrix}^{-1}\begin{bmatrix}R(1)\\R(2)\end{bmatrix}\tag{2.84}$$

对$n=3$的情形,Yule-Walker方程可写为

$$\begin{cases}R(1)+a_{31}R(0)+a_{32}R(1)+a_{33}R(2)=0\\R(2)+a_{31}R(1)+a_{32}R(0)+a_{33}R(1)=0\\R(3)+a_{31}R(2)+a_{32}R(1)+a_{33}R(0)=0\end{cases}\tag{2.85}$$

将式(2.85)中前两式移项,用矩阵表示后转化为

$$\begin{bmatrix}a_{31}\\a_{32}\end{bmatrix}=-\begin{bmatrix}R(0)&R(1)\\R(1)&R(0)\end{bmatrix}^{-1}\begin{bmatrix}R(1)\\R(2)\end{bmatrix}+a_{33}\begin{bmatrix}R(0)&R(1)\\R(1)&R(0)\end{bmatrix}^{-1}\begin{bmatrix}R(2)\\R(1)\end{bmatrix}$$

将式(2.84)代入上式中,化简可得

$$\begin{cases}a_{31}=a_{21}-a_{33}a_{22}\\a_{32}=a_{22}-a_{33}a_{21}\end{cases}\tag{2.86}$$

再将此式代入式(2.85)中最后一式,可解得

$$a_{33}=\frac{-R(3)-[a_{21}R(2)+a_{22}R(1)]}{R(0)-[a_{21}R(1)+a_{22}R(2)]}\tag{2.87}$$

上两式表示了AR(2)与AR(3)模型参数之间的关系,也就是由AR(2)模型参数推出AR(3)模型参数的递推算式,其递推步骤为:首先按式(2.87)由a_{21}、a_{22}算出a_{33},再按式(2.86)由a_{21}、a_{22}和a_{33}算出a_{31}、a_{32}。

类似于式(2.86)、式(2.87),当已知AR(n)的模型参数$a_{n1},a_{n2},\cdots,a_{nn}$后,由AR($n$)递推出AR($n+1$)模型参数$a_{n+1,1},a_{n+1,2},\cdots,a_{n+1,n+1}$的递推算式为

$$\begin{cases} a_{n+1,n+1} = \dfrac{-R(n+1) - \sum\limits_{i=1}^{n}[a_{ni}R(n+1-i)]}{R(0) - \sum\limits_{i=1}^{n}[a_{ni}R(i)]} & (i = 1,2,\cdots,n) \\ a_{n+1,i} = a_{ni} - a_{n+1,n+1}a_{n,n+1-i} \end{cases} \tag{2.88}$$

递推计算可以从 $k=1$ 开始,即从AR(1)模型开始递推。对AR(1)模型,有

$$y(n) = -a_{11}y(n-1) + v(n) \tag{2.89}$$

类似于式(2.84),有

$$R(1) = -a_{11}R(0) \tag{2.90}$$

即

$$a_{11} = -R(1)/R(0) \tag{2.91}$$

求得 a_{11} 后,再逐步递推得到AR(2)及更高阶的模型参数 a_{ki},直到阶数 k 达到所要求的阶数为止。计算过程中的 $R(i)$ 可以用其估计值 $\hat{R}(i)$ 来代替,设采样数据长度(即所选取的样本长度)为 L,一种比较简单的估计方法如下所示:

$$\hat{R}(i) = \frac{1}{L-i}\sum_{n=i}^{L-1}y(n)y(n-i) \tag{2.92}$$

Levinson 递推算法的特点是概念简单,计算次数与 Lp 成正比(其中 L 为采样数据长度,p 为模型的阶数),计算速度较快,适合于在线递推。Levinson 递推算法的另外一个优点是:当模型的阶数无法通过其他方法确定时,可先用较低阶的模型进行近似,然后用该递推算法递推高阶模型的系数,这样使得模型的阶数不断升高,当选定的判定模型的指标符合要求时,即可停止递推,此时递推所达到的模型阶数即为符合要求的模型阶数。

得到模型参数后,AR 模型的实现采用横向数字滤波器,如图 2.17 所示。采用预测误差滤波器,如图 2.18 所示,则可以得到 AR 模型的逆系统,即输入 $y(n)$,输出为预测误差的白噪声。

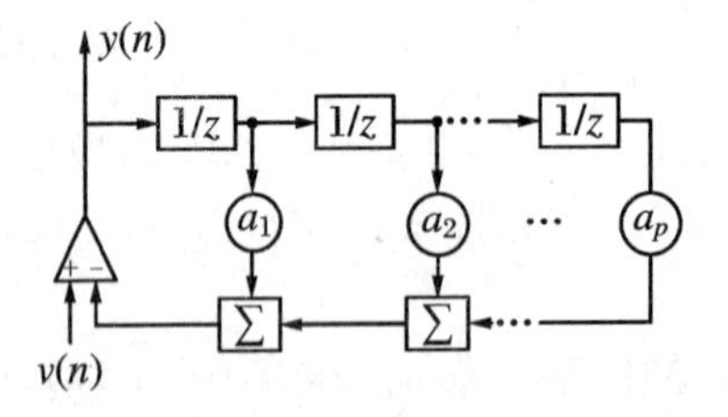

图 2.17　AR 模型的横向数字滤波器结构

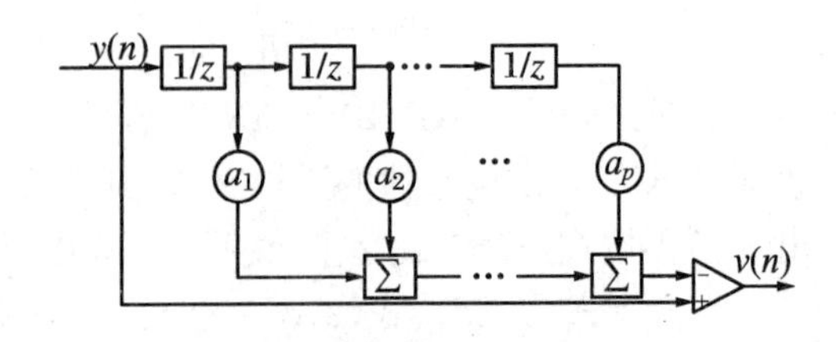

图 2.18　预测误差滤波器

2) 向量自回归模型(VAR模型)

VAR模型是AR模型的推广,适合于对多路信号进行建模。VAR模型具有如下形式:

$$\boldsymbol{y}(n) = \boldsymbol{v}(n) + \sum_{k=1}^{p} \boldsymbol{a}_k \boldsymbol{y}(n-i) \tag{2.93}$$

其中矩阵$\boldsymbol{a}_k(k=1,2,\cdots,p)$是模型参数;$p$是模型的阶数;$\{\boldsymbol{v}(n)\}$是一稳态的白噪声,均值为0向量,协方差矩阵为$\boldsymbol{\Sigma}$。信号向量$\boldsymbol{y}(n)=\{y_1(n),y_2(n),\cdots,y_M(n)\}^{\mathrm{T}}$代表$M$路传感器的输出,是零均值、稳态的随机信号。使用矩阵$\boldsymbol{a}_k$作参数,该模型反映了各路传感器信号之间的相关关系。

仿照AR模型的形式,可写出VAR模型的Yule-Walker方程:

$$\begin{bmatrix} \boldsymbol{R}(0) & \boldsymbol{R}(1) & \cdots & \boldsymbol{R}(p-1) \\ \boldsymbol{R}(1) & \boldsymbol{R}(0) & \cdots & \boldsymbol{R}(p-2) \\ \vdots & \vdots & & \vdots \\ \boldsymbol{R}(p-1) & \boldsymbol{R}(p-2) & \cdots & \boldsymbol{R}(0) \end{bmatrix} \begin{bmatrix} \boldsymbol{a}_1 \\ \boldsymbol{a}_2 \\ \vdots \\ \boldsymbol{a}_p \end{bmatrix} = \begin{bmatrix} \boldsymbol{R}(1) \\ \boldsymbol{R}(2) \\ \vdots \\ \boldsymbol{R}(p) \end{bmatrix} \tag{2.94}$$

其中$\boldsymbol{R}(i)$是信号的协方差矩阵。

残差$\{\boldsymbol{v}(n)\}$的协方差矩阵由下式给出:

$$\boldsymbol{\Sigma} = \boldsymbol{R}(0) - \sum_{i=1}^{p} a_i \boldsymbol{R}(i) \tag{2.95}$$

得到Yule-Walker方程后,可以通过直接求解该方程求得系数矩阵,也可以采用与AR模型相类似的递推算法。

在求解参数的过程中,协方差矩阵$\boldsymbol{R}(i)$可用其估计$\hat{\boldsymbol{R}}(i)$来代替。设所用的样本长度为L,则

$$\hat{\boldsymbol{R}}(i) = \frac{1}{L-i} \sum_{n=i}^{L-1} \begin{bmatrix} y_1(n)y_1(n-i) & \cdots & y_1(n)y_M(n-i) \\ \vdots & & \vdots \\ y_M(n)y_1(n-i) & \cdots & y_M(n)y_M(n-i) \end{bmatrix} \tag{2.96}$$

3) AR、VAR模型与火灾探测

对火灾探测输出信号进行分析,可建立火灾探测器输出信号的AR、VAR模型。AR、VAR模型都要求探测器输出信号$\{y(n)\}$或$\{\vec{y}(n)\}$为零均值平稳随机过程。大多数火灾探测器的输出都是非平稳的,但在某一较短的时间段内可以视为平稳随机过程。而大多数火灾探测器的输出都不是零均值的,但可以经过简单的变换,将其转化为零均值,对于AR模型,较为简单的形式如式(2.97)所示:

$$x(i) = y(i) - \hat{\mu}_y, \quad i = 0,1,\cdots,L-1 \tag{2.97}$$

其中 $\hat{\mu}_y$ 为$\{y(i)\}$使用样本做出的估计值，则$\{x(i)\}$为零均值的随机过程，可建立$\{x(i)\}$的 AR 模型，利用$\{x(i)\}$的模型进行火灾判断。对于 VAR 模型，也可以做类似的变换。

一般情况下，探测器在非火灾时，输出较为稳定，可视为一个平稳的随机过程，建立一个相对较为稳定的模型，其参数不随时间的变化而发生改变；在发生火灾时，探测器的输出随着火灾强度、发展速度不同而有所不同，因此，用来描述火灾探测器输出的随机过程会随着不同的火灾场景有所不同，对这种情况，应该使用加窗的方法，随时间的改变，连续截取一定数量的样本，使用这些样本建立参数模型。在不同时刻，模型的参数可能会不相同，即建立的模型其模型参数是随时间动态变化的。

利用 AR 模型进行火灾探测的一种方法是建立非火灾条件和火灾条件下的输出信号的模型，其中火灾条件下的模型可以利用标准试验火的实验数据来建立。探测系统运行时，首先利用非火灾条件模型参数建立预测误差滤波器(如图 2.18 所示)，得到信号预测误差 $e(n)$，此时 $e(n)$不一定为白噪声，计算误差信号 $e(n)$ 的能量：

$$E_e(n) = \sum_{i=0}^{N-1} e^2(n-i) \tag{2.98}$$

当误差信号 $E_e(n)$出现异常值时，将预测误差滤波器中的模型参数用火灾条件模型参数代替，计算 $E_e(n)$，同时利用火灾条件模型建立 AR 模型横向滤波器(如图 2.17 所示)，计算探测器输出信号的能量：

$$E_y(n) = \sum_{i=0}^{N-1} y^2(n)$$

然后计算输出信号能量与误差信号能量的差的平方根：

$$z(n) = \sqrt{E_y(n) - E_e(n)} \tag{2.99}$$

最后经过门限判决后，输出火灾或非火灾结果。

对于由 VAR 所建立的模型，可以做类似的处理，与 AR 模型不同的地方在于，由 VAR 建立的模型包含了多路信号间的互相关关系，模型更精确。

4) AR 和 VAR 模型应用举例

克洛兹采用参数模型法建立了 $p=4$ 阶的 AR 模型，并用它模拟了非火灾和火灾信号，图 2.19 显示了在非火灾情况下采集的散射光烟雾探测器信号和 AR 模型输出信号，图 2.20 显示了试验火 TF1(木材明火)的散射光烟雾探测器信号和AR模型输出信号，原始信号和模拟信号除了在幅度上相差一个常数倍数外，所反映的趋势基本相同。可见这种模型较好地模拟了火灾和非火灾的随机过程。

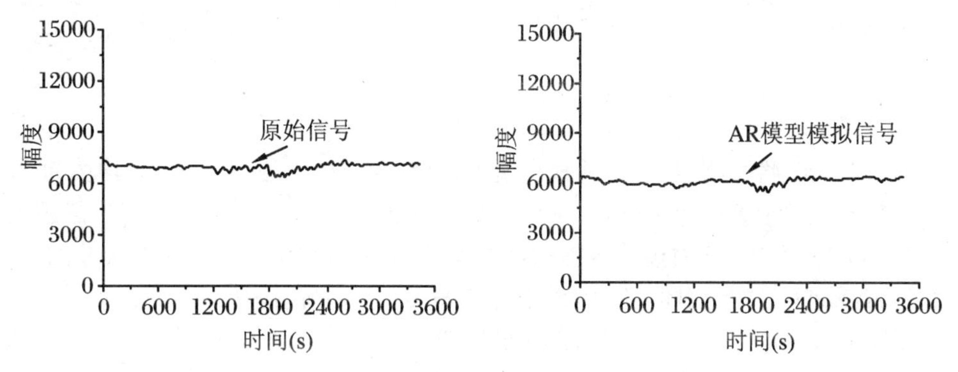

图2.19 非火灾AR模型输出

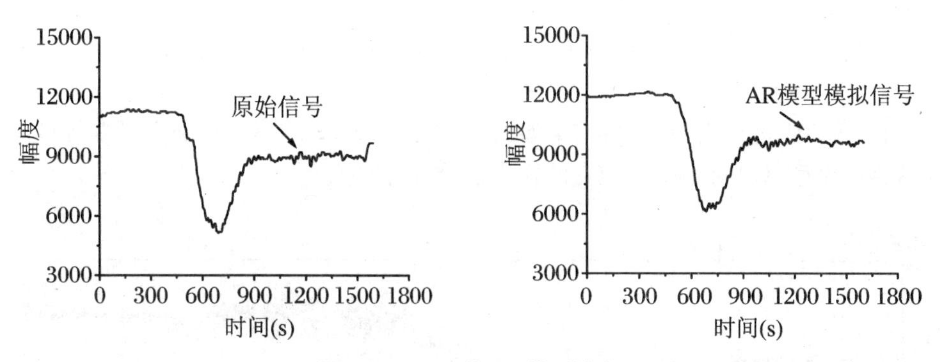

图2.20 TF1的AR模型输出

Alexander Fisher建立了离子感烟探测器(I)、光电感烟探测器(O)和温度探测器(T)三路探测器输出的VAR模型。

记三种探测器的输出为$y_j(n)$，$j\in\{I,O,T\}$，设用于估计参数的样本长度为L，首先对这些信号做一些预处理：

$$z_j(n) = y_j(n) - y_j(n-1) \tag{2.100}$$

$$z_j(n) = \begin{cases} \operatorname{sgn}(z_j(n))k_S S(n), & \text{如果 } |z_j(n)| > k_S S(n) \\ z_j(n), & \text{其他} \end{cases} \tag{2.101}$$

$$S(n)=\begin{cases}\sqrt{\sum\limits_{i=0}^{L_s/2} z_j(i)}, & 0\leqslant i\leqslant L_s/2\\ \sqrt{\sum\limits_{i=-L_s/2}^{L_s/2} z_j(n+i)}, & L_s/2\leqslant i< L-L_s/2\\ \sqrt{\sum\limits_{i=L-L_s/2}^{L-1} z_j(i)}, & L-L_s/2\leqslant i< L\end{cases} \tag{2.102}$$

式(2.100)将探测器的前、后输出值做差分，所获得的序列$\{z_j(n)\}$均值为0；式(2.102)则用于去掉绝对值较大的$z_j(n)$对递推造成的负面影响，其基本思想是计算$z_j(n)$左右$L_s/2$宽度内数据的标准差，当$z_j(n)$的绝对值大于标准差的k_S倍时，将该$z_j(n)$的绝对值设为所得标准差的k_S倍，并保持符号不变。实际上式(2.102)对$\{z_j(n)\}$做了非常轻微的平滑处理。

获得$\{z_j(n)\}$后，就可以利用标准的VAR模型对该序列进行建模。建立$\{z_j(n)\}$模型后，根据

$$y_j(n)=z_j(n)+y_j(n-1) \tag{2.103}$$

可对$y_j(n)$进行估计。

使用TF1进行实验，所得结果如图2.21和图2.22所示。从图中可以看出，使用VAR模型可以对多路探测器的输出信号进行模拟[14]。

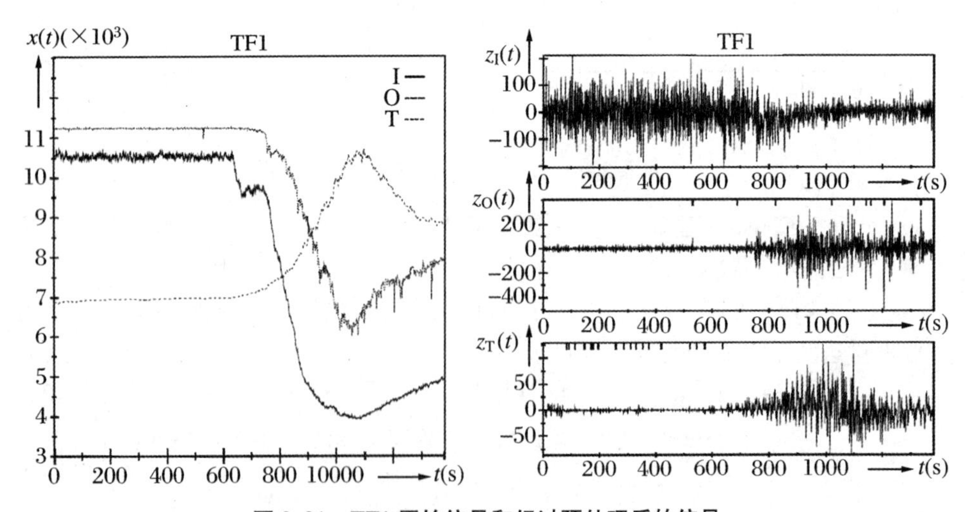

图2.21　TF1原始信号和经过预处理后的信号

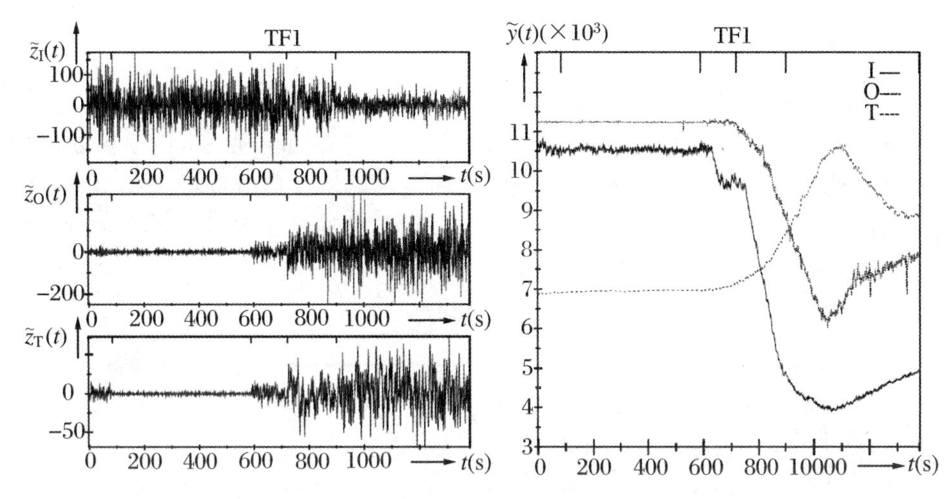

图 2.22 使用 VAR 模型对探测器输出进行模拟所得的信号

2.4 火灾信号的智能识别算法

火灾自动报警系统根据单个传感器信息做出是否发生火灾的判决，容易造成误报。如感烟探测器探测到的粒子数达到预定阈值，就发出火警信号，但这些粒子可能是烟雾粒子，也可能是水雾或灰尘等非火灾产生的粒子，普通感烟探测器无法区分是烟雾粒子还是水雾和灰尘粒子，这就容易导致误报的发生。火灾的复杂性除了事件的随机性特征，还在于相同的材料在不同的环境下具有不同的着火温度，相同的环境不同的材料，着火条件也不一样，人类的活动以及环境的变化事先也无法确定，所以实际的火灾参量是随着空间和时间的变化而变化着的，很难建立一种或几种数学模型进行精确描述。因此，火灾探测信号检测要求信号处理算法能够适应各种环境条件的变化，自动调整参数以达到既能快速探测火灾，又有很低误报率的目的。人工神经网络(以下简称神经网络)与模糊系统都属于一种数值化的和非数学模型的函数估计和动力学系统，它们都能以一种不精确的方式处理不精确的信息，并获得相对精确的结果。利用火灾多种信号作为输入，采用智能算法，可大大减少火灾探测误报与漏报的可能。

2.4.1 模糊逻辑在火灾探测中的应用

1. 单输入火灾探测信号的模糊处理

使用模糊逻辑方法进行火灾信号处理，首先应定义判断规则。以模糊处理烟雾探测信号为例，模糊逻辑可以对一定时间内的烟雾浓度信号进行火灾和非火灾的判断识别，以控制报警延迟时间，图 2.23 显示了对某光电烟雾探测器输出信号的延迟时间的控制[15]。

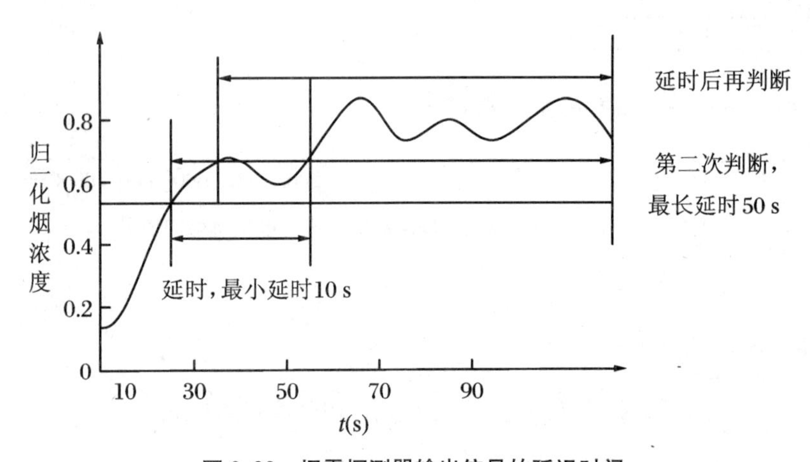

图 2.23 烟雾探测器输出信号的延迟时间

为了实现其控制过程，定义输入变量表如表 2.6 所示。

表 2.6 模糊逻辑判断变量函数

x	定 义
1	减光率(烟雾浓度)从 1.0% 上升到 5.0%
2	从 5.0% 上升到 10.0%(报警)
3	报警前 1 min 的烟雾平均浓度
4	报警前 3 min 的平均烟雾浓度
5	报警前 1 min 内前 30 s 和后 30 s 的平均烟雾浓度差
6	报警前 3 min 内烟雾从 0.1% 上升到 2.5% 的次数
7	报警前 3 min 内烟雾从 2.5% 上升到 5.0% 的次数

处理过程为：

(1) 首先判断输入信号的大小，根据其大小做出火灾或非火灾的判决，为此需要定义输入变量的隶属函数，对于输入信号“大”和“小”的隶属函数可采用梯形分布。

(2) 做火灾或非火灾的逻辑判断，首先由输入变量之间进行模糊逻辑“与”运算，得到输出变量的隶属度，然后对输出隶属度进行判断。

(3) 根据输出隶属度确定延迟时间的长短。延迟时间长短定义为：若输出变量隶属度≥0.50，判断为火灾，延迟 10 s；若输出变量隶属度<0.50，判断为非火灾，延迟 20—50 s。

(4) 在判断延迟期间，采用非模糊逻辑方法判断，如果输入信号（烟雾浓度）减小，则输出非火灾判断；如果输入信号增大，则立即输出火灾报警信号；当延迟结束时，输入信号仍维持报警水平，则也输出报警信号。

这种火灾探测的信号处理方法，经过对 ISO 的标准试验火和实际安装在日本某公司大楼内的火灾探测系统采集到的非火灾数据的模拟测试，表明有 70%的火灾报警信号有所提前，而误报警减少了 50%。

2. 复合“火灾量”算法的模糊处理

在前面论述了根据烟雾和温度信号进行火灾探测的复合偏置滤波算法，即复合“火灾量”算法，如对这种算法结合模糊逻辑处理可以得到较短的报警延迟时间和较低的误报警率[16]。

设输入烟雾信号为 $x_R(n)$，温度信号为 $x_T(n)$，烟雾火灾量计算门限为 S_{RB}，对于烟雾信号的火灾量计算，有

$$B_R(n) = \begin{cases} B_R(n-1) + x_R(n) - S_{RB}, & S_{RB} < x_R(n) \\ 0, & S_{RB} \geqslant x_R(n) \end{cases} \tag{2.104}$$

设温度火灾量计算门限为 S_{TB}，考虑到一般使用暖气等人为因素造成的温度变化十分缓慢，因此温度的火灾量计算应该在一段区间内考虑，即有

$$B_T(n) = \begin{cases} B_T(n-1) + x_T(n) - x_T(n-1), & x_T(n) - x_T(n-1) \geqslant S_{TB} \\ 0, & x_T(n) - x_T(n-1) < S_{TB} \end{cases} \tag{2.105}$$

计算区间条件为 $x_T(n-k) - x_T(n-k-1) \neq 0, 0 \leqslant k < L$，$L$ 为区间长度。

对于火灾量大小的判断采用模糊集定义方法，选定烟雾和温度信号火灾量“大”的隶属函数分别如图 2.24 和图 2.25 所示。图 2.24 中定义了两种烟雾火灾量隶属函数 ρ_1、ρ_2，相当于两级火灾报警处理。设最后的火灾报警门限为 S，模糊逻辑输出：

$$z(n) = \max\{\min[\rho_1[B_R(n)], \tau_t(B_T(n))], \rho_2[B_R(n)]\} \tag{2.106}$$

当经过模糊逻辑运算后所得结果 $z(n)$ 超过门限 S 时，则探测器输出火灾警报。

这种模糊复合“火灾量”方法已经用于后向散射光点型烟雾探测信号和半导体温度探测信号进行模糊处理，并经过德国 Duisburg 市市立医院厨房非火灾条件下的水蒸气信号的实验，图 2.26 显示了这种条件下，烟雾和温度信号以及相应的烟雾和温度火灾量的隶属度的变化。从图 2.26 可以看到，隶属函数在干扰情况下，$\rho_1[B_R(n)]$已接近最大值 1，而 $\rho_2[B_R(n)]$相对较小，温度信号有一个至 32 ℃的阶跃，其 $\tau[B_T(n)]\approx 0.6$。在时间段 $N_1 \leqslant n < N_2$ 中，由于 $\rho_2[B_R(n)] < \rho_1[B_R(n)]$，而且 $\tau[B_T(n)] < \rho_1[B_R(n)]$，所以 $z(n)=\tau[B_T(n)]$；在 $N_2 \leqslant n < N_3$ 区间内，$z(n)=\rho_2[B_R(n)]$。如果报警门限确定为 $S=0.6$，这时不会产生误报警。这种算法与普通复合火灾量算法的比较见表 2.7，其中还包括 $z(n)$取不同最大值时的误报警情况。

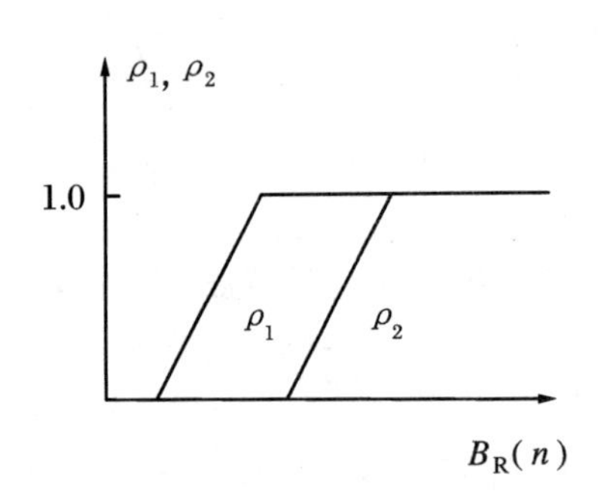

图 2.24 烟雾火灾量“大”的隶属函数

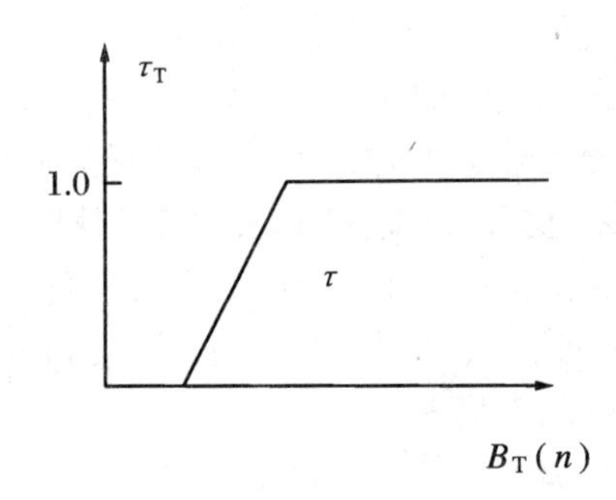

图 2.25 温度火灾量“大”的隶属函数

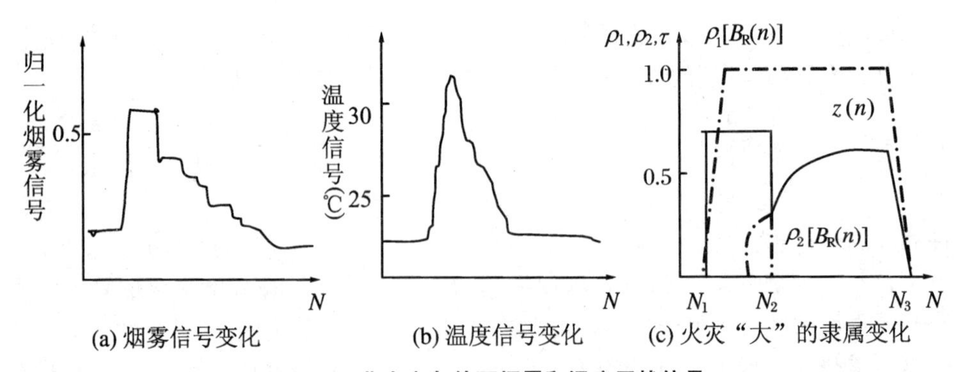

(a) 烟雾信号变化　(b) 温度信号变化　(c) 火灾“大”的隶属变化

图 2.26 非火灾条件下烟雾和温度干扰信号

表 2.7　两种算法的误报比较

z_{max}范围	误报次数			
	医院厨房		钢铁厂	
	普通算法	模糊算法	普通算法	模糊算法
$0.1<z_{max}\leqslant 0.2$	37	36	1	0
$0.2<z_{max}\leqslant 0.3$	25	19	2	0
$0.3<z_{max}\leqslant 0.4$	14	21	0	0
$0.4<z_{max}\leqslant 0.5$	13	10	1	0
$0.5<z_{max}\leqslant 0.6$	4	6	0	0
$0.6<z_{max}\leqslant 0.7$	1	3	2	0
$0.7<z_{max}\leqslant 0.8$	2	1	1	0
$0.8<z_{max}\leqslant 0.9$	9	2	0	0
$0.9<z_{max}\leqslant 1.0$	48	14	1	1

2.4.2　神经网络算法

1. 神经网络的分类

神经网络按结构分为层次型神经网络和互联型神经网络；从学习计算角度分为有教师学习和无教师学习两种。

1）神经网络按结构分类

(1) 层次型神经网络

层次型神经网络中神经元是分层排列的，这种网络由输入层、一层或多层的隐层以及输出层组成，每一个神经元只与前一层的神经元相连接，如图 2.27(a)所示。层次型神经网络通常用于模式识别和自动控制等领域，典型的网络有多层感知器、BP 网络和 Hamming 等。

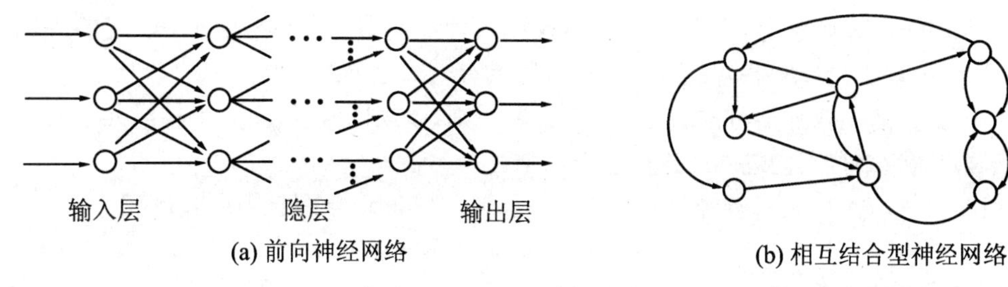

(a) 前向神经网络

(b) 相互结合型神经网络

图 2.27　人工神经网络

(2) 互联型神经网络

互联型神经网络中任意两个神经元之间都可能有连接,因此,输入信号要在神经元之间反复传递,从某一初始状态开始,经过若干次的变化,渐渐趋于某一稳定状态或进入周期振荡等其他状态,如图 2.27(b)所示。互联型神经网络可分为联想存储模型和用于模式识别及优化的网络。联想存储模型与计算机中使用的存储器有很大不同,它可以根据内容进行检索,类似于人的记忆方式,有广阔的应用前景。而后者的网络特别适合用于优化领域,并已获得了很多成果。其中最常用的反馈式人工神经网络为 Hopfield 网络。

2) 神经网络按学习分类

神经网络的卓越能力来自于神经网络中各神经元之间的连接权。连接权一般不能预先准确地确定,故神经网络应该具有学习功能。由于能根据样本(输入信号)模式逐渐调整权值,使神经网络具有了卓越的信息处理能力。

(1) 有教师学习

对于有教师学习,神经网络的输出和希望的输出进行比较,然后根据二者之间的差的函数(如差的平方和)来调整网络的权值,最终使函数达到最小。

最常见的有教师学习方法是梯度下降法,该方法是根据希望的输出 $Y(k)$与实际的网络输出 $\bar{Y}(W,k)$之间的误差平方最小原则来修改网络的权向量。

定义误差函数 $J(W)$:

$$J(W) = \frac{1}{2}(Y(k) - \bar{Y}(W,k))^2 \tag{2.107}$$

其中 W 是网络的所有权值组成的向量。梯度下降法就是沿着 $J(W)$的负梯度方向不断修正 $W(k)$的值,直至 $J(W)$达到最小值。梯度下降法可用数学式表述成

$$W(k+1) = W(k) + \eta(k)\left(-\frac{\partial J(W)}{\partial W}\right) \tag{2.108}$$

式中,$W = W(k)$;$\eta(k)$是控制权值修改速度的变量,即步长。

(2) 无教师学习

对于无教师学习,当输入样本模式进入神经网络后,网络按预先设定的规则(如竞争规则)自动调整权值,使网络最终具有模式分类的功能。

常见的无教师学习方法是 Hebb 学习规则,该规则假设:当两个神经元同时处于兴奋状态时,它们之间的连接应当加强。令 $w_{ji}(k)$表示神经元 i 到神经元 j 的当前权值,I_i、I_j 表示神经元 i、j 的激活水平,则 Hebb 学习规则可表述成

$$w_{ji}(k+1) = w_{ji}(k) + I_i I_j \tag{2.109}$$

对于人工神经元,有

$$I_i = \sum_j w_{ji} x_j - \theta_i \tag{2.110}$$

其中 θ_i 为阈值。

$$y_i = f(I_i) = \frac{1}{1 + \exp(-I_i)} \tag{2.111}$$

于是 Hebb 学习规则可进一步表述成

$$w_{ji}(k+1) = w_{ji}(k) + y_i y_j \tag{2.112}$$

2. 反向传播算法(BP 算法)

BP 网络是由多层感知机发展起来的层次型网络，Kolmogorov 定理证明了一个三层 BP 网络可以任意精度逼近一个[0,1]范围内的任意函数，故反向传播算法在神经网络算法中是研究得最多和应用得最广的一种学习算法，是一种典型的误差修正方法。其基本思路是：把网络学习时输出层出现的与“事实”不符的误差，归结为连接层中各节点间连接权和阈值的“过错”，通过把输出层节点的误差逐层向输入层逆向传播，以“分摊”给各连接节点，从而可算出各连接节点的参考误差，并据此对各连接权进行相应的调整，使网络适应要求的映射。本节仅讨论其算法原理和推导方法。

1）反向传播算法的导出

BP 算法基本上用于如图 2.28 所示的 BP 神经网络，相同层的神经元之间没有连接。这里，用图 2.28 中的表示符号来导出 BP 算法。

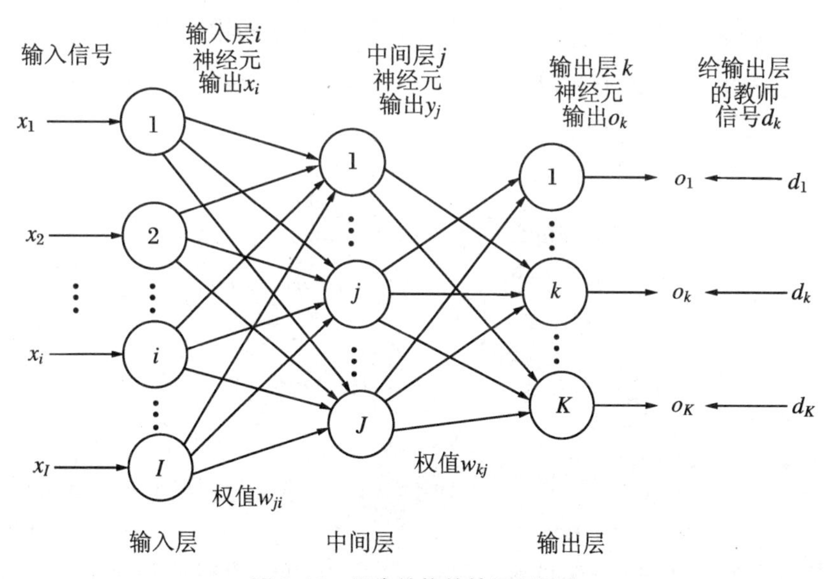

图 2.28　层次结构的神经元网络

输入信号从输入层进入网络,经过中间层传向输出层。输出层的神经元输出和教师信号的平方误差和定义为

$$E=\frac{1}{2}\sum_{k=1}^{K}(d_k-o_k)^2 \tag{2.113}$$

式中,o_k 表示输出层神经元k 的输出:

$$o_k=f(net_k) \tag{2.114}$$

net_k 表示输出层神经元k 的输入和:

$$net_k=\sum_{j=1}^{J}w_{kj}y_j \tag{2.115}$$

应用最小二乘平均原理,先求中间层和输出层间权值的更新量:

$$\begin{aligned}\Delta w_{kj}&=-\eta\frac{\partial E}{\partial w_{kj}}\\&=-\eta\frac{\partial E}{\partial o_k}\frac{\partial o_k}{\partial net_k}\frac{\partial net_k}{\partial w_{kj}}\\&=-\eta[-(d_k-o_k)]f'(net_k)y_j\\&=\eta\delta_{ok}y_j\end{aligned} \tag{2.116}$$

式中,η 为正的常数,δ_{ok}为输出层神经元k 的δ 值。

当 y_j 为中间层神经元j 的输出,net_j 为中间层神经元j 的输入和时,即

$$y_j=f(net_j)\quad\text{(中间层神经元 } j \text{ 的输出)} \tag{2.117}$$

$$net_j=\sum_{i=1}^{I}w_{ji}x_i\quad\text{(中间层神经元 } j \text{ 的输入和)} \tag{2.118}$$

同样运用最小二乘平均原理,有

$$\begin{aligned}\Delta w_{ji}&=-\eta\frac{\partial E}{\partial w_{ji}}\\&=-\eta\frac{\partial E}{\partial o_k}\frac{\partial o_k}{\partial net_k}\frac{\partial net_k}{\partial y_j}\frac{\partial y_j}{\partial net_j}\frac{\partial net_j}{\partial w_{ji}}\\&=-\eta\frac{\partial}{\partial o_k}\left[\frac{1}{2}\sum_{k=1}^{K}(d_k-o_k)^2\right]\frac{\partial o_k}{\partial net_k}\frac{\partial net_k}{\partial y_j}f'(net_j)x_i\\&=\eta\sum_{k=1}^{K}(d_k-o_k)f'(net_k)w_{kj}f'(net_j)x_i\\&=\eta\sum_{k=1}^{K}\delta_{ok}w_{kj}f'(net_j)x_i\\&=\eta\delta_{yj}x_i\end{aligned} \tag{2.119}$$

式(2.119)取 $k=1\sim N$ 的和,是因为所有的 net_k 直接依存于 y_j。η 为学习

常数。

BP算法中，除了这样对一个模式逐次进行权值更新的方式外，还有将修正量在全部训练模式上归纳，同时进行权值更新的批学习方式，但多数情况下逐次更新方式更好一些。

反向传播算法的步骤可概括为选定权系数初值和重复下述过程，直到收敛：

① 对 $k=1\sim N$。

正向过程计算：计算各层各单元的 o_{kj}^{l-1}、net_{kj}^{l} 和 $\bar{y}_k$ $(k=2,\cdots,N)$。

反向过程计算：对各层($l=L-1$ 到 2)各单元，计算 δ_{kj}^{l}。

② 修正权值：

$$w_{ji} = w_{ji} - \eta \frac{\partial E}{\partial w_{ji}}, \quad \eta > 0 \tag{2.120}$$

其中

$$\frac{\partial E}{\partial w_{ji}} = \sum_{k=1}^{N} \frac{\partial E_k}{\partial w_{ji}} \tag{2.121}$$

(1) 神经元输入输出函数

BP算法中的神经元输入输出函数应该满足的条件是单调增，最常用的是下面的S函数(Sigmoid函数)：

$$f(x) = \frac{1}{1+\mathrm{e}^{-x}} \tag{2.122}$$

图2.29表示了该函数及其微分值的大致形状。

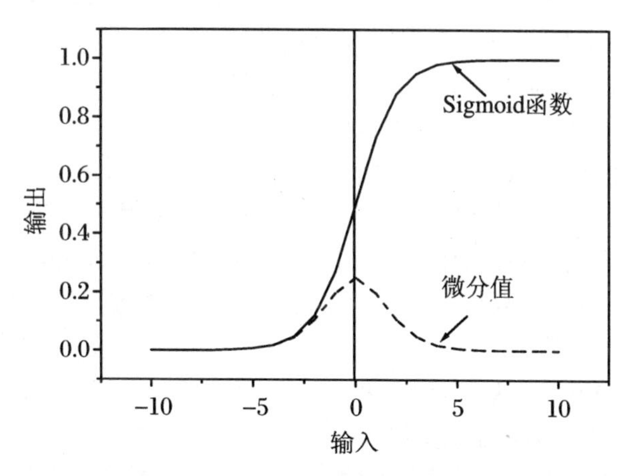

图2.29 Sigmoid函数及其微分值

现在根据S函数考察一下BP算法的权值更新公式。如式(2.116)和式(2.119)

的更新量为

更新量=学习系数×误差×Sigmoid函数微分值×神经元输出

实际上,对Sigmoid函数进行微分,有

$$\begin{aligned} f'(x) &= \frac{1}{(1+e^{-x})^2}e^{-x} \\ &= \frac{1}{1+e^{-x}} \frac{1+e^{-x}-1}{1+e^{-x}} \\ &= f(x)[1-f(x)] \end{aligned} \tag{2.123}$$

由图2.29可以看出,神经元输出$f(x)$在0或1附近时,更新量变小,使得稳定性增强。这样的方法在数理规划中经常用到。

下面讨论对神经元输出范围的影响。式(2.122)所示的神经元输入输出函数中,神经元输出在(0,1)区间内,但极其接近0或1的情况却经常发生。这样权值的更新量趋近于0,学习变得很慢。那么,输出范围为(−1,1)时的情形会怎么样呢?这种情况下,神经元的激发即使很弱,也会输出接近−1的值,权值的更新持续进行。因此,神经元输出范围取为(−1,1)时,学习时间变短。但是,也有研究指出,此时网络特性的通用能力会变得较差。

(2) 权值的初始值

权值和偏置项的初始值,用较小的随机数设定的情况比较多。值太大,学习的时间可能很长;反之,如果太小,神经元的输入和很难增大,也要花很长的时间学习。

当所使用的输入输出函数为奇函数神经元模型时,初始值设定针对不同的神经元而不同,理论上在[−a/(给神经元输入的权值的数量),a/(给神经元输入的权值的数量)]范围内比较好,这里的a为1位的常数。

2) BP网络的训练步骤

为了应用神经网络,在选定所要设计的神经网络结构之后(其中包括的内容有网络的层数、每层所含神经元的个数和神经元的激活函数),首先应考虑神经网络的训练过程。下面用两层神经网络为例来叙述BP网络的训练步骤。

① 用均匀分布随机数将各权值设定为一个小的随机数,如$W(0)=[-0.2, +0.2]$。

② 从训练数据对$[x(k),d(k)]$中,将一个输入数据加在输入端。

③ 计算输出层的实际输出$o(k)$。

④ 计算输出层的误差:

$$\begin{aligned} e_j(k) &= d_j(k) - o_j(k), \\ \delta_j k &= e_j k \cdot f'[S_j(k)], \quad j = 1,2,\cdots,m \end{aligned} \tag{2.124}$$

式中 m 为输出层节点数。

⑤ 计算中间层的误差：

$$e_h(k) = \sum_l \delta_1(k) \cdot w_{h1},$$

$$\delta_h(k) = e_h(k) \cdot f'[S_h(k)], \quad h = 1,2,\cdots,H \tag{2.125}$$

式中 h 为某一中间层的一个节点，H 为该中间层的节点数，l 为该中间层节点 h 的下一层的所有节点数。

⑥ 对网络所有权值进行更新：

$$w_{pq}(k+1) = w_{pq}(k) + \eta\delta_q(k) \cdot o_p(k) \tag{2.126}$$

式中 w_{pq} 为由中间层节点 p 或输入 p 到节点 q 的权值；o_p 为节点 p 的输出或节点 q 由 p 而来的输入；η 为训练速率，一般在 0.01—1 之间。

⑦ 返回②重复进行。

3. 神经网络在火灾探测中的应用

1）BP 神经网络

日本 Nohmi Bosai 公司的 Y. Okayama 最早提出的火灾探测神经网络方法是采用 BP 网络的前馈神经网络算法，分别对光电烟雾、温度、CO 等火灾信号进行了研究[17]。三个输入信号分别用 I_1、I_2、I_3 表示烟雾、温度、CO 的值，并归一化到[0,1]的范围内。三个输出信号分别表示火灾概率、火灾危险性和阴燃概率，它们分别用 O_1、O_2、O_3 表示，输出值范围也是[0,1]。隐层为一层，有五个单元即 Y_1、Y_2、Y_3、Y_4、Y_5，因此，隐层与输入层之间有 15 条连线，其权值为 $w_{ji}(k)$，隐层与输出层之间也有 15 条连线，其权值为 $w_{kj}(k)$。从输入到隐层的和定义为

$$N_1(j) = \sum_{i=1}^{3} I_i w_{ji} \tag{2.127}$$

隐层的输出由 S 函数转换到[0,1]，得

$$M_j = \frac{1}{1 + \exp[-N_1(j) r_1]} \tag{2.128}$$

特征函数采用 S 函数，并引入形状调节因子 r_1。r_1 越大，S 曲线越接近单位阶跃函数；r_1 越小，S 曲线越平坦。从隐层到输出层的信号为

$$N_2(k) = \sum_{j=1}^{5} M_j w_{kj} \tag{2.129}$$

由 $N_2(k)$ 得到网络的输出信号为

$$O_k = \frac{1}{1 + \exp[-N_2(k) r_2]} \tag{2.130}$$

式中 r_2 的意义同 r_1，为形状调节因子。

如果烟雾信号范围[0,1]对应0—20 %/m，温度信号范围[0,1]对应0—10 ℃/min，CO信号范围[0,1]对应0—100 ppm（百万分之一），使用一个12种模式的学习定义表（见表2.8，表中D为定义值，R为计算值），用式（2.127）至式（2.130），通过学习（183次计算）可以得到各连接权因子如表2.9所示，由此，神经网络的模型便确定下来。通过学习，定义值和计算值的误差基本上没有超过0.1。

表2.8　模式定义

序号	信号值			火灾概率		火灾危险性		阴燃概率	
	烟雾	温度	CO	D	R	D	R	D	R
1	0.1	0	1.0	0.70	0.661	0.60	0.702	0.90	0.802
2	0.3	0.5	1.0	0.90	0.885	0.90	0.889	1.00	0.037
3	0.1	0	0.2	0.30	0.254	0.20	0.187	0.40	0.289
4	0.5	0.1	0.8	0.80	0.829	0.80	0.786	0.70	0.772
5	0	0.3	0.1	0.10	0.094	0.10	0.098	0.10	0
6	0	0	1.0	0.40	0.453	0.70	0.588	0.30	0.376
7	0	1	0	0.20	0.199	0.30	0.307	0.05	0
8	0.3	0.2	0.5	0.70	0.781	0.60	0.701	0.30	0.247
9	0.6	0.8	0.8	0.95	0.902	0.95	0.904	0.05	0.073
10	0.2	0	0.3	0.60	0.542	0.40	0.431	0.75	0.756
11	0.1	0	0.1	0.10	0.189	0.05	0.119	0.10	0.205
12	0.4	0.2	0	0.70	0.714	0.65	0.529	0.20	0.260

表2.9　各连接权因子表

i,j	1,1	2,1	3,1	1,2	2,2	3,2	1,3	2,3
w_{ij}	−9.93	5.85	8.95	0.43	−1.32	−0.16	1.13	−5.93
i,j	3,3	1,4	2,4	3,4	1,5	2,5	3,5	
w_{ij}	9.94	−1.24	−1.09	4.1	0.04	−0.62	−0.92	
j,k	1,1	2,1	3,1	4,1	5,1	1,2	2,2	3,2
v_{jk}	−5.02	−3.68	−7.79	2.07	3.38	1.99	−0.38	−1.17
j,k	4,2	5,2	1,3	2,3	3,3	4,3	5,3	
v_{jk}	2.72	0.26	−0.37	−5.97	−3.02	−4.98	−0.87	

1994年瑞士Cerberus公司推向市场的AlgoRex火灾探测系统采用了分布智能和神经网络算法，以及专用集成电路（ASIC），它在探测器内补偿了污染和温度对散射光传感器的影响，并对信号进行数字滤波，用神经网络对信号的幅度、动态范围和持续时间等特征进行处理后，输出四种级别的报警信号。

中国科学技术大学火灾科学国家重点实验室的研究人员在1993年就开展了神经网络用于火灾探测的研究，主要研究了BP神经网络、模糊神经网络以及变步长、增加动量项、改变S函数形状等算法，并发表了相应的论文。

2）多层感知器火灾探测器研究

MLP（Multi layer perception）方法是采用MLP对各种传感器信号进行判决处理并报警的火灾探测方法[18]。火灾探测实验模型如图2.30所示。从图2.30可知，该系统有n个传感器输入端和m个状态输出端。这种自动探测火灾的MLP实验模型主要由三大部分组成：传感器测量部分，预处理部分和网络识别报警部分。各部分的功能和相互关系由下面的公式给出：

$$x_i = T_i(s_i), \quad i = 1,2,\cdots,n \tag{2.131}$$

$$\psi: X \to O \tag{2.132}$$

式中，s_i为第i个传感器测量数据，x_i为第i个预处理器的输出值，$X((x_1,x_2,\cdots,x_n)^{\mathrm{T}})$为网络的输入向量，$O((o_1,o_2,\cdots,o_n)^{\mathrm{T}})$为网络的输出向量（上标“T”表示向量转置）。

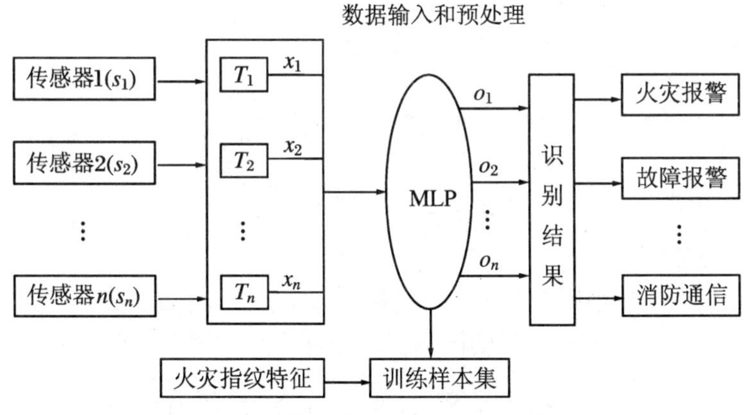

图2.30 用于MLP的火灾探测实验模型

传感器测量部分主要完成对各种可能引起火灾的因素和物质的测量工作，设在本模型中有n个传感器测量值输入，分别记为$s_1,s_2,\cdots,s_n$。这些数据分别经过预处理部分（如图2.30中所示的预处理器$T_1,T_2,\cdots,T_n$）处理以后作为MLP

识别网络的输入，如图 2.30 所示。预处理部分的主要功能是将各种传感器的测量数据分别进行适当的变换和归一化处理，并为后续的识别网络准备好输入数据。系统有 n 个输出，可分别记为 $o_1, o_2, \cdots, o_n$。

在所进行的实验中，输出主要有火灾过程的各个状态(如无火期、着火期)的发生概率等。为了训练本网络，用预先选定的 P 个典型数据样本组成训练样本集对 MLP 识别网络的各种连接权值进行学习训练，该识别网络的训练可以使用下面将要介绍的 BP 反传算法来训练、调整网络各层间的连接权值和阈值。训练结束后，该网络即已找出火灾参数与各传感器输入模式之间的映射规律，这种映射规律可由式(2.132)表达。其实这种映射规律是隐含在这种识别神经网络的结构和互联权值中的。训练后的网络就是最后的神经网络火灾探测系统，就可以直接用在各种实际的自动火灾探测系统中。

图 2.30 为三层感知器模型。设输入层第 i 单元和隐层第 j 单元的连接权为 W_{ji}，隐层的阈值为 W_{o_j} $(i=1,2,\cdots,n; j=1,2,\cdots,n_1)$；设隐层第 j 单元和输出层第 k 单元的连接权为 W_{kj}，输出层的阈值为 W_{o_k} $(j=1,2,\cdots,n_1; k=1,2,\cdots,n)$，$x_i^p$ 为输入样本的第 i 个分量，$f(x)=\dfrac{1}{1+\exp(-Tx)}$。

多层感知器常采用 BP 算法。BP 算法通过误差反传调整网络的连接权，使得误差最小而得到一组训练权，通过这种训练权就可以进行火灾识别了。按 BP 算法，w_{ji}、w_{kj} 的调整规则为

$$w_{ji}(l+1) = w_{ji}(l) - \eta_i \frac{\partial E}{\partial w_{ji}(l)} \tag{2.133}$$

$$w_{kj}(l+1) = w_{kj}(l) - \eta_i \frac{\partial E}{\partial w_{kj}(l)} \tag{2.134}$$

$$E = \frac{1}{2}\sum_{p=1}^{P}\left(\sum_{k=0}^{m}(d_k^p - o_k^p)\right)^2 \tag{2.135}$$

式中，d_k^p 为教师信号分量。

在通常的 BP 算法中，容易陷入误差局部最小和产生振荡，为此很多文献提出了各种解决方法。本文的计算采用的是步长的自适应调整，令步长

$$\eta_l = \eta E \Bigg/ \sqrt{\left(\sum_{i=j}\left(\frac{\partial E}{\partial w_{ji}}\right)^2 + \sum_{j=k}\left(\frac{\partial E}{\partial w_{kj}}\right)\right)^2} \tag{2.136}$$

式中，η 为步长因子。合适地设置步长能够有效地克服误差局部最小和振荡。

智能化火灾探测算法是火灾探测技术发展的一种必然趋势。火灾信号是一种非结构性问题，当前处理非结构性问题最有效的方法是人工神经网络，它的自学习

功能，使探测系统能适应环境的变化；它的容错能力又提高了系统的可靠性；并行处理功能加快了系统的探测速度；网络不需要固定的算法，可适应千变万化的环境，这些特点，固定程序（运算公式一定）或固定模式的系统是无法满足的。因此人工神经网络是一种很有发展前途的火灾探测方法。

2.4.3　模糊神经网络火灾探测算法

1. 模糊信息处理与神经网络的融合

模糊系统和神经网络均可视为智能信息处理领域内的一个分支，有各自的基本特性和应用范围。如前所述，它们在对信息的加工处理过程中均表现出很强的容错能力。模糊系统是仿效人的模糊逻辑思维方法设计的一类系统，这一方法本身就明确地说明了系统在工作过程中所表现出的容错性来自于其网络自身的结构特点。而神经网络模拟人脑形象思维方法，人靠形象思维能很快发现火灾，表现出很强的容错能力。正是源于这两个方面的综合——思维方法上的模糊性以及大脑本身的结构特点，模糊神经网络是一种集模糊逻辑推理的强大结构性知识表达能力与神经网络的强大自学习能力于一体的新技术，它是模糊逻辑推理与神经网络有机结合的产物。一般来讲，模糊神经网络主要是指利用神经网络结构来实现模糊逻辑推理，从而使传统神经网络没有明确物理含义的权值被赋予了模糊逻辑中推理参数的物理含义。

神经网络和模糊系统都属于一种数值化的和非数学模型的函数估计器和动力学系统。它们都能以一种不精确的方式处理不精确的信息。与传统的统计学方法不同，它们不需要给出表征输入与输出关系的数学模型表达式；它们也不像人工智能（AI）那样仅能进行基于命题和谓词运算的符号处理，而难以进行数值计算与分析，且不易于硬件的实现。神经网络和模糊系统由样本数据（数值的，有时也可以是用语言表述的），即过去的经验来估计函数关系，即激励与响应的关系或输入与输出的关系。它们能够用定理和有效的数值算法进行分析与计算，并且很容易用数字的或模拟的 VLSI 实现。

虽然模糊系统和神经网络都用于处理模糊信息，并且存在着许多方面的共性，但其各自特点、适用范围以及具体做法还是有不小的差别。而神经网络和模糊系统的结合则能构成一个带有人类感觉和认知成分的自适应系统。神经网络直接镶嵌在一个全部模糊的结构之中，因而它能够向训练数据学习，从而产生、修正并高度概括输入与输出之间的模糊规则。而当难以获得足够的结构化知识时，系统还可以利用神经网络自适应产生和精练这些规则，而后根据输入模糊集合的几何分布及由过去经验产生的那些模糊规则，便可以得到由此进行推理得出的结论。

目前神经网络与模糊技术的融合方式大致有以下四种(如图2.31所示):

(1) 神经元模型和模糊模型的连接:该模型是模糊控制和神经网络两个系统以相分离的形式结合,实现信息处理。如图2.31(a)所示。

(2) 神经元模型为主、模糊模型为辅:该模型以神经网络为主体,将输入空间分割成若干不同形式的模糊推论组合,对系统先进行模糊逻辑判断,以模糊控制器输出作为神经网络的输入(后者具有自学习的智能控制特性)。如图2.31(b)所示。

(3) 模糊模型为主、神经元模型为辅:该模型以模糊控制为主体,应用神经网络实现模糊控制的决策过程,以模糊控制方法为"样本",对神经网络进行离线训练学习。"样本"就是学习的"教师"。当所有样本学习完以后,这个神经网络就是一个聪明、灵活的模糊规则表,具有自学习、自适应功能。如图2.31(c)所示。

(4) 神经元模型与模糊模型完全融合:该模型两个系统密切结合,不能分离。根据输入量的不同性质分别由神经网络与模糊控制并行直接处理输入信息,直接作用于控制对象,从而更能发挥各自的控制特点。如图2.31(d)所示。

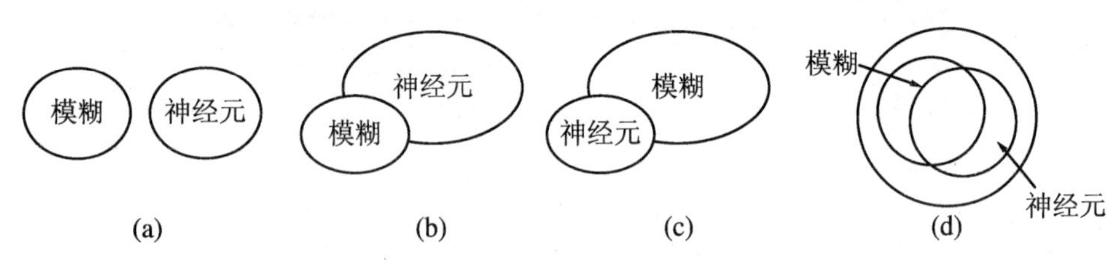

图2.31 模糊神经网络分类

2. 模糊逻辑神经元

对输入的信号执行逻辑操作的神经元称为逻辑神经元。逻辑神经元中执行聚合逻辑操作的称为聚合逻辑神经元。聚合逻辑神经元有OR神经元和AND神经元两种,它们分别执行不同的逻辑操作功能。

1) OR神经元

对输入的各个信号和相应的权系数执行逻辑乘操作,然后再对所有操作结果执行逻辑加操作的逻辑神经元称为OR神经元。

OR神经元的数学模型如下:

$$y = \mathrm{OR}(X;W)$$

$$X = \{x_1, x_2, \cdots, x_n\}$$

$$W = \{\omega_1, \omega_2, \cdots, \omega_n\}, \quad \omega_i \in [0,1]; i = 1,2,\cdots,n$$

其中 y 是OR神经元的输出,X 是OR神经元的输入,W 是输入与神经元的连接权系数。

OR 神经元是执行逻辑加的聚合操作，它和一般逻辑加门电路的功能是不一样的。关键在于 OR 神经元对输入信号 x_i 和权系数 ω_i 先执行逻辑乘，然后对结果执行逻辑加，而一般的逻辑加门电路是直接对输入信号 x_i 实行逻辑加。

2）AND 神经元

对输入的信号和相应的权系数分别对应执行逻辑加，然后再对所有结果执行逻辑乘操作的神经元称为 AND 神经元。AND 神经元的数学模型如下：

$$y = \mathrm{AND}(X; W)$$

$$X = \{x_1, x_2, \cdots, x_n\}$$

$$W = \{\omega_1, \omega_2, \cdots, \omega_n\}, \quad \omega_i \in [0,1]; i = 1,2,\cdots,n$$

其中 y 是 AND 神经元的输出，X 是 AND 神经元的输入，W 是输入与神经元的连接权系数。

AND 神经元和一般的逻辑乘门电路的最大区别在于 AND 神经元对输入信号 x_i 和权系数 ω_i 先执行逻辑加，而后对结果执行逻辑乘，而一般的逻辑乘门电路只对输入信号执行逻辑乘。

OR 神经元和 AND 神经元可以被认为是普通的模糊关系方程的表达式。直接把这两种神经元组合起来可以产生中间逻辑特性。把 AND 神经元和 OR 神经元组合起来可构成被称为 OR/AND 神经元的单独结构，它可以产生介于 AND 神经元功能与 OR 神经元功能之间的中间功能。

3. 火灾信息处理中的模糊神经网络方法

神经网络模糊推理系统基本结构如图 2.32 所示，传感器采集到的信号经过数字滤波、归一化和特征提取等信号预处理后，进入神经网络进行运算处理，神经网络输出明火和阴燃火概率，然后对神经网络的输出根据隶属函数进行模糊化处理，再根据控制规则推理，推理结果经去模糊化后，输出火灾报警或非火灾信号[19]。

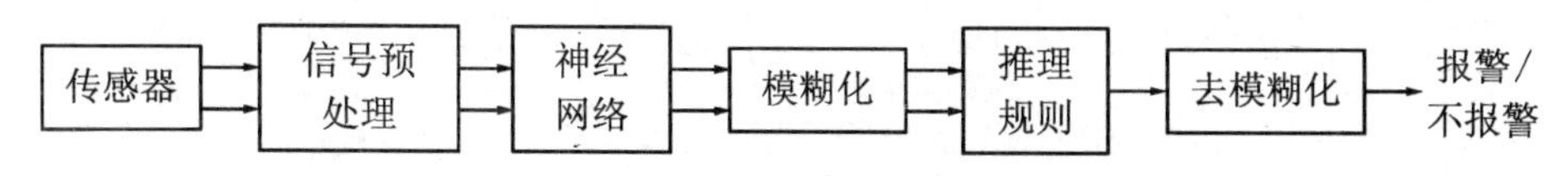

图 2.32　火灾探测神经网络模糊推理系统框图

1）预处理和神经网络

由传感器获得的模拟量不直接作为神经网络的输入，而是经预处理首先进行低通滤波，保留信号的轮廓，滤除高频干扰，然后归一化到[0,1]范围内。神经网络利用前馈多层网络模型，这种网络模型能够输出火灾概率[20]。神经网络由输入层、隐层和输出层构成。输入层的四个输入为 IN_1、IN_2、IN_3 和 IN_4，分别来自离子感烟火灾探测器、光学感烟火灾探测器、模拟量感温火灾探测器和模拟量湿度探测器。输出层的两个输出为 O_1、O_2，分别代表火灾概率、阴燃火概率。网络学习采用 BP 算法，通过调节权值使实际输出与期望输出的总均方差最小。输入层与输出层之间为隐层 IM_1 — IM_6。IN_i 和 IM_j 之间的权值为 w_{ji}，IM_j 和 O_k 之间的权值为 w_{kj}。输入 IN_i 时，隐层输入的和 $net_1(j)$ 为

$$net_1(j) = \sum_{i=1}^{m}(IN_i \cdot w_{ji}) \tag{2.137}$$

$net_1(j)$ 用 Sigmoid 函数转换到 0 — 1，即表示成 IM_j：

$$IM_j = \frac{1}{1+\exp(-net_1(j)\cdot r_1)} \tag{2.138}$$

同样，输出层的输入和 $net_2(k)$ 为

$$net_2(k) = \sum_{j=1}^{n}(IM_j \cdot w_{kj}) \tag{2.139}$$

$net_2(k)$ 与式(2.138)一样转换到 0 — 1，即表示成 O_k：

$$O_k = \frac{1}{1+\exp(-net_2(k)\cdot r_2)} \tag{2.140}$$

输入 IN_1、IN_2、IN_3、IN_4 与输出 O_1、O_2 的关系用权值联系在一起，如式(2.133)至式(2.136)所示，其中 r_1、r_2 是由 Sigmoid 函数的斜率所决定的常数，这里分别取为 1.0 和 1.2。为了使神经网络能够准确判断火灾，需要确定训练模式并对网络进行训练。模式对由输入信号和导师信号构成，它根据传感器标准试验火和各种实际环境条件下的信号来确定。根据 4 种传感器对欧洲标准试验火 TF1[4] 的响应，可以定义导师信号(由火灾概率和阴燃火概率组成)并确定出训练模式对，它由火灾判决表来表示。一个判决表的示例见表 2.10。

表 2.10 判决表的定义(示例)

模式序号	离子感烟探测量(IN_1)	光学感烟探测量(IN_2)	感温探测量(IN_3)	湿度探测量(IN_4)	火灾概率(O_1)	阴燃火概率(O_2)
1	0.4	0.3	0.8	0.1	0.9	0.9
2	0.6	0.5	0.3	0.2	0.8	0.7
3	0.4	0.3	0.2	0.5	0.7	0.6
4	0.2	0.1	0.0	1.0	0.1	0.05

判决表(表 2.10)描述了 4 个输入和 2 个输出组成的 4 组模式对，其中 d_1、d_2

为导师信号，分别表示火灾概率和阴燃火概率。通过BP学习方法，就可将判决表转换到神经网络的连接权矩阵中。这种转换具有信号处理、特征提取、自适应、分布式存储特性和延拓能力，这样就能自适应地表示输入的各种情况并给出接近期望值的结果。在定义输入和输出之间的关系时，只需考虑重要的样点，而不必定义输入/输出模式的所有组合。重要的样点包括：对于输入的很小变化即引起输出很大变化、要在细节上描述的样点，或最大值和最小值样点所在的区域。根据实际应用调整判决表的定义可更加精确地判决并进行火险估计。学习时，当第 m 种输入模式送到输入层，由式(2.133)至式(2.136)计算得到 O_1、O_2 与相应的导师信号 d_1、d_2 进行比较，均方差 $E_m(m=1—4)$为

$$E_m = \sum_{k=1}^{m} \frac{1}{2}(O_{km} - d_{km})^2 \tag{2.141}$$

总均方差为

$$E = \sum_{m=1}^{4}(E_m) \tag{2.142}$$

调整权值 w_{ji} 和 w_{kj} 使 E 达到最小。

调整好权值后，系统由学习状态转移到工作状态，火灾探测器的输出值送到神经网络的输入层，神经网络利用式(2.137)至式(2.140)即可计算出火灾概率、阴燃火概率的输出值。

2）模糊推理系统

神经网络的输出是火灾和阴燃火发生的概率，它们只能表示发生火灾的可能性有多大。很容易看出，当明火概率大于0.8时，可以肯定发生了火灾，而当明火概率小于0.2，且阴燃火概率也很小时，可以认为没有火灾出现。难于判决的是明火概率在0.5附近，特别是采用门限方法来判决时，若门限定为0.5，而网络输出为0.49或0.51时，则很难做出判断。为了更接近实际和模拟人的判断，这里采用模糊推理方法对神经网络的输出做进一步处理[21]。

首先对神经网络输出信号通过隶属度函数进行模糊化。在模糊系统中，隶属度函数的确定是比较困难的，这里采用最常用的指派法。考虑到火灾概率最难判断的区间在0.5附近，隶属度函数应对输入值在0.5附近的做适当展宽，因此可以采用一种正态分布作为模糊化隶属度函数：

$$A(x) = \begin{cases} 0, & x \leqslant a \\ 1 - e^{-\left(\frac{x-a}{b}\right)^2}, & x > a \end{cases} \tag{2.143}$$

其中 x 为明火或阴燃火概率，$A(x)$表示其相应的隶属度的模糊量，a 和 b 用来调整隶属度函数的形状($a=0.2, b=0.4$)。

考虑到对火灾信号，神经网络输出的火灾概率通常都会长时间出现较大值，而干扰信号即使会引起较大输出，一般也只是短时间的。为了增加系统的抗干扰能力，本文引入了火灾概率持续时间函数 $d(n)$ 的概念：

$$d(n) = [d(n-1)+1]u[A(x)-T_d] \tag{2.144}$$

其中 $u(.)$ 为单位阶跃函数，T_d 为判断门限，这里取为0.5。当火灾概率 $A(x)$ 超过 T_d 时，则 $d(n)$ 被累加，否则 $d(n)=0$，n 为离散时间变量。

模糊推理系统根据火灾模糊量和火灾概率持续时间进行推理，若用 $A(x_f)$ 表示明火模糊量，$A(x_s)$ 表示阴燃火模糊量，根据实际情况，推理规则可以确定为：

如果[$A(x_f)$为“大”]“与”[$A(x_s)$为“小”]“与”[$d(n)$为“小”]则[输出为非火灾]

“或”[$A(x_f)$为“小”]“与”[$A(x_s)$为“大”]“与”[$d(n)$为“小”]则[输出为非火灾]

“或”[$A(x_f)$为“大”]“与”[$d(n)$为“大”]则[输出为火灾]

“或”[$A(x_s)$为“大”]“与”[$d(n)$为“大”]则[输出为火灾]

由这个推理规则可得到模糊逻辑推理运算：

$$\begin{aligned} f(y) = \max\{&\min[A(x_f), A(x_s), d(n)], \\ &\min[A(x_f), d(n)], \min[A(x_s), d(n)]\} \end{aligned} \tag{2.145}$$

其中 y 为系统非模糊化以前的输出变量，max[.]和 min[.]为模糊逻辑“或”、“与”运算，“大”或“小”是针对隶属度结果按最大隶属度原则确定的。

最后对模糊推理输出 y，用重力中心法完成非模糊化，输出火灾报警或非火灾信号。

复习思考题

1. 火灾信号的基本特征有哪些？相应有哪些识别算法？

2. 窗长对于趋势算法有什么样的影响？可变窗长趋势算法是怎样实现的？

3. 单输入功率谱火灾探测算法是怎样实现的？

4. BP 神经网络的训练步骤有哪些？怎样应用于多信号火灾探测？请用 MATLAB 编程，计算本章中 Y. Okayama 提出的算例。

参考文献

[1] W Grosshandler. Toward the Development of a Universal Fire Emulator/ Detector Evaluator[J]. Fire Safety Journal, 1997(29): 113-128.

[2] Cestari L A, Worrell C, Milke J A. Advanced fire detection algorithms using data from the home smoke detector project [J]. Fire Safety Journal, 2005(40): 1-28.

[3] Gottuk D T, Peatross M J, Roby R J, et al. Advanced fire detection using multi-signature alarm algorithms[J]. Fire Safety Journal, 2002 (37): 381-394.

[4] Fliess T, Jentschel H J, Lenkheit K. A new synthesis method for signals for testing of flame-detection algorithms [J]. Fire Safety Journal, 2002 (37): 151-164.

[5] Sivathanu Y R, Tseng L K. Fire detection using time series analysis of source temperatures [J]. Fire Safety Journal, 1997(29): 301-315.

[6] Gottuk D T, Peatross M J, Roby R J, Beyler C L. Advanced Fire Detection Using Multi-Signature Alarm Algorithms [C]// Fire Suppression and Detection Research Application Symposium, 1999: 140-149.

[7] Wang S. A trend-duration and gradient detector for automatic fire detection [J]. Fire Safety Journal, 1996(27): 239-248.

[8] Smithies J N, Burry P E, Spearpoint M J. Background Signals from Fire Detectors-Measurement, Analysis, Application [J]. Fire Safety Journal, 1991(17): 445-459.

[9] Siebel R. A Composite Detection Algorithm Using Signal Trend Information of 2 Different Sensors [J]. Fire Safety Journal, 1991(17): 519-534.

[10] 李道本.信号的统计监测与估计理论[M].北京:科学出版社, 2004.

[11] Dimitris G Manolakis, Vinay K Ingle, Stephen M Kogon. 统计与自适应滤波[M].周正,等,译. 北京:电子工业出版社, 2002.

[12] 陈兵, 陈升忠, 吴龙标,等.单输入功率谱统计检测算法的研究[J].自然科

学进展，2002,12(6):631-635.

[13] 吴龙标，方俊，谢启源. 火灾探测与信息处理[M]. 北京：化学工业出版社，2006.

[14] Alexander Fischer. Vector Autoregressive Modeling Of Fire Signals [EB/OL]. http:// citeseer.csail.mit.edu/90161.html.

[15] 王士同. 神经模糊系统及其应用[M]. 北京：北京航空航天大学出版社，1998.

[16] 王耀南. 智能信息处理技术[M]. 北京：高等教育出版社，2003.

[17] Wu Longbiao, Deng Chao. A New Method in Fire Detection[J]. Asia-Oceania Association For Fire Science and Technology (Russia), 1995(9): 256-260.

[18] 张本矿，吴龙标，卢结成. 多层感知器火灾探测器研究[J]. 仪器仪表学报，1999,20(4).

[19] 王殊，杨宗凯，何建华. 神经网络模糊推理系统在火灾探测中的应用[J]. 数据采集与处理，1998,13(2).

[20] 杨宗凯，王殊，何建华，沈春蕾. 一种基于前馈神经网络的火灾探测方法[J]. 华中理工大学学报，1997,25(2).

[21] 张曾科. 模糊数学在自动化技术中的应用[M]. 北京：清华大学出版社，1997.

第3章　火灾探测器

3.1　火灾探测器的功能及其分类

火灾夺去了人类的生命，吞食了大量财富，破坏了生态环境，给人类带来了巨大的灾难。人类在与火灾做斗争的过程中，总结出了对付火灾的许多方法，如建造或装饰房子用不燃或难燃材料，小心使用明火和热源，防止可燃物与着火源的相互作用，甚至派人值班、日夜看守等手段来防止火灾的发生。虽然小心翼翼，慎之又慎，但终有疏漏的时候，所以火灾仍然是发生频率最高的灾害。为了及早发现火灾，及时扑灭火灾，人类研究了各种各样的火灾探测器，开发了行之有效的灭火器来防止火灾的发生和蔓延，以减少火灾损失和保平安促和谐。

火灾探测器(Fire detector)是能对火灾参量做出响应，自动产生火灾报警信号的器件。火灾参量有烟气、火焰、温度、燃烧产物、电磁波、声音、气味等，火灾探测器通过敏感元件感知这些火灾参量并转换成电信号，然后对电信号进行处理，将处理结果与设定的规则进行比较后，输出正常、火警或故障信号。火灾报警控制器接收到火灾探测器的信号后，再做出相应的进一步反应。根据响应的火灾参量不同和响应使用方法的差别，形成了各种各样的火灾探测器，如表3.1所示。

火灾探测器是关系到火灾防治工作成败的重要部件，是火灾防治技术中技术含量最高、技术难度最大、技术更新最快、技术层面最宽的部分。表3.1列出了曾经使用、正在使用和将会使用的各种火灾探测器，以便使读者了解探测器的来龙去脉和有一个开阔的视野，本文主要讨论目前正在使用或研究的各类火灾探测器。

表 3.1　火灾探测器分类表

<table>
<tr><th>感知参量</th><th>型式</th><th colspan="2">探测原理</th></tr>
<tr><td rowspan="5">感烟火灾探测器</td><td rowspan="2">点型</td><td>离子感烟探测器</td><td>单源单室感烟探测器；双源双室感烟探测器；双源单室感烟探测器</td></tr>
<tr><td>光电感烟探测器</td><td>减光型感烟探测器；散射型感烟探测器</td></tr>
<tr><td rowspan="2">线型</td><td colspan="2">吸气式感烟火灾探测器</td></tr>
<tr><td colspan="2">线型光束感烟火灾探测器、光截面感烟火灾探测器</td></tr>
<tr><td colspan="3">图像型感烟火灾探测器</td></tr>
<tr><td rowspan="6">感烟火灾探测器</td><td rowspan="3">点型</td><td>定温</td><td>玻璃球膨胀定温探测器；易熔合金定温探测器；金属薄片定温探测器；双金属水银接点定温探测器；热电偶定温探测器；半导体定温探测器</td></tr>
<tr><td>差温</td><td>金属模盒式差温探测器；热敏电阻差温探测器；半导体差温探测器；双金属差温探测器</td></tr>
<tr><td>差定温</td><td>金属模盒式差定温探测器；热敏电阻差定温探测器；双金属差定温探测器；半导体差定温探测器；模盒式差定温探测器；热电偶线性差定温探测器</td></tr>
<tr><td rowspan="2">线型</td><td>定温</td><td>半导体线性定温火灾探测器；缆式线型定温火灾探测器；光纤光栅定温火灾探测器；分布式光纤线型定温火灾探测器；线式多点型感温火灾探测器</td></tr>
<tr><td>差温</td><td>空气管式线型差温火灾探测器；热电偶线型差温火灾探测器</td></tr>
<tr><td colspan="3">图像型感温火灾探测器</td></tr>
<tr><td rowspan="3">感光火灾探测器</td><td colspan="3">点型紫外火焰探测器；红紫外复合火焰探测器</td></tr>
<tr><td colspan="3">点型红外火焰探测器；双红外火焰探测器；三红外火焰探测器</td></tr>
<tr><td colspan="3">图像型火焰探测器</td></tr>
<tr><td>气体火灾探测器（可燃气体探测器）</td><td colspan="3">半导体气体探测器；接触燃烧式气体探测器；光电式气体探测器；红外气体探测器；光电式气体探测器；红外气体探测器；热线型气体探测器；光纤可燃气体探测器</td></tr>
<tr><td>复合火灾探测器</td><td colspan="3">光电烟温复合探测器；光电烟温气（CO）复合探测器；双光电烟温复合探测器；焰烟温复合探测器；双光电烟双感温复合探测器；离子烟光电烟感温复合探测器</td></tr>
</table>

3.2　感烟火灾探测器

感烟火灾探测器(Smoke fire detector)是响应燃烧或热解产生的固体或液体微粒的火灾探测器。

由于绝大多数物质在燃烧的开始阶段首先产生烟气，因此采用感烟火灾探测器能早期发现火灾，减少火灾损失。烟气具有很大的流动性，它能潜入建筑物的任何空间，烟浓度大、流动性好，有利于火灾探测器发现火灾。据统计，感烟火灾探测器能探测到70%以上的火灾，故感烟火灾探测器是世界上应用最普遍、数量最多的火灾探测器，目前我国每年新安装火灾探测器约500万—600万只，其中80%为感烟火灾探测器。

3.2.1　火灾烟气的组成和特性

1. 火灾烟气的组成

火灾烟气中除了空气和夹带的灰尘外就是燃烧生成物，燃烧生成物的生成量、成分和特性与可燃物性质、燃烧状况以及建筑结构等有关。

物质燃烧后产生不能继续燃烧的新物质，如 CO_2、SO_2、水蒸气、灰分等，这种燃烧称为完全燃烧；物质燃烧后产生还能继续燃烧的新物质，如CO、未烧尽的碳、甲醇、丙酮等，则称为不完全燃烧。燃烧的完全与不完全与氧化剂的供给程度及燃烧状况有关，如明火燃烧、热解和阴燃。一般气相火焰温度为1200—1700 K；热解的典型温度为600—900 K，高温裂解可使气相可燃组分的颗粒直径小至10—100 μm；阴燃的典型温度范围为600—1100 K，颗粒的平均直径约为1 μm。燃烧生成物的成分与可燃物的组成有关，如无机可燃物多数为单质，燃烧生成物为氧化物，如CaO、CO_2、SO_2、Na_2O。有机可燃物主要组成为碳、氢、氧、硫、磷和氮，其中碳、氢、氧、硫、磷在完全燃烧时，生成 CO_2、SO_2、H_2O 和 P_2O_5。如果因空气不足或温度较低，产生不完全燃烧时，除了产生上述产物外，还会生成CO、炭黑、醇类、醛类、酮类、酸类、醚类等。不同可燃物燃烧时的发烟量不同，通常可燃物分子中碳氢比值越大，发烟量越大；芳香类化合物燃烧时，发烟量大；高分子化合物燃烧时，发烟量一般比较大。火灾燃烧同时伴随有完全燃烧和不完全燃烧两种状态，所以火灾烟气中同时包含完全燃烧生成物和不完全燃烧生成物。

2．烟气对火灾扑救的影响

大量生成完全燃烧生成物可以阻止燃烧继续进行，有利于灭火。实验表明：当空气中含有30%—35%的CO_2和H_2O(汽)时，就可以中止一般物质的燃烧。根据烟气的特征和流动方向，还可以判别燃烧物质，判别火源位置和火灾蔓延方向。在火灾早期就出现烟气，烟气具有很大的流动性，它能潜入建筑物的任何空间，也能进入探测器的内部，因此火灾烟气作为火灾早期探测的重要手段得到了广泛应用。

虽然发烟量大和流动性好有利于火灾探测，但对人类不利，烟气的毒性、遮光性和热烟气对人类生命构成很大的威胁。据统计，火灾中约有70%以上的死者是由于燃烧气体或烟气造成的。首先燃烧气体或烟气中有CO、CO_2、SO_2、NO_2、氰化氢等有毒气体，使人中毒致死。建筑物内当火灾燃烧旺盛时，会产生大量的二氧化碳，当人员接触10%—20%浓度的二氧化碳后，会引起头晕、昏迷、呼吸困难，甚至神经中枢系统出现麻痹，使人失去知觉，导致死亡；正常情况下，空气中的氧气浓度在19%—21%之间，火灾燃烧要消耗大量的氧气，使空气中的氧气浓度下降，人在低氧的环境中就会造成呼吸障碍、失去理智、痉挛、脸色发青，直至窒息死亡；火灾会产生大量的高温燃烧气体或烟气，高温不仅可能使人的心率加快，大量出汗，很快出现疲劳和脱水现象，而且会引起人的呼吸器官烧伤和产生肺气肿，导致呼吸困难而死亡；火灾还会产生一些对人体有较强刺激作用的气体，让人无法看清方向，使本来很熟悉的环境也会变得无法辨认其疏散路线和出口。人在烟气环境中能正确判断方向脱离险境的能见度最低为5米，当人的视野降到3米以下，逃离现场就非常困难；人在烟气中，心理极不稳定，会产生恐惧感，以致惊慌失措，给组织疏散灭火行动造成很大困难。同时，烟气有遮光作用，对疏散和救援活动会造成很大的障碍。高温烟气的对流和热辐射会引起其他可燃物燃烧，造成火灾蔓延。不完全燃烧生成物还可能与空气形成爆炸性混合物，遇到明火即引起爆炸，造成更大的损失。

由上可见，火灾烟气对火灾扑救既有有利的一面，也有不利的一面。应充分利用有利条件，克服不利因素，如在选择建筑装饰材料时，应选用发烟量小的材料；在建筑设计时，要考虑防烟、排烟措施；在火灾扑救中，要控制烟和抑制烟，以减少烟气对人体的伤害；密闭房间内发生火灾时，不要轻易打开门窗，以防轰燃、火灾蔓延等。

3．火灾烟气的颗粒特性[28]

由于火灾初起阶段就产生烟气，因此感烟火灾探测器能早期发现火灾，目前的感烟火灾探测器都是基于探测烟气粒子来确定烟气的存在，所以本节仅仅讨论火灾烟气颗粒的特性。衡量火灾烟气颗粒特征参数主要有平均粒径、粒径分布和烟气浓度。

1）平均粒径

烟气颗粒的平均直径按定义不同，有不同的数学表达式、不同的数值和物理意义。所谓平均直径就是用一个假想的尺寸均一的粒子群来代替原来的实际的粒子群，而保持原来粒子群的某个特征量不变。最常用的有索太尔平均直径、体积平均直径和质量中间直径。索太尔平均直径是一种应用最广泛的平均直径，其定义是：用一个假想的尺寸均一（直径均为 SMD）的粒子群，代替实际的粒子群时，保持总体积和总表面积的比值不变。假设实际粒子群的总体积为 V_{pr}，总表面积为 S_{pr}，粒子的直径为 D，粒子数增量为 dN，则有

$$V_{pr} = \frac{\pi}{6}\int_0^{D_{max}} D^3 dN \tag{3.1}$$

$$S_{pr} = \pi\int_0^{D_{max}} D^2 dN \tag{3.2}$$

故有

$$\frac{V_{pr}}{S_{pr}} = \frac{\int_0^{D_{max}} D^3 dN}{6\int_0^{D_{max}} D^2 dN} \tag{3.3}$$

令平均后的粒子总数为 N，总的体积和表面积分别为 V 和 S，则可得

$$V = N \cdot \frac{\pi}{6} \cdot (SMD)^3 \tag{3.4}$$

$$S = N \cdot \pi \cdot (SMD)^2 \tag{3.5}$$

$$\frac{V}{S} = \frac{1}{6}(SMD) \tag{3.6}$$

根据前面的定义，式(3.3)和式(3.6)应相等，故得

$$SMD = \frac{\int_0^{D_{max}} D^3 dN}{\int_0^{D_{max}} D^2 dN} \tag{3.7}$$

式(3.7)就是求解 SMD 的一般形式，若已知粒子尺寸分布函数，即可求解。

表3.2中给出了部分可燃物在不同燃烧状况下产生烟气颗粒的平均直径。

由表3.2可见，除了有机玻璃外，明火燃烧的烟气颗粒平均直径比热解的烟气颗粒平均直径小，也比阴燃的烟气颗粒平均直径小。

表 3.2　部分可燃物在不同燃烧状况下产生烟气颗粒的平均直径(μm)

可燃物	杉木	聚氯乙烯/PVC	软质聚氨酯塑料/PU	硬质聚氨酯塑料/PU	聚苯乙烯/PS	聚丙烯/PP	有机玻璃/PMMA
热解	0.75～0.8	0.8～1.1	1.0	1.4	1.6	1.6	0.6
明火燃烧	0.47～0.52	0.3～0.6	0.6	1.3	1.2	1.2	1.2

2）粒径分布

火灾烟气的绝大部分粒子直径分布在 0.01 — 10 μm，由式(3.7)可知，若已知粒子尺寸分布函数，即可求出烟颗粒的平均粒径。表示烟颗粒尺寸分布的最基本的方法是求出某一尺寸带中粒子所占的质量(或体积、表面积、粒子数目)百分数，用这种方法来表示烟粒径的分布状况，称为烟谱。目前应用最广泛的粒子尺寸分布的数学表达式有罗辛—拉姆勒(Rosin-Rammler)分布函数、正态分布函数、对数正态分布函数和上限对数正态分布函数等。罗辛—拉姆勒分布函数是 1933 年由 Rosin 和 Rammler 在研究磨碎煤粉的颗粒尺寸分布时首先提出来的，后来的研究表明对于大多数由破碎形成的颗粒均能用此函数来表示尺寸分布，所以这里不讨论。上限对数正态分布函数一般用于描述喷雾液滴的尺寸。正态分布函数是对称函数，实际颗粒的分布形状很少是对称的，因此正态分布函数实际应用并不多。所以本文采用对数正态分布函数表示烟气颗粒粒径的分布。对数正态分布是非对称曲线，其表达式如下：

$$\frac{\mathrm{d}N}{\mathrm{d}D}=\frac{1}{\sqrt{2\pi}D\ln\sigma}\exp\left(-\frac{1}{2}\left(\frac{\ln D-\ln\bar{D}}{\ln\sigma}\right)^2\right)\tag{3.8}$$

式中 $\bar{D}$ 和 σ 分别是尺寸参数和分布参数。通常将实际的烟颗粒尺寸近似视为对数正态分布，其主要特征为：占总颗粒数 68.6%的颗粒其直径处于 $\ln D\pm\ln\sigma$ 的范围内[28]，而分布参数 σ 越小，分布就越窄，σ 越大，分布越宽。

3）烟气浓度

烟气的浓度是火灾防治工作者最为关心的烟特性之一，通常它直接反映了烟量的大小、能见度降低的情况和烟气的危害程度。目前对烟气浓度尚没有一个统一的定义和测量单位，这是因为不同物质燃烧产生的烟量和成分是不同的，采用不同的测量方法也会得出不同的数值，因此有多种表示烟气浓度的方法。如粒子数浓度是以单位体积中所含有的烟粒子的数量来表征烟气的浓度，其单位为 1 m^{-3}；质量浓度是用单位体积内烟气的质量来表征烟气的浓度，一般是借助过滤已知体积的烟气，并称量所收集的颗粒物质来测定烟气的质量浓度，其单位为 $\mathrm{g\cdot m^{-3}}$；减光率是利用光束穿过烟气时，光强度产生衰减量的百分数来表示烟气的浓度，表示为 S（%）；光学密度是有烟气时，光电接收器接收到的光强与无烟气时光电接收器接收到的光强之比值取以10为底的对数，单位为dB；减光系数 m 是在1 m距离上，无烟气时光电接收器接收到的光功率与有烟气时光电接收器接收到的光功率之比的10倍，其单位为 $dB \cdot m^{-1}$。减光系数 m 与减光率 S 之间的关系可由下式表述：

$$m = \frac{10}{d} \cdot [1 - \log(10 - 0.1S)] \tag{3.9}$$

式中 d 为光学测量长度，单位为m。

上述的烟气浓度，光学测量方法（减光率、光学密度、减光系数）均依赖于测量光源的波长，采用不同波长的测量光源，会得到不同的浓度值。

3.2.2 离子感烟探测器

1. 同位素的特性及其作用

为了讲清离子感烟探测器的工作原理，首先要了解放射性同位素的特性及其作用。我们知道，一切化学元素的原子核都是由质子和中子组成的，例如碳元素的原子核由六个质子和六个中子组成，质子数和中子数的总和为质量数，于是碳元素的质量数为12。通常质量数表示在元素符号的左上方，质子数表示在元素符号的左下方，如碳元素表示为 ${}^{12}_{6}C$（详见附录1）。人们还发现有些元素的原子核中，质子数相同，但中子数不一定相同。例如氢元素，原子核中的质子数为1，中子数可以有0个、1个和2个三种，分别表示成 ${}^{1}_{1}H$、${}^{2}_{1}H$，${}^{3}_{1}H$。人们称 ${}^{1}_{1}H$ 为氢或氕，${}^{2}_{1}H$ 为重氢或氘，${}^{3}_{1}H$ 为超重氢或氚。这种原子核里的质子数相同而中子数不同的原子，因为它们属于同一种元素的原子，在周期表中占同一个位置，所以叫同位素。各种元素都有同位素，目前知道的同位素约有1500多种。

同位素的化学性质是基本相同的。但由于它们原子核中的中子数不同，使得原子核的性能相差很大。例如，氢的三种同位素中，${}^{1}_{1}H$ 和 ${}^{2}_{1}H$ 的原子核是稳定的，${}^{3}_{1}H$ 的原子核则是不稳定的，会自然从原子核里向四面八方放出射线，然后变成另一种同位素 ${}^{3}_{2}He$，于是人们就称 ${}^{3}_{1}H$ 为放射性同位素。放射性同位素放出的射线常见的有 α、β 和 γ 三种。

α 射线是一种带正电的粒子流，也就是氦原子核流，因此带两个单位正电量，穿透能力很小，一张纸便能将它挡住，但电离能力很强，在穿过空气时，能使空气变为导电体。

β 射线是高速运动的电子流，它有两种：一种是人们常说的电子流，叫 β^-；另一种是带正电的正电子，叫β^+。β射线的穿透能力比α射线强，它可以穿过一张纸，但不太厚的有机玻璃便可将它挡住。和α射线一样，β射线穿过空气时，也能使空气变为导电体，但电离能力不及α射线。

γ射线是一种波长很短、肉眼看不见的电磁波，它不带电。γ射线的性质与X射线很相似，不过γ射线的能量高，穿透能力很强，要挡住它需要用很厚的铅板，而它的电离能力最弱。

放射性同位素在变化时，往往只能放出其中的一种或两种射线，如^{32}P只能放出单一的β射线；^{60}Co则能放射出β射线和γ射线；^{241}Am则放射出α射线。在离子感烟探测器中，就是利用^{241}Am作为α源，使电离室内的空气产生电离，使电离室在电子电路中呈现电阻特性。当烟雾进入电离室后，改变了空气电离的离子数量，即改变了电离电流，也就相当于阻值发生了变化。根据电阻变化大小就可以识别烟雾量的大小，并做出是否发生火灾的判断，这就是离子感烟探测器探测火灾的基本原理。

2. α粒子的特性

可用于探测器的α放射源有镭-226(^{226}Ra)、钚-238(^{238}Pu)、钚-239(^{239}Pu)和镅-241(^{241}Am)。目前普遍采用的是镅-241。这种放射源有以下几个显著特点：① α射线(高速运动的α粒子流)具有强的电离作用；② α粒子(氦原子核^4_2He)射程较短；③ 成本低；④ 半衰期较长(433年)。

物质的放射性是由原子核的自发衰变引起的。α衰变是原子核自发地放出一个α粒子，同时自身转变为电荷数比原来减少2、质量数减少4的另一种核素的过程。对于^{241}Am，放射源的衰变可表示为

$$^{241}Am \to ^{237}Np + ^4_2He \tag{3.10}$$

由于α粒子比电子重得多，所以它在通过物质时以直线方式运行，并打击路径上的原子。在每次α粒子碰撞中，α粒子打击出原子的一个电子，从而损失大约33 eV的能量。因此，一个初始动能为5 MeV的α粒子，在静止前可与原子碰撞的次数约为

$$\frac{5\ \text{MeV}}{33 \times 10^{-6}\ \text{MeV}} = 152000$$

由于在每次碰撞中电离一个原子或破碎一个分子，因此，一个α粒子在静止前电离了15万多个原子或分子。

某些放射性核素常常由一些具有不同能量的α粒子组成，它们的强度也各不相同。α粒子的强度随其能量的分布称作α粒子的能谱。α粒子能谱可用金硅面

垒半导体探测器和多道幅度分析器测量。图3.1给出的是美国橡树岭原子能研究所应用金硅面垒半导体测量^{241}Am的α射线的能量分布所得的结果。所用探测器的面积为6.3 mm^2，反相电压为15 V，能量分辨率本领以半高全宽度表示为15 keV，相当于分辨率为0.25%。图中横坐标用道址（α粒子能量）表示，纵坐标用计数/道（α粒子数/道）表示。

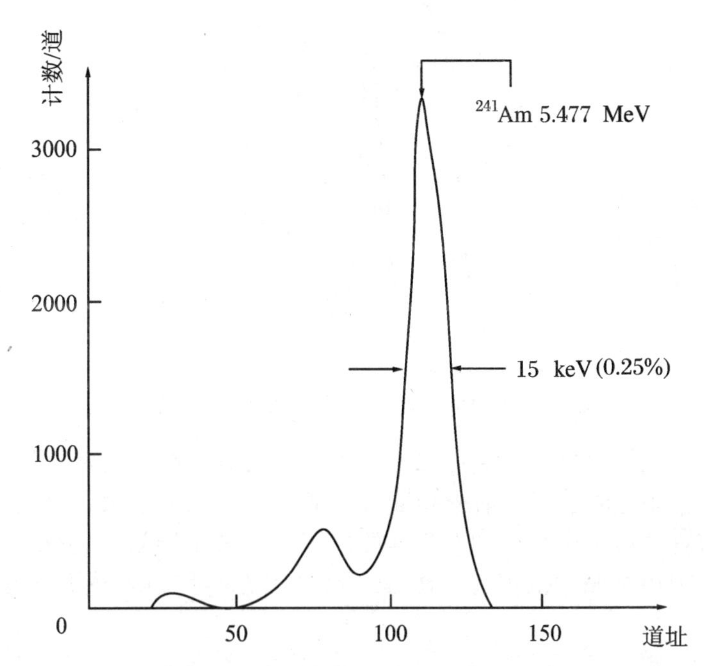

图3.1 用金硅面垒半导体探测器测量^{241}Am α射线能量分布的结果

我国标准规定：^{241}Am α射线能量为5.443 MeV(12.5%)。通常说到^{241}Am α源能量是指实测^{241}Am α源能谱峰值所对应的能量。

为了保证^{241}Am α源的安全使用，使其不致因为覆盖层太薄而产生破坏和泄漏，通常要求α源能量低于5 MeV。为提高工艺水平，确保产品质量，防止^{241}Am α源芯片和覆盖层不均匀造成的α粒子能量谱畸变，对能谱提出以下两点要求：

(1) α粒子能量小于4.0 MeV时，峰值离散度应不大于标称值的±15%；α粒子能量大于4.0 MeV时，峰值离散度应不大于标称值的±10%；α谱仪的总不确定度为±5%。

(2) 能区在2.5—5 MeV的^{241}Am α源能谱的半高全宽度应不大于1.0 MeV。

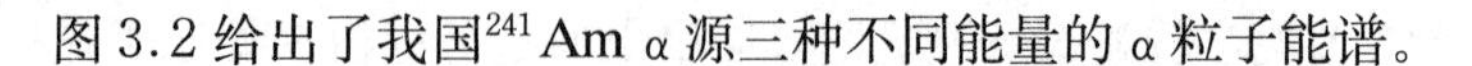

图 3.2 给出了我国^{241}Am α 源三种不同能量的 α 粒子能谱。

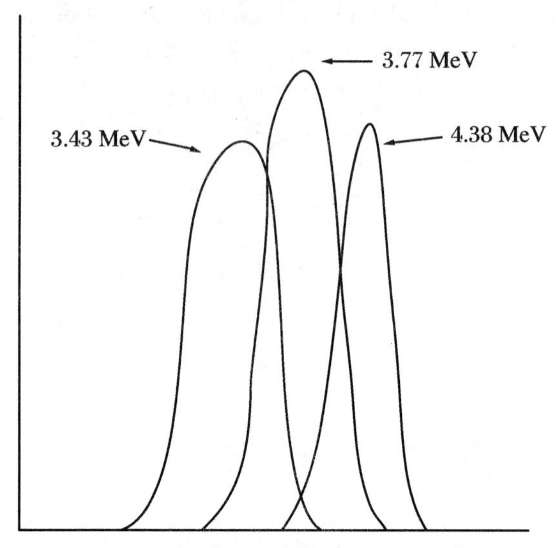

图 3.2　^{241}Am α 源三种不同能量的 α 粒子能谱

一个粒子直到停止时的穿行距离称为它的射程。在一特定物质中，相同能量的 α 粒子有相等的射程。射程随 α 粒子能量的增大而加大，并随它们穿行路径上物质密度的增大而减少。表 3.3 给出了具有各种能量的 α 粒子在空气中、机体组织里和铝金属中的射程。图 3.3 给出了在空气中 α 粒子能量与射程的关系。

表 3.3　各种能量的 α 粒子在空气、机体组织和铝金属中的射程

能量 E(MeV)	射程 R(cm)		
	空气	机体组织	铝金属
1.0	0.55	0.33×10^{-2}	0.32×10^{-3}
2.0	1.04	0.63×10^{-2}	0.61×10^{-3}
3.0	1.67	1.00×10^{-2}	0.98×10^{-3}
4.0	2.58	1.55×10^{-2}	1.50×10^{-3}
5.0	3.50	2.10×10^{-2}	2.06×10^{-3}

沿着 α 粒子射程上的比电离的研究工作，具有实际意义。图 3.4 给出了比电离在 α 粒子射程上的改变。由图 3.4 可见，比电离在射程开始的一段距离上稍有

增加,而接近末端则很尖锐地增加,最后下降到零。

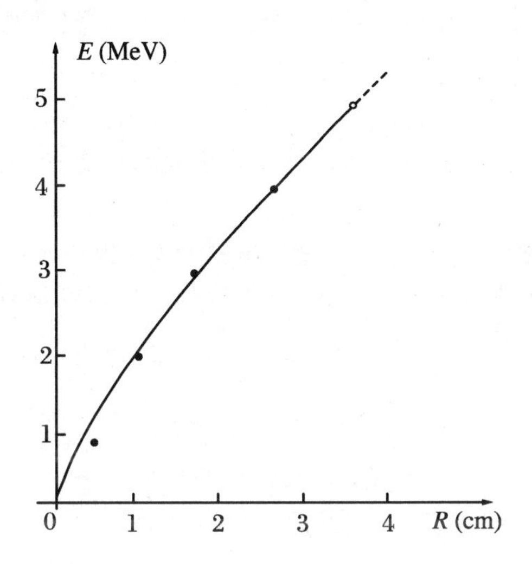

图3.3 在空气中α粒子能量与射程的关系

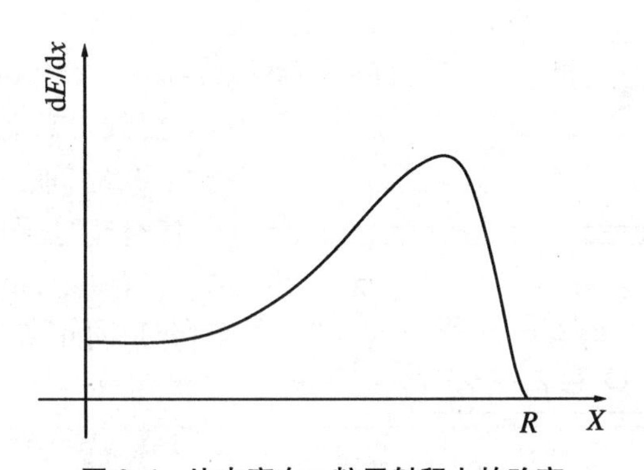

图3.4 比电离在α粒子射程上的改变

一个含有 N 个放射性原子核的样品,在单位时间内发生衰变的数目为

$$\frac{-\mathrm{d}N(t)}{\mathrm{d}t} = \lambda N(t) \tag{3.11}$$

式中 $\lambda N(t)$ 为该样品在 t 时刻的放射性活度,用 $A(t)$ 表示,即

$$A(t) = \lambda N(t) = \lambda N_0 \mathrm{e}^{-\lambda t} \tag{3.12}$$

上两式中,$N(t)$——在时刻 t 还没有衰变的原子核数;

N_0——在时刻 $t=0$ 时的原子核数;

λ——表征衰变速率的常数,称作衰变常数。

由式(3.12)可见,放射性活度随时间按指数规律衰减。

以前,放射性活度一般以 Ci(居里)为单位,定义为:每秒有 3.7×10^{10} 次衰变的放射性物质,它的放射性活度为 1 Ci,即

$$1\ \mathrm{Ci} = 3.7\times10^{10}\ \mathrm{s}^{-1}$$

必须注意的是核衰变次数是指各种竞争衰变方式之和,而不是某一种衰变的次数。

Ci 这个单位的导出单位为 mCi(毫居里)和 μCi(微居里)。

1975 年国际计量大会做出决定,国际单位制中放射性活度的单位定为 Bq(贝克勒尔)。它定义为每秒 1 次衰变,即

$$1\ \mathrm{Bq} = 1\ \mathrm{s}^{-1}$$

因此

$$1\ \mathrm{Ci} = 3.7\times10^{10}\ \mathrm{Bq} \tag{3.13}$$

有关 α 粒子能谱、射程、比电离及放射性活度的知识,将在感烟探测器电离室设计时用到。

3. 电离室的特性

在放射性同位素作用下,使空气产生电离电流的装置称为电离室。图 3.5 中,当加有电压 E 的二极板 P_1、P_2之间放入放射性同位素^{241}Am 时,^{241}Am 不断放出 α 射线,以高速运动的 α 粒子撞击 P_1、P_2之间的空气中的氮和氧分子,使空气分子电离成正离子和负离子,这些正、负离子在电场的作用下,分别向正极和负极运动形成电离电流,对一定量的^{241}Am 源和一定的空气密度,电离电流的大小随着二极上的电压增加而增加。当电离电流增加到一定值时,外加电压再增高,电离电流也不会增加,此时的电流称为饱和电流。如图 3.6 所示,图中Ⅰ区称欧姆定律区,Ⅱ区称中间区,Ⅲ区称饱和电流区。离子感烟探测器的电离室工作在Ⅰ区,这个区内,一方面,离子在电场作用下产生迁移运动;另一方面,由于电场较弱,离子在迁移运动过程中会产生复合,这样电流强度与所加的电压成正比关系。

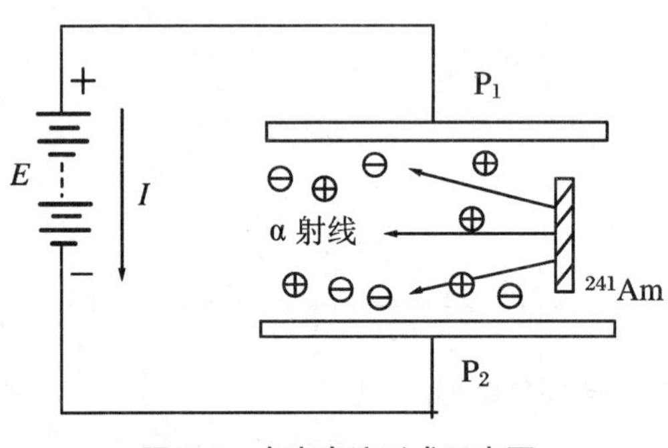

图 3.5　电离电流形成示意图

离子的迁移率 μ 由下面的关系确定:

$$v = \mu E \tag{3.14}$$

式中，v——离子的速度，单位取 $cm \cdot s^{-1}$；

E——电场强度，单位取 $V \cdot cm^{-1}$；

μ——离子迁移率，单位取 $cm^2 \cdot V^{-1} \cdot s^{-1}$。

离子迁移率在数值上等于电场强度为 $1\ V \cdot cm^{-1}$ 时离子的速度。空气的正离子迁移率为 $\mu_1 = 1.35$，负离子迁移率为 $\mu_2 = 1.87$。

复合(即当符号相反的离子碰撞时形成中性分子)伴随着气体的电离而发生。在1秒钟内，1立方厘米中的离子对的数目显然与现有的每一种符号的离子数成正比。用 n_1 和 n_2 表示在1立方厘米气体中的正、负离子数，用 q 表示在1立方厘米中在1秒钟内由于电离而重新发生的离子对数(电离强度)，显然有

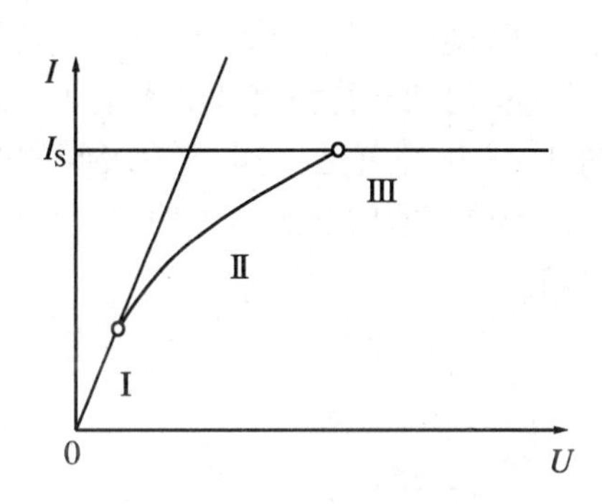

图3.6　电离室在正常大气条件下的工件原理

$$\begin{cases} \dfrac{dn_1}{dt} = q - an_1 n_2 \\ \dfrac{dn_2}{dt} = q - an_1 n_2 \end{cases} \tag{3.15}$$

系数 a 称作复合系数，它决定于在一定温度和压力下该气体中的复合几率。假定 $n_1 = n_2 = n$，则式(3.15)可以采用更简单的形式：

$$\frac{dn}{dt} = q - an^2 \tag{3.16}$$

设起始条件为 $t=0$ 时 $n=0$，方程(3.16)式的一般积分有下面的形式：

$$n = \sqrt{\frac{q}{a}} \cdot \frac{e^{2\sqrt{aqt}} - 1}{e^{2\sqrt{aqt}} + 1} \tag{3.17}$$

当 $t \to \infty$ 时，$\dfrac{dn}{dt} \to 0$，n 趋于数值 $\sqrt{\dfrac{q}{a}}$，这个数值对应于稳定状态。此时式(3.17)可写成

$$q = an^2, \quad n = \sqrt{\frac{q}{a}} \tag{3.18}$$

平行板测量电离室的 $I-U$ 特性曲线可近似地由下列经验公式给出：

$$U = I_S \cdot R_0 \frac{I/I_S}{\sqrt{1-(I/I_S)^b}} \tag{3.19}$$

式中，U——极间电压，单位取 V；

I——极间电流，单位取 A；

I_S——极间饱和电流，单位取 A；

R_0——初始阻抗，单位取 Ω；

b——系数。

按经验公式(3.19)式计算电离室在洁净空气中的 $I-U$ 特性曲线的理论值时，根据气压、温度、湿度等条件的不同，系数 b 的取值有所不同。实验表明，当 $b=3$ 时，计算得出的平行板测量电离室 $I-U$ 特性曲线的理论值与实验结果比较接近，见图 3.7。由图可见，当电离室极间的电压小于 20 V 时，可以认为 I 与 U 呈线性关系。当电离室的静态电流为 100 pA 时，相应的平行板极间电压为 19 V 左右。因此，有

$$R_0 = \frac{U}{I} = 1.9 \times 10^{11}\ \Omega$$

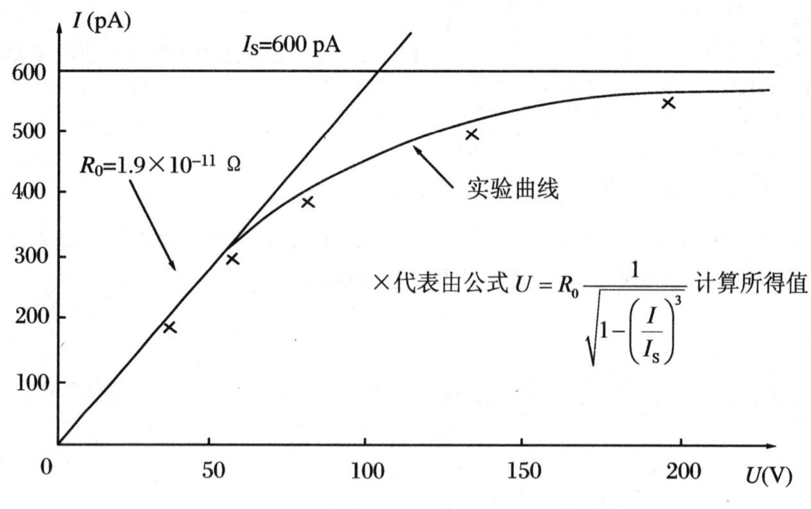

图 3.7　$I-U$ 特性曲线的理论值与实验曲线的比较

当电离室工作在“欧姆定律区”时，电流密度 i 可表示如下：

$$i = n \cdot e \cdot \mu \cdot E \tag{3.20}$$

在稳定状态下，$n=\sqrt{\frac{q}{a}}$，因此，平行板电离室有下述方程式：

$$\frac{I}{S} = \sqrt{\frac{q}{a}} \cdot e \cdot \mu \cdot \frac{U}{L} \tag{3.21}$$

式中，S——电极的平面面积，单位取 cm^2；

L——极间距离，单位取 cm。

式(3.21)可写成

$$R_0 = \frac{L}{e \cdot \mu \cdot S \cdot \sqrt{q/a}} \tag{3.22}$$

由式(3.22)可得出等效离子浓度，即

$$n = \sqrt{\frac{q}{a}} = \frac{L}{R_0 \cdot e \cdot \mu \cdot S} \tag{3.23}$$

用饱和电流 $I_S = q \cdot e \cdot S \cdot L$ 代替式(3.22)中的 q 值，可写出

$$a = \frac{R_0{}^2 \cdot e \cdot \mu^2 \cdot S \cdot I_S}{L^3} \tag{3.24}$$

国家标准 GB 4715 给出离子烟浓度测量电离室的 $S = 7\ \text{cm}^2$，$L = 3\ \text{cm}$，$R_0 = 1.9 \times 10^{11}\ \Omega$，$I_S = 6.0 \times 10^{-10}\ \text{A}$，在大气压力 $P = 760\ \text{mmHg}$、温度 $T = 23\ ℃$时，设 $\mu = 1.45$，则由式(3.24)可以计算得出 $\alpha = 1.89 \times 10^{-6}\ \text{cm}^3 \cdot \text{s}^{-1}$。

由饱和电流 $I_S = q \cdot e \cdot S \cdot L$ 可计算出

$$q = \frac{I_S}{e \cdot S \cdot L} = \frac{600 \times 10^{-12}}{1.602 \times 10^{-19} \times 7 \times 3} = 1.8 \times 10^3\ \text{cm}^{-3} \cdot \text{s}^{-1}$$

由式(3.23)可算出等效离子浓度 $n = 10^7\ \text{cm}^{-3}$。

如上所述，在电离室特性曲线的初始部分，电离室的功能可作为一个欧姆电阻元件，其阻值可由式(3.24)得出：

$$R_0 = \sqrt{\frac{L^3 \cdot \alpha}{I_S \cdot e \cdot \mu^2 \cdot S}} \tag{3.25}$$

当烟粒子进入电离室后，电离电流下降，电离室阻抗提高。在式(3.25)中，除 α 参数外，所有其他参数均不受烟的影响，因此，复合系数 α 必定是电离室有烟时实验测得的 R_0 值增加的主要原因。它意味着：当烟进入电离室时，一定伴随着类似加快了“复合”的过程。

德国霍泽曼教授(Hosemann J. P.)指出：电离电流下降的相对值 $x = \frac{I_0 - I}{I_0}$ 与烟粒子数浓度 z 和烟粒子平均粒径 $\bar{d}$ 的乘积 $z \cdot \bar{d}$ 之间存在下列关系：

$$z \cdot \bar{d} = \eta \cdot y \tag{3.26}$$

式中，$y = x\,\frac{2 - x}{1 - x}$；

x——电离电流相对变化量，$x = \frac{\Delta I}{I_0} = \frac{I_0 - I}{I_0}$；

I_0——无烟时的电离电流，单位取 pA；

I——有烟时的电离电流，单位取 pA；

$\bar{d}$——烟粒子的平均粒径，单位取μm；

z——烟粒子数浓度，单位取 cm^{-3}；

η——电离室常数，单位取 cm^{-2}。η 值由下式决定：

$$\eta = \frac{3\sqrt{a \cdot q}}{C_B} \tag{3.27}$$

式中，C_B——布里卡尔常数，$C_B = 0.307\ cm^2 \cdot s^{-1}$。

因为 $n = \sqrt{\frac{q}{a}}$，式(3.27)可变换成

$$\eta = \frac{3 \cdot a \cdot n}{C_B} \tag{3.28}$$

将式(3.23)的 n 值代入式(3.28)中，得

$$\eta = \frac{3 \cdot \alpha \cdot L}{R_0 \cdot e \cdot \mu \cdot S \cdot C_B} \tag{3.29}$$

即表明 η 在 $I-U$ 特性曲线直线部分是与电离室阻抗 R_0 成反比的。

如果我们把电离室对烟的灵敏度定义为

$$\beta = \frac{\partial y}{\partial(z \cdot \bar{d})} = \frac{1}{\eta} \tag{3.30}$$

则

$$\beta = \frac{R_0 \cdot e \cdot \mu \cdot S \cdot C_B}{3 \cdot a \cdot L} \tag{3.31}$$

假定两个电离室都满足式(3.29)，则在式中除了初始阻抗外所有其他条件相同时，两电离室对烟的灵敏度将与它们的阻抗 R_0成正比：

$$\frac{\beta_1}{\beta_2} = \frac{R_{01}}{R_{02}} \tag{3.32}$$

此外

$$\frac{y_1}{y_2} = \frac{R_{01}}{R_{02}} \tag{3.33}$$

也一定是正确的。

进一步研究霍泽曼公式（见式(3.26)）时发现，将 $y = x\frac{2-x}{1-y}$代入 $z \cdot \bar{d} = \eta \cdot y$ 中，可得出下列公式：

$$x = \frac{z \cdot \bar{d}}{2\eta} + 1 - \sqrt{\left(\frac{Z \cdot \bar{d}}{2\eta}\right)^2 + 1} \tag{3.34}$$

在图 3.8 中,给出了用恒定电流和恒定电压的相对变化计算烟浓度的图示。

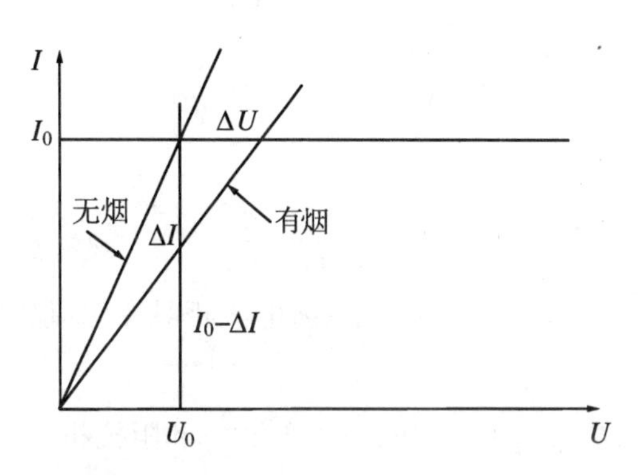

图 3.8　用恒定电流和恒定电压的相对变化计算烟浓度的图示

设 I_0 = 常数,则 $\frac{\Delta U}{U_0} = \frac{\Delta U/I_0}{U_0/I_0} = \frac{\Delta R}{R_0}$(设 $\frac{\Delta U}{I_0} = R$),或者根据平面几何原理,可得

$$\frac{\Delta U}{U_0} = \frac{\Delta I}{I_0 - \Delta I} = \frac{x}{1 - x}$$

所以

$$\frac{\Delta R}{R_0} = \frac{x}{1 - x} \tag{3.35}$$

将 $x = \frac{z \cdot \bar{d}}{2\eta} + 1 - \sqrt{\left(\frac{z \cdot \bar{d}}{2\eta}\right)^2 + 1}$ 代入式(3.35),得

$$\frac{\Delta R}{R_0} = \frac{z \cdot \bar{d}}{2\eta} - 1 + \sqrt{\left(\frac{z \cdot \bar{d}}{2\eta}\right)^2 + 1} \tag{3.36}$$

在式(3.36)中,如果 $\frac{z \cdot \bar{d}}{2\eta} \gg 1$,则近似地 $\frac{\Delta R}{R_0} = \frac{z \cdot \bar{d}}{\eta}$,即电离室阻抗的相对变化值与烟特征值成正比。可以说,电离室相当于一个烟敏感电阻。

如果我们计算式(3.34)和式(3.36)之和,则可得到烟浓度 y 值与 $\frac{z \cdot \bar{d}}{\eta}$ 的非常精确的线性关系:

$$\left(\frac{\Delta I}{I_0}\right)_{U_0 = 常数} + \left(\frac{\Delta R}{R_0}\right)_{L_0 = 常数} = \frac{z \cdot \bar{d}}{\eta} \tag{3.37}$$

因此有

$$x + \frac{x}{1-x} = \frac{z \cdot \bar{d}}{\eta} \tag{3.38}$$

可以写成

$$y = x + \frac{x}{1-x} = x\frac{2-x}{1-x} \tag{3.39}$$

或

$$y = \frac{I_0}{I} - \frac{I}{I_0} \tag{3.40}$$

由(3.37)式可见，y 值可被看成是电离电流相对变化值和电离室阻抗相对变化值之和。

图 3.9 给出了电离室电离电流的相对变化$\frac{\Delta I}{I_0}$和阻抗相对变化$\frac{\Delta R}{R_0}$与烟特征值 $z \cdot \bar{d}$ 和电离室对烟的灵敏度$\frac{1}{\eta}$的乘积$\frac{z \cdot \bar{d}}{\eta}$之间的关系以及 y 值与$\frac{z \cdot \bar{d}}{\eta}$之间的关系。

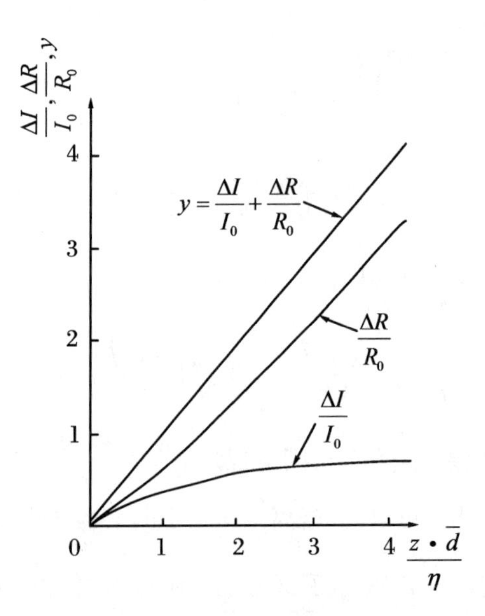

图 3.9　y 值与$\frac{z \cdot \bar{d}}{\eta}$的函数关系

4. 离子感烟探测器的工作原理

探测器电离室中的电流是非常微弱的，在洁净空气条件下一般约为50 pA，在探测到火灾的条件下，可能降到30 pA以下，因此，可把离子感烟探测器看成是一个微电流测量装置。

图3.5称为双极型电离室，其特点是放射性同位素^{241}Am使整个电离室的空气都被电离。为了提高离子感烟探测器的灵敏度，设计了单极型电离室，如图3.10所示。单极型电离室是指电离室局部被α射线所照射，使一部分成为电离区，而未被α射线所照射的部分则为非电离区，称为主探测区。

一般离子感烟探测器电离室均设计成单极型的，因为当发生火灾时烟雾进入电离室后，单极型电离室比双极型电离室的电离电流变化大，也就是说可以得到较大的电压变化量，从而可以提高离子感烟探测器的灵敏度。

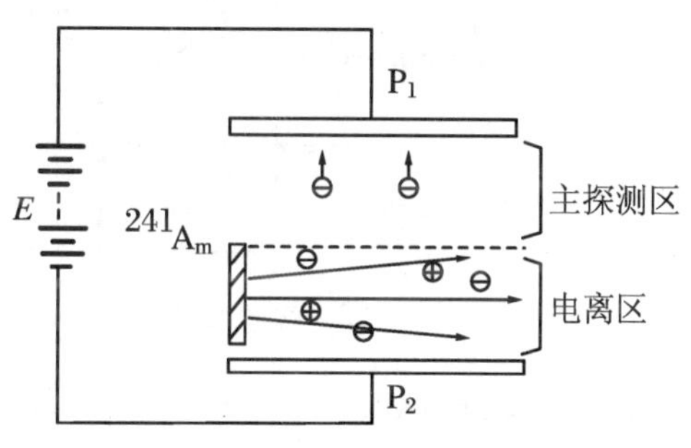

图3.10　单极型电离室

在实际的离子感烟探测器中，是将两个单极型电离室串联起来，一个作为检测电离室（也叫外电离室），结构上做成烟雾容易进入的形式，另一个作为补偿电离室（也叫内电离室），做成烟粒子很难进入而空气又能缓慢进入的结构形式。电离室采用串联的方式，主要是为了减少环境温度、湿度、气压等自然条件的变化对电离电流的影响，提高离子感烟探测器的环境适应能力和稳定性，如图3.11所示。

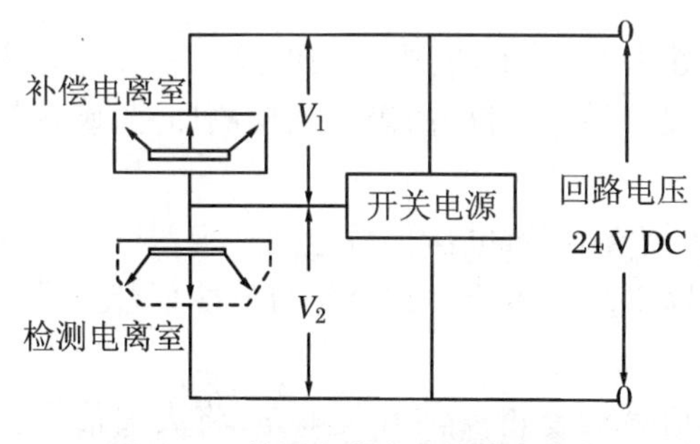

图3.11　检测电离室和补偿电离室

当有火灾发生时，烟雾粒子进入检测电离室后，烟粒子的重量比离子重千百倍，被电离的部分正粒子和负粒子被吸附到烟雾粒子上去。因此离子在电场中运动速度比原来降低，而且在运动过程中正离子和负离子互相复合的几率增加。这样就使到达电极的有效粒子更少了。另一方面，由于烟粒子的作用，α射线被阻挡，电离能力降低了很多，电离室内产生的正、负离子数就少。这些微观的变化反映在宏观上,就是由于烟雾粒子进入检测电离室,电离电流减少,相当于检测电离室的空气等效电阻增加,因而引起施加在两个电离室两端分压比的变化。从图3.12检测电离室和补偿电离室的电压—电流变化特性可以清楚地看出电压、电流的变化与燃烧生成物的关系。

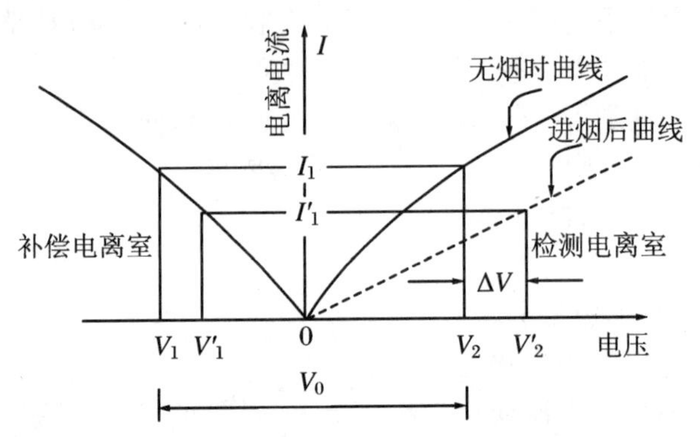

图 3.12　检测电离室和补偿电离室电压—电流特性曲线

从图 3.12 所示曲线可以看出,在正常情况下,探测器两端的外加电压 V_0等于补偿电压 V_1与检测电压 V_2之和,即 $V_0 = V_1 + V_2$。

当有火灾发生时,烟雾进入检测室后,电离电流从正常的 I_1 减少到 I'_1,也就是相当于检测室的阻抗增加,此时,检测室两端的电压从 V_2增加到 V'_2。增加电压值:$\Delta V = V'_2 - V_2$。

由于检测室与补偿分压比的变化,即检测室的电压增加了ΔV,当ΔV 增加到一定值时,开关控制电路动作,发出报警信号,并通过导线将此报警信号传输给火灾报警控制器,实现自动报警的目的。

离子感烟探测器的原理方框图如图 3.13 所示,它由检测电离室和补偿电离室、信号放大回路、开关转换电路、火灾模拟检查回路、故障自动检测回路、确认灯回路等组成。

信号放大回路是在检测电离室进入烟雾以后,电压信号达到规定值以上时开始动作,通过高输入阻抗的 MOS 型场效应型晶体管(FET)作为阻抗耦合后进行放大。

开关转换电路是用经过放大后的信号触发正反馈开关电路,将火灾信号传输给报警控制器。正反馈开关电路一经触发导通,就能自保持,起到记忆的作用。

当探测器至报警器间发生电路断线,或者探测器安装接触不良,或者探测器被取走等问题发生时，故障自动检测回路能够及时发出故障报警信号，以便及时进行检查维修。

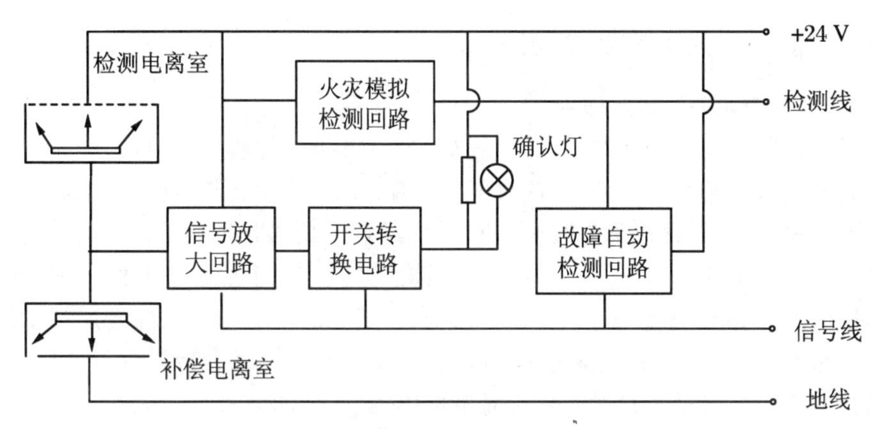

图 3.13　离子感烟探测器方框原理图

离子感烟探测器的电路，是由许多电子元器件组成的，电子元器件的损坏将会导致探测器误报警或不报警。为了检查电子元器件是否损坏，可以通过火灾模拟检查回路加入火灾模拟信号，若有问题可以及时维修。确认灯平时以一定的闪烁频率点亮，表示探测器在正常工作；火灾报警后，确认灯变为常亮，值班人员根据这一点确定发出火灾报警信号的探测器。为了在确认灯损坏时不影响探测器的正常工作，在确认灯的两端并联一个电阻。

上面介绍了双源双室离子感烟探测器的工作原理。为了使补偿电离室能完全地补偿环境条件变化对检测电离室的影响，要求两个电离室的^{241}Am的特性完全一样，这往往是很难做到的，于是用一个^{241}Am放射源构成两个电离室，形成了单源双室离子感烟探测器，其工作原理同双源双室，但结构完全不同，如图 3.14 所示。图中 A、C 间构成补偿电离室，A、B 间构成检测电离室。它利用一块放射源形成两个电离室。这种探测器的优点是省了一块放射源，使放射源剂量减少，安全性提高；此外，两个电离室基本上都是敞开的，这样，环境条件的变化对两个电离室的影响基本是

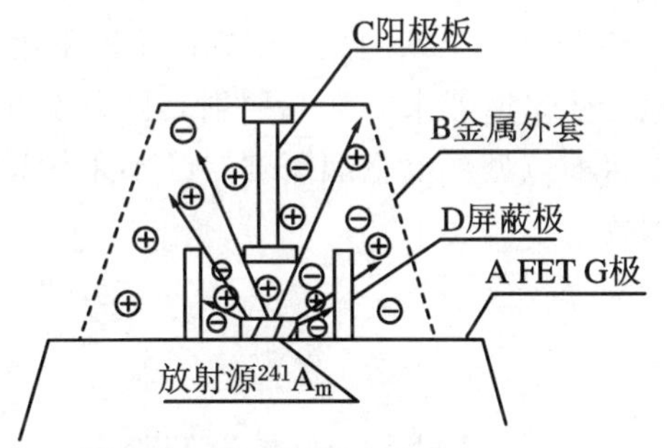

图 3.14　单源离子感烟探测器结构示意图

相同的,提高了探测器对环境的适应能力,特别是抗潮湿能力。因此,新研制的离子感烟探测器几乎毫无例外地都采用单源双室结构。

3.2.3 散射型光电感烟探测器

1. 光与烟粒子的相互作用

火灾烟粒子与光相互作用时,一般发生两种不同的过程。一方面,粒子以相同波长再辐射其所接收的能量,再辐射可在所有方向上发生,但不同方向上其辐射的光强是不同的,这个过程称为散射。另一方面,粒子所接收光能量转变成其他形式的能量,如热能、化学反应能等,这个过程称作吸收。由于烟粒子的散射和吸收效应,从而使入射光产生衰减。烟粒子对不同波长光的散射和吸收性能通常用消光系数来表征,消光系数不仅与入射光波长、粒子的平均粒径和折射率有关,还和烟气浓度有关。在可见光和近红外光光谱范围内,黑烟的光衰减以吸收为主,而灰、白烟的光衰减以散射为主。光电感烟探测器就是利用烟粒子对光能量的散射和/或吸收的原理研制和发展起来的一种火灾探测器。

光电感烟探测器根据探测原理的不同,分为减光型和散射光型两大类,分述如下。

减光型光电感烟探测器:探测器的检测室内装有发光元件和受光元件。在正常情况下,受光元件接收到发光元件发出的一定光量;在火灾发生时,探测器的检测室内进入大量烟雾,发光元件的发射光受到烟雾的遮挡,使受光元件接受的光量减少,光电流降低,降低到一定值时,探测器发出火灾报警信号,原理示意图如图3.15所示。早期的光电感烟探测器采用减光型探测烟气,由于受光元件长年累月地接受发射器来的强光照射,且离发光元件很近,受光元件易老化、寿命短,所以目前点型光电感烟探测器已不采用减光型探测烟气,而采用散射光原理探测烟气。

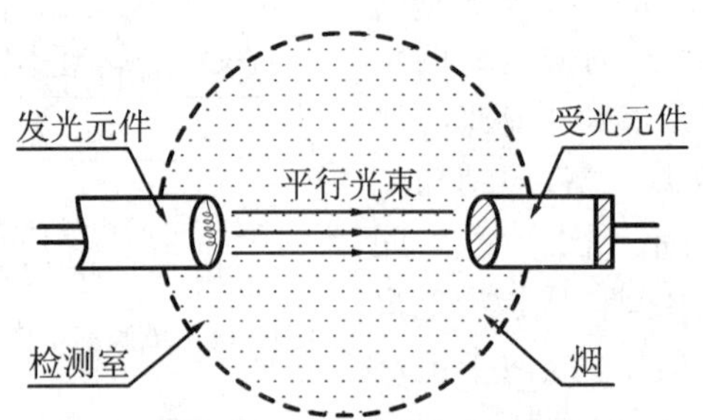

图3.15 减光型光电感烟探测器原理图

散射型光电感烟探测器：目前世界各国生产的点型光电火灾探测器多为这种形式。此种探测器的检测室内亦装有发光元件和受光元件。在正常情况下，受光元件接收不到发光元件发出的光，因此不产生光电流。在火灾发生时，烟雾进入探测器的检测室，由于烟粒子的作用，使发光元件发射的光产生散射，这种散射光被受光元件所接受，使受光元件阻抗发生变化，产生光电流，从而实现了将烟雾信号转变成电信号的功能，当电信号大于一定值时，探测器就发出火灾报警信号，原理示意图如图3.16所示。

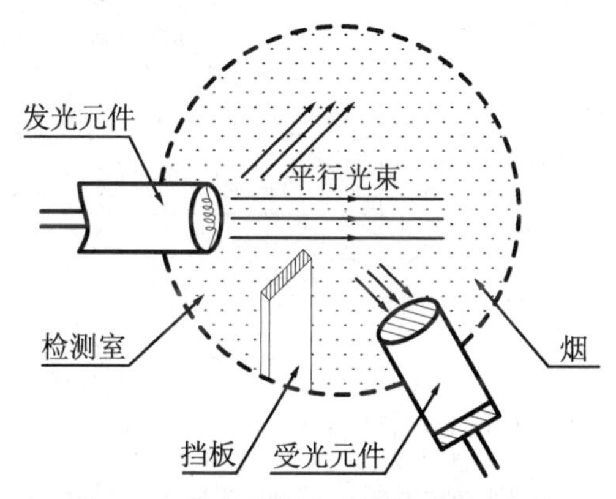

图3.16 散射型光电感烟探测器原理图

2. 散射型光电感烟探测器对烟粒子的响应

作为发光元件，目前大多数采用大电流发光效率高的红外发光二极管；受光元件大多数采用半导体硅光电池。受光元件的阻抗随烟雾浓度的增加而下降。

根据电磁波与气溶胶粒子间相互作用的原理研制成的散射型感烟探测器，目前已广泛地应用于火灾自动报警系统中。

假设一个非偏振的单色平面波，其辐射能流率为 φ_0，按米氏(Mie)理论，在与入射波传播方向成 θ 空间散射角的方向上，一个球形气溶胶粒子散射的辐射能流率 φ 为(见图3.17)

$$\varphi = \varphi_0 \frac{\lambda^2}{8\pi^2 R^2}(i_1(\theta) + i_2(\theta)) \tag{3.41}$$

式中，λ——入射电磁波波长；

R——散射粒子到光电接收器接收点(x,y,z)之间的距离；

$i_1(\theta)$，$i_2(\theta)$——无量纲，米氏理论的辐射强度函数，与球形粒子的散射角θ、粒子尺度 $d_p(d_p=2r)$、复折射率 n 以及波长λ 有关。

当存在大量气溶胶粒子散射时，考虑粒子尺度谱概率密度函数 $p(r)$ 和粒子数浓度 Z，散射的辐射能流率可写成

$$\varphi = \varphi_0 \frac{\lambda^2}{8\pi^2 R^2} \cdot V \cdot Z \cdot \int_0^\infty (i_1(\theta) + i_2(\theta)) p(r) \mathrm{d}r \tag{3.42}$$

式中，V 是对 φ 有贡献的所有气溶胶粒子所处的散射体积。

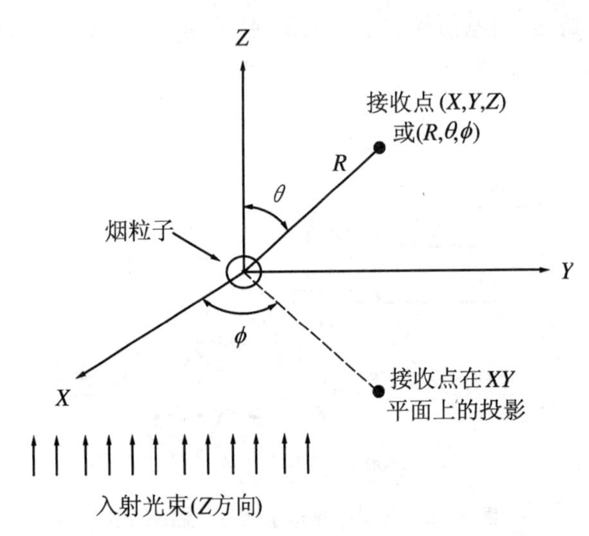

图 3.17　用散射角 θ(以入射光束方向为基准而测得)和方位角 ϕ 表征的任意点(接收点)的散射方向和距离 R

式(3.42)的限定条件是：假定无多次散射，散射体积 V 比 R^3 小。由于 $V < R^3$，可以认为，接收辐射能流率的光电接收器将接收散射体积中所有粒子。如假定这些粒子在散射体积中均匀分布，具有相同的复折射率，并将这些粒子的散射角全部定作 θ，这样散射到光电接收器上的辐射能通量 Φ 可由式(3.42)在其光敏元件表面上积分计算得出：

$$\Phi = \int_{\varphi_1}^{\varphi_2} \int_{\theta_1}^{\theta_2} \varphi \cdot R^2 \cdot \sin\theta \mathrm{d}\theta \mathrm{d}\varphi \tag{3.43}$$

当光敏元件的表面面积 A_{E} 比散射体与光敏元件间的距离平方小，即 $A_{\mathrm{E}} < R^2$ 时，式(3.43)可近似写成

$$\Phi = \varphi \cdot A_{\mathrm{E}} \tag{3.44}$$

设定所有粒子的辐射强度函数 $\int_0^\infty (i_1(\theta) + i_2(\theta)) p(r) \mathrm{d}r$ 为某一定值 $\bar{i}$ 时，由式(3.42)和式(3.44)，可得

$$\Phi = \frac{\varphi_0 \lambda^2}{8\pi^2 R^2} \cdot V \cdot A_E \cdot Z \cdot \bar{i} \tag{3.45}$$

光电接收器的输出电压信号与接收散射的辐射能通量 Φ 成正比。在一只结构设计定型的散射光型探测器中，参数 φ_0、λ、R、V、A_E 和光敏元件及电子放大器的传递系数均可认定是常数，并可把这些常数综合成为探测器的结构常数 K。因此，可把探测器光电接收器的输出信号(探测器的动作响应值)定为 y_s，并用下式表示：

$$y_s = K \cdot Z \cdot \bar{i}(\theta, \lambda, p(r), n) \tag{3.46}$$

在特定气溶胶粒子的情况下，$\bar{i}(\theta, \lambda, p(r), n)$可为某一定值，设 $K_1 = K \cdot \bar{i}$，则式(3.46)可写成下式：

$$y_s = K_1(\theta, \lambda, p(r), n) \cdot Z \tag{3.47}$$

由式(3.46)可见，影响散射光型探测器输出信号的主要因素，除了探测器的结构常数 K 和烟粒子数浓度 Z 以外，还有粒子尺度、复折射率、散射角、光波长，此外，粒子形状也有一定的影响。一般说来，光散射的基本理论仅仅是根据球形粒子创立的，但对于其他形状的粒子，如圆柱形和椭球形的粒子来说，加以某些限制条件的计算也可适用。但是，形状较复杂的粒子，则要参考更专门的著作。

1) 粒子尺度

粒子尺度效应按粒子直径与入射光波长之比，基本上划分成三个区域，即

$$\begin{cases} \text{瑞利散射区：} d_p < 0.1\lambda \\ \text{米氏散射区：} 0.1\lambda < d_p < 4\lambda \\ \text{布里卡尔散射区：} d_p > 4\lambda \end{cases} \tag{3.48}$$

式中，d_p——粒子直径，单位取μm；

λ——波长，单位取μm。

(1) 瑞利散射区

光是一种电磁波，由它的电场矢量来表征。为简单起见，我们考察投射在球形小粒子上的、线性偏振的平面波情形。近红外范围的光波波长约为 1 μm。对于比波长小得多(比如说小于 0.1 μm)的粒子，由波产生的局部电场在任何时刻都是大致均匀的。这个外加电场在粒子中感生一个偶极子，由于电场振荡，该感生偶极子亦发生振荡，根据经典理论，这将在所有方向上辐射。这种形式的散射称作瑞利(Rayleigh)散射。在发生没有吸收的散射时，存在下列散射能流率的公式：

$$\varphi/\varphi_0 = \frac{\pi^4}{8}\left(\frac{n^2-1}{n^2+2}\right)^2 \frac{d_p^6}{R^2\lambda^4}(1+\cos^2\theta) \tag{3.49}$$

在瑞利散射区，探测器输出信号基本上与粒径的6次方成正比，与波长的4次方成反比。

对于光电感烟探测器设计应用来说，最有意义的参量(除了散射辐射能流率外)是另一个导出量——散射效率因子 X_s。

首先定义一个散射截面 S_s：

$$S_s = \int_0^{\pi}\int_0^{2\pi}\frac{\varphi}{\varphi_0}\cdot R^2\sin\theta\mathrm{d}\theta\mathrm{d}\varphi \tag{3.50}$$

它表示粒子散射辐射能通量与入射辐射能通量之比。

对于瑞利散射：

$$S_s = \int_0^{\pi}\int_0^{2\pi}\frac{\pi^2}{8}\left(\frac{n^2-1}{n^2+2}\right)^2\frac{d_p^6}{\lambda^4}(1+\cos^2\theta)\sin\theta\mathrm{d}\theta\mathrm{d}\varphi \tag{3.51}$$

再定义散射效率因子 X_s，即散射截面与几何截面之比：

$$X_s = \frac{S_s}{\frac{\pi d_p^2}{4}} \tag{3.52}$$

将式(3.51)代入式(3.52)，积分化简后，得

$$X_s = \frac{8}{3}\alpha^4\left(\frac{n^2-1}{n^2+2}\right)^2 \tag{3.53}$$

式中，$\alpha=\dfrac{\pi d_p}{\lambda}$，是无量纲光学粒子尺度参数。

(2) 米氏散射区

当粒径位于式(3.48)米氏散射区时，由于粒子的不同部位与不同部分的入射波相互作用，瑞利理论便不再适用了，需要采用复杂得多的米氏(Mie)理论。这个理论用于处理均质球体对平面波散射和吸收的一般性问题。利用适当的边界条件解球体内部和外部区域的麦克斯韦(Maxwell)方程，可以获得求散射效率因子的公式为

$$X_s = \frac{2}{\alpha^2}\sum_{i=1}^{\infty}(2i+1)\{|a_i|^2+|b_i|^2\} \tag{3.54}$$

式中，a_i和b_i是光学粒子尺度参数α和粒子折射率n的极其复杂的函数，与入射光的偏振状态无关。

图3.18画出了波长$\lambda=0.5\ \mu\mathrm{m}$、折射率$n=1.5$时，非吸收球形粒子单色光散射效率因子$X_s$与光学粒子尺度参数$\alpha$的关系。在$\alpha$的变化范围2.0—4.5(相当

于粒径0.3—0.7 μm)之内，散射效率因子位于2—4，是最令人感兴趣的。在 α 值小于1.05($d_p \approx 0.15$ μm)的情况下，瑞利散射理论与米氏理论偏差在10%以内。在米氏—瑞利散射区的交界处，光电接收器输出信号与粒径的6次方成正比，并开始按正弦阻尼方式振荡，直到输出信号与粒径平方成正比的米氏—布里卡尔散射区的交界处。振荡频率是粒子折射率的一个函数。

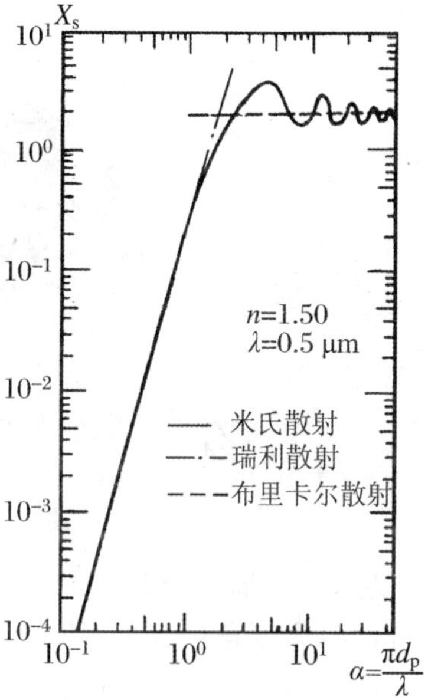

(3) 布里卡尔散射区

米氏散射区的上限(4λ)根据粒子折射率不同而改变，不能确切规定。当粒径约大于4λ时，几何光学理论(布里卡尔、夫琅和费衍射)起主导作用。在布里卡尔散射区内，对粒径较大的粒子使用米氏理论做严密计算已较困难，且不适宜，人们通常采用 Huygens-Fresnel 方程，求出渐近解：

$$X_s = 2 \tag{3.55}$$

图 3.18　散射效率因子 X_s 与光学粒子尺度参数 α 的关系

2) 散射角

很小粒径(比如波长的1/100)的前向散射光(与入射光束同一方向的散射)和后向散射光(与入射光束相反方向的散射)相差无几，侧向散射相对较小。图3.19给出了粒子空间散射角及很小粒径粒子的瑞利散射图形。

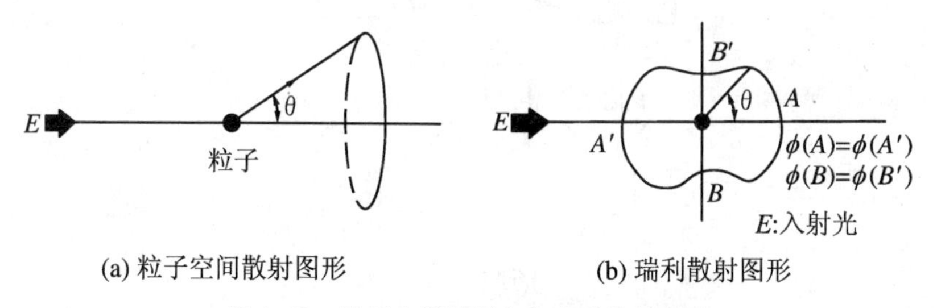

(a) 粒子空间散射图形　　(b) 瑞利散射图形

图 3.19　粒子空间散射角和瑞利散射图形

随着粒径渐渐增大，前向散射显著增大，侧向散射次之，后向散射减小。图3.20为散射图形变化的示意图。

对于粒径远大于波长的情况，形成波瓣图形。尽管理论上有意义，但对大多数种类烟来说，由于不同的粒径给出一个平均效果，因此这些散射图形无实际意义。

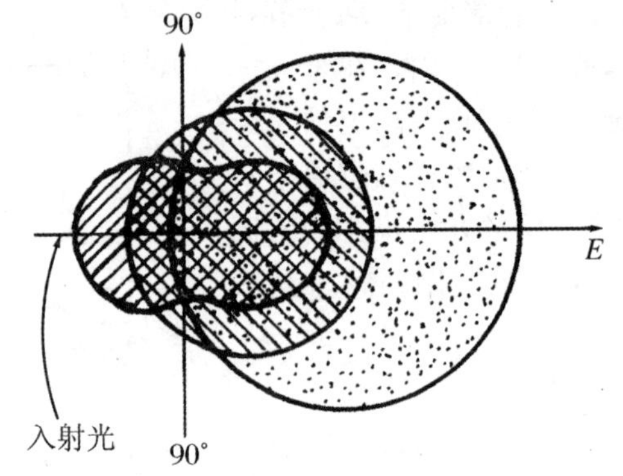

图 3.20　散射图形变化示意图

图 3.21 给出了根据散射角做成的散射光型探测器的光路图。图 3.21(a)、(b)相当于粒子前向散射，图 3.21(c)相当于粒子侧向散射。

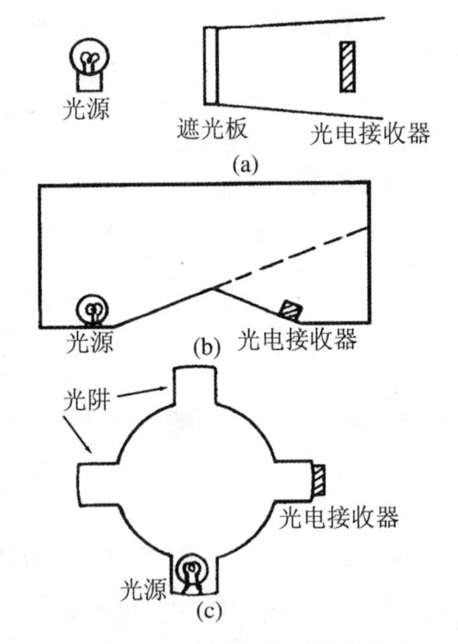

图 3.21　散射光型探测器光路图

图 3.22 给出了在某种特定烟的条件下，不同散射角 θ 对光电接收器输出信号

的影响。

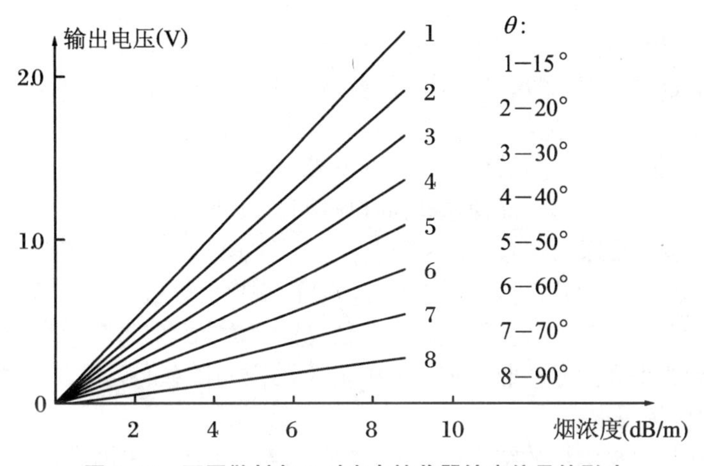

图 3.22 不同散射角 θ 对光电接收器输出信号的影响

3）复折射率

与散射截面相类似，吸收截面的定义是粒子吸收入射辐射能通量的分数。从入射光束中失去的总辐射能通量——消光功率，是散射功率与吸收功率的总和。相应的消光效率因子是

$$X_e = X_s + X_a \tag{3.56}$$

式中，X_e为消光效率因子，X_a为吸收效率因子，X_s为散射效率因子。

把折射率写成一实数与一虚数的和，就可以计算散射和吸收两种效应：

$$n = n_1 - \mathrm{i}n_2 \tag{3.57}$$

式中，$n_1^2 + n_2^2 = \varepsilon$，且 $n_1 n_2 = \lambda\sigma/c$。其中，$\varepsilon$ 是介电常数，σ 是电导率，λ 是真空中的光波长，c 是光速。虚数项造成吸收，若为不导电粒子（$\sigma = 0$），该项等于零。ε 和 σ 两个参数均与 λ 有关，在低频下接近其静态值。对于光频范围内的金属，n_1和 n_2两者都为 1 的量级。可以证明，球形吸收性小粒子的散射效率因子为

$$X_s = \frac{8}{3}\alpha^4 \cdot R_e\left(\frac{n^2 - 1}{n^2 + 2}\right)^2 \tag{3.58}$$

R_e表示取公式中的实数部分。吸收效率因子可由下式得到：

$$X_a = 4\alpha I_m\left(\frac{n^2 - 1}{n^2 + 2}\right) \tag{3.59}$$

I_m表示取公式中虚数部分。

4）光波长

波长对确定三个散射区（见式(3.48)）的界限有很大意义。因为在米氏散射区和布里卡尔散射区内，气溶胶产生的信号是最强的，因此，波长应尽可能地短到使大部分被测气溶胶的粒径尺度都处在这些区域中。自从发光二极管广泛用于探测器以来，由于较短波长的发光二极管的量子效应降低，目前较普遍采用的是红光和红外光波长。最近一些年，黄色和绿色的发光二极管效能已有了某些改进，但还有必要组合新的载体材料，才能使这些器件应用到较短的波长上。

3. 散射型感烟探测器的工作原理

由上可见，散射型感烟探测器光电接收器的输出信号与许多因素有关，其中除光源辐射功率 Φ_0 和波长、粒子数浓度、粒径、复折射率、散射角等因素外，还与散射体积（由发射光束和光电接收器的“视角”相交的空间区域）、光敏元件的受光面积及其光谱响应等因素有关。

因此，在设计探测器的结构形式时，通常要考虑上述有关因素，协调上述相互矛盾的有关参数。根据光电感烟探测器中接收散射光的角度大小，可分为前向散射与后向散射两种形式。

1）前向散射光电感烟探测器

绝大多数点型光电感烟探测器多为前向散射光电感烟探测器，即探测器接收器接收的散射角为锐角方向上的光能量，其结构原理示意图如图 3.16 所示。在正常情况下，散射腔室内无烟气颗粒，发光元件发出的光被对面的陷阱吸收，因此接收器接收不到散射光；当火灾发生时，生成的烟气进入探测器的散射腔室，由于烟粒子的作用，使发光元件发射的光产生散射，散射光被受光元件所接受，使受光元件阻抗发生变化，产生光电流，实现了将烟气信号转变成电信号的功能，再结合一定的探测算法，探测器即可做出是否发生火灾的判断。

烟颗粒光散射模型表明，散射光随着散射角度的增大其光强急剧减小，这也是前向散射光电感烟探测器首先使用的原因之一。然而，由于火灾中明火燃烧生成的黑烟颗粒具有较强的光吸收能力，使得前向散射感烟探测器对黑烟的响应灵敏度较差，对黑烟容易形成漏报；另一方面，前向散射光电感烟探测器对阴燃生成的灰烟响应灵敏度较好，即该类探测器对各种火灾烟颗粒响应灵敏度不一致，造成探测器报警算法中阈值的确定较困难，有时不得不降低探测器的响应灵敏度。目前散射光电感烟探测器采用的光波长有 850 nm 和 1300 nm 两种。一个优良的光电感烟探测器除了有好的电子电路和机械结构外，还要调整好光波长、散射角和烟粒子粒径之间的关系，使探测器对不同的烟谱都有较平稳的响应。现在各厂家的光电感烟探测器对黑烟探测问题已经解决。

2）后向散射光电感烟探测器

针对前向散射光电感烟探测器对黑烟的响应灵敏度较差的状况，通过对火灾烟颗粒光散射过程的进一步研究发现：当散射角为钝角时，接收到的散射光强度对各种颜色烟气的一致性较好。基于这种考虑，设计出了后向散射光电感烟探测器。这种感烟探测器对各种烟颗粒的响应灵敏度较一致，有利于感烟探测算法中阈值的选取，但后向散射接收的光信号较前向散射接收的光信号更弱，对探测器的电路性能要求更苛刻。

3）复合散射光电感烟探测器

前向散射光电感烟探测器对灰白烟气的灵敏度高，但对黑烟的响应灵敏度低，后向散射光电感烟探测器解决了黑烟气的探测问题，但以牺牲灰白烟气的灵敏度为代价。于是有人从光散射理论出发，提出双光源或双光路的光电感烟探测器思路。为了对不同粒径的烟粒子都有高的灵敏度，可采用两个不同波长的光源，使它们分别对不同粒径烟粒子产生较强的前向散射，接收器安装在前向散射位置即可。另一种方法是利用同一光源对不同粒径烟粒子的散射光最大值方向不同的特点，在较大粒径的最大散射光方向和较小粒径的最大散射光方向上分别布置接收器，然后将接收器的输出信号加起来，也可以使接收器的输出信号比较平稳。西门子公司的Sinteso火灾探测器采用了后一种方法，如图3.23所示，发射器1和接收器3构成前向散射光电感烟探测器，发射器1和接收器2构成后向散射光电感烟探测器，由发射器1和接收器2、3构成一个复合散射光电感烟探测器，图中还有两个独立的感温探测器，接收器的四个接收信号采用人工神经网络算法进行信号处理，提高了探测器的性能。

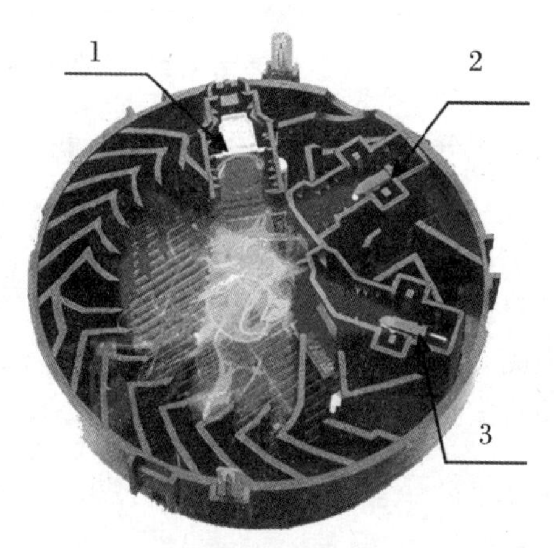

图3.23　复合散射光电探测器原理图

4）电路工作原理图

散射光电感烟探测器的原理方框图如图3.24所示。

发射器：为了保证光电接收器有足够的输入信号，又要使整机处于低功耗状态，延长光电器件的寿命，通常采用间隙发光方式，为此将发光元件串接于间隙振荡电路中，每隔3—5 s发出脉宽为100 ms左右的脉冲光束。脉冲幅度可根据需要调整。

接收器、放大器:光源发射的脉冲光束受烟粒子作用后,发生光的散射作用,当光接收器的敏感元件接收到散射辐射能时,阻抗降低,光电流增加,信号电流经放大后送出。

开关电路:本电路实际上是一个与门电路,只有收、发信号同时到达时,门电路才打开,送出一个信号。为此发射器的间隙振荡电路不仅为发光元件间隙提供电源,同时也为开关电路提供控制信号。这样可减少干扰光的影响。

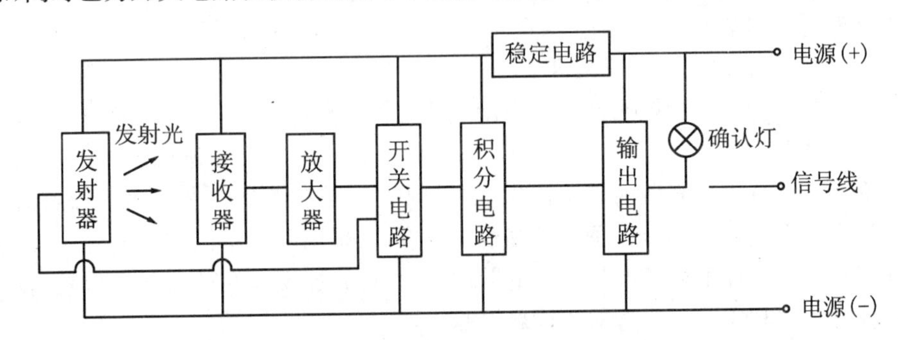

图 3.24 散射光电感烟探测器原理方框图

积分电路:此电路保证连续接收到两个以上的信号才启动输出电路,发出报警信号,这大大提高了探测器的抗干扰性能。

此外,为了现场判明探测器的动作情况和调试开通的方便,在探测器上均设确认灯和确认电路。为使探测器在较大的电压波动范围内工作,探测器内设有稳压电路。在有些探测器中,为日常检查探测器的运行情况,在电路设计上还增加了模拟火灾检查电路和线路故障自动监测电路等。

3.2.4 点型感烟探测器对烟的响应性能

1. 探测器对气溶胶粒子的响应

各种感烟探测器响应烟的性能,基本上是由它们的工作原理决定的。理论上讲,离子感烟探测器可以探测任何一种烟(绝大多数烟的粒径范围在 0.01 —1 μm,当微粒直径小于 0.01 μm 时,由于微粒的亲附作用,彼此凝聚形成较大的颗粒,而大于 1 μm 的颗粒,由于重力作用而下沉)。

图 3.25 示出散射光型探测器与离子感烟探测器的响应值与单谱气溶胶粒子的粒子尺度的关系。这里的响应值指探测器的输出电压减去背景噪声电压再除以粒子数浓度,用$\mu V \cdot cm^3$表示。对于散射光型光电感烟探测器,响应值与粒径近似成 6 次方正比关系(见式(3.49))。实验数据在较小粒径范围与瑞利散射理论相

符。在整个粒径范围上，实验的响应值与按米氏散射理论计算值之间基本一致。对于离子感烟探测器，响应值近似与粒径成线性函数关系，这与霍泽曼理论相吻合（见式(3.26)）。

由图3.25可见，0.05—0.15 μm粒径范围的烟粒子足以引起离子感烟探测器响应，但此时光电感烟探测器不响应或响应较小。在粒径小于0.3 μm条件下，离子感烟探测器有较大的响应值；在粒径大于0.3 μm条件下，光电探测器有较大的响应值。

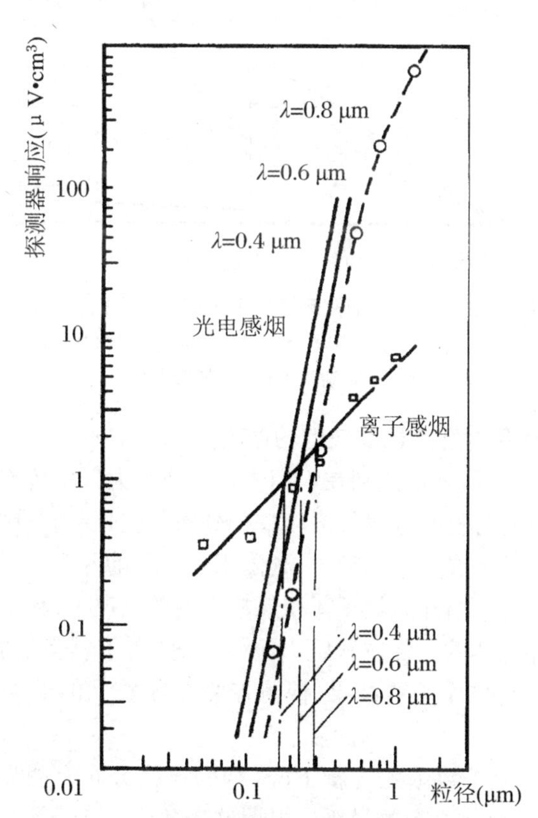

图3.25 散射光型探测器与离子感烟探测器的响应值与粒子尺度的关系

图3.26给出了三种感烟探测器对于不同类型火的响应曲线。由图3.26可见，离子和光电感烟探测器在阴燃火和明火交界处，响应发生突变，这是因为明火时烟粒子的粒径远小于阴燃火时的粒径。散射型感烟探测器的响应受粒径大小的影响很大（见式(3.49)），而离子感烟探测器受烟粒子粒径的影响较小（见式

(3.26))。

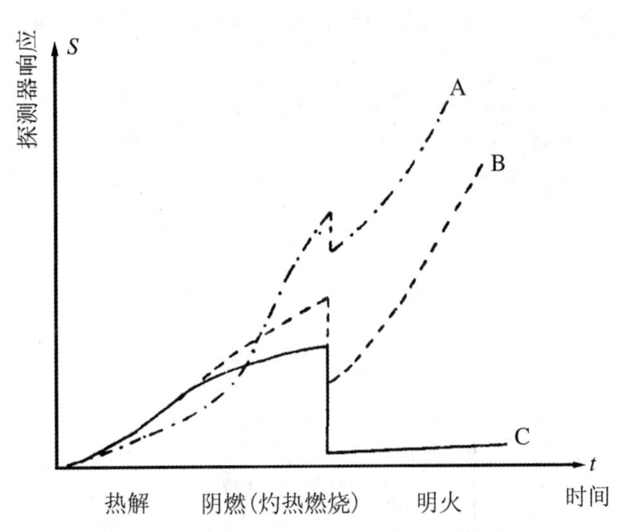

图 3.26　三种感烟探测器对于不同类型火的响应曲线

A 为离子感烟探测器;B 为减光型光电感烟探测器;
C 为散射光型光电感烟探测器

2. 烟的老化作用对探测器响应值的影响

烟雾气溶胶粒子,从其形式到在烟箱中混合或在大气中传输,均处于动态。由于布朗运动,粒子相互碰撞,这对气溶胶粒径分布的变化起着重要作用。

两个粒子碰撞并形成一个单粒子,其体积是碰撞前两个粒子体积之和,这种碰撞结果,叫作凝并。因此,在总粒子体积保持不变的情况下,粒子的个数减少。

当感烟火灾探测器的安装位置距火源较远时,由于燃烧生成的烟雾气溶胶粒子不断碰撞凝并(老化)作用的结果,探测器将接收较大的烟雾气溶胶粒子,如图 3.27 所示。

凝并过程导致粒子数浓度急剧下降,烟的粒径分布有明显变化。在 16 h 期间,总的粒子数浓度变化 2 个数量级。根据这个理论,1000 个 0.1 mm 直径的粒子可凝并成 1 个 1.0 mm 直径的粒子。

描述粒子数浓度对时间的变化率的基本公式如下:

$$\frac{dN}{dt} = \Gamma N^2 \tag{3.60}$$

式中,N——粒子数浓度,单位取 cm^{-3};

Γ——凝并系数,单位取 $cm^3 \cdot s^{-1}$。

由式(3.60)可见，粒子数损失的速率与粒子数浓度的平方成正比。将式(3.60)积分，设 $t=0$ 时 $N=N_0$，则可写成下式：

$$\frac{1}{N}-\frac{1}{N_0}=-\Gamma t \tag{3.61}$$

式(3.61)可改写成

$$\frac{N}{N_0}=\frac{1}{(1+\Gamma N_0 t)} \tag{3.62}$$

对于阴燃烟，取凝并系数 Γ 为 $4.0\times10^{-10}\ \mathrm{cm}^3\cdot\mathrm{s}^{-1}$。将 Γ 值代入式(3.62)中，得出在初始浓度 $N_0=3\times10^6$ 粒子数 · cm^{-3} 时，经 14 min 后，粒子数将减少到初始浓度的 1/2。

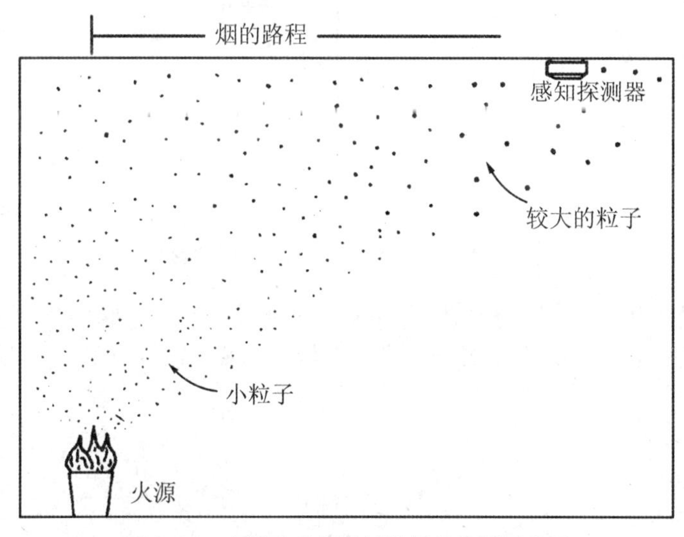

图 3.27　火源生成烟粒子的凝并作用示意图

凝并现象对探测器响应烟雾气溶胶粒子产生两种相反的效果，烟粒子数浓度减少，趋向减小探测器输出，而伴随着粒子凝并使粒子尺度增加，趋向提高探测器响应。哪种效果起主导作用，将由探测器对粒子尺度灵敏度特性决定。图 3.28 指出散射型(近似前向散射)和离子感烟探测器的有效信号(响应灵敏度)与时间的关系。经过 8 min 的烟老化期间，光学密度计光束的光学密度下降约 5%，而离子感烟探测器下降约 25%，散射型光电感烟探测器响应增大约 10%。

3. 感烟探测器对各种不同类型烟的响应灵敏度

本节关于感烟火灾探测器对燃烧和热解生成“烟”的响应性能做一概括。

根据粒径大小和粒子数浓度不同，烟可能是肉眼可见的，也可能是肉眼不可见的。根据烟的化学组分的不同，烟的颜色可能有明（灰色）和暗（黑色）的区别。把烟的类型和上述探测器的响应性能联系起来，有下列两种主要情形：

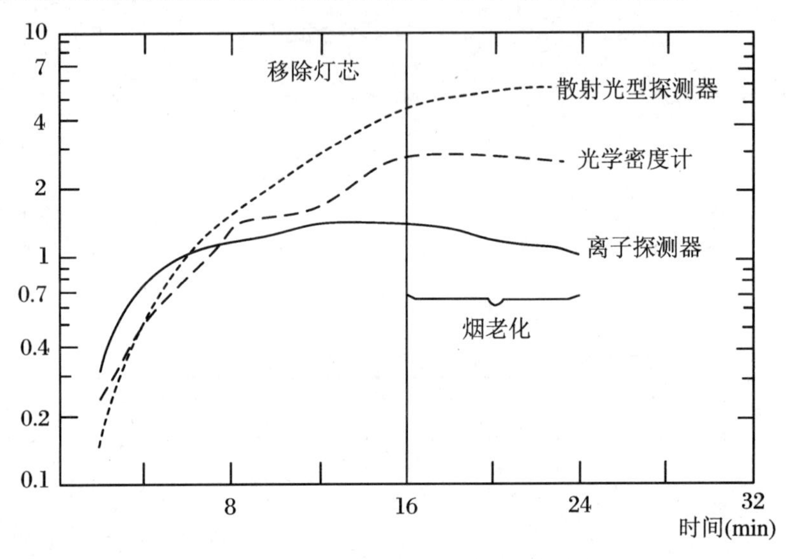

图 3.28　老化对感烟探测器响应的影响

图 3.29 给出了三种类型探测器对某种类型的烟雾气溶胶的相对响应灵敏度与平均粒径变量的关系，对于另一种不同类型的烟雾气溶胶，曲线的交点位置可能左右偏离。

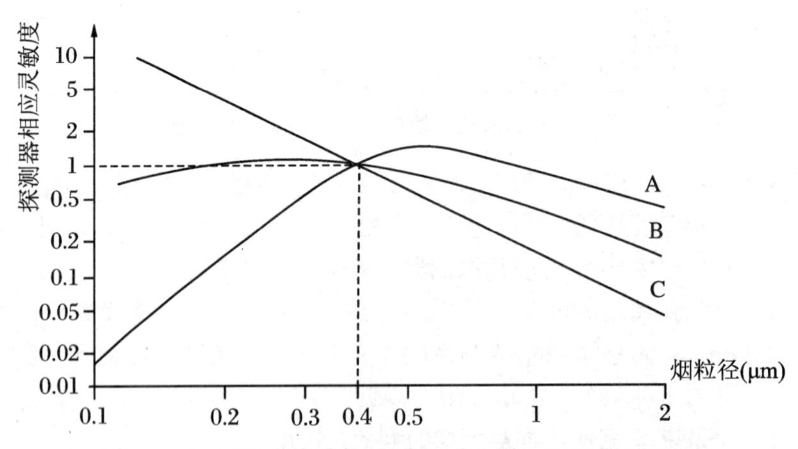

图 3.29　三种类型探测器在质量浓度相同条件下相对灵敏度与粒径的关系（曲线在 0.4 μm 处相交）

A 为散射光型探测器；B 为减光型探测器；C 为离子感烟探测器

图3.30给出了在烟的质量浓度恒定的条件下，两种类型探测器对这些不同颜色烟的响应灵敏度。

对于离子感烟探测器来说，随着烟的色带由可见烟到不可见烟的变化，相对响应灵敏度增加得很小，可以说，离子感烟探测器的响应灵敏度与烟的颜色（无论灰烟还是黑烟）无关。

比较起来，散射型光电感烟探测器对灰色的可见烟表现出相当大的灵敏度，这是因为不仅烟粒子的粒径较大，而且响应与折射率有关。随着烟的颜色变黑，响应灵敏度下降很快。改善灵敏度变化大的方法之一是采用双接收器接收散射光。

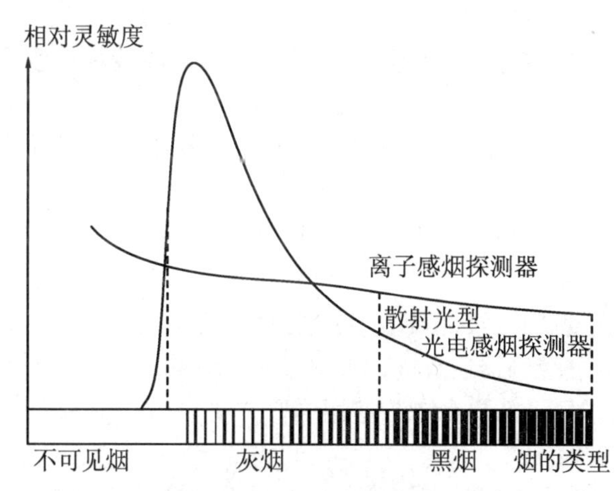

图3.30　散射光型和离子感烟探测器在质量浓度相同条件下定性的响应灵敏度与烟的类型的关系

3.2.5　点型感烟探测器的性能检验

感烟火灾探测器的性能检验要依据国家标准GB 4715《点型感烟火灾探测器技术要求及试验方法》进行，其主要技术指标与国际通行标准的规定基本一致，是检验探测器性能的主要技术依据。新设计定型的感烟探测器都要按此标准进行型式试验。此外，正式投产满五年；产品转厂生产；产品停产一年以上恢复生产；产品结构主要部件或元器件、生产工艺等有较大变化，可能影响产品性能；出厂检验结果与上次型式检验结果差异较大；发生重大质量事故等情况下也应进行型式检验。此原则同样适合其他消防产品，不同的是不同的产品有不同的国际标准、国家标准、行业或地方标准、企业标准。有上一级标准就不采用下一级的标准，除非下级标准高于上级标准，但国际标准除外。

在消防行业，除了有产品标准外，使用消防产品还有设计标准（通常说的“规范”）和图集。规范有一般条文和强制性条文，强制性条文是必须执行的；图集是为设计师提供画图的方便而出的标准图。

1. 技术性能要求和测试手段

1）主要技术性能要求

感烟探测器的主要性能要求是它的感烟灵敏度，也就是当被监视区域发生火灾，其烟参数达到预定值时，探测器应输出火灾报警信号，同时启动探测器的报警确认灯或启动同等作用的其他显示器。探测器应达到火灾灵敏度试验规定的对几种标准火的火灾灵敏度级别。

为了防止昆虫进入探测器内部导致误报，探测器应装配网眼不大于 1 mm 的网织品或采取其他措施。

为了确保探测器长期工作的可靠性和稳定性，探测器应耐受住标准规定的各项环境试验，并满足性能要求。

为了在干扰条件下，探测器不发生误报，探测器应进行气流试验、射频电磁试验、辐射抗扰度试验、射频场感应的传导骚扰抗扰度试验、静电放电抗扰度试验、电快速瞬变脉冲抗扰度试验、浪涌（冲击）抗扰度试验等试验。光电探测器还要进行环境光线试验。此外探测器还要进行火灾灵敏度试验。

在探测器的设计方面，应考虑到使用维修方便。

2）标准烟测试技术

气溶胶技术用于火灾探测理论研究之重要，是因为几乎所有的燃烧过程（包括热解和灼热燃烧）都会产生微小粒子（肉眼可见的或不可见的颗粒）。离子感烟和光电感烟探测器就是根据燃烧过程产生的微小粒子实现火灾探测的。

在理想的条件下，使用完全由同样尺度的粒子组成的单谱气溶胶试验探测器的响应阈值能很好地保证试验用烟的可再现性。但目前技术上采用这一技术还有一定的困难，而采用多谱气溶胶作标准检验的烟源，更接近探测火灾的实际。国标 GB 4715 规定的试验烟（利用液体石蜡气溶胶发生器产生的试验气溶胶）就是一种多谱气溶胶。

图 3.31 标出了烟源在感烟探测器阈值检测装置（烟箱）中的位置。

为确保探测器性能测试的准确性，标准试验烟必须具有有效性和可再现性。每次测试均应对试验烟本身进行动态粒径尺度分布测量，检查在探测器试验过程中烟粒子粒径分布的一致性，确定试验烟具备可再现性。探测器响应阈值的测量应在标准烟箱中进行，试验烟的粒径应分布在 0.5 — 1.0 μm 之间，探测器周围的气流应为 $0.2 \pm 0.04\ \mathrm{m \cdot s^{-1}}$，气流温度应为 23 ± 5 ℃，注入烟箱的升烟速率：光电

探测器为 $0.015\ dB \cdot m^{-1} \cdot min^{-1} \leqslant \Delta m/\Delta t \leqslant 0.1\ dB \cdot m^{-1} \cdot min^{-1}$；离子探测器为$0.05\ dB \cdot m^{-1} \cdot min^{-1} \leqslant \Delta m/\Delta t \leqslant 0.3\ dB \cdot m^{-1} \cdot min^{-1}$。光电探测器的响应阈值为探测器发出火灾报警信号时烟浓度的 m 值；离子探测器的响应阈值为探测器发出火灾报警信号时烟浓度的 y 值。

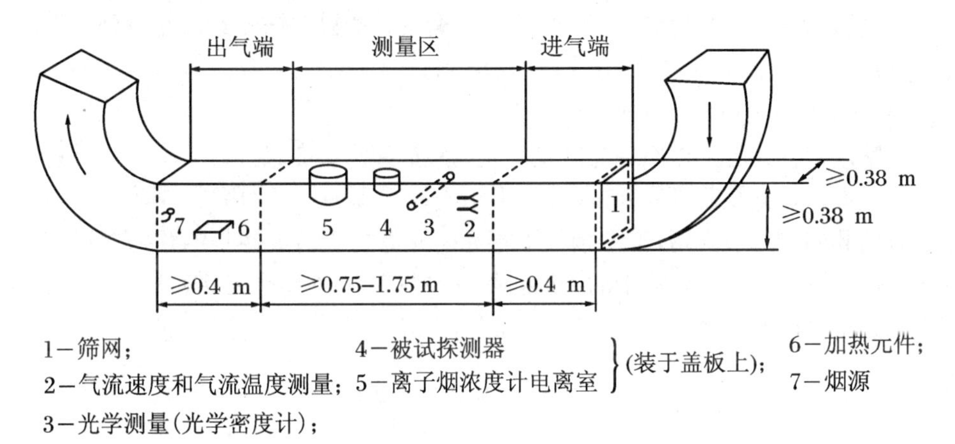

1—筛网；
2—气流速度和气流温度测量；
3—光学测量(光学密度计)；
4—被试探测器
5—离子烟浓度计电离室 }(装于盖板上)；
6—加热元件；
7—烟源

图 3.31 标准烟箱

为不影响探测器的检验工作，又能证明试验烟具备标准性，用一种简单实用的方法解决这一难题。

在烟箱中使用的标准光学烟密度计和离子烟浓度计测得的 m、y 值可联合写成下式：

$$\begin{cases} m = z \cdot f_1(\bar{d}) \\ y = z \cdot f_2(\bar{d}) \\ m/y = \text{常数} \end{cases} \tag{3.63}$$

式中，m——光学烟密度计测得的烟浓度，单位取 $dB \cdot m^{-1}$；

y——离子烟浓度计测得的烟浓度，无量纲；

$f_1(\bar{d}) = 0.434 \cdot \bar{S}(\bar{d}/2, \lambda_0, n_0) \cdot 10^{-5}$；

$f_2(\bar{d}) = 0.051 \cdot \bar{d} \cdot 10^{-5}$。

式(3.63)的来源，参见本节后续内容。

$m/y=$常数，说明对固定的标准试验烟平均粒径(或粒径分布)保持不变。但实际上，由于试验烟成分的波动和测试仪器精度的限制，m/y 的数值有一定的误差，按国标规定，该误差不应大于±5%。

在感烟火灾探测器阈值检测装置(烟箱)中,根据两种不同工作原理测出的烟浓度 m 与 y 值通过计算机处理,可实现在测试过程中连续打印出 m、y 或它们比值的数值,从而可方便地分析试验中采用试验烟的标准性。

2. 光学方法测量响应阈值

光电感烟探测器的响应阈值是用光学烟密度计测得的探测器动作时刻的烟浓度,用减光系数 m 值(单位为 $\mathrm{dB \cdot m^{-1}}$)表示。

1) 光学烟密度计的工作原理

光学烟密度计的工作原理与减光型光电感烟探测器类似。

设一束平行光线通过某种试验烟,由于光线受到烟粒子的吸收或散射作用或这两者的共同(消光)作用,正常接收平行光的光电接收器上接收的辐射能通量将减弱。通常可假定试验烟粒子的光散射是一次性散射,对整个光谱范围积分,可得到下列光学密度的表达式:

$$D = \log\left(\frac{I_0}{I}\right) = \log\left[\frac{\int_0^\infty I_{\lambda_0}\,\mathrm{d}\lambda}{\int_0^\infty I_{\lambda_0}\exp\left(-\int_0^l (K_\mathrm{a}+K_\mathrm{s})\,\mathrm{d}l\right)\mathrm{d}\lambda}\right] \tag{3.64}$$

式中,I_0——光源发射的光强度;

I——光电接收器上接收到的光强度;

I_{λ_0}——光源发射 λ 波长的光强度;

K_a——吸收系数;

K_s——散射系数;

l——光学测量长度;

D——光学密度。

对于单色光源和均匀的单谱球型烟粒子(假定无粒子的沉淀、凝并作用),式(3.64)可由布尔定律表述如下:

$$D = \log\left(\frac{I_0}{I}\right) = \frac{\bar{K}\cdot l}{2.303} \tag{3.65}$$

式中,$\bar{K}$ 为消光系数,由消光截面平均值 $\bar{S}$(μm)和烟粒子数浓度 z($\mathrm{m^{-3}}$)的乘积表示:

$$\bar{K} = \bar{S}\cdot z \tag{3.66}$$

消光截面平均值 $\bar{S}$ 是烟粒子平均粒径 $\bar{d}$、光源的光波长 λ 及烟粒子的折射率 n 的极其复杂的函数,写成下式:

$$\bar{S} = \bar{S}\left(\frac{d}{2}, \lambda, n\right) \tag{3.67}$$

按国家标准 GB 4715 规定，减光系数用下式表示：

$$m = \frac{10}{d}\lg\frac{P_0}{P} \tag{3.68}$$

式中，m——减光系数，单位取 $\mathrm{dB \cdot m^{-1}}$；

d——试验烟的光学测量长度，单位取 m；

P_0——无烟时接收的辐射功率，单位取 W；

P——有烟时接收的辐射功率，单位取 W。

考虑到光强度 I 与辐射功率 P 成正比，将式(3.65)代入式(3.68)，并设定 $l = d$，可得出减光系数 m 值为

$$m = \frac{10\bar{K}}{2.303} = 0.434\bar{S}\left(\frac{d}{2}, \lambda, n\right) \cdot z \cdot 10^{-5} \quad (\text{单位为 dB} \cdot \text{m}^{-1}) \tag{3.69}$$

式(3.69)可作为光电感烟探测器动作时的响应阀值与烟粒子数浓度关系的一个基本表达式。

2）减光系数与减光率的换算关系

国内外有些厂家习惯用光学烟密度计测得的减光率(%)表示探测器动作烟浓度(响应阈值)的大小。“减光率”一词来源于光学照度计测量，用在光学测量长度上，标准光束稳定照射，当光束通过烟后，照度降低的百分数，作为检测感烟火灾探测器响应阈值的标准，即

$$N = \frac{E_0 - E}{E_0} \times 100\% \tag{3.70}$$

式中，N——减光率，%；

E_0——无试验烟时光照度值，单位取 $\mathrm{L_x}$；

E——有试验烟时光照度值，单位取 $\mathrm{L_x}$。

减光系数 m 与减光率 N 之间的关系可由下式表述：

$$m = \frac{10}{d} \cdot D = \frac{10}{d}[1 - \log(10 - 0.1N)] \tag{3.71}$$

计算表明，当光学烟密度计 $d = 1$ m 的减光率为10%、20%和30%时，分别相当于减光系数为 $0.5\ \mathrm{dB \cdot m^{-1}}$、$1.0\ \mathrm{dB \cdot m^{-1}}$ 和 $1.5\ \mathrm{dB \cdot m^{-1}}$。

3. 离子方法测量响应阈值

离子感烟探测器的响应阈值是用离子烟浓度计测得的探测器动作时刻的烟浓度，用无量纲 y 值表示。离子烟浓度计利用抽气方法连续地采样并连续地测量烟浓度。

离子烟浓度计主要由电离室、电流放大器及抽气泵组成。图3.32是离子烟浓

度计电离室工作原理图。如图 3.32 所示,通过抽气泵使含有烟粒子的空气扩散到电离室内的"测量体积"中。"测量体积"中的离子被中性的烟粒子俘获,称作吸附作用;离子被带异号电荷的离子或烟粒子俘获,称作复合作用。假如 Z_0代表中性粒子烟浓度,用 N^+、N^- 代表带上正、负离子的烟粒子数浓度,用 α、α_1、α_2 和 α_3代表复合系数,用 β_1 和 β_2 代表吸附系数,可写出方程组:

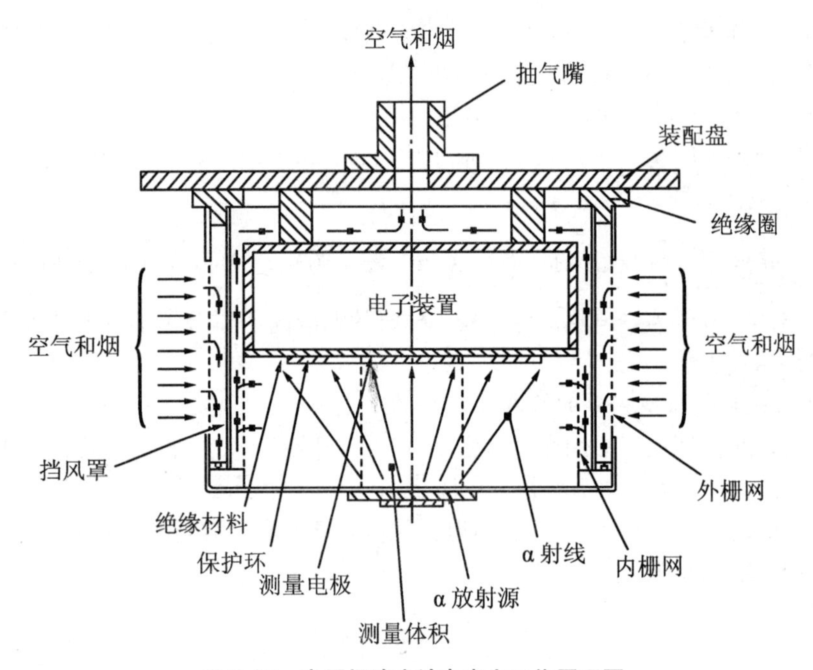

图 3.32 离子烟浓度计电离室工作原理图

$$
\begin{cases}
\dfrac{dn^+}{dt} = q - \alpha n^+ n^- - \alpha_1 n^+ N^- - \beta_1 n^+ Z_0 \\
\dfrac{dn^-}{dt} = q - \alpha n^+ n^- - \alpha_2 n^- N^+ - \beta_2 n^- Z_0 \\
\dfrac{dN^+}{dt} = Q^+ + \beta_1 n^+ Z_0 - \alpha_2 n^- N^+ - \alpha_3 N^- N^+ \\
\dfrac{dN^-}{dt} = Q^- + \beta_2 n^- Z_0 - \alpha_1 n^+ N^- - \alpha_3 N^- N^+ \\
\dfrac{dZ_0}{dt} = Q_0 + \alpha_2 n^- N^+ + \alpha_1 n^+ N^- + 2\alpha_3 N^+ N^- - \beta_1 n^+ Z_0 - \beta_2 n^- Z_0
\end{cases}
\tag{3.72}
$$

式中，n^+，n^-——正、负离子数浓度，单位取 cm^{-3}；

q——电离强度（离子对产生率），单位取 $cm^{-3}\cdot s^{-1}$；

Q^+、Q^-、Q_0——烟粒子产生率，单位取 $cm^{-3}\cdot s^{-1}$。

假定下列两个方程成立（电荷平衡）：

$$\begin{cases} n^+ + N^+ = n^- + N^- \\ Z_0 = z - (N^+ + N^-) \end{cases} \tag{3.73}$$

式中，z 为总的烟粒子数浓度，单位取 cm^{-3}。

假定在烟粒子吸附离子时刻，没有新的中性粒子和带正、负电荷的粒子进入或离开电离室，即认为

$$Q^+ = Q^- = Q_0 = 0$$

对无凝并现象的烟粒子来说，可近似地认为

$$\alpha_0 = 0;\quad \alpha_1 = \alpha_2 = \beta_1 = \beta_2 = \beta$$

因此，从式(3.72)和式(3.73)，可以得出稳定状态$\left(\dfrac{dn}{dt} = \dfrac{dN}{dt} = \dfrac{dZ_0}{dt} = 0\right)$下的方程如下：

$$q - \alpha n^2 - 2/3\beta z n = 0 \tag{3.74}$$

解方程(3.74)式，得

$$n = \frac{-\dfrac{2}{3}\beta z \pm \sqrt{\left(\dfrac{2}{3}\beta z\right)^2 - 4\alpha q}}{2\alpha}$$

考虑电离室电流密度与离子数浓度成正比，即 $i \propto n$，并考虑 $n_0 = \sqrt{\dfrac{q}{\alpha}}$（见式(3.18)），得

$$\frac{i}{i_0} = \frac{n}{n_0} = \frac{-\beta z}{3\alpha n_0} + \sqrt{\left(\frac{\beta z}{3\alpha n_0}\right)^2 - 1}$$

设 $x = \dfrac{\Delta i}{i_0} = \dfrac{i_0 - i}{i_0}$，可得

$$x = 1 + \frac{\beta z}{3\alpha n_0} - \sqrt{\left(\frac{\beta z}{3\alpha n_0}\right)^2 - 1} \tag{3.75}$$

法国物理学家布里卡尔做出过如下公式：

$$\beta = C_B \cdot \frac{d}{2} \tag{3.76}$$

式中 C_B为布里卡尔常数（$C_B \approx 0.307\ cm^2\cdot s^{-1}$）。将式(3.76)代入式(3.75)，化简后，得

$$d \cdot z = \frac{3\alpha n_0}{C_B} \cdot \left(x \frac{x-2}{x-1}\right)$$

设

$$y = x \frac{2-x}{1-x}, \quad \eta = \frac{3\alpha n_0}{C_B} = \frac{3\sqrt{\alpha q}}{C_B} \tag{3.77}$$

因此

$$d \cdot z = \eta \cdot y \tag{3.78}$$

在多谱烟雾气溶胶的一般情况下，可用平均粒径 $\bar{d}$ 代替粒子直径 d，则式(3.78)可写成下列形式：

$$\bar{d} \cdot z = \eta \cdot y \quad (参见式(3.26))$$

如果用电流强度 I 和 I_0 代替电流密度 i 和 i_0，用 $x = \frac{I_0 - I}{I_0}$ 代入式 $y = x\frac{2-x}{1-x}$，则可写出下列用于计算响应阈值 y 值的计算式：

$$y = \frac{I_0}{I} - \frac{I}{I_0} \tag{3.79}$$

式中，I_0——无烟粒子时的电离电流，单位取 pA；

I——有烟粒子时的电离电流，单位取 pA。

在电离室极间流过饱和电流时，可求得电离强度 $q = I_s/e \cdot s \cdot L$，由式(3.24)可知，复合系数 $\alpha = R_0^2 \cdot e \cdot \mu^2 \cdot S \cdot I_s/L^3$，将 q、α 值代入式(3.77)，可得

$$\eta = \frac{3 \cdot R_0 \cdot I_s \cdot \mu}{0.307 L^2} \tag{3.80}$$

国家标准 GB 4715—93 规定，$R_0 = 1.9 \times 10^{11}\ \Omega \pm 5\%$，电极间距 $L = 3$ cm，由试验得知饱和电流为 600 pA，取平均离子迁移率 $\mu = 1.6\ \text{cm}^2 \cdot \text{V}^{-1} \cdot \text{s}^{-1}$，则电离室常数 $\eta = 198\ \text{cm}^{-2}$，因此

$$y = 0.051 \cdot \bar{d} \cdot z \cdot 10^{-5} \tag{3.81}$$

式(3.81)就是离子烟浓度计测得的响应阈值 y 与烟粒子的平均粒径 $\bar{d}$ 和烟粒子流浓度 Z 之间在特定的电离室条件下的定量关系表达式。

4. 试验方法

1) 环境试验

考虑到探测器在实际使用中可能会遇到的环境条件，探测器必须做下列环境试验。

将某种类型的探测器置于一个模拟火灾作用条件下，使探测器受到一个能表征火灾特性的某一物理量(或火灾参数)的作用，当该物理量达到一定程度时，探测

器便产生动作,记录探测器动作时的测量值(响应阈值);然后,给被测试的探测器某种环境的考验,接着按上述方法,再次测试响应阈值,检验在环境试验后探测器的响应阈值是否改变或者变化的程度如何。

探测器应能耐受住各种规定气候试验条件下的高温、低温、湿度、腐蚀等项试验,应能耐受住各种机械环境试验条件下的振动、冲击、碰撞等项试验。此外,探测器有可能在电磁干扰、光线干扰、粉尘和气流等场所下长期工作,因此,也应能耐受与其相应的试验条件。

2) *火灾灵敏度试验原理*

所谓火灾灵敏度试验,是对各种不同类型的探测器都要求经受模拟真实火灾的几种典型试验火的综合试验,检验它的性能(火灾灵敏度级别),再将各种不同类型探测器对不同试验火的灵敏度进行比较,做出正确使用火灾探测器的评价,供设计火灾自动报警系统时参考。使用试验火的好处在于:能够在较短的时间内,不需要花大的费用即可确定火灾探测器对各种不同火灾的响应能力。

用试验火进行真实火灾模拟是在燃烧室中进行,标准燃烧室是一间长为10 m、宽为6—8 m、高为3.8—4.2 m的房间,在顶棚中心(见图3.33(b))画一个半径为3 m的圆,在宽方向的中心位置画一60°圆心角(见图3.33(a))。试验时无环境光干扰,也没有气流扰动。试验结束有良好的排烟系统排烟。试验布置:火源设在地面中心处(图3.33(a)在地面的投影),探测器安装在顶棚上。测量仪器有:光学密度计、离子烟浓度计、温度传感器和电子秤。测量仪器和探测器布置在圆心角为60°的圆弧区域内,如图3.33(b)所示。

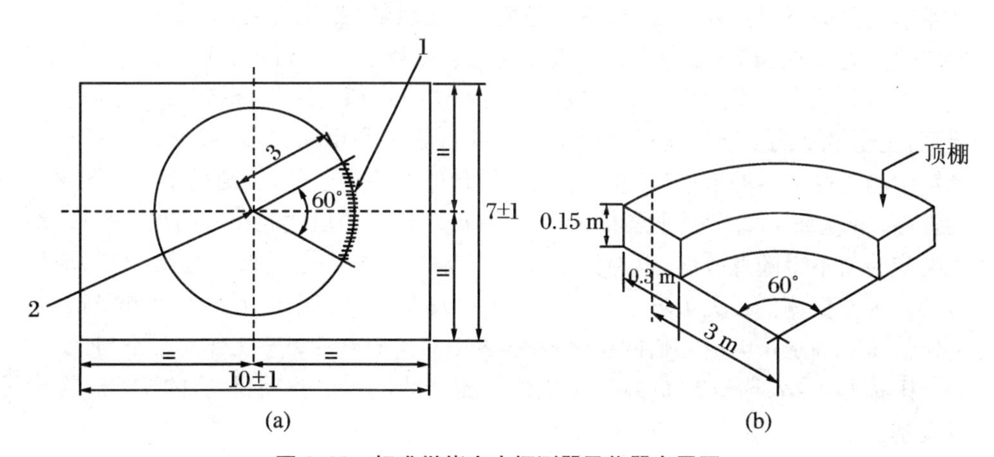

图3.33 标准燃烧室中探测器及仪器布置图

以上是针对点型感烟火灾探测器的检测标准，如上所述，对于线型光束感烟火灾探测器也同样有相应的检测标准，即《线型光束感烟火灾探测器技术要求及试验方法》(GB 14003)。相关的检测方法和内容与点型感烟探测器的检测方法类似，具体方法可参阅GB 14003。

目前，国际标准建议草案ISO 7240规定了八种标准试验火，见附录2，它们模拟了现实生活所有可能发生的火灾。

试验火除要满足真实火的4大要素(即火灾四面体理论：燃料、氧化剂、温度和持续的链式反应)外，还需要满足两个要素：

① 试验火应有一定的持续时间。这是为了区别各种不同原理的探测器，火灾特性的发展应在一个足够长的周期时间内实现，在燃烧曲线达到最大值(试验火尚未完全熄灭)前，所试类型探测器应给出报警信号。即试验火的燃烧持续时间不能小于试验探测器动作所需的时间。

② 试验火应具备有效性(Validity)、可再现性(Reproducibility)并且是可标定的(Scale)。试验火的布置以及燃料的数量和材质应保证试验火的这些要求。试验火结束时的火灾参数(温度 T，烟浓度 m 值、y 值，时间 t)及 m/y 比值，用于表征试验火的有效性和可再现性。如果上述火灾参数及 m/y 比值不满足要求，则试验火无效，须重新试验。允许稍微改变所用燃料的量，以便产生所需的火灾参数。

国标《点型感烟火灾探测器技术要求及试验方法》(GB 4715—2005)为保证探测器产品质量，考虑到产品批量生产的成本费用并在满足火灾自动报警系统设计要求的前提下，将探测器在环境试验前后响应阈值比 $y_{max}:y_{min}$ 或 $m_{max}:m_{min}$ 的比值定为1.6。这一数值是由火灾自动报警系统多年运行经验、产品工艺水平、生产成本等综合因素给出的统计数值。随着这一数值的减小，标志着产品质量的提高，是衡量不同生产厂家产品质量优劣的一项主要指标。y_{min} 或 m_{min} 是指标准烟箱中测得探测器的最小响应阈值，这一数值本身不得过低，否则势必造成误报率的提高。y_{max} 或 m_{max} 是探测器的最大响应阈值，这一数值代表一定的火灾规模，最大响应阈值不得随意改变，以确保安装探测器满足技术设计要求，达到早期、准确报警。为使探测器在无火灾条件下不误报以及在有火灾条件下不迟报或漏报，上述比值1.6确定了响应阈值的变化限度，否则对探测器的可靠工作非常不利。

国标GB 4715—2005规定了感烟探测器的基本试验项目、目的、方法、要求及设备。

3) *感烟探测器火灾灵敏度试验方法*

国标GB 4715—2005对感烟探测器火灾灵敏度试验采用较实用、简便的方法。试验火采用两种阴燃火和两种明火。试验火的有效性和可再现性的判断，由图3.34和表3.4给出。另一方面，用燃料消耗量ΔG与燃料初始重量G_0之比代替m值与时间t关系的轮廓曲线。表3.5给出了国标GB 4715—2005中试验火的组成一览表。

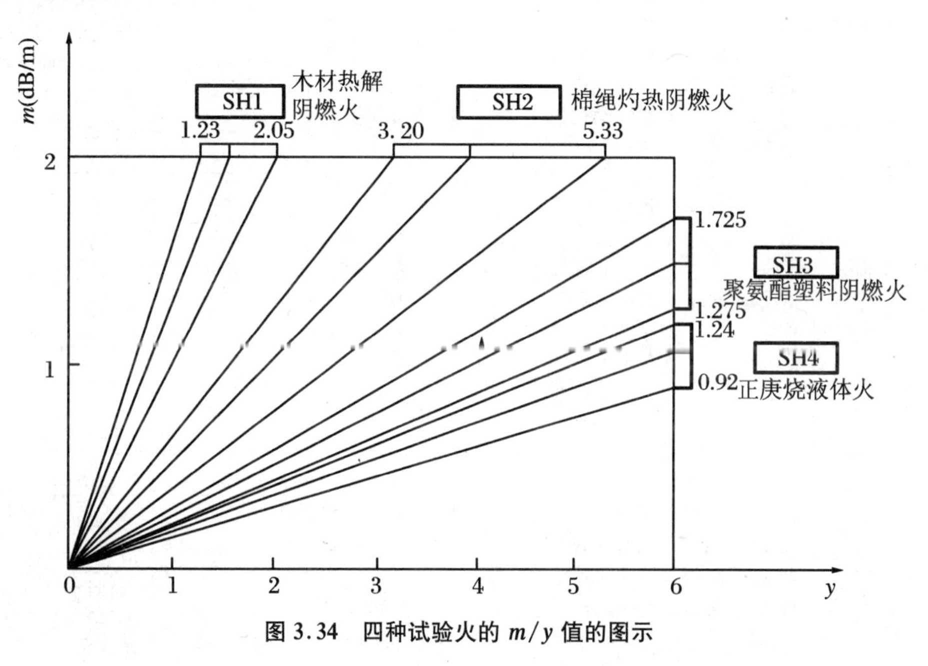

图3.34　四种试验火的m/y值的图示

表3.4　四种试验火$m/y=f(\bar{d}/2,\lambda_0,n)$的范围

$m/y=f\left(\frac{\bar{d}}{2},\lambda_0,n\right)$ 试验火	最小值	标准值	最大值
SH_1木材热解阴燃火	0.975	1.30±25%	1.625
SH_2棉绳灼热阴燃火	0.375	0.50±25%	0.625
SH_3聚氨酯塑料明火	0.2125	0.25±15%	0.2875
SH_4正庚烷液体火	0.153	0.18±15%	0.207

表 3.5　试验火的组成一览表

编号	试验火类型	燃料	布置	质量	点火材料及点火方式	试验结束判断	试验结束的火灾参数
SH_1	木材热解阴燃火	10 根 7.5 cm × 2.5 cm × 2.0 cm 的山毛榉木棍(含水量约等于5%)	木棍呈辐射状放置于加热功率为 2 kw,直径为 220 mm 的加热盘上面		加热盘通电,加热盘面温度达 600 ℃并稳定保持	$m=2\ \mathrm{dB\cdot m^{-1}}$	$m=2\ \mathrm{dB\cdot m^{-1}}$,$y=1.6$,无火焰,$m$ 与试验间比值和 m/y 应在规定范围内
SH_2	棉绳灼热阴燃火	洁净、干燥的棉绳	将 90 根重量为 3 g、长为 80 cm 的棉绳固定在直径为 10 cm 的金属圆环上,然后悬挂在支架上		在棉绳下端点火,点燃后立即熄灭火焰,保持连续冒烟	$m=2\ \mathrm{dB\cdot m^{-1}}$	m/y 和 m 与试验间比值应在规定范围内
SH_3	聚氨酯塑料明火	质量密度约 $20\ \mathrm{kg\cdot m^{-3}}$ 的无阻燃剂软聚氨酯泡沫塑料	3 块 50 cm×50 cm×2 cm 的垫块叠在一起,底板为铝箔,其边缘向上卷起		在直径 5 cm 的盘中装入 5 mL 甲基化酒精	$y=6$	m/y 以及 m 与试验间的比值应在规定范围内,且 $y=6$ 或探测器发出火警信号
SH_4	正庚烷液体火	正庚烷(分析纯)加 3%(体积百分比)的甲苯	将燃料放置于用 2 mm 厚的钢板制成的底面积为 1100 $\mathrm{cm^2}$(33 cm × 33 cm)、高为 5 cm 的容器中	$G_0=650\ \mathrm{g}\pm5\%$	火焰或电火花	$y=6$	m/y 以及 m 与试验间的比值应在规定范围内,且 $y=6$ 或探测器发出火警信号。试验结束时,$y=6$,没有发出火警信号,看 m 是否达到 $1.1\ \mathrm{dB\cdot m^{-1}}$

4) 感烟火灾探测器火灾灵敏度的分级方法

将 4 种火试验记录的探测器动作时刻的温升、烟浓度 m 值和 y 值记入表 3.6中。

表3.6　探测器动作时刻的火灾参数记录表

试验火	探测器编号	ΔT(℃)	m(dB·m^{-1})	y	备注
SH_1	2 8 15 16				
SH_2	2 8 15 16				
SH_3	2 8 15 16				
SH_4	2 8 15 16				

根据试验结果，将探测器灵敏度级别分为Ⅰ、Ⅱ、Ⅲ级：

Ⅰ级：$m_1 \leqslant 0.5$ dB·m^{-1}，$y_1 \leqslant 1.5$，$\Delta T_1 \leqslant 15$℃。

Ⅱ级：$m_2 \leqslant 1.0$ dB·m^{-1}，$y_2 \leqslant 3.0$，$\Delta T_2 \leqslant 30$℃。

Ⅲ级：$m_3 \leqslant 2.0$ dB·m^{-1}，$y_3 \leqslant 6.0$，$\Delta T_3 \leqslant 60$℃。

将Ⅰ、Ⅱ、Ⅲ三级灵敏度的数值用 m、y 和 ΔT 为坐标轴的三维坐标系表示，则由9个不同的限定值可确定3个长方体(见图3.35)。

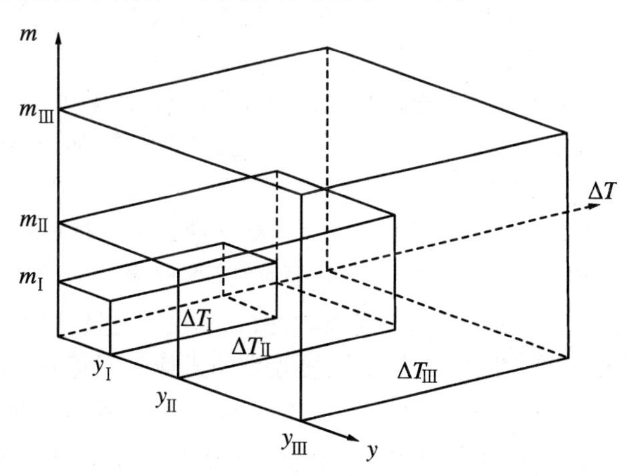

图3.35　火灾参数 m、y 和 ΔT 的三维坐标

将探测器对某种试验火动作时的 m、y 和 ΔT 三个火灾参数规定为火灾报警坐标值,这些坐标值构成该坐标系中的火灾报警点。如果4只探测器的火灾报警点都位于最小长方体内,则探测器为1级灵敏度。如果4只探测器的火灾报警点都位于中等长方体内,但不是所有火灾报警点都落在最小长方体内,则探测器为2级灵敏度。如果4只探测器的火灾报警点都位于最大长方体内,但不是所有火灾报警点都落在中等或最小长方体内,则探测器为3级灵敏度。试验所得探测器的灵敏度级别用"V"记载在表3.7相应栏中。

表3.7 探测器灵敏度级别

试验火	Ⅰ级	Ⅱ级	Ⅲ级	备注
SH_1				
SH_2				
SH_3				
SH_4				

如果4只探测器的火灾报警点位于最大长方体外,则该探测器不予分级,并应在表3.7的备注栏中记载。

3.2.6 减光型光电感烟探测器

《火灾自动报警系统设计规范》(GB 50116)规定:点型感烟探测器的安装高度不能超过12 m,对于大型仓库、大型厂房、大剧院、大会堂、展览馆、体育馆、古建筑物等建筑物的室内净空高度大于12 m的场所,接触式点型感烟探测器无法使用,于是非接触式火灾探测器就随着大空间建筑物的出现应运而生。点型光电感烟探测器为了避免发射元件的强光长期对接收元件的照射,而采用接收散射光探测火灾的方法是以牺牲探测器的灵敏度换取探测器的可靠工作,而当接收、发射元件相距较远时,灵敏度是考虑的主要因素,这时接收元件受强光照射不是主要问题,所以采用减光型感烟探测原理探测烟气。非接触式感烟探测器的探测原理:在大空间的合适高度上,相对设置发射器和接收器,收发间形成一条或多条光束,当火灾烟气通过一束强度为 I_0 的单色平行光束时,由于烟粒子对红外光的散射和吸收作用,使接收器的入射光产生衰减,接收器接收到的光信号就降低,转换成的电信号也降低,当信号降低到响应阈值以下时,就发出报警信号,如图3.36所示。

红外光波长的选择与烟气颗粒的粒径有关,通常光波长越短,对直径小的烟粒子越敏感。选择合适的光波长,提高发射元件的发射功率和选择高灵敏度的接收元件可以提高减光型光电感烟探测器的灵敏度，而选择发射元件和接收元件的最佳工作波长与要求的光波长匹配对提高探测器的灵敏度也十分重要，如砷化镓(GaAs)红外发光二极管的峰值波长为660 nm、850 nm、940 nm附近，接收光敏二极管应对这几个或一个峰值灵敏，硅光敏二极管与GaAs发光二极管的光谱特性就有良好的匹配。

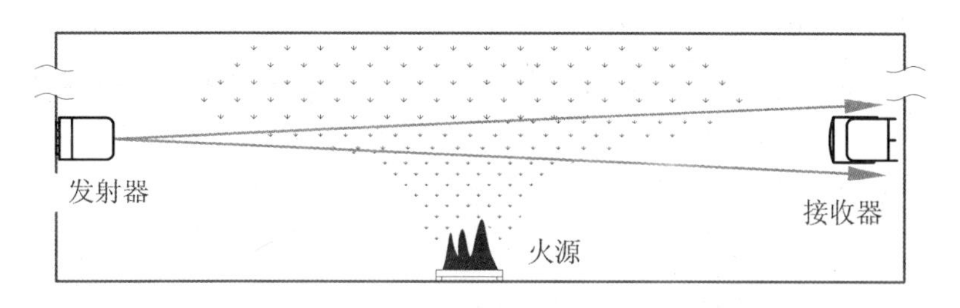

图3.36　平行光通过烟雾颗粒的消光侧视图

1. 减光型光电感烟探测器对烟粒子的响应

为了分析烟粒子与光的相互作用，假定一束平行光通过均匀分布烟气的空间，如图3.37所示，并假定恒定辐射功率 P_0 的单色平面波与气溶胶粒子相遇后，粒子散射和吸收的总消光功率 P_e与粒子几何截面 A 成正比，则有下式成立：

$$\frac{P_e}{P_0} = X_e \cdot A \tag{3.82}$$

式中，X_e为消光效率因子。

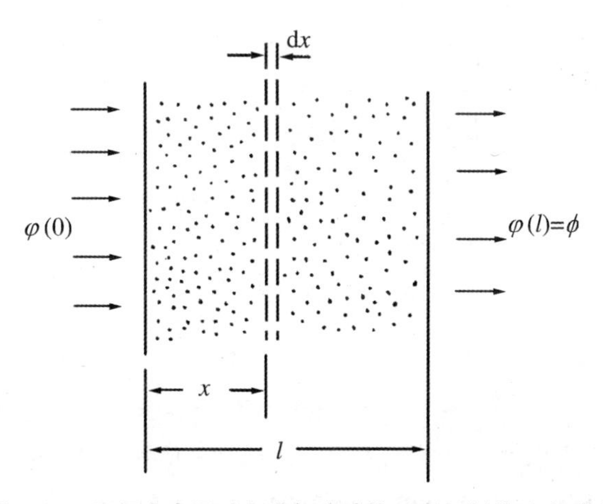

图3.37　平行光束通过多谱气溶胶体系后辐射能流率减小

在球形气溶胶粒子的限定条件下，消光效率因子 X_e 可按米氏(Mie)理论计算如下：

$$X_e = \frac{2}{\alpha^2}\sum_{i=1}^{\infty}(2i+1)R_e(a_i+b_i) \tag{3.83}$$

式中，a_i、b_i 是粒子尺度参数 α 和折射率 n 的极其复杂的函数。

令平行光束通过均匀的多谱气溶胶体系薄层 dx 后，辐射能流率从 $\varphi(x)$ 减少到 $\varphi(x)-\mathrm{d}\varphi$，根据布尔(Bouguer)定律，$-\frac{\mathrm{d}\varphi}{\varphi(x)}$ 与薄层厚度 dx 成正比(见图3.37)，即

$$\frac{\mathrm{d}\varphi}{\varphi(x)} = -Z\cdot\int_0^{\infty}X_e\cdot A\cdot P(r)\mathrm{d}r\mathrm{d}x \tag{3.84}$$

式中，Z——粒子数浓度；

$P(r)\mathrm{d}r$——气溶胶粒子尺度谱概率密度。

式(3.84)积分后，设 φ_0 为辐射能流率在作用距离的前端 $x=0$ 位置上的辐射能流率($\varphi(0)=\varphi_0$)，则式(3.84)可写成

$$\varphi(x) = \varphi_0\exp\left[-\int_0^{\infty}X_e\cdot A\cdot P(r)\mathrm{d}r\cdot Z\cdot X\right] \tag{3.85}$$

应指出，式(3.85)表述的关系仅在下列条件下成立：

(1) 气溶胶粒子间距均匀分布，粒子尺度谱密度函数 $P(r)$ 应为不相关作用。

(2) 气溶胶粒子的粒子浓度 Z 的数值应保证不产生多次散射，即气溶胶粒子平均自由程 $\bar{l}$ 应远大于粒径 d_p，比如：

$$\bar{l}: \frac{1}{\sqrt[3]{Z}} \gg d_p, d_p = 1\,\mu\mathrm{m};\quad Z_{max}: 10^6 \sim 10^9\ \mathrm{cm}^{-3}$$

消光效率因子与粒子几何截面的乘积称作消光截面 S_e，即

$$S_e = X_e\cdot A \tag{3.86}$$

将消光截面的平均值用 $\bar{S}$ 表示，即

$$\bar{S} = \int_0^{\infty}S_eP(r)\mathrm{d}r \tag{3.87}$$

这样，可以得出

$$\varphi(x) = \varphi_0\exp[-Z\cdot\bar{S}\cdot X] \tag{3.88}$$

设 φ 为辐射能流率 $\varphi(l)$ 在作用距离末端 $x=l$ 位置上的辐射能流率，即 $\varphi(l)=\varphi$(见图3.37)，则在 $x=l$ 端上光电接收器光敏元件的信号(探测器的动作(响应)值) y_e 可表示为

$$y_e = \frac{1}{l}\ln\frac{\varphi_0}{\varphi} = \bar{S}(\lambda, d_p, n) \cdot Z \tag{3.89}$$

2. 红外光束线型感烟火灾探测器

红外光束线型感烟火灾探测器是应用烟粒子吸收或散射红外光使红外光束强度下降的原理而工作的一种火灾探测器。这种探测器由发射器和接收器两部分组成。特点是保护面积大、安装位置较高、可以在相对湿度较高和强电磁场环境中使用,具有反应速度快等优点。适宜保护较大的室内外场所,尤其适宜保护难以使用点型火灾探测器甚至根本不可能使用点型火灾探测器工作的场所。

1) 工作原理概述

探测器的工作原理与减光型光电感烟探测器的工作原理类似。可把减光型光电感烟探测器的采样室想象为大大地放大,光学路程远大于点型探测器内部光学路程几个数量级。在正常情况下,红外光束线型感烟火灾探测器的发射器发送一个不可见的、波长 940 nm 的脉冲红外光束,它经过不受阻挡的保护空间射到接收器的光敏元件上(见图 3.38)。当发生火灾时,由于受保护空间的烟雾气溶胶扩散到红外光束内,使到达接收器的红外光束衰减(这里灰色烟和黑色烟的衰减作用效果几乎相同),接收器接收的红外光束辐射通量减弱。当辐射通量减弱到感烟动作阈值(响应阈值)(例如有的厂家设定在光束减弱超过 40%)以下,且保持衰减 5 s(或 10 s)时,探测器即动作,发出火灾报警信号。

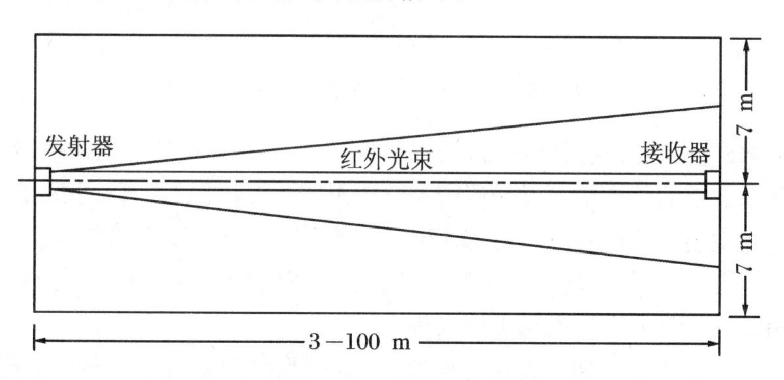

图 3.38 线型红外光束感烟探测器光路示意图

在使用过程中,探测器窗口若积聚灰尘或受到污染,会减弱红外光束到达接收器光敏元件上的辐射通量,使探测器的感烟灵敏度提高,导致误报。为使探测器的感烟灵敏度不受影响,在接收器中,对感烟响应阈值设有自动增益控制电路,补偿辐射通量的损失。如果光学窗污染严重,例如,有的厂家设定光衰减 10%连续时间超过 9 h(或更长时间,取决于设定),或者光辐射强度增大 10%连续时间超过

2 min,探测器发出故障信号,则探测器需要重新调整。

为了自动监视探测器线路故障或红外光束被全部遮挡,设有故障监视环节。例如,探测器线路断线或光束受遮挡的持续时间超过 1 s 时,将引起探测器信号线输出故障报警信号。

图 3.39 给出了我国 JTY-HS 型红外光束感烟探测器的工作原理[19]。

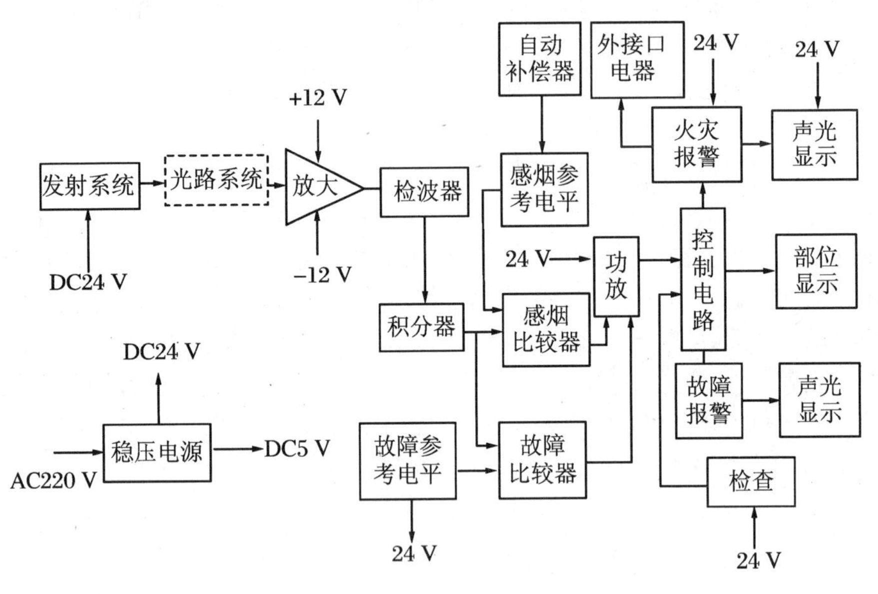

图 3.39 JTY-HS 型红外光束感烟探测器工作原理

JTY-HS 型探测器是主动式感烟探测器。由发射器和接收器两部分组成,相对安装在保护空间的两端。发射器中装有辐射源,即红外发光管,间歇发出红外光束。这一光束通过双凸镜形成近似平行的红外光,通过不受遮挡的保护空间射到接收器光敏管,由光敏管转换成电信号,经放大、检波变为直流电平,此直流电平的大小就相当于红外光束辐射通量的大小。

当具有一定浓度的烟气进入光束保护区,接收器的直流电平下降到感烟动作阈值(响应阈值)时,信号线输出 20 V 的火警信号,同时点燃探测器上的红色确认灯。

该探测器原理线路中设自动补偿电路,补偿较长时间缓慢增加起来的灰尘污染造成的工作点漂移。另外设有故障监视环节,当探测器线路故障或光束被人为遮挡时,信号线输出 9 V 故障信号,并切断火灾报警线路,以免引起误报,同时显示故障报警。为随时检查探测器工作是否正常,设有模拟火灾的自动检查环节。

2）响应灵敏度(感烟灵敏度)档次

红外光束感烟探测器响应的烟浓度与发射器和接收器之间的距离应有一定的关系。

例如探测器对整个发射器和接收器之间距离上的烟气至少设三个响应灵敏度档次，即60%、35%和20%三种报警阀值。假定在探测器的保护区域(发射器和接收器之间一定范围的空间)内烟的分布是均匀的，则由图3.40可将响应灵敏度转换成每米减光率(%/m)值。图3.40给出了探测器的感烟灵敏度和发射器、接收器间距离的关系曲线。

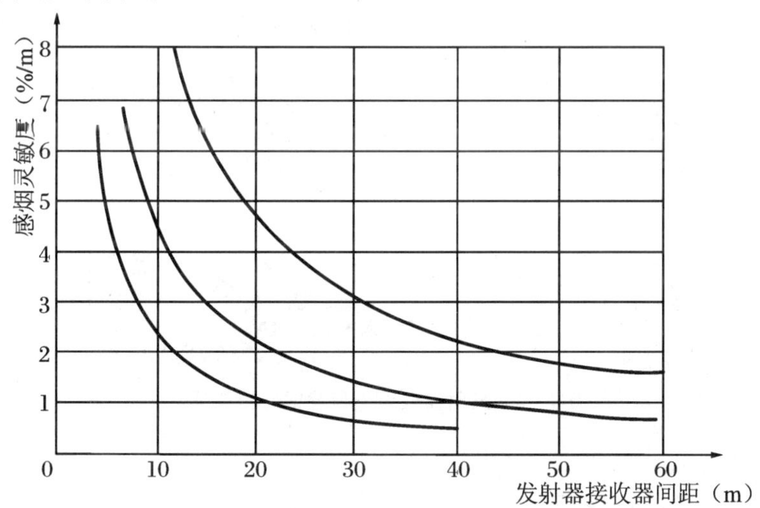

图3.40　探测器灵敏度与收发之间距离的关系

在高潮湿、灰尘较多的场所选低灵敏度，例如60%档次；在干燥、清洁无尘场所，选择高灵敏度，例如20%档次。

3）反射式线型光束感烟探测原理

反射式线型光束感烟探测器由探测器和反射器组成，探测器中有发射器和接收器两部分。发射器发射的红外光束到达反射器后又反射回来，被发射器旁的接收器接收，如图3.41所示。这种探测器收发在同一地点，调试方便。红外光束两次通过被保护区，有利于发现烟雾信号，提高了探测器的灵敏度。精心设计制造的反射器不仅保证反射光回到了发射区，而且减少了背景光的干扰。在图3.42中，反射器为棱镜式的反射镜，其夹角为直角。入射光束以任意角度投射到反射器上，设为∠1，由几何光学原理可知，∠4=∠1，因此反射光按入射光方向返回，仅位置有点偏移。当一束并行光投射到棱镜式的反射镜时，返回的也是一束并行光，且反射光平行于入射光。当其他方向的干扰光投射到反射镜时，也按干扰光来的方向反射回去，不会对不在这个方向上的探测器接收器构成干扰。

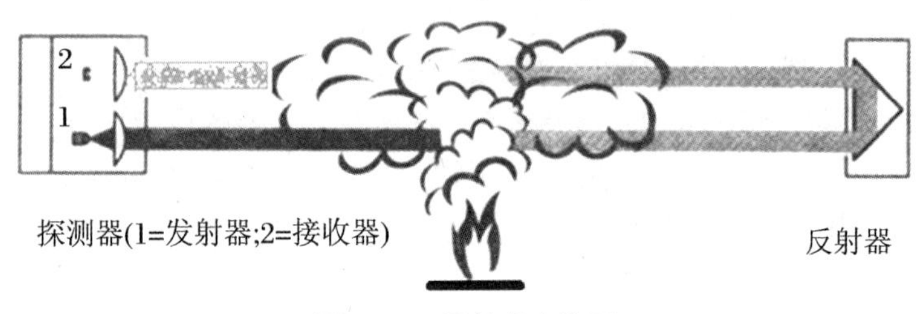

图 3.41　反射式光路图

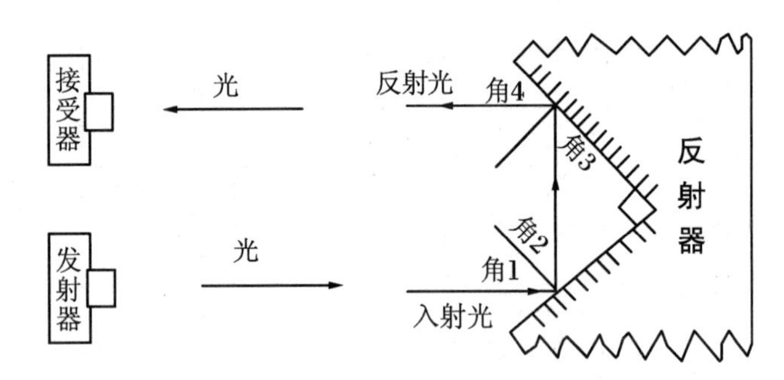

图 3.42　反射器入射光与反射光的关系

4）探测器的工程应用

(1) 探测器的适用场所

根据工程实践经验，线型光束感烟探测器宜安装在下列场所：

a. 无遮挡、大空间的库房、博物馆、纪念馆、档案馆、飞机库等；

b. 古建筑、文物保护场所等；

c. 发电厂、变配电站等。

但下列场所不宜使用线型光束感烟探测器：

a. 在保护空间有一定浓度的灰尘、水气粒子且粒子浓度变化较快的场所；

b. 有剧烈振动的场所；

c. 有日光照射或强红外光辐射源的场所。

(2) 探测器设置的基本原则

为正确地设置探测器，应注意下列几个基本原则：

a. 接收器能收到发射器发射的红外光束，尽可能使接收器安装在红外光束区域的中心。图3.43示出红外光束的发射情况，在光束路径为100 m距离的情况下，在接收端中心光束大约有一个直径为3 m的圆锥截面，接收器的定位应使其安装在红外光束圆锥体的中心线上。

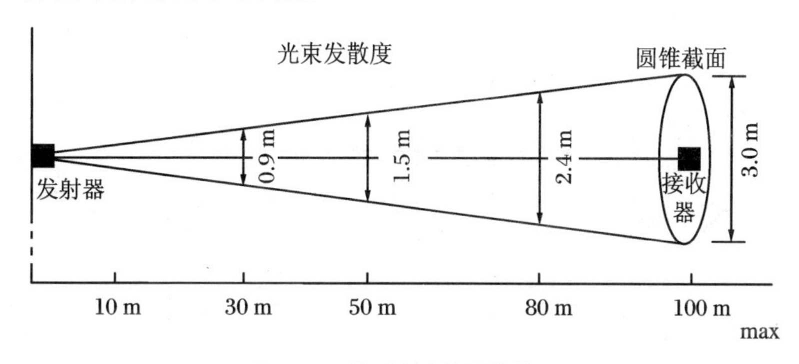

图3.43 线型光束的圆锥截面

b. 探测器安装位置应选择烟最容易进入光束区域；不应有其他障碍遮挡光束及不利的环境条件影响光束。

c. 发射器和接收器都必须固定牢靠，不得松动。

(3) 设置的基本方式

a. 发射器与接收器相对安装在保护空间的两侧。图3.44示出线型光束感烟探测器在相对两墙墙壁上安装的平面示意图。图中示出相邻两组光束轴线间的水平距离不应大于14 m，超过这一距离可能产生漏报。光束轴线距侧墙的距离为7 m，最小不应小于0.5 m，以便于探测器安装、调试与维护。根据标准和现场实际情况，确定图中 d 和 L 的尺寸。

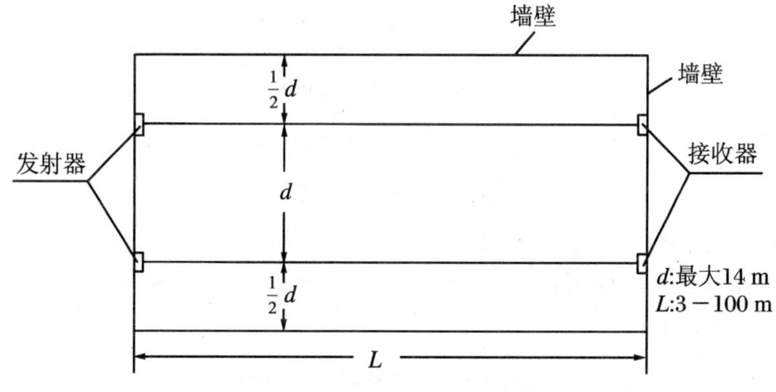

图3.44 线型光束感烟探测器安装平面示意图

图3.45示出线型光束感烟探测器发射器和接收器相对安装在吊顶顶棚上的平面示意图。同样，根据现场实际情况结合标准，合理确定图中 d 和 L 的尺寸。

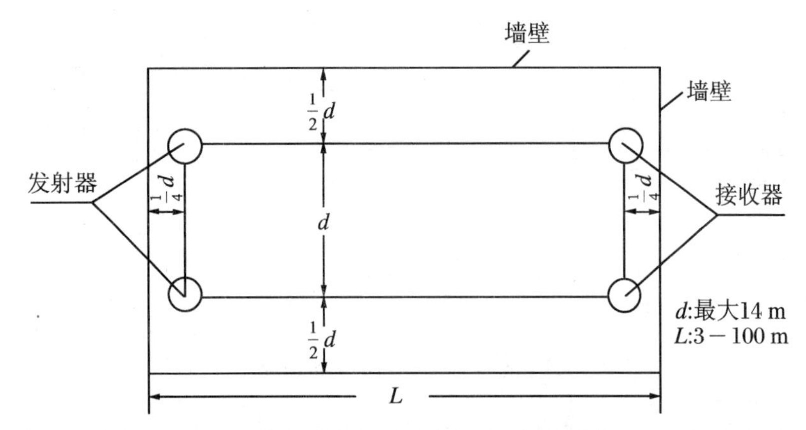

图3.45　光束感烟探测器相对安装在平顶棚上时的平面示意图

b. 在投射光束使用反射镜（非棱镜式的反射镜）的场合，反射镜和投射光束的安装应符合有关规定。图3.46中给出美国NFPA72E《自动火灾探测器标准》给出的设置要求。

反射镜数量	最大允许光束长度L	
0	额定光束长度	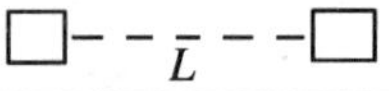 □－－ L －－□
1	$\frac{2}{3}L=a+b$	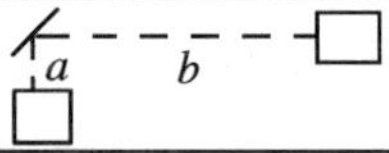 a　b
2	$\frac{4}{9}L=c+d+e$	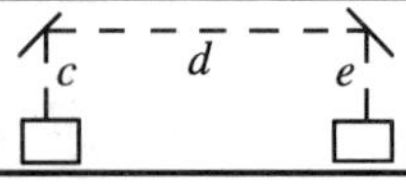 c　d　e

图3.46　在投射光束使用反射镜的场合下，反射镜数量和最大允许光束长度的关系

实例：如最大允许光束长度 $L=100$ m，当使用2只反射镜时，最大允许光束长度将为 $c+d+e=4/9\times100=44.4$ m。

（4）探测器的安装高度

根据GB 50166—2007的规定，接收器和发射器的安装高度为 h_1，发射器和接收器相对安装在保护空间的两端，见图3.47安装示意图。设底面为地平面，安

装面 A、B 互相平行且垂直于底面。

当顶棚高度 $h\leqslant 20$ m 时，探测器到顶棚的距离 $h_2=h-h_1=0.3—1.0$ m，见图 3.47。

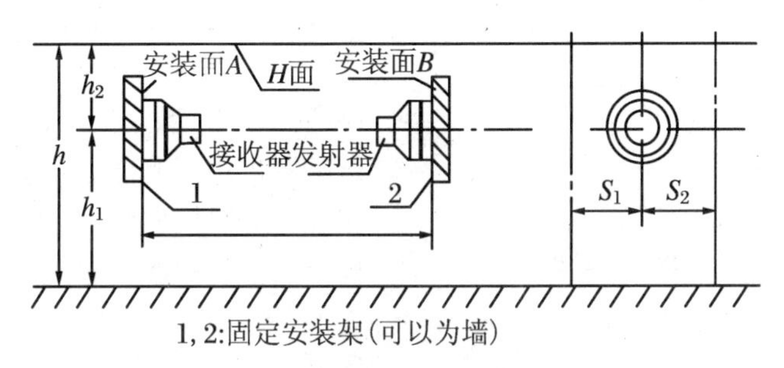

图 3.47　光束感烟探测器的安装示意图

当顶棚高度 $h>20$ m 时，h_1 不宜超过 20 m。

(5) 探测器的接线

图 3.48 为线型光束感烟探测器的接线图。

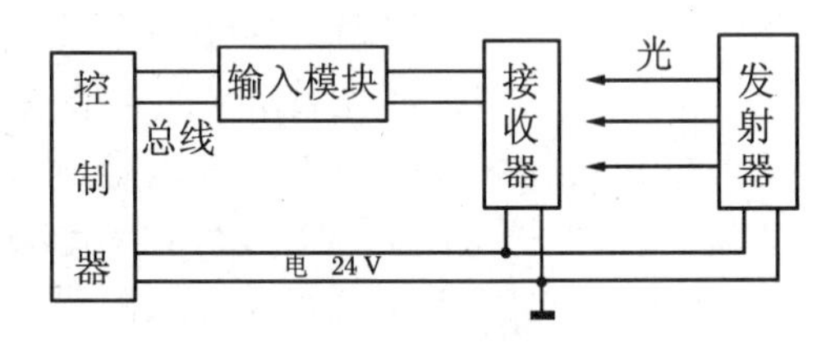

图 3.48　线型光束感烟探测器接线图

近几年，线型光束感烟探测器的光源除了采用近红外波段光源作为发射光源外，也有用可见红光波段的激光光源作为发射光源。激光光源的光波波长更短，能探测到更小的烟气粒子，所以激光光源线型光束感烟探测器具有更高的灵敏度。

3．光截面感烟探测器

在光路方面除了前面的单光束外，还有多光束感烟探测器，如图 3.49 所示。图 3.49 为顶视图，图中有三台发射器和一台接收器构成三条光束，当它们安装在同一高度且相邻光束间隔合适时，这三条光束便在空中形成一个保护面，烟雾穿过这个面时，光信号受到烟粒子的吸收和散射，接收器接收到的光信号下降，信号降到响应阈值以下时，便发出报警信号，所以这种探测器又称光截面感烟探测器。当采用 CCD 摄像机作为接收器时，摄像机的输出接到计算机(也可接到嵌入式信号处理器)，在计算机的显示屏上可看到三个光像。当某一光束上有烟气时，该光束的能量被散射和吸收，到达接收器的光能量下降，光像变暗，结合专用的火灾信号处理算法，便可作出有无火灾的判断。当判断有火灾时，发出火灾报警信号。这种探测器称为图像型光截面感烟探测器。由于接收器采用面接收和每个发射器采用多光电管发射，探测器的可靠性、稳定性得到了明显的提高，抗震性能也大大地改善。光路的微小偏移、发射器或接收器元器件性能下降、发射器和接收器镜面灰尘积累等原因导致接收信号下降时都可以通过信号处理得到解决，降低了探测器的误报率。趋势算法、相关处理、模式识别技术的应用，使探测器的性能得到了进一步的提高。可视功能的采用，使值班人员能从屏幕上看到报警光像，进行火灾人工确认或者及时进行维护，减少了值班人员去现场确认的不便和麻烦。探测器的可视功能，可以充分发挥值班人员的主观能动性，提高系统运行的安全性。

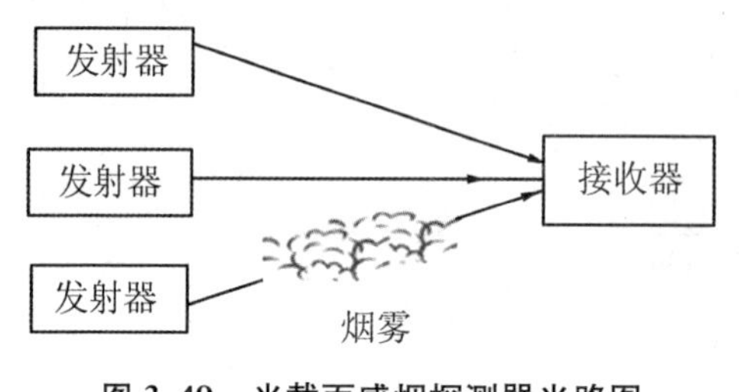

图 3.49　光截面感烟探测器光路图

光截面感烟探测器收发间的最大作用距离为 100 m，最小作用距离不小于 3 m；两个发射器的安装间隔不应大于 10 m，光束水平距离墙壁不应大于 5 m 且不应小于 0.5 m；安装高度根据建筑物被保护空间高度确定，当被保护空间高度在 12 m以下时，采用一层布置，当被保护空间高度在 12 m 以上 20 m 以下时，宜分层安装，如在 9 m 和 18 m 高度上各布置一层光截面感烟探测器，形成立体保护方式。光截面感烟探测器的发射器可以布置在不同高度层面上，由同一个接收器接收，构成局部立体保护方式。

探测器的适用场所、安装注意事项与线型光束感烟探测器相同，然而由于硬件和软件上采取了一系列措施，使得光截面感烟探测器的性能比线型光束感烟探测器好。如光截面感烟探测器每个发射器采用多管发射，接收器采用面阵接收，使得设备的可靠性、稳定性、抗震性得到了提高；光截面感烟探测器采用趋势算法、相关算法、积累算法等信号处理方法，使得设备的抗干扰性能得到了明显提高，使得镜面灰尘积累、设备长期运行灵敏度下降得到了修正；可视化探测技术的运用，充分发挥了值班人员的主观能动性，能早期发现火灾，又降低了值班人员的劳动强度。

3.2.7　吸气式感烟火灾探测器

点型离子感烟探测器和点型光电感烟探测器的探测灵敏度适用于一般工业与

民用建筑场所，然而有一些场所，如计算机机房、核电站、集成电路生产车间、制药厂等，希望更早期发现火灾，及早采取防范措施，消除或减少火灾带来的损失，高灵敏度吸气式感烟火灾探测器（High sensitivity smoke detection，简称 HSSD，也有用 Very earty smoke detection apparatus，简称 VESDA 这个名称的，我国称为吸气式感烟火灾探测器）满足了这种需求。它能在烟尚不被人眼所见的情况下，探测到火灾的存在并发出报警信号，为超早期探测预报火灾提供了有效的手段。图 3.50 显示了各类火灾探测器在火灾发展过程中，响应火灾参量发出报警信号的时间顺序图。

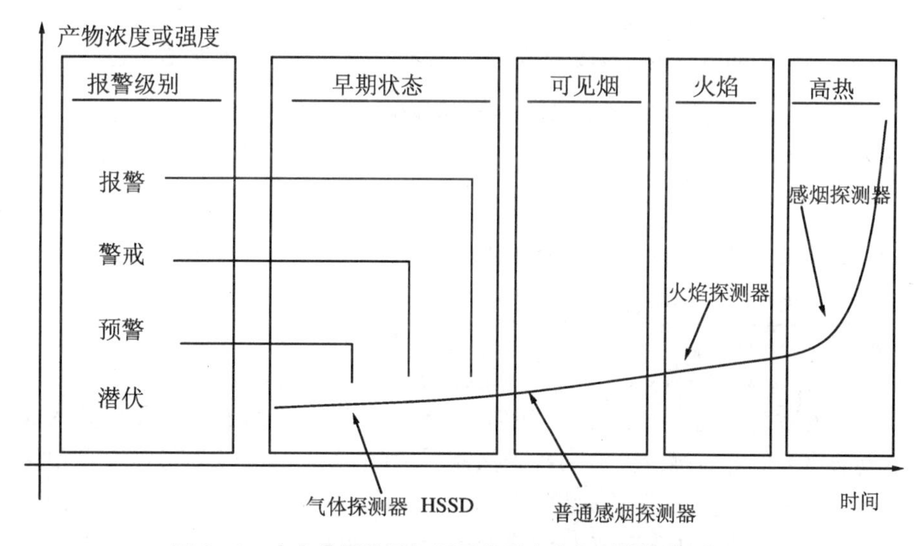

图 3.50　火灾发展过程与不同类型火灾探测器报警时序图

普通的感烟火灾探测器是等待烟气进入探测器内部或到达被监测区域后，才能探测到烟气，发出报警信号，这种探测方式称为被动式火灾探测器。烟气的上升是依靠燃烧产生的热量完成的，由于火灾早期火灾烟气的温度低，颗粒小，上升动力小，所以速度慢，高度低。加上发射器的功率小，接收器的灵敏度低，所以室内感烟火灾探测器的安装高度限制在 12 m 及以下高度。吸气式火灾探测器将被保护空间的气体通过管道抽吸到探测器内部，在精心设计的测量室内进行检测，采用激光光源和高灵敏度接收器使探测器的灵敏度得到了很大的提高，这种探测器称为主动式火灾探测器，使 HSSD 探测器的灵敏度比普通感烟火灾探测器提高了几百到上千倍。

1. 工作原理

国际上将吸气式感烟火灾探测器定义为:通过管道抽取被保护空间空气样本到中心检测点,以监视被保护空间内烟雾存在与否的火灾探测器。该探测器能够通过测试空气样本了解烟雾浓度,并根据预先确定的响应阈值给出相应的报警信号。

吸气式感烟火灾探测系统主要由抽取空气样本的管道网络、抽气所需的气泵或风扇、管道空气流速控制电路、烟粒子探测器、信号处理电路和报警信号显示电路等组成。吸气式感烟火灾探测器按其灵敏度可分为普通灵敏度、中等灵敏度和高灵敏度三种。常用每米距离上的减光率(%/m)或 m 值($dB \cdot m^{-1}$)作为烟浓度测量单位。典型的吸气式感烟火灾探测器的主要参数如表 3.8 所示。

表 3.8　典型吸气式感烟火灾探测器参数对比表

探测器类别	灵敏度	采样管直径	管道内气流速度
高灵敏度	≤0.8 %obs/m	25 mm	1—3 $m \cdot s^{-1}$
中等灵敏度	0.8 %obs/m<m≤2 %obs/m	25 mm	5 $m \cdot s^{-1}$
普通灵敏度	>2 %obs/m	25 mm	5 $m \cdot s^{-1}$

注:① obs 是 obscuration(暗度)的缩写,它表示烟雾使能见度降低的程度,烟雾越浓,能见度越低,则暗度越高。② 吸气式感烟火灾探测器的灵敏度范围为 0.005 — 20 %obs/m。

普通灵敏度吸气式感烟火灾探测器是在吸气管道内加装普通点型感烟火灾探测器或采用类似的传感器作为烟粒子探测器,其烟雾探测的原理与普通点型感烟探测器大体相同,这里就不再讨论。图 3.51 是高灵敏度吸气式感烟火灾探测器的原理方框图。探测器中的吸气泵使管网内形成一个稳定的气流,空气样本通过管道上的吸气孔进入管道,经过滤器到达测量室。在测量室的特定位置上安装有测量光源及光接收器,用来测量空气流中的烟粒子。如果空气流中没有烟粒子,光源发出的光束穿过测量室,并被测量室的内壁吸收,光接收器接收不到信号;当空气流中有烟粒子时,光束与粒子相互作用产生散射光被光接收器接收,并转换成电信号,电信号的大小与烟粒子的数量成正比。光接收器输出的电信号经信号处理器处理后,达到或超过预先设定的阈值,就发出报警信号。实际测试数据表明,在空气中烟粒子浓度达到 1000 个 $\cdot cm^{-3}$时,探测器即可发出报警信号。由于报警为极早期,在烟雾还无法被人察觉时就发出报警信号,所以常常将报警分成几个级别,如预警、警戒、火警等。由于烟粒子数量很少时,光接收器也能接收到光信号,于是一个烟粒子就产生一个光信号,光接收器接收到一个光信号(光脉冲)就产生一个光电流脉冲信号,因此吸气式感烟火灾探测器就有两种工作方式:浓度计原理

HSSD和激光粒子计数原理HSSD。

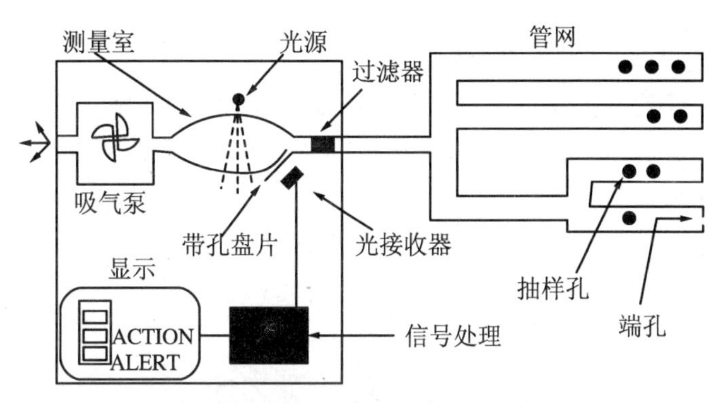

图3.51 高灵敏度吸气式感烟火灾探测系统工作原理图

2. 浓度计原理HSSD探测器

采用浓度计工作原理的HSSD探测器的测量室如图3.51所示。其测量光源一般采用氙闪光灯,安装在测量室的顶部位置,测量室内壁被涂以黑色吸光材料,在测量室的一端装有一系列带有一定孔径的盘片,透过它们使测量室中心部位的光线集中到硅光电接收管上。当测量室中心有烟粒子通过时,烟粒子产生散射光,大部分的散射光被测量室的黑色内壁吸收,中心部分散射光通过盘片的孔到达光电接收管产生一个光电流脉冲,测量光电流脉冲数量就可测得烟粒子的数量。为了保证测量的一致性和可靠性,氙闪光灯的充电电压必须被精确控制,以保证每次闪光的能量相同。在探测器测量室的前面,装有一个空气过滤器,滤除粒径20 μm以上的粒子。

这种探测器的标准灵敏度 m 值一般为0.1 %/m,最高灵敏度可达到0.05 %/m;系统本身带有旋转式真空气泵或风扇,气流速度控制在5 $m \cdot s^{-1}$;吸气管单管长度不超过100 m,吸气管最多不超过4根,4根的总长度不超过200 m,管径一般在20 mm左右,采样孔的数量一般不超过25个,孔径3 mm左右。

由于氙闪光灯需在2 kV工作电压下,以每分钟20次的频率闪光,其连续工作寿命只有2年。同时长期工作后,可能有大的灰尘等颗粒物沉降在测量室内壁,使得测量室内表面的光吸收能力下降,并产生反光引起误报,所以加装空气过滤器十分重要。然而过滤器在滤除大颗粒灰尘、水蒸气和大烟雾粒子的同时,导致过滤器容易堵塞,引起漏报,所以定期更换空气过滤器也十分重要。

为了保证空气样本以正确的角度进入测量室和使烟粒子与光有更多的作用时间,测量室内径比管道的内径要大,空气流速降低也使得灰尘等颗粒物容易沉降在测量室内，产生干扰信号，影响了探测器的稳定工作，为此出现了激光粒子计数工作方式的 HSSD 探测器。

3. 激光粒子计数原理 HSSD 探测器

激光粒子计数工作方式的 HSSD 探测器的基本结构如图 3.52 所示。测量室的结构设计保证了光束方向、光接收器光接收方向和气流流动方向分别在三个互相垂直的方向上。

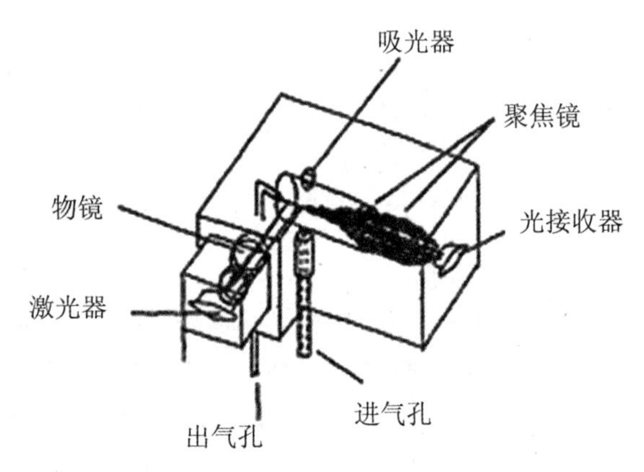

图 3.52　激光粒子计数式 HSSD 探测器结构图

保证空气样本中无烟粒子情况下，无光信号被接收器接收，以及单个烟粒子产生唯一的光脉冲信号。测量光源为半导体激光器，激光器发出的光束经水平校准器后，经物镜并穿过测量室壁透孔聚焦在测量室中心，聚焦点的光束很窄，大约为 100 μm，光束经聚焦点后，散开直射到测量室外部的吸光材料上，被吸光材料吸收，防止了光反射的影响。

在空气样本中有烟粒子存在的情况下，烟粒子使光束产生散射，由于结构设计的保证，仅仅由聚焦点上的烟粒子产生的散射光可被光接收器接收到，并产生一光电脉冲输出信号，该脉冲信号被作为一个烟粒子计数。图 3.53 给出了典型的输出脉冲信号序列。

被记录下的脉冲数经进一步运算处理后，与预先设定的各报警级别的响应阈值相比较，如达到某一报警阈值，就给出相应的报警信号。从图 3.53 中可以看出，产生高幅值脉冲的大粒子（如粒径大于 10 μm）和产生微小脉冲的微小粒子或干扰信号，在脉冲信号处理过程中可以被去除，这相当于起了大粒子过滤器和抗干扰电路的作用。

需要指出的是：经过测量室的空气样本流速必须根据最终要求的输出脉冲信

号宽度严格控制，以确保在本次计数时间内，已被探测到的烟粒子通过探测区，即烟粒子通过测量区的时间等于计数时间。

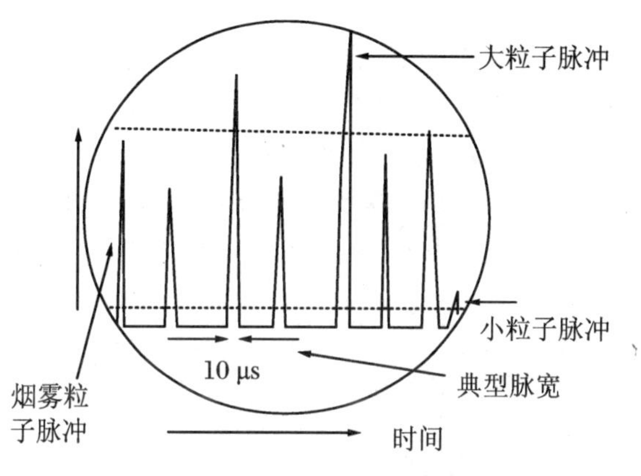

图 3.53 粒子计数脉冲信号

由于计数脉冲存在期间，计数器不对另外的计数脉冲产生响应，有可能发生对粒子的漏计数，因此，实际粒子数与测量到的粒子数的统计关系为

$$C = P\exp(QtC)$$

其中，C 为实际粒子数(个 · cm^{-3})，P 为测量到的粒子数，Q 为气流量，t 为计数时间。

由于 C 是 P 的双值函数而不能直接解出。上式可用 P 代替指数中的 C 来得到近似解。在低粒子浓度情况下，即 $QtC<0.01$ 时，则 C 可认为等于 P。

这种探测器的标准灵敏度 m 值一般为 0.1%/m，最高灵敏度可达到 0.005%/m；系统本身带有旋转式风扇，气流速度控制在 3 — 6 m · s^{-1}；吸气管单管长度不超过 100 m，吸气管最多不超过 4 根，4 根的总长度不超过 200 m，管径一般在 20 mm 左右，采样孔的数量最多为 40 个。

激光粒子计数式 HSSD 探测器的特点：光源为普通固态半导体激光器，其使用寿命远远高于氙闪光灯光源；经过特殊设计的测量室和脉冲计数工作方式，使探测器几乎不受光源老化和测量室长期工作受污染所产生的背景干扰影响，提高了探测器的可靠性，同时不加装过滤器也能稳定工作。但是这种探测器有粒子浓度分辨范围，如每秒钟通过测量区的粒子数量不宜超过 5000 个，若超过这个数目，可能出现多个粒子产生的散射光重合在一起，产生一个光脉冲信号，甚至将其作为大粒子脉冲信号剔除，造成计数错误，增加了漏报的可能性，因此这种探测器特别适用于洁净环境中的火灾安全监控。

4. HSSD 的工程应用

由上述可见，激光粒子计数原理 HSSD 在烟气粒子数量很少时，就能发出火灾报警信号，是高灵敏度火灾探测器，但是当出现大量烟气粒子时，又容易产生漏报，为了克服这个缺点，实际使用中可以用软件手段将浓度计原理和激光粒子计数原理这两种方法结合起来，HSSD 平时处于粒子计数工作方式，预警后，HSSD 转入浓度计工作方式，这样既实现了高灵敏度火灾探测，又避免了漏报的发生。

HSSD 的优良性能除了主动式探测技术、高性能的发射器和接收器外，精心设计、细致调试、合理使用、认证维护、不断总结是 HSSD 优良性能的重要保证，否则将会适得其反。

1）气流速度问题

前面说到，气流速度应控制在 5 m • s^{-1}左右，气流速度高了，可以有更多空气样本抽取到测量室检测，可以有更大的保护范围，但是减少了烟气粒子与发射光的作用时间，以至于检测不到烟气粒子，所以在 5 m • s^{-1}流速下还应将测量室的截面积扩大，以降低烟气速度，增加粒子与光的作用时间。然而烟气速度降低又使得粒子沉降在测量室内，导致本底噪声增加，灵敏度降低，所以探测器中设计了管道空气流速控制电路，以稳定空气流速。

2）采样管道的布置

被保护空间的空气样本以 5 m • s^{-1}的流速通过采样管道输送到探测器的测量室内进行分析，吸气式感烟火灾探测器长年累月地工作，其气泵功率很小，管道通常采用 20 mm 左右的 PVC 管，如果管道阻力太大，远端的空气样本无力送到测量室，也就无法进行火灾探测。曾见到吸气式感烟火灾探测器安装好了，却无法通过消防验收，研究其原因，管道翻越的梁多了，管路阻力太大，导致远端的烟气信号无法检测、报警。

一个空气采样孔相当于一个点型火灾探测器，大多数厂家的一个吸气式感烟火灾探测装置最多开 25 个采样孔，孔间距离最大为 9 m，也就是说一个吸气式火灾探测装置最大保护面积约为 2000 m^2。单根 PVC 管的长度在 100 m 以内，最多用 4 根 PVC 管，4 根的总长度不超过 200 m。采样孔的孔径 2 — 4 mm。分析和设计探测器各采样点灵敏度的均匀性是一个很复杂的问题，所以采用近似方法使各采样点的安全度接近均匀，如近端的采样孔间隔大些，远端的采样孔间隔小些；或者近端的采样孔口径小些，远端的采样孔口径大些。如果一个吸气式感烟火灾探测器的灵敏度为 0.02 %obs/m，采样管网上有 25 个采样孔，那么每个孔的平均灵敏度为 0.5 %obs/m，相当于降低了 25 倍，所以采样孔的数量多少不仅影响探测器的保护面积和能否将空气样本抽取到测量室，还会影响探测器的灵敏度。

采样管道除了布置在天花板下、天花板内及架空地板下外，还可以采用毛细管采样和回风式采样。毛细管采样是用一根内径为5—6 mm，长度不超过6 m的毛细管从主采样管道上分支出来，末端伸到被保护区，末端采样孔内径为2 mm，也可以在毛细管上开采样孔。回风式采样是利用室内的回风管道或回风格栅布置采样点实现火灾报警，这种方法借助室内空调、通风系统将室内空气抽过来，供吸气式感烟火灾探测器使用，从而扩大了火灾探测器的保护范围。

3）火灾报警级别

吸气式感烟火灾探测器除了和普通火灾探测器一样具有正常、故障和火警三种状态外，火警还分为四个级别，即报警、动作、火灾1和火灾2。有的厂家产品将四个级别设置成：

① 报警(0.03%obs/m)，本地工作人员调查异常情况原因。

② 动作(0.06%obs/m)，启动烟雾控制程序，通过疏散系统启动警报，并通过手机等通信工具向更多人发出警报。

③ 火灾1(0.12%obs/m)，火灾条件非常成熟或已经发生火灾，建筑物内人员开始疏散，同时通知城市消防控制中心。

④ 火灾2(10%obs/m)，火灾已经确认，联动灭火系统。

4）过滤器

吸气式感烟火灾探测器主动将被保护区域的烟气吸收到探测器内部，使得火灾探测器的性能大大提高，然而在吸收烟气的同时也将灰尘等杂质颗粒吸收到火灾探测器的内部，而且杂质长年累月地起作用，导致探测器误报或者污染探测器，降低灵敏度，为此要用过滤器将大于20 μm的杂质过滤掉。即便如此，小于20 μm的杂质仍然构成干扰，所以在环境条件较差的地方要选择普通灵敏度的吸气式感烟火灾探测器。此外在空气湿度大的场所使用吸气式感烟火灾探测器还容易造成采样孔堵塞故障。

用了过滤器就有一个定期清洗或更换过滤器的问题，这是维护管理中要时刻注意的问题，否则一旦过滤器堵塞，探测器就形同虚设，无法发现火灾，起不到消防卫士的作用。

5．吸气式感烟火灾探测器的发展动向

在20世纪80年代，IEI公司的总经理马丁·科尔博士率先进行了极早期火灾烟雾探测技术的研究和开发，形成了空气采样感烟火灾探测器，最初用于空调通风系统的火灾探测，并以VESDA (Very early smoke detection apparatus)为品牌向消防行业推荐。20世纪末，空气采样感烟火灾探测器开始进入中国，国内研究机构开始研究、试制空气采样火灾探测器，并研制了用平面CCD器件接收散射光的各种空气采样感烟火灾探测器。进入21世纪后，国外产品继续站在领跑的地位，国内外不少厂家也相继推出了类似的产品，制定了相应的标准和规范，促进了该项技术的发展和提高。

2007年10月，第七届上海国际消防保安技术设备展览会上有二十多个厂家展示了自己的吸气式感烟火灾探测器产品或提供了相关资料，下面就展览会上见到的几项技术进行讨论。

1）双波长吸气式感烟火灾探测器

马丁·科尔博士领导的科达士公司推出的双波长吸气式感烟火灾探测器的原理图如图3.54所示。马丁·科尔博士用双波长方法解决灰尘、水蒸气的识别问题，他认为灰尘颗粒大小在1—100 μm范围内，烟雾颗粒大小在0.01—1 μm范围内，于是选择了红光(940 nm)光源和蓝光(470 nm)光源以非常高的频率交替发射，空气中的粒子通过发射光束时产生散射光，散射光经过透镜被光接收器接收，如图3.55所示。接收器分别接收红光和蓝光的散射光，再将这两个散射光信号相减就能去掉空气中的灰尘、水蒸气干扰信号，而获得烟雾信号，发明者认为这从本质上解决了火灾烟雾探测器因灰尘及水蒸气产生的误报问题。这种观点认为同一粒径的粒子与不同光波波长相互作用产生的散射光是相同的，即大小相等、方向相同，所以相减后能消掉。也就是说红、蓝两种光共同作用能消掉灰尘粒子或水蒸气粒子的影响，但同样也能消除该粒径烟气粒子的散射信号。

事实上，光和粒子相互作用产生的散射光的强度和方向决定于粒子直径与光波长的比值，同一个粒子由于入射光的波长不同，散射光的强度和方向不同；同一个光波长入射到不同粒径的粒子产生的散射光强度和方向也不同，见图3.20和图3.54。所以红、蓝两种光作用于同一粒子不能完全抵消，而只能部分抵消。

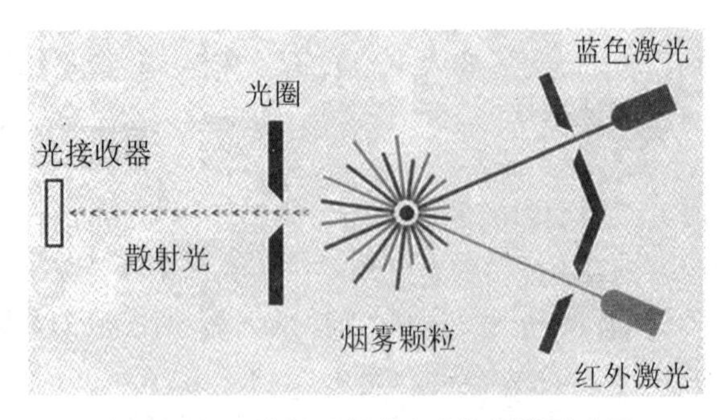

图3.54　双波长吸气式火灾探测器原理图

短波长蓝光对火灾萌芽期阶段产生的小颗粒烟雾较为敏感，因此有利于更早地探测到火灾信号。此外，这种探测器可以使用 FM200 灭火气体对其进行校准。

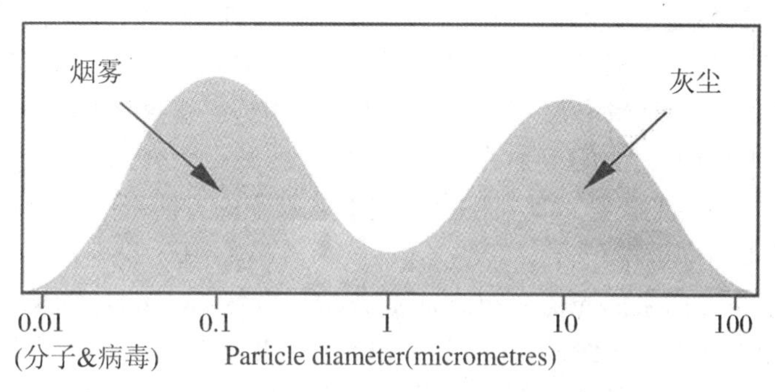

图 3.55 空气悬浮微粒尺寸分布图

2) 云雾室吸气式感烟火灾探测器[27]

中国台湾某公司从物质（如电线电缆）热解产生大量（50 万—100 万个/cc）粒径为 0.002 μm 的不可见次微米粒子出发，提出了云雾室吸气式感烟火灾探测器的想法。并认为一般的激光光源对次微米粒子不起反应，它所能侦测到的粒子粒径为 0.01—1 μm，而火灾极早期阶段 0.1 μm 的粒子相对 0.002 μm 的粒子数量少得多，如图 3.56 所示，所以采用光散射原理探测火灾是无法侦测出火灾的早期征兆的。云雾室则有能力通过简单的精密机械处理过程，利用水表面张力将这些不可见的次微米粒子内含于小水滴中心，形成一颗颗可见的细小雾状水滴（粒径约 20 μm），如图 3.57 所示，通过这些雾状水滴即可侦测出这些次微米粒子，达到极早期火灾报警的目的。而在正常状况下，空气中飘浮的不可见微粒子数只有 2 万个/cc左右，高尘区也只有 2.5 万—3 万个/cc，利用正常状况与火灾极早期状况下微粒子数量的悬殊差别，选择合适的阈值就可以发现火灾并避免误报。

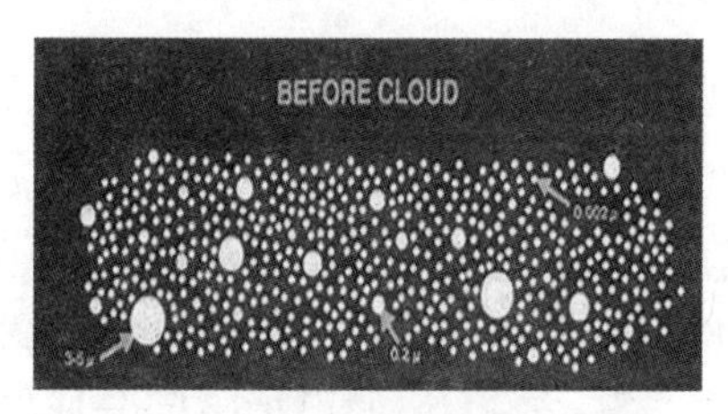

图 3.56 火灾早期烟雾粒径图

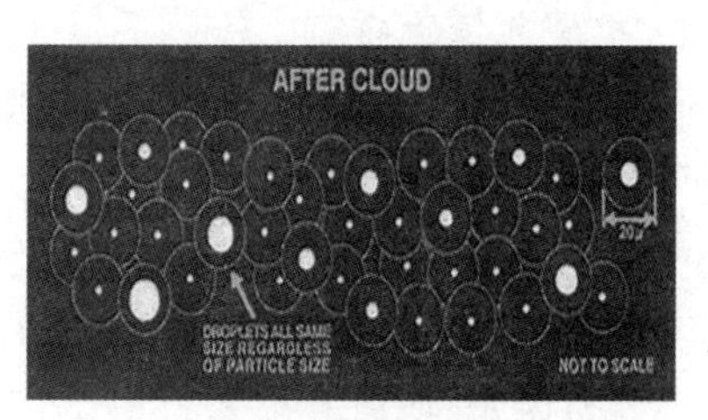

图 3.57 经云雾室后的粒径示意图

3）接收器

第一代氙灯光源的吸气式感烟火灾探测器是光波波长从紫外到红外的宽带光源，可以观察到体积从小到大的各种颗粒，可使用 FM200 灭火气体进行校准且灵敏度高、编程简单，但是它的价格贵、寿命短、维修困难，所以第二代光源采用红外激光器。红外激光器克服了氙灯光源的缺点，提高了探测器的性能，缩小了探测器的体积，但是它是窄带光源，对于不同烟气粒径的散射强度和方向不同，见图3.20。为了接收不同散射方向上的散射光信号，对接收器做了研究和改进，主要方法有：将透镜聚光；用两只光敏管布置在不同方向上接收不同方向来的光信号再合成；用线阵 CCD 接收不同散射角方向来的光信号再合成，如图 3.58 所示；用面阵 CCD 接收不同散射角方向来的光信号再合成等方法。虽然 CCD 器件构成了在一个线(或面)的不同方向上的连续测量，但是 CCD 器件感光单元对光信号的灵敏度没有光敏管高，所以仅仅用 CCD 作为接收散射光的一个光敏器件，性能不如光敏管好。如果用面阵 CCD 接收不同粒径的散射光能形成一幅散射光信号图，经图像处理就能剔除大粒径粒子的散射信号，从而消除非烟气粒子的干扰，降低误报率，提高设备可靠性，这是一项很有价值的工作。

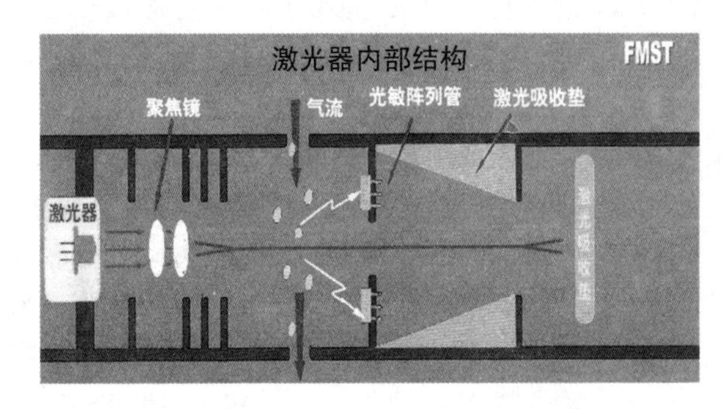

图 3.58　光敏阵列管接收器示意图

4）报警部位的确定

高灵敏度吸气式感烟火灾探测器能在人眼还看不到烟气的情况下就能发出火灾报警信号(预警)，且最大保护面积为 2000 m²。根据规定发出报警信号，本地工作人员就要找出火灾隐患地点，以便及时排除。但工作人员在如此大的空间中寻找看不到烟气的火灾隐患点是相当不容易的，如果保护空间分成几个房间，寻找火灾隐患就更困难，所以有厂家提出了下面的解决方案：2000 m² 的保护空间分成四个区，平时同时接收四个区的采样信号，一旦报警，探测器就转入巡检工作方式，四个区的采样信号巡回接入探测器，这样就可以确定火灾隐患的所在区域，减少了寻找火灾隐患的时间。

3.3　感温火灾探测器

感温火灾探测器(Heat fire detector)是响应异常温度、温升速率和温差的火灾探测器。

3.3.1　感温火灾探测器的响应时间和特性

物质燃烧会释放出热量,随着燃烧的进行,释放的热量不断增加,温度不断提高,一般热解的典型温度为600—900 K,阴燃的典型温度为600—1100 K,气相火焰温度为1200—1700 K。这些热量经对流、传导或辐射向周围传递,感温火灾探测器就是用一种敏感元件感知表征这些热量的温度而发出报警信号的器件。对于定温火灾探测器,探测的是某段较长时间内温度增加量的积分;而差温火灾探测器探测的是某一时刻温度的变化率或某一短时间内温度的增量。感温火灾探测器从火灾发生到探测器发出报警信号所需要的时间称为响应时间。

1. 感温火灾探测器响应时间分析

感温火灾探测器的响应时间应包括火灾热量到达探测器敏感元件的接触时间,以及探测器接触到热量后需要的响应时间之和。当感温火灾探测器靠近或粘在被保护对象上时,由被保护对象燃烧产生的热量经对流、辐射、传导到达火灾探测器。但绝大多数感温火灾探测器悬挂在空间某一高度上,监测保护空间的温度异常,接触传导不会发生,另外火灾探测是探测早期火灾,热辐射也不是很强烈,所以热量主要通过对流到达感温火灾探测器。下面讨论热量通过对流到达感温火灾探测器的情况。

火灾发生后,随着温度的升高,热烟气羽流开始上升,烟气的上升同时将热量带了上去,底层的低温空气进入火灾区域补充,形成空气对流。对流的速度、规模、高度与可燃物特性、燃烧状态、烟气温度等有关,由图1.2可知,从起火到激烈燃烧,热释放速率大体按指数规律上升。基于这一特性,赫斯凯斯特(Heskestad)提出了按平方规律增长的火灾模型,其表达式如下[28]:

$$Q = \alpha(t - t_{\mathrm{p}})^2 \tag{3.90}$$

式中,Q——火灾热释放速率,单位取kW;

α——火灾增长系数,单位取 kW·s^{-2};

t——火灾点燃后的时间,单位取 s;

t_p——开始有效燃烧所需的时间,单位取 s。

酝酿期有时可以是几小时,甚至是几天,释放的燃烧功率又不大,造成的火灾损失也不大,所以感温火灾探测器响应时间不考虑酝酿期,直接从有效燃烧开始计算时间 t_1,则有下式:

$$Q = \alpha t_1^2 \tag{3.91}$$

由于燃料、环境因素的不同,火灾初期的热释放速率可分为慢速、中速、快速和超快速等类型,其火灾增长系数依次为0.002931、0.01127、0.04689和0.1878。如油池火为超快速火,纸壳箱、板条架为中速火,棉花加聚酯纤维弹簧床大致为中速火。有些物品燃烧一段时间后,热释放速率趋于某一定值,如油池火。有些火灾开始一种物品燃烧,后来火灾又扩大到其他物品,其热释放速率应是它们的热释放速率曲线按点燃时间逐点叠加起来,得到总的热释放速率曲线。

火灾释放的热量通过对流方式传递到探测器的感温元件。假设感温元件材料质量为 m_0、比热容为 c、有效面积为 A,对流传递系数为 h,处于环境温度变化函数为 $F(t)$的自由空间中,则热敏感元件的温度变化函数 $f(t)$ 在 t 时刻的变化率可用下式表示:

$$\frac{\mathrm{d}f(t)}{\mathrm{d}t} = \frac{hA}{cm_0}[F(t) - f(t)] \tag{3.92}$$

在火灾形成过程中,环境温度变化函数 $F(t)$具有递增的性质。为了分析方便,它通常使用线性温升函数来代表,即

$$F(t) = at \tag{3.93}$$

式中 a 为升温速率。

有时火灾形成过程极短,它亦可近似地用阶跃函数来表达,即

$$F(t) = \begin{cases} 0, & t = 0 \\ F_1, & t > 0 \end{cases} \tag{3.94}$$

式中 F_1 为阶跃温升。

对式(3.92)进行求解,可得到感温元件的温升表达式。

设 $t=0$ 时,$f=0$,那么在环境温度按式(3.93)呈线性升温时,感温元件的温升表达式为

$$f(t) = a[t - t_0(1 - \mathrm{e}^{-t/t_0})] \tag{3.95}$$

同样,在 $t=0$ 时,$f=0$ 条件下,当环境温度按式(3.94)阶跃上升时,感温元件的温升表达式为

$$f(t) = F_1(1 - e^{-t/t_0}) \tag{3.96}$$

在式(3.95)和式(3.96)中，t_0称为感温元件的热时间常数：

$$t_0 = \frac{cm_0}{hA} \tag{3.97}$$

在这两种温升函数作用下，感温元件的温升曲线如图3.59所示。

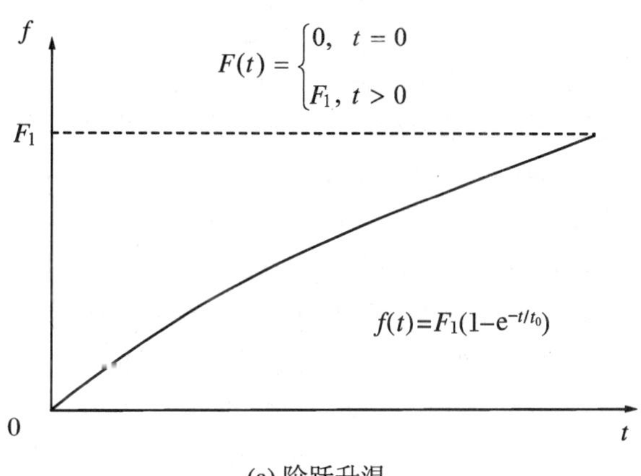

(a) 阶跃升温

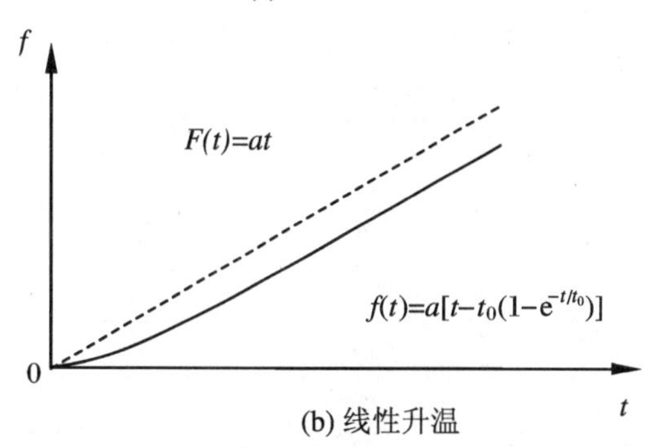

(b) 线性升温

图3.59　感温元件的温升曲线

将温度变化率极低的升温作用下，感温火灾探测器发出火灾报警信号的温升称为动作温升，用f_A表示。当$t \geqslant t_0$时，由式(3.95)可得

$$f_A = a(t - t_0) \tag{3.98}$$

只有定温火灾探测器和差定温火灾探测器有动作温升的概念，差温火灾探测器无动作温升的概念。此处动作温升是以标准温度25℃为基准的。在感温火灾探测器的设计、生产和应用中常采用动作温度概念，动作温度比动作温升高25℃。

将感温火灾探测器在线性升温条件下发出火灾报警信号所需的时间定义为t_R。如果有$t_R \gg t_0$，则感温探测器在线性升温的作用下发出火灾报警信号所需响

应时间可简化为

$$t_R = \frac{f_A}{a} + t_0 \tag{3.99}$$

2. 感温火灾探测器的响应特性分析

1）感温火灾探测器响应特性

根据 GB 4716—2005 规定，感温火灾探测器按表 3.9 分类，各种类别的感温火灾探测器典型应用温度与最高应用温度之间相差 25 ℃，因此要根据使用场所的环境温度选用合适的感温火灾探测器。最高应用温度与动作温度下限值之间相差 4 ℃，动作温度下限值与动作温度上限值之间相差 16 ℃，其中 A1 的动作温度上、下限值之间相差 11 ℃，这是 A1 类探测器与 A2 类探测器的不同之处。除了上述分类外，还可以在类别符号后面加 S 或 R，如 A1S、A2R、BS 等。S 型探测器表示对较高升温速率在达到最小动作温度前不能发出报警信号；R 型探测器指具有差温特性，对于高升温速率，即使从低于典型应用温度以下开始升温也能满足响应时间要求，发出报警信号。对于可以现场设置类别的探测器，在其产品标志中用 P 表示类别，并应标出所有可设置的类别，其当前设置的类别应能清晰识别。

表 3.9　感温火灾探测器分类

探测器类别	典型应用温度(℃)	最高应用温度(℃)	动作温度下限值(℃)	动作温度上限值(℃)
A1	25	50	54	65
A2	25	50	54	70
B	40	65	69	85
C	55	80	84	100
D	70	95	99	115
E	85	110	114	130
F	100	125	129	145
G	115	140	144	160

各类探测器的响应时间如表 3.10 所示，表中列出了不同升温速率下的响应时间。响应时间的值是根据式(3.99)计算得到的，计算中假设：① A1 的感温元件热时间常数为 20，A2、B、C、D 等感温元件的热时间常数为 60；② 当 f_A为动作温度下限值与典型应用温度的差值时，计算得到表中的响应时间下限值，而当 f_A为动作温度上限值与典型应用温度的差值时，计算得到表中的响应时间上限值。由于式(3.99)仅考虑火源的热量通过对流传递到探测器感温元件，随着升温速率的加快

和温度的升高,热辐射的作用越来越明显, 所以有表中升温速率越快,响应时间越短及响应时间上、下限值之间的差值越小的情况。

探测器在标准温箱内进行响应性能检测时,标准温箱的温度根据检测探测器类别按表3.10设置,使探测器处于正常监视状态,然后以1℃·min^{-1}的升温速率升温至表3.10规定的响应类别探测器的最高应用温度后,再以不大于0.2℃·min^{-1}的升温速率升温至试样动作,并记录动作温度。从升温开始至探测器动作对应的时间即为响应时间,响应时间应高于响应时间的下限值,且低于响应时间的上限值,否则判为不合格。

A2、B、C、D、E、F和G类探测器仅应用温度不同,响应时间的上、下限值相同,即响应速度是一样的。由于A1相比A2、B、C等探测器有更小的热时间常数,所以A1与这些探测器相比,当升温速率小于等于5℃·min^{-1}时,响应时间下限值相同,响应时间上限值降低,响应时间上限值与下限值之间的差值由16℃减小到11℃;当升温速率大于10℃·min^{-1}时,响应时间下限值和上限值都降低。以上数据表明:A1相比A2、B、C等探测器,对火灾能更快地发出报警信号,有更高的灵敏度。

表3.10　探测器响应时间

升温速率(℃·min^{-1})	A1类探测器				A2、B、C、D、E、F、G类探测器			
	响应时间下限值		响应时间上限值		响应时间下限值		响应时间上限值	
	min	s	min	s	min	s	min	s
1	29	00	40	20	29	00	46	00
3	7	13	13	40	7	13	16	00
5	4	09	8	20	4	09	10	00
10	1	00	4	20	2	00	5	30
20		30	2	20	1	00	3	13
30		20	1	40		40	2	25

2) 感温元件热时间常数t_0的影响

由式(3.99)可见:在线性升温条件下,升温速率a越高,感温元件的热时间常数t_0越小,则响应时间t_R也就越小。感温元件热时间常数t_0对探测器的响应特性有着本质性的影响。

由式(3.97)可知,感温元件的热时间常数与感温元件的材料质量m_0、比热容c成正比,与对流传递系数h及有效面积A成反比。感温元件的热时间常数是感温元件的固有特性，它表征感温元件的热惯性或对温度响应的滞后效应。

根据图 3.59 阶跃升温曲线可知，令 $t = t_0$，可以得到 $f = 0.63f_1$，此式表明，感温元件的热时间常数为在阶跃升温 f_1 作用下，自身升温达到 $0.63f_1$ 时所需的时间。

机械式感温元件的热时间常数较大，多在 20 s 以上，而电子感温元件的热时间常数较小，一般可达到 0.1 — 10 s 或更低。

为了减小感温元件的响应时间，应该减小 cm_0/A 值，这意味着感温元件要采用轻质、比热容小的材料，而吸热面积越大越好。在电子感温元件外面加上吸热体必须遵循上述原则。由于表面积小，电子感温元件本身的 t_0 值做得很小有困难时，往往加上吸热体，以增大 A，吸热体虽然增加了一定质量，但吸热体本身的 cm_0/A 值很小，从而降低了整体 t_0 值。因此，吸热体对改善电子感温元件的响应特性有着重要的作用。

对Ⅰ、Ⅱ、Ⅲ级灵敏度的探测器来说，其感温元件的热时间常数 t_0 应分别不超过 20 s、40 s 和 60 s，否则达不到表 3.10 规定的响应时间要求。

3.3.2 定温火灾探测器

1. 线型定温火灾探测器

线型定温火灾探测器在工业建筑和特殊的应用场所中已发挥出重要的监视火情的作用，如隧道、地铁、电缆隧道、易燃工业原料堆垛等环境较恶劣场所。线型定温火灾探测器有缆式线型感温火灾探测器、光纤光栅感温火灾探测器、分布式光纤线型感温火灾探测器、线式多点型感温火灾探测器等类型。光纤类线型定温火灾探测器通过软件方法就可以使它具有差温火灾探测器的特性，所以在线型差温火灾探测器一节中就没有再讨论光纤类线型差温火灾探测器了。

1）缆式线型定温探测器

电缆着火前将有热量散发，释放的燃烧产物会污染空气，损坏设备，对人身造成危害。电缆着火时，火灾传播速度可达 $20\ \mathrm{m \cdot min^{-1}}$，不仅对机器设备有危害，而且有毒烟气对人的生命造成极大的威胁。缆式线型定温火灾探测器的开发和应用，为减少电缆火灾的发生发挥了一定的作用。

缆式线型定温探测器实际上是一条热敏电缆，由图 3.60 可见，热敏电缆由两根弹性钢丝分别包裹热敏绝缘材料绞对成型、再加塑料色带及塑料外护套构成。在正常监视状态下，两根钢丝间呈绝缘状态。由于热敏电缆的终端接一个电阻，另一端加上电压，故正常状态下，热敏电缆中有一极微小的电流流动。当热敏电缆线路上任何一点（部位）的温度（可以是“电缆”周围空气或它所接触物品的表面温度）

上升并达到其额定动作温度时，电缆的绝缘材料熔化，两根钢丝互相接触，此时报警回路电流骤然增大，火灾报警控制器发出声、光报警信号的同时，显示器显示火灾报警的位置信息。火灾报警后，短路的热敏电缆经人工处理后才可继续使用。这种探测器的动作温度值稳定，响应时间适当，一致性好，曾经获得广泛应用。热敏电缆通常截成20—30 m的小段(最长不宜超过200 m)，每段热敏电缆经输入模块(输入模块提供部位信息)，通过2总线接到火灾报警控制器上。

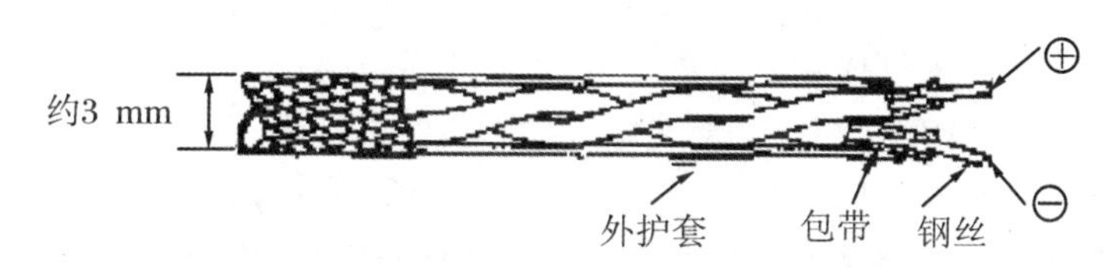

图3.60　缆式线型定温火灾探测器结构图

缆式线型定温探测器除了上面用热敏聚合物包裹的两根镀锌弹簧钢丝绞对成型外，也有用两根导线并行放置，线芯间填充一种特殊的负温度系数材料(呈现NTC电阻的负温度特性材料)制成的缆式线型定温探测器。NTC材料正常情况下电阻值很大，当缆式线型定温探测器周围温度上升时，线芯之间的阻值大幅下降，不同的温度有不同的电阻值，因此可以制成模拟量感温火灾探测器，可以选择不同的温度分别设置成预警或火警。这种感温探测器的另外一个特点是：当报火警且火灾扑灭后，热敏电缆的温度回落到正常温度时，电阻值也回落到正常状态，这种缆式线型定温探测器可以不用修复就重复使用，所以又称可恢复缆式线型定温探测器。而开关量缆式线型定温探测器一旦报火警，两根弹簧钢丝间的绝缘层被破坏，火灾结束后，损坏的缆式线型定温探测器要更换或修复。

模拟量缆式线型定温探测器的电阻值是两根导线间许多小电阻并联的结果，而每个小电阻的电阻值又是温度的函数，所以不同长度的热敏电缆在相同温度下电阻值是不同的；同一长度的热敏电缆，沿热敏电缆不同的温度分布或热源面积，电阻值也是不同的，也就是模拟量缆式线型定温探测器的电阻值与受热区间的长度及温度特性有关，报警时不能确定报警温度的绝对值。开关量缆式线型定温探测器报警温度值决定于绝缘层的熔化温度，报警仅与温度有关而与受热区间长度无关，报警时能确定报警温度值。故安装时，开关量缆式线型定温探测器不用调试，模拟量缆式线型定温探测器要逐段仔细调试，即使如此，模拟量缆式线型定温探测器还是不能知道报警时的报警温度值。

为了克服模拟量缆式线型定温探测器的缺点，将一根弹簧钢丝绕上热敏聚合物绝缘层，另一根弹簧钢丝用NTC电阻材料包裹。正常情况下，两根导线间是绝缘的，当温度上升到绝缘层熔化温度后，两根导线间的电阻值即为NTC电阻材料的电阻值，随着温度的上升，电阻值继续下降，达到某一电阻值后(对应一定的温度)，即发出火灾报警信号，这种缆式线型定温探测器在热敏聚合物达到熔化温度前，表现出开关量缆式线型定温探测器的特性，但两根导线间不会短路；在热敏聚合物达到熔化温度后，又具有模拟量缆式线型定温探测器电阻值随温度连续变化的特性，但此电阻值是绝缘层破坏处的电阻值，这种探测器称为准开关量缆式线型定温探测器[29]。

电缆的外护套根据使用场所的不同而不同，室内缆式线型定温探测器为塑料外护套；室外缆式线型定温探测器在最外层编织绝缘纤维外护套；屏蔽型缆式线型定温探测器包敷复合金属箔片，接地后起良好电磁屏蔽作用；防爆型缆式线型定温探测器在最外层编织高密度金属丝护套，使用时将金属丝接地，以防止静电火花的产生。

接线盒和终端盒是缆式线型定温探测器的重要部件，是不可分割的一部分，通常成对使用。不同形式的缆式线型定温探测器配接的接线盒和终端盒也不一样，图3.61为一种缆式线型定温探测器的接线图。缆式线型定温探测器接线盒的多线制接口，可直接与多线制控制器连接，或者接在总线制输入模块的有源输入接点上，与总线制火灾报警控制器连接。输入模块除了将缆式线型定温探测器接入火灾自动报警系统提供电源外，还给出了火灾报警的部位信息，以确定火灾的位置。输入模块的数量决定于报警温度的级数，如二级报警要有两个输入模块。

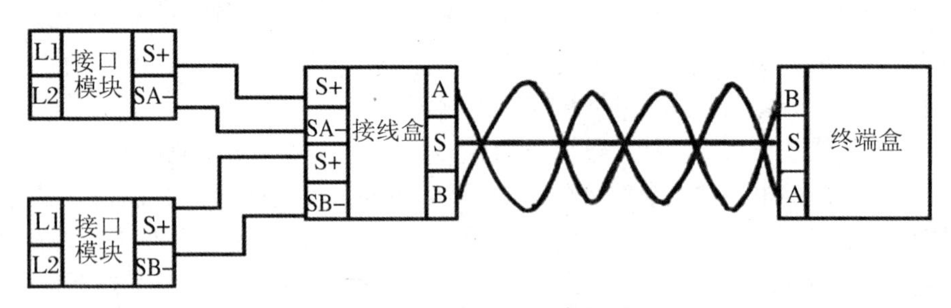

图3.61　缆式线型定温探测器接线图

接线盒是通过对火灾信号的处理，并根据处理结果向报警控制器送出火警信号，或断线时送出故障信号的一种部件。其电路板密闭在一个特殊设计的盒体内，根据防护等级不同，对各种引线设计了不同的接口。接线盒体上有红色指示灯指示火警，黄色指示灯指示故障。接线盒输入端子数量决定于缆式线型定温探测器芯线数量，输出端子数量决定于输入模块的数量，如图3.61中，3根芯线有3个输入端子，4个输出端子有2个输入模块，即构成二级报警。接线盒可用膨胀螺栓直接固定在墙上。

终端盒也是缆式线型定温探测器必不可少的配套件，主要是配合控制器完成对缆式线型定温探测器的信号处理，以达到持续监控的作用。终端盒和接线盒采用相同的防护处理，内部平衡电路主要是进行火警和故障处理的重要组成部分。

缆式线型定温探测器的额定动作温度有68℃、85℃、105℃、138℃四种，温度的误差范围在±10%以内，额定工作温度的选择根据使用环境的温度决定，通常额定动作温度比使用环境的温度高出25—30℃，如表3.11所示。

表3.11　缆式线型定温探测器的动作温度

安装地点允许的温度范围	额定动作温度	备　注
-30—+40℃	68℃±10%	应用于室内，可架空及靠近安装使用
-30—+55℃	85℃±10%	应用于室内，可架空及靠近安装使用
-40—+75℃	105℃±10%	适用于室内外
-40—+100℃	138℃±10%	适用于室内外

某公司缆式线型定温探测器的参数为：0.035英寸的镀锌弹簧钢导体，导体电阻28—30 Ω/100 m(20℃)，绝缘电阻100 MΩ/100 m(20℃)，击穿电压，1000 V，动作温度90℃(使用环境温度：-10—60℃)。

2) *分布式光纤线型感温火灾探测器*(Distributed temperature sensor，DTS)

光纤传感器按其传感器原理分为两大类：一类是传光型，也称非功能型光纤传感器；另一类是传感型，或称功能型光纤传感器。

在传光型光纤传感器中，光纤仅作为传播光的介质，对外界信息的“感觉”功能是依靠其他物理性质的功能元件来完成的。这样可以利用现有的优质敏感元件来提高光纤传感器的灵敏度。传光介质是光纤，采用通信光纤甚至普通的多模光纤就能满足要求。传光型光纤传感器占据了光纤传感器的绝大多数，如光纤光栅感温火灾探测器。

传感型光纤传感器利用对外界信息具有敏感能力和检测功能的光纤(或特殊光纤)作传感元件，是将“传”和“感”合为一体的传感器。在这类传感器中，光纤不仅起传光的作用，而且还利用光纤在外界因素(弯曲、相变)作用下其光学特性(光强、相位、偏振态等)的变化来实现传和感的功能。因此，传感器中的光纤是连续的，如下面讨论的基于拉曼或布里渊散射原理制成的分布式光纤线型感温火灾探测器。

分布式光纤温度传感器是利用光纤几何上的一维特性，将高功率光脉冲送入光纤，以光纤中的微小不均匀性产生的后向或前向散射为基础，通过光时域反射测试（OTDR：Optical time domain reflectometry）技术来测量返回的散射光强随时间的变化并记录下来，就可知道沿光纤路径的多点温度分布。从光纤返回的散射光有三种成分：瑞利（Rayleigh）散射、拉曼（Raman）散射和布里渊（Brillouin）散射，如图 3.62 所示。瑞利散射是弹性散射，仅改变传播方向，而频率与入射光的频率相同，与温度无关，是强度最高的散射成分。拉曼散射和布里渊散射是非弹性散射，拉曼散射可以看作介质的分子振动对入射光的调制，即分子内部粒子之间的相对运动导致分子感应电偶极矩随时间的周期性调制，从而对入射光产生散射作用；布里渊散射是光在光纤中传输时，光子与光纤中的声子相互作用形成与入射光具有一定频率差的散射光。拉曼散射和布里渊散射改变了光的传播方向，拉曼散射发生在前后两个方向上，而布里渊散射只有后向散射。非弹性散射在碰撞期间要经历频率移位，拉曼散射的频率移位的大小仅与介质有关，与入射光的波长无关，而布里渊散射的频移除了与介质有关外，还与入射光的波长有关。

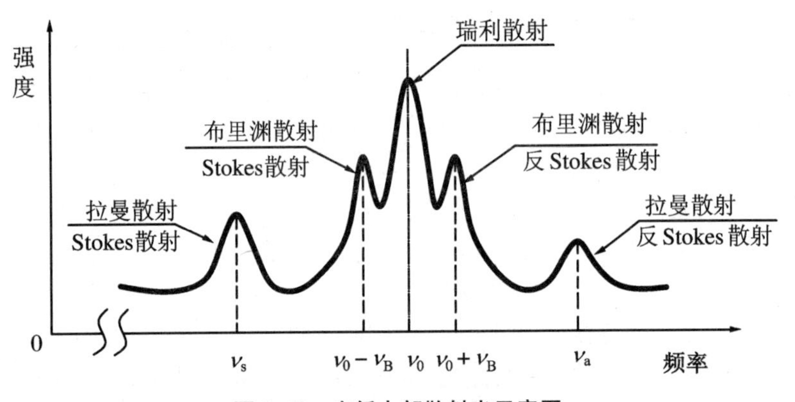

图 3.62　光纤内部散射光示意图

瑞利散射虽然很强，但在玻璃中它随温度的变化不太明显。虽然用一种液态纤芯作为传感光纤，在 100 m 的光纤上进行实验，可得到 1 m 的空间分辨率和 1 ℃ 的测量准确度，但这种液态纤芯光纤的衰减率很高，分布测量的距离相当有限，且成本高，容易受机械损伤和化学杂质侵蚀，所以不适用作温度测量。

拉曼散射和布里渊散射虽然强度上远小于瑞利散射（小 20 — 30 dB），但它们在本质上都与温度直接相关，且从普通石英光纤中观测这两种散射已不成问题，所以用它们作温度测量更合适。

1. 拉曼散射分布式光纤线型感温火灾探测器

如果样本中含有在谐振过程中可能经历分子偏振态变动的分子，则当频率为

ν_0 的单色光束穿过该样本时，会产生拉曼效应，出现频率不同于入射光的非弹性散射光，而光纤所处空间各点的温度场调制了光纤中后向拉曼散射的反斯托克斯光强度。由于只有很少量(10^{-6}或更少)的分子可能经历偏振态变动，所以拉曼散射的强度远小于瑞利散射。拉曼散射光频率与入射光频率 ν_0 之差 $\Delta\nu$ 对应于不同分子偏振态之间的能量差，或者说 $\Delta\nu$ 是介质分子的振动频率。拉曼散射光子的频率既可以向高处移动，也可以向低处移动，因此拉曼散射在频谱上位于瑞利散射频率(ν_0)的两旁，即由反斯托克斯(Stokes)频率($\nu_a = \nu_0 + \Delta\nu$)和斯托克斯(Stokes)频率($\nu_s = \nu_0 - \Delta\nu$)的谱线组成。反斯托克斯和斯托克斯谱线的强度 I_a 和 I_s 与温度 T 的关系如下：

$$I_a = I\sigma_\nu\left[\frac{1}{\exp(h\Delta\nu/kT) - 1}\right] \tag{3.100}$$

$$I_S = I\sigma_\nu\left[1 + \frac{1}{\exp(h\Delta\nu/kT) - 1}\right] \tag{3.101}$$

式中，T 为温度，单位取 K；I 为入射光强；k 为 Boltzman 常数；h 为 Planck 常数；σ_ν 为与频率相关的截面系数。

由上两式可见，当 $\exp(h\Delta\nu/kT) \gg 1$ 时，反斯托克斯光强随温度变化，斯托克斯光强与温度几乎无关，因此利用反斯托克斯光强与斯托克斯光强的比值来测量温度，可以有效地降低光源不稳和光纤传输损耗的影响，获得较高的测量精度。反斯托克斯光强与斯托克斯光强的比 I_a/I_s 如下：

$$R(T) = I_a/I_s = \frac{1}{\exp(h\Delta\nu/kT)} \tag{3.102}$$

$$\frac{dR}{dT} = -\frac{1}{\exp(h\Delta\nu/kT)}(h\Delta\nu/k)T^{-2} \tag{3.103}$$

$$dT = \frac{kT^2}{h\Delta\nu}\frac{dR(T)}{R(T)} \tag{3.104}$$

由式(3.104)可见，通过测量斯托克斯光频移、反斯托克斯光对斯托克斯光强度比，即可求得反射点的温度值，如图 3.63 所示。由于瑞利散射光强几乎也不随温度变化，所以也可以通过测量斯托克斯光频移、反斯托克斯光对瑞利光强度比，获得反射点的温度值。

测量返回光信号相对发射光信号的延迟时间，便可知道被测温点(反射点)离发射点的距离。

DTS 的测温范围主要取决于探测光缆的涂敷层和光缆护套的耐温性能，采用特殊涂敷材料的光纤和不锈钢包装的光缆测量温度最高可达 600 ℃。表 3.12 中数据摘自厂家的产品说明书。

表 3.12 DTS 光纤感温探测器的主要技术指标

国　别	测温范围	测量精度	光纤长度	定位精度	工作波长
英国 Sensa	取决于探测光缆	±1 ℃	10 km	1 m	1064 nm
英国 Sensornet	取决于探测光缆	0.5 ℃	30 km	1 m	1064 nm
瑞士 Lios	取决于探测光缆	±1 ℃	4000 m	2 m	980 nm
瑞士 Cerberus	−50−400 ℃		4000 m	2 m	980 nm
南京消防集团	−50−150 ℃	±2 ℃	4 km	8 m	
日本藤森	取决于探测光缆	±3 ℃	1000 m	1—5 m	1300 nm

由于拉曼散射分布式光纤传感器只对温度参量敏感，相对于光纤光栅传感技术和布里渊光纤传感技术来说，拉曼传感技术在分布式温度测量中具有更高的测量精度和更好的稳定性，但是如果要同时检测温度和应变两个参数时，拉曼传感技术就无能为力了。另外布里渊传感技术的探测距离远远超过拉曼传感技术，能达到 50 km 以上，这对于远距离传输线路，如高压输电线路、油气和油品输运管道的安全检测来说，是一个重要的优点。

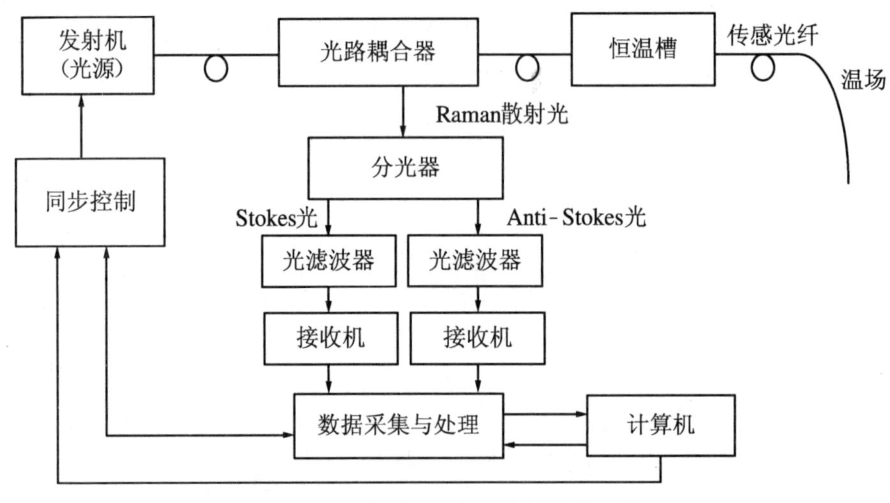

图 3.63 光时域反射温度检测原理图

(2) 布里渊散射分布式光纤线型感温火灾探测器[31]

从量子力学的角度来说，一个入射光纤的光子受激后释放出一个声子，同时产生一个频率较低的光子，称为斯托克斯光，入射光子吸收一个声子后产生一个频率较高的光子，称为反斯托克斯光。因此布里渊散射光包含斯托克斯光和反斯托克斯光两种光，它们与入射光的频率差称为布里渊频移。按光的波动理论，介质分子内部存在一定形式的振动，引起介质折射率随时间和空间周期性起伏，从而产生自发声波场。光定向入射到光纤介质时，受到该声波的作用产生布里渊散射，布里渊散射光的频移 ν_B 取决于声波的速度 V_A 和入射光的波长 λ，即

$$\nu_B = 2nV_A/\lambda \tag{3.105}$$

式中 n 为介质的折射率。

由于光纤的折射率和声速都与光纤的温度以及所受的应力等因素有关，所以布里渊散射频移 ν_B 是温度和机械应变的函数，即

$$f_B = f_B(0) + \frac{\partial f}{\partial T}T(℃) + \frac{\partial f}{\partial \varepsilon}\varepsilon(\mu\varepsilon) \tag{3.106}$$

式中，$\nu_B(0)$为 $T=0$ ℃、应变为 0($\mu\varepsilon$)时的布里渊频移。

布里渊散射光功率随温度的上升而线性增加，随应变的增加而线性下降。布里渊散射光功率可表示成

$$P_B = P_0 + \frac{\partial P}{\partial T}T(℃) + \frac{\partial P}{\partial \varepsilon}\varepsilon(\mu\varepsilon) \tag{3.107}$$

式中 P_0 为 $T=0$ ℃、应变为 0($\mu\varepsilon$)时的布里渊散射光功率。由于应变相对于温度对布里渊散射光功率的影响要小得多，一般可以忽略，而认为布里渊散射光功率只与温度有关。由式(3.106)和式(3.107)可知，通过测量布里渊散射光的光功率和频率即可得到光纤沿线的温度/应变等分布信息。

布里渊散射光的光强极其微弱，比瑞利散射光低 2 到 3 个数量级，而且布里渊散射光的频移 ν_B 远小于拉曼散射的频移 $\Delta\nu$，即布里渊散射光波长非常接近瑞利散射光波长，故瑞利散射光对布里渊散射光构成了严重的干扰，用检测拉曼散射光的直接检测法很难观测到布里渊散射光，所以用下面两种方法检测布里渊散射光信号：a. 用受激布里渊散射过程放大布里渊散射光信号；b. 采用相关接收器高灵敏度地检出布里渊散射光信号。于是形成了布里渊光时域反射(BOTDR)、布里渊光时域分析(BOTDA)、布里渊光频域分析(BOFDA)、布里渊光相关域分析和布里渊光相关域反射等分布式光纤传感技术。

① 布里渊光时域反射技术[30]。

在布里渊光时域反射(BOTDR)技术基础上采用微波相干外差技术和一个可调谐电子振荡器构成的 BOTDR 系统，见图 3.64，图中光源输出信号经耦合器分为两路信号，一路为检测用的参考信号，另一路经脉冲调制器将连续光变成脉冲光，由光放大器放大后经耦合器输入测试光纤，反射回来的布里渊散射光经耦合器进入微波外差接收机，在微波外差接收机中与参考信号进行相干得到布里渊散射

光频移 ν_B，再经滤波、放大后输入电外差接收机。电外差接收机将接收的 ν_B 信号与可调谐电子振荡器的输出信号进行混频，取出差频信号经滤波、放大后送到数字处理系统进一步处理，最终获得光纤的分布式温度/应变的分布信息。

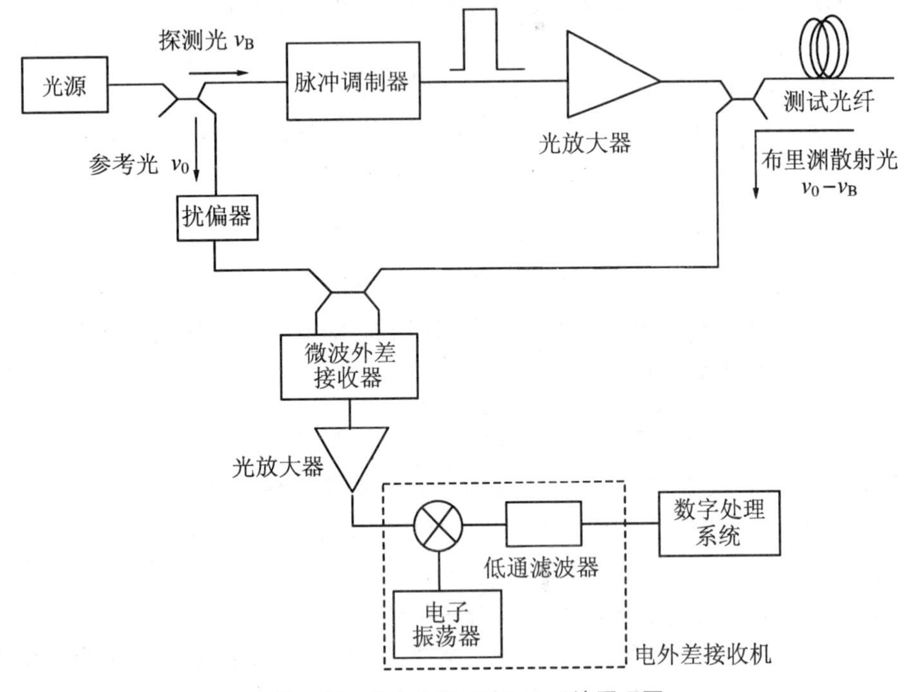

图 3.64 微波外差 BOTDR 系统原理图

采用相干自外差 BOTDR 系统的优点：只需在光纤一端测量，应用方便；单个激光器实现自外差工作，容易精确控制脉冲光与连续光之间的频差；若参考光功率足够强可获得最小可探测光功率，提高测量精度；外差接收机加窄带滤波器可提高频率分辨率。

② 布里渊光时域分析（BOTDA）技术。

布里渊光时域分析技术的测量原理是当两抽运光的频差与布里渊频移 ν_B 相等时，弱的抽运信号将被强的抽运信号放大，即两光束发生能量转移，称为布里渊受激放大作用。方法为在传感光纤两端分别输入抽运脉冲光和探测连续光，如图 3.65 所示。通过调节抽运脉冲光和探测连续光的频率差，使探测连续光经受激布里渊放大后的功率达到最大，寻找最大功率位置所对应的频率差便可得到布里渊散射光频移，从而得到该点的温度/应变信息。由于直接测量受激布里渊放大后的连续光，它的光强比瑞利散射光强要大很多，再结合探测器前端的光学滤波，瑞利散射的影响可以得到很好的消除。在调试探测连续光时要注意:当满足 $f_1 - f_2 = \nu_B$ 时,脉冲光的能量转移给连续光,得到布里渊增益信号;当满足 $f_1 - f_2 = -\nu_B$ 时,脉冲光被放大,连续光被损耗,得到的是布里渊损耗信号,其中 f_1 为脉冲光频率,f_2 为连续光频率。这两种工作模式都有实际应用。

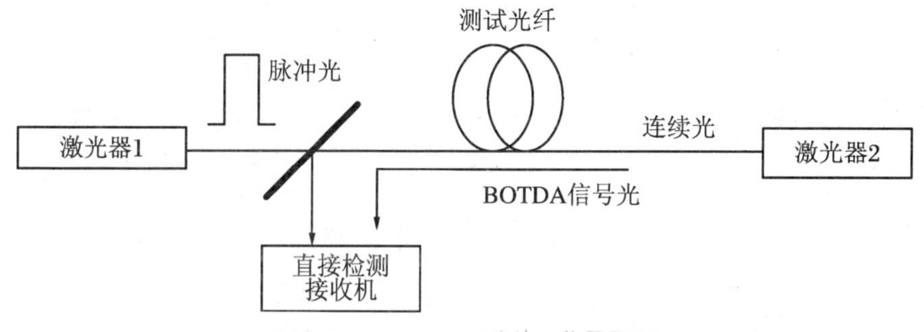

图 3.65　BOTDA 系统的工作原理图

当光纤的某一部分温度或应变发生变化时,那里的布里渊频移由 ν_B 变为 ν_B',结果引起信号衰减,连续调节入射抽运脉冲光与探测连续光之间的频差,使它等于 ν_B',这时布里渊光功率达到最大,所以通过检测光纤一端耦合出来经检测接收机放大、滤波的连续光功率达到最大,便能检测到该小段的布里渊散射光频移,从而测得该小段的温度/应变信息。同样方法可以得到光纤其他各小段的温度/应变信息,实现分布式测量。对于布里渊损耗型模式,由于脉冲光沿光纤传输过程中被放大,所以可以获得更远的测量距离。

BOTDA 技术的优点是动态范围大,测量精度高。但是系统复杂,需要两台激光器在被测光纤两端同时测量,并且不能测量断点。

基于布里渊散射分布式光纤传感器的精度主要取决于两个方面:一是布里渊散射谱的线宽和信号噪声比;二是光纤内的光传输状况和空间分辨率。布里渊散射谱的功率和线宽与光脉冲的功率、线宽以及偏振态有关,为了得到较高的谱功率和较小的谱线宽度,脉冲光的脉宽受到一定限制,同时也受到布里渊传感最小空间分辨率的限制,因此该技术在测量精度和空间分辨率之间要折中考虑。

③ 布里渊光频域分析(BOFDA)技术。

BOFDA 技术同样是利用布里渊频移特性来实现温度/应变的传感,但被测量空间定位不是光时域反射技术,而是通过得到光纤的复合基带传输函数来实现的。因此传感光纤两端注入的光为频率不同的连续光,其中探测光与抽运光的频差约等于光纤中的布里渊频移,即 $f_s - f_p = \nu_B$。探测光首先经过调制频率 f_m 可变的电光调制器进行幅度调制，调制强度为注入光纤的探测光和抽运光在光纤中相互作用的边界条件。对每个不同的调制信号频率 f_m，都对应着一个探测光功率和抽运光功率。调节 f_m，在耦合器的两个输出端同时检测注入光纤的探测光功率和抽运光功率，通过和检测器相连的网络分析仪就可以确定传感光纤的基带传输函数。利用快速傅里叶逆变换（IFFT），由基带传输函数即可得到系统的实时冲激响应，便反映了光纤沿线的温度/应变等分布信息，见图 3.66。

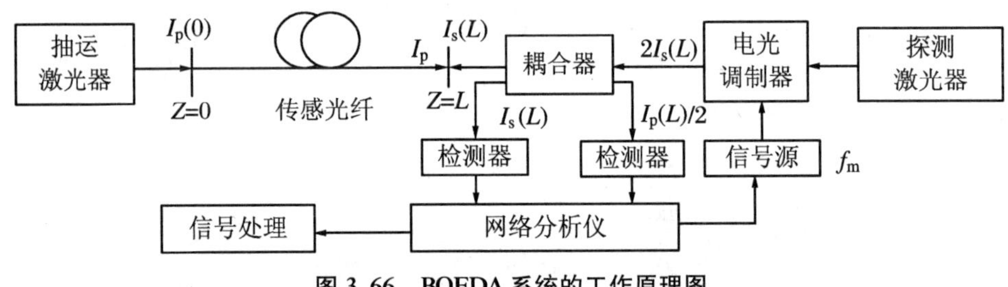

图 3.66　BOFDA 系统的工作原理图

在 BOFDA 系统中，系统的空间分辨率由调制信号的最大（$f_{m \cdot max}$）和最小（$f_{m \cdot min}$）调制频率决定，最大传感距离由调制信号频率的变化步长 Δf_m 决定。

3）线型感温火灾探测器的应用

（1）线型感温探测器的适用场所

① 电缆隧道、电缆竖井、电缆沟、电缆夹层等。

② 配电装置、开关设备、变压器、变电所、电机控制中心。

③ 各种皮带传送装置。

④ 控制室、计算机室的闷顶室内、地板下及重要设施的隐蔽处等。

⑤ 其他环境恶劣、不适应点型探测器安装的危险场所。

（2）线型感温探测器的安装方法

① 接线盒、终端盒可安装在电缆隧道内或室内，并应将其固定于现场附近的墙壁上。安装于户外时，应加外罩雨箱。

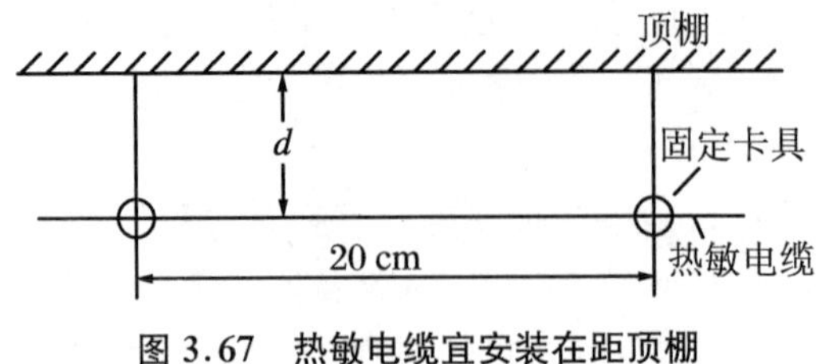

图 3.67　热敏电缆宜安装在距顶棚垂直距离 $d=0.1$ m 处

② 探测器安装于室内顶棚下方时，热敏电缆宜安装在距顶棚垂直距离 $d=0.1$ m 处，见图 3.67。

图 3.68 示出热敏电缆线路之间不宜大于 5 m；其和墙壁之间的距离宜在 1—1.5 m 之间。

③ 热敏电缆安装在电缆托架

或支架上时，要紧贴电力电缆或控制电缆的外护套，呈正弦波方式敷设。注意：固定卡具宜选用阻燃塑料卡具。

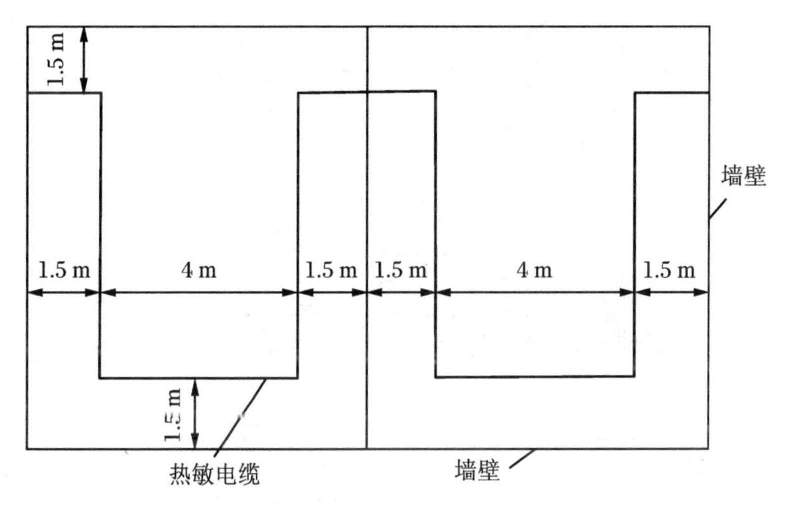

图 3.68　热敏电缆线路之间及其和墙壁之间的距离

④ 安装在传送带周围：

a. 安装在传送带上方。如图 3.69 所示，在传送带宽度不超过 3 m 时，热敏电缆应直接固定于距传送带中心正上方不大于 2.25 m 的支撑件（∅2 钢丝吊线和若干紧固件）上。

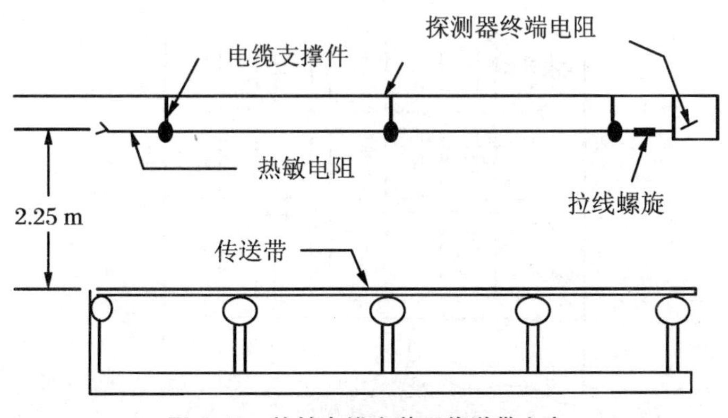

图 3.69　热敏电缆安装于传送带上方

b. 安装于靠近传送带的两侧。在不影响平时运行和维护的情况下，将热敏电缆安装于靠近传送带的两侧，热敏电缆通过导热板和滚柱轴承连接起来，以探测由于轴承摩擦和煤粉积累引起的过热,如图 3.70 所示。

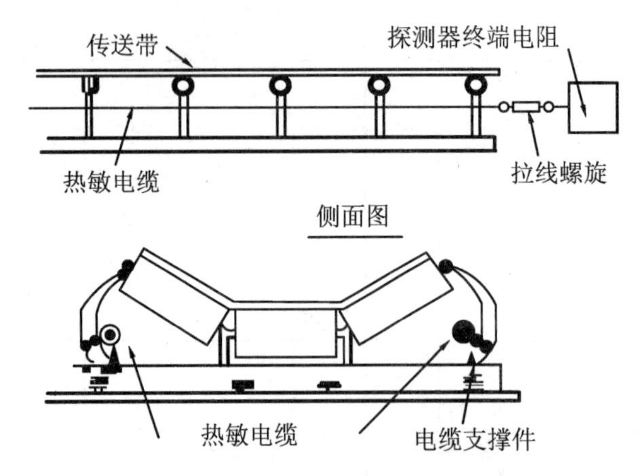

图 3.70 热敏电缆安装在传送带空转臂上

⑤ 安装于动力配电装置上。图 3.71 说明热敏电缆成带状安装于电机控制盘上。由于采用了安全可靠的线绕扎结卡具,使整个装置都得到了保护。其他电气设备如变压器、刀闸开关、主配电装置电阻排等,在其周围环境温度不超过热敏电缆允许工作温度的条件下,均可采用同样的方法。

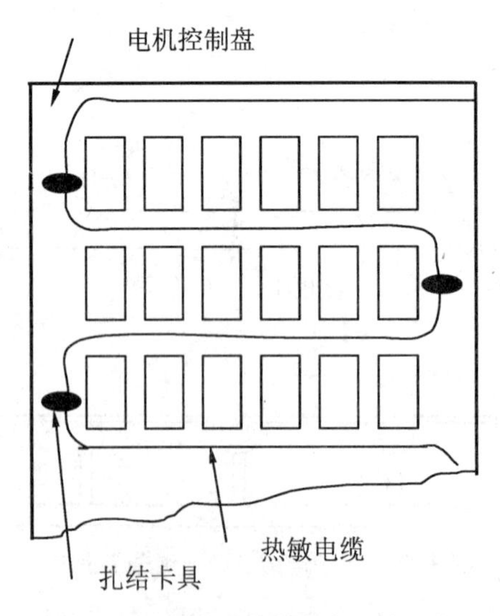

图 3.71 热敏电缆安装在电机控制盘上

⑥ 安装于灰尘收集器或沉渣室、袋室、冷却塔、浮顶罐及市政设施、高架仓库

等场所时，安装方法可参照室内顶棚下的方式，在靠近和接触安装时可参照电缆托架的安装方式。

⑦ 油罐区线型感温火灾探测系统：分布式光纤测温主机位于控制室中，探测光缆沿着每个油罐每隔5 m环形敷设，对油罐实施火灾探测，见图3.72。对于浮顶式油罐，常在浮顶上布置一圈线型感温火灾探测器。

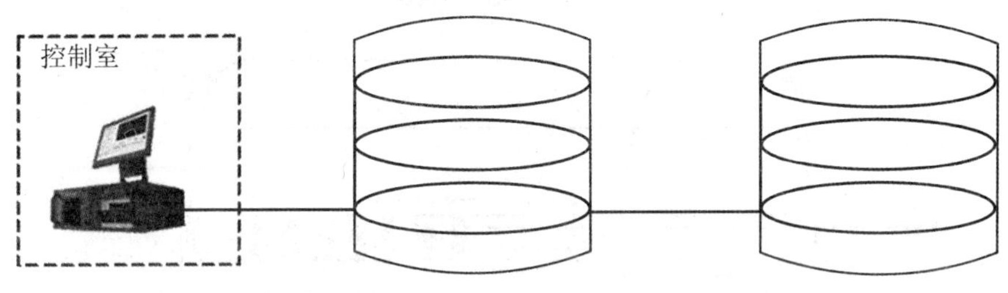

图3.72 分布式光纤感温探测系统

⑧ 在电力电缆生产时，将光纤埋入电缆中间，电缆敷设后，将光纤接入光纤调制解调器，就可以对电力电缆进行温度监测，同时还可以分析电力电缆的运行性能，以便电力电缆老化后，及时进行维护和更换电缆。

4）光纤光栅感温火灾探测器

（1）工作原理

光纤光栅是光纤纤芯折射率受到永久的周期性微扰而形成的一种光纤无源器件，一般采用特殊的紫外光照射工艺，对光纤纤芯进行照射，入射光子和纤芯内锗离子相互作用引起光纤折射率的永久性变化，从而在纤芯内形成空间相位光栅，其作用实质上是在纤芯内形成一个窄带的（透射或反射）滤波器。光栅是光纤光栅感温火灾探测器的关键器件，图3.73为光栅的结构图，图3.74是光纤光栅结构原理图。由图3.74可知：当宽带光经光纤传输到光栅处时，光栅将有选择地反射回一窄带光。在光栅不受外界影响（拉伸、压缩或挤压，环境温度等恒定时），该窄带光中心波长为一固定值 λ_B；而当环境温度或被测接触物体温度发生变化，或光栅受到外力影响时，光栅栅距 Λ 将发生变化（同时光栅处纤芯折射率 n_{eff} 也会发生相应变化），反射的窄带光中心波长将随之发生改变，这样就可以通过检测反射的窄带光中心波长的变化值，测量到光栅处的有关物理量的变化，如图3.75所示。利用光栅的这一特性可构成许多性能独特的光纤无源器件，可以制成用于检测应力、应变、温度等参量的光纤传感器和各种传感网络。

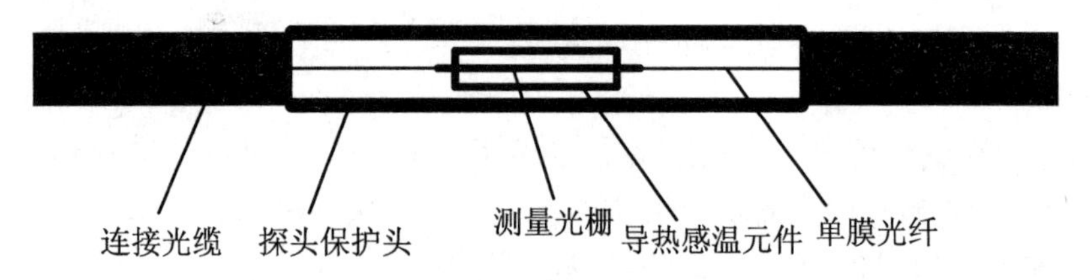

图 3.73　光栅结构图

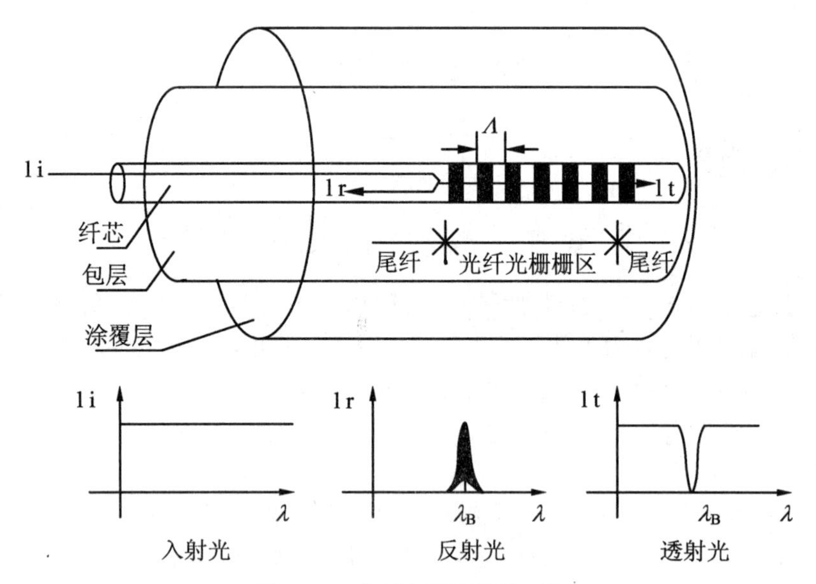

图 3.74　光纤光栅结构原理图

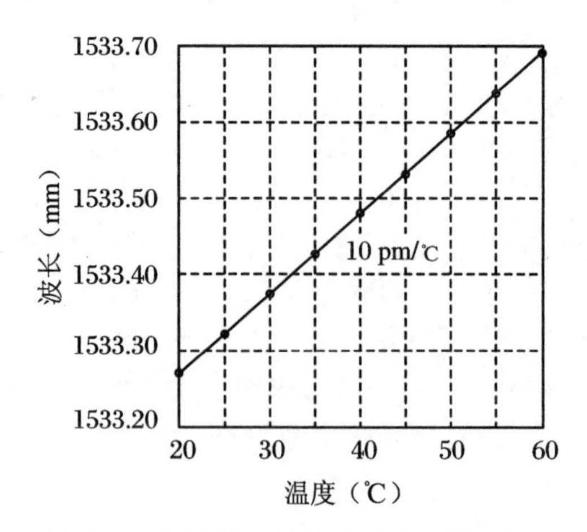

图 3.75　光纤光栅波长与温度关系的示意图

光纤光栅反射波长满足布拉格方程

$$\lambda_B = 2n_{eff}\Lambda \tag{3.108}$$

式中，λ_B 为光纤光栅中心波长，n_{eff}为光纤有效折射率，Λ 为光纤光栅周期。

温度/应变发生变化时，会引起 Λ 和 n_{eff}发生变化，导致 λ_B 发生相应的变化，它们之间具有良好的线性关系和可重复性。

$$\Delta\lambda_B/\lambda_B = (\alpha + \zeta)\Delta T + (1 - Pe)\Delta\varepsilon \tag{3.109}$$

式中，α——光纤的热膨胀系数，$\alpha = 0.55\times10^{-6}$；

ζ——光纤材料的热光系数，$\zeta = 8.3\times10^{-6}$；

Pe——光纤材料的弹光系数。

在 1550 nm 窗口，中心波长的温度系数约为 10.3 pm·℃$^{-1}$，应变系数为 1.209 pm/$\mu\varepsilon$。在用光栅作为感温敏感元件时，尽量扩大光栅对温度的敏感性，而降低光栅应变对布拉格波长的影响；反之，光栅可以用来测量应变。当光栅作为感温元件，温度变化 ΔT 时，将引起布拉格波长 λ_B 产生 $\Delta\lambda$ 的变化，可以表示为

$$\Delta\lambda/\lambda_B = (\alpha - \zeta)\Delta T \tag{3.110}$$

通过检测 λ_B 的变化值 $\Delta\lambda$，即可实现对保护区域的温度检测。系统工作时(见图 3.76)，由宽带光源发出的光经隔离器、可调谐滤波器取出单一频率的光信号，通过光分路器(耦合器)经光纤传输到设置在现场的测量光栅，测量光栅会有选择性地反射一窄带光，反射光经光分路器进入光电探测器，进行信号放大、滤波后送到波长解调器进一步进行信号处理，由波长解调器提取出反射布拉格波长，并与标准恒温解调输出信号进行比较、判断后，输出正常或火警的信号。

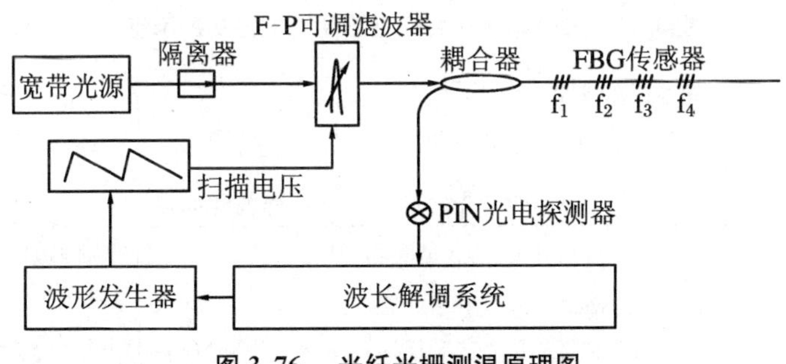

图 3.76　光纤光栅测温原理图

如果在一条光纤上串接多个不同 λ_B 的光纤光栅传感器，就可以在一条光纤上实现多点测量，如图 3.76 中的 f_1、f_2、f_3 和 f_4，火灾报警部位根据光栅安装图便可确定火警部位。光纤光栅感温火灾探测器采用的波段在 1310 nm 或 1550 nm，如

1284－1308 nm或1520－1570 nm。考虑到宽带光源的带宽分别为24 nm和50 nm;滤波器的带宽也有一定宽度;光栅反射光3 dB带宽为0.2 nm;温度变化范围内引起光栅布拉格波长的变化值;光栅光刻波长与实际波长的误差等因素,通常相邻中心波长的间隔为1 nm,所以目前每条光纤接入的光栅最多不超过40个。

当光纤光栅的有效保护半径R大于两个相邻光纤光栅物理间隔距离l的二分之一,如光栅的间隔为6米,光栅的保护半径为4.2米时,这条光纤L的两侧都得到了保护,如图3.77两条虚线的中间区域部分,所以光纤光栅感温火灾探测器又称为准分布式线型感温火灾探测器。如果一台光纤光栅调制解调器同时接入多条光纤,形成多个探测通道,每个通道接入多个光栅,就可以进一步扩大光纤光栅感温火灾探测器的保护长度。由于每条光纤接入的光栅数量有限,为了进一步扩大光纤光栅感温火灾探测器的保护长度,采用同一条光纤用许多同频率光栅串联起来,使一条光纤的探测距离达到几公里,这样的系统称为全同光纤光栅感温探测器。全同光纤光栅感温探测器只能报这条光纤有火警,不能报出是哪一个光栅发出的火警信号,也就是不能报警到火警的精确部位,只能报警到某一区域。若光纤光栅感温探测器将光栅贴在分散的被保护对象上,可以作为点型感温火灾探测器使用。

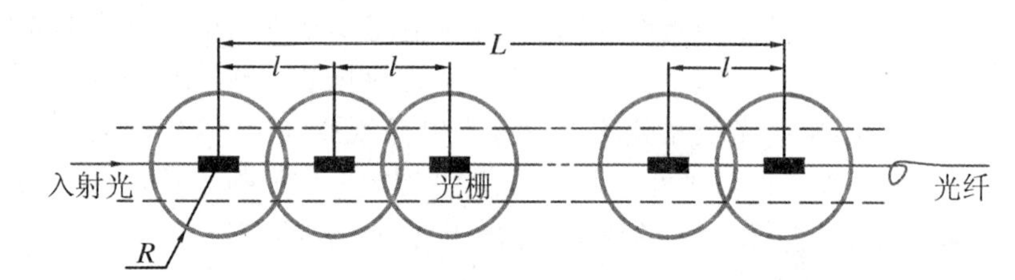

图3.77 准分布式光纤光栅感温火灾探测器示意图

(2) 两种光纤感温探测器的性能比较

两种光纤感温探测器的性能比较见表3.13。

表3.13 两种光纤感温探测器的性能比较

技术项目	分布式光纤感温探测器[1]	光纤光栅感温探测器
探测原理	拉曼散射原理	布拉格反射器
探测方式	分布式	准分布式
现场探测器寿命	光缆30年	探测器5年(取决于传感器)
定位精度	最小0.5米	由探测器保护半径确定
报警分区	光缆全线任意设置	依探测器数量而定

续表

技术项目	分布式光纤感温探测器[1]	光纤光栅感温探测器
报警逻辑	定温、差温、分区差异	定温[2]、差温[3]
工作温度范围	－50 — 400 ℃(取决于探测光缆)	－20 — 120 ℃

注:1 为德国西门子公司产品;2 为武汉理工光科股份有限公司产品;3 为上海紫珊光电技术有限公司产品。

(3) 光纤光栅感温探测器的工程应用

由于光纤光栅感温火灾探测器可以构成准分布式感温火灾探测器,具有线型感温火灾探测器的特性,所以线型感温火灾探测器的适用场所和安装方法同样适用于光纤光栅感温火灾探测器。由于光纤光栅感温火灾探测器本质是点式感温火灾探测器,所以又有下面的应用实例。

① 石化系统

图 3.78 为光纤光栅温度报警系统在油罐上的安装示意图,传感器与被测点可以使用导热胶固定,也可以用机械方式固定。

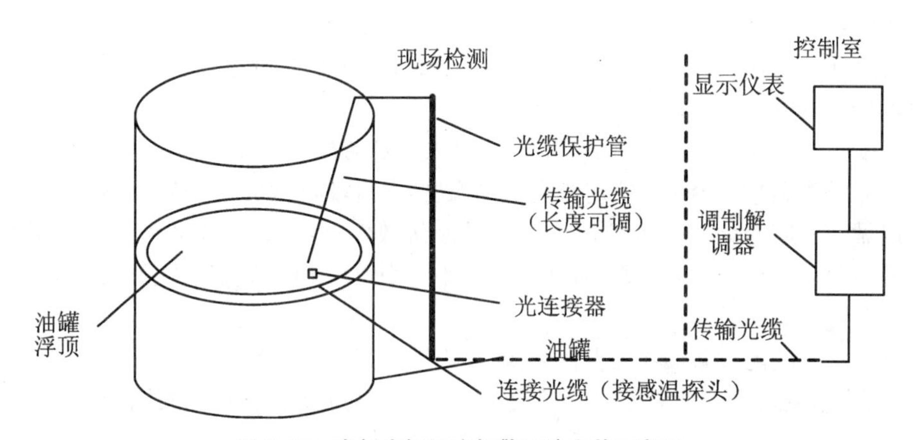

图 3.78　光纤光栅温度报警系统安装示意图

有厂家推荐,在多点测点时,可以按照以下方式布置:光纤光栅传感器在油罐高度方向上每隔 2 米左右布一圈,每一圈每隔 2 米布置一测点(光栅);所有传感器通过光纤串联连接到一起,每根光纤最多可串 25 个点。

线型光纤感温火灾探测器测量准确、工作稳定、安全程度高,将成为石化油气罐区新一代较理想的温度监测火灾自动报警系统。

② 电力电缆表面温度及电缆密集区域温度监测监控

可以应用在发电厂、变电站的电缆夹层、电缆沟道、大型电缆隧道的温度监测和监控。对电力电缆的监护,可以将测温光纤贴在电缆的表面,在取得了电缆表面数据后,将电缆的负荷电流同时描成一组相关曲线,并从电流值推算出芯线导体的温度系数,从表面温度变化与导体温度变化之差(相同时刻做比较)便可以求出表面温度与运行负荷电流的相关关系,并以此来支持供电系统的安全运行。

另外,在诸如大型电缆隧道等场合,其内部环境温度的高低对保证电缆的正常运行有很大关系,采用光纤温度传感系统后,可以对其进行分布式连续监测,如有必要甚至可以与通风、空调系统配合使用,以满足季节温度变化情况下,保持电缆的环境温度在允许范围内。

③ 高压配电装置内易发热部位的监测

开关柜内的电缆接头,10 kV、35 kV 高压开关柜动静触头及电气设备的连接头是易出故障的薄弱环节,原因是该部位接触不良,接触电阻较大,在大电流情况下该处热功率很大,其结果是接头发热严重,加剧接触面氧化,使得接触电阻进一步增大,形成恶性循环,发展到一定阶段后,则会造成严重的故障,破坏供电的安全可靠。而采用光纤测温,则可以将光纤缠绕在接头上,实时监测其温度,在演变成事故前,及早发现并采取处理措施。

另外对发热大、故障多的元器件,可以安装光栅进行温度监测,一旦有过热情况,可及时进行维护。

④ 发电厂、变电站的环境温度检测及火灾自动报警系统

光纤测温系统因可以实时长期监测温度,并自动将所检测数据寄存于电脑,故可以做到温度变化的差动监测。更可以提前做出过热预报,亦即火灾早期报警。另外,本系统还可以与火灾自动报警系统联动使用,在确认发生火警时,及时启动灭火系统灭火。

对于不同的接触面积及监测要求,可以采用以下三种布置方式。

直线布点:沿着被测点布设,见图 3.79,适合电缆或大型结构圆周测温。

图 3.79 光纤温度传感器直线布点

正弦波布点:沿着被测物体外表面,采用正弦波布设,见图 3.80,适合大型结构外表面或宽电缆桥架的温度测量。

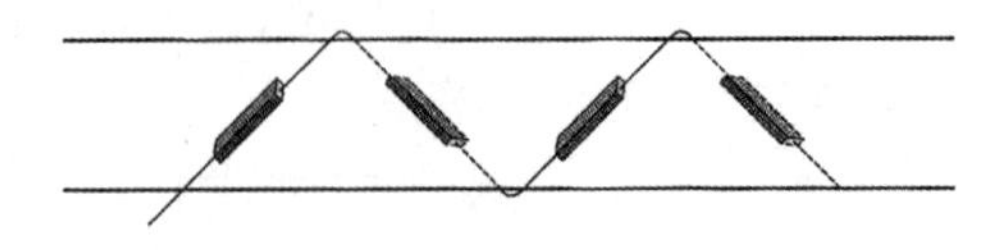

图 3.80 光纤温度传感器正弦波布点

网状布点:沿着被测物体外表面,采用网状布设,见图3.81,适合大面积的平面温度测量。

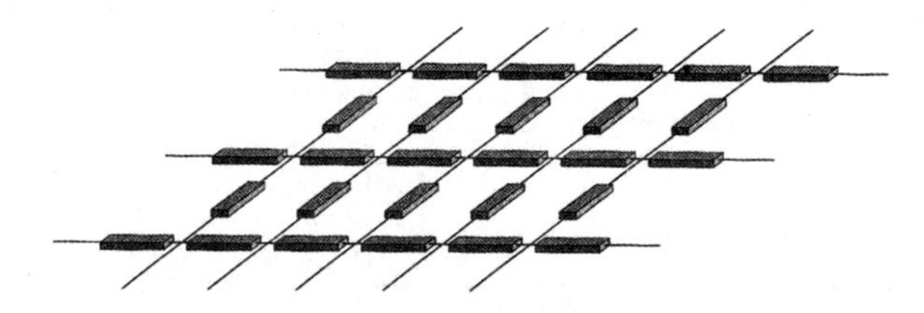

图3.81 光纤温度传感器网状布点

2. 点型定温感温探测器

点型定温感温探测器的结构图如图3.82、图3.83所示。

图3.82是利用两种膨胀系数不同的金属片制成的探测器。当金属片受热时,膨胀系数大的金属就要向膨胀系数小的方向弯曲,如图中虚线所示,造成电器接触闭合,产生一个短路信号,经地址译码开关后送到控制器,控制器发出报警信号。

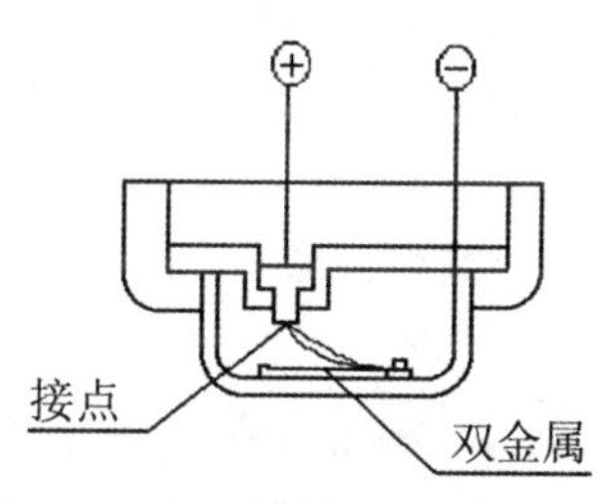

图3.82 定温式点型火灾探测器

图3.83是定温式电子感温探测器结构图,其敏感元件是半导体热敏电阻。对于定温式感温探测器,热敏电阻是临界热敏电阻,这种电阻在室温下具有较高的阻值(可达1 MΩ以上),随着环境温度的升高,阻值缓慢下降,当到达设定的温度点时,临界电阻的阻值会迅速减至几十欧姆,从而完成从高阻态向低阻态的转变,使得信号电流迅速增大。当电流达到或超过临界阈值时,双稳态电路发生变化,变化信号经地址译码开关后送到控制器,控制器发出报警信号,如图3.84所示。由于热敏电阻在正常情况下具有高阻值,并且随着环境温度的变化,阻值变化不大,因此这种探测器的可靠性高。

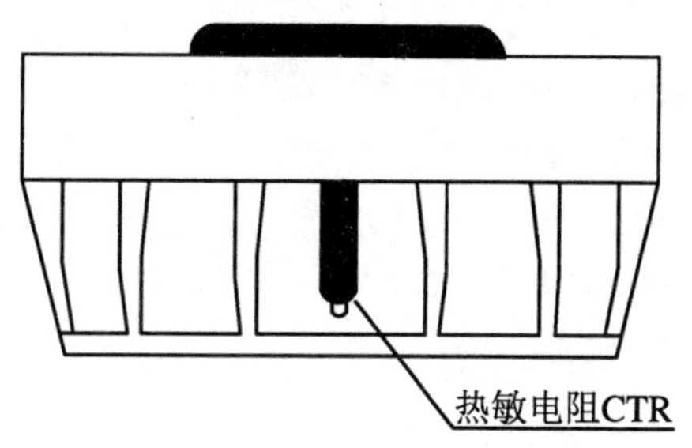

图3.83 半导体定温火灾探测器示意图

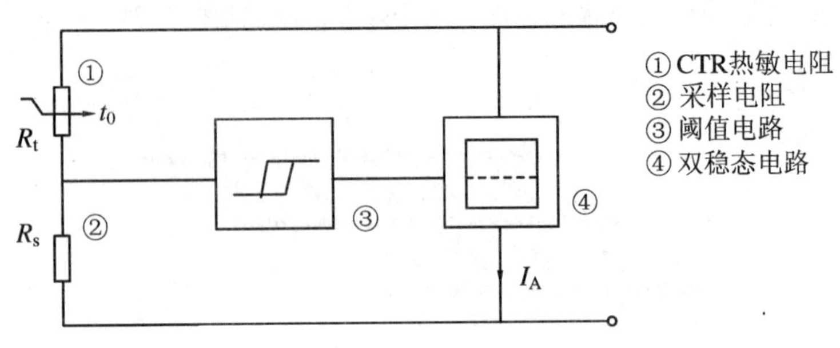

图 3.84 半导体定温火灾探测器原理图

3.3.3 差温火灾探测器

在较大的控制范围内,温度变化达到或超过所规定的某一升温速率时,才开始动作的探测器,称为差温火灾探测器。其结构原理图如图 3.85、图 3.87 所示。

1. 线型差温火灾探测器

空气管线型差温火灾探测器是一种感受温升速率的探测器。它具有报警可靠,不怕环境恶劣等优点。在多粉尘、湿度大的场所也可使用。尤其适用于可能产生油类火灾且环境恶劣的场所;不易安装点型探测器的夹层、闷顶、库房、地道、古建筑等场所也可使用。由于敏感元件空气管本身不带电,亦可安装在防爆场所。但由于长期运行空气管线路泄露,检查维修不方便等原因,比其他类型探测器使用的场所要少。

1) 工作原理

空气管线型差温火灾探测器是感受温升速率的一种火灾探测器。由两部分组成:① 敏感元件空气管为∅3×0.5 紫铜管,置于要保护的场所。② 传感元件膜盒和电路部分,可装在保护现场或者装在保护现场之外。

由图 3.85 可见,当环境温度缓慢升高时,空气管内的空气开始膨胀,使压力升高,为使管内外气压平衡,这时气体可通过透洞孔排出。当环境温度变化速率超过某一值时,空气管内迅速膨胀的气体来不及从透洞孔排出,从而使空气管内的气压升高,导致膜片因膨胀产生移动,使膜片与接点电气触点闭合,产生一个短路信号,经地址译码开关后送到控制器,控制器发出报警信号。

空气管线型差温探测器灵敏度见表 3.14。

表 3.14　空气管差温探测器灵敏度

规格	动作温升速率	不动作温升速率
第 1 种	7.5 ℃ · min^{-1}	1 ℃ · min^{-1}持续上升 10 min
第 2 种	15 ℃ · min^{-1}	2 ℃ · min^{-1}持续上升 10 min
第 3 种	30 ℃ · min^{-1}	3 ℃ · min^{-1}持续上升 10 min

说明：以第 2 种规格为例，当空气管总长度的 1/3 感受到以 15 ℃ · min^{-1}速率上升的温度时，1 min 之内会给出报警信号；而空气管总长度的 2/3 感受到以 2 ℃ · min^{-1}速率上升的温度时，10 min 之内不应发出报警信号。

不同灵敏度的空气管差温探测器，适用于不同使用场合，见表 3.15。

表 3.15　3 种不同灵敏度的使用场合

规格	最大空气管长度	使用场合
第 1 种	<80 m	书库、仓库、电缆隧道、地沟等温度变化率较小的场所
第 2 种	<80 m	暖房设备等温度变化较大的场所
第 3 种	<80 m	消防设备中要与消防泵自动灭火装置联动的场所

2）使用注意事项

在实际应用中，由于现场层高、散热程度、顶部的几何形状、建筑材质等千差万别，因此使用时必须注意以下几点：

(1) 每个探测器报警区的设置必须正确，空气管的设置要有利于一定长度的空气管足以感受到温升速率的变化。

(2) 通常情况下，每个探测器的空气管两端应接到传感元件，如图 3.85 所示。

(3) 同一探测器的空气管互相间隔应在 5 — 7 m 以内。在安装现场较高或热量上升后有阻碍以及顶部有横梁交叉、形状复杂的建筑等情况下，间隔要适当减小。

(4) 空气管应安装在距安装面 100 mm 处，见图 3.86，难以达到的场所不得大于 300 mm。

(5) 对于人字架天棚，应使顶部空气管间隔小一些，下部空气管间隔可疏一些，以保证获得良好的感温效果。

3）安装实例

空气管线型差温火灾探测器在平顶棚上的安装实例见图 3.86。此外，当空气管需在“人”字形顶棚、电缆隧道、地沟、跨梁局部安装时，应按生产厂家出厂说明或根据工程经验进行安装。

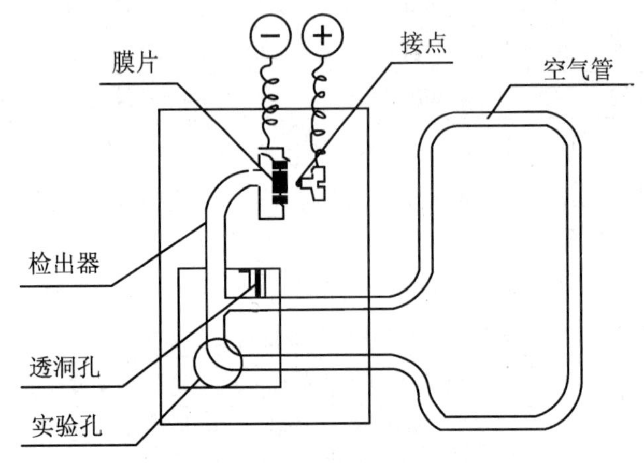

图 3.85　空气式线型差温探测器示意图

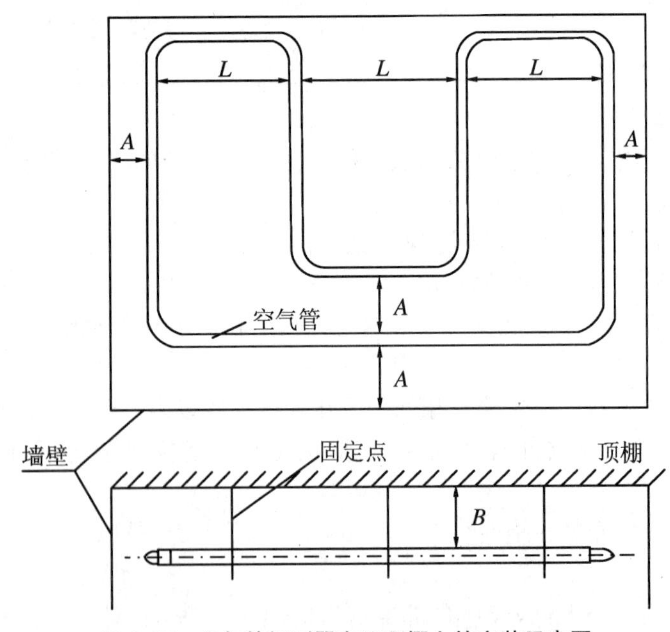

图 3.86　空气管探测器在平顶棚上的安装示意图

$B=100$ mm；$A=1—1.5$ m；$L=5$ m（耐火建筑 $L\leqslant 7$ m）

4) 安装注意事项

(1) 安装前必须做空气管的流通试验,在确认空气管不堵、不漏的情况下,方可进行安装。

(2) 空气管必须固定在安装部位,固定点间隔在1 m以内。

(3) 在拐弯的部位空气管弯曲半径必须大于5 mm。

(4) 在穿通墙壁等部位时,必须有保护管绝缘套等保护。

(5) 空气管在安装时必须小心,不得使铜管扭弯、挤压、堵塞,以防止空气管失去原有的功能。

(6) 安装完毕后,通电监测,用U形水压计和空气注入器组成的检测仪进行检验,以确保整个探测器处于正常状态。

(7) 探测器运行一年后,应进行重新检验,以确保探测系统处于完好监视状态。

(8) 在使用中,除专业技术人员外,不得随便拆装火灾探测器,以免损坏探测器或降低其精度。

2. 点型差温火灾探测器

图3.87是一种膜盒式点型差温探测器。当温度速率不高时,感热室内的受热膨胀气体可以通过泄漏孔排出,使膜片两侧的压力基本相等。当温升速率超过某一值时,感热室内迅速膨胀的气体来不及从泄漏孔内排出,使得膜片在感热室内侧的压力高于外侧的压力,使得膜片移动,膜片与接点电气触点闭合,发出报警信号。

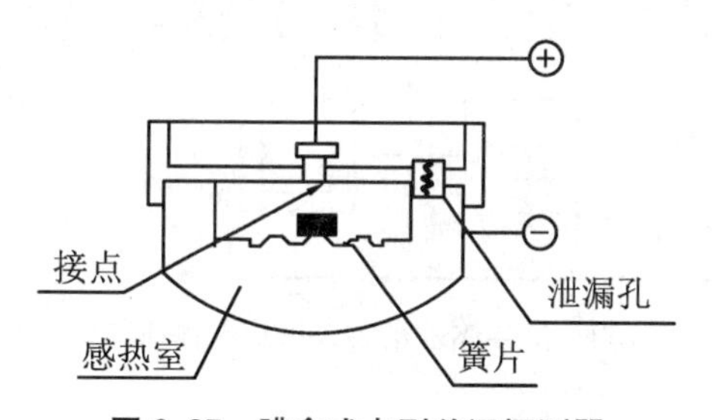

图3.87 膜盒式点型差温探测器

3.3.4 差定温火灾探测器

1. 工作原理

图3.88是半导体差定温探测器的结构示意图,图3.89是其电原理图。由图可见,差定温感温探测器采用两只NTC热敏电阻,其中取样电阻R_M位于监视区域的空气环境中,参考电阻R_R密封在探测器内部。当外界温度缓慢升高时,R_M和R_R均有响应,只有当温度达到临界温度后,由于R_M和R_R都变得很小,R_A和R_R串

联后，R_R的影响力可以忽略，这样 R_A和 R_M就使探测器表现为定温特性。当外界温度急剧升高时，暴露在空气环境中的 R_M阻值迅速下降，而密封在探测器内部的 R_R的阻值变化缓慢，那么当阈值电路输入端电位达到阈值时，其输出信号促使双稳态电路翻转，从而发出报警信号，这就是差温感温探测器的工作原理。当同一个感温探测器同时具有定温探测器特性和差温探测器特性时，称为差定温感温火灾探测器。差定温感温火灾探测器的另一种形式见图 3.90。图 3.90 同样具有定温探测器和差温探测器的特性，读者自己理解。

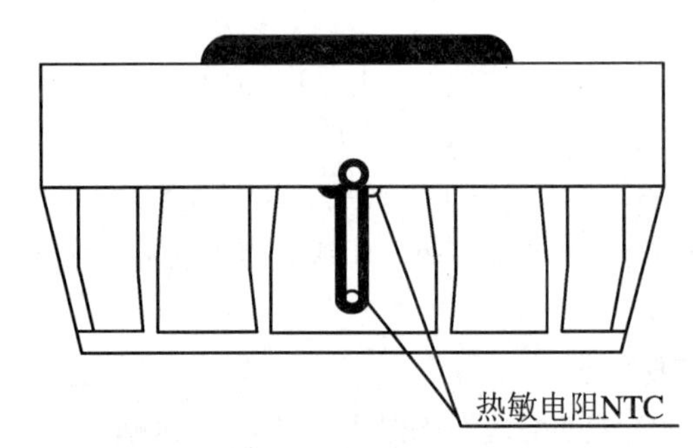

图 3.88 半导体差定温火灾探测器示意图

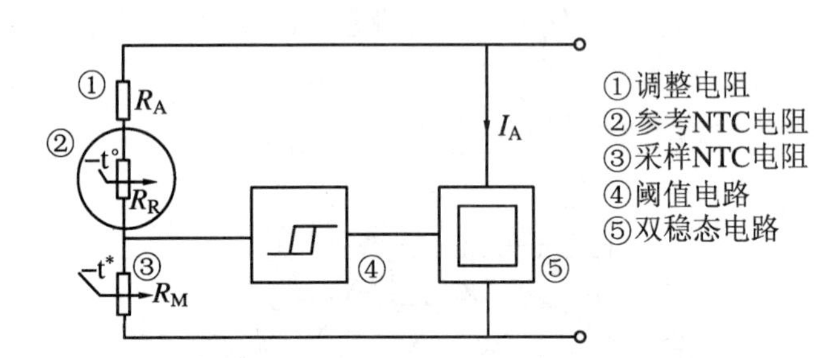

图 3.89 半导体差定温火灾探测器电原理图

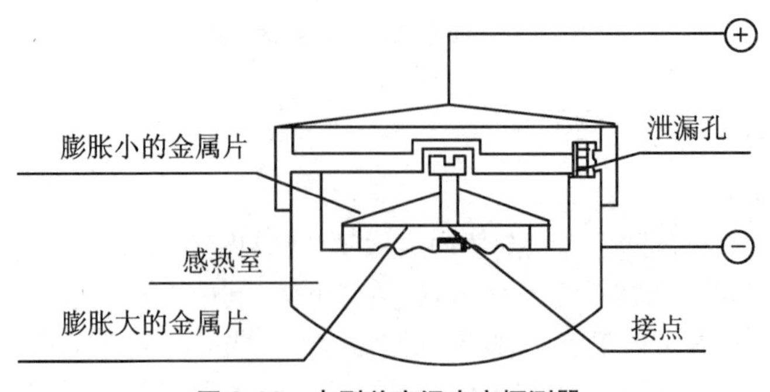

图 3.90 点型差定温火灾探测器

2. 差温火灾探测器响应特性及与定温火灾探测器的关系

差温火灾探测器只对温度的变化率敏感，也就是差温火灾探测器感温元件只探测观察周期始末的状态差值。感温元件的热时间常数越小，观察周期内发生的状态变化也就越明显。

在电子式差温火灾探测器中，一般使用两个感温元件。一个感温元件暴露在被测空间，其热时间常数很小，感温元件上的电压信号变化跟踪环境温度的变化；而另一个感温元件不暴露在被测空间，热时间常数较大，感温元件上的电压信号变化落后于环境温度的变化，从而产生差值。如果观测周期内此差值超过给定值，火灾探测器发出报警信号。由于第二个感温元件的时间常数只是较大而已，所以，当环境温度变化速率缓慢时，它仍可跟踪环境温度的变化。

在机械膜盒式差温火灾探测器中，观测周期始末的状态差值是膜盒容积的变化。

含微处理器的感温探测器使用一个感温元件，它的数据采集和处理系统可以计算出任何观测周期始末的状态差值，实现差温火灾探测器的功能，所以前面介绍的定温线型感温火灾探测器通过软件计算都可以构成差温火灾探测器，也可以构成差定温火灾探测器。软件技术的应用，改变了过去传统的定温、差温、差定温三种感温火灾探测器需要有不同结构的状况，使感温火灾探测器的性能提高、结构简化、功能增加、使用灵活。

3. 感温火灾探测器应用场所

在感温、感火焰、感烟和气体探测等四大类火灾探测器中，通常感温火灾探测器发现火灾最晚，然而它仍然是火灾探测大家庭中不可缺少的一员，而且随着长距离输油、输气、输电工程的实施，地下空间的开发，线型感温火灾探测器受到了越来越多人的重视，得到了越来越广泛的应用。下面根据感温火灾探测器的特点，对一般使用场所做个介绍。

感温火灾探测器的适用场所为：

(1) 可能发生无烟火灾的场所。

(2) 汽车库、吸烟室、小会议室、锅炉房、厨房、发电机房等正常情况下有烟或蒸汽的场所。

(3) 有粉尘污染的场所。

(4) 相对湿度经常大于95%的场所。

不宜安装感温探测器的场所为：

(1) 不会产生阴燃火或发生火灾不及早报警将造成重大损失的场所。

(2) 正常情况下湿度变化较大的场所或温度在0℃以下的场所。

3.4 感光火灾探测器

3.4.1 概述

感光火灾探测器(Optical flame fire detector)是响应火焰辐射出的红外、紫外、可见光的火灾探测器。

火焰探测器是探测火灾燃烧火焰的探测器,它是继感温、感烟探测器之后,较晚出现的一种火灾探测器。火焰探测器由于感应火焰辐射电磁波,因此具有响应速度快、探测范围广等优点。由于太阳光和环境光的影响,火焰探测器实际应用的光谱只有紫外区和几个较窄的红外谱带,见图 3.91。火焰探测器除要求对火焰有很高的灵敏度外,还要求必须能够鉴别和减少非火灾背景光的影响,背景光包括太阳辐射和人为的辐射,人为辐射如热源、荧光灯、白炽灯、电焊弧等。由于背景光干扰很强,所以没有用可见光波段的火焰探测器。

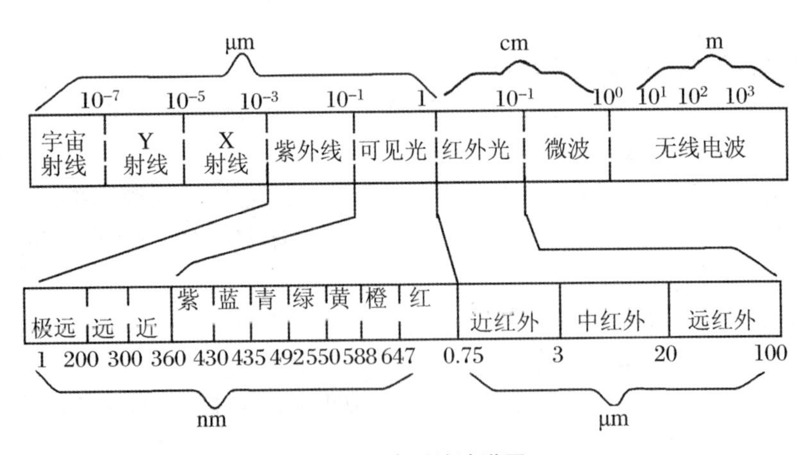

图 3.91 电磁波波谱图

20 世纪 60 年代研制出一种宽带红外火焰探测器,该种探测器仅通过分辨火焰的闪烁频率和一个规定的延迟时间确定对火焰的响应,误报率高。60 年代末出现的紫外火焰探测器主要用于火工品的监视,到 70 年代初期,随着紫外线传感器质量的改进和电子学的进步,紫外火焰探测器能够有条件地应用于室外环境。随后由于航空航天及军事目的的需要，研制出新的窄带滤波器，从而出现了新一代红外火焰探测器，并很快在军事上得到应用。与此同时，在紫外传感器技术及复合传感技术方面也取得进展，从而出现了一些灵敏度有改进、选择性更实用的紫外火焰探测器，以及可靠性、适用性更强的紫外红外混合式火焰探测器。

20世纪80年代兴起的固态图像传感器给火焰探测器研制注入了新的活力，进入90年代后，图像感焰探测器利用火灾的红外特征、火焰的图像特征等信息，实现火灾探测。相对于传统的火焰探测器，图像感焰探测器扩大了探测器的感焰面积，给探测器提供了更多的火灾信息，进行了更复杂的信号处理，使火焰探测器的可靠度及灵敏度得到了很大的提高。

进入21世纪后，双波段图像感焰火灾探测器的成功应用，自动扫描定位灭火系统和有些领域火灾探测的需要，大大促进了火焰探测器的研究和应用，并相继开展了图像型感烟火灾探测器和图像型感温火灾探测器的研究。

3.4.2　紫外火焰探测器

响应火焰产生的紫外辐射而工作的探测器称为紫外火焰探测器。

紫外火焰探测器具有对火焰反应速度快、可靠性较高等特点。同时，紫外火焰探测器组成的火灾报警系统往往同灭火系统联动，组成一个完整的自动灭火系统。例如同卤代烷1211、1301以及水喷雾、雨淋和预作用灭火系统等组成自动灭火系统。这种系统的特点是快速报警和快速灭火，因此，它适用于对生产、存储和运输高度易燃物质的危险性很大的场所提供保护。例如，油气采集和生产设施；炼油厂和裂化厂；汽油运输的装卸站；轮船发动机房和储存室；煤气生产和采集装置；丙烷和丁烷的装载、运输和存储；氯生产设施；弹药和火箭燃料的生产和储存；镁及其他可燃性金属的生产设施；大型和主要货物仓库、码头等等。

1. 紫外线光电效应的特点

众所周知，一个光子的能量为 $h\nu$，每一种金属都有各自的产生光电发射的临界波长 λ_0，只要照射光的波长大于临界波长，那么不管照射光有多么强，也不能使金属产生光电发射。反之，只要照射光的波长小于这种金属的临界波长，即使照射光再弱，也能使金属产生光电发射。当紫外线照射到金属的表面时，电子从金属表面逸出要消耗掉逸出功，余下部分就是电子逸出金属后所具有的动能。所以光子的能量应等于这两部分的能量之和，即

$$h\nu = \varphi_e + \frac{1}{2}mv^2 \tag{3.111}$$

式中，h——普朗克常数，取 6.62×10^{-27} erg·s；

ν——照射光的频率，单位取 s^{-1}；

φ_e——金属的逸出功，单位取 erg；

m——电子的质量，单位取 g；

v——电子逸出金属后的初速度，单位取 $cm \cdot s^{-1}$。

从式(3.103)可以看出，同一种金属的逸出功是一定的，要产生光电发射，照射光的能量 $h\nu$ 必须大于金属的逸出功 φ_e。可见光的光量子能量在 1.85 — 3.1 eV 之间，而大多数金属的逸出功均在 3 eV 以上，所以在可见光照射下可产生光电发射的金属并不多。波长 200 — 400 nm 的紫外线，它们的光量子具有的能量在 3.1 — 6.2 eV 之间，因此，紫外线能使大多数金属产生光电发射。表 3.16 列出了部分金属的逸出功和临界波长。

表 3.16　部分金属的逸出功和临界波长

金属	Ti	Mo	Al	Cu	Fe	Sn	Ni	W
逸出功(eV)	4.13	4.17	4.2	4.45	4.49	4.5	4.52	4.54
临界波长(nm)	300.2	297.3	295.2	278.6	276.1	275.4	274.3	273.0

根据式(3.111)，可以计算出使某种金属产生光电发射所需的照射光的临界波长 λ_0。例如，钨的逸出功为 4.54 eV，那么使钨产生光电发射的临界波长为

$$\lambda_0 \leqslant \frac{hC}{\varphi_e} = \frac{6.62 \times 10^{-27} \times 3 \times 10^{10} \times 10^7}{4.54 \times 1.602 \times 10^{-12}} = 273\ (\text{nm}) \tag{3.112}$$

式中 C 为光速，取 $3 \times 10^{10}\ cm \cdot s^{-1}$。

也就是说：要想使钨产生光电发射，照射光的波长必须小于 273 nm。波长大于 273 nm 的光即使再强，也不可能使钨产生光电发射。

从式(3.111)可以得出下面两个结论：

(1) 照射光的波长愈短，则电子从金属中逸出后的动能愈大。因为电子的动能为

$$\frac{1}{2}mV^2 = \frac{hC}{\lambda_0} - \varphi_e \tag{3.113}$$

而电子的动能跟照射光的强度无关。光电效应的这个关系又称作爱因斯坦定律。

(2) 照射光愈强，也就是照射光的光子数目愈多，则逸出金属的电子数量也就愈多(光电流也愈大)。逸出的电子数量与照射光的波长无关，所以产生的电子流与入射光的辐射通量成正比，即

$$I = K \cdot \varphi \tag{3.114}$$

式中，I——光电流，单位取 mA；

φ——照射光单位面积上的辐射通量，单位取 $W \cdot cm^{-2}$；

K——光电效应常数。

这就是斯托列托夫定律。

2. 紫外火焰探测器对火焰紫外辐射的响应

1）紫外线及其作用

由图 3.91 可知，紫外线的一侧是可见光，另一侧是 X 射线。紫光的波长在 360—430 nm 之间，而紫外线波长在 1—360 nm 之间，紫外线又分为近紫外线 300—360 nm、远紫外线 200—300 nm、极远紫外线 1—200 nm，其中>320 nm 的紫外线称为 UV-A 紫外线，危害很小，小部分可被 O_3 吸收；280—300 nm 的称为 UV-B 紫外线，可杀死生物，大部分可被 O_3 吸收；200—280 nm 的称为 UV-C 紫外线，可以杀死人和生物，可以全部被 O_3 吸收，所以紫外线既对人类有用，也可杀死人类，人类既要利用紫外线杀死细菌，净化环境，又要防止紫外线对人类的伤害。O_3 层是大自然给人类设置的一道保护屏障，将太阳照射地面的部分紫外线吸收掉，保护了地球上的生命。但现代文明在给人类创造了舒适环境的同时，也在破坏环境，如：

$$Cl + O_3 \rightarrow ClO + O_2 \tag{3.115}$$

$$ClO + O \rightarrow Cl + O_2 \tag{3.116}$$

式(3.115)和式(3.116)是一个不断循环的化学反应，研究表明，一个 Cl 可以破坏一个 O_3 分子，而 Br 破坏 O_3 的速度比 Cl 还快 60 倍，所以臭氧层在不断地受到破坏，以至于在南极上空出现了臭氧层的空洞，而对 O_3 层的保护实际上是在保护人类自己。

一般认为地球表面的太阳光和普通玻璃外壳电光源的最短波长约为 300 nm（所以太阳光中部分紫外线会干扰紫外管接收火焰中的紫外光，电光源光谱也要查手册才能确定是否对紫外探测器有干扰），为避免这些干扰源，必须选择临界波长<300 nm 的材料作为紫外管的阴极，见表 3.16，故常用钨(W)、钼(Mo)和镍(Ni)作为紫外管的阴极材料。

2）火焰中的紫外辐射

研究指出，绝大多数燃烧火焰中都包含紫外辐射。紫外火焰探测器就是根据火灾(或燃烧)的这一特性探测火灾的。图 3.92 示出碳氢化合物燃烧火焰在 200—360 nm 波段上的光谱能量分布图。图 3.92 也将紫外线传感器的特性与火焰和太阳辐射做了比较。

图 3.92 指出，海平面上太阳的辐射能在 290 nm 时实际上已完全截止。在地球大气层外太阳辐射能在 290 nm 时仍继续存在，一直延续到 200 nm 以下。

紫外线传感器的光谱能量分布与海平面的太阳辐射能不相交，与碳氢化合物燃烧火焰辐射能有交叉（见图 3.92 中阴影所示），根据这一点说紫外线传感器具有“日光盲”的特性。但在陆地或者紫外光敏管品质不同，如光敏材料纯度不高或用钼作紫外光敏管阴极时，紫外光敏管就会受到阳光干扰，就不是“日光盲”了。

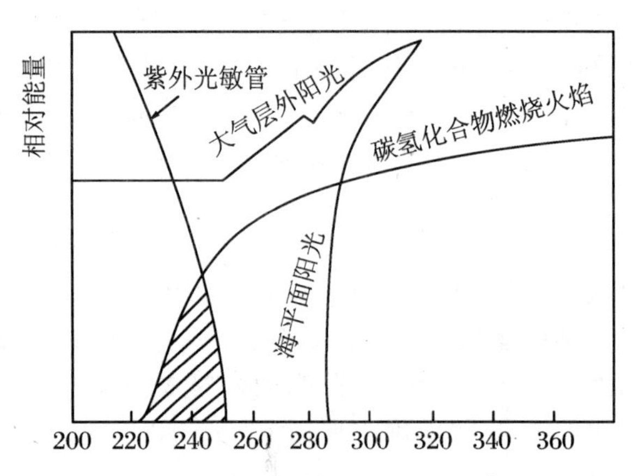

图 3.92　紫外线传感器特性与火焰和太阳辐射的比较

3）紫外线传感器的工作方式

紫外光电传感器是专门用来检测紫外线的光电传感器件。它对紫外线特别敏感，尤其是对木材、化纤、纸张、油类、橡胶及可燃性气体等燃烧时产生的紫外线反应更为敏感，甚至可以检测到 5 m 以内打火机火焰发出的紫外线。紫外线传感器具有灵敏度高、受光角度宽、响应速度快的特点。它广泛应用于各种场合的火灾报警中，构成紫外火焰探测器。

紫外线传感器的结构见图 3.93，其中，(a)为顶式结构，(b)为卧式结构。它和光电管的结构非常相似。封装在充入气体的石英玻璃管内的两个电极，一个为圆帽形或长平板形的阴极，另一个为弯曲的金属丝制成的阳极[36]。

紫外线传感器的工作原理示意图见图 3.94。在紫外线传感器的阴极和阳极间加高电压，当紫外线透过石英玻璃管照射到光电面的阴极上时，涂有放射物质的阴极就会发射光电子，并在强电场的作用下被快速吸向阳极。在光电子高速运动过程中，与管内气体分子碰撞使其电离，气体电离产生的电子再与气体分子碰撞，最终使阴极和阳极间被大量的光电子和离子所充斥，相当于短路，引起辉光放电，电路中形成很强的电流。这与光电倍增管的工作状态很相似。经过一个极短周期时间后，C_1 内的电量通过 R_2、C_1 放完，紫外线传感器阴极和阳极间的电压降低，电流熄灭，在 R_2 上产生一个脉冲。接着电源 E 又通过 R_1C_1 回路对 C_1 充电，当

C_1 上的电压大于某一个值时，又重复上述辉光放电过程，这样在紫外线传感器的 R_2 负载上就输出一系列脉冲，脉冲重复频率取决于接收的紫外辐射能强度。

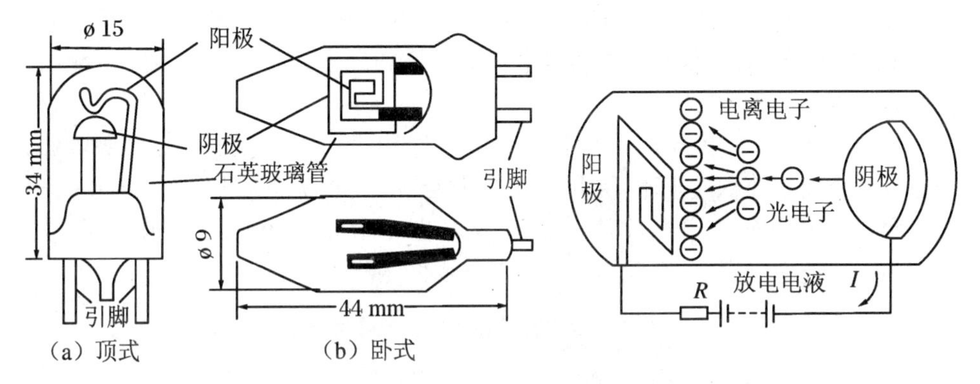

图 3.93　紫外线传感器的结构

图 3.94　紫外线传感器工作原理

当没有紫外线照射时，阴极和阳极间没有电子和离子流动，呈现高阻抗状态，C_1 的两端有一个几百伏高电压。

紫外线传感器的基本电路及输出波形如图 3.95 所示。其中 R_1C_1 和 R_2C_1 构成充、放电回路，它的时间常数称为阻尼时间，电极间残留离子的衰减时间一般为 3 — 10 ms。当入射紫外光线通量低于某值 Φ_z 时，从输出端可以获得与入射光量成正比的脉冲数，但若入射光量大于 Φ_z 值，由于电容 C_1 的放电，管内电流就饱和了。因此紫外线传感器适合作光电开关，不适合作精密的紫外线测量[32]。

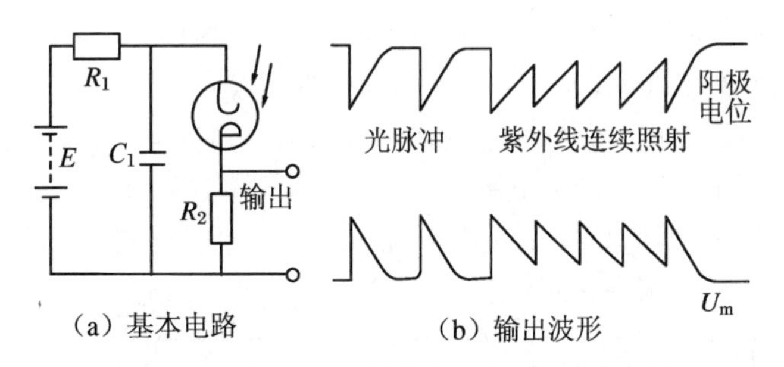

图 3.95　紫外线传感器的基本电路与输出波形

光子从阴极上释放电子，要求的光子能量也是阴极材料的函数，紫外火焰探测器使用的阴极材料是钨，钨仅对短于 273 nm 波长的辐射光敏感。

普通石英玻璃在 200 nm 附近就有显著吸收，特殊挑选的石英玻璃可以工作到 180 nm，透紫玻璃的临界波长为 185 nm(10%透过率)，蓝宝石到 142.5 nm 仍是透明的，单晶 LiF 透紫波长最短，约为 105 nm(10%透过率)。紫外线传感器外罩通常采用临界波长为 185 nm 的石英玻璃。

由于紫外线传感器玻璃罩透光限制的作用，阻挡了波长小于 185 nm 的紫外线通过，所以一般紫外线传感器的光谱响应波长规定在 185 — 245 nm 范围。大于 245 nm 波长的辐射受紫外线传感器电极的材质和纯度，管内充气的成分、配比以及压力等因素的限制。

不同制造厂生产的探测器的主要差别在于光电管阴极的面积。金属吸收的光子数目与金属表面积成正比，所以大面积阴极给出一个较强脉冲计数，降低了误报的概率。由于紫外线光电管两端的电压要求较高，在危险场所紫外探测器须装在坚固的防爆壳内。表 3.17 列出了几种紫外线传感器的主要技术参数。

表 3.17　紫外线传感器的主要技术参数

型　号	响应波长(nm)	阴极结构	初始敏感直流电压(V)	推荐工作直流电压(V)	灵敏度(cpm)	本底	生产国家
ZM31	185 — 260	平板	280	325 ± 25	5000	10	中国
GD18	200 — 290	丝状	180	220 ± 22	＞600	12	中国
R259	185 — 260	丝状	260	325 ± 25	＞600	5	日本
R2868	185 — 260	平板	280	325 ± 25	5000	10	日本
155UG	185 — 280	丝状		220	＞1800	10	荷兰

注：紫外管灵敏度测试各国还没有统一标准，灵敏度数据仅供参考。

4）紫外火焰探测器实例

图 3.96 为采用 R1753 - 01 的高灵敏度火灾报警器电路。阻尼时间定为 5 ms。当火灾的紫外线射入 Uvtron(R1753 - 01)时，从阴极来的脉冲信号由 IC_2(555)整形，通过 R_4 对 C_4 充电。若脉冲不是连续输入，C_4 两端电压就会通过 $R_4^{\times}$ 放电，因而不能到达后面 IC_1 的阈值电平。这一部分是用背景放电(3 — 5 次/分)来防止装置误动作必需的判别电路。当每秒钟输入 3 次脉冲信号，报警器就会启动，这时光量相当于打火机火焰在探测器前 7 — 10 m 时发出的光量。

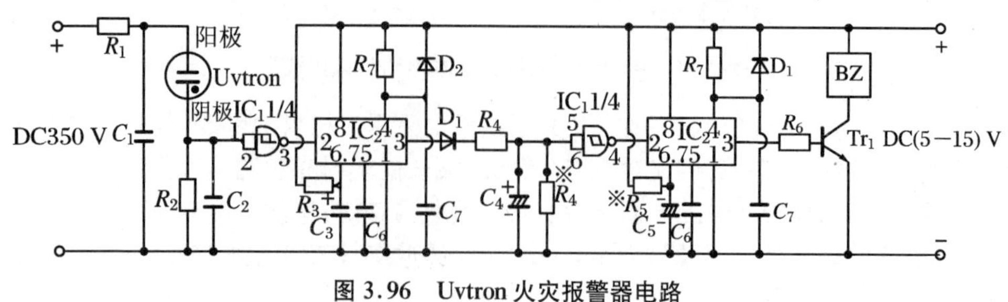

图 3.96　Uvtron 火灾报警器电路

3.4.3　红外火焰探测器

响应火焰产生的红外辐射(波长大于 700 nm)工作的探测器称为红外火焰探测器。这种探测器具有对火焰反应速度快、可靠性高的特点。适用于对生产、存储和运输高度易燃物质,危险性大等场所的保护。

1. 红外火焰探测器对火焰辐射能通量的响应

几乎所有燃烧物质中都包含红外辐射。红外火焰探测器就是根据火灾(或燃烧)的这一特性探测火灾的。起火点火焰辐射强度的空间分布应由辐射特征曲线表征。但是,由于火焰辐射的不均匀性,确定火焰温度梯度的困难性以及火焰方向的不定性,使得绘制特征曲线变得相当困难。因此,为了描述起火点的火焰,通常使用简化图形,即用具有恒定温度和光谱发射率的总辐射表面代替火焰(见图 3.97)。

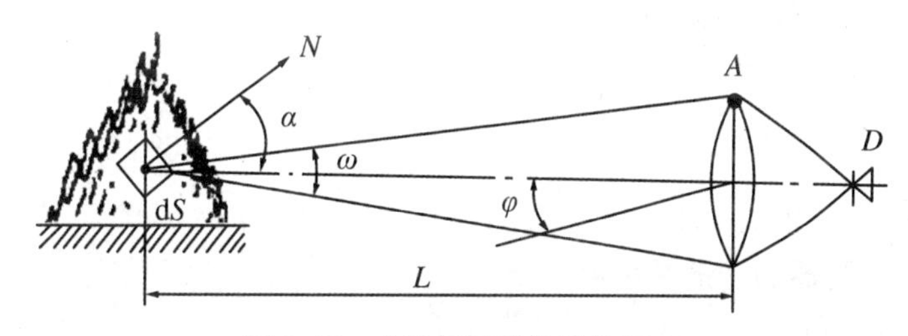

图 3.97　火焰探测器的简化图形

在给定的光谱范围 $\lambda_1 \sim \lambda_2$ 内,火焰作为灰体的辐射出射度可按式(3.117)确定:

$$R_{\lambda_1-\lambda_2} = \varepsilon\sigma T^4[Z_\lambda(x_{\lambda_2}) - Z_\lambda(x_{\lambda_1})] \tag{3.117}$$

式中,ε——光谱发射率,无量纲;

σ——斯忒藩—玻耳兹曼常数,在工程计算中取 $\sigma = 5.67\times10^{-8}\ \mathrm{W\cdot m^{-2}\cdot K^{-4}}$;

T——火焰温度,单位取 K;

$x_\lambda = \lambda/\lambda_m$,无量纲坐标;

λ_m——相应于光谱辐射出射度最大值的波长,单位取μm;

$Z_\lambda(x_\lambda)$——列表函数,$Z_\lambda(x_\lambda) = \dfrac{R_{0-\lambda}}{R_{0-\infty}}$,用来计算绝对黑体的辐射出射度。

实际应用时,探测器应探测出火焰温度 T、极限面积 S 和起火点距探测器最大距离 L_{max} 等火焰辐射参量。

假设火焰面积元 dS 的法线方向为 N,则可按朗伯定律确定在与接收凸镜形成立体 ω 角的 α 方向上面积元 dS 发射的辐射能通量 $\mathrm{d}\Phi_\alpha$(见图 3.97):

$$\mathrm{d}\Phi_{\alpha} = \mathrm{d}\Phi_{N} \cdot (\cos\alpha) \cdot \omega = \left(\frac{\mathrm{d}\Phi}{\pi}\right) \cdot \omega \cdot \cos\alpha \tag{3.118}$$

式中，$\mathrm{d}\Phi_N = \dfrac{\mathrm{d}\Phi}{\pi}$，为辐射面积元 d$S$ 在法线方向上辐射的辐射能通量。

为了保证必要的抗干扰性，采用把辐射能通量限制在光谱范围 $\lambda_1 \sim \lambda_2$ 内选择探测器，因此在光谱范围 $\lambda_1 \sim \lambda_2$ 内的辐射能通量将为

$$\mathrm{d}\Phi_{\alpha} = (\omega \cdot \cos\alpha/\pi)\mathrm{d}S\int_{\lambda_1}^{\lambda_2} \varepsilon \cdot \Gamma(\lambda, T)\mathrm{d}\lambda \tag{3.119}$$

式中，$\Gamma(\lambda, T)$为在特定温度下仅与波长有关的光谱辐射出射度。

因为

$$\omega = A_S \cdot \cos\varphi/L^2 \tag{3.120}$$

式中，A_S——探测器接收凸镜表面的有效面积；

L——起火点到凸镜的距离。

因此，辐射能通量可表示成

$$\Phi_{\alpha} = \left(\tau_0 A_S \frac{\varepsilon}{\pi}\right)\int_{\lambda_2}^{\lambda_1} S_{\lambda}\tau_a \Gamma(\lambda)\mathrm{d}\lambda\int_{(S)}(\cos\alpha \cdot \cos\varphi/L^2)\mathrm{d}S \tag{3.121}$$

式中，τ_0, τ_a——分别为光学透射系数和大气透射系数；

S_{λ}——探测器的光谱灵敏度；

φ——入射角。

因为起火点和探测器之间有相当距离，因此，由辐射表面上任何面积元 dS 发出并投射到凸镜表面的光线与凸镜光束轴的方向彼此接近。这样，可以认为对于火焰辐射表面的所有面积元角度 α 和 φ 距离 L 都是相同的，并且可把它们看成位于这个表面的几何中心上。因此，辐射能通量公式可写成

$$\Phi_{\alpha} = [(\tau_0 A_S \varepsilon)/\pi][(S \cdot \cos\alpha\cos\varphi)/L^2] \cdot \int_{\lambda_2}^{\lambda_1} S_{\lambda}\tau_a \Gamma(\lambda)\mathrm{d}\lambda \tag{3.122}$$

变换下列公式：

$$\begin{aligned}\int_{\lambda_1}^{\lambda_2}\Gamma(\lambda)S_{\lambda}\tau_a\mathrm{d}\lambda &= \int_{\lambda_1}^{\lambda_2}\Gamma(\lambda)S_{\lambda}\tau_a\mathrm{d}\lambda\left\{\int_{\lambda_1}^{\lambda_2}\frac{\Gamma(\lambda)}{[\Gamma(\lambda)]_{\max}}\times \mathrm{d}\lambda\Big/\int_{\lambda_1}^{\lambda_2}\frac{\Gamma(\lambda)}{[\Gamma(\lambda)]_{\max}}\mathrm{d}\lambda\right\}\\ &= K\int_{\lambda_1}^{\lambda_2}\Gamma(\lambda)\mathrm{d}\lambda\end{aligned} \tag{3.123}$$

式中：

$$K = \int_{\lambda_1}^{\lambda_2}\Gamma_{\mathrm{OTH}}(\lambda)S_{\lambda}\tau_a\mathrm{d}\lambda\Big/\int_{\lambda_1}^{\lambda_2}\Gamma_{\mathrm{OTH}}(\lambda)\mathrm{d}\lambda$$

$$\Gamma_{\mathrm{OTH}} = \Gamma(\lambda)/[\Gamma(\lambda)]_{\max}$$

用系数 K 计算火焰辐射的辐射能通量的光谱成分、探测器的光谱特性及大气

的透射系数使用图表分析法。积分：

$$\int_{\lambda_1}^{\lambda_2} \Gamma(\lambda)\mathrm{d}\lambda = \int_{\lambda_1}^{\lambda_2} C_1\lambda^{-5}[\exp(C_2/\lambda T)-1]^{-1}\mathrm{d}\lambda$$

式中，C_1 和 C_2 分别为第一和第二辐射常数（$C_1 = 3.74\times10^{-12}\ \mathrm{W\cdot cm^2}$，$C_2 = 1.483\ \mathrm{cm\cdot K}$）。

可写出下列关系式：

$$Z_\lambda(\lambda/\lambda_m) = \int_0^\lambda C_1\lambda^{-5}[\exp(C_2/\lambda T)-1]^{-1}\mathrm{d}\lambda \Big/ \left\{\int_0^\infty C_1\lambda^{-5}[\exp(C_2/\lambda T)-1]^{-1}\mathrm{d}\lambda\right\}$$

式中，$\lambda_m = C/T$（即维恩位移定律），C 为恒定值，$C = 2897\ \mu\mathrm{m\cdot K}$。

$$\int_0^\infty C_1\lambda^{-5}[\exp(C_2/\lambda T)-1]^{-1}\mathrm{d}\lambda = \sigma T^4$$

于是

$$\int_{\lambda_1}^{\lambda_2} C_1\lambda^{-5}[\exp(C_2/\lambda T)-1]^{-1}\mathrm{d}\lambda = \sigma T^4[Z_\lambda(\lambda_2/\lambda_m) - Z_\lambda(\lambda_1/\lambda_m)]$$

因此，考虑到上述变换，式(3.121)可写成

$$\Phi_\alpha = [\tau_0 A_S \varepsilon S\cos\alpha\cos\varphi/(\pi L^2)]\cdot K\cdot\sigma T^4[Z_\lambda(\lambda_2/\lambda_m) - Z_\lambda(\lambda_1/\lambda_m)] \tag{3.124}$$

探测器可探测到的起火点最小辐射能通量符合下式：

$$\Phi_{\min} = \frac{\Phi_a}{B} \tag{3.125}$$

式中，B——大于1的比例系数；

$\Phi_{\min}$——可探测到的最小辐射能通量。

探测器的最大探测距离，由式(3.124)可求得如下：

$$L_{\max} = \sqrt{[\tau_0 A_S\varepsilon S\cos\alpha\cos\varphi K\sigma T^4]/(\pi B\Phi_{\min})} \times \sqrt{[Z_\lambda(\lambda_2/\lambda_m) - Z_\lambda(\lambda_1/\lambda_m)]} \tag{3.126}$$

2. 火焰的特征

1）光谱能量分布

众所周知，物质在火灾或燃烧时，除了辐射可见光外，还辐射紫外光和红外光。对燃烧烃类物质，产生火焰光谱能量分布如图3.98所示，图中纵坐标为能量的相对值，其强度主要取决于火的规模。分析这些曲线发现，红外光谱范围内，辐射强度的最大值位于波长4.1—4.7 μm范围。在火灾探测过程中，红外火焰探测器除了接收由于火灾辐射的红外光外，还受到背景干扰的影响。干扰源主要来自太阳

的天然辐射。人工光源辐射比太阳光辐射小得多,且人工光源的特性可以预测,因此可以设法减少其影响。在红外光谱区,太阳是一种温度为 6000 K 的黑体辐射,因此是一种强辐射体,这些辐射通过大气层时,由于水蒸气和 CO_2 的作用,2.7 μm 波长的辐射几乎完全被吸收,而 4.3 μm 上的阳光辐射全部被 CO_2 吸收。因此利用具有带通特性的滤光片,可以让 4.3 μm 附近的红外光通过,滤除其余的光来获取火灾信息。基于这个思想,20 世纪 70 年代后期,用 PbS 作为光敏元件,制成了在 2.7 μmCO_2 吸收带上工作的探测器。这种探测器视场角大,保护面积也较大,对火灾的灵敏度在 40 m 距离上能探测到 0.1 m^2 的汽油火。这种探测器的缺点是对许多干扰辐射源敏感,用大约 8 Hz 的频率对日光或白炽灯光等干扰源进行调制便会产生误报。另外,应用受环境温度限制,当温度大于 45 ℃时,PbS 特性变坏。而钽酸锂热电传感器作为火焰探测器敏感元件,具有较大的优越性,热电材料在 0.2 — 100 μm 波长范围上有较好的灵敏度,且几乎与环境温度无关。

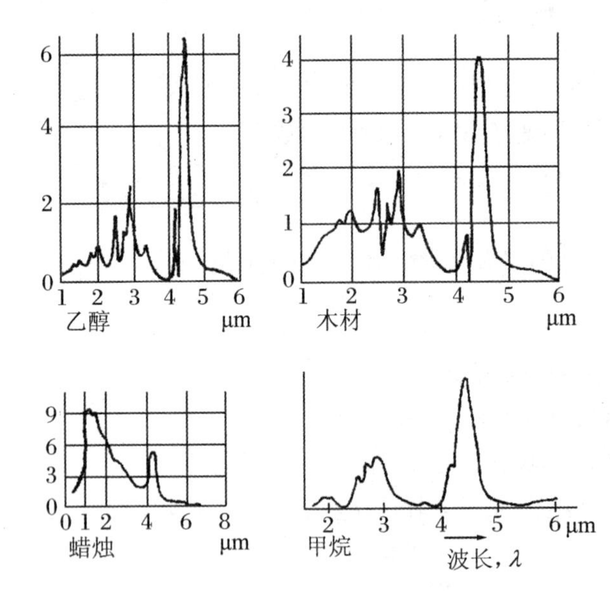

图 3.98 各种材料的火焰光谱能量分布

2) 火焰闪烁

当环境温度为 25 ℃,火焰温度为 2000 K 时,探测器能响应连续火焰的闪烁频率 5 — 25 Hz,其响应的照度值(报警阈值)在 20 mlx 之内,如图 3.99 所示。图中可见,响应的最佳闪烁频率为 12 Hz,探测器响应的照度为 6 mlx。要求探测器工作的环境温度为 -20 — 37 ℃,最大环境温度为 65 ℃。如超过 65 ℃,探测器响应要求的照度值将要大得多。

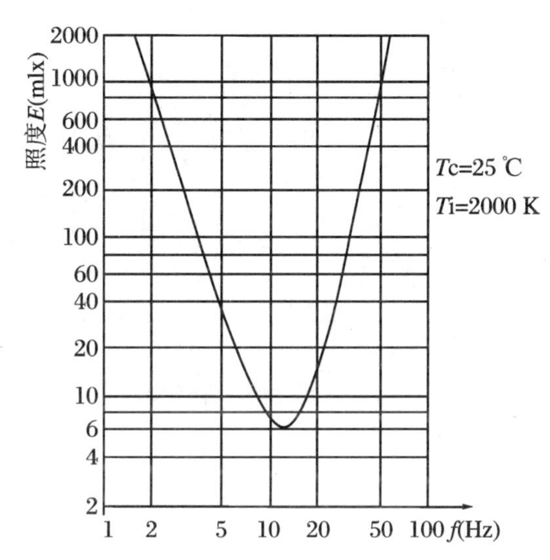

图 3.99　红外火焰探测器响应的照度值和调制频率范围

3）调制深度

火焰的调制深度（闪烁幅值）取决于不同材料的燃烧形式。例如，液体火灾的辐射中，火焰的辐射占优势；而木材火灾的辐射中，火焰辐射占一部分，灼热余烬的辐射也占一部分，因为后一部分随时间缓慢地变化，因此木材火焰贡献的闪烁只是整个辐射输出的一小部分。典型的调制深度是液体火灾为20%，木材火灾为5%，图3.100给出了直径700 mm浅盘的汽油火和燃烧4 min后迅速燃烧木材火的记录曲线。很显然，调制深度是不同的。通常调制深度在5%—20%的范围内变化。

3. 背景辐射特性

在任何火灾探测过程中，均存在一定的背景信号，因此，火灾信号必须与背景信号区别开来。对于火焰探测器来说，背景辐射信号主要来自太阳的天然辐射（阳光直射、通过反射表面的反射）、其他自然光源和高强度人工辐射光源的辐射。

1）太阳辐射

在红外谱区，太阳是一种温度约为6000 K的黑体辐射，如图3.101中曲线1。在地球上看到的太阳光谱受大气吸收而改变成如图3.101中曲线2的形状。图3.101中指出了主要的吸收带。在小于280 nm波长上，实际上阳光辐射完全被上层大气的臭氧吸收。在2.7 μm波长上，由于水蒸气和CO_2的作用，阳光辐射也被完全吸收。火焰探测器通常利用阳光辐射被大气吸收的这些谱带(尤其是设计用于户外场所的探测器),以降低阳光的干扰。

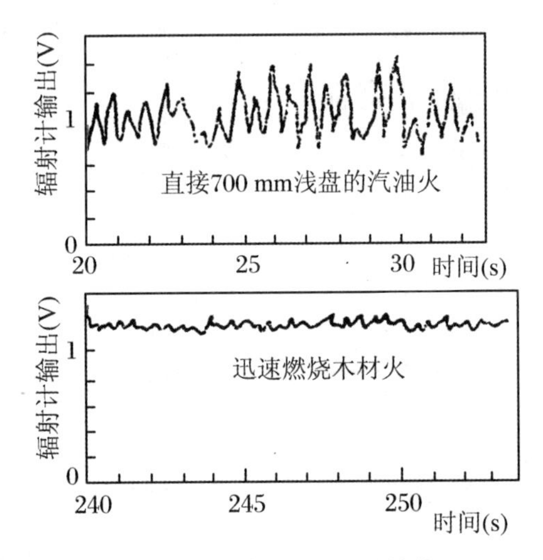

图 3.100　火焰辐射与时间的关系

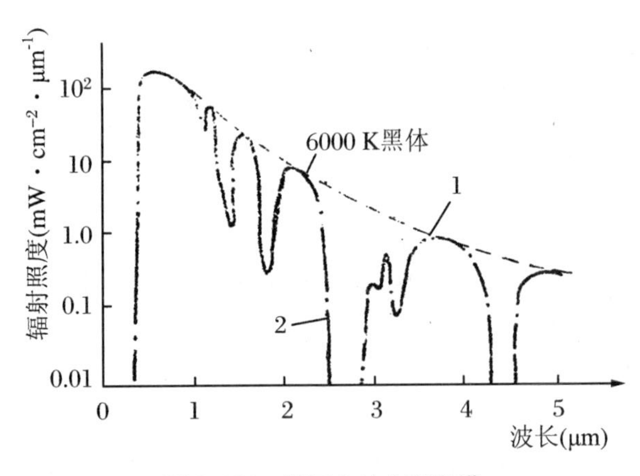

图 3.101　地面上的太阳光谱

在离开太阳光谱强吸收带的谱带上,直射阳光的辐射照度在数值上大约比一个 20 m 远、0.1 m^2 规模汽油火(设计的火焰探测器应能探出这样一个规模的火)的辐射照度大两个数量级,因此,太阳光直接照射到火焰探测器上会对火灾报警带来非常不利的影响。在户内环境下,影响探测器的直射阳光通常通过适当地安装探测器来避免,但户外环境使用时,探测器应结合使用一个防阳光措施,以避免误报。

间接的阳光辐射，即被周围环境反射的辐射，也可能成为一个麻烦，因为它经常在被保护区域内产生。一般处理这种类型的辐射是很困难的，因为它取决于实际的现场条件，然而像玻璃、混凝土、沥青、水面等普通表面的红外反射约占背景辐射的10%—70%，由于这些表面的面积大，可能高出一个小火灾的辐射，所以也容易引起火焰探测器误报。

2）背景辐射调制作用

如果按火焰闪烁频率设计探测器，则处于闪烁频率通频带的背景辐射调制作用便显得很重要。尽管太阳是一稳定的辐射源，但大气的不均匀性引起的闪烁将导致在地面上任意点接收的辐射有一个幅值调制分量，引起探测器误报。

直接或间接经反射的太阳辐射的调制作用，也可能由于云雾遮挡、风吹树叶及水面热浪、机器转动引起。但实验表明，来自水面反射的辐射不足以引起小或中等规模系统的误报。

3）人工辐射光源

与太阳辐射源相比，人工光源的辐射容易预防。第一，人工光源的总辐射能量，通常是小于阳光辐射的能量的。第二，人工光源的特性通常较容易预测。但值得注意的是：较大的液体金属的铸造过程可能产生高强度的人工辐射光源。交流电的灯光（尤其是辉光放电灯管）发射受调制的辐射，但其调制频率在火焰闪烁频率范围以外，故可用适当的电子滤波器排除。

图3.102给出了火焰和主要背景辐射的大致情形。

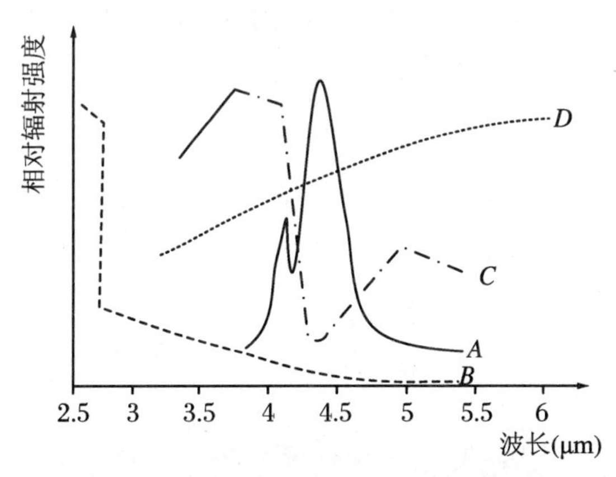

图3.102　火焰的主要背景辐射的大致情形

A：火焰辐射；B：人工光源；C：太阳辐射；D：热体

4. 路径的衰减特性

到达探测器的任何辐射量都经受它所通过介质的衰减作用。衰减的主要来源是大气衰减、气溶胶粒子的衰减和探测器窗口的衰减。

1) 大气衰减

因为从起火点到探测器的路径上不可避免地受空气的作用，空气介质被看成对辐射有最重要影响的因素，在这方面已做过许多理论和实验工作，图 3.103 示出一种典型的辐射受大气吸收衰减的曲线。

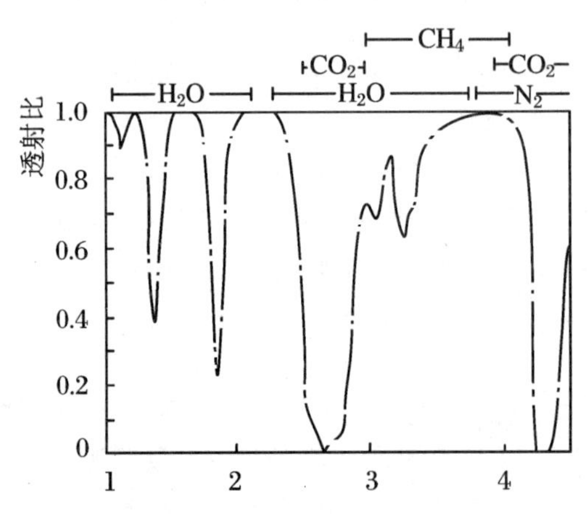

图 3.103　100 m 路程的大气吸收情况

由图 3.103 可以看出，水蒸气(H_2O)和 CO_2 分子造成了很强的吸收带。CO_2 除了对阳光的红外光吸收外，也吸收火焰自身产生的红外光，即燃烧产生 CO_2 发出 4.35 μm（也有资料说 CO_2 吸收带为 4.26 μm 或 4.23 μm，本书采用 4.35 μm；CO 吸收带为 4.65 μm 或 4.7 μm）的红外光，而 4.35 μm 的红外光又将被燃烧产生的 CO_2 和空气中的 CO_2 吸收。

2) 气溶胶粒子的衰减

除上面讨论的分子吸收外，空中悬浮的粒子（例如灰尘、烟和雾）也将引起辐射衰减。气溶胶粒子的辐射衰减取决于辐射波长和气溶胶粒子尺度。通常可以说：如果粒子尺度比波长大得多，则衰减将是一个恒定值。图 3.104 示出波长高达 10 μm 时由雾产生恒定衰减的大致情况。

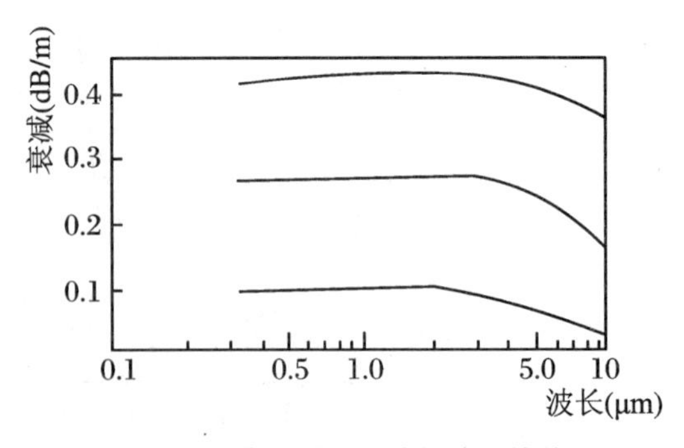

图 3.104　典型雾的衰减与波长的关系

3) 探测器窗口的衰减

在运行过程中，探测器窗口不可避免地将受到某种形式的污染。表 3.17 列出了硅和 PbS 探测器为代表的两个波段上得出的一般污染的某些测量结果。大部分较显著的测量结果是受水的污染，强吸收带在 2.5 — 2.8 μm 内引起红外透射很大的下降，对一个厚的烟炱淀质，较短的波段比长的波段衰减得更严重。

表 3.17 探测器窗口污染的透射率

污染	探测器窗口透射率	
	0.5—1.0 μm	2.7—3.2 μm
实验室灰尘	81	83
水（“雾”）	97	37
水（“膜”）	98	24
烟炱（蜡烛火焰）	1	26
纤维素凝结烟	93	66
凝聚油	98	93
玻璃	92	22
石英	92	92

5. 探测器光敏元件的有效性

对民用的火焰探测器来说，元件的成本和有效性是十分重要的。对大多数红外探测器来说，其中光学元件可能占整个成本的较大部分，即使采用相当复杂的信号传输技术，从经济上考虑最佳的光学设计也还是必要的。

1）红外探测器

尽管特定的波长间隔的选择是有限的，红外探测器波长的应用范围还是较宽的。图 3.105 列出典型的红外探测器（不一定是最有效的）探测率的曲线。

由图 3.105 可以看出，探测率随波长的增大迅速地下降。对于 4.5 μm 的锑化铟(InSb)，比 2.7 μm 的硫化铅(PbS)低两个数量级以上。户内探测器，工作在 1 μm的硅敏感元件有良好的探测率，但对辐射干扰源的辨别能力较差。一般说来，较短波长探测器的优点是成本较低，波长大于 4 μm 的探测器的成本相当高。随着稳定的、低噪声的钽酸锂热电元件的出现，使得 4.3 μm 探测器的研制具备了良好的灵敏度、低的颤噪声和噪声，并能工作在较宽的频率范围内。

目前波长短于 3 μm 的红外光通常采用基于内光电效应的光电池或光敏管接收；1 — 20 μm 的红外光采用基于热电效应的热释电红外传感器接收。火焰的大量红外辐射在 4.35 μm 附近，故将波长为 4.0 — 4.8 μm 的红外热释电传感器用于火灾探测，并制成红外火焰探测器。而人体辐射的波长约为9.5 μm，故将波长为 7 — 15 μm的红外热释电传感器用于人体探测，制成红外防盗探测器。这两种探测器在工程上已获得广泛应用。

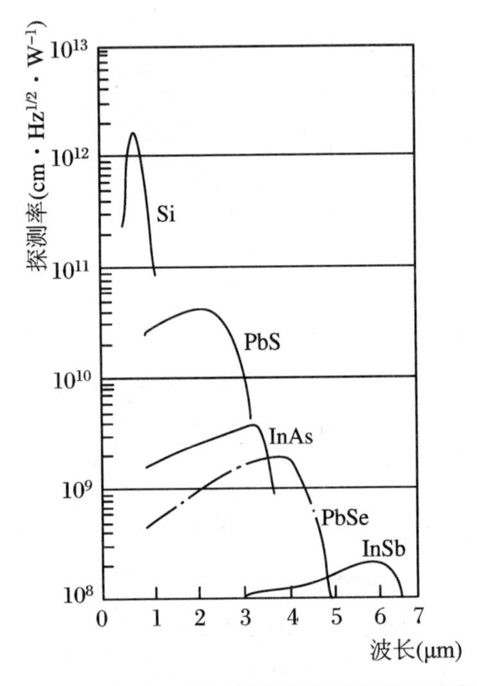

图 3.105 典型红外探测器的探测率随波长的变化

2) 火焰探测器窗口材料

通常,探测器必须通过罩或窗口元件预防灰尘、湿气和腐蚀性大气的影响。这种窗口元件的材料必须透过选择的波长间隔,当然,在这一波长间隔范围之外,对辐射的吸收性越高越好。

最常使用的材料无疑是玻璃。玻璃在高达 2.7 μm 的波长上是有效的材料,但在 2.7 μm 波长上,透射率迅速下降到大约 20%,而这个能级一直维持到约 3 — 4.5 μm波长上(视玻璃的成分而定),在 4.5 μm 波长上,透射率降到零值。

波长超过 2.7 μm,可采用熔融石英(波长超过 4 μm,透射率可大于 50%)。石英的缺点是比玻璃贵,因为石英的软化温度高,难以制造。

如果要求使用的波长超过 4 μm,则有很多可利用的材料,包括半导体、碱金属化合物和类似蓝宝石、金刚石一类的材料。然而,这些材料是昂贵的,实际上是很不经济的(但对小的平面窗口,蓝宝石由于具有高的耐磨性和在 0.2 — 6.5 μm 波长范围内具有低的传输损失,可能是一种适合的材料)。图 3.106 示出锗、蓝宝石和干涉滤光片的波长范围。锗用来使较短波长截止,蓝宝石用于衰减热体辐射,干涉滤光片可限制 4.1 — 4.7 μm 波长范围外的辐射。

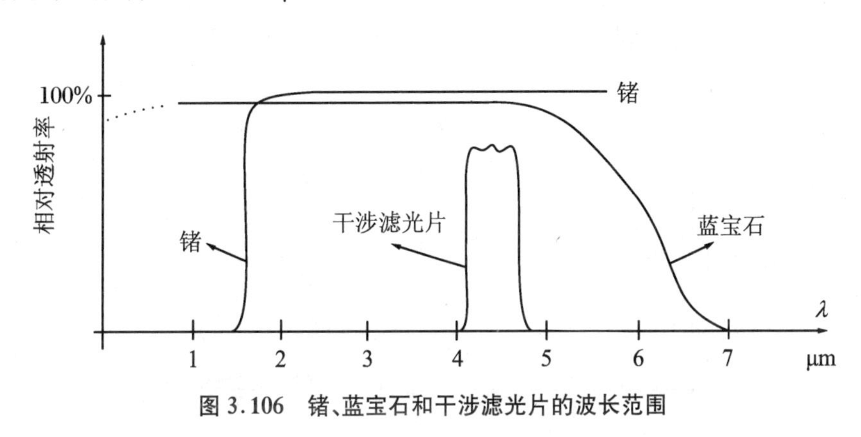

图 3.106　锗、蓝宝石和干涉滤光片的波长范围

在某些波长范围上，窗口材料有可能使用塑料（尤其在近红外波长范围），但必须小心地使用它们，因为任何厚度的样品中，经常可看到强的分子吸收带存在。

3）光学元件

为了规定探测器视场角，有必要使用某种成像光学：(1) 可利用红外系统透镜，不过价钱较高。(2) 在正常条件下，反射光学在 2.5 μm 波长以上有效，因为正面镀银镜的光学特性在一个很宽的波长范围上是恒定的。

6. 探测器光敏元件的选择

正如前面所说：对于民用火焰探测器来说，要考虑元件成本和有效性。

早期使用硅敏元件在 1 μm 上有良好的探测率，但对辐射干扰源的辨别能力较差，仅限于室内使用。

20 世纪 70 年代，使用硫化铅(PbS)作为光敏元件，在 2.7 μm 的 CO_2 吸收带上工作的探测器成功地用于飞机库、大型仓库等存在干扰源（如白炽灯、日光灯等）的场所，视角大，保护面积也大，对火的灵敏度可在 40 m 距离上探测出一个 0.1 m^2 的汽油火。但用大约 8 Hz 频率对这些干扰辐射源进行调制足以发出误报。此外，当环境温度大于 45 ℃时，PbS 的特性变坏。

到 1986 年，使用钽酸锂热电传感器作火焰探测器敏感元件显示出较大的优越性。热电材料在 0.2 — 100 μm 宽的波长范围上具有好的光灵敏度，并且灵敏度几乎与温度无关。用钽酸锂热电传感器制成的红外火焰探测器能够在 4.4 μm 谱带上正常工作，比 PbS 火焰探测器受灯光和阳光的影响将近减小 2 个数量级。

7. 探测器工作原理

由图 3.107 可见，可以利用干扰背景小而火灾产生的辐射强红外光谱段制成红外火焰探测器。目前大多数火焰探测器是采用单辐射频带通道的探测器(简称单通道探测器)和双辐射频带通道的探测器(简称双通道探测器)。

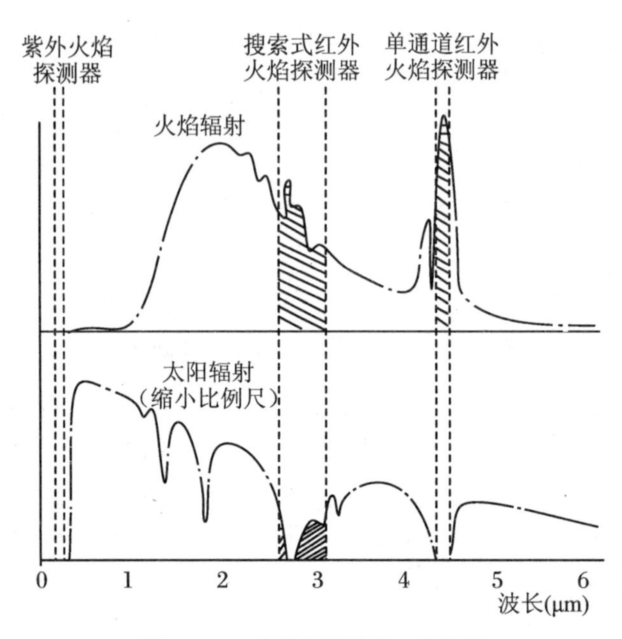

图 3.107 火焰探测器的工作波长

1) 单通道探测器

图 3.108 示出了单通道探测器的一个例子。该探测器是由带通滤光片窗 5 密封的壳 4(带宽滤光片的材质采用锗、硅或蓝宝石,这些材料至少在 4.3 μm 谱带上可透过红外线辐射)、窄带光学干涉滤光片 6、无颤噪声宽带频率响应的红外探测器 7(硫化铅或钽酸锂)、透红外辐射的宽带窗口 8(锗、硅或蓝宝石)和信号处理机 11 组成的。

窄带滤光片 6 可采用一个理想的透射谱带(4.38 — 4.54 μm 或 4.46 —4.65 μm)并阻挡规定谱带范围以外的辐射能量。但是,由于吸收某些谱带的能量,使得滤光片的温度上升,这一温升可能使传感器响应,从而引起火焰探测器的误报,为了避免这一点,加大滤光片的体积、增大热惯性,可使滤光片少受温度的影响。也可按图 3.108 另外在窄带滤光片 6 和红外探测器 7 之间加一个宽带滤光片 9(可透过 6.5 μm 以下波长辐射,如蓝宝石材料),以避免受热滤光片 6 向探测器 7 热传输和再辐射。采用滤光片 10 是为了只透射波长大于 1.5 μm 的辐射,抑制其他非规定谱带的辐射能到达探测器 7。三个滤光片(10、6、9)提高了探测器对火焰辐射的选择性和灵敏度。

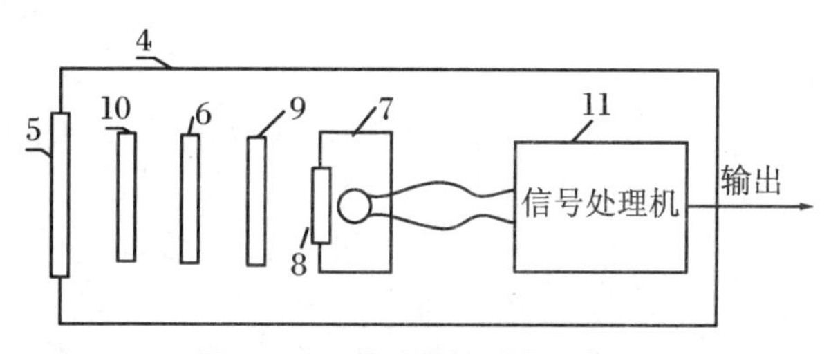

图 3.108 单通道探测器示意图

红外探测器7输出的电信号送到信号处理机11(见图3.109)。信号处理机按一定方式处理接收的信号。例如处理探测火焰辐射中存在的闪烁(典型的是4 Hz或4 Hz以上的火焰闪烁频率)。

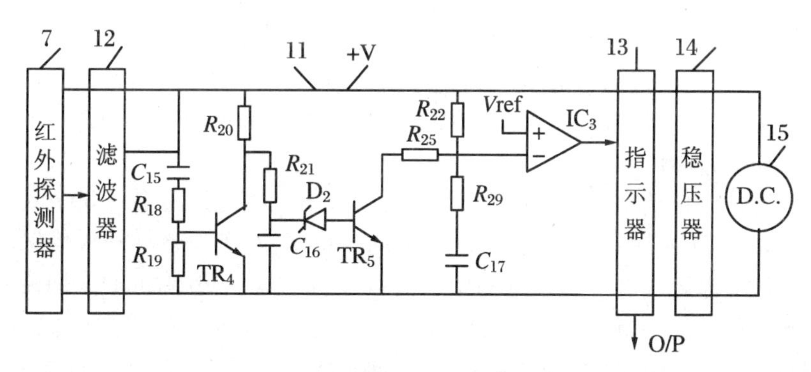

图 3.109 单通道探测器的信号处理机线路原理图

红外探测器7的输出信号供给滤波器电路12,该电路输出频率可为1—10.5 Hz(即通频带)。

由于火焰闪烁产生的滤波输出电信号为矩形波,加到晶体管 TR_4(见图3.109),该晶体管每当矩形波超过阈值时成为导通状态,电容器 C_{16} 上端的电荷经电阻 R_{21} 和 TR_4 迅速放电;当 TR_4 截止时,电容器 C_{16} 上端由电源正极经电阻 R_{20} 和 R_{21} 充上正电(充电时间常数主要由 R_{20} 和 C_{16} 决定)。如果滤波器12的输出幅度保持低于阈值 T,则因为 TR_4 截止,因此 C_{16} 继续充电。晶体管 TR_5 继续处于截止状态。

电容器 C_{17} 经电阻 R_{29} 和 R_{22} 接到电源正端,并主要以 R_{22} 和 C_{17} 决定的时间常数进行充电;电容器 C_{17} 的充电时间常数大于电容器 C_{16} 充电时间常数的10倍。

晶体管 TR_5 并联到 C_{17}，TR_5 的基极通过齐纳二极管 D_2 接到电容器 C_{16} 上，所以当 C_{16} 上的电压超过二极管 D_2 稳定电压时，TR_5 导通，C_{17} 便通过 TR_5 放电。

因此，只要在 C_{16} 上的电压不超过二极管 D_2 的稳定电压，C_{17} 便连续地充电，一直充电到报警阈值电压 FT 时，经电压比较器 IC_3 输出火灾报警信号。比较器 IC_3 一端电压 V_{ref} 可调，另一输入端接到 R_{22} 和 R_{29} 的连接点上，以便接受 C_{17} 上给出的报警阈值电压。

如果在预定的时间内滤波器 12 的输出电压很低，表示无火焰发生，电容器 C_{16} 充电直到超过齐纳二极管 D_2 的稳定电压以上。于是 TR_5 导通，而电容器 C_{17} 通过 TR_5 放电。电容器 C_{16} 充电达到 D_2 的稳定电压值比电容器 C_{17} 充电达到报警阈值电压时间要迅速得多。

因此，在无火焰存在时，滤波器的输出长时间处于低电位，C_{16} 充电电压高于 D_2 的稳定电压，TR_5 保持导通状态，而 C_{17} 保持放电状态(低电位)。

指示器 13 响应比较器电路 IC_3 的信号，以便产生一个火灾报警信号(灯光和/或音响报警信号)。信号处理机由直流电源 15 的稳压器电路 14 供电。

2) 双通道探测器

前面讨论的单通道红外火焰探测器，假设太阳光经过大气层 4.35 μm 附近的光谱被吸收，而火灾时，4.35 μm 附近又出现一个峰值，单通道红外火焰探测器利用窄带滤波器滤除 4.35 μm 以外的干扰信号，接收 4.35 μm 附近的火焰信号完成火灾探测功能。在实际使用中，当环境温度变化时，滤波器的参数会发生变化，导致窄带滤波器的中心频率发生漂移，而使火灾信号丢失，阳光干扰信号进来，造成漏报或者误报。此外其他背景光也会对探测器造成干扰，引起误报。因此单通道红外火焰探测器的稳定性和可靠性都存在问题，在火灾探测领域很难获得实际使用，于是提出了双通道火焰探测器的方案，使得红外火焰探测器得到了实际使用。

瑞士 Cerberus 公司 S2406 型双通道探测器由通道 A 和通道 B 联合组成。通道 A 的工作谱带 4.1 — 4.7 μm，通道 B 的工作谱带 5 — 6 μm，见图 3.110。通道 A 是火焰探测通道，是主通道，它用于探测碳氢化合物火灾，灵敏度高。通道 B 是监视通道，是辅助通道，用于监视非火灾的热体(例如 200 ℃、700 ℃等)辐射及太阳辐射(日光)，相比之下灯光辐射强度小，可忽略。图 3.111 给出 S2406 型双通道探测器原理方块图。

双通道探测器的工作情形如图 3.112 所示。当存在火焰时，通道 A 的信号幅值大于通道 B 的信号幅值，于是发出火灾报警信号。当通道 B 的信号较强时，说明存在外部干扰辐射，此时不报警。

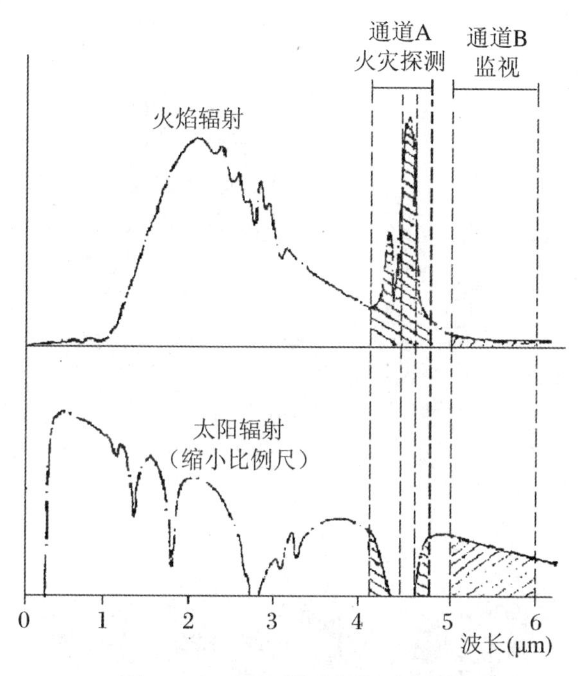

图 3.110　双通道探测器工作谱带

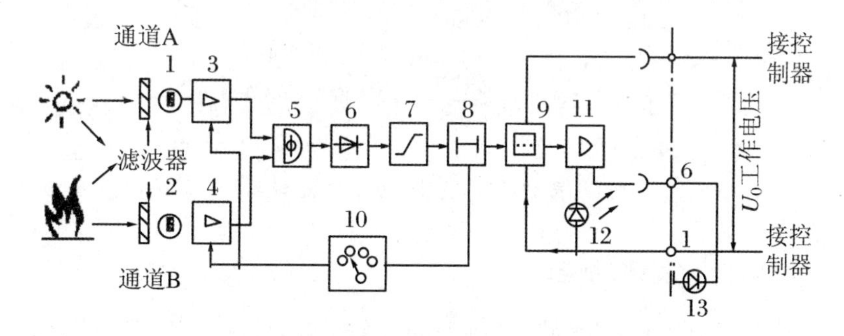

图 3.111　S2406 型双通道探测电路原理方块图

1—传感器 A(波长 4.1—4.7 μm)；2—传感器 B(波长 5—6 μm)；
3,4—放大器；5—相位比较器；6—检波器；7—抗干扰电路；
8—积分电路；9—报警记忆电路；10—灵敏度开关；
11—驱动电路；12—报警确认灯；13—外部指示器

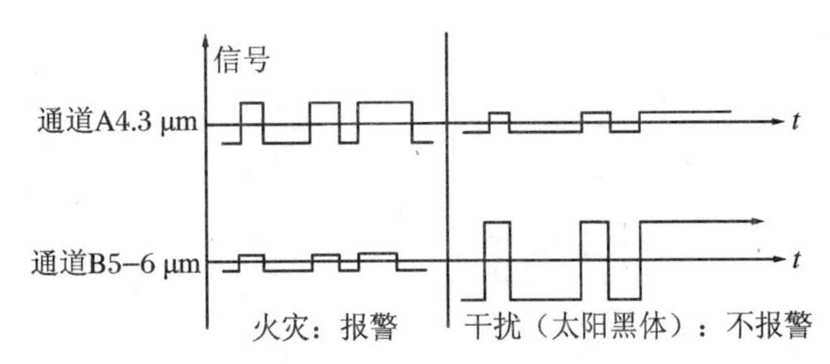

图 3.112　真实火焰与干扰辐射(太阳黑体)之间的不同信号电平

3）三波段火焰探测器

图 3.113 给出了三波段火焰探测器的一个例子。图中近红外波段采用光敏管接收 0.7—1.1 μm 波段的红外信号，0.7—1.1 μm 为背景光检测单元。中红外波段采用热释电传感器分别接收 4—4.8 μm 和 5.1—6 μm 波段的红外信号，其中 4—4.8 μm为火焰检测单元，5.1—6 μm 为非火灾的热体(如 200 ℃，700 ℃)及背景光检测单元，见图 3.110。

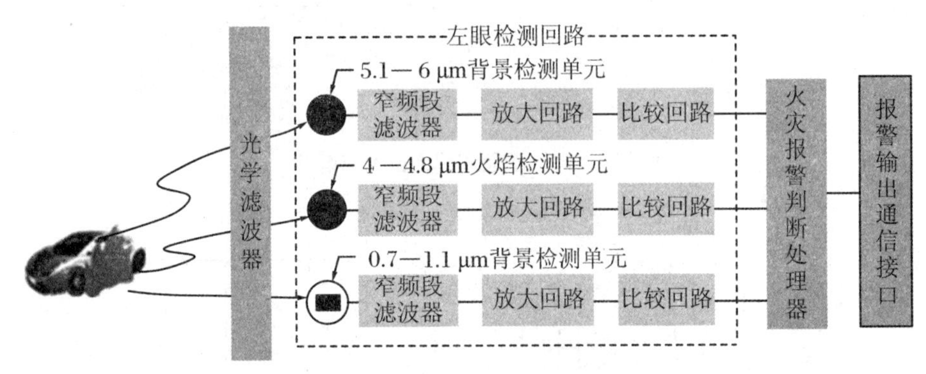

图 3.113　三波段火灾探测器

3.4.4　红紫外火焰探测器

由于太阳光中的紫外线被地球外层的臭氧层吸收，减少了阳光对紫外火焰探测器的干扰，大多数照明光源也没有发射紫外光，所以紫外火焰探测器成为最早获得实际应用的火焰探测器，但是当雨天发生雷电时、电焊产生电弧时、高压线路放电时、放焰火出现紫光时、照明和消毒采用紫外灯时，紫外火焰探测器都会发出误报信号。而单通道红外火焰探测器也因为稳定性、可靠性不高没有得到真正的使用。由图 3.105 可知，如果将这两种火灾探测器合起来构成一个红紫外火焰探测器，它们可以彼此弥补对方的缺点，降低误报率，提高可靠性。一个探测通道工作在 185 — 245 nm 波段，另一个探测通道工作在 4.35 μm 波长附近，然后将这两个信号相与就可以克服单紫外火焰探测器或者单红外火焰探测器的缺陷。

也可以采用双红外＋紫外构成红紫外火焰探测器，这时，双红外火焰探测器与紫外火焰探测器可以分别单独工作，第一个报警作为预警信号，消防控制室值班人员掌握，红外、紫外都报警了，火灾报警控制器再发出火警信号。

3.4.5 红外热释电传感器

在光线的作用下，物体内的电子逸出物体表面向外发射的现象称为外光电效应，向外发射的电子叫光电子。为了使被照射金属产生光电子发射，照射光的波长不能超过 300 nm，也就是说，能产生外光电效应的光波长在紫外线波段，如紫外线传感器。光照射在物体上，使物体的电导率发生变化或产生光生电动势的效应叫内光电效应。内光电效应又可分为光电导效应及光生伏特效应两类。前者是指在光线作用下，半导体材料的电阻率发生改变的现象，其主要元件有光敏电阻以及由光敏电阻制成的光导管等；后者是指在光线作用下，半导体材料产生一定方向的电动势的现象，主要元件有光电池、光敏晶体管等。随着入射光波长的变长，光子能量下降，产生的电子—空穴减少，灵敏度下降，所以光敏管接收最长波长不超过 3 μm，而且随着接收波长变长价格增高[28]。

目前接收大于 3 μm 的红外光信号通常采用红外热释电传感器。红外热释电传感器是传感器吸收红外光后变为热能，使材料的温度升高，电学性质发生变化的一种器件。热释电红外传感器分为三类：单元探测器，或称点探测器；热释电摄像管；热释电阵列器件。热释电红外传感器的响应波段为近红外和中红外波段，其中用于测量的波长为 1 — 20 μm 的红外光。

1. 红外热释电传感器的工作原理

在一切极性分子构成的晶体中，极性分子正负电荷中心偏离，形成分子电矩。在外加电压作用下，分子电矩的有序排列形成宏观电极化。内部没有载流子的电介质在外加电压作用下产生电极化，带正电荷粒子趋向负极，带负电荷粒子趋向正极，这种电荷顺外加电场移动而产生的电流称位移电流。当极化状态建立后，位移电流也就消失。对于大多数电介质，当外加电压去掉后，极化状态即消失，其带电粒子的运动又恢复原态。对于少数电介质，当外加电压去掉后，极化状态不消失，这种现象被称为自发极化。自发极化与温度有关，温度升高时，自发极化强度降低。当温度升高一定值时，自发极化突然消失，这个温度称为居里温度或居里点。不同材料的居里温度不同，如硫酸三甘酞的居里温度为 49 ℃，钽酸锂的居里温度为 610 ℃，铌酸锶钡的居里温度为 47 — 115 ℃等等。

由于自发极化引起两个表面出现束缚电荷,一面为正,另一面为负。由于晶体中存在自由电荷,晶体表面又存在吸附的空气中符号相反的自由电荷,这些自由电荷与束缚电荷相互中和,结果使晶体各处保持电中性,因此在静态条件下不能测量自发极化,因而在稳定状态下,输出信号为零。当受到红外辐射后,其内部温度便会升高,介质内部的极化状态随之降低,表面电荷浓度也降低,这就相当于释放了一部分电荷,这种现象称为电介质的热释电效应。如果用导线串联负载电阻后把两个电极连接起来,释放出来的电荷通过负载电阻产生电压降 ΔU,就成了一种控制信号,如图 3.114 所示。利用这一原理制成的红外传感器就称为热释电红外传感器。

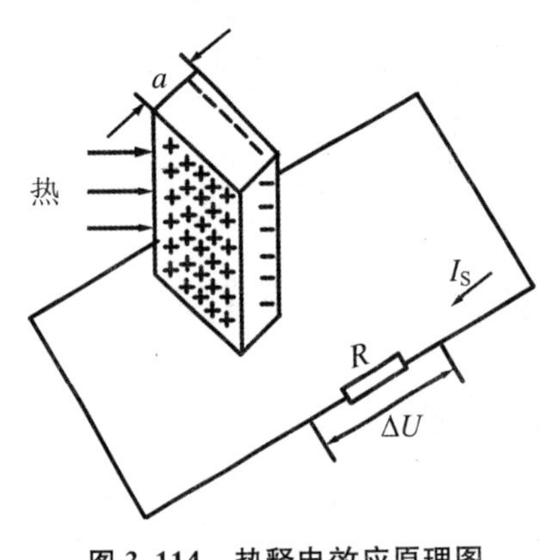

图 3.114　热释电效应原理图

在图 3.114 中,负载电阻上的输出电压 ΔU 满足以下经验公式:

$$\Delta U = S \cdot \frac{\mathrm{d}P_s}{\mathrm{d}t} \cdot R = S \cdot \frac{\mathrm{d}P_s}{\mathrm{d}T} \cdot \frac{\mathrm{d}T}{\mathrm{d}t} \cdot R = S \cdot \chi \cdot R \frac{\mathrm{d}T}{\mathrm{d}t} \qquad (3.127)$$

式中,S 为晶体的垂直于极化轴的电极面积;R 为负载电阻值;P_s为自发极化强度;T 为晶体温度;$\mathrm{d}T/\mathrm{d}t$ 为晶体温度随时间的变化率;$\mathrm{d}P_s/\mathrm{d}T$ 为晶体热释电系数($10^{-8}\ \mathrm{C \cdot cm^{-2} \cdot K^{-1}}$),记为 χ,χ 与晶体材料性质有关,与几何尺寸无关。

由于 $\mathrm{d}T/\mathrm{d}t$ 与红外光强度变化成正比,所以输出信号 ΔU 也正比于红外光强度的变化。如果红外辐射持续不变,电介质温度就会升到新的平衡状态,表面电荷也同时达到平衡,这时它就不再释放电荷,也就不再有信号输出了。因此热释电红外传感器只有在红外辐射强度不断变化,它的内部温度随之不断升、降的过程中,传感器才有信号输出,故热释电传感器使用时,常常在它的前面加装一个菲涅尔透镜。

2. 红外热释电传感器的组成

热释电红外传感器由传感器探测单元、干涉滤光片和场效应管匹配器三部分组成。

将高热电材料制成一定厚度的薄片并在其两面镀上金属电极,然后加电进行极化,这样便制成了热释电探测元。由于加电极化的电压是有极性的,因此极化后的探测元也是有正、负极性的。图 3.115 中,(a),(b),(c),(d)分别是金属封装双探测元热释电传感器的结构图、外形图及电路图,(e),(f)为塑料封装热释电传感器的结构图及电路图。双探测元热释电传感器将两个极性相反、特性一致的探测元串接在一起，利用两个极性相反、大小相等的干扰信号可在内部相互抵消的原理消除因环境温度和自身变化引起的干扰。热释电传感器通过安装在传感器前面的菲涅尔透镜将红外辐射聚焦后加至两个探测元上，传感器就会输出探测信号电压。

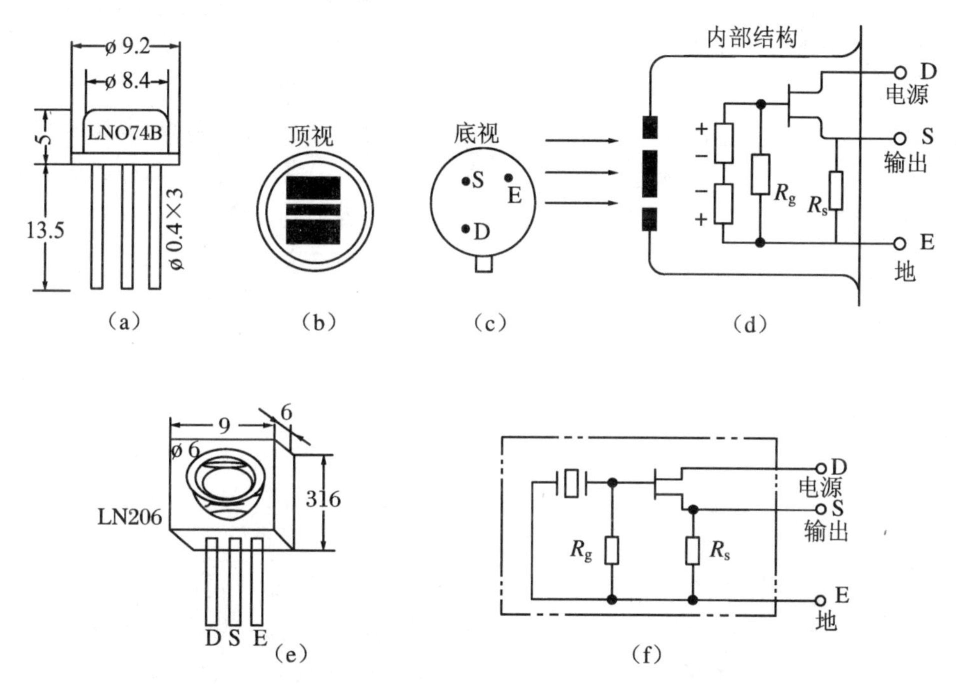

图 3.115　热释电传感器的结构和等效电路（尺寸单位为毫米）

用来制造热释电红外探测元的高热电材料是一种广谱材料，它的探测波长范围为 0.2—20 μm。为了对某一波长范围的红外辐射有较高的敏感度，在传感器的窗口上加装了一块干涉滤光片。这种滤光片除了允许某波长范围的红外辐射通过外，还能将灯光、阳光和其他红外辐射滤除。实用的热释电材料有 $LiTaO_3$，$Sr_{0.48}Ba_{0.52}Nb_2O_6$，$Pb[Sn_{0.5}Sb_{0.5}]$，ZnO，$PbTiO_3$ 和 Ti_2SeAs_4 等。

由于热释电探测元为绝缘体，其阻抗可高达 10^{12} Ω，容易引入外部噪音，且不便与后面的普通放大器连接，所以热释电传感器的输出信号必须进行阻抗变换后，才能作为传感器信号输出。通常使用具有高输入阻抗的场效应管，将其接成源极跟随器，以便与外接放大器的输入端相匹配。图 3.115 中 D 为内部场效应管的漏极，S 为内部场效应管的源极，E 为内部场效应管的栅极。R_g 为栅漏电阻，以防场效应管栅极电压过高，损坏管子。R_s 为源极电阻，也是场效应管源极跟随器的负载电阻。为了增加热释电元件对红外光的吸收，在元件表面被覆一层黑化膜。

3. 菲涅尔透镜

菲涅尔透镜有两个作用：一是将外界的红外线聚焦在热释电探测元上，二是产生交替变化的红外辐射高灵敏区和盲区，以满足热释电探测元要求输入信号是不断变化的热辐射。菲涅尔透镜一般用塑料制造，先将塑料加工成薄镜片，然后对镜片进行棱状或梳状处理，使镜片成为高灵敏区和盲区交替出现的透镜。在使用时，将热释电探测元安装在透镜的焦点处，这样当有红外线照射时，就会通过透镜形成高灵敏区和盲区交替出现的红外辐射，并被热释电探测元接收，使热释电探测元产生时强时弱或时有时无的电脉冲信号（一般在 0.1 — 10 Hz 范围内），并经场效应管源极跟随器输出信号。图 3.116 是菲涅尔透镜的外形和视场图。

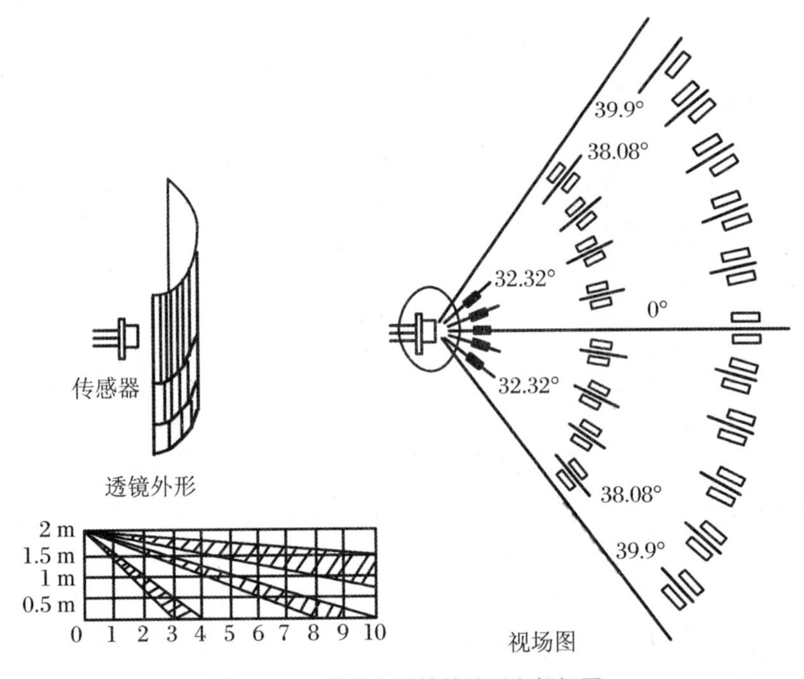

图 3.116 菲涅尔透镜的外形和视场图

火灾的火焰频率为 8 — 12 Hz，而烟雾最高频率为 20 mHz，温度最高频率为 60 mHz，因此理论上可以对热释电红外传感器输出信号进行信号处理，来识别是火灾产生的热辐射，还是固定热源产生的热辐射。实际用于火焰探测器的热释电红外传感器的响应波长为 $4.35 \pm 0.15\ \mu m$。也有厂家生产的甲烷、二氧化碳探测器 PYD－212，其测量波长 $\lambda_1 = 4.26\ \mu m$，参比波长 $\lambda_2 = 3.9\ \mu m$。此类探测器可以用于红外火焰探测器，其结构图和等效电路图如图 3.117 所示。表 3.18 列出几种热释电传感器的主要技术参数，供参考。

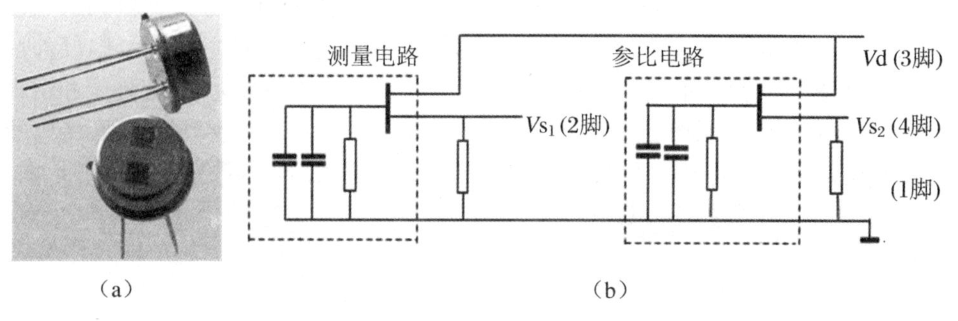

（a）　　　　　　（b）

图 3.117　热释电传感器的结构和等效电路图

表 3.18　几种常用热释电传感器的技术参数

技术参数 \ 传感器型号	SD02	P228	LN-206	PYD-212	LN-74	LN-84
响应度($V \cdot W^{-1}$)	650—1300	6500	1100		—	3900
噪声电压(mV)	2.7—4.5	15	—	≤4	300	80
探测度($cm \cdot Hz^{1/2} \cdot W^{-1}$)	1.5×10^{8}	1.5×10^{8}	10^{8}		—	1.1×10^{8}
等效噪声功率(W)	$(2.8-7)\times10^{-9}$	1×10^{-9}	—		—	1.2×10^{-9}
工作电压(V)	2—10	3—15	3—15	2—15	3—10	2—15
响应波长(μm)	7.5—14	7—15	1—20	3.4;4.26	7.5—14	7—14
工作温度(℃)	-10—50	-40—60	-20—70	-25—70	-20—70	-30—70

4. 控制电路

热释电红外传感器输出的信号电压十分微弱，通常只有1 mV左右，又因有菲涅尔透镜的作用，使输出信号电压呈脉冲形式。要使它能驱动负载，必须用一个增益足够高的放大器将其信号放大。一般要求放大器的增益为60—70 dB，带宽为0.3—7 Hz。放大器的带宽对它的可靠性和灵敏度影响很大，若带宽窄，则噪声低，误动作少，反应慢；若带宽宽，则反之。

目前控制电路有三种类型：(1) 由通用器件组成的放大电路，通常采用运算放大器构建成放大器。(2) 热释电红外控制集成电路，这种电路不仅有放大功能，还有可根据需要做成各种完善的控制功能。这种电路结构简化，功能齐全，功耗低，工作可靠，性能优良，组装方便。常用的电路有SS0001、HT7600、TWH9511、SR5553、SNS9201、RDP-18等系列。(3) 热释电红外控制模块，如HN911。下面对 HN911 电路做一简单介绍。

由于热释电红外传感器输出的电压十分微弱，通过屏蔽线将其连接到放大器的输入端，不仅信号会衰减，而且还会引入噪声，为此专业生产厂将热释电红外传感器、放大器、信号处理、延时及输出电路等制作在一块电路板上，加装外壳和引脚后，成为具有完整探测功能的模块。它不仅为使用人员提供了极大的方便，传感器的性能也有明显的改善。图 3.118 给出了 HN911 模块的内部电路结构和外形图，表 3.19 是它的主要技术参数。

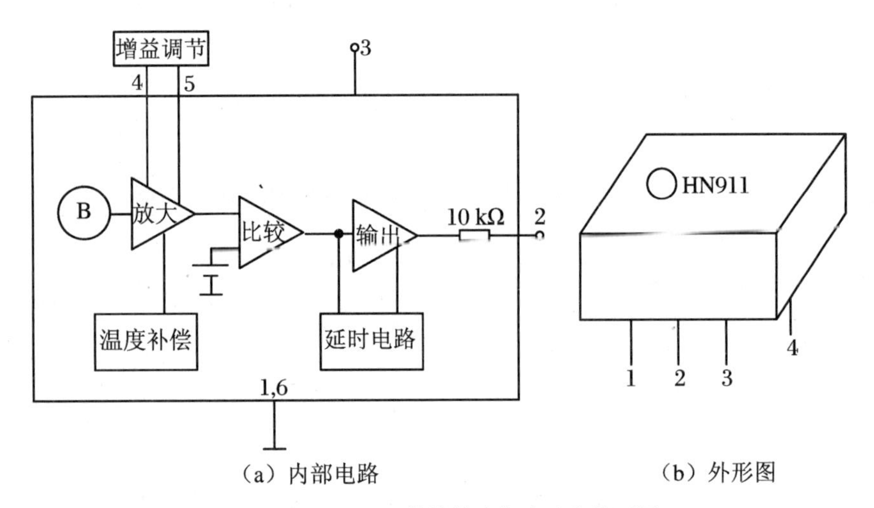

（a）内部电路　　（b）外形图

图 3.118　HN911 模块的内部电路和外形图

表 3.19　HN911 的主要参数

参数名称	参数值
电源电压	DC5 V ± 10%
电源纹波	不大于 Vc ± 0.02 V
传感响应度	大于 2500
传感水平角度	大于 100°
传感垂直角度	大于 80°
静态电流	小于 20 μA(L 型)，小于 1 mA(T、D 型)
放大器增益	大于 70 dB
放大器带宽	0.3—7 Hz
输出延时	大于 2 s

续表

参数名称	参数值
电源开通到正常工作延时	不大于 2 ms
工作温度	−30 — 50 ℃(D型),−20 — 50 ℃(T、L型)
保存温度	−40 — 60 ℃

HN911 系列模块有三种型号:通用型(HN911T);微功耗型(HN911L);低温型(HN911D)。HN911 模块具有良好的抗干扰性能,尤其抗电磁波性能十分优良。HN911 模块内部有温度补偿电路,使放大器在环境温度变化时,增益一直保持稳定,故 D 型在 −30 ℃,T、L 型在 −20 ℃ 的低温下,仍能稳定工作。HN911 的输出端输出的是一个脉冲宽度大于 2 s 的脉冲信号,其中 1 脚输出的是正脉冲信号,2 脚输出的是负脉冲信号。

图 3.119 是 HN911 的应用电路图,其中 NE555 电路组成一个脉冲启动型单稳态触发器。该电路由 HN911 的 2 脚输出的负脉冲触发。平时 NE555 的 3 脚为低电平,当 HN911 的 2 脚输出负脉冲探测信号后,单稳态触发器翻转,NE555 的 3 脚输出为高电平,使继电器 K 通电,接通被控电路。单稳态触发器翻转后,电路进入暂稳态,电源经 R_2 和 C_2 充电,充电时间常数也就是单稳时间 TD,$TD = 1.1R_2C_2$(s)。

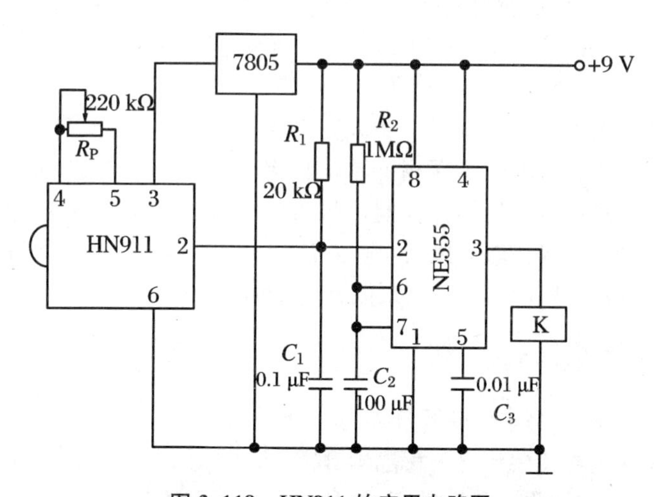

图 3.119　HN911 的应用电路图

为了保证 HN911 稳定工作,将 9 V 电源经集成稳压器 7805 稳压成 5 V,并保持不变。HN911 外接的可调电阻 R_P 用来调节 HN911 的接收灵敏度。

3.5 气体火灾探测器

气体火灾探测器(Gas fire detector)是响应燃烧或热解产生的气体的火灾探测器。然而从安全考虑,可燃气体泄漏到一定的浓度遇到明火也会发生火灾,因此作为防火来说,可燃气体泄漏也需要监测、报警;某些可燃气体和燃烧产生的气体具有毒性,毒性气体对人、畜有伤害,从安全角度看,毒性气体也需要监测、报警,所以气体探测器有气体火灾探测器、可燃气体探测器和毒性气体探测器。由于有的气体既是燃烧生成物,又是可燃气体、毒性气体,所以有的气体探测器往往是两种或三种探测功能并存,故在讨论探测原理时,只考虑敏感元件对某种气体敏感,不考虑是什么探测器。气体探测器往往做成两部分,一部分是敏感元件及前置放大的传感部件,另一部分为信号处理、传输、显示及控制的探测部件。一个探测部件功能齐全,且可带多个传感部件,这种探测器称为独立式探测器。独立式探测器可以单独使用,可构成报警系统、灭火系统或通风系统等等,如果使用场所同时存在火灾自动报警系统,它必须和火灾自动报警系统联网,并将异常、火警、故障等信号送到火灾自动报警系统。如果探测部件和传感部件做成一个单体,则称为系统式探测器,这种探测器像点型火灾探测器一样接入火灾自动报警系统中使用。气体火灾探测器是探测火灾酝酿过程中或火灾发生时的气体,是报警火灾将要发生或已经发生的探测器。可燃气体探测器是防止火灾发生的探测器,侧重预防性。所以气体火灾探测器和可燃气体探测器对报警信号处理方法有区别,前者要立即采取防火、灭火措施,后者采取通风、查泄漏、消除火灾隐患等措施。本节重点讨论气体探测器的传感器(部件),也涉及气体火灾探测器的内容。

3.5.1 气体探测器及其分类

1. 气体探测器的基本性能及分类

气体火灾探测器比感温火灾探测器、感光火灾探测器、感烟火灾探测器能更早地发现火灾,使火灾消灭在萌芽状态,达到起火不成灾的目的。此外,石油、化工企业的气体泄漏,煤矿的瓦斯,家庭燃气泄漏等会导致爆炸和火灾,各种可燃气体的爆炸界限如表 3.20 所示,可燃气体浓度在爆炸极限下限(LEL)以上和爆炸极限上限(LEH)以下的区域内,遇到火星即发生爆炸,进而引发火灾,所以这个区域又称为爆炸区。在爆炸极限下限以下是安全的;在爆炸极限上限以上虽然不会爆炸,但是是不稳定状态,一旦浓度稀释到爆炸极限上限以下时,有可能引起爆炸和火灾。所以对可燃气体浓度的检测和控制对于防止爆炸和火灾的发生具有十分重要的意义。从安全出发,可燃气体探测器测量爆炸极限下限以下的气体浓度,一旦发现可燃气体浓度接近爆炸极限下限(设定阈值)就发出报警信号。第三,火灾烟气中的有害有毒气体对人类生命构成严重的威胁,如CO、HCN、SO_2、H_2S、NO、NO_2、NH_3、HCl等,工业生产生产过程中如调漆车间、喷漆车间等,也会产生非火灾条件下的有毒有害气体,对这些气体的检测和控制对于保护人的生命财产,净化人类生存环境,也是十分重要的。因此火灾探测与可燃气体探测、毒性气体探测是切切相关的,也就是说与安全相关的气体探测器应包括燃烧产生的气体、可燃气体和毒性气体等气体的检测。气体探测器的关键器件是气体传感器,气体传感器是一种把气体中的特定成分检验出来,并将它转换成电信号的器件。

表3.20 可燃气体的爆炸界限[28,34]

物质名称	分子式	爆炸界限		爆炸等级	允许浓度	比重(空气=1)
		下限	上限			
城市煤气		5.0%		2		2
液化石油气		2.0%	12.0%	1		
甲烷	CH_4	5.0%	15.0%	1		0.6
丁烷	$CH_3(CH_2)_2CH_3$	1.8%	8.4%	1		2.0
乙炔	C_2H_2	2.5%	81.0%	3		0.9
乙烷	C_2H_6	3.0%	12.4%			
苯乙烷	$C_6H_5C_2H_5$	1.0%	6.7%			
乙烯	C_2H_4	2.7%	36.0%	2		0.97
氯乙烷	C_2H_5Cl	3.8%	15.4%			
聚乙烷	CH_3CHCl	3.6%	33.0%	1		
氧化丙烯	CH_3CHCH_2O	2.1%	21.5%			
环丙烯	C_3H_6	2.4%	10.4%			
氢	H_2	4.0%	75.0%	3		0.07
丁二烯	C_4H_6	2.0%	12.0%	2		

续表

物质名称	分子式	爆炸界限		爆炸等级	允许浓度	比重（空气=1）
		下限	上限			
丁烯	C_4H_8	1.6%	9.7%	1		1.93
丙烷	$CH_3CH_2CH_3$	2.1%	9.5%	1	1000	1.6
丙烯	C_3H_6	2.4%	11.0%	1		1.45
n-戊烷	C_5HL_2	1.5%	7.8%	1		
n-正已烷	C_6HL_4	1.2%	7.5%	1		
醋酸乙酯	$CH_3COOC_2H_5$	2.1%	11.5%	1		
醋酸丁酯	$CH_3COOC_4H_9$	1.7%	7.6%	1		
汽油		1.4%	7.6%	1	500	3.4
煤油		0.8%		1		5
甲醇	CH_3OH	2.5%	37.0%		200	1.1
乙醇	C_2H_5OH	3.3%	19.0%		1000	1.6
乙醚	$C_2H_5OC_2H_5$	1.7%	48.0%			2.6
一氧化碳	CO	12.5%	74.0%		50	1.0
氨	NH_3	15%	28%		50	0.59
甲苯	$C_6H_5CH_3$	1.2%	7%		100	3.18
二甲苯	$C_6H_5(CH_3)_2$	1.0%	7.6%		100	3.18
氰化氢	HCN	5.6%	41%		10	0.93
硫化氢	H_2S	4.3%	45%		10	1.19

目前用于气体检漏、气体浓度测量和事故报警的气体传感器的物理和化学检测方法如表3.21所示，各种分析方法的性能比较见表3.22。

由表3.21和表3.22可见，被测气体的种类繁多，它们的性质各不相同，通常研究人员及使用人员根据待测气体的种类、浓度、成分和用途结合各种检测方法的优缺点选择合适的分析方法。当前用于检测火灾和防火的可燃气体有CO、CO_2、NO_x、CH_4、H_2、H_2S、NH_3等，常用的气体传感器有半导体气体传感器、平面半导体气体传感器、热传导式气体传感器、接触燃烧式气体传感器、恒电位电解式气体传感器、红外吸收式气体传感器、电化学式气体传感器、光纤气体传感器等。用于工业领域可燃气体、毒性气体、氧气、二氧化碳等气体检测的气体传感器有红外气体传感器、电化学气体传感器、载体催化元件、热传导式气体传感器、半导体气体传感器等。在我国可燃气体探测器国家标准 GB 15322 中，按探测器的用途不同，将可燃气体探测器分为工业及商业用途可燃气体探测器；家用可燃气体探测器；便携式可燃气体探测器。此外，还有按探测器探测气体浓度分为测量范围在(3—100)%LEL 之间的探测器；测量范围在3%LEL 以下的探测器；测量范围在100%LEL 以上的探测器。

表 3.21　不同气体的检测方法

分析方法 \ 气体			NO_x	CO CO_2	SO_x	H_2S	O_2 臭氧	H_2	CS_2	卤化物主要为 Cl_2	C_nH_{2n+2} 主要为 C_2H_8，C_4H_{10}	C_nH_{2n} C_nH_{2n-2} C_nH_{2n-6}	NH_3	C_2H_yN	HCN
电化学法	1	溶液导电方式		√	√				√	√			√		
	2	恒电位电解方式	√	√	√	√				√			√		
	3	隔膜一次电池方式					√								
	4	电量法			√	√				√			√		
	5	隔膜电极法													
光学法	6	红外吸收法	√	√	√	√			√		√	√	√	√	
	7	可见光吸收光度法	√			√	√			√					
	8	光干涉法	√	√	√	√			√	√	√	√	√	√	√
	9	化学发光法	√				√								
	10	试纸光电光度法				√									
电气方法	11	氢焰离解法									√	√		√	
	12	导热法		√							√	√			
	13	接触燃烧法		√							√	√		√	
	14	半导体法		√				√	√	√	√	√			
其他	15	气体色谱法	√	√	√	√			√	√	√	√	√	√	√

表 3.22　各种分析方法的特性比较

分析方法 \ 特性项目	灵敏度	可靠性	对气体选择性	响应速度	稳定性	简易度	抽样系统的必要性	经济性	测定范围	维修	辅助气体的必要性
半导体式	非常好	稍差	差	良好 (1分钟)	稍差	非常简单	不要	最价廉	达 LEL	几乎不要	不要
接触燃烧法	相当好	相当好	稍好	非常迅速 (4—5秒)	良好	非常简单	不要	价格非常低廉	达 LEL	几乎不要	不要
导热法	良好	良好	良好	稍好	良好	简单	必要	中等	宽范围	常需维护	常有必要

续表

特性项目 分析方法	灵敏度	可靠性	对气体选择性	响应速度	稳定性	简易度	抽样系统的必要性	经济性	测定范围	维修	辅助气体的必要性
氢焰离解法	相当良好	良好	稍好	良好	稍好	中等复杂	必要	中等	ppm 的 100%	常需维护	必要
红外吸收法	稍好	良好	相当好	良好	良好	中等复杂	必要	中等	相当宽范围	常需维护	不要
化学发光法	良好	良好	良好	良好	良好	简单	必要	中等	ppm 的 100%	常需维护	不要
光干涉法	良好	良好	良好	良好	良好	中等复杂	必要	中等	宽范围	常需维护	必要
试纸光电光度法	良好	良好	良好	差	良好	中等复杂	必要	中等	特别微量的检测	常需维护	不要
恒电位电解法	良好	良好	良好	良好（20—30 秒）	良好	简单	必要	中等	宽范围	常需维护	必要
气体色谱法	非常好	非常好	非常好	差	非常好	非常复杂	必要	昂贵	ppm 的 100%	常需维护	必要

注：(1) LEL——低爆炸极限(Lower explosion limit)；(2) 非常好＞相当好＞良好＞稍好＞稍差＞差。

气体探测器的用途不同，要求也不一样，如用于科学研究的分析仪器对灵敏度、选择性、稳定性和重复性等要求很高，设备的价格十分昂贵；家用产品希望操作简单，价格便宜，可靠性和稳定性好，以少或者无需维修为好；工业产品，由于现场存在大量的粉尘、油雾、温度、湿度和风速等环境因素，气体传感器应适应这种使用环境，且抗震性要好。对于安全领域的气体探测器，其特性参数的定义和要求如下：

(1) 灵敏度。

对待测气体的敏感程度称为灵敏度。气体探测器应能检测有毒、有害气体的允许浓度，火灾和泄漏可燃气体的基准设定浓度，并能及时给出报警、显示和控制信号，没有漏报。

(2) 选择性。

区分不同种类气体的能力称为选择性。要求探测器对被测气体以外的共存气体或物质不敏感，选择性好，误报率低。

(3) 响应时间。

从探测器与被测气体接触到探测器达到新的恒定值所需要的时间称为响应时

间。要求气体探测器的响应时间短,反应速度快,以利于早期发现火灾。

(4) 稳定性。

待测浓度不变,其他条件发生变化时,在规定的时间内气体探测器输出特性维持不变的能力称为稳定性。要求探测器的长期稳定性好。

(5) 温度特性。

气敏元件灵敏度随温度变化的特性称为温度特性。影响气敏元件灵敏度的温度有元件自身发热温度和环境温度两种,解决办法之一是加温度补偿功能。

(6) 湿度特性。

气敏元件灵敏度随湿度变化的特性称为湿度特性。减小湿度对气敏元件灵敏度影响的办法之一是采用湿度补偿的方法。

(7) 经济性。

使用方便,价格便宜。

3.5.2　半导体气体探测器

半导体气体探测器是利用半导体气体传感器同气体接触造成半导体性质发生变化,借此检测待测气体的成分和浓度。

半导体气体探测器的分类如表3.23所示,大体上分为电阻式和非电阻式两种。电阻式半导体气体传感器是用氧化锡、氧化锌等金属氧化物材料制作的敏感元件,利用其阻值的变化来检测气体的浓度;非电阻型半导体传感器是主要利用二极管的整流作用及场效应管特性等制作的气敏元件。20世纪末,半导体气体传感器全球的年产量为1000万只左右,约占气体传感器年产量的70%。

表3.23　半导体气体传感器的分类

分类	主要物理特性	传感器举例	工作温度	代表性被测气体
电阻式	表面控制型	氧化锡、氧化锌	室温－450℃	可燃性气体
	体控制型	γ-Fe_2O_3、氧化钛、氧化钴、氧化镁、氧化锡	300—450℃ 700℃以上	酒精、可燃性气体、氧气
非电阻式	表面电位	氧化银	室温	硫、醇
	二极管整流特性	铂/硫化镉、铂/氧化钛	室温－200℃	氢气、一氧化碳、酒精
	晶体管特性	铂栅MOS场效应管	150℃	氢气、硫化氢

1. 表面电阻控制型气体传感器

氧化锡、氧化锌、WO等都属于表面控制型半导体气敏元件,当气敏元件表面吸附某种可燃气体时会引起电导率的变化,根据这个原理制成的气体传感器称为表面电阻控制型气体传感器。如果非可燃性气体的吸附能力很强,也可以作为检测对象。此类气敏元件具有检测灵敏度高、响应速度比一般气体传感器快、价格便宜、实用价值大等优点。电阻式半导体气敏元件内部都有加热电阻丝,一方面烧灼元件表面的油污,另一方面加速被测气体的吸、脱过程。加热温度一般为 200—400 ℃。图3.120为 N 型半导体吸附气体时器件阻值随时间的变化曲线,图中可见,电阻式半导体气敏元件加电后,气敏元件的电阻值急剧下降,大约经过2—10分钟后达到稳定的电阻值,进入稳定状态后,气体探测器才可以进入气体检测工作程序。现以 N 型氧化物半导体为例说明它的气体检测原理。

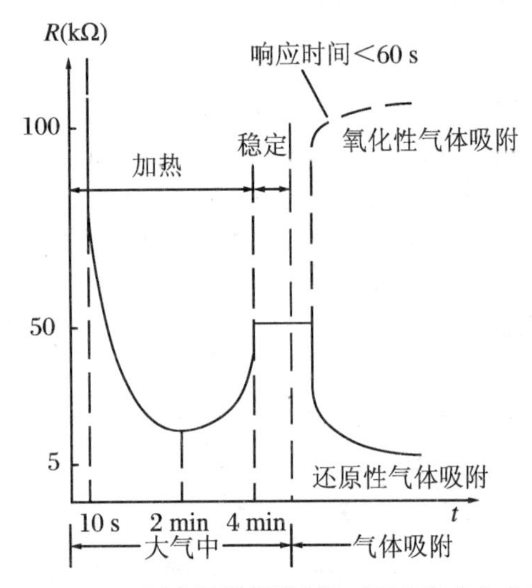

图 3.120 N 型半导体吸附气体时的阻值变化曲线

半导体表面态理论认为,当气体分子的亲和能大于 N 型半导体表面的电子逸出功时,气体吸附后,从半导体表面夺取电子形成负离子吸附,如氧气、氧化氮等,N 型半导体表面多数载流子(导带电子)因失去电子而浓度降低,电阻值增加。半导体失去电子称氧化反应。当气体分子的亲和能小于 N 型半导体表面的电子逸出功时,气体吸附后,气体向半导体表面供给电子,形成正离子吸附,如氢气、CO、C_2H_5OH 以及各种碳氢化合物等,N 型半导体表面多数载流子因获得电子而浓度提高,电阻值降低。半导体获得电子称还原反应。如图 3.120 所示。同理可以说明 P 型半导体吸附气体后的阻值变化曲线。

表面电阻控制型气敏元件的结构有多孔质烧结型、厚膜型和薄膜型三种,如图 3.121 所示。其中烧结型应用最多,而厚膜型和薄膜型的气敏性更具有发展潜力。

现以应用最多的氧化锡气敏元件为例进行说明。

1）氧化锡类传感器

（1）烧结型氧化锡气敏元件

烧结型气敏元件是目前工艺最成熟的气敏元件，其敏感体是用平均粒径≤1 μm的氧化锡粉末为基本材料，与不同的激活剂、粘结剂混合均匀，采用典型的陶瓷工艺制备，工艺简单、成本低廉。主要用于检测可燃的还原性气体，工作温度约为300 ℃。根据加热方式不同，有直热式和旁热式。直热式由于测量电阻和加热元件没有隔离，干扰大；加热器与氧化锡基体之间由于热胀不一致，易失效；热容量小，易受环境影响，稳定性差，所以用得不多。旁热式是在陶瓷管（含75%的 Al_2O_3 的陶瓷管）的两端各涂一圈金电极及用铂—铱合金丝（$\Phi \leqslant 80$ μm）引出线作为两个接线端子，陶瓷管的外表面涂上以氧化锡为基础材料的浆料层，经烧结后形成厚膜气体敏感层（厚度<100 μm）。陶瓷管内放入一根螺旋形高电阻金属丝（如 Ni-Cr 丝）作为加热器（电阻值一般为 30 — 40 Ω），如图 3.121(a)所示。这种气敏元件测量电极与加热器分离，避免了相互干扰，而且元件的热容量较大，减少了温度变化对气敏元件特性的影响，其可靠性和使用寿命都比直热式气敏元件高，是目前广泛使用的一种传感器。

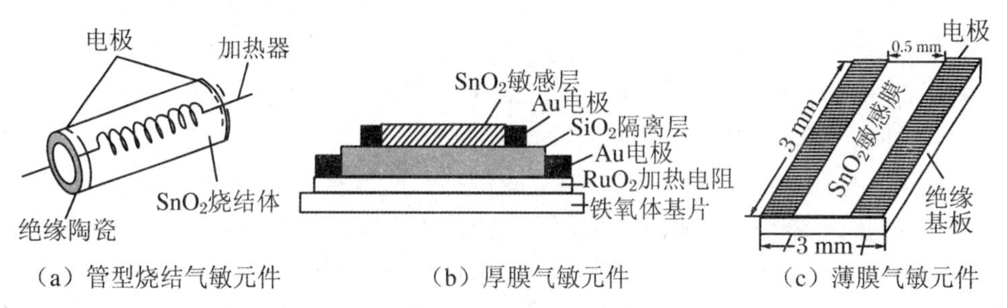

（a）管型烧结气敏元件　　（b）厚膜气敏元件　　（c）薄膜气敏元件

图 3.121　表面控制型电阻式气敏元件示意图

（2）厚膜型氧化锡气敏元件

烧结型氧化锡气敏元件的生产过程基本是手工操作，人工成本高，效率低。厚膜型氧化锡气敏元件采用丝网印刷技术用加有适量添加剂、粘结剂的氧化锡浆料制备而成（厚度在几至几十微米），其机械强度和一致性都比较好，且与厚膜混合集成电路工艺能较好兼容，构成具有一定功能的器件。它一般由基片、加热器和气体敏感层三个主要部分组成，如图 3.121(b)所示。

（3）薄膜型氧化锡气敏元件

薄膜型氧化锡气敏元件一般是在绝缘基板上蒸发或溅射一层氧化锡薄膜，再引出电极，加热器在基片的反面，如图 3.121(c)所示。350 — 400 ℃对乙醇(C_2H_5OH)气体有最高灵敏度，而 CO 在 250 ℃时灵敏度最高，利用这个特性可以实现对不同气体的选择性检测。另外器件的响应时间和恢复时间随着加热温度的升高而变短。

将氧化锡微粒尺寸控制在 100 nm 以下的薄膜称为超微粒薄膜。这种薄膜具有巨大的比表面积和很高的表面活性，在较低的温度下就能与吸附气体发生化学吸附，功耗小，灵敏度高，选择性好，响应恢复时间快。这种气敏元件以硅为基片，与半导体集成电路制作工艺有较好的相容性，可与配套电路制作在同一基片上，便于推广应用。

(4) 电阻测定

采用敏感元件与基准电阻器串联，加一外加电压，再根据基准电阻器上的电压值求出与气体浓度相关的电阻值。气体报警器就是利用测得的阻值变化作为供给报警蜂鸣器的信号。

对气体的灵敏度特性曲线如图 3.122 所示。敏感元件的阻值 R 与空气中被测气体浓度 C 成对数关系变化，如下所示：

$$\log R = m\log C + n \quad (m、n\ 均为常数) \tag{3.128}$$

式中 n 与气体检测灵敏度有关，除了随传感器材料和气体种类不同而变化外，还会由于测量温度和激活剂的不同而发生大幅度的变化；m 表示随气体浓度而变化的传感器灵敏度(也称为气体分离率)，对于可燃性气体来说，m 值多数介于 1/3 至 1/2 之间。图 3.122 表示了这种对数关系。

氧化锡是典型的 N 型半导体，是气敏传感器的最佳材料，其检测对象为甲烷、丙烷、一氧化碳、氢、酒精、硫化氢等可燃性气体和呼出气体中的酒精、NO_x 等。气体检测灵敏度如图 3.123 所示，图中 R_a 及 R_g 分别是敏感元件在空气中和被测气体中的阻值，其中被测气体浓度分别是：一氧化碳为 0.02%，氢为 0.8%，丙烷为 0.2%，甲烷为 0.5%(用空气稀释过)。随气体的种类、工作温度、激活剂等的不同而差异很大，如添加铂的敏感元件的最佳工作温度随气体种类的不同而不一样，一氧化碳为 200 ℃以下，丙烷约为 300 ℃，甲烷为 400 ℃以上。图中还给出了氧化锡中添加钯和银的不同气体的最佳工作温度。

对氧化锡气敏元件添加贵金属，可以增强其气体选择性，提高灵敏度。表3.24 列出了各种添加剂的添加效果。由表可见，加了添加剂后，气体检测灵敏度的最高值和气体检测灵敏度达到最高值时的温度均发生很大变化。工作温度 300 ℃时，添加的贵金属与环境中的有害气体(如 SO_2)作用会发生“中毒”现象，使其活性大幅度下降，造成气敏元件的气敏性能下降，长期稳定性和气体识别能力降低[33]，所以考虑添加效果时必须兼顾这两个方面。

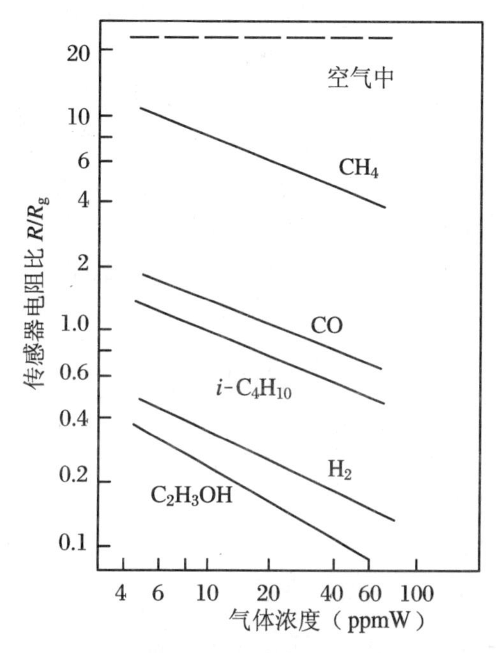

图 3.122 氧化锡敏感元件的阻值与被测气体浓度的相依关系

R_g 为 1000 ppm 的 C_2H_4 中的阻值

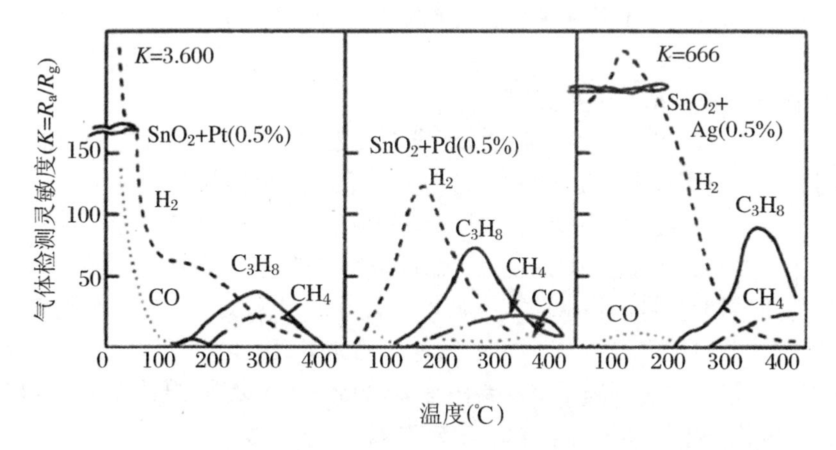

图 3.123 添加铂、铅或银的氧化锡敏感元件的气体检测灵敏度与温度的相依关系

表 3.24 添加贵金属的氧化锡敏感元件的气体检测灵敏度最高值及其温度

	0.02%一氧化碳	0.8%氢	0.2%丙烷	0.5%甲烷
氧化锡	4(350 ℃)	37(200 ℃)	49(350 ℃)	20(450 ℃)
铂	136(室温)	3600(室温)	38(275 ℃)	19(300 ℃)
铅	12(室温)	119(150 ℃)	75(250 ℃)	20(325 ℃)
银	8(100 ℃)	666(100 ℃)	89(350 ℃)	24(400 ℃)
铜	7(200 ℃)	98(300 ℃)	48(325 ℃)	20(350 ℃)
镍	7(200 ℃)	169(250 ℃)	67(300 ℃)	9(350 ℃)

2) 氧化锌及其他类传感器

氧化锌类传感器与氧化锡类传感器相比，最佳工作温度范围比氧化锡要高出100 ℃，所以应用上不及氧化锡普及，但在其他方面不比氧化锡类传感器逊色，如对还原性气体有较高的灵敏度。要提高氧化锌气敏元件的选择性同样要添加 Pt 和 Pd 等添加剂。如在氧化锌中添加 Pd，则对 H_2 和 CO 有高灵敏度，而对丁烷、丙烷、乙烷等烷烃类气体的灵敏度很低。如果在氧化锌中添加 Pt，则对丁烷、丙烷、乙烷等烷烃类气体的灵敏度很高，且含碳量越多，灵敏度越高，而对 H_2 和 CO 的灵敏度很低。

金属氧化物中，还有不少可用作传感器的材料，如氧化钨、氧化矾、氧化镉、氧化铟、氧化钛、氧化铬等，用这些金属氧化物制作传感器的工作正在研究之中。

此外，也有人对用有机半导体作传感器材料怀有浓厚的兴趣，但研究成功的例子甚少。

2. 体电阻控制型气体传感器

将材料的体电阻随某种气体的浓度发生变化的传感器称为体电阻控制型气体传感器。目前应用最多的是 Fe_2O_3、TiO_2 等氧化物半导体气敏元件。

大部分金属氧化物均是采用非化学量组成的。在采用反应性强、容易还原的氧化物作为材料的传感器中，即使是在温度较低的条件下，也可因可燃性气体而改变其体内的结构组成(晶格缺陷)，并使敏感元件的阻值发生变化。即使是难还原的氧化物，在反应性强的高温范围内，其体内的晶格缺陷也会受影响。像这类体感应气体的传感器，关键问题是不仅要保持敏感元件的稳定性，而且要能在气体感应时也保持氧化物半导体材料本身的晶体结构。

1) 三氧化二铁类气敏元件

Fe_2O_3 的晶体结构有亚稳态的尖晶石 γ-Fe_2O_3 和稳态的刚玉结构 α-Fe_2O_3 两种。γ-Fe_2O_3、α-Fe_2O_3、ABO_3 型化合物等材料制成的气敏元件都是体控制型，它们

只有在空气或氧中才对其他还原性气体有气敏性，而在惰性气体中没有气敏性。

(1) γ-Fe_2O_3 气敏元件

这是以γ-Fe_2O_3 为主体的多孔质烧结体传感器。γ-Fe_2O_3 是 N 型半导体，在高温下，如果吸附了还原性气体，将使得部分三价铁离子获得电子被还原成二价铁离子($Fe^{3+} + e \rightarrow Fe^{2+}$)，导致电阻率下降。电阻率很高的$\gamma$-$Fe_2O_3$ 转变为电阻率很低的 Fe_3O_4。Fe_3O_4 的离子分布可表示为 $Fe^{3+}[Fe^{3+} \cdot Fe^{2+}]O_4$，因 Fe^{3+} 和 Fe^{2+} 之间可以进行电子交换，使得 Fe_3O_4 具有较高的导电性。同时 Fe_3O_4 和γ-Fe_2O_3 的相似结构，使它们之间可以形成连续固溶体，固溶体的电阻率取决于 Fe^{2+} 的数量。随着气敏元件表面吸附的还原性气体数量的增加，二价铁离子相应增多，气敏元件的电阻率下降。当吸附在元件上的还原性气体解吸后，Fe^{2+} 被空气中的氧所氧化，成为 Fe^{3+}，Fe_3O_4 又转变成电阻率很高的γ-Fe_2O_3，元件的电阻相应增加。γ-Fe_2O_3根据这个原理制成了气体传感器，用它检测丙烷(C_3H_8)和异丁烷(i-C_4H_{10})，具有较高灵敏度。这两种烷类是液化石油气的主要成分，因此γ-Fe_2O_3 气敏元件又称为城市煤气传感器。

(2) α-Fe_2O_3 气敏元件

通过晶粒的微细化(比表面面积为 130 $m^2 \cdot g^{-1}$)和提高孔隙率，提高了这种传感器的气体检测灵敏度，其性能比γ-Fe_2O_3 好。此外，在调制敏感元件时注入离子 SO_4^{2-}，也能提高传感器的气体检测灵敏度。故以 α-Fe_2O_3 为主要材料的城市煤气传感器对 H_2、CO 和乙醇(C_2H_5OH)有良好的响应。除乙醇外，其他气体在 1000—10000 ppm 的浓度范围内，电阻随着气体浓度的增加而增加，几乎都有如下的近似关系：

$$R \propto C^{-n} \tag{3.129}$$

式中，R 为器件的电阻值；C 为气体浓度；n 为与不同气体浓度有关的常数。

α-Fe_2O_3 气敏元件的电阻随着环境温度的上升而下降。元件的电阻也会随湿度的变化而变化，且对不同种类气体其变化也不同。

掺 Zr 薄膜 α-Fe_2O_3 和未掺杂薄膜 α-Fe_2O_3 在选择性、工作温度及响应恢复特性等方面均好于烧结型γ-Fe_2O_3 气体传感器和厚膜型 α-Fe_2O_3 气体传感器。掺 Zr 是改善薄膜型 α-Fe_2O_3 气敏特性的一种有效途径。

城市燃气大致有天然气、液化石油气和煤制气三种。天然气的主要成分为甲烷(CH_4)，其爆炸下限为 4.4%，比重比空气轻，为 0.6。液化石油气的主要成分为丁烷(C_4H_{10})，其爆炸下限为 1.4%，比重比空气重，为 2。煤制气的主要成分为一氧化碳(CO)和氢气(H_2)，其中 CO 的爆炸下限为 10.9%，与空气比，比重为 1，CO 在空气中呈游离状态；H_2 的爆炸下限小于 4%，与空气比，比重为 0.07。爆炸下限是可燃性气体安全浓度的上限，报警器应该在可燃性气体达到爆炸下限前就发出报警信号，并采取相应安全措施。探测可燃气体比空气轻的气体火灾探测器应安装在被保护空间的上方；探测可燃气体比空气重的气体火灾探测器应安装在被保护空间的下方；探测可燃气体比重与空气相当的气体火灾探测器可安装在可燃气体容易泄漏的地方。

2）TiO_2 类传感器

TiO_2 是N型半导体，由于常温下 TiO_2 难以和空气中的氧发生化学吸附而不显示氧敏特性，所以，添加贵金属铂作为催化剂。工作时，环境中的氧首先在铂上吸附形成原子态氧，再与 TiO_2 发生化学吸附，使得 TiO_2 元件在300 ℃以上对氧具有较好的响应特性。由于 TiO_2 的温度升高电阻率下降容易与 TiO_2 吸附氧后电阻率的下降相混淆，造成测量误差，为此在元件测试中选择电阻值与气敏元件一致的热敏电阻或者在浆材料制备时添加温度补偿材料（如 ZrO_2、Y_2O_3、Al_2O_3 等）进行温度补偿。薄膜型 TiO_2 氧敏元件的特点是体积小，响应速度快，具有良好的发展前景。

3. 非电阻式半导体气敏传感器

1）二极管传感器

将金属与半导体结合做成整流二极管，其整流作用来源于金属和半导体功函数的差异。如果二极管的金属与半导体的界面吸附有气体，而这种气体又对半导体的禁带宽度或金属的功函数有影响的话，则其整流特性就会变化。在掺铟的氧化钛上，薄薄地蒸发一层钯膜的钯/氧化钛二极管敏感元件，可用来检测氢气。钯/氧化锌、铂/氧化钛之类的二极管敏感元件亦可用于氢气检测。氢气对钯/氧化钛二极管整流特性的影响如图3.124所示。在氢气浓度急剧增高的同时，正向偏置条件下的电流也急剧增大。所以在一定的偏压下，通过测电流值就能知道氢气浓度；也可以在一定电流时，通过测量偏压来确定氢气的浓度。正向电流随氢气浓度增大而变大，是因为空气中的氧吸附在钯表面使Pd的功函数变大，而 Pd/TiO_2 界面的肖特基势垒层就会增高；当遇到氢气时，吸附的氧因氢气的解吸而消失，Pd的功函数随之

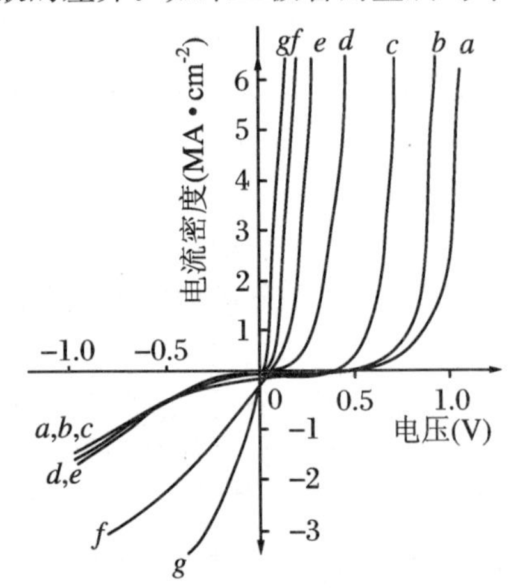

图3.124 钯/二氧化钛二极管敏感元件的伏安特性曲线

25 ℃时，空气中氢浓度为：a:0；b:14；c:140；d:1400；e:7150；f:10000；g:15000(ppm)

降低，从而使 Pd/TiO_2 界面的肖特基势垒层降低，导致正向电流增大。上面所举的例子中，金属全都采用钯或铂。后来，人们又研制了在常温下用来检测硅烷（SiH_4）的金/氧化钛二极管敏感元件。

2）MOS 场效应晶体管传感器

MOS 场效应晶体管传感器的结构如图 3.125 所示。当栅极和源极之间没有加电压时（$U_{GS}=0$），即使漏极和源极之间加上电压 U_{DS}，也因漏极和源极相互绝缘而没有电流通过（$I_D=0$）。如果在栅极上加一个正电压 U_{GS}，在 SiO_2 绝缘层中就会形成一个电场。在此电场的作用下，P 型硅衬底内的电子被吸引到层下面的硅表面，形成一个有一定电子浓度的薄层。这个薄层与衬底 P 型硅的导电类型相反，称为反型层。薄层像一条沟道，将 N 型源区与 N 型漏区连接起来，故又称 N 型沟道。这时加上 U_{DS}，就会有漏电流 I_D 流过。通过改变 U_{GS} 的大小，就能改变 N 型沟道的宽度，从而控制 I_D 的大小。

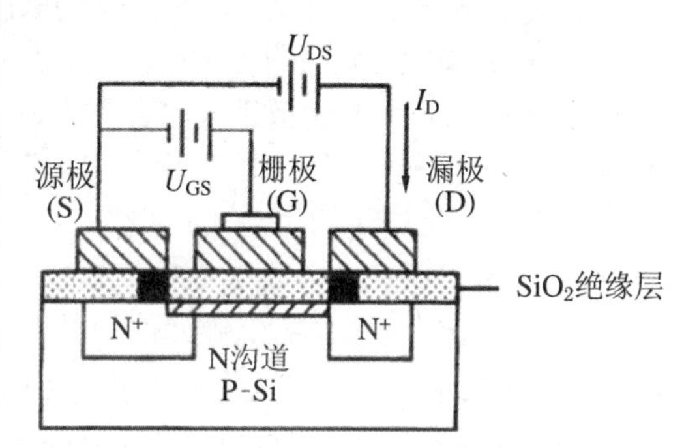

图 3.125 Pd-MOS 场效应管敏感元件

增强型 MOS 场效应晶体管的栅极电压 U_{GS} 只有大于某一个临界正电压值之后，才会有 I_D 在 N 型沟道中通过，这个临界值称为阈值电压 U_T。

$$U_T = \phi_m - \phi_s - \frac{Q_{ss}}{C_{ox}} + \phi_F \tag{3.130}$$

$$C_{OX} = \varepsilon_{ox}/d \tag{3.131}$$

式中，ϕ_m——栅极金属的功函数；

ϕ_s——半导体的功函数；

ϕ_F——形成反型层时，沟道表面与衬底的电势差；

Q_{SS}——在 $Si-SiO_2$ 界面的 SiO_2 表面电荷密度；

C_{OX}——氧化层电容；

d——SiO_2 绝缘层厚度；

ε_{ox}——SiO_2 的介电常数。

$Si-SiO_2$ 界面的反型层与 Pd 构成一个平板电容器，所以式(3.130)可简化成式(3.131)。

MOS 场效应晶体管气敏元件是利用阈值电压 U_T 对栅极材料表面吸附的气体

非常敏感这一特性发展起来的一种电压控制元件。在 U_{DS}一定时，改变 U_{GS}的大小来控制 I_D的大小。对于增强型 MOS 场效应晶体管，只有 $U_{GS}>U_T$时，才能形成 I_D。利用这一特性，当栅极吸附了被测气体后，栅极（金属）与半导体的功函数和表面状态发生变化，从而使阈值电压 U_T相应改变。这样由 U_T的变化来测定被测气体的性质和浓度。

钯、镍、铂等金属对氢有较强的吸附能力，氢在这些金属表面有两种不同类型的吸附：一种是使金属的功函数增加的 γ 型吸附；另一种是使金属的功函数降低的 s 型吸附。在钯表面的氢吸附是 s 型吸附，氢分子吸附在钯表面后，由于钯的作用分解成氢原子，通过钯膜扩散进入内表面的 Si－SiO_2 界面。在界面上，氢原子在金属侧极化，形成偶极层，使钯的功函数 ϕ_m下降，导致 U_T减小，从而确定氢气的浓度。

3）钯－MOS 场效应晶体管氢敏传感器

钯－MOS 场效应晶体管氢敏元件的灵敏度取决于 U_T的变化幅度。通常以氢敏元件在无氢的洁净空气中阈值电压 U_{T0}与在不同氢气浓度环境中 U_T之差 ΔU_T表示。当氢气浓度小于 10000 ppm 时，ΔU_T与氢气浓度之间具有近似的线性关系；当氢气浓度大于 10000 ppm 时，ΔU_T与氢气浓度之间的线性关系恶化，所以这种氢敏元件适合用来检测微量氢气，它的灵敏度很高。这种氢敏元件的响应时间和恢复时间取决于气体与 Pd 在界面上的反应过程。它们都随器件的工作温度上升而迅速减小，一般工作温度选择在 120 — 150 ℃。当器件的工作温度在 150 ℃时，当氢气浓度为 100×10^{-6}时，响应时间小于 10 s，恢复时间小于 5 s；当氢气浓度为 40000×10^{-6}时，响应时间小于 5 s，恢复时间小于 15 s。

钯－MOS 场效应晶体管氢敏元件工作时需要一定的温度，因此利用硅平面工艺先制备一个扩散硅电阻作为加热元件，再制作钯－MOS 场效应晶体管氢敏元件和一只作为测温元件的硅二极管，形成一个集成氢气传感器。正向工作硅二极管的正向压降随温度呈线性变化，温度每升高 1 ℃，正向压降约为 2 mV，这样正向二极管和加热电阻构成恒温电路，保证集成传感器工作在恒温状态。

金属钯具有只允许氢气通过而阻挡其他气体通过的特殊选择性，在测量氢气浓度时，将管子的漏极和栅极短接（制造时在内部接好），在源极与漏极之间加一个恒定小电流 100 μA，使钯－MOS 场效应晶体管刚刚开启，此时源漏之间的电流 I_D可由下式表示：

$$I_D = \beta(U_{GS} - U_T)^2 \tag{3.132}$$

式中，I_D为源漏之间电流，U_{GS}为栅源之间电压，β 为常数。

若 I_D为常数，当氢气扩散进入钯栅后，引起自身的功函数变化，必然引起 U_T

变化，同时引起 U_{GS} 变化，即 $\Delta U_T = \Delta U_{GS}(I_D \cong 0)$。氢气浓度越高，$\Delta U_T$ 越大，ΔU_{GS} 也越大，所以通过测量 ΔU_{GS} 就可以测量氢气的浓度。这种氢敏元件具有对氢气的唯一选择性，且有稳定性好、寿命长等优点，故得到广泛应用。

4. 半导体气体传感器微阵列[28]

近年来，随着半导体器件、集成电路的发展以及微电子器件制作工艺的成熟，将半导体气敏元件集成到一个单元，构成气体传感器微阵列(Gas sensor microarray)，可以大大提高气体传感器的灵敏度与选择性。德国 Goschnick 等人研究开发的传感器阵列，是将“主成分分析法”PCA(Principal component analysis)和“线性识别法”LDA(Linear discrimination analysis)两种模式识别技术结合，组成“电子鼻”(Electronic nose)，在火灾气体探测中得到了很好的验证。

图 3.126 是该传感器微阵列的实物图，图中左边是一个火柴头。如图 3.127 所示，传感器阵列正面采用几个纳米厚的 SnO_2 或 WO_3 气敏材料，气敏材料上面采用 39 个覆有 SiO_2 的 Pt 电极层，覆层厚度不等，在 2—30 nm 之间，39 个平行电极将气敏层分割成 38 个独立传感单元。

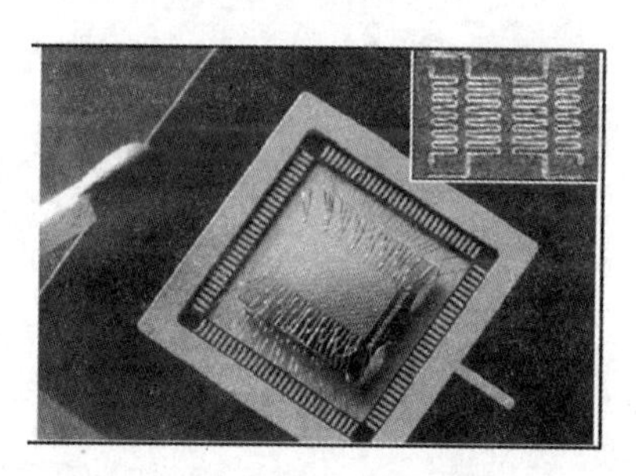

图 3.126　传感器微阵列实物正面图

在传感器微阵列下面，采用 4 个 Pt 电极加热单元，从而造成在传感器阵列不同厚度的覆层表面存在一定的温度梯度。底面加热温度一般在 200 — 400 ℃，正面覆层最高温度与最低温度相差 50 ℃左右。

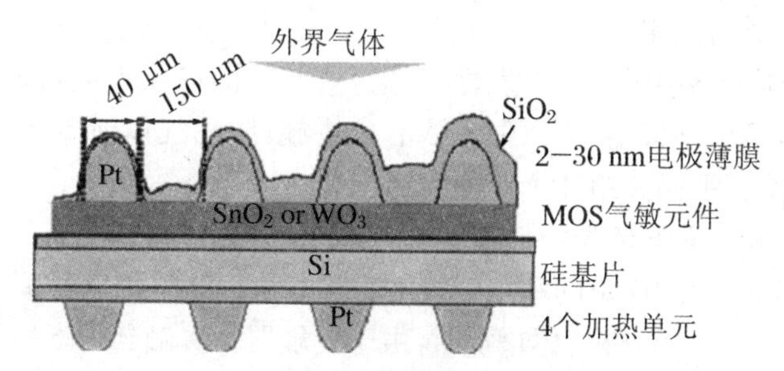

图 3.127　传感器阵列纵侧面图

由于传感器阵列表面覆层厚度及温度的不同，造成环境中各种气体在 SiO_2 膜面具有不同的透气性及化学反应特征，这种透气性及反应特征与气体的种类及浓度相关,结合模式识别算法,可以检测出气体的种类及浓度。

采用这种温度梯度技术(Gradient technique)研制成的 KAMINA“电子鼻”,可以检测区分 CO、苯、氨气、HCN 等多种气体,CO 检测的最低浓度可达 0.5 ppm,并且可以根据不同材料的燃烧气体产物不同,有效地区分聚氯乙烯、羊毛、木头等不同种类燃料的火灾,如图 3.128 所示。

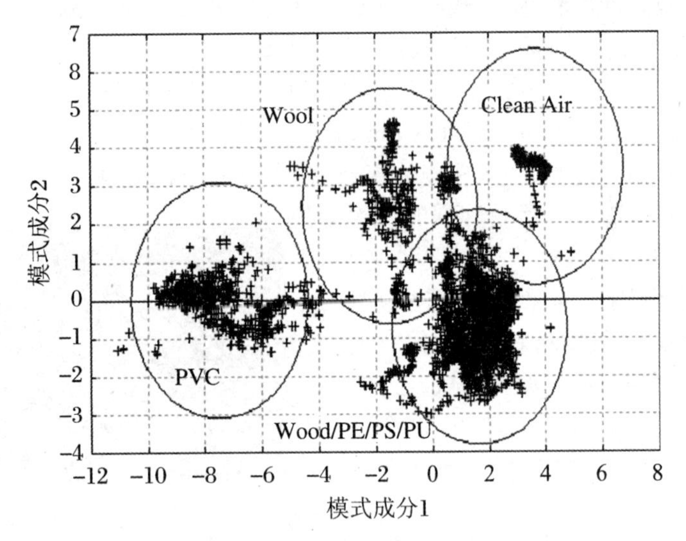

图 3.128　不同材料火灾识别

PVC:聚氯乙烯;PE:聚乙烯;PS:聚苯乙烯;PU:聚氨酯

5) 半导体气体传感器的应用

半导体气体传感器由于具有灵敏度高、响应时间快、使用寿命长、成本低等优点,因此得到广泛的应用。

半导体气体传感器可用于可燃性气体探测与检漏以及火灾报警,从而可在灾害事故发生前,给出预警信号,以便采取有效措施,防止气体泄漏造成的人员中毒或火灾爆炸危险。下面介绍几个应用实例。

1) 简易家用气体报警器

图 3.129 是一种最简单的家用气体报警器电路。气体传感器采用直热式气敏器件 TGS109。当室内可燃气体增加时,由于气敏器件接触到可燃性气体导致阻值降低,这样流经测试回路的电流增加,可直接驱动蜂鸣器报警。

设计报警器时,重要的是如何确定开始报警的浓度,报警浓度下限选低了,灵敏度高,容易产生误报;下限选高了,又容易产生漏报,造成事故。一般情况下,对于丙烷、丁烷、甲烷等气体，都选定在其爆炸下限的十分之一处，阈值可以通过调整电阻来调节。

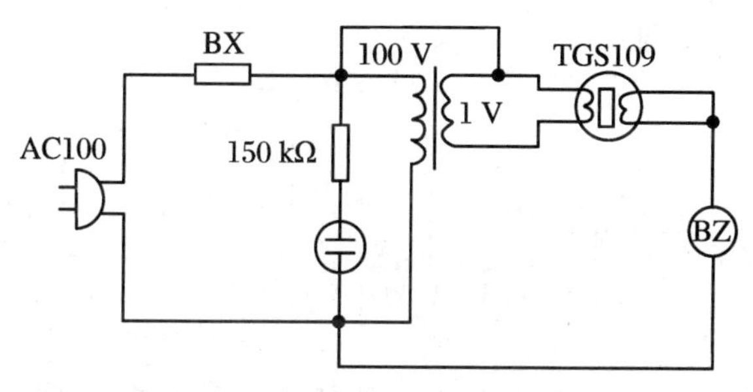

图 3.129 简易家用气体报警器电路图

2）可燃气体报警器

气敏元件采用低功耗、高灵敏度的 QM-N10 型气敏管，这是以金属氧化物 SnO_2 为主体材料的 N 型半导体气敏元件，当元件接触还原性气体时，其电导率随气体浓度的增加而迅速升高。主要用于 CH_4、C_4H_{10}、H_2 等可燃性气体的检测，具有灵敏度高、响应速度快、输出信号大、寿命长、工作稳定可靠的特点。其主要技术指标如表 3.25 所示。

表 3.25 QM-N10 型气敏元件主要技术指标

加热电压	AC 或 DC 5±0.2 V	响应时间	≤10 s
回路电压	最大 DC 24 V	恢复时间	≤30 s
负载电阻	2 kΩ	元件功耗	≤0.7 W
清洁空气中电阻	≤2000 kΩ	检测范围	50—10000 ppm
灵敏度	≥4(在 1000 ppm C_4H_{10} 中)	使用寿命	2 年

图 3.130 为 QM-N10 组成的可燃气体报警器工作电路图。

图 3.130 中 U257B 是 LED 条形驱动器集成电路，其输出量(LED 点亮只数)与输入电压呈线性关系。LED 被点亮的只数取决于输入端 7 脚电位的高低。通常 IC7 脚电压低于 0.18 V 时，其输出端 2—6 脚均为低电平，LED_1—LED_5 均不亮。当 7 脚电位等于 0.18 V 时，LED_1 被点亮；7 脚电压为 0.53 V 时，则 LED_1 和 LED_2 均点亮；7 脚电压为 0.84 V 时，LED_1—LED_3 均点亮；7 脚电压为 1.19 V 时，LED_1—LED_4 均点亮；7 脚电压等于 2 V 时，则使 LED_1—LED_5 全部点亮。U257B 的额定工作电压范围是 8—25 V，输入电压最大为 5 V，输入电流 0.5 mA，功耗为 690 mW。QM-N10 型气敏管和电位器 R_P 组成气敏检测电路，气敏检测信

号从 R_P 的中心端旋臂取出。

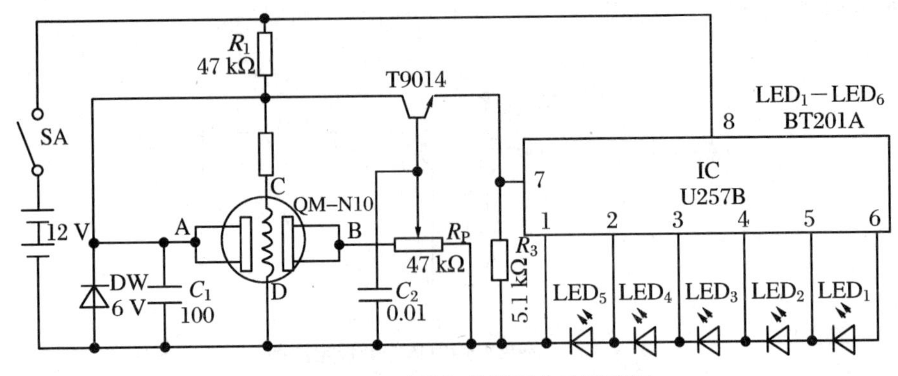

图 3.130　可燃性气体检测电路原理图

当 QM-N10 不接触可燃性气体时，其 A、B 两极间呈高阻抗，使得 7 脚电压趋于零，相应 LED_1 — LED_5 均不亮。当 QM-N10 处在一定浓度的可燃性气体环境中时，其 A — B 两极端电阻值变得很小，这时 7 脚存在一定的电压 0.18 V，LED_1 被点亮，浓度越高，点亮的 LED 只数越多。

这种气体报警器可对煤气、CO、液化石油气等的泄漏实现监测报警。

3）火灾气体报警器

图 3.131 给出火灾气体报警器电路原理图，由电源、检测、定时报警输出三部分组成。电源部分将 220 V 交流电压变为 15 V，由 D_1 — D_4 组成的桥式整流电路整流并经 C_2 滤波成直流。三端稳压器 7810 供给气敏元件 HQ-2 和运算放大器电源电压，稳压器 7805 供给 5 V 电压以加热气敏元件。

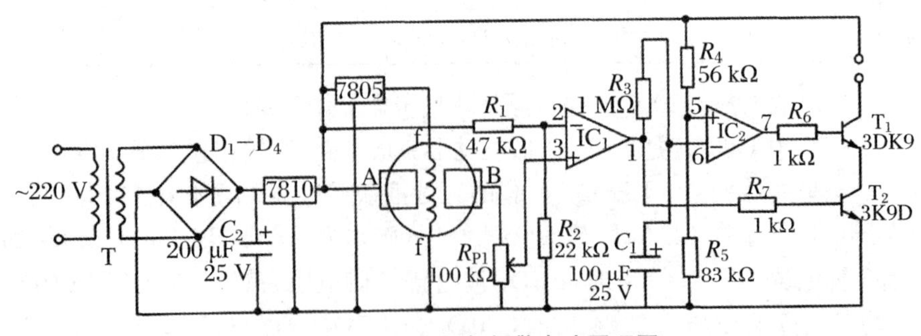

图 3.131　火灾烟气报警电路原理图

HQ-2 气敏管 A、B 之间的电阻，在无烟气环境中为几十千欧，在火灾烟气环境中可下降到几千欧。即在火灾发生时，火灾气体使 A、B 间电阻迅速减小，比较器

IC_1 通过电位器 R_{P1} 所取得的分压随之增加，IC_1 翻转输出高电平使 T_2 导通。IC_2 在 IC_1 翻转之前输出高电平，因此 T_1 也处于导通状态。只要 IC_1 一翻转，输出端便可输出报警信号。输出端可接蜂鸣器或发光器件实现报警。IC_1 翻转后，由 R_3、C_1 组成的定时器开始工作（改变 R_3 阻值可改变报警信号的长短）。当电容 C_1 被充电达到阈值电位时，IC_2 翻转，T_1 关断，停止输出报警信号。火灾烟气消失后，比较器复位，C_1 通过 IC_1 放电。该气敏管长期搁置首次使用时，在没有遇到检测气体时电阻也将减小，需经 10 min 左右的初始稳定后才可正常工作。

4）酒精探测器

在一些场合，需要对酒精进行探测，如为了确保安全，需要检查司机是否酒后驾车，建筑行业要检查工人是否酒后高空作业等。利用 SnO_2 气敏器件设计的酒精探测器，可以满足这方面的要求。

图 3.132 为携带式酒精探测仪原理电路。插杆用来接通 12 V 直流电源，经稳压后供给气敏器件作加热电压和回路电压。当酒精气体被探测到时，气敏器件电阻值降低，测量回路有信号输出，在 400 μA 表上有相应的指示值，确定酒精气体的存在。

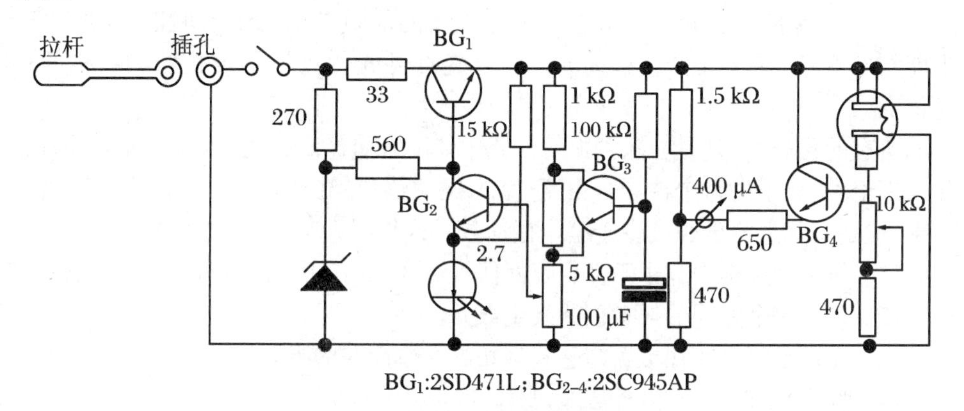

图 3.132　携带式酒精探测仪电路

3.5.3　红外吸收式气体探测器

红外吸收式气体传感器原理基于 Lambert-Beer 定律，即若对两个分子以上的气体照射红外光，则分子的动能发生变化，吸收特定波长光，这种特定波长光是由分子结构决定的，由该吸收频谱判别分子种类，由吸收的强弱可测得气体浓度。

红外吸收式气体传感器可以检测多种气体，且具有灵敏度高、气体选择性好、可靠性高、响应速度快等优点。

1. 红外吸收原理

自从红外线发现之后,人们发现物质分子可以吸收一定光谱的红外线。利用观察样品物质对不同波长红外光的吸收程度,进行物质分子组成和结构的研究方法,称为红外分子吸收光谱法,简称红外吸收光谱法或红外光谱法,常以IR(Infrared的缩写)表示。

分子的价电子能级间的间隔最大(能吸收可见光与紫外线产生紫外光谱),分子的化学键振动能级间的间隔居中(能吸收红外线产生红外光谱),而分子的转动能级间的间隔较小(能吸收远红外线及微波,产生分子的纯转动光谱)。所以当发生分子振动能级跃迁的同时,必然伴随着转动能级的跃迁。因此,红外光谱也称振动或转动谱带。

根据量子理论,原子或分子具有的能量是量子化的。因此在原子或分子中,能量仅有一定的离散的数值(Discrete values)。在红外吸收光谱法中,使分子向高能级跃迁时需要的能量是由照射样品的红外线供给的。由于振动能级是量子化的,因此分子振动只能吸收一定的能量,即与分子振动能级间隔相应的波长的光线,当光线波长具有的能量相当于这两个能级间的能量差时,光能即被分子吸收产生能级的跃迁,并吸收该波长的光。这就是红外光谱可以测定化合物结构的理论依据。

所有的化合物,凡是在各种振动形式中伴随有偶极矩变化者,在红外区都有吸收。理论上,分子的每个振动自由度(基本振动数)在红外光谱区均产生一个吸收峰带,但是实际上峰数往往少于基本振动数。这是因为:

(1) 当振动过程中分子不发生瞬间偶极矩变化时,不引起红外吸收。

(2) 频率完全相同的振动彼此发生兼并。

(3) 强宽吸收峰往往覆盖与它频率相近的窄而弱的吸收峰。

(4) 吸收峰有时落在红外区域以外。

(5) 吸收强度太弱,以致无法测定。

当然也有使峰数增多的因素,如倍频与组频等,但这些峰落在红外区的比较少,而且都是比较弱的峰。

表3.26列出了多种气体的红外波段吸收的特征峰,其中很多是火灾中产生的气体。其中一氧化碳CO和二氧化碳CO_2常用的吸收波长分别为4.7 μm和4.23 μm。

表 3.26　气体的常用红外吸收特征波长

气体	吸收波长（μm)	气体	吸收波长（μm)
H_2O	1.31,1.39,5.94	SO_2	7.28
CO	1.57,2.32,4.7	C_2H_2	1.52,7.4
CO_2	2.0,4.23	H_2S	1.57
CH_4	1.65,3.26	H_2CO	1.93,3.55
NO	1.79,2.65,5.25	HF	1.31
NO_2	0.8,6.14	HCl	1.79,3.4
N_2O	1.52,2.26,4.47	HBr	1.96,3.82
HCN	1.54,6.91	NH_3	1.54,10.3
HCl	1.2,1.7		

2. 气体分子吸收定律

当红外光线通过待测介质层时，具有吸收光能的待测介质将吸收一部分能量，使通过后的能量较通过前的能量减少。光强为 $I_{0\lambda}$ 的红外光透过一光学路径为 L、光谱吸收系数为 α_λ 的均匀介质后，其透过光强 I_λ 可表示为

$$I_\lambda = I_{0\lambda} e^{-\alpha_\lambda L} \tag{3.133}$$

其中吸收系数被定义为

$$\alpha_\lambda = S(T) \cdot f(\lambda - \lambda_0) \cdot c \tag{3.134}$$

式中，$S(T)$——温度为 T 时的吸收谱线的强度，可通过光谱线的相关参数计算（如采用 HITRAN 数据库）；

$f(\lambda - \lambda_0)$——以 λ_0 为中心波长的谱线的线型；

c——吸收气体组分的浓度。

由上面两式可知，气体在特定波长上的吸收度（入射光强与出射光强之比的对数）与吸收路径及气体浓度成正比关系，因此，可以利用气体的红外吸收特征，得到气体的种类和浓度大小。

3. 红外吸收式气体探测器

20 世纪 90 年代初，英国西格公司在国际上首次成功研制了线型红外吸收式可燃气体探测器，开创了泄漏可燃气体探测技术的新纪元，目前国外此项技术发展很快，如美国的 SCOTT 公司生产的非色散型红外（NDIR）气体浓度变送器，测量精度能达到满量程的 2%，并逐渐取代电化学式气体浓度变送器，且随着微电子技术的发展，采用微电子机械（MEMs）一体化的红外气体传感器的研究正在兴起，向着体积小、功耗低、精度高、稳定性好、可靠性高、易于实现本质安全等方

向发展。

国内公安部沈阳消防研究所研制开发了“线型红外可燃气体探测器”，并于1998年通过部级鉴定。该探测器采用双波段实现对可燃气体的探测，一对探测器的最远探测距离可达80 m，探测器灵敏度高，响应速度快，不会因某种气体中毒而损坏器件，也不会因可燃气体浓度过高而降低性能。该探测器采用双波段互补技术、信号窄脉冲同步分离技术、探测器工作点自动调整技术，从而最大限度地消除了灰尘、雨、雪等自然环境对系统工作的影响，较好地解决了系统在恶劣环境下稳定运行的问题，图3.133为其工作原理示意图。

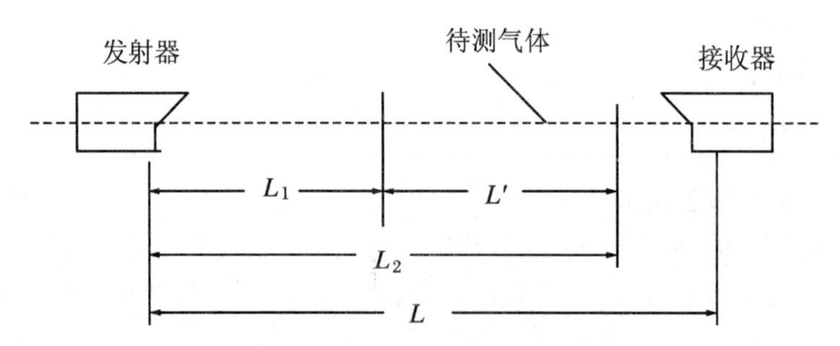

图3.133　线型红外可燃气体探测器原理图

如图3.133所示，假设可燃气体进入监测区域，图中L为光束传输路径长度，$L'=L_2-L_1$为待测气体占据光路长度。在双波长的选取中，λ_1为所要探测可燃气体吸收谱带的中心波长，λ_2为避开可燃气体本征吸收谱带的参比波长。

根据Lambert-Beer吸收定律，可以得到下式：

$$\int_{L_1}^{L_2} c(x)\mathrm{d}x = \frac{1}{K(\lambda_1)}\ln\frac{I_{0\lambda_1}}{I_{0\lambda_2}} - \frac{1}{K(\lambda_1)}\ln\frac{I_{\lambda_1}}{I_{\lambda_2}} \tag{3.135}$$

式中，$I_{0\lambda_1}$、$I_{0\lambda_2}$分别为波长λ_1、λ_2光线的初始入射光强；I_{λ_1}、I_{λ_2}分别为波长λ_1、λ_2光线的透射光强，即接收端光强；$c(x)$为泄漏气体在x处单位气体浓度；$K(\lambda_1)$为单位浓度泄漏气体的吸收截面(为一常数)。

由式(3.135)可以看出，在保证发射器出射光强$I_{0\lambda_1}$、$I_{0\lambda_2}$不变的情况下，由透过光强的相对变化，就可以确定待测泄漏气体的浓度。在监测过程中，任何环境因素的影响对I_{λ_1}、I_{λ_2}的影响作用是一样的，从而抵消了大气环境等变化因素的影响。

该探测器主要性能指标如表3.27所示。

表 3.27 线型红外可燃气体探测器技术指标

名 称	指 标
探测气体种类	烃类气体,以甲烷、丙烷为主
探测距离	不大于 65 m
响应工作值	高限报警动作值:20% LELm±5% 低限报警动作值:70% LELm±5%
响应时间	不大于 6 s
工作点漂移	软件程序自动跟随调零,保证工作点稳定
环境温度与湿度	−20—50 ℃,10%RH—98%RH
光路受阻影响	人和物体通过光路时不受任何影响;但在光路中停留 80 s 以上,探测器进入故障报警状态
消耗功率	发射器 AC220 V,功率小于 38 W; 接收器 DC24 V,功率小于 3 W
探测器防爆等级	DIIB T4
尺寸与重量	尺寸:200 mm×200 mm×490 mm;重量:15 kg

图 3.134 为量子型红外光敏元件气敏传感器的结构图,红外光源产生的红外光入射到测量槽,照射到某种被测气体时,根据气体种类的不同,将对不同波长的红外光具有不同的吸收特性。同时,不同浓度的同种气体对同一波长红外光的吸收量也彼此相异,因此通过测量槽到达接收光敏元件的红外光强度就不同。接收光敏元件是将光信号变成电信号的光电转换器件,所以红外光敏元件输出的电信号就不一样。根据红外光源的波长和光敏元件输出电信号的不同就可以知道被测量气体的种类和浓度。采用红外滤光片可以提高量子型红外光敏元件的灵敏度,也可以通过更换红外滤光片来增加被测气体的种类和扩大被测气体的浓度范围。

中国科学技术大学火灾科学国家重点实验室和合肥科大立安公司采用类似图3.133 的结构开展了研究工作。红外光源的发射光谱范围为 2—20 μm,脉冲调制的红外光,在测量槽内经多次反射后输出,经过可更换滤光片由红外光敏元件接收,再经锁相放大、数据采集、A/D 变换,进入 DSP 进行数据处理,最后数码显示和声光报警输出结果。在测量室内,红外光束既要完成几十次的有效反射,以增加红外光束的光程长度,使光束与被测量气体有更多的接触机会,又要防止无效的漫散射引起的干扰,所以测量室内壁的设计和镀膜都要十分考究。红外敏感元件采用 $LiTaO_3$ 四元红外光敏元件,分别检测 CO、CO_2 和 CH_4 吸收的红外光信号,还有一个红外光敏元件作为参比探测器。参比探测器监测红外光源发光强度的变化和干扰对测量光路的影响，以便对三组分测量结果进行校准。可更换滤光片是中心波长分别为 4.7 μm、4.35 μm、3.26 μm 的窄带滤光片，它们分别对应 CO、CO_2、CH_4 的吸收中心波长，4.7 μm、4.35 μm、3.26 μm 的窄带滤光片与 CO、CO_2、CH_4 红外光敏元件同步接入接收系统，顺序接入接收系统的还有参比红外探测器及相应的滤光片，所以测量波长有四个。被测量气体由抽气泵产生负电压从入口进入测量槽，再由出口排入大气。对火灾烟气进行三组分测量不仅可以减少火灾误报，还可以通过对三组分信号大小配比的分析，知道燃烧物质的类型。

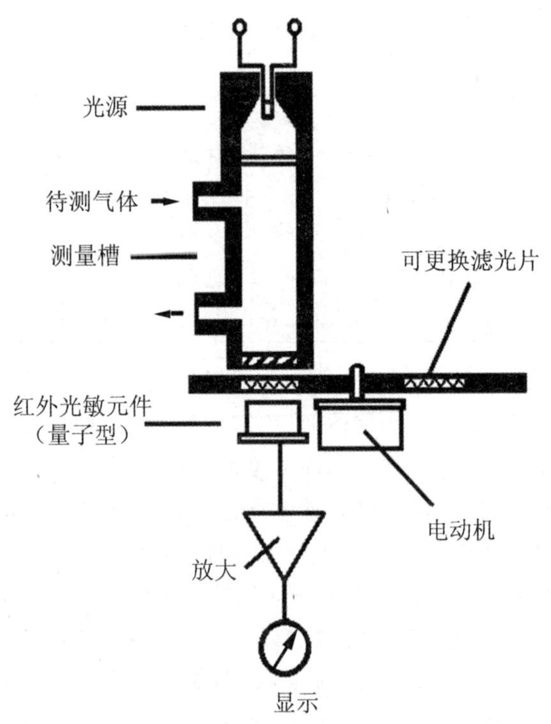

图 3.134　量子型红外光敏元件气敏传感器的构成

3.5.4　接触燃烧式气敏传感器

1. 气敏元件的检测原理及结构

图 3.135 是接触燃烧式气敏传感器的结构图。一般在金属线圈（如铂丝）中通过电流，使之保持在 300 — 600 ℃的高温状态，一旦可燃性气体（如 H_2、CO、CH_4、液化石油气等）与金属线圈接触，便产生氧化反应（无焰接触燃烧），燃烧热进一步使敏感材料铂丝的温度升高，导致具有正温度系数的金属铂的电阻值相应增加。

当温度不太高时,铂丝电阻值的增加与温度的升高具有良好的线性关系。另外,空气中的可燃气体浓度不太高(低于10%)时,可以完全燃烧,所以其发热量又与可燃性气体的浓度成正比。综上所述,铂丝电阻值的变化与可燃性气体浓度变化成正比,只要测定铂丝的电阻值增量,就可以检测出空气中可燃气体的浓度值。电阻值的增量为

$$\Delta R = \rho \cdot \Delta T = \rho \cdot H/h = \rho \cdot \alpha \cdot c \cdot \theta/h \tag{3.136}$$

式中,ΔR——电阻值增量;

ρ——铂丝的电阻温度系数;

H——可燃气体的燃烧热量;

θ——可燃气体分子的燃烧热量;

h——传感器的热容量;

α——传感器催化能决定的常数;

c——可燃气体分子数量。

其中ρ、α、h取决于传感器自身的参数;θ由可燃气体种类决定,也就是说一旦气体传感器检测气体的类型确定,ΔR就仅与气体分子的数量c有关,即ΔR与气体的浓度成正比。

使用单纯的铂丝线圈作为检测元件,其使用寿命较短,所以实际应用的检测元件都是在铂丝外面涂覆一层氧化物触媒,以延长其寿命,提高其响应特性。图3.135给出气敏元件的内部结构图及外形图,用直径50—60 μm的高纯(99.999%)铂丝,绕制成直径为0.05 mm的线圈,为了使线圈具有适当的阻值(1—2 Ω),一般应绕10圈以上,在线圈外面涂以氧化铝或者氧化铝与氧化硅组成的膏状涂覆层,干燥后在一定温度下烧结成球状多孔体,将烧结后的小球,放在贵金属铂、钯等的盐溶液中,充分浸渍后取出烘干,然后经过高温热处理,使在氧化铝(或氧化铝与氧化硅)载体上形成贵金属接触媒层,最后组装成气体敏感元件。除此之外,也可以将贵金属触媒粉体与氧化铝、氧化硅等载体充分混合后配成膏状,涂覆在铂丝绕成的线圈上,直接烧成后备用。

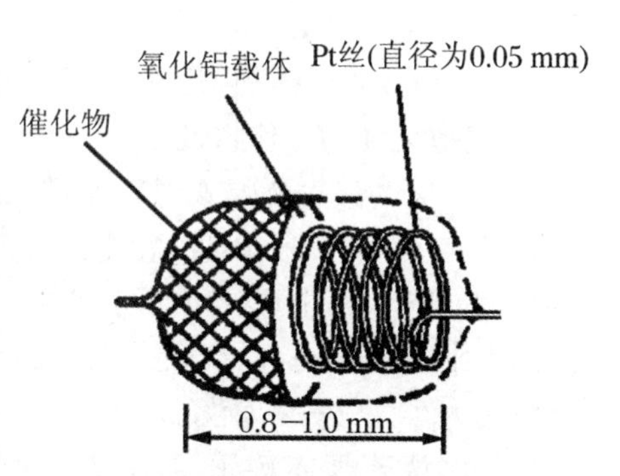

图3.135　接触燃烧式气敏元件的结构示意图

接触燃烧式气敏传感器的电路原理如图3.136所示。图中F_1是气敏元件,F_2是温度补偿元件,F_1、F_2均为白金电阻丝。F_1、F_2与R_3、R_4组成惠斯登电桥,当不

存在可燃性气体时，电桥处于平衡状态；当存在可燃性气体时，F_1 的电阻产生增量 ΔR，电桥失去平衡，输出与可燃性气体特征参数（如浓度）成正比的电信号；当环境温度缓慢变化、电源电压变化时，由于 F_2 的补偿作用，电桥仍处于平衡状态。

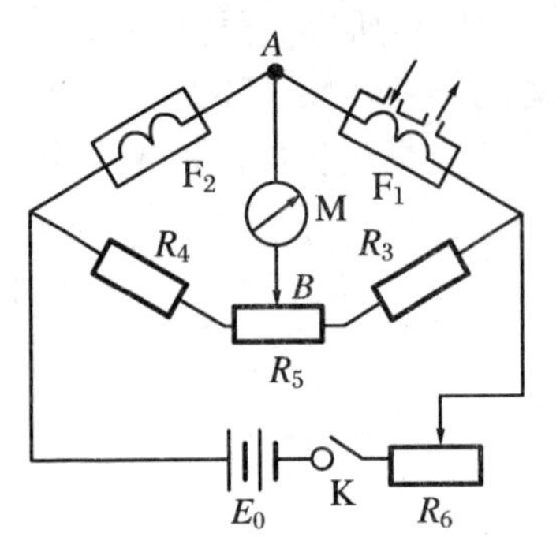

图 3.136 接触燃烧式气敏元件的检测电路

设 F_1 的电阻值为 R_1，F_2 的电阻值为 R_2，电源电压为 E_0，电阻值变化ΔR，则 A、B 两点间的电位差E_{AB}为

$$E_{AB} = E_0[(R_1 + \Delta R)/(R_1 + R_2 + \Delta R) - R_3/(R_3 + R_4)] \tag{3.137}$$

由于 ΔR 与 R_1、R_2、R_3、R_4 相比非常小，分母中的 ΔR 可以忽略不计。另外，由于平衡条件 $R_1 \cdot R_4 = R_2 \cdot R_3$，则

$$E_{AB} = E_0[R_1/(R_1 + R_2) \cdot (R_3 + R_4)][R_2/R_1]\Delta R \tag{3.138}$$

令 $k = E_0[R_1/(R_1 + R_2) \cdot (R_3 + R_4)]$，则有

$$E_{AB} = k[R_2/R_1]\Delta R \tag{3.139}$$

由上式可见，A、B 两点间的电位差E_{AB}与 ΔR 有关，也就是说，A、B 两点间的电位差E_{AB}与被测气体的浓度成正比。

2. 气敏元件的工作特性

图 3.137 为接触燃烧式气敏元件的特性曲线，图中横坐标气体浓度是可燃性气体与各自爆炸下限 LEL 浓度的相对值，单位为 10^{-6}。对于不同的可燃气体，其爆炸下限各不相同，但气敏元件输出信号与浓度大小线性关系较好。

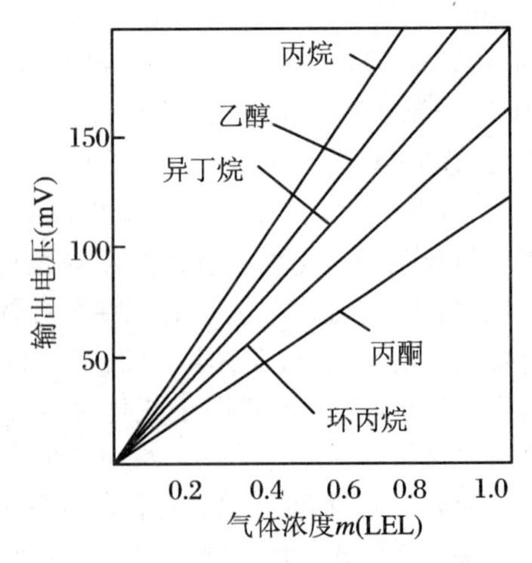

图 3.137 接触燃烧式气敏元件特性

接触燃烧式气体传感器相对半导体气体传感器，除了响应速度稍慢外，它具有以下优点：

（1）其输出信号与气体浓度之间线性关系好。

（2）除少数可燃性气体外，大多数可燃性气体的摩尔燃烧热与可燃性气体的爆炸下限浓度的乘积大体上是一个常数。

这样，与之配套的仪表设计制作可以

简化，同时在检测可燃性气体时不受空气中水蒸气的影响，因此，接触燃烧式气体传感器可以作为定量检测元件。

接触燃烧式气体传感器的长期稳定性及其寿命与触媒的寿命密切相关，触媒的寿命又与敏感元件的工作温度、空气中的粉尘和烟气等有害物质的浓度、空气中是否存在能使触媒出现“中毒”现象的气体（如 SO_2）等因素有关。虽然敏感元件的高灵敏度工作（可燃性气体在铂丝上的氧化反应）必须有一定的工作温度环境，但希望其工作温度越低越好，以提高其长期稳定性。为了减轻空气中粉尘和烟气等的危害，可以设置过滤器等装置。实验发现，对于铂、钯等贵金属触媒毒害最大的物质是硫化物、硅化物、卤化物和硫酸盐，用 Cu∶Pt＝8∶92 的二元合金触媒可以明显改善其长期稳定性。另外，改变触媒的配方，可以在一定程度上提高敏感元件的选择性，例如使用混合触媒（Pt∶Pd＝1∶1）可以提高对甲烷的识别能力，使用掺有氧化铜的复合触媒可以降低空气中酒精对敏感元件的干扰。

3.5.5　热导率变化式气体传感器

图 3.138 是一个气体成分分析室[35]，它是一个圆柱形装置，轴心上装有一个通有恒电流 I 的电阻丝 R。当分析室的结构形式、几何尺寸、材料都一定时，电阻丝最后达到的平衡温度取决于分析室内气体的导热系数。气体导热系数与气体的成分和浓度有关，对于 N 种相互不发生化学反应的混合气体，其导热系数为各气体导热系数的平均值，即

$$\lambda_C = \sum_{i=1}^{N} n_i \lambda_i \tag{3.140}$$

式中，λ_C——混合气体的导热系数；

λ_i、n_i——第 i 种气体的导热系数与百分数含量。

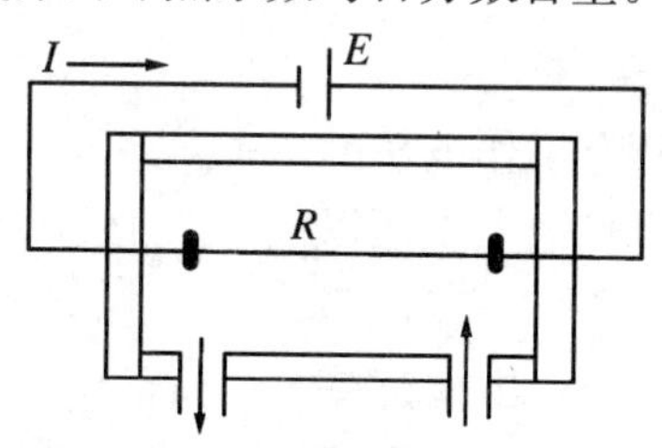

图 3.138　气体成分分析室

设导热系数为 λ_1 和 λ_2 的两种混合气体，λ_1 气体的百分数含量为 a，则由式(3.140)可得

$$\lambda_C = a\lambda_1 + (1 - a)\lambda_2 \tag{3.141}$$

由式(3.141)可知,若 λ_1、λ_2 已知,只要测出 λ_C,就可以获得两种气体的百分数含量。

大量实验和理论计算表明,电阻丝阻值与被分析气体含量之间,在一定范围内是线性关系,通过测量电阻丝阻值 R 就可以间接求取被分析气体的百分数含量。要实现这一点,应使其他形式的热耗散尽量减少或固定不变。

每种气体都有固定的热导率,混合气体热导率也可以近似求得,因为以空气为比较基准的校正比较容易实现,所以,用热导率变化法测气体浓度时,往往以空气为基准比较被测气体。

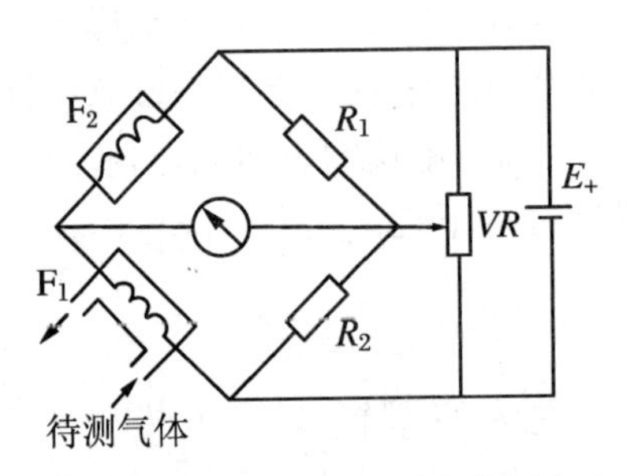

图 3.139　热线式气敏元件典型电路

热导率式气体传感器的基本测量电路与接触燃烧式传感器相同(见图 3.139),其中 F_1、F_2 可用不带催化剂的白金线圈制作,也可用热敏电阻。F_2 内封入已知的比较气体,F_1 与外界相通,当被测气体与其相接触时,由于热导率相异而使 F_1 的温度变化,F_1 的阻值也发生相应的变化,电桥失去平衡,电桥输出信号的大小与被测气体种类或浓度有确定的关系。

热导率变化式气敏传感器因为不用催化剂,所以不存在催化剂影响而使特性变坏的问题。它除用于测量可燃性气体外,也可用于测量无机气体及其浓度。

1. 热线式气敏传感器

图 3.139 是典型的热线热导率式气敏传感器及其测量电路。由于热线式的灵敏度较低,所以其输出信号小。这种传感器多用于油船或液态天然气运输船。

2. 热敏电阻气体传感器

这种气敏传感器用热敏电阻作电桥的两个臂组成惠斯登电桥。当热敏电阻通以 10 mA 的电流加热到 150 — 200 ℃时,F_1 一旦接触到甲烷等可燃性气体,由于热导率不同而产生温度变化,进而产生电阻值变化使电桥失去平衡,电桥输出电压的大小反映气体的种类及浓度。图 3.140 为其测量电路原理图。

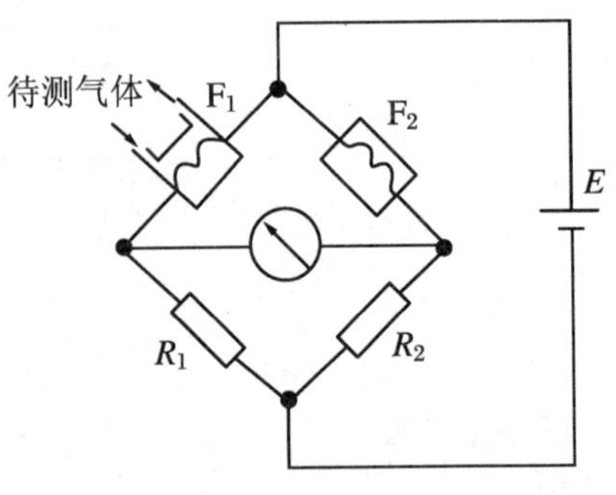

图 3.140　热敏电阻气敏传感器原理图

3.5.6 电化学气体传感器

1. 化学传感器的基础[37]

化学传感器是以化学物质成分为检测参数的传感器，主要是利用敏感材料与被测物质中的分子、离子或生物物质相互接触时所引起的电极电势、表面化学势的变化或所发生的表面化学反应或生物反应，由此直接或间接地转换成电信号。化学传感器实际上是对溶液中某种离子具有高度专属性的各种不同测量电极，所以化学传感器又称离子敏选择性电极，简称ISE(Ion-selective electrode)。

化学上，把溶解于水或熔融状态下能够导电的物质叫电解质，不能导电的物质叫非电解质。电解质导电机理不同于金属导体，它是依靠正、负离子各向相反方向进行迁移，同时电极上发生化学反应来导电的。当把一片金属(如银片)浸入水中时，由于极性很大的水分子与金属上的离子相互吸引而发生水化作用，一部分金属离子与晶格上其他离子键力减弱，而离开金属表面进入水中。金属正离子进入溶液，剩余的电子留在金属上，使金属表面带负电荷。由于静电的吸引，进入水中的大部分正离子聚集在金属电极表面，这样在金属和溶液界面形成一个双电层结构，因而产生了电位差。由于水带正电，阻碍了金属的继续溶解，同时溶解在水中的金属离子会沉积到金属表面上，当溶解和沉积的速度相等时，就达到一种动态平衡。对于Z价金属，平衡表达式为

$$\mathrm{M} \rightleftharpoons \mathrm{M}^{Z+} + Z\mathrm{e} \tag{3.142}$$

式中，M为金属；M^{Z+}为溶液中的金属正离子；$Z\mathrm{e}$为金属上的Z个电子。

达到平衡时的电位差即为该金属的电极电位E，电极电位的大小与离子种类和溶液浓度有关。每个电池都由正、负两个电极和电解质组成，所以一个电极和电解质就构成半电池。半电池不能取出电信号，为此还要有参比电极，才能构成一个电池。

参比电极是一个标准的半电池。理想的参比电极的界面电势是不变的。参比电极的电位不受待测溶液中离子浓度和温度变化的影响，重复性好，湿度系数小。

2. 电化学气体传感器的种类[28]

电化学传感器是基于待测物的电化学性质，并将待测物化学量转变成电学量进行传感检测的一种传感器。电化学气体传感器种类如表3.28所示。

表 3.28　各类电化学气体传感器原理及特性

种　类	现　象	传感器材料	特　点
恒电位电解式	电解电流	气体扩散电极,电解质水溶液	通过改变气体电极、电解质水溶液、电极电位等,可选择被测气体
		气体电极,水化固体聚合物膜	不使用酸、碱性电解质水溶液,不必担心由于蒸发而消耗掉
伽伐尼电池式	电流电池	贵金属工作电极,贱金属对比电极,电解质水溶液	电池电流作为检测输出,电路简单
		金属工作电极和对比电极,有机凝胶电解质,无机盐	不必担心电解质水溶液消耗,但不能检测高浓度气体(数百 ppm 以上)
离子电极式	电极电位的变化	离子选择电极,电解质水溶液,多孔聚四氟乙烯膜	选择性好,但被测气体不多
电量式	电解电流	贵金属正负电极,电解质水溶液,多孔聚四氟乙烯膜	选择性好,但被测气体不多
浓差电池式	浓差测定产生的电势	固体电解质	适合低浓度测量,大型,需消耗电力,需基准气体

3. 恒电位电解式气体传感器

恒电位电解式气体传感器原理图如图 3.141 所示,它是采用工作电极、参比电极、对电极等三电极组成的控制电位式电化学气体传感器。传感器在工作中使工作电极与参比电极之间保持一个恒定电位,测量工作电极与对电极之间的电解电流就能得到被测 CO 的含量。电极与电解质溶液的界面保持一定电位进行电解,通过改变其设定电位,有选择地使气体进行氧化或还原反应,从而能定量检测各种气体。对特定气体来说,设定电位由其固有的氧化还原电位决定,但又随电解时隔膜和工作电极的材质、电解质的种类不同而变化。电解电流和气体浓度之间的关系如下所示:

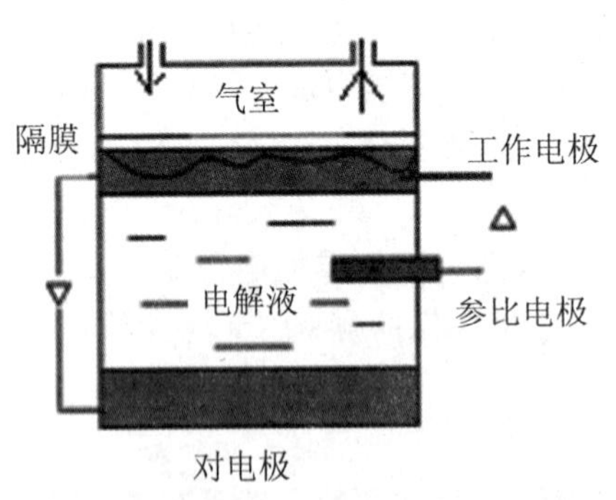

图 3.141　恒电位电解式气体传感器原理图

$$I = (n \cdot F \cdot A \cdot D \cdot C)/\sigma \tag{3.143}$$

式中，I 为电解电流，n 为 1 mol 气体产生的电子数，F 为法拉第常数，A 为气体扩散面积，D 为扩散系数，C 为电解质溶液电解的气体浓度，σ 为扩散层的厚度。

在同一传感器中，n、F、A、D 及 σ 是一定的，所以电解电流与气体浓度成正比。影响这类传感器寿命的主要因素有电极受淹、电解质干枯、电极催化剂晶体长大、催化剂中毒和传感器使用方式等。

将图 3.141 中的参比电极与对电极短接，如图 3.142 所示，透过隔膜(多孔聚四氟乙烯膜)的 CO 气体在工作电极上被氧化，而在对电极上 O_2 被还原，于是 CO 被氧化而形成 CO_2。两个电极上的反应式如下所示：

$$\begin{aligned} &CO + H_2O \rightarrow CO_2 + 2H^+ + 2e^- \\ &\frac{1}{2}O_2 + 2H^+ + 2e^- \rightarrow H_2O \end{aligned} \tag{3.144}$$

总反应

$$2CO + O_2 \rightarrow 2CO_2$$

此时，工作电极和对电极之间的电流就是(3.143)式中的 I，根据测得的电流值就可知道 CO 的浓度。

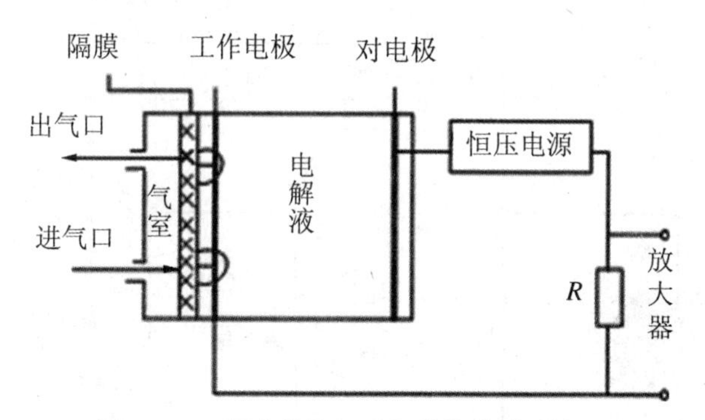

图 3.142 恒电位电解式气体传感器结构图

4．举例[38]

ME2-CO 型两电极电化学元件，其主要技术指标见表 3.29，其应用电路见图 3.143，负载电阻 R_L 的推荐值为 200 Ω，CO 浓度与输出电压的关系见图 3.144。ME2-CO 传感器能对除目标气体外的其他气体产生响应，表 3.30 列出了该传感器对几种常见干扰气体的响应特性。

表 3.29　ME2-CO 的主要技术指标

量　程	0 — 1000 ppm
最大测量限	2000 ppm
检测寿命	5 年
灵敏度	0.015 ± 0.005 uA/ppm
分辨率	0.5 ppm
温度范围	− 20 — 50 ℃
响应时间(T90)	<50 s
稳定性(/年)	<10%
负载电阻	200 Ω
重复性	<3%输出值
输出线性度	线性

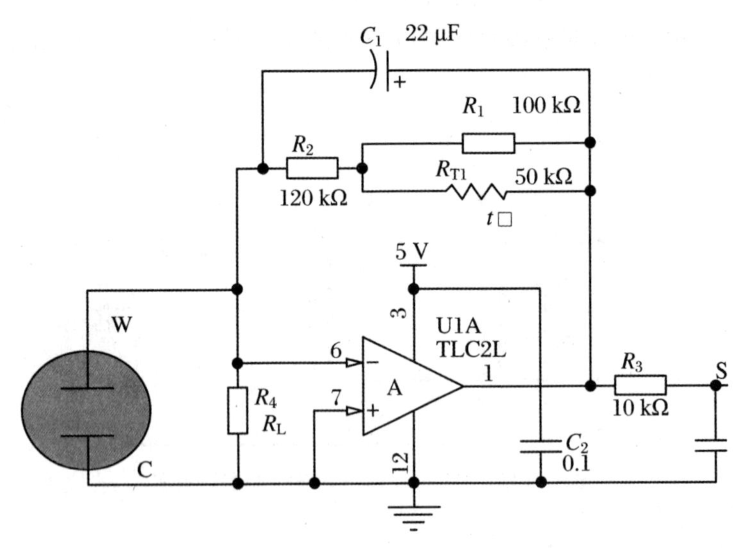

图 3.143　ME2-CO 电化学元件应用电路

表 3.30 干扰气体的响应特性

气 体	浓 度	ME2-CO
硫化氢	100 ppm	0 ppm
二氧化硫	20 ppm	0 ppm
氢气	200 ppm	40 ppm
乙烯	100 ppm	80 ppm
一氧化氮	35 ppm	6 ppm
二氧化氮	5 ppm	0 ppm
乙醇	1000 ppm	0 ppm

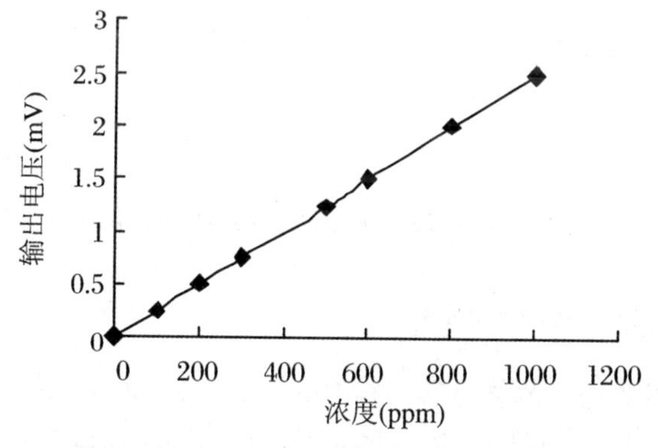

图 3.144 CO 浓度与输出电压的关系曲线

ME3-CO 型为三电极电化学元件,其主要技术指标见表 3.31,其应用电路见图 3.145。

表 3.31 ME3-CO 型主要技术指标

公称范围	0 — 1000 ppm
最大过载	2000 ppm
期望使用寿命	空气中 3 年
输出信号	0.06±0.015 uA/ppm
过滤器	滤除 SO_x/NO_x 和 H_2S
分辨率	0.5 ppm
温度范围	−20 — 50 ℃

续表

长期输出信号漂移	<5%信号损失/月
重复性	信号的1%
输出线性	线性

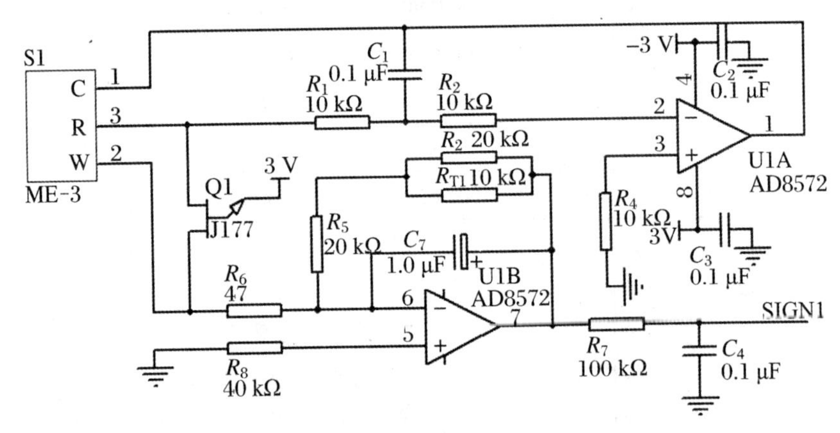

图 3.145　ME3-CO 型电化学元件应用电路

3.5.7　光纤可燃气体传感器

光纤气体传感器是气体传感器家族中的后起之秀，由于光纤不受电磁干扰，化学性质稳定，耐候性、抗毒性好，制作的传感器稳定可靠，适合在强电磁干扰和易燃、易爆、高温等恶劣环境下使用。从探测原理上分，光纤气体传感器分成光谱吸收型、折射率变化型、渐进波吸收型、荧光淬灭型等。目前折射率变化型光纤可燃气体探测器在国外已有实际应用，主要用于酒精、汽油、柴油、煤油等液体燃油的探测。

1. 折射率变化型光纤可燃气体探测器[39]

在聚合物材料中，有一种特殊的线性酚醛树脂聚合物（Novolac resin）和 Novolac/Fe:SO（复杂结构聚合物），当它们接触到碳氢化合物、醇类等分子后，就会产生像膨胀一样的形状改变（形变），而且膨胀的程度随这些分子浓度的变化而改变，从而这种材料的折射率发生改变。基于这种现象，将这种聚合物作为涂层涂覆在塑料光纤（POF）表面。当没有待测物质时，由于高聚合物的折射率 n_2 比光纤纤芯部的折射率 n_1 高，所以光泄漏到光纤外部，在传感器的输出端检测到的光强度很低；当有待测物质时，涂在光纤表面的聚合物与待测物质相互作用，使聚合物的折

射率 n_2 下降，直至低于 n_1，这时通过光纤的光将被封在光纤内，光纤输出端接收到的光强度将增强，光强度的变化量与待测物质的浓度成正比。图 3.146 为其检测原理图，图中 POF 传感头的长度为 $L=5$ cm，纤芯直径 $2R=1$ cm，折射率为 $n_1=1.5$；光纤传感头涂层为酚醛树脂聚合物，其厚度为几微米，两端是没有涂层的塑料光纤，光线从一端入射，另一端接收光信号，如图 3.147 所示。图 3.146(a) 甲醇浓度很低，$n_2>n_1$，通过传感头的光强很小；图 3.146(b) 甲醇浓度高，$n_2<n_1$，通过传感头的光强显著增强。这种典型的控制光线输出理论是目前普遍使用的方法。

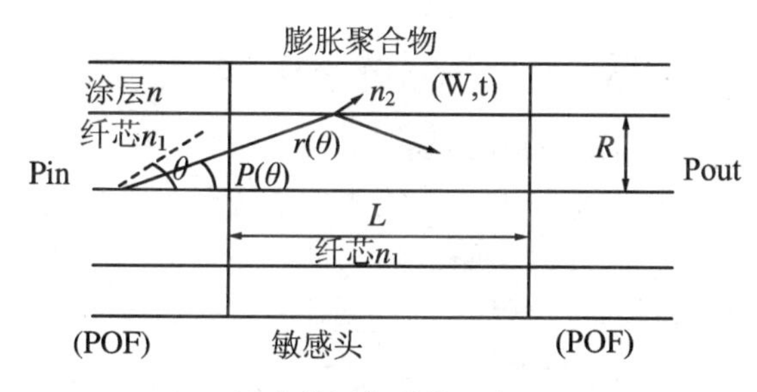

(a) 没有待测物质的漏光POF头

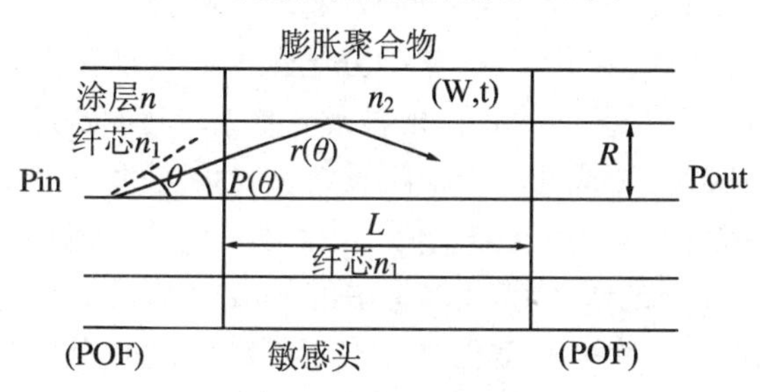

(b) 有待测物质的导光POF头

图 3.146

由图 3.147 可知，探测器主要由发光源(LD)、发射电路、传输光缆、传感头、温湿度补偿光纤、光接收电路(PD)、信号处理单元等部分组成。其中传感头内的传感光纤涂有化学敏感涂层，也可以没有起吸气功能的开口，只要待测气体能达到传感光纤即可。信号处理单元完成光电信号变换、A/D 转换、浓度计算、报警输出、通信等功能。发射器宜采用砷化镓材料的红外发光二极管 LD，其峰值波长在 660 nm、850 nm、940 nm 之间选择。由于光接收灵敏度与入射波长有关，光接收元件为硅光敏二极管 PD，它与砷化镓红外发光二极管的光谱具有良好的匹配,可获得较高的传输效率。通常短距离使用 811 nm 的 LD 配 700 nm 以上的 PD 较好;长距离使用 660 nm 的 LD 配 700 nm 以上的 PD 较好;而 940 nm 的 LD 与硅光敏二极管匹配不怎么好,所以即使 940 nm 的 LD 管便宜,也不使用。

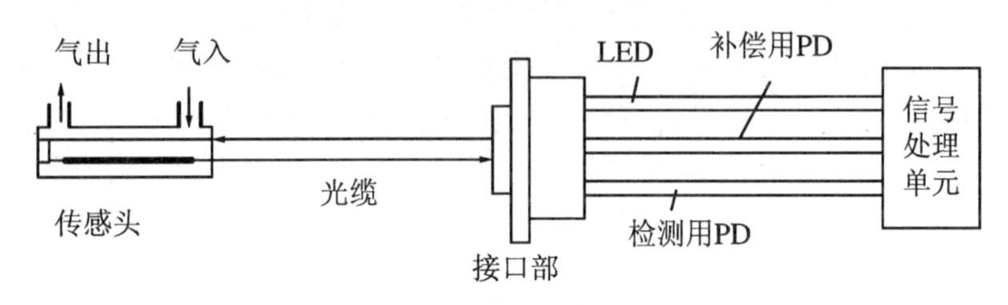

图 3.147　光纤气体传感器的构成

2. 光谱吸收型光纤可燃气体探测器[40]

光谱吸收型光纤气体传感技术基于气体分子选择吸收理论,即气体分子只能吸收那些能量正好等于它的某两个能级的能量之差的光子($\Delta E = h\nu$)。不同分子结构的气体因其结构不同,所决定的能级也不同,它吸收不同频率的光子,故检测某种特定波长光的吸收情况,就能对某种气体进行定性和定量分析。考虑石英光纤的低损窗口(0.7—1.7 μm),对于光谱吸收型气体传感器一般只涉及近红外波段。分子在近红外光谱区内的吸收产生的分子振动或转动在不同能级间的跃迁,包括基频跃迁(对应于分子振动状态在相邻振动能级之间的跃迁)、倍频跃迁(对应于分子振动状态在相隔一个或几个振动能级之间的跃迁)和合频跃迁(对应于分子两种振动状态的能级同时发生跃迁)。位于中红外的基频振动是红外光谱中吸收最强的振动,所有近红外的吸收谱带都是中红外吸收基频 1600 — 4000 cm 的倍频、泛频及合频。表 3.32 为一些常见气体在近红外波段的吸收线(泛频吸收峰),其中 S 为分子的吸收线谱强度,$C \cdot L$ 为相关气体的最低检测限。由表可见,常见气体一般都可以实现近红外光谱吸收检测。基于光谱吸收法的光纤气体传感器具有灵敏度高、抗腐蚀性强、寿命长、成本相对较低、易于标定和维护、外围设备简单等特点,是最有效、最接近实用化的光纤气体传感器。

光谱吸收型光纤气体探测技术有单波长光谱吸收检测技术、光谱吸收型差分检测技术、光谱吸收型谐波检测技术、光腔衰荡光谱技术(CRDS)和有源腔气体检测技术等。其中差分检测系统结构简单,抗噪声性能比较好,应用普通的 LED 就可以达到 10^{-3}—10^{-5}量级的检测限,但检测限要进一步提高有困难。谐波检测系统一般情况下可达到 10^{-6}量级的检测限,某些情况下可达到 10^{-9}量级的检测限,但是设备价格昂贵。目前谐波检测系统研究的重点是光纤复用技术和用光纤激光器为光源，以求好的性价比和推向实用化。CRDS和有源腔气体检测系统结构简单，一般可达到10^{-9}量级的检测限，但试验条件要求比较苛刻，对气室反射镜的反射率要求高(>99.95%)，微小的噪声就会产生较大的误差。由于火灾产生的气体浓度很低，所以这里仅介绍谐波检测系统、CRDS系统。

表3.32　部分气体在近红外波段的吸收谱

Molecule	λ(μm)	$S(\mathrm{cm}^{-1}/(\mathrm{molecule}\cdot\mathrm{cm}^{-2})^{-1})$	$C\cdot L$(ppm·m)
CO_2	1.573	1.6×10^{-23}	4.700
CO	1.567	2.3×10^{-23}	3.600
CH_4	1.651	8.7×10^{-22}	0.070
O_7	0.761	7.7×10^{-24}	9.100
HCl	7.747	1.2×10^{-20}	0.010
HBr	1.341	2.1×10^{-23}	4.800
HF	1.330	1.3×10^{-20}	0.003
HI	1.541	3.1×10^{-22}	0.240
H_2S	1.578	1.3×10^{-22}	1.700
NH_3	1.544	3.7×10^{-22}	0.200
H_2O	1.365	2.1×10^{-20}	0.006
NO_2	0.800	5.0×10^{-23}	1.800

1) 光谱吸收型谐波检测技术

谐波检测是用正弦(或三角波)信号对半导体激光器光源进行调制，调制光信号的谐波成分经气体吸收后产生的谐波衰减与气体浓度成正比，通过检测这些谐波分量的光强便可得到待测气体的浓度信息。谐波检测技术一般应用在低浓度(ppm量级)的检测中，一般$\alpha Cl\ll1$。假设对光源进行正弦波幅度调制，则Lambert-Beer(朗伯特—比尔)定律可以写成

$$I(\lambda)=I_0(1+m\sin(\omega_t))\exp(-\alpha\mathrm{Cl})=I_0(1+m\sin(\omega_t))(1-\alpha\mathrm{Cl}) \tag{3.145}$$

式中，$I(\lambda)$——透射光强，单位取mw；

I_0——没有气体吸收时的光强，单位取mw；

α——吸收系数$\alpha(\lambda)$，单位取cm^{-1}(α随波长变化的关系曲线$\alpha(\lambda)$称为吸收光谱曲线。有些介质在一定的波长范围内，吸收系数不随波长而变，称为一般吸

收;而吸收系数随波长而变的称为选择吸收);

C——被测气体的气体浓度,相当于待测气体的分压强,表征了气体的体积百分数,%;

l——待测气体与光相互作用的长度,单位取 cm;

m——调制系数(或调制深度);

ω_t——调制频率。

在低频调制范围内,当调制系数较小($m<1/2$)时,可以认为 LD 的输出光波波长随注入电流强度成线性变化,LD 的输出波长可表示为

$$\lambda = \lambda_{0s} + s\beta mI_0\sin(\omega_t) = \lambda_{0s} + nmI_0\sin\omega_t \tag{3.146}$$

式中,λ_{0s}——LD 静态工作点时的波长;

β——注入电流强度与输出光强之间的比例系数;

s——电调率;

$n = s\beta$——转换系数。

由 $\Delta E = h\nu$(h 为普朗克常数)可知,对一定的 ΔE 有一个确定的频率 ν,所以气体吸收谱线应是一条谱线,然而由于 ΔE、ν 的不确定性,谱线有一定宽度,这种线宽称为自然线宽。另外多普勒效应(分子热运动产生的频移)和分子间的碰撞(导致分子能级寿命缩短)造成吸收谱线展宽,前者称为多普勒展宽,后者称为压力展宽。一般压力展宽远大于自然展宽,只有在压力很低时,自然展宽才是主要的展宽机制。一个大气压下,压力展宽大约是多普勒展宽的 10 倍,低浓度时,这种展宽可以忽略。因此气体的吸收与气体的压力、温度和密度等有密切的关系,气体分子的吸收线型受气体的温度和压强影响较大。在常温下,当压强<0.03 atm(1 atm = 1.01325×10^5 Pa)时,采用高斯(Gaussian)线型拟合;当压强>2 atm 时,采用洛伦兹(Lorentzian)线型拟合;当压强在 0.03 — 2 atm 之间时,采用福赫特(Voigt)线型拟合。

当气体浓度较低时,气体吸收线型取洛伦兹线型,结合吸收线型函数、调制波长及 Lambert-Beer 定律,经多项式分解可以得到如下解析式:

$$\begin{aligned} I(\lambda) = {} & I_0(1 - Cl + 1/2pn^2m^2I_0{}^2Cl) + (1 - Cl + 3/4pn^2m^2I_0{}^2Cl)mI_0 \\ & \cdot \sin(\omega_t) - 1/2pn^2m^3I_0{}^3Cl\cos(2\omega_t) - 1/4pn^2m^2I_0{}^3Cl\sin(3\omega_t) \end{aligned} \tag{3.147}$$

式(3.147)中考虑了采用参考气室、锁相技术,即 $\Delta\lambda_0 = 0$,$\Delta\lambda_0$ 为气体吸收中心波长与光源中心波长之差,即 $\Delta\lambda_0 = \lambda_{0s} - \lambda_0$,$\Delta\lambda$ 为吸收谱的半宽度,$p = ln^2/\Delta\lambda^2$。由式(3.147)可以看出,透过气体的光强中,除了直流分量外,还有基波、二次谐波和三次谐波,它们的系数都含有浓度信息,因此可以通过测量这些分

量来测量气体浓度。

(1) 窄带光源谐波检测技术

由上面的分析知道，当激光器的中心波长和气体吸收峰对准时，通过测量经过气体吸收后的透射光就可以检测气体的浓度。然而除了噪声、电源等因素外，待测气体的压强和温度都会影响气体的吸收峰位置，导致测量误差，实用中用光源频率调制和附加参考气室的方法将光源波长精确稳定在气体吸收峰上，如图 3.148 所示。

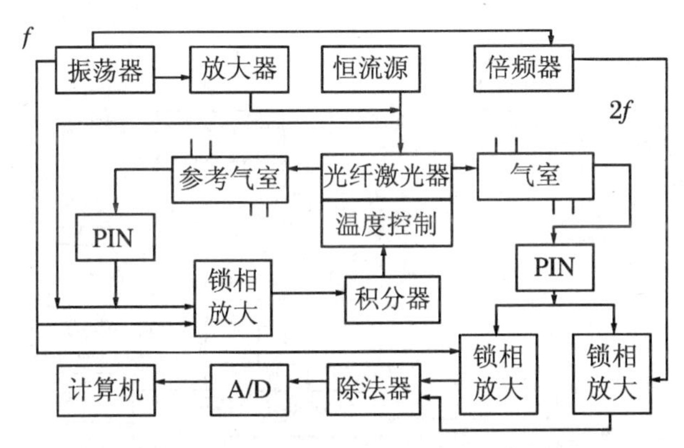

图 3.148　窄带光源谐波检测结构示意图

图 3.148 中采用的半导体激光器前后两面均发射激光，利用后向激光穿过参考气室，通过检测一次谐波来精确锁定激光器中心波长于气体吸收峰上。通过检测一次谐波信号的有无并不能控制光源波长精确锁定在气体吸收峰上，原因是一般调制是对激光器注入电流调制，如此测得的一次谐波不为零，而是一个恒值偏差，为此在检测到的一次谐波中引入一个和强度调制等值相反的信号进行偏差补偿，补偿后的信号经过积分用于反馈控制激光器中心波长，实现精确对准锁定在待测气体的吸收峰上。采用参考气室稳频后，一次谐波分量主要由强度调制引起，幅度大小正比于光源的平均功率，和气体浓度没有关系。

由于气体吸收线无论是 Lorentzian 线型或 Gaussian 线型还是 Voigt 线型，均为偶函数，对透射光进行傅里叶展开后，除了直流分量外，奇次谐波为零，只有偶次谐波，而二次谐波是偶次谐波中最强的谐波，所以采用检测二次谐波的值得到气体浓度信息。在此系统中，用二次谐波和一次谐波的比值作为系统输出，可以消除光强波动等共模噪声，提高系统信噪比。

(2) 宽带光源谐波检测技术

半导体二极管(LED)宽带光源相对气体吸收线具有更宽的谱特性。使用F-P滤波片或布拉格(Bragg)光纤光栅等具有梳状滤波性能的器件作用于LED上,可以获得与吸收谱线相适应的窄带出射光,但出射光谱中心波长的漂移会给测量带来误差,解决的方法是利用改变F-P腔的间距 d 或Bragg光栅的周期 Λ(或有效折射率)调制其出射光谱的中心波长(类似于窄带光源的波长锁定技术),使它精确锁定在气体吸收峰上,实现气体浓度的谐波检测,其原理方框图如图3.149所示。

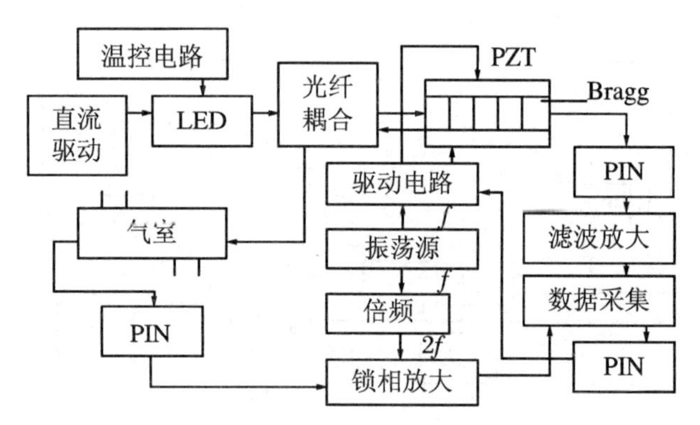

图3.149 宽带光源谐波检测结构示意图

图3.149中利用光纤光栅调制宽带光源(LED)进行谐波检测,发出的光经过光纤耦合器送入Bragg光栅,光栅粘贴在压电陶瓷(PZT)上,利用压电陶瓷的压电效应可以拉伸光纤光栅,使光栅的周期 Λ 变大,从而使布拉格波长向长波方向移动。所以在PZT两端加一交变电压,PZT就带动光栅 Λ 一起变化,使得Bragg波长跟着变化,从而实现光栅输出中心波长的调制。

2) 光腔衰荡光谱技术

基于Ring-down腔的光腔衰荡光谱技术(CRDS)是近几年迅速发展起来的一种吸收光谱检测技术,其核心技术是Ring-down腔,利用光脉冲在腔中往返传播而衰减,它按指数规律下降。一般把光脉冲强度下降到初始值的1/e时所用的时间称为Ring-down时间常数。利用Ring-down时间常数可以计算腔内损耗,进而可以得出气体吸收的强弱和气体浓度。

根据朗伯特—比尔吸收定律,随着光波在腔中的衰减振荡,在腔外可以探测到按指数衰减的光强信号 $I(t)$:

$$I(t) = I\exp(-t/\tau) \tag{3.148}$$

式中，I 为射入到腔中的初始光强；τ 为光在腔中的衰荡时间，τ 与光腔中存在的吸收介质有关，考虑到使用的激光器光源具有很好的单色性，认为腔中的损耗只有腔内介质的吸收损耗和腔镜的透射损耗，即

$$\tau = 1/c(\alpha Cl - \ln R) \tag{3.149}$$

式中，l 为腔长；c 为光速；C 为被测气体的浓度；αl 为气体的吸收损耗；R 为两端腔镜的反射率。$\ln R$ 为腔镜的透射损耗，由于 $R>99.95\%$，故 $\ln R\approx 1-R$，式(3.149)变为

$$\tau = 1/c(\alpha Cl - (1 - R)) \tag{3.150}$$

当腔中没有吸收介质，为真空时，$\alpha=0$，则上式变为

$$\tau_0 = 1/c(\alpha Cl - (1 - R)) \tag{3.151}$$

当腔镜做好后，R 是一定的、不变的，由式(3.150)和式(3.151)得到待测气体的浓度为

$$C = 1/[c\alpha(1/\tau - 1/\tau_0)] \tag{3.152}$$

式中，τ 为存在吸收介质时的衰荡时间；τ_0 为不存在吸收介质时的衰荡时间。

由式(3.150)、式(3.151)和式(3.152)可见，衰荡时间 τ 仅与腔的反射镜和腔内介质吸收有关，衰荡时间 τ_0 仅与腔的 R 有关，两者都与入射光的强弱无关，因此测量结果 C 不受光源波动影响，具有检测灵敏度高、信噪比高、抗干扰能力强等优点。CRDS 系统结构图如图 3.150 所示。

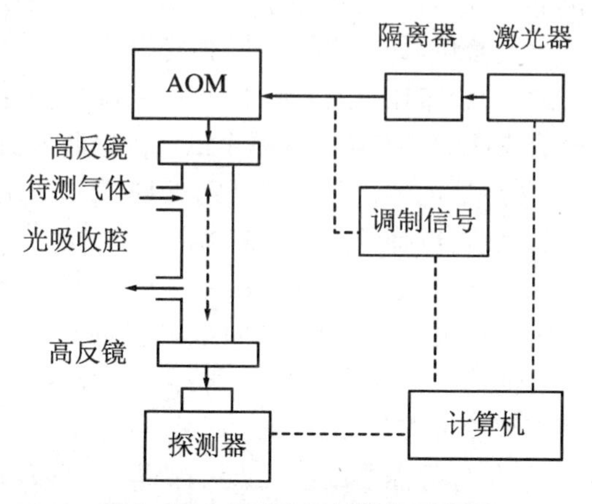

图 3.150　CRDS 系统结构示意图

连续激光器(CWLD)的输出光通过光隔离器经声光调制器(AOM)后注入 Ring-down 腔内，由式(3.152)知道，被测浓度 C 只与衰荡腔内有、无吸收介质时

的衰荡时间 τ 和 τ_0 有关，因此只要分别在有、无介质时探测出输出光强降低到输入光强 1/e 的时间 τ、τ_0，再通过衰荡时间来反演气体浓度即可。

3.6 复合火灾探测器

火灾自动报警系统的使用降低了火灾对人类带来的伤害，然而 20 世纪 90 年代前后，火灾自动报警系统由于技术不成熟、元器件质量问题、开关量火灾探测技术等原因，误报频繁、漏报时有发生，破坏人们的宁静生活，甚至带来经济损失，造成不良的社会影响，因此降低误报是业内人士讨论、研究的重点。其中火灾探测器是导致火灾误报的重要部件，也是探测火灾的重要部件，这些探测器都是感知火灾发生时的某一个火灾参量，如感烟探测器感知烟气，感温探测器感知温度等等，而在周围环境中，灰尘、水蒸气等与烟气具有相同粒子特征的干扰源时常发生，能引起感温探测器报警的高温有时也会出现，比火焰能量大许多的太阳光使得单波段火焰探测器无法稳定工作等等，所有这些告诉人们：要单参量火灾探测器不误报是很困难的，于是就要研究同时探测两个或两个以上火灾参量的多参量火灾探测器，这就是复合火灾探测器。既然要探测多个火灾参量，就要有多个传感器，但多传感器并不等于检测多个火灾参量，如光电感烟探测器为了对白烟和黑烟都有好的灵敏度，采用两个光电接收管分布在不同方向上同时接收散射光信号，也只能算单参量火灾探测器。复合火灾探测器有两个或两个以上传感器分别感知两个或两个以上的火灾参量，然后对传感器的输出信号进行与处理，如人工神经网络算法，就能更全面地描述火灾特征，就可以降低火灾探测器的误报率[41]。目前用于火灾探测的火灾参量有烟气、火焰、温度和燃烧气体，因此用三个或四个火灾参量进行复合可以更准确地描述火灾的特征，排除干扰源的影响，大大降低火灾误报率，提高系统的可靠性。采用优良的信号处理技术、人工神经网络技术[42]和数据融合技术[43]的复合火灾探测器还能缩短火灾信号处理的时间，实现火灾早期报警的目的。如果结合预警技术，如可燃气体探测器或电气火灾探测器，消防值班人员还能更早地了解火灾情况，更早地采取防火措施，防火于未燃。应当指出，多传感器输出信号进行或处理的复合火灾探测器不但不能降低误报率，反而使误报增加。还有采用简单的与、或结合的处理方法，这种方法需要花费更多的信号处理时间，在实时控制系统中往往是不允许的，也是不可取的。如果在监控状态，对传感元件输出信号进行或处理，将某个传感器报火警的信号作为疑似火灾信号处理，发出预警信号，再与其他传感器的报警信号作与处理后发出火灾报警信号，可以防止漏报或误报的产生。另一种，在使用前，复合火灾探测器预先设置好一种运行模式进行试运行，根据使用场所的火灾危险源、被保护空间的环境状况再选择合适的信号处理方法，似乎是降低误报、防止漏报的一种好方法，但实际往往行不通，因为设备生产厂家不可能长期跟踪用户，用户的值班人员又不清楚运行软件。如果探测器选择不当，效果适得其反。综上所述，复合火灾探测器是多参量火灾探测器，其优良的火灾探测性能是建立在各个传感器的可靠性和信号处理技术的先进性基础上的。

在21世纪初，海湾公司将光电(或离子)感烟和感温探测集合在一起，组成烟温复合火灾探测器，并得到了实际应用。

减少误报的另一条途径是寻找周围环境中没有的火灾参量，结果发现大气中CO几乎为零，而燃烧时会产生CO，因此CO火灾探测器正常情况下不误报，火灾时能发出火灾报警信号。由于技术原因，CO火灾探测器目前还没有得到广泛应用，但常常以燃烧气体传感器的身份出现在复合火灾探测器中，这时要特别注意CO火灾探测器的时效性，防止复合火灾探测器失效。

在复合火灾探测器出现之前，为了防止自动灭火系统误喷或联动装置(如防火卷帘)误动作带来的损失，要求两种不同类型火灾探测器同时报警后(即与处理)，再启动自动灭火系统灭火或联动装置动作(如防火卷帘完全关闭)，这是一种早期的复合探测方式。

国外Hagen在3.7 m×3.7 m×2.4 m的房间中进行了大量实验[28]，采用的探测器包含Taguchi半导体气体传感器、感烟探测器、光电探测器和离子探测器，并把复合探测器与感烟探测器的实验结果做了比较，结果复合探测器能正确无误地判别有焰火，探测阴燃火的概率也比感烟探测器高，总体误报率降低了10%。不仅如此，Hagen实验还表明复合探测器探测有焰火比感烟探测器探测有焰火平均时间缩短了57%，探测阴燃火比感烟探测器平均时间缩短了30%。

Oppelt等人利用CO电化学传感器与光电感烟、感温探测器，对欧洲标准火及香烟等干扰源的烟气散射信号、温度及CO信号进行了测定，结果如表3.33所示。

从表3.33可以看出，除了酒精火外，几乎所有火灾都有CO产生，但单独CO信号或任何两种信号的结合均不能判断所有的火灾，而将三种信号综合考虑，则可以实现这一目标。

表 3.33　各种标准火与香烟等干扰源的烟气、温度及 CO 信号

标准火及干扰源	烟雾信号	温度信号	CO 信号	备　注
TF1(榉木燃烧)	弱	较弱	较弱	
TF2(榉木热解)	很强	无	强	
TF3(棉绳阴燃)	很强	无	很强	
TF4(聚氨酯燃烧)	强	弱	较弱	
TF5(正庚烷燃烧)	强	较弱	较弱	
TF6(酒精燃烧)	无	很强	无	
TF7(十氢化萘)(黑烟)	很强	弱	较弱	
车库	无	无	很高	CO 浓度大
香烟	弱	无	较弱	CO 接近 TF1
汽车尾气	弱	无	很强	

注:表中信号强弱是指信号相对于各探测器响应阈值的强度大小。

图 3.151 是根据这三种信号对火灾及干扰源进行区分识别的示意图。图中,小黑点代表干扰源,大黑点代表火灾。

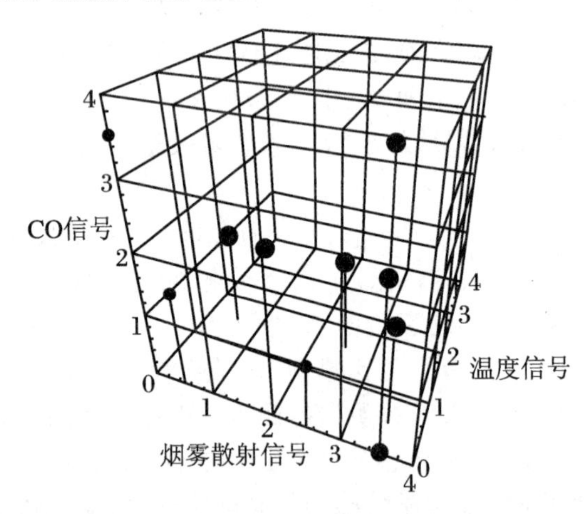

图 3.151　火灾信号及干扰源信号的区分识别

国内王殊等人利用半导体 CO 气体传感器与光电感烟、感温探测器组合,形成一个三元复合探测器。其中 CO 气体传感器采用二氧化锡薄膜气体传感器,其 CO 探测灵敏度<10 ppm,功耗<10 mW ,满足火灾探测器的基本使用要求。

图 3.152 为三元复合探测器电路框图,其中由微处理器控制 CO 传感器控制电路产生 CO 传感器加热器所需的供电周期脉冲,以降低探测器功耗,CO 传感信

号则通过信号放大电路进入微处理器,经采样、A/D 后与光电烟雾和温度信号一起送入 CPU,进行复合火灾探测算法处理。

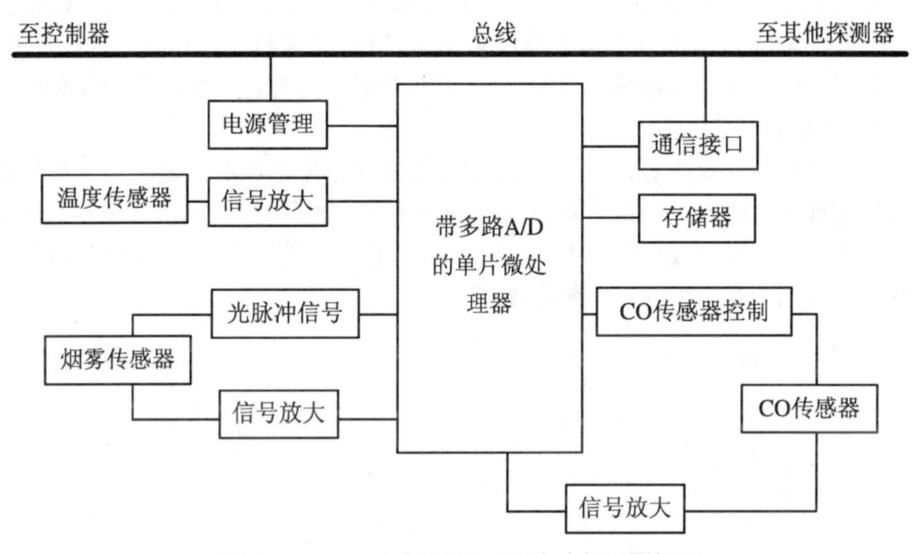

图 3.152 CO、光电感烟和感温复合探测器框图

图 3.153 为该探测器的结构和外形。

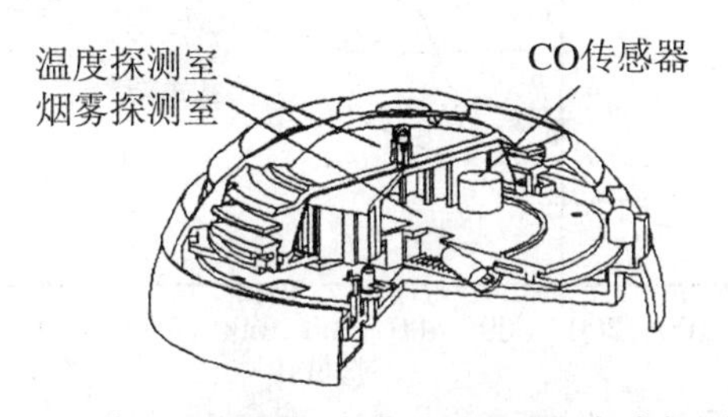

图 3.153 半导体 CO 传感器、光电感烟和感温复合探测器结构图

多传感器火灾探测器算法是其主要关键技术,对于 CO、光电感烟和感温复合探测器,采用一般的门限比较方法进行火灾判断显然不能满足实际应用需要,因此引入了多输入变量的复合偏置滤波算法。这种算法将单输入的偏置滤波算法扩展到了多输入的条件,采用滤波器将多种火灾信号特征如烟雾信号、CO 气体信号、温度信号实现综合,因而提高了火灾探测效率及可靠性。

采用 EN54 规定的 6 种标准试验火对 CO、光电感烟和感温三元复合探测器进行了测试,结果表明它对各种标准火均能正确响应,对普通光电烟温复合探测器难以响应的低温升黑烟也能早期报警。图 3.154 显示了这种复合探测器对CEA（欧洲保险商委会）新规定的复合探测器专用试验火 TF7 的响应曲线和采用单输入和多输入偏置滤波算法的报警时间。图中起火时刻为 230 s,CO 报警在 530 s 处,CO 和烟雾复合报警在 700 s 处,均比烟雾报警(760 s) 要早得多,CO、烟雾和温度三复合报警在 810 s 处,而烟温复合报警在 820 s 处,CO 和温度复合报警在 830 s 处。

从对各种标准火的实验结果来看,含有 CO 气体传感器的三复合火灾报警器对各种标准火均能有效可靠响应,尤其对低温升黑烟也能早期报警,其主要原因在于各类火灾在早期阶段均能产生一定量的 CO,且干扰因素少,表明 CO 气体传感器在火灾探测中有很大的发展前途及应用前景。

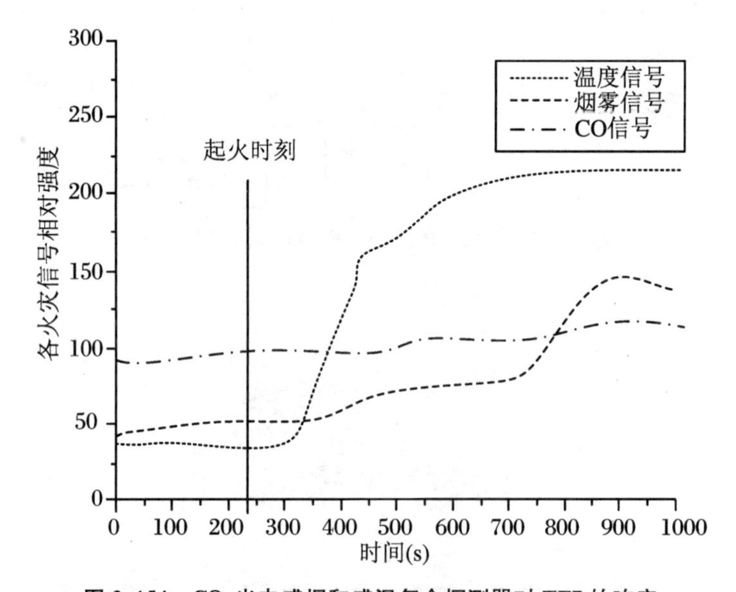

图 3.154　CO、光电感烟和感温复合探测器对 TF7 的响应

复合火灾探测器的性能优点是显而易见的,然而至今仍然没有获得广泛应用,研究其原因:首先,复合火灾探测器选用难度大,价格高。其次,电子元器件的进步,模拟量火灾探测器的出现,火灾信号处理技术的运用和元器件质量的提高,使得单参量火灾探测器的误报率大大降低、可靠性明显提高,降低了对复合火灾探测器的迫切需求,而单参量火灾探测器的价格便宜,选择灵活,使用方便,受到设计师和用户的青睐。

德国西门子公司曾推出 CO、烟、温三复合火灾探测器,但目前在中国市场销售的产品都是烟温复合火灾探测器，没有CO传感器，如OH720-CN点型复合式感烟感温火灾探测器，它通过改变软件运行方式（与/或），既可以作为烟温复合火灾探测器使用，又可以作为一般的感烟火灾探测器或感温火灾探测器使用。又如FDOOT241-CN是一种多传感器火灾探测器，融合西门子多年行业经验精心设计的烟室，内有2个发射器、1个接收器（光敏二极管）和2个感温元件。前向散射元件和后向散射元件结合使用，使光电感烟探测器能覆盖从白烟到黑烟的整个烟谱，完成烟气探测，2个感温元件构成差定温感温火灾探测器，再结合与/或运算，可以得到可靠性高的复合火灾探测器工作方式，也可以作为一般的感烟火灾探测器或者感温火灾探测器使用。

早先对火焰主要干扰源太阳光的研究、分析发现：太阳光的紫外光由于受到大气外层臭氧层的吸收，到达地面的紫外光及其微弱，红外光的几个特定波长受到大气层气体或水蒸气的吸收而降低，如太阳光中4.35 μm附近的光被大气中的CO_2吸收，出现一个波谷等等，而绝大多数可燃物燃烧产生CO_2，在4.35 μm附近出现大火灾信号，在紫外光部分也有一定的信号输出，于是研制了单通道紫外火焰探测器和单通道红外火焰探测器，最终因为干扰源多、误报率高、稳定性差，没有推广使用。直到20世纪90年代，随着大空间火灾探测和定点灭火的需要，火焰探测器才受到业内人士的重视：红紫外复合火焰探测器解决了雷电、电焊、紫外光的干扰，但仍然无法抵抗太阳光的强大干扰；多红外混合火焰探测器在强烈的太阳光下难以稳定工作，但在室内，多红外火焰探测器获得了成功的应用，应当指出多红外火焰探测器不是本节所说的复合火灾探测器，而仅仅是红外火焰探测器，它只保证正确探测火焰中的红外线，而不能保证这就是火灾，不属多参量火灾探测器。

3.7　火灾探测器的工程应用

3.7.1　各类火灾探测器的适用场所

自从火灾自动报警系统问世以来，人们一直在与误报打交道。降低误报，提高系统的可靠性和稳定性，除了与生产厂家产品质量的高低，工程公司施工质量的优劣，使用部门的维护管理好坏等有关外，工程设计的正确选型也十分重要。如灰尘大、水蒸气多、油雾经常出现的地方就不适合用感烟火灾探测器；有高温黑体或低于0℃的场所不适合用感温火灾探测器。设计师一定要根据火灾形成与发展的规律、被保护空间的高度和形状、探测器的使用环境条件和火灾探测器的特点选用合适的火灾探测器安装在合适的部位。如服装城的火灾通常有阴燃阶段，不能用感温火灾探测器，而要选用感烟火灾探测器；大型停车场由于汽车发动时有大量烟雾喷放，不适合用感烟火灾探测器，要用火焰探测器或者感温火灾探测器；净空高度大于12米的高大物流仓库要用光截面感烟火灾探测器、红外光束线型感烟火灾探测器或者火焰探测器，而不能用点型的感烟火灾探测器和感温火灾探测器等等。表3.34给出了各类探测器的适用场所[21]，供参考。在实际使用中，所设计使用的场所在表中找不到时，可以参照类似场所选用探测器。如果火灾形成特征不可预料、没有把握或很难决定选用哪种探测器，可以通过做燃烧试验后，根据试验结果再确定选用哪种火灾探测器。此外，对于设有联动装置、自动灭火系统以及用单一探测器不能有效确认火灾的场合，宜采用同类型或不同类型的探测器组合探测方式。

表3.34 各类火灾探测器适用场所或情形一览表

序号	场所或情形	感烟		感温		火焰		气体	说明
		点型	线型	点型	线型	能量	图像		
1	饭店、旅馆、教学楼、办公楼的厅堂（净空高度≤12 m）、卧室、办公室等	○							厅堂、办公室、会议室、值班室、娱乐室、接待室等，灵敏度档次为中、低，可延时；卧室、病房、休息厅、衣帽室、展览室等，灵敏度档次为高
2	计算机房、通信房、电影电视放映房等	○							灵敏度要高或高、中档次联合使用
3	楼梯、走道、电梯机房等	○							灵敏度为高、中
4	书库、档案库等	○							灵敏度为高
5	有电气火灾危险	○							
6	气流速度>5 $m \cdot s^{-1}$	○							不用离子感烟
7	相对湿度经常>95%以上			○					不用离子感烟
8	有大量粉尘、水雾滞留	×	×	○					
9	可能发生无烟火灾	×	×	○					
10	正常情况有烟或蒸汽滞留	×	×	○					

续表

序号	场所或情形	感烟		感温		火焰		气体	说明
		点型	线型	点型	线型	能量	图像		
11	有可能产生蒸汽或油雾	×	×	○					
12	厨房、锅炉房、发电机房、烘干车间、茶炉房等			○					
13	吸烟室			○					
14	汽车库			○					
15	其他不宜安装感烟探测器的厅堂或公共场所	×	×	○	○	○	○		
16	可能产生阴燃火或发生火灾不及早报警将造成重大损失的场所	○	○	×	×				
17	温度≤0 ℃			×	×				
18	正常情况下温度变化较大场所								不用R型探测器
19	可能产生腐蚀性								不用离子探测器
20	产生醇类、醚类、酮类等有机物质								不用离子探测器
21	存在高频干扰								不用光电探测器
22	银行、百货商店、仓库	○	○						
23	火灾时有强烈火焰辐射					○	○		
24	易燃材料房间、飞机库、油库、海上石油钻井和开采平台、炼油裂化厂等					○	○		
25	需要对火焰做出快速反应					○	○		
26	液体燃烧火灾等无阴燃阶段的火灾					○	○		
27	博物馆、图书馆、美术馆	○	○			○	○		
28	电站、变压器间、配电室	○	○			○	○		
29	可能发生无焰火灾					×	×		
30	火焰出现前有浓烟扩散					×	×		
31	探测器探头易被污染					×	×		
32	探测器视线易被遮挡(如物体、油雾、水雾和冰)					×	×		

续表

序号	场所或情形	感烟		感温		火焰		气体	说明
		点型	线型	点型	线型	能量	图像		
33	探测器易受阳光、白炽灯等光源直接或间接照射，正常情况下有高温黑体								不用单波段红外火焰探测器
34	探测区域可燃物是金属或无机物								不用红外火焰探测器
35	正常情况有阳光、明火作业以及X射线、弧光和闪电等								不用紫外火焰探测器
36	大空间(会展中心、大会堂、体育馆、候机厅、候车厅、演播厅、中庭、室内广场、大型厂房、大型库房、大型车库等)		○			○	○		
37	铁路隧道、公路隧道、地铁				○	○	○		
38	电缆隧道、电缆竖井、电缆桥架、夹层、闷顶				○				
39	需要进行火灾早期探测关键场所，机柜内检测，低温、空气流动等场所								吸气式感烟探测器
40	配电装置、开关设备、变压器				○				
41	远程输油或输气管道，皮带输送装置				○				
42	除液化石油气以外的石油储罐				○				
43	强电磁场、雷电频发区、易燃易爆				○				线型光纤探测
44	需要检测环境温度和被检测物体温度的变化，地下空间，人员不易进入								具有实时温度检测的线型光纤探测
45	生产、使用、散发和存储可燃气体或易产生可燃蒸气，生产过程中产生可燃气体(如调漆、喷漆车间)							○	根据被测气体选用气体探测器
46	火灾初期产生CO，且其他探测器不适宜检测，烟不易对流，闷顶内								CO火灾探测器
47	烟草仓库								防磷酸铝腐蚀
48	联动控制、灭火系统控制								复合探测

说明：

(1) 符号：○——适合的探测器，优先选用；╳——不适合的探测器，不应选用；空白——无符号，表示谨慎选用。

(2) 离子探测指离子感烟探测器；光电探测指光电感烟探测器；定温探测指定温感温探测器；差温探测指差温感温探测器；火焰指火焰探测器；能量指能量型火焰探测器；图像指图像型火焰探测器。

(3) 线型感温探测器包括缆式线型定温探测器、空气管式感温探测器、光纤光栅感温探测器、分布式拉曼光纤感温探测器和分布式布里渊光纤感温探测器。其中光纤光栅感温探测器是准分布式感温探测器，其本质是点型感温探测器，所以它既可作线型感温探测器，也可作点型感温探测器使用，故在配电装置、开关设备中，作为感温探测有一定优势，但是长距离探测就不如分布式光纤感温探测器了。

(4) 应根据被保护场所的典型应用温度和最高应用温度选择感温探测器。

(5) 吸气式感烟探测器的优点十分突出，随之而来的缺点也十分明显，使用时要注意扬长避短。

(6) 下列场所可不设火灾探测器：

① 厕所、浴室等；② 不能有效探测火灾的场所；③ 不便维修、使用(重点部位除外)的场所。

3.7.2 控制器与探测器的产品型号编制方法

1. 火灾探测器产品型号编制方法

火灾探测器产品型号编制方法是按照“中华人民共和国专业标准 ZBC 8100—84”执行的。其编制方法如下：

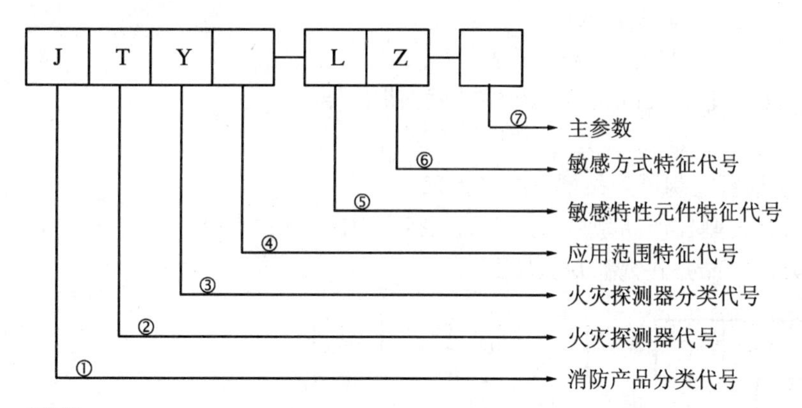

说明：

① J(警)——消防产品中的分类代号(火灾报警设备)。

② T(探)——火灾探测代号。

③ 火灾探测分类代号。各种类型火灾探测器的具体表示方法：

Y(烟)——感烟火灾探测器；

W(温)——感温火灾探测器；

G(光)——感光火灾探测器；

Q(气)——可燃气体探测器；

F(复)——复合式火灾探测器。

④ 应用范围特征代号表示方法，例如：

B(爆)——防爆型；

C(船)——船用型。

非防爆型和非船用型不做标注。

⑤、⑥ 传感器特征表示法(敏感元件，敏感方式特征代号)，简例如下：

LZ(离子)——离子；

GD(光、电)——光电；

MD(膜、定)——膜盒定温；

MC(膜差)——膜盒差温；

MCD(膜差定)——膜盒差定温；

SD(双、定)——双金属定温；

SC(双、差)——双金属差温。

又如复合式探测器，表示如下：

GW(光温)——感光感温；

GY(光烟)——感光感烟；

YW(烟温)——感烟感温；

YW—HS(烟温—红束)——红外光束感烟感温。

⑦ 主参数——定温、差定温用灵敏度级别表示。

2. 火灾报警控制器产品型号编制方法

火灾报警控制器产品型号编制方法是按照"中华人民共和国专业标准 ZBC 81002—84"执行的，其编制方法如下：

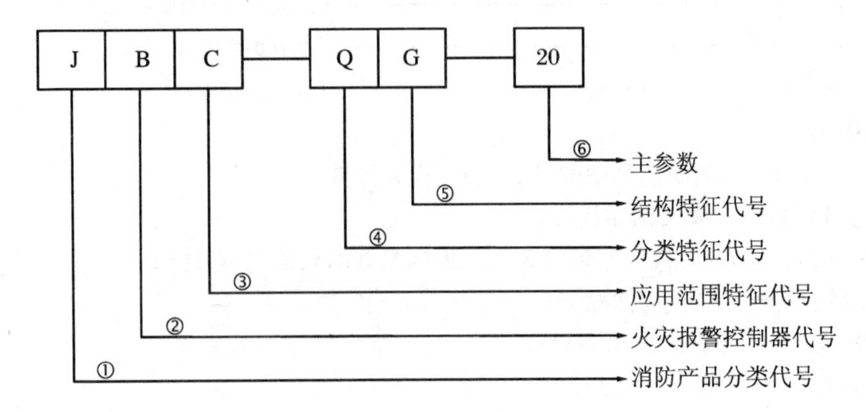

说明：

① J(警)——消防产品中的分类代号(火灾报警设备)。

② B(报)——火灾报警控制器代号。

③ 应用范围特征代号：

B(爆)——防爆型；

C(船)——船用型。

非防爆型和非船用型不做标注。

④ 分类特征代号,具体表示如下：

D(单)——单路；

Q(区)——区域；

J(集)——集中；

T(通)——通用,既可作集中报警又可作区域报警。

⑤ 结构特性代号,具体表示方法如下：

G(柜)——柜式；

T(台)——台式；

B(壁)——壁挂式。

⑥ 主参数——一般表示报警器的路数,例如"50",表示50路。

火灾报警器产品种类繁多,附件更多,但都是按照国家标准编制命名的。国标都是按汉语拼音字头组合而成,只要掌握规律,从名称就可以看出产品类型与特性。

3.7.3　点型火灾探测器使用数量的估算

在讨论一个工程点型火灾探测器的使用数量前,先介绍几个名词:报警区域是将火灾自动报警系统的警戒范围按防火分区或楼层划分的单元,也就是说一个火灾自动报警系统可能有几个报警区域;探测区域是将报警区域按探测火灾的部位划分的单元;保护面积是一只火灾探测器能有效探测的面积;保护半径是一只火灾探测器能有效探测的单向最大水平距离;安装间距是两个相邻火灾探测器中心之间的水平距离。

对于点型火灾探测器,按表3.35计算每只探测器的保护面积或保护半径。

表 3.35　点型感烟探测器、感温探测器的保护面积和保护半径

火灾探测器的种类	地面面积 S(m²)	房间高度 h(m)	一只探测器的保护面积 A 和保护半径 R					
			屋顶坡度 θ					
			$\theta\leqslant15^\circ$		$15^\circ<\theta\leqslant30^\circ$		$\theta>30^\circ$	
			A(m²)	R(m)	A(m²)	R(m²)	A(m²)	R(m)
感烟探测器	$S\leqslant80$	$h\leqslant12$	80	6.7	80	7.2	80	8.0
	$S>80$	$6<h\leqslant12$	80	6.7	100	8.0	120	9.9
		$h\leqslant6$	60	5.8	80	7.2	100	9.0
感温探测器	$S\leqslant30$	$h\leqslant8$	30	4.4	30	4.9	30	5.5
	$S>30$	$h\leqslant8$	20	3.6	30	4.9	40	6.3

注:(1) 探测区域每个房间至少应设置一只火灾探测器。

(2) 感温探测器动作温度小于 85 ℃的保护面积和保护半径按表 3.34 确定,动作温度大于 85 ℃的保护面积和保护半径应根据生产企业的设计说明书确定,但不应超过表 3.34 规定。

(3) 感烟探测器、感温探测器的安装间距,应根据探测器保护面积 A 和保护半径 R 确定,并不应超过图 3.155 探测器安装的极限曲线 D_1 — D_{11} 所规定的范围。例如,感烟火灾探测器的保护面积 $A=80$ m,当 $b=7$ m 时,根据曲线 D_7,a 不能超过 11 m。

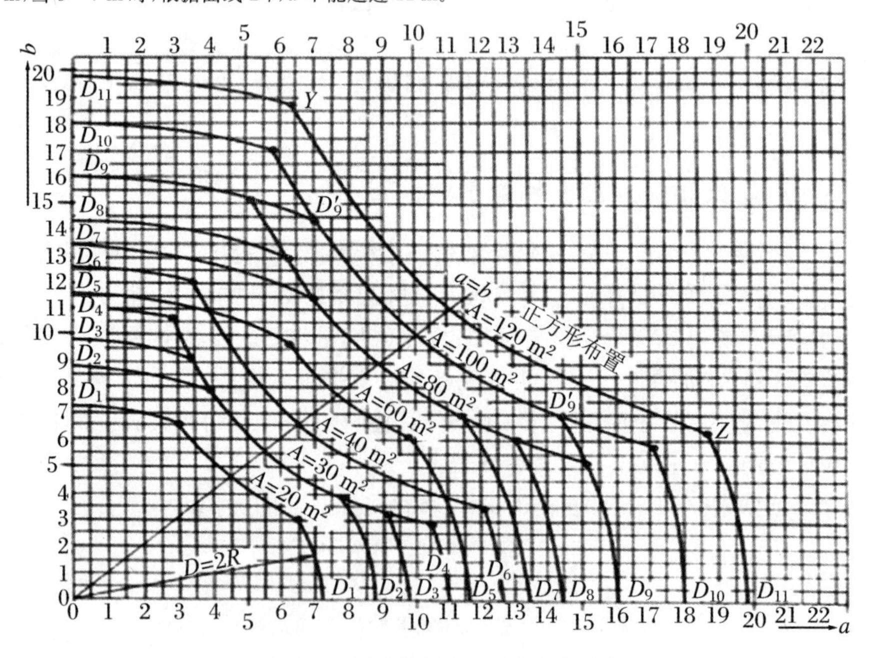

图 3.155　探测器安装间距的极限曲线

一个探测区域内所需设置的探测器数量，应按下式计算：

$$N = S/(K \times A) \tag{3.153}$$

式中，N——探测器数量（只），N 应取整数；

S——该探测区域面积（m^2）；

A——探测器的保护面积（m^2）；

K——修正系数，特级保护对象宜取 0.7—0.8，一级保护对象宜取 0.8—0.9，二级保护对象宜取 0.9—1.0。

火灾探测器的设置还有不少问题需要考虑，详情可参见文献[21]的有关部分。

所谓重点保护单位是指公安消防部门作为重点保护的建筑物，通常是指民用建筑中的一类建筑物、二类建筑物和甲、乙、丙类生产厂房，重要的公共建筑物。除此之外，设置火灾自动报警系统其他建筑物为非重点保护建筑。

复习思考题

1. 简述火灾探测器的定义和分类。

2. 简述烟气的危害和描述烟气特征的参数。

3. 离子感烟探测器的电离室为什么采用单元双室结构？

4. 为什么点型光电感烟探测器采用散射型接收方式探测烟气，而线型光电感烟探测器采用减光型接收方式探测烟气？

5. 从烟粒子尺度效应解释散射型光电感烟探测器采用双发射器的必要性。

6. 点型光电感烟探测器与离子感烟探测器的性能比较。

7. 简述光截面感烟探测器的工作原理、性能特点。

8. 简述感温探测器的工作原理及其性能特点。

9. 简述吸气式感烟探测器的工作原理及其应用场所。

10. 简述分布式光纤线型感温探测器和光纤光栅线型感温探测器的工作原理及两者的特性比较。

11. 简述空气管式线型感温探测器的工作原理及其应用。

12. 说出紫外火焰探测器和多红外火焰探测器的工作原理。

13. 说出太阳光对紫外火焰探测器和红外火焰探测器的影响。

14. 简述热释电传感器的工作原理及其应用。

15. 气体火灾探测器与可燃气体探测器有何异同?

16. 简述半导体气体传感器的分类及其应用。

17. 举例说明光纤在火灾探测中的地位、应用及特点。

18. 比较红外吸收式气体探测器、热导率式气体传感器、折射率变化型光纤可燃气体探测器的差异。

19. 接触燃烧式气体传感器与热导式气体传感器有何异同?

20. 简述电化学气体传感器的分类,恒电位电解式气体传感器的工作原理。

21. 什么叫半电池? 说出工作电极、参比电极、对电极的各自作用。

22. 简述光纤气体传感器的分类,举例说明光谱吸收型光纤可燃气体探测器的工作原理。

23. 你心目中的复合火灾探测器是怎么样的?

24. 复合火灾探测器多参量输出信号的与/或算法对复合火灾探测器的性能有何影响?

25. 说出办公楼、计算机房、图书馆、体育馆、大剧院、公路隧道、地铁轨行区、汽车车库、小区住宅楼等典型场所的火灾探测器选用方法和原则,并列出被选用的火灾探测器名称。

26. 一个吊顶高度5 m、长70 m、宽22 m的装配车间,需要多少个火灾探测器?

参考文献

[1] 边久荣.火灾探测器的分类与原理[J].消防技术与产品信息:增刊,1991.

[2] ISO 7240 — 1. Fire detection and alarm system, Part 1: Generaland definition[S]. First edition, 1988 - 09 - 01.

[3] 王祝翔.核物理探测器及其应用[M].北京:科学出版社,1966.

[4] K·K·阿格林采夫.致电离辐射剂量学[M].潘自强,等,译.北京:北京科学出版社,1963.

[5] DrA Scheidweiler. The Ionization Chamber as Smoke Dependent Resistance[J]. Fire Technology, 1976(113).

[6] 点型感烟火灾探测器技术要求及试验方法[S]. GB 4715 — 2005.

[7] J P Hosemann. Zur Theorie von Ionisation smess kammern unter Berk-

sichtigung der Kleinionenrekombination[J]. Staub,1972,32(7).

[8] R W Bukowski,G W Mulholand. Smoke Detector Design and Smoke Properties[J]. NBS Technical Note ,1978:973.

[9] J D Seader,W P Chien. Physical Aspects of smoke Development in an NBS Smoke Density Chamber[J]. The Journal of Fire & Flammability,1975.

[10] S K Friedlander, Snoke. Dust and Haze Fundamentals of Aerosol Behavior[J]. John Wiley & Sons,1977.

[11] F J Kraus. Der Einflus der Vorarts-Streuung auf Tnansmissionsgradmessungen an Aerosolen[J]. Staub-Reinhalt,1973,33(9).

[12] 能美防灾工业株式会社.烟感知器技术资料[R]. TM — 10070a.

[13] Jun miyama. Experimental Research on the light-Extinction Type Detectors[J]. Fire safety Journal,1983(6):157 - 164.

[14] La Maitrise de l′incendie dans les b′atiments.

[15] Thomas G Klee,G Mulholland. Physical Properties of Smokes pertinent to Smoke Detector Technology[J]. NBSIR,1977:77 - 1312.

[16] F Kunz,H Thalmann. The response behaviour of Smoke detectors[J]. Fire International, 60.

[17] 焦兴国.点型感烟火灾探测器灵敏度探讨[C]//辽宁省消防协会第二次学术报告会论文汇编,1983.

[18] 焦兴国.离子感烟探测器电离室的理论分析[J]. 消防科技,1982.

[19] 焦兴国.线型火灾探测器原理及其工程应用[J].消防技术与产品信息:增刊,1996.

[20] 焦兴国,徐钰清.浅议点型火焰探测器原理及其应用[J].消防技术与产品信息:增刊,1996.

[21] 火灾自动报警系统设计规范[S]. GB 50116.

[22] 蔡智敏.自动消防系统工作原理和维护管理[R].安徽省消防协会,1998.

[23] 核工业部北京核仪器厂. FT 615 紫外火焰报警器使用说明书[R]. 1985.

[24] 刘迎春,叶相滨.新型传感器及其应用[M]. 北京:国防科技大学出版社,1991.

[25] 高层民用建筑设计防火规范[S]. GB 50045 — 95.

[26] 解立峰,余永刚,韦爱勇,李斌.防火与防爆工程[M].北京:冶金工业出版社,2010.

[27] 赵霞.浅谈云雾室空气采样探测系统在电力场所的应用[J].智能建筑电气

技术,2012(6).
[28] 吴龙标,方俊,谢启源.火灾探测与信息处理[M].北京:化学工业出版社,2006.
[29] 郭金龙.浅谈线型感温火灾探测器的原理与应用[C]//消防电子技术与应用.沈阳:辽宁大学出版社,2010.
[30] 余丽苹,刘永智,代志勇.布里渊散射分布式光纤传感器[J].激光与光电子学进展,2006(4).
[31] D Garcus,T Gogolla,K Krebber,et al. Brillouin optical-fiber frequency-domain analysis for distributed temperature and strain measurements[J]. Lightwawe Technology,1997,15(4):654－662.
[32] 赵继文.传感器与应用电路设计[M].北京:科学出版社,2007.
[33] 王雪文,张志勇.传感器原理及应用[M].北京:北京航空航天大学出版社,2004.
[34] 陈裕泉,[美]葛文勋.现代传感器原理及应用[M].北京:科学出版社,2007.
[35] 贾伯年,俞朴,宋爱国.传感器技术[M].南京:东南大学出版社,2007.
[36] 周继明,江世明.传感器技术与应用[M].长沙:中南大学出版社,2005.
[37] 姚守拙.化学与生物传感器[M].北京:化学工业出版社,2006.
[38] 郑州炜盛电子科技有限公司.2011 产品说明书:电化学说明书:word 版本[R].2011.
[39] 张振伟,徐琰.基于折射率变化原理的光纤可燃气体传感器研究[C]//消防电子技术与应用.沈阳:辽宁大学出版社,2010.
[40] 吴兵兵,等.光纤气体传感检测技术研究[J].激光与红外,2009(7).
[41] Wu Longbiao,Deng Chao. A New Method In Fire Detection[J]. Asia-Oceania Association For Fire Science and Technology (Russia),1995(9):256－260.
[42] 姚伟祥,吴龙标,卢结成,范维澄.火灾探测的一种模糊神经网络方法[J].自然科学进展,1999(9).
[43] 朱红伟.基于信息融合技术的复合式火灾探测器[J].武警学院学报,2009(2).

第4章　火灾自动报警控制系统

4.1 概　　述

由图1.2可知,自动消防系统包括火灾的探测、报警、联动、控制、灭火、减灾和通信等功能,它由火灾自动报警系统和各种灭火系统、辅助灭火系统、信号通信及指示系统等组成。火灾自动报警系统包括火灾探测报警系统、消防联动控制系统、气体探测报警系统、电气火灾监控系统等。火灾探测报警系统主要完成火灾探测和报警功能,由消防联动控制系统接收火灾报警控制器来的信号,控制和联动现场的终端设备完成灭火、辅助灭火、指示和通信等功能。被联动控制的设备分两种情况:(1) 受火灾参量的影响会自动启动,并通过信号模块向火灾报警控制器发出报警信号的设备,称为主动型设备,如湿式喷淋系统的喷头受火灾温度的影响玻璃球爆裂自动喷水灭火,水流指示器的输出信号通过信号模块向火灾报警控制器发出一个信号,表示该防火分区正在喷水灭火,喷头和水流指示器即为主动型设备;(2) 火灾报警控制器通过消防联动控制器控制终端设备执行某种命令,接受控制的终端设备称为被动型设备,有些被动型终端设备执行控制命令后,还返回一个状态信号到火灾报警控制器,如火灾报警控制器接收到火灾探测器的报警信号并确认发生火灾后,通过消防联动控制器发出一个控制信号启动气体灭火系统,气体灭火系统喷放灭火剂灭火,同时返回一个信号到火灾报警控制器,气体灭火系统就是被动型设备。如图4.1所示。

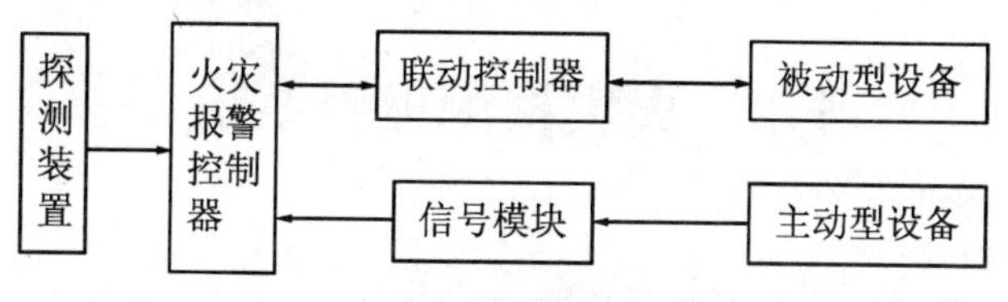

图4.1　早期自动消防系统方框图

早期的火灾自动报警系统,火灾探测报警系统和消防联动控制系统是两个独立的机柜,它们之间通过导线连接起来,这样做不仅结构复杂,还因接触不良和容易引进干扰导致系统的可靠性低。如今的火灾自动报警系统将这两部分物理结构融合在一起,但功能上是分开的,同一块回路板上既接火灾探测器、信号模块,又接控制模块等联动控制模块,但是模块连接的最大数量不超过回路板容量的一半。火灾报警控制器与各火灾探测器及终端设备的连接方式也由原来的多线制改为总线制,只要2—6根导线就能将整个系统的所有设备、探测器连成一个系统,使系统用线量大大降低,简化了工程施工,降低了工程造价,提高了系统可靠性,如图4.2所示。控制器为了识别各种设备和探测器,将每个设备和探测器赋予一个特定的地址码,探测器的地址码设置在探测器的底座中,其他设备的地址码设置在与其相接的模块中。为了避免彼此相互干扰,提高设备运行可靠性,防止重要设备的误动作,有些设备至今仍然采用多线制控制,如消防泵、喷淋泵、正压送风机、排烟机、消防电梯和气体灭火系统等,而空调新风机、防火阀、排烟阀、防火卷帘、非消防电源、火灾警报装置、火灾事故广播、普通电梯等设备的控制采用总线制联动控制。控制器除了自动控制终端设备外,值班人员还可以通过控制器手动控制终端设备的启动或停止。现场发现火警还可以通过现场手动报警按钮实现手动报警或者通过现场控制盘实现灭火或其他操作,但终端设备的状态信号应通过信号模块返回控制器,以便值班人员掌握各终端设备的运行状况。有的厂家,控制模块内含有信号模块(又称输入控制模块),这时就不要另外接信号模块了。图4.2中的设备可以是被动型终端设备,也可以是主动型设备,主动型系统就不需要接控制模块了。

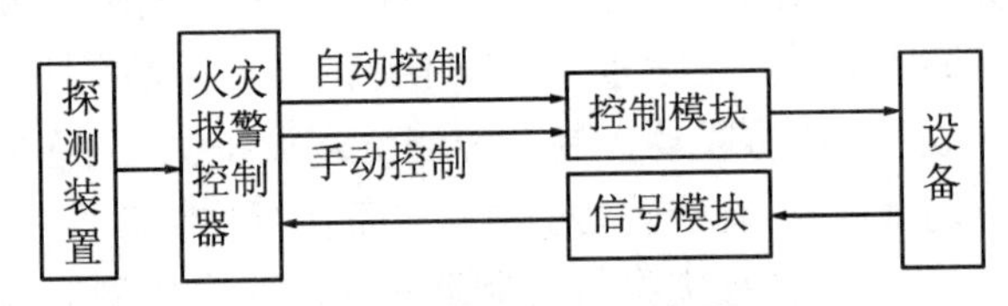

图4.2　现代自动消防系统方框图

4.2　火灾探测报警系统

火灾探测报警系统由火灾报警控制器、火灾探测器、手动报警按钮、火灾显示盘、图形显示装置、火灾声/光报警器以及电源等全部或部分设备组成，完成火灾自动探测、报警功能。上述设备可以分成四大类，如图 4.3 所示。

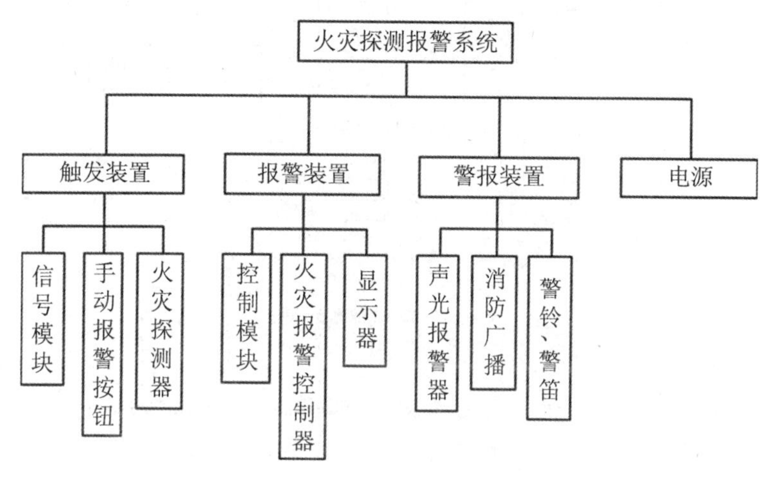

图 4.3　火灾探测报警系统构成图

4.2.1　分类

根据工程建设规模、保护对象性质、火灾报警区域划分和消防管理机构的组织形式，将火灾自动报警系统划分为三种基本形式，如图 4.4、图 4.5、图 4.6 所示。区域报警控制系统一般适用于二级保护对象；集中报警系统一般适用于一级、二级保护对象；控制中心报警系统一般适用于特级、一级保护对象。

1. 区域报警系统

区域报警系统如图 4.4 所示，它包括火灾探测器、手动报警按钮、区域火灾报警控制器、火灾警报装置和电源等部分。这种系统比较简单，但早期使用很广泛，例如规模不大的行政事业单位、工矿企业的要害部位和娱乐场所均可使用这种系统。

区域报警系统在设计时应符合下列几点：

(1) 在一个区域系统中，宜选用一台通用报警控制器，最多不超过两台。

(2) 区域报警控制器应设置在有人值班的房间。

(3) 该系统比较小，只能设置一些功能简单的联动控制设备。

(4) 当用该系统警戒多个楼层时，应在每个楼层的楼梯口和消防电梯前等明显部位设置识别报警楼层的灯光显示装置。

(5) 当区域报警控制器安装在墙上时，其底边距地面或楼板的高度为 1.3 —

1.5米，靠近门轴侧面的距离不小于0.5米，正面操作距离不小于1.2米。

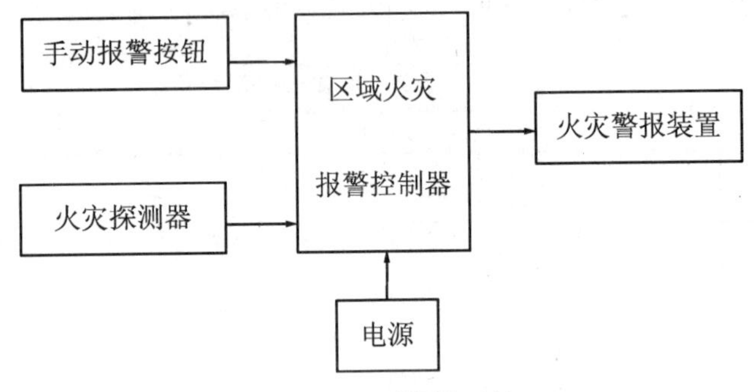

图4.4　区域报警系统

2. 集中报警系统

集中报警系统由一台集中报警控制器、两台以上区域报警控制器、火灾探测器、火灾警报装置和电源组成，如图4.5所示。一般高层宾馆、饭店等通常使用集中报警系统。集中报警控制器设在消防控制室，区域报警控制器设在各层的服务台处。对于总线制火灾自动报警系统，区域报警控制器就是重复显示屏。

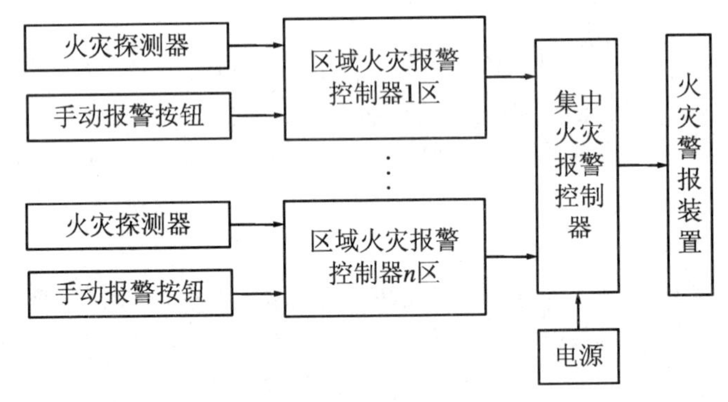

图4.5　集中报警系统

集中报警系统在设计时，应注意以下几点：

(1) 集中报警系统中，应设置必要的消防联动控制输出节点，可控制有关消防设备，并接收其反馈信号。

(2) 在控制器上应能准确显示火灾报警的具体部位，并能实现简单的联动控制。

(3) 集中报警控制器的信号传输线应通过端子联结，应具有明显的标记和编号。

(4) 集中报警控制器所连接的区域报警控制器(层显)应符合区域报警系统的技术要求。

3. 控制中心报警系统

控制中心报警系统除了集中报警控制器、区域报警控制器、火灾探测器和电源外,增加了消防控制设备。这些设备包括火灾警报装置、火警电话、火灾事故照明、疏散指示、火灾事故广播、防排烟、通风空调、电梯和固定灭火控制装置等。也就是说集中报警系统加上消防联动控制设备就构成控制中心报警系统。

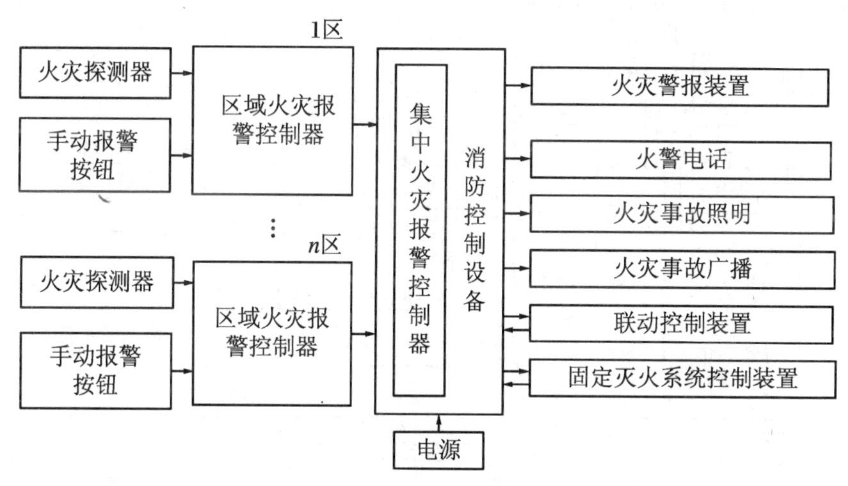

图4.6 控制中心报警系统

控制中心报警系统主要用于大型宾馆、饭店、商场、办公室,大型建筑群和大型综合楼等。在一个大型建筑群里构成的控制中心报警系统是一项非常复杂的消防工程项目。

4. 家用火灾报警系统

家用火灾报警系统是一种新的火灾报警系统,适用于住宅、公寓等居住场所,其中A、B类家用火灾报警系统宜用于有物业管理的住宅,C类家用火灾报警系统宜用于没有物业管理的单元住宅,D类家用火灾报警系统宜用于别墅式住宅。

4.2.2 火灾报警控制器

火灾报警控制器(以下简称控制器)应具有下列功能:火灾报警功能、火灾报警控制功能、故障报警功能、屏蔽功能、监管功能、自检功能、信息显示与查询功能、系统兼容功能(仅适用于集中、区域和集中区域兼容型控制器)、电源功能 、软件控制功能(仅适用于软件实现控制功能的控制器)等功能。下面对控制器的工作原理做简单介绍。

一般控制器的电路原理框图可表示成图 4.7。控制器由信号采集与传输电路、中央处理器、输出电路三大部分组成。

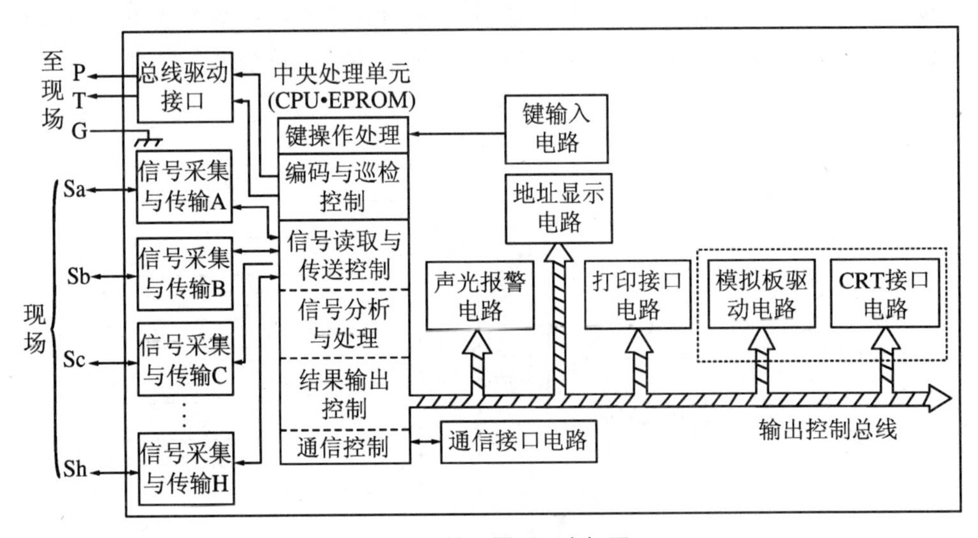

图 4.7　控制器原理方框图

中央处理单元是控制器电路的核心,由 CPU、EPROM 和 RAM 等组成。

中央处理单元产生编码与巡检信号 P、T 经线驱动接口发往现场,被总线上的所有设备同时接收。各主动型报警设备根据自身编码不同以及 T 信号指令的状态不同,相应地发出自身的状态信号 S,经 S 总线进入信号采集与传输电路。每一条 S 线(Sa-Sh)相应的每一个信号采集与传输电路可联接 127 个设备(如火灾探测器)。这些 S 总线上的信号反映现场设备的正常、故障、火警等信息。这些信号在信号读取软件的控制下,进入中央处理单元进行分析、处理后完成以下几项功能:

(1) 发出控制命令,经信号采集与传输电路、Sa-Sh 线,使相应的控制接口动作,进而控制被动型设备动作。

(2) 通过声光报警电路,发出火警、联动或故障报警。

(3) 通过地址显示电路以数码形式显示报警与联动地址的编码或层号房号。

(4) 通过打印接口电路,驱动打印机。

(5) 加上 CRT 显示驱动电路,用微机的 CRT 显示屏来多层次、多画面地显示各报警区域或防火分区中的建筑平面图,指示各平面图中的探测报警点以及设备动作点。

中央处理单元还完成以下两个功能：

(1) 控制器面板上以及内部的操作，均以开关、按键的形式输入中央处理单元，以指令控制器实现各种操作。

(2) 如果是区域报警控制器，其中中央处理单元还将本机状态信息在通信软件的作用下，通过通信接口电路发往火灾报警控制器；如果本机是集中报警控制器，它的中央控制器将通过通信接口电路接收到各区域报警控制器送来的信息。所以区域报警控制器和集中报警控制器两者的中央处理单元软件是不同的。

4.2.3　地址码设置

由于火灾自动报警系统要求"位置确认"，而不是"部件确认"。也就是说火灾报警要报到发生火灾的具体位置，如5层506房间，而不是告诉感烟火灾探测器报警了，为此要知道哪一个感烟火灾探测器报的警，然后根据火灾探测器所在位置标出506的房间信息。对于多线制火灾自动报警系统来说，将每个火灾探测器的输出信号直接传输到控制器，控制器面板上有对应每个火灾探测器的指示灯，并在指示灯下方标明该火灾探测器所在的位置，这样506房间的感烟火灾探测器报火警，标有5层506房间的指示灯就亮，值班人员根据指示灯亮就知道5层506房间有火警。系统中的其他触发装置(如手动报警按钮)和被控制设备都是用导线分别独立接到控制器上，从而实现多线制的火灾报警和联动控制功能。对于总线制火灾自动报警系统来说，要求所有的火灾探测器都给一个特定的编号，由特定编号就可以知道报警的火灾探测器所在的位置，屏幕上也就直接显示位置而不是探测器的编号，这个特定的编号称为地址码。同样，其他触发装置和被联动的终端设备也都通过模块赋予一个特定的地址码(系统中多线制联动设备没有地址码)。控制器向总线上发送一个特定地址码，被总线上所有的探测器和模块接收，但只有特定地址码的探测器或模块被打开，向控制器发回状态信号或接收控制器来的控制信号，完成控制器与探测器(或模块)之间的通信。与特定地址码不符的所有设备均处于关闭状态。下面对设置地址码做一个简单介绍。

1. 拨码开关方式

拨码开关方式设置地址码有两种形式：一种是拨码开关，另一种是跳线开关(插短路块)。用开关产生0、1两种状态(即高、低电位)，市面上流行的拨码开关和跳线开关为8位(正好是计算机的一个字节)，于是一个拨码开关或跳线开关构成了一个8位二进制数。火灾报警控制器一个回路的地址码为7位，所以一个回路的地址数最多为128,考虑到复位状态,实际一个回路的最大容量为127个地址。再考虑到使用过程中,可能要扩展系统功能,增加探测器和模块,以及检修维护的方便,系统设计时留有(15% - 20%)×127的余量,余量的大小可根据工程的规模大小和项目的重要程度确定。

若探测器拨码开关各位的状态为1011001,则对应的地址号为$2^6+2^4+2^3+2^0=89$。又若控制模块拨码开关各位的状态为0001001,则对应的地址号为$2^3+2^0=9$。探测器地址码的设置方法是根据十进制数字确定拨码开关各位的状态(人熟悉十进制的缘故),将开关手动设置在相应位置即可。

2. 电子编码器方式

各厂家电子编码器的功能、结构可能不同,但电子编码器都具有对电子编码探测器或模块的地址码、灵敏度和设备类型等读出和写入的功能,还可以对火灾显示盘进行地址码、灯号及二次码的读出和写入功能。

以GST-BMQ-2电子编码器为例,说明电子编码器的大致工作过程。将连接线的一端插入编码器的总线插孔中,另一端的两个夹子分别夹在探测器或模块的两个总线端子上,打开电源,可进行下列操作。

(1)"读出"。按下编码器键盘上的读码键,液晶屏上显示探测器或模块的地址码,按增大键:对非数字化型探测器或模块将依次显示脉宽、年号、批次号、探测器灵敏度或模块输入参数、设备类型号;对数字化型探测器或模块将依次显示探测器的地址码、灵敏度级别或模块的地址码、输入参数、设备类型号、配置信息。按清除键后,回到待机状态。

(2)"写入"。按下电子编码器的编码键,输入探测器或模块的地址号(十进制数字),再按下编码键。若编码成功,屏幕显示下一个地址码;若编码错误,显示"E"。

(3)"探测器灵敏度或模块设定参数的写入"。在待机状态,输入开锁密码,按下清除键,此时锁被打开;按下功能键,再按下数字键"3",屏幕上最后一位显示"-",输入相应的灵敏度或设定参数;按下编码键,屏幕上显示"P",表明输入编码器的信息已被写入探测器或模块;按下清除键,输入加锁密码,返回待机状态。

(4)"设备类型号的写入"。在待机状态,定义设备类型号的操作方法与写入灵敏度的方法相同,仅数字键选择"4",然后输入设备类型号。如海湾公司的设备类型号:定温探测器为04,电子差温探测器为02等等。电子编码器的详细使用方法请参考相应的使用说明书。

3. 计算机寻址系统方式

计算机寻址系统不需要用拨码开关、跳线开关或电子编码器设定火灾探测器、模块等部件的地址号，而是由计算机完成探测器和模块的地址码设置。计算机寻址系统是生产厂家在产品出厂前，给每个火灾探测器和每个模块设置一个特定的条形码，并随产品附一张该条形码纸条，这个特定的条形码保证在该厂的产品中，在足够长的时间(如100年)内不会有重码。在工程安装这些带条形码的探测器或模块时，同时将条形码纸条粘贴在施工图的相应位置上。系统安装完成后，由计算机逐一读取每个火灾探测器和模块中的条形码，并同时根据该条形码在施工图上的位置，输入该探测器和模块的安装位置名称(如5层506房间)，就完成了探测器和模块的地址码设置。在运行过程中，该探测器或模块有火警或故障时，屏幕上显示或打印机打印的是该探测器或模块的5层506房间的位置信息。

上述三种编址方式的应用情况：拨码开关方式设置地址码在早期的总线制火灾自动报警系统中有应用，目前已经不再使用。目前国内产品常用电子编码器方式，而国外产品采用计算机寻址系统方式较多。

4.2.4　触发装置

火灾探测报警系统的模块有两种：信号模块和控制模块。信号模块又称输入模块，它用来接收触发装置的信号，对信号赋予地址码后，输送到火灾报警控制器，实现报警功能。控制模块又称输出模块，它用来将火灾报警控制器带地址码的输出信号传送到指定的终端设备上，完成火灾自动报警系统的联动控制功能。

图4.3的触发装置是指能产生火灾报警信号的装置。产生火灾信号有自动和手动两种方式，自动触发装置有火灾探测器、水流指示器、压力开关、吸气式火灾探测装置、线型感温火灾探测装置等，手动触发装置有手动报警按钮、消火栓按钮等。这些触发装置中，火灾探测器本身带地址编码电路，火灾探测器发出的火警和故障信号中包括地址码。手动报警按钮、消火栓按钮也带地址编码电路，这两种手动按钮又有不带电话插孔和带电话插孔两种形式，手动报警按钮与消火栓按钮的区别：手动报警按钮只向控制器提供火警信号，消火栓按钮除了提供火警信号外，还提供启动消防泵的信号；如果手动报警按钮和消火栓按钮一样，都带有无源常开输出端子，按下按钮都可直接控制外部设备动作，那么两者就没有区别了，这对设计、施工、管理都有利。而其他触发装置必须通过信号模块接到火灾报警控制器，以便将火警、故障报到具体位置。对于两总线火灾探测报警系统，G线为共用地线，S线为信号线，它将各个触发装置与控制器连接成一个系统。控制器通过发送地址码选择特定的触发装置，并接收该触发装置的状态信号，称为选址。控制器通过改变发送的地址码实现对整个报警区域的触发装置进行巡检，也可以完成系统自检或

者定点检测。

水流指示器是用来监测水喷淋系统是否喷水的装置。当所在监测区域的喷淋系统喷水时,水管内的水就流动。当管内的压力达到0.14 MPa,流量达到60 L·min^{-1}时,水流指示器的动合短路,常开触点短路产生一个信号,经信号模块送到控制器,由于信号模块内有地址编码电路,所以控制器可根据地址码报出火警的部位。信号模块的原理方框图如图4.8所示。

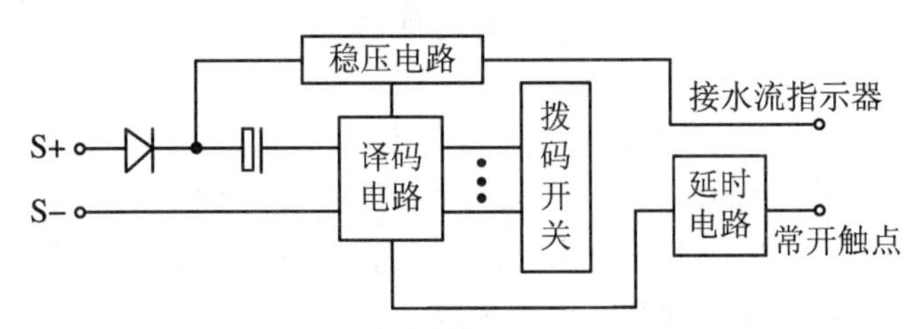

图4.8 信号模块原理方框图(配水流指示器)

4.2.5 警报装置

图4.3的警报装置有声光报警器、消防广播、报警灯等,其中声光报警器有不带地址编码电路和带地址编码电路两种形式,凡是不带地址编码电路的警报装置都需要通过控制模块接收控制器发来有特定地址码的控制信号,使得接在该控制模块输出端的警报装置动作,发出警报信号。有的终端设备接收控制器的控制信号后,还需要有一个回答信号,表明终端设备响应了控制命令,这时在控制模块中还带信号模块(通常称为输入控制模块),以便向控制器发回状态返回信号。返回信号有直流信号,也有交流信号。对于交流返回信号要注意防止对其他设备产生干扰和损坏的问题。

目前的警报装置,除了控制台上有声、光、数字显示外,防护区内还设置不同类型的警报设备,控制器通过控制模块控制警报设备工作,发出警报信号。图4.9为控制模块方框图。图中AC/DC开关设置反馈信号方式,当置于DC方式时,接受无源触点的返回信号;当置于AC位置时,接受AC 220 V返回信号。继电器输出提供2对常开常闭转化触点。目前常用的警报设备有警铃、警笛、消防广播、声光报警器等。一旦发现火警,防护区的每个人都能获得火警的信息,以便迅速参与灭火或逃生。

警铃、警笛、声光报警器与控制器联接方式都是将控制模块的常开控制触点与DC24V电源线串联后再与警铃、警笛或声光报警器的两根输入线连接。报警时,不同的是警铃发出连续音,警笛发出变调音,声光报警器发出变调音和闪烁光信号。

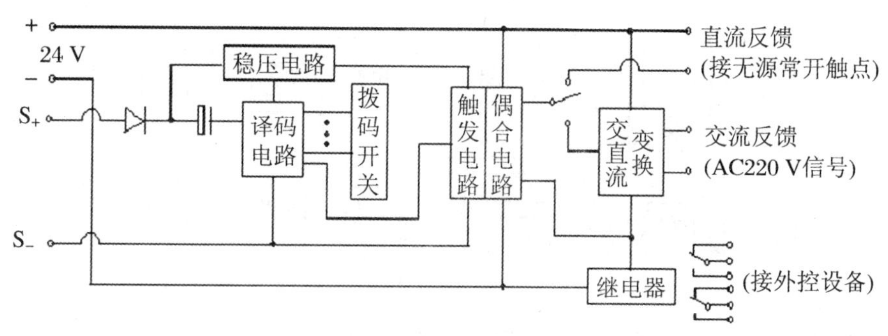

图 4.9　控制模块原理方框图

4.2.6　电源

电源是给火灾自动报警系统提供和使用电能的装置。电能可以来自发电厂、蓄电池、发电机等,对电能进行变换的装置也称为电源,如稳压电源、开关电源等。连续稳定的电源是火灾自动报警系统稳定可靠工作的保证,如何保证获取连续稳定的电能在本章后面会讨论,这里以平衡总线技术为例,说明火灾报警控制器对前端设备的电源供给及通信问题。

1. 前端设备的电源及信号接收问题

图 4.10 是前端设备电源转换示意图,BUS+ 和 BUS− 是火灾自动报警系统两总线上的信号,这个信号通过前端设备的电源和信号转换单元后,分成两部分:第一部分 K_1、K_2 为图中位置,BUS+ 和 BUS− 经电源电路,通过整流、滤波、稳压后,产生前端电路所需要的电源。其工作原理为电源电路输出的组合信号通过二极管对 C_p 单向充电,充电时间很快,C_p 两端电压很快达到信号高电平,LDO(Low drop-out 的缩写,中文名称为线性稳压器)负责给前端电路提供稳定的直流电源电压。第二部分 K_1、K_2 接入信号电路,通过信号转换电路(差分放大器)把 BUS+ 和 BUS− 还原成与发送端相同的单端编码信号(数字信号),供前端解码电路进行解码,前端电路的电源由 C_p的储能提供。实际电路不存在 K_1、K_2 开关,而是通过控制时间将两总线分别接入电源电路和信号电路。在高信号宽度的 3/4 时间内,作为电源供给线使用,为 C_p 进行充电时间,向前端设备提供稳定电源。剩下的 1/4 时间作为解码输入线使用,这时电源线部分断开,两条线只能作为信号输入线使用(相当于 K_1、K_2 接入信号电路)。实现这种功能需要在信号转换电路中使用双沿检测电路,检测到的信号提供给 MCU(Micro control unit 的缩写,中文名称为微

控制单元)完成解码、控制功能。

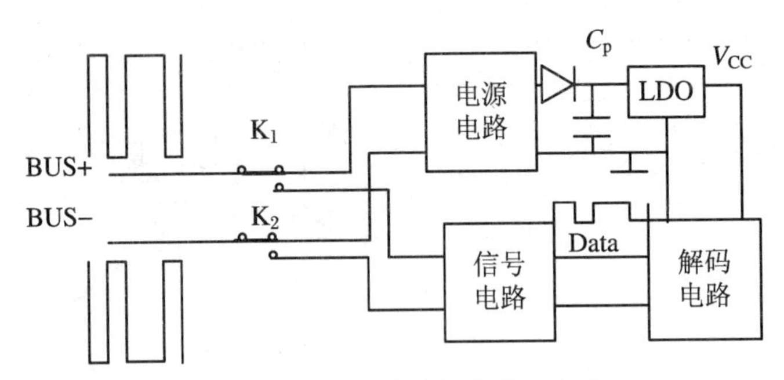

图 4.10　前端设备电源转换示意图

2. 前端设备返回信号的处理

火灾自动报警系统中的前端设备不仅要接收火灾报警控制器发来的信号,同时还要返回自身的状态及事件信息,为保证信号的双向平衡性和接收、发送信号的一致性,返回数字信号也采用平衡传输方式。

火灾报警控制器每发完一个地址控制码后,就进入接收反馈状态信号阶段,这时关闭控制器的发送电路,回路上的匹配电阻接入总线,控制器的平衡接收电路接入总线,等待前端设备的返回信号。当某个前端解码电路解码到是自己地址码时,准备回码,把总线 BUS+ 和 BUS− 接入回码发送器;不是本次地址码的前端设备不回码,而把 BUS+ 和 BUS− 接入到电源电路端。由于控制器已经停止发送信号,电源 C_p 上的电压大于总线上的电压,二极管反偏,所以不是本次巡检地址码的前端设备不会消耗总线上的回传信号。这时,总线上实际只有匹配电阻、控制器接收电路、前端信号发送电路连接在一起,如图 4.11 所示。前端准备完成后,立刻通过前端信号发送器回传状态信号或事故信息,回传电平采用 ±5 V 的电压反馈数字信号。控制器接收电路采用差分电路取出反馈电压,施密特比较器还原数字信号。在控制器接收状态时,前端发送器或控制器接收电路中含有匹配电阻,一方面它保证信号电平的可控性,使控制器端不会出现不定电平,另一方面起到阻抗匹配和吸收干扰的作用。

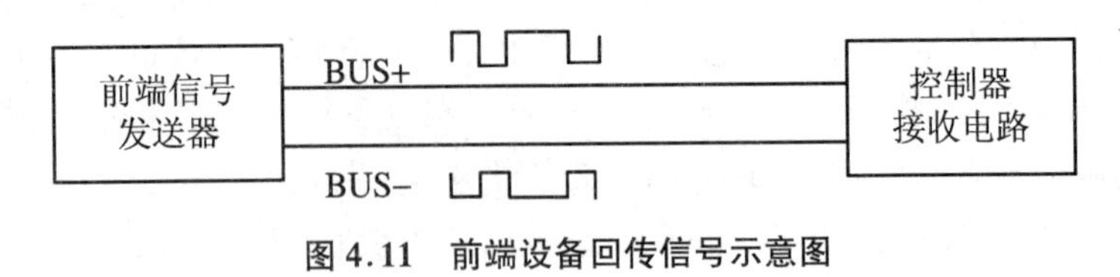

图 4.11　前端设备回传信号示意图

如果传输线不是平衡总线，而是普通总线，前端设备的供电和信号传输原理类似，仅抗干扰性能下降了，当然设备也要简单一些，这里就不再细说了。

4.3　消防联动控制系统

图4.12是控制中心报警系统构成图，图中左侧为火灾探测报警系统，右侧为消防联动控制系统。消防联动控制系统包括安装在消防控制室的控制盘、信号盘和设备；安装在现场的各类灭火设备、辅助灭火设备、信号指示设备及通信设备。控制室的控制装置有：(1) 室内消火栓系统控制盘；(2) 自动灭火系统控制盘；(3) 防、排烟系统控制盘；(4) 常开防火门、防火卷帘信号盘；(5) 电梯回降操控盘；(6) 火灾应急广播操控盘；(7) 火灾警报装置操控盘；(8) 消防通信设备；(9) 火灾应急照明和疏散指示操控盘等。分别控制现场的灭火设备、辅助灭火设备、信号指示警报设备和通信设备的工作。这些控制装置给值班人员提供了人工操作终端设备的入口，此外火灾探测报警系统为这些终端设备提供了自动控制终端设备的信号，手动和自动控制信号都以同一个地址码在总线上传输（自动、手动信号同时出现时，手动优先），通过识别地址码的控制模块后，启动相应的终端设备动作。对于多线制终端设备同样有控制模块，不过这种控制模块没有地址编码电路，启动信号由控制盘经模块直接接到终端设备上，直流24 V通过模块直接取自24 V公共电源（也有人称为外接电源），这样可以减少控制室引出线的数量。实际使用时，根据工程的需要，确定部分或全部选用24 V公共电源。本节仅对控制盘及被控制设备的控制过程做个介绍，关于被控制设备的详细情况在其他章节中有介绍的，这里就不介绍，其他章节没有提到的，本章也说一说。

4.3.1　室内消火栓系统及其控制

以水为灭火介质的灭火系统称为水灭火系统。目前的水灭火系统有消火栓系统、自动喷水灭火系统、自动跟踪定位射流灭火系统、细水雾灭火系统等。消火栓系统（Hydrant systems）又分室外消火栓系统和室内消火栓系统，本节只讨论室内消火栓系统及其控制问题。

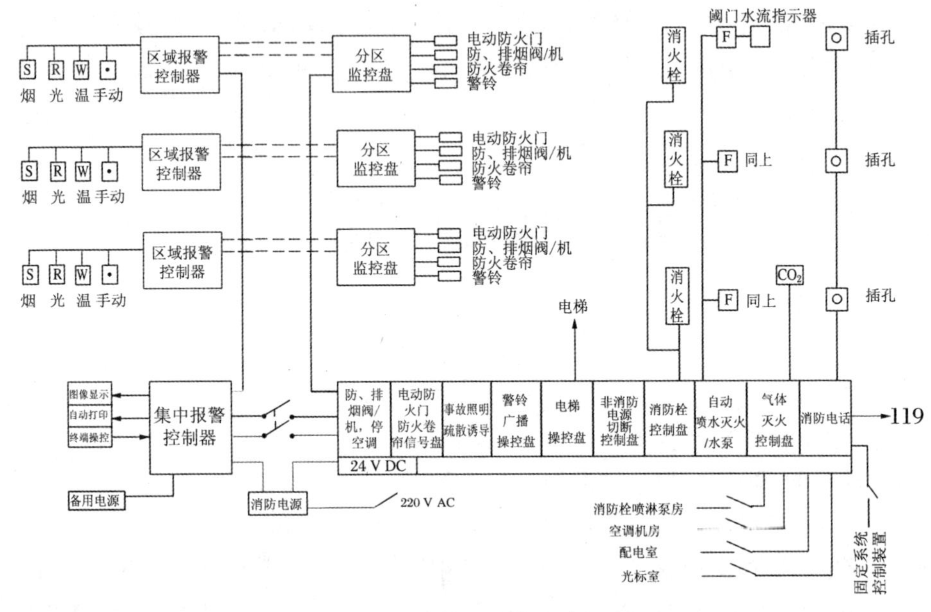

图 4.12 控制中心报警系统构成图

室内消火栓系统是建筑物内最基本的消防设备，它由消防给水设备和电控部分组成。消防给水设备由消火栓枪、消火栓、给水管网、供水设施和阀门等组成。供水设施包括消防泵、稳压泵、气压水罐、高位消防水箱、室外水泵接合器、消防水池和消防水泵房等。电控部分有火灾探测器、火灾报警控制器、消火栓报警按钮、启泵指示灯和电控柜等。如图 4.13 所示。图中系统供水部分有消防水池、消防水箱和水泵接合器三部分，其中消防水箱提供火灾初期用水，消防水池提供所有水灭火系统扑灭一次火灾需要的水量，水泵接合器供消防队员利用市政水或其他水源向室内灭火设备供水的接口。消防泵和稳压泵都是一运一备或几运一备；警戒状态当管网水压力低于设定下限值时，接在管网的压力表启动稳压泵向管网补水，当压力表的值大于管网设定水压力上限值时，压力表输出关闭稳压泵的控制信号，所以稳压泵的功能是稳定管网水压。为了减少稳压泵的频繁启动，配置了气压罐，当管网压力低于气压罐皮囊压力时，皮囊将气压罐中的水挤压到管道内，以维持管网水压稳定。当皮囊压力和管网压力平衡，并在管网设定下限值以下时，稳压泵启动，对管网和气压罐充水，同时皮囊也受到压缩，积蓄能量，当管网压力达到设定上限值时，稳压泵停止。然后重复上述过程，所以气压罐可以在一定的压力范围内调整管网压力，降低稳压泵的频繁启动。50 m 的高层建筑要维持最不利点 2 kg 的水压力，如果稳压泵设置在底层，稳压泵的扬程要大于 70 m；如果稳压泵安装在消防水箱附近，稳压泵的扬程只要大于 2 kg，降低了对稳压泵的要求，降低了设备成本。但稳压泵不安装在水泵房，管理有些不便。在设置火灾自动报警系统的消火栓系统中，有现场手动控制和控制室手动控制两种方式。现场手动控制：火灾现场的消火栓按钮给火灾报警控制器提供火警信号，消防栓按钮控制信号经电控柜启动消防泵；控制室手动控制：由消防联动控制器的手动控制盘直接控制消防泵的启动、停止。电控柜的动作信号反馈到火灾报警控制器，并显示在控制器上。在没有设置火灾自动报警系统的保护场所，消火栓按钮的动作信号通过电控柜直接启动消防泵，消防泵启动后，电控柜向消火栓按钮提供一个启泵反馈信号，消火栓按钮上的指示灯亮。通常在屋顶设置试验消火栓，通过测试试验消火栓枪是否达到13 m 充实水柱来检验消火栓系统最不利点的水压是否达到要求，同时也可验证消火栓系统的工作是否正常。

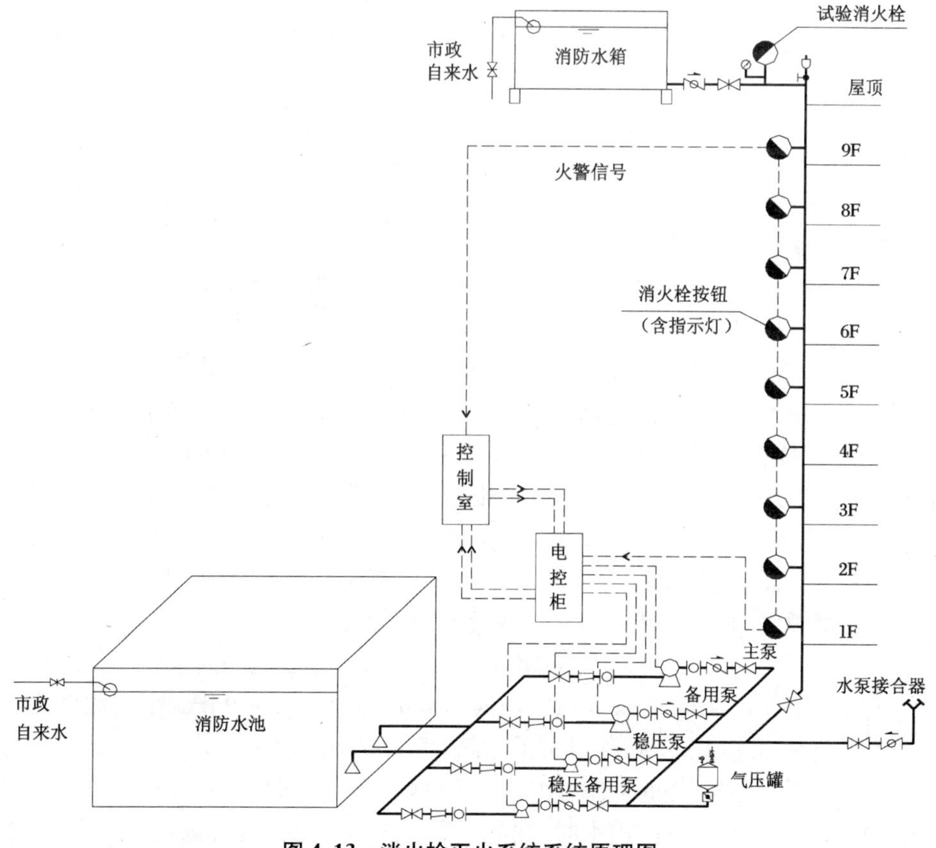

图 4.13　消火栓灭火系统系统原理图

消火栓系统的控制、显示功能包括：(1) 控制消防泵、稳压泵的启动、停止；(2) 显示消火栓按钮的位置和状态；(3) 显示消防泵、稳压泵的工作、故障状态。这些功能由火灾报警控制器和电控柜完成，图 4.14 为水泵加压电控柜的原理图。

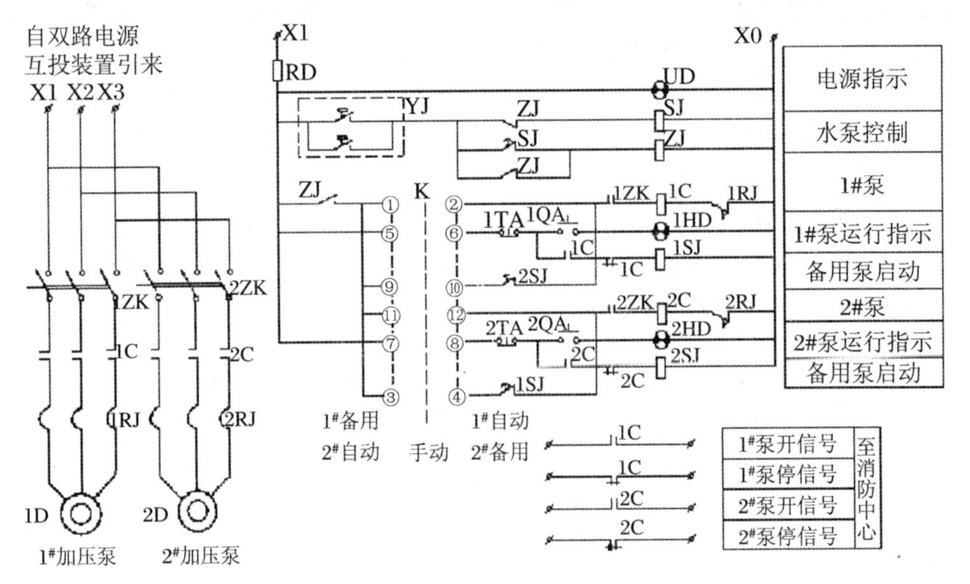

图 4.14　XF03 型加压泵控制装置原理接线图

SJ —时间继电器；QA —启泵按钮；RJ —热继电器；IC、2C —交流接触器；

ZJ —中间继电器；TA —停泵按钮；YJ —压力继电器，由设计决定现场调定

我国规定：当建筑物高度超过 24 m 而又低于 100 m 时，称为高层建筑，高度≥100 m 时，称为超高层建筑物。《高规》规定："消火栓口的静水压力不应大于 1.00 MPa，当大于 1.00 MPa 应采取分区给水系统。消火栓口的出水压力不应大于 0.50 MPa，当大于 0.50 MPa 时，采取减压措施……"如图 4.15 所示，图中稳压泵和气压罐安装在高位水箱附近，这种安装与图 4.13 相比，降低了稳压泵和气压罐的要求，减少了稳压泵的频繁启动，但管理不如图 4.13 方便。

由于比例式减压阀的减压比不超过 3∶1，可调式减压阀的阀前和阀后的最大压差不宜大于 0.4 MPa，要求环境安静的场所不应大于 0.30 MPa，因此比例式减压阀宜安装在建筑高度 100 m 以下的建筑，可调式减压阀可安装在 100m 以上的建筑。考虑到管道、配件的工作压力在 1.60 MPa 以下，而且《高规》第 7.4.5.2 条规定"消防给水为竖向分区供水时，在消防车供水压力范围内分区，应分别设置水

泵接合器……”，所以当建筑高度低于 150 m 时，宜用图 4.16，而建筑高度超过 150 m而低于 250 m 时，可选用图 4.17 方式。图 4.17 中消防水箱的有效容积不宜小于 18 m^3，上下级消防泵启动时间差不大于 20 s。当建筑高度超过 250 m 时，宜选用图 4.18 供水方案，这时消防水箱分隔不少于 2 个，水箱的有效容积不宜小于 100 m^3。在消防中心，则应按分区控制、显示上述功能。关于消防泵的减压启动控制方法见自动喷水灭火系统湿式系统部分。以上供水选用方案为综合考虑了安全和经济两个因素提出的建议[18]，此建议同样适用于自动喷水灭火系统。

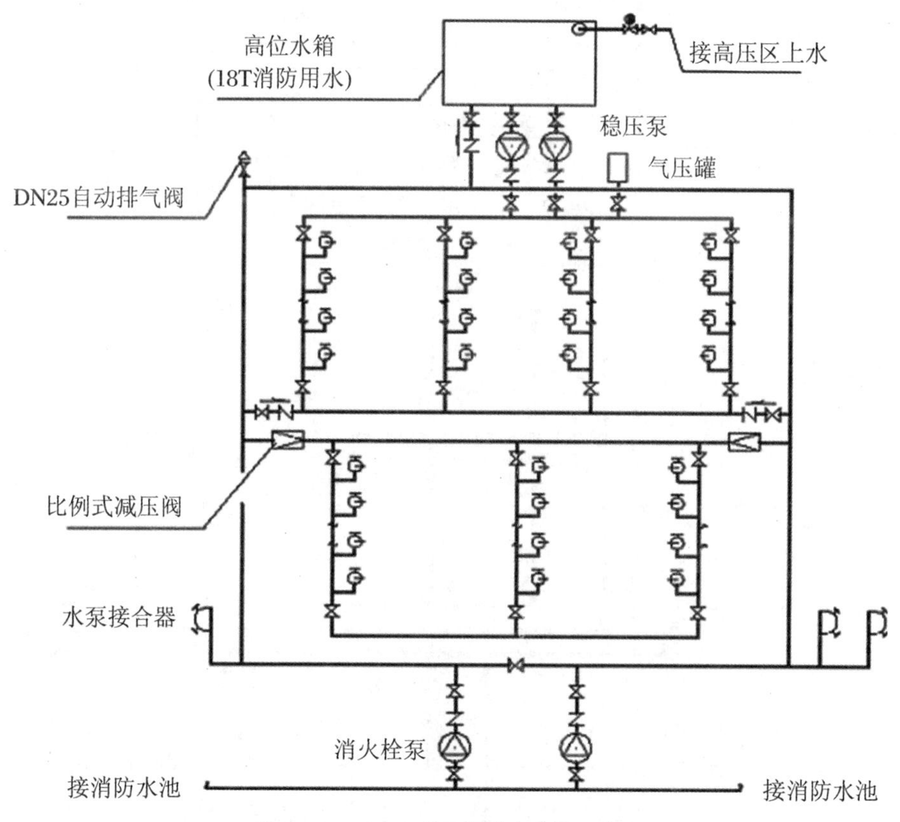

图 4.15　120m 以下宜用消火栓示意图

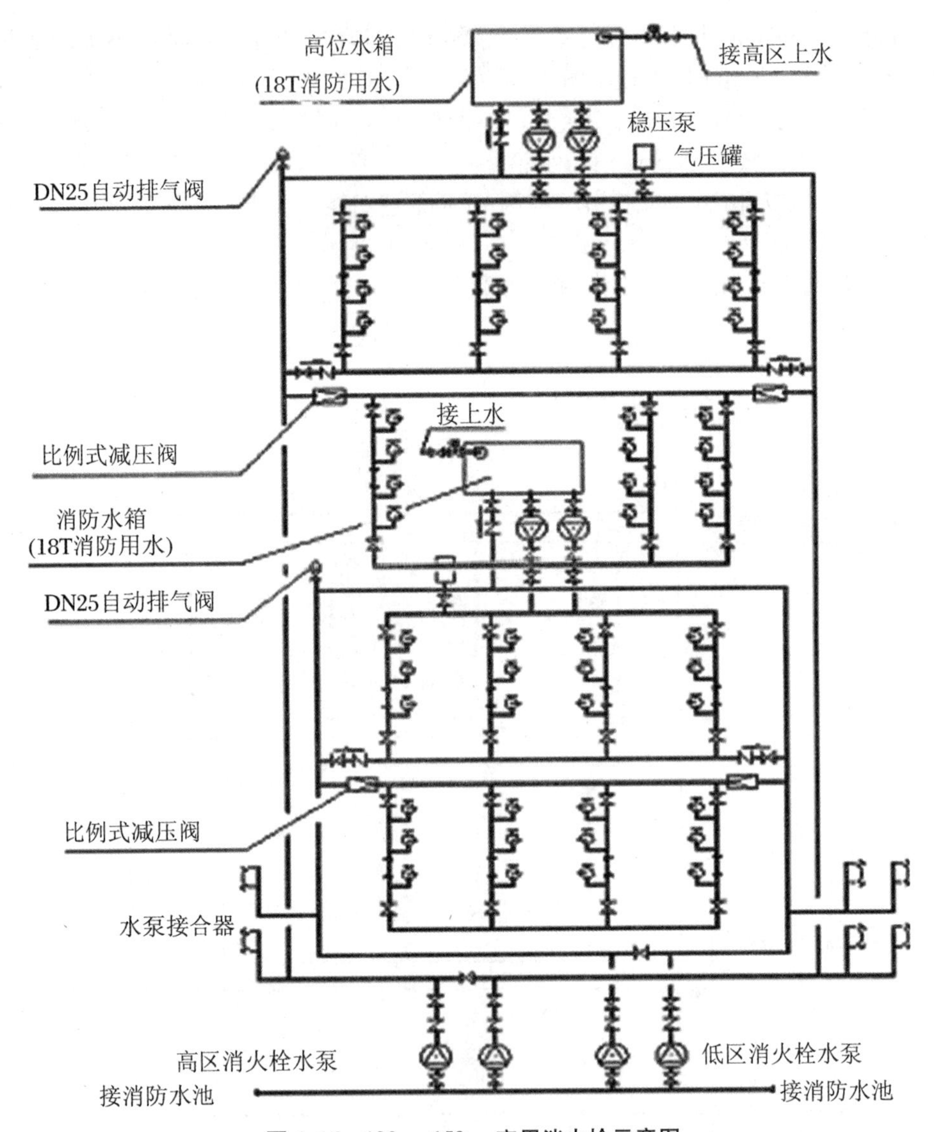

图 4.16　120－150 m 宜用消火栓示意图

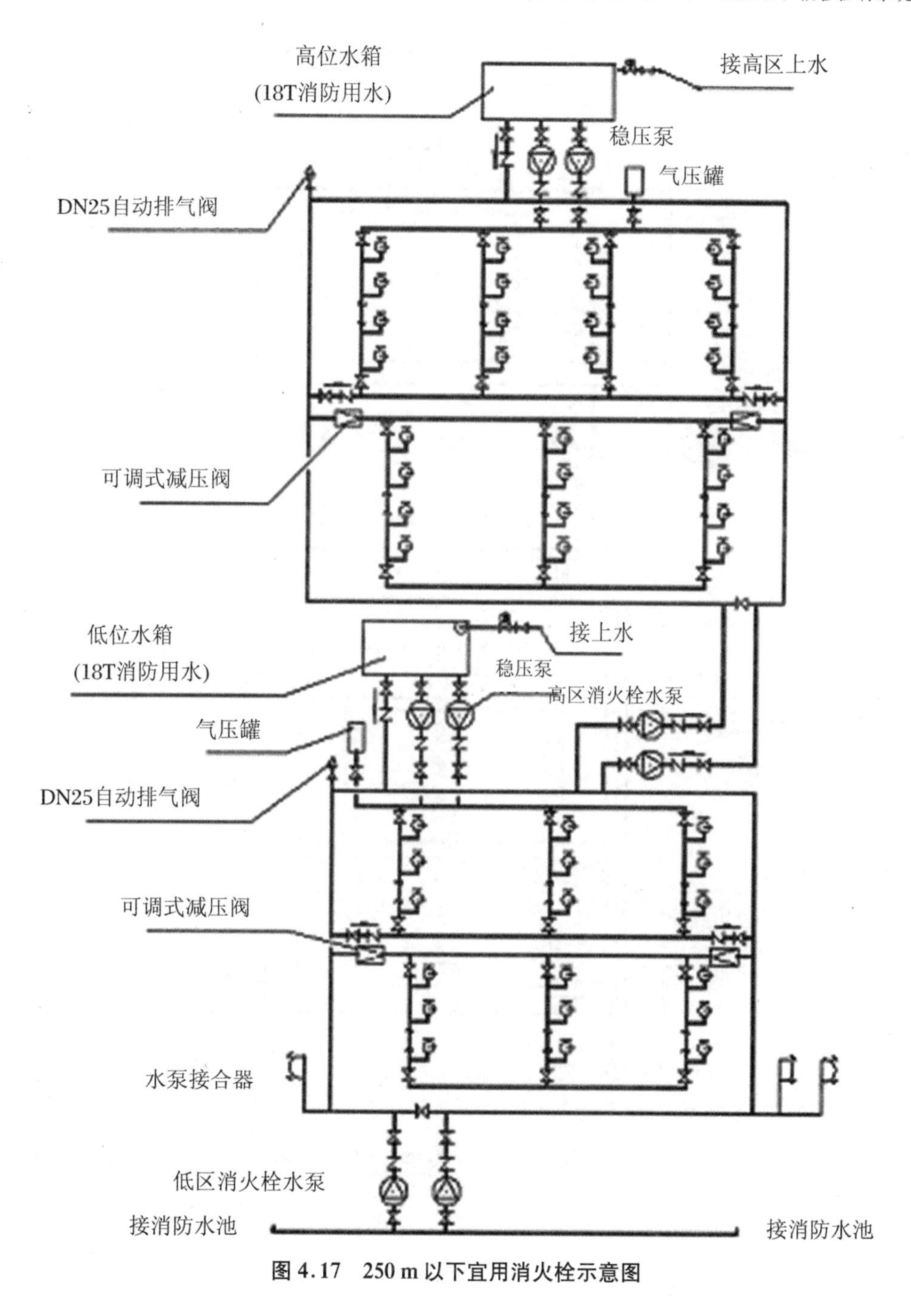

图4.17　250 m以下宜用消火栓示意图

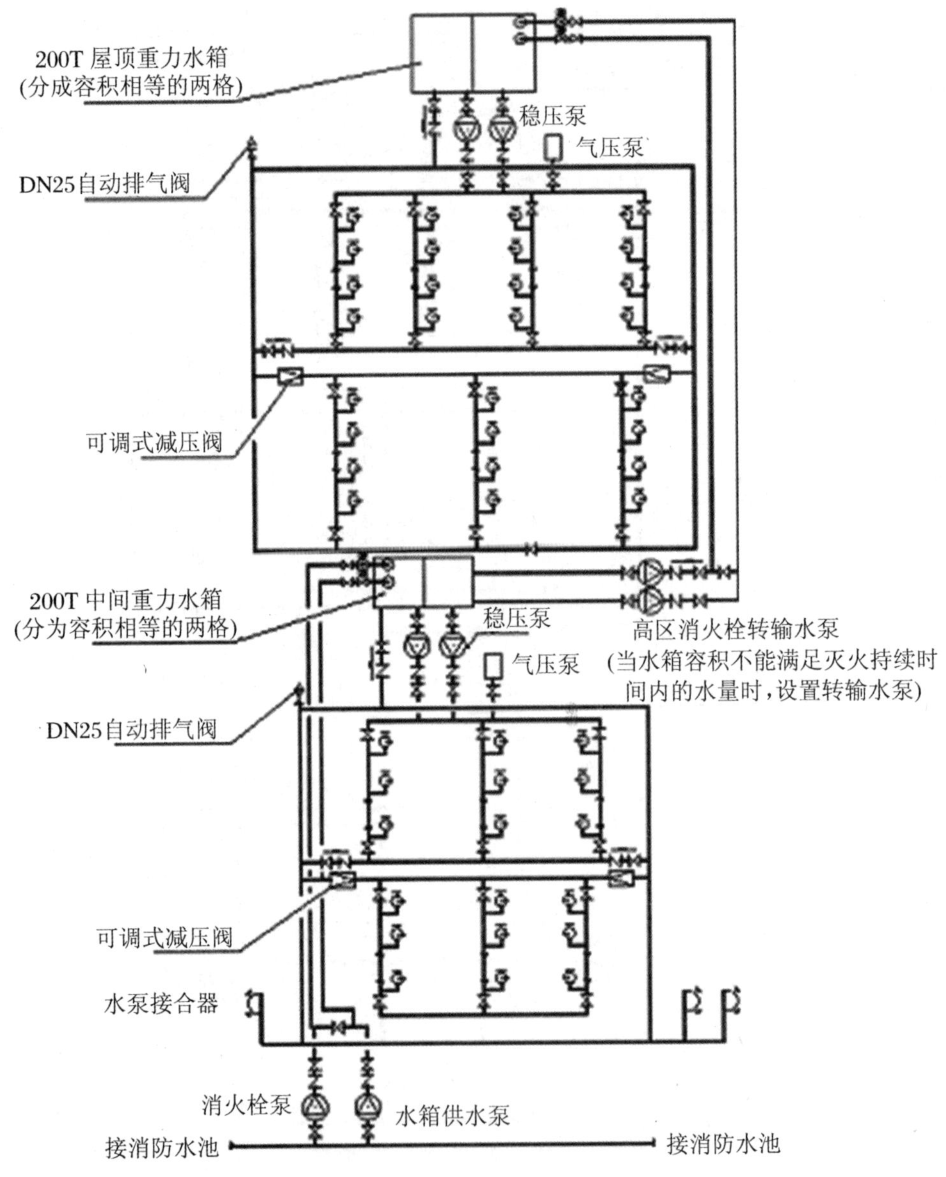

图 4.18 250 m 以上宜用消火栓示意图

4.3.2　自动喷水灭火系统及其控制

自动喷水灭火系统(Sprinkler systems)是目前世界上应用最广泛的一种固定灭火设备。从 19 世纪中叶开始至今已有 100 多年的历史,其最大特点是价格便宜,灭火成功率高。据美国、澳大利亚等发达国家统计,自动喷水灭火系统灭火的成功率在 96%以上,有的甚至到 99%。在美、英、日、德等国的消防规范中,几乎所有的建筑物都要求安装自动喷水灭火系统。我国随着工业与民用建筑的飞速发展和消防法规的逐步完善,自动喷水灭火系统得到了越来越广泛的应用。由于自动喷水灭火系统的设计涉及水灭火系统和自动控制系统,所以应同时符合文献[16]和[13]的要求,因此,自动喷水灭火系统是由给排水专业和电气专业的工程师密切合作完成的系统。

自动喷水灭火系统由洒水喷头、报警阀组、水流报警装置、管道及供水设施组成,并能在火灾发生时能喷水、灭火的自动灭火系统。要使自动喷水灭火系统安全、有效地工作,火灾探测装置的正确发现火灾,消防联动控制系统的准确定位、及时发出控制信号起了非常重要的作用。本节重点讨论自动喷水灭火系统的联动控制问题。

自动喷水灭火系统包括湿式系统、干式系统、预作用系统、雨淋系统、水幕系统、水雾系统等,各系统的主要性能见表 4.1。

表 4.1　各种自动喷水灭火系统的主要性能

名称	适用场所	管道状态	喷头形式	报警阀类型	报警阀带喷头数	反应速度及控制方式	特　点
湿式	≥4 ℃,<70 ℃	有水	闭式	湿式	≤800	快;自启动	(1) 自动对准火源; (2) 自动启动系统; (3) 系统简单,施工方便; (4) 灭火成功率高; (5) 使用范围广
干式	≤4 ℃,>70 ℃	无水、充气	闭式	干式	≤500(无排气装置≤250)	慢;自启动	(1) 用于高、低温场所; (2) 喷水延迟,灭火慢; (3) 管道充气,密封要求高; (4) 维护、管理难

续表

名称	适用场所	管道状态	喷头形式	报警阀类型	报警阀带喷头数	反应速度及控制方式	特　点
预作用	怕水渍	充气、报警后充水	同干式系统喷头	预作用	≤500	中；他启动	(1) 使用环境同干式，灭火效率高于干式；(2) 适用严禁漏水误喷场所；(3) 管道充气、密封要求高；(4) 投资最大
雨淋	火势发展迅猛；大空间	无水	开式	雨淋	根据保护面积确定	最快；他启动	(1) 灭火速度最快；(2) 防护区内全面喷水，用水量大
水幕	防火分隔；冷却分隔设备	无水/有水	开式/水幕喷头	与灭火系统的阀相同		他启动	(1) 防火分隔；(2) 冷却防火分隔设施
水雾	局部灭火或冷却	有水	闭式			他启动	(1) 局部灭火；(2) 冷却保护设备

注：(1) 反应速度：快、中、慢是各种自动喷水灭火系统相比较而言；(2) 他启动是指由火灾探测报警系统启动，自启动是不需要火灾探测报警系统启动的，但不管哪种系统，启动后要将启动信息发送到火灾报警控制器，以便值班人员知道自动喷水灭火系统启动了，有火警。

1. 湿式系统(Wet pipe system)

自动喷水灭火系统中，只要环境条件许可，首选湿式系统，所以湿式系统是应用最广的一种自动喷水灭火系统，下面重点以湿式系统为例，对其控制显示功能加以说明。

图 4.19 为湿式系统，图中系统供水部分与消火栓系统相同，喷淋泵可以是一运一备、二运一备甚至三运一备，但备用泵性能必须和最大一台主泵的性能相同。

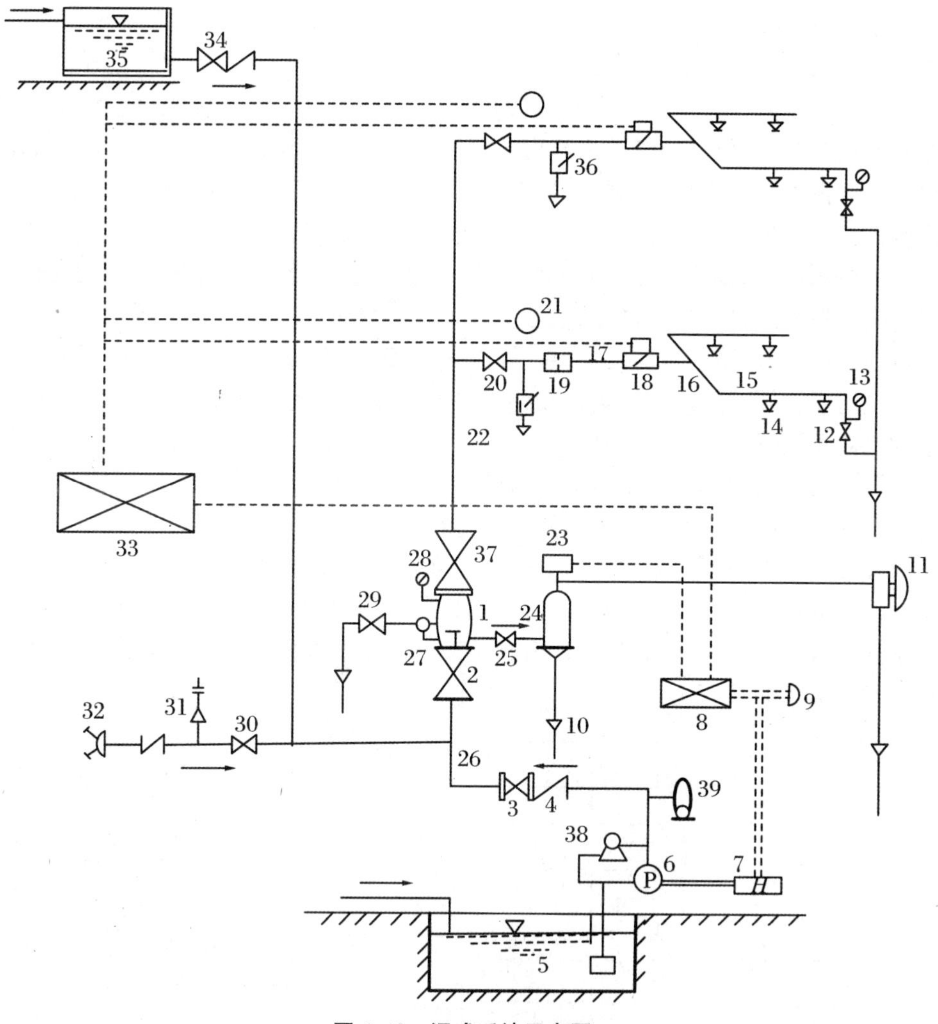

图4.19　湿式系统示意图

1—湿式报警阀;2—供水控制阀;3—闸阀;4—止回阀;5—消防水池;6—喷淋泵;7—电动机;8—水泵控制器;9—手动按钮;10—漏斗;11—水力警铃;12—末端试水装置;13—试验压力表;14—闭式洒水喷头;15—配水支管;16—配水管;17—配水干管;18—水流指示器;19—调压孔板;20—区域闸阀;21—声光报警器;22—配水立管;23—压力开关;24—延迟器;25—报警截止阀;26—供水立管;27—供水压力表;28—压力表;29—泄放试验阀;30—闸阀;31—安全阀;32—水泵接合器;33—火灾报警控制器;34—水箱闸阀;35—消防水箱;36—排污阀;37—检修闸阀;38—稳压泵;39—气压罐

图4.20为湿式系统的系统工作流程图。在正常情况下,管道内充水,管网最不利点的水压保持在规定的最低压0.5 MPa。当发生火灾,喷头的感温元件达到额定动作温度时,喷头打开,在喷淋泵启动前,消防水箱可以提供喷淋系统十分钟左右的用水量。喷头打开后,水流指示器动作,输出短路信号经信号模块、总线传输到火灾报警控制器和相应的区域报警盘。在区域报警盘上显示火灾信息,火灾报警控制器通过声光报警器发出火灾报警信号。喷头打开后,喷淋管网水压力降低,湿式报警阀两端的水压力失去平衡,阀门打开,压力水进入喷淋管网,同时打开报警阀的报警口,报警口流出的信号水经延迟器延迟30秒后,触发压力开关的双触点动作,输出短路信号经信号模块传送到火灾报警控制器也发出火灾报警信号,并由消防联动控制器发出联动控制信号经喷淋泵控制柜启动喷淋泵,抽取消防水池的水向喷淋管网供水。喷淋泵启动后,控制柜的动作信号反馈到火灾报警控制器,并显示在控制器上,以示喷淋泵已投入运行。几乎在压力开关启动喷淋泵的同时,水力警铃动作,发出火灾报警铃声。另外消防车通过水泵接合器也可以从室外消火栓或运水车对喷淋系统供水。由上述可见,喷淋系统的供水水源有消防水池、消防水箱和市政水三种水源;水流指示器、压力开关的报警信号和控制柜的动作信号全送到火灾报警控制器,另外还有区域报警盘和水力警铃也给出报警信号,所有这些都是为了系统安全可靠。

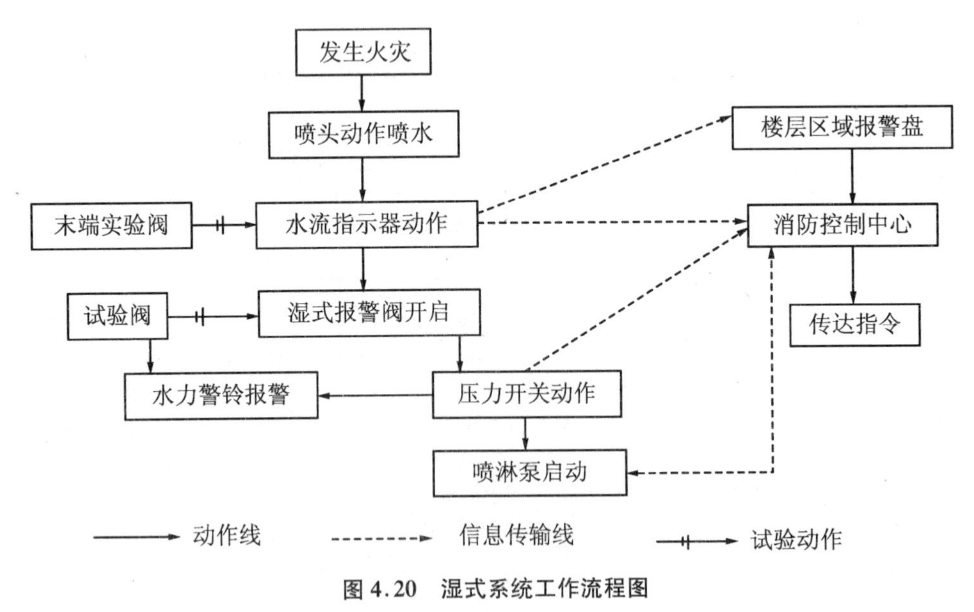

图4.20 湿式系统工作流程图

末端试水装置是人工检查喷淋系统工作是否正常的装置。打开试水装置的末端试验阀放水，放水水流量相当系统中一只最小流量系数喷头的喷水水量，观察末端试水装置压力表的压力，若等于0.5 MPa，水流指示器动作，声光报警器发出火灾报警信号，表明系统工作正常。试验阀是湿式报警阀上的一个阀门，是用来人工检查湿式报警阀工作是否正常的装置。打开该阀门，湿式报警阀开启，30秒钟后，压力开关动作，一个短路信号经水泵控制器启动喷淋泵，启泵信号反馈到火灾报警控制器，压力开关的另一个短路信号经信号模块送到火灾报警控制器，应发出火灾报警信号；同时水力警铃发出报警铃声。这样既保证了火灾时所有设备动作无误，又方便了平时维修检查。

根据工作需要和规范规定，自动喷水灭火系统在消防中心控制盘上，应有下列控制显示功能：

(1) 控制系统的启、停。

(2) 显示喷淋泵的工作、故障状态。

(3) 显示水流指示器、报警器、安全信号阀的工作状态。

如果使用干式喷水灭火系统，中心控制室还应显示系统最高和最低气温，预作用系统还应显示系统的最低气温。

如果是高层和超高层建筑，需采用高、中、低分区给水系统，见图4.21。

由于建筑规模和高度不断扩大，消防水泵和喷淋泵的功率越来越大。直接启动渐渐不能满足要求，必须采用减压启动方式。图4.22为自动喷水灭火系统消防泵减压启动装置的原理接线图。减压启动装置的控制原理图如图4.23所示。在1996年的全国消防设备大检查中，有些工程的消防泵启动不了，与启动的方式有一定的关系，设计单位和监督部门都应予以重视。

该控制接线图中，电压为380 V，容量不超过75 kW，双泵运行。1YJ、2YJ为压力继电器，在现场安装调试。DZ为停泵继电器，在消防中心控制。

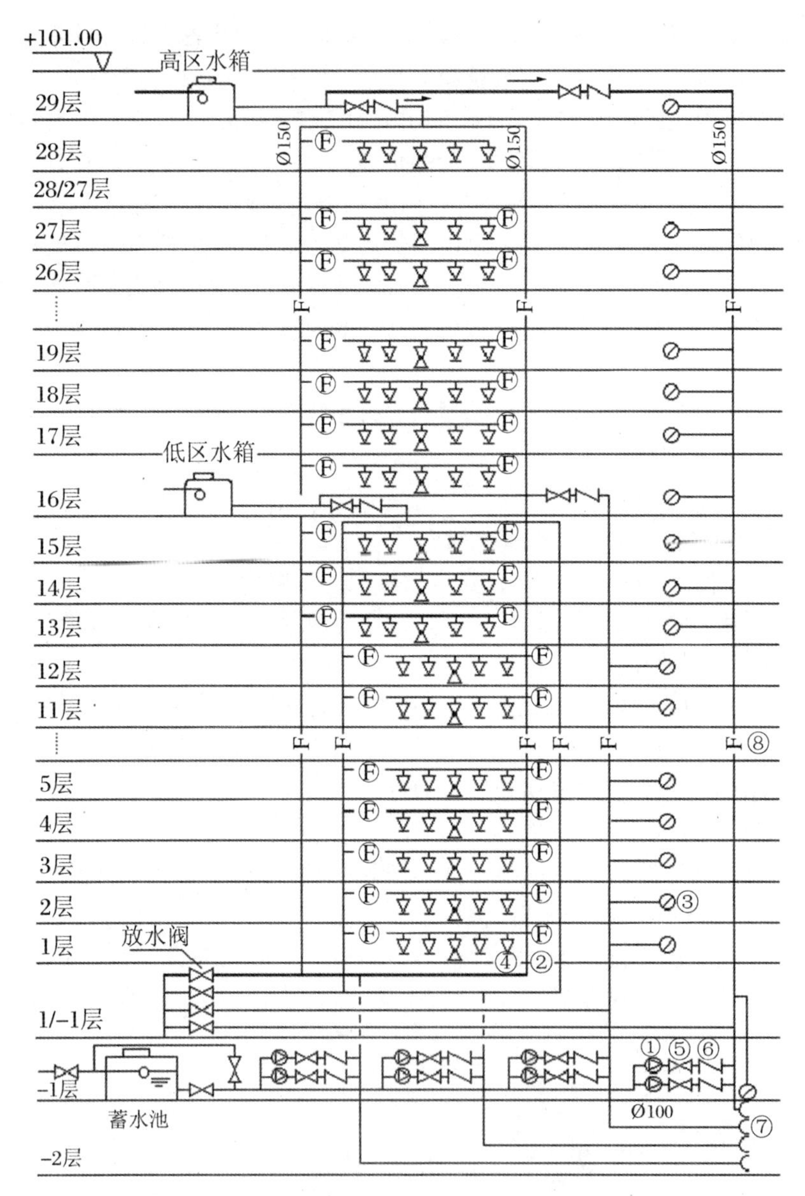

图 4.21　高层建筑分区消防给水系统

1—消防泵；2—报警阀；3—消防栓；4—自动灭火喷头；
5—截止阀；6—单向阀；7—水泵接合器；8—消防竖管

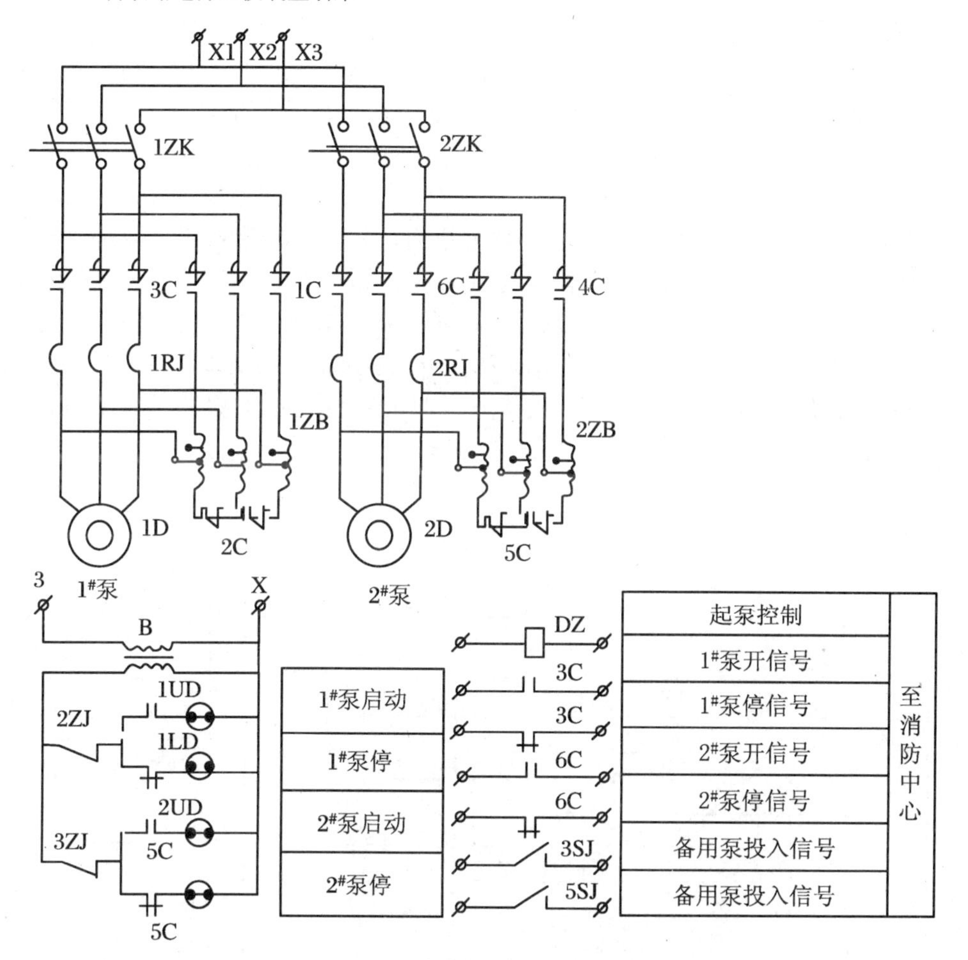

图 4.22 消防泵减压启动装置原理接线图

2. 干式系统(Dry pipe system)

当湿式系统安装在≤4 ℃的环境中,因管道结冰,系统无法正常工作;当湿式系统安装在温度>70 ℃的环境中,管道内水受热容易扰动,导致水流指示器动作产生误报,因此这些场所得用干式系统,此外,特别怕水的地方或保护对象,也要用干式系统,图 4.24 为干式系统示意图。

干式系统与湿式系统的主要区别:采用干式报警阀组、干式下垂型喷头或直立型喷头,管道内充气。警戒状态下,为维持系统侧的气压与干式报警阀入口前供水侧的压力平衡,需要配置补气设施和压力表,使系统侧管道内充空气或氮气等有压气体。当火灾报警控制器检测到管道气体压力降低到设定值下限时，启动充气设备对管道充气；当气体压力达到设定值上限时，充气设备停止对管道充气。发生火灾时，闭式喷头打开、放气，系统侧的气压降低，干式报警阀两侧的气压和水压失去平衡，压力水进入系统侧管道，水流指示器动作，水流指示器的输出信号向火灾报警控制器报告起火区域。火灾报警控制器启动驱动电机打开电动阀，使管道内气体尽快通过电动阀、快速排气阀排气，同时向管网充水。干式报警阀打开的同时打开报警阀的报警口，报警口流出的信号水使压力开关动作，启动喷淋泵及水力警铃报警，系统进入持续喷水、灭火阶段。为便于系统在灭火或维修后，恢复警戒状态前排尽管道中的积水，同时在系统启动时有利于排气，要求干式系统的喷头采用直立型喷头或干式下垂型喷头。信号闸阀的信号线通过信号模块接到火灾报警控制器，在控制器上显示信号闸阀的开、关状态，以防止在警戒或火灾时，信号闸阀处于关闭状态。其余控制、显示功能见湿式系统部分。

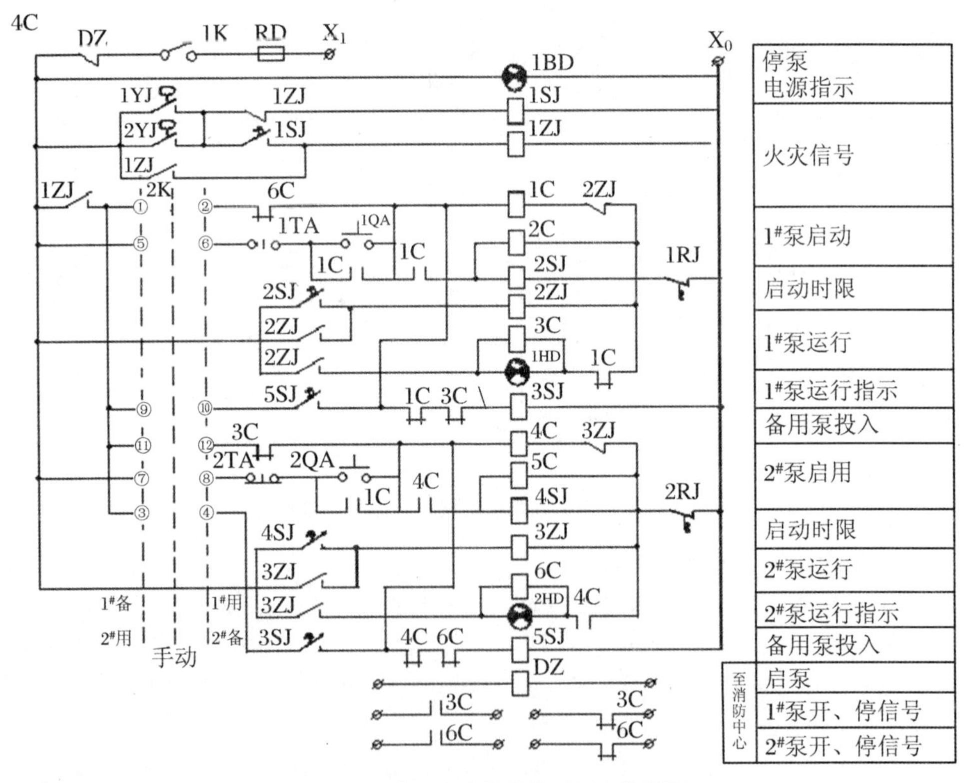

图 4.23 减压启动装置控制原理接线图

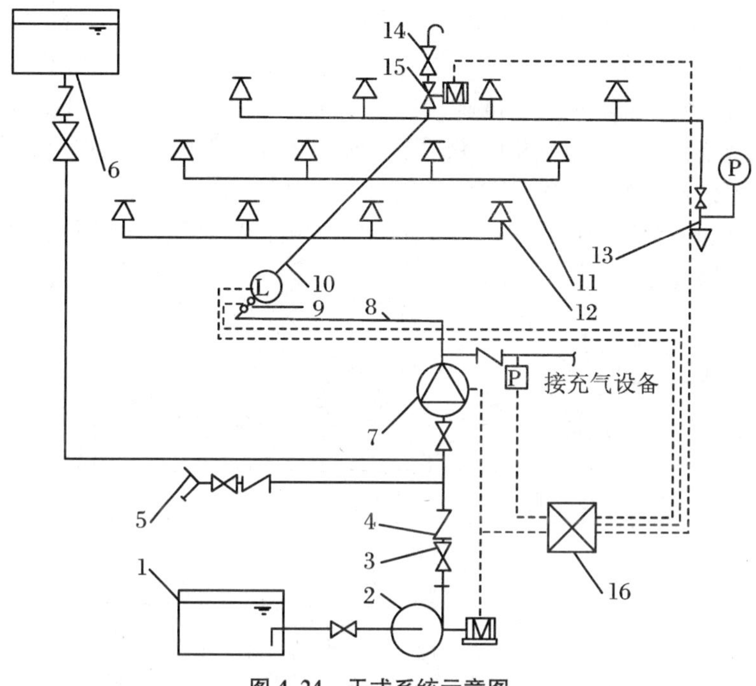

图 4.24　干式系统示意图

1—消防水池；2—喷淋泵；3—闸阀；4—止回阀；5—水泵接合器；6—消防水箱；7—干式报警阀组；8—配水干管；9—信号闸阀；10—配水管；11—配水支管；12—闭式喷头；13—末端试水装置；14—快速排气阀；15—电动机；16—火灾报警控制器；P—压力表；M—驱动电机；L—水流指示器

3. 预作用系统(Pre-action system)

为了克服湿式系统因漏水或误喷造成水渍损失，和消除干式系统火灾发生时滞后喷水的缺点，可采用预作用系统。预作用系统在警戒状态时，工作在干式系统工作模式，火灾发生后，预作用系统及时进入湿式系统工作模式，换句话说预作用系统克服了湿式系统和干式系统的缺点，又保留了它们各自的优点。如图 4.25 所示。

图 4.25 中，不看感烟火灾探测器 Y 和感温火灾探测器 W，预作用系统就是一个干式系统，管道内始终保持着规定的压力气体。火灾发生时，首先 Y 报警，接着 W 报警，火灾报警控制器接收到 Y、W 两个报警信号后，启动驱动电机，打开电动阀，管道内压力气体经电动阀、快速排气阀排气，同时压力水经预作用报警阀进入系统侧，对管道充水。水流指示器动作，水流指示器的输出信号向火灾报警控制器报告起火区域。预作用报警阀打开的同时打开报警阀的报警口，信号水使压力开

关动作，启动喷淋泵及水力警铃报警，使预作用系统变成湿式系统。随着火灾的发展，温度的升高，闭式喷头打开，实施喷水灭火。这种系统中，W感温探测器的灵敏度比喷头感温探测器的灵敏度高，报警早。预作用系统的喷头与干式系统一样，采用直立型喷头或干式下垂型喷头。除了同一报警区域内2个及以上独立火灾探测器的报警信号作为雨淋阀开启的联动触发信号外，也可以同一报警区域的一个火灾探测器和一个手动报警按钮的报警信号作为雨淋阀开启的联动触发信号。其余见湿式系统部分。

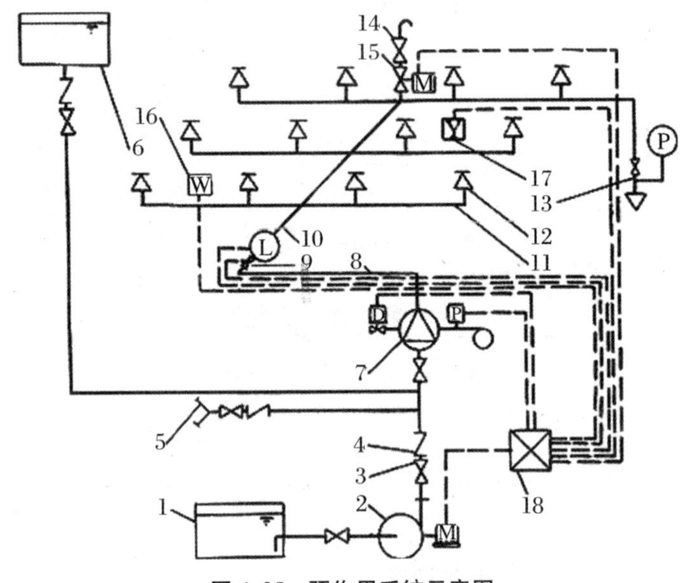

图 4.25　预作用系统示意图

1—消防水池；2—喷淋泵；3—闸阀；4—止回阀；5—水泵接合器；6—消防水箱；7—预作用报警阀组；8—配水干管；9—信号闸阀；10—配水管；11—配水支管；12—闭式喷头；13—末端试水装置；14—快速排气阀；15—电动机；16—感温探测器；17—感烟探测器；18—火灾报警控制器；P—压力开关；D—电磁阀；M—驱动电机

4. 雨淋系统(Deluge system)

对于火灾水平蔓延速度快和闭式喷头不适合使用的场所，可用雨淋系统。雨淋系统由火灾探测报警系统或充液传动管联动雨淋阀，启动雨淋系统喷水灭火。图4.26是火灾探测报警系统联动的雨淋系统示意图。警戒状态下，火灾探测报警系统监测被保护空间，雨淋报警阀前的管道内充满压力水，雨淋报警阀后的管道内没有水，管道上接有开式喷头。控制方式分自动控制和手动控制两种方式，自动控制:火灾发生时,感烟火灾探测器Y和感温火灾探测器W先后发出报警信号传送到火灾报警控制器,控制器发出声光报警信号和联动控制信号,控制信号打开电磁阀D向管网供水,信号水使压力开关动作及水力警铃报警,压力开关的动作信号经消防联动控制器、雨淋泵控制柜启动雨淋消防泵,实施持续供水、喷水、灭火。手动控制:火灾发生时,值班人员用消防联动控制器的手动控制盘控制雨淋阀的开启,水力警铃发出报警铃声,压力开关动作,启动消防泵。控制柜接触器辅助触点上的动作信号反馈到控制器,并在控制器上显示雨淋消防泵启动的信息。

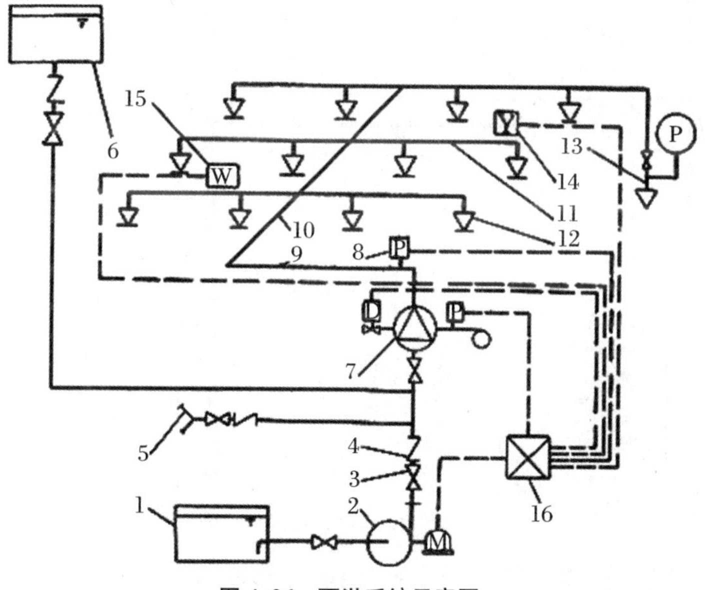

图4.26 雨淋系统示意图

1—消防水池;2—消防水泵;3—闸阀;4—止回阀;5—水泵接合器;6—消防水箱;7—雨淋报警阀组;8—压力开关;9—配水干管;10—配水管;11—配水支管;12—开式洒水喷头;13—末端试水装置;14—感烟探测器;15—感温探测器;16—火灾报警控制器;P—压力开关;D—电磁阀;M—驱动电机

5. 水幕系统(Drencher system)

水幕系统利用水幕形成防火分隔水幕或冷却防火分隔设备,起到挡烟阻火的作用。防火分隔设备可以是防火门、防火卷帘、防火玻璃等,水幕对这些设备喷放、冷却,以延长这些设备的耐火时间。

图4.27是水幕系统作防火分隔用时的喷头布置示意图(图中尺寸单位为mm),水幕系统除了喷头还有管道、电磁阀、水幕消防泵和火灾探测报警系统等。图4.27中,喷头口向下,利用密集喷洒形成水墙或水帘,喷头采用开式喷头或水幕

喷头。当水幕作防火卷帘的冷却设施时，喷头对着被保护对象喷水，喷头采用水幕喷头或湿式系统闭式喷头加密布置均可。控制阀门根据防火需要可采用电磁阀、雨淋报警阀或人工操作的通用阀门。控制过程如下：

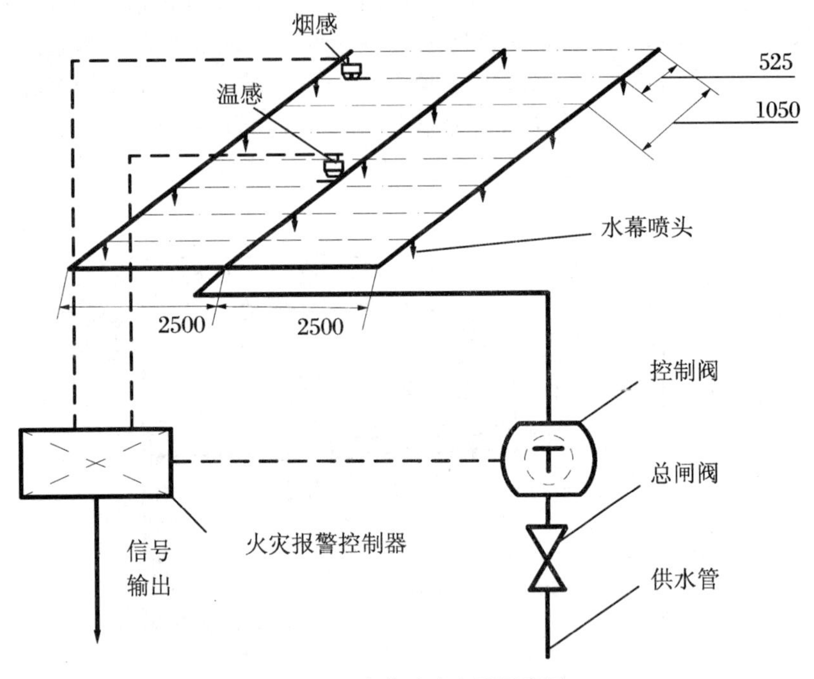

图 4.27　水幕喷头布置示意图

(1) 自动控制。当水幕作防火分隔时，用该防护区内两只火灾探测器的火灾报警信号作为水幕消防泵的启动触发信号；当水幕作防火卷帘的冷却设施时，消防联动控制器接收到防火卷帘到底的返回信号和该区火灾报警信号后，发出联动控制信号经控制模块触发水幕电磁阀开启。水幕电磁阀的动作信号反馈到控制器，由消防联动控制器发出联动控制信号，经控制柜启动水幕消防泵工作。

(2) 手动控制。将水幕电磁阀和消防泵控制柜的启动、停止触点直接接到消防联动控制器的手动控制盘，值班人员通过手动控制盘操作这些设备的启动、停止。消防泵控制柜接触器辅助接点的动作信号作为联动反馈信号传至火灾报警控制器，并在控制器上显示。

6. 水雾系统(Water spray projecter system)

水雾系统常常用于局部灭火或设备冷却，如保护大型变压器，冷却露天油罐等。其控制过程如下：

（1）自动控制。火灾报警控制器接收到同一防护区内两个及以上独立火灾探测器或一个火灾探测器和一个手动报警按钮等设备的报警信号后，发出一个联动控制信号经控制模块、控制柜启动消防泵，消防联动控制器接收到消防泵启动的反馈信号后，再发出联动控制信号经控制模块开启电磁阀。

（2）手动控制。将选择阀（如电磁阀）和消防泵控制柜的启动、停止触点直接接到消防联动控制器的手动控制盘上，实现选择阀和消防泵的直接手动操作，消防泵的启动应先于选择阀的开启。消防泵控制柜接触器辅助触点的动作信号反馈到消防联动控制器，并在控制器上显示。

4.3.3　自动跟踪定位射流灭火系统及其控制

自动喷水灭火系统除了自身不断完善，不断推出新品外，在水滴颗粒粒径向两个方向发展。一是向水滴粒径更小、灭火效率更高、更节水的方向发展，形成细水雾灭火系统；另一个是向水滴粒径更大、喷头安装高度更高、火灾功率更大方向发展的大流量喷头，或者灭火人员利用水柱，实施远离扑灭火灾的消防炮方向发展。细水雾灭火系统将在下一节介绍，本节讨论大流量喷头和消防炮。当大流量喷头和消防炮属于自动灭火系统范畴时，称为自动跟踪定位射流灭火系统（Auto tracking and targeting jet system），其中灭火装置喷射流量大于 16 L·s^{-1}的消防炮构成的灭火系统称为自动消防炮灭火系统；灭火装置喷射流量小于或等于 16 L·s^{-1}的扫描装置构成的灭火系统称为喷射型自动跟踪定位射流灭火系统，简称喷射型自动射流灭火系统；灭火装置喷洒流量小于或等于 16 L·s^{-1}的喷洒装置（俗称大流量喷头）构成的灭火系统称为喷洒型自动跟踪定位射流灭火系统，简称喷洒型自动射流灭火系统，下面分别介绍这三个系统。

1. 自动消防炮灭火系统（Automatic fire monitor system）

消防炮属于定点灭火装置，这种灭火方式的特点是保护面积大，灭火速度快，灭火损失小。根据人员的参与程度又分为两类：自动消防炮和手动消防炮。手动消防炮的灭火过程必须有人员操作和控制消防炮，才能进行灭火，完成灭火功能，如手动消防炮、电控消防炮、液控消防炮和气控消防炮等，属于手动灭火范畴，只能替代消火栓灭火系统。自动消防炮是无需人员参与就能自动完成灭火的一种消防炮，能替代自动喷水灭火系统。这种灭火系统通过自动探测火灾、自动扫描定位、自动确认火灾、自动启泵开阀、自动射水灭火、实施自动灭火功能。实现这些功能各厂家采用的技术路线和设备不完全相同，现以图 4.28 为例说明自动消防炮灭火系统的工作过程。图中虚线将系统分成两部分，虚线上面是安装在消防控制室的设备，虚线下面是安装在被保护区域的设备。发射器和接收器构成光截面感烟火灾探测器，探测火灾发生时的烟气，实现烟雾报警。双波段探测器是图像型火焰探测器，探测火灾火焰，实现火焰报警。探测器输出的信号经防火并行处理器进行初步处理，若初步判断无火灾，信号到此为止；若初步判断疑似火灾，则信号再送到信息处理主机进一步处理，然后决定是否发出火灾报警信号。当这两种探测器都发出火灾报警信号后，由消防炮控制器控制相应消防炮开始扫描，由消防炮上的定位器寻找火源，一旦找到火源位置，消防炮立即锁定火源。由于灭火系统已经经过烟雾报警、火焰报警和火源位置确认等三次确认火灾，使确认火灾报警的正确性大大提高，误喷率大大降低。火灾位置确认后，联动控制器发出控制信号，经消防泵控制盘、消防泵控制柜启动消防泵，经炮控制器、解码器打开电动阀，消防炮开始喷水灭火，直至火灾扑灭，整个过程可以在无人状态下完成。矩阵切换器（视频切换器）将探测器或定位器的输出图像信号切换到屏幕上显示或硬盘录像机存储。屏幕可以是监视器、屏幕墙或者计算机的显示屏。解码器将信息处理主机的数字信息转换成消防炮的坐标信息，或者将消防炮的坐标信息转换成计算机的二进制数字信息。关于自动消防炮的定位原理请参考第5章的相关章节。

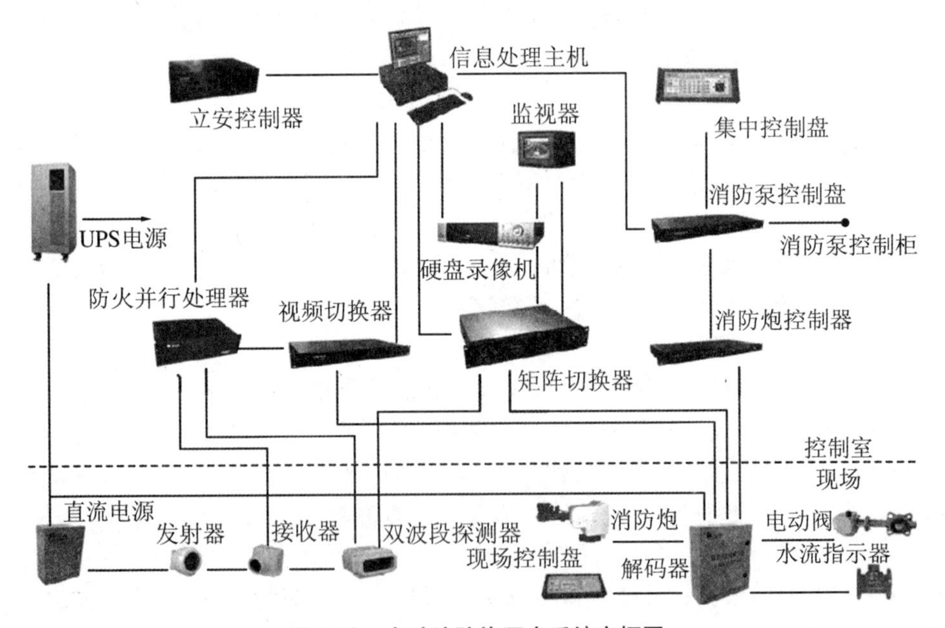

图4.28　自动消防炮灭火系统方框图

这种消防炮除了具有自动控制灭火功能外，还有远程手动控制和现场手动控制灭火功能。消防人员可以在消防控制室根据屏幕上显示的现场图像利用集中控制盘或在现场利用现场控制盘目视操控消防炮灭火。

2. 喷射型自动射流灭火系统(Eject type automatic jet system)

图4.29列出了几种喷射型灭火装置的外形图，由喷射型灭火装置组成的喷射型自动射流灭火系统和自动消防炮灭火系统都属于定点灭火系统。由于灭火装置体积比较小，结构形式多样，水流量也不大，保护半径在30 m以内，所以这种灭火装置构成的系统比较灵活，可以由专用火灾探测器启动灭火装置扫描，也可以由灭火装置自带火灾探测器启动灭火装置扫描，甚至由常规火灾自动报警系统的火灾探测器启动灭火装置扫描。其中第一种形式和自动消防炮灭火系统的系统结构图、控制方式及控制过程大致相同，所以这里就不讨论了。第二种形式的灭火装置除了有定位器外，自身还带火灾探测器，火灾探测器探测到火灾，将报警信号发到火灾报警控制器，火灾报警控制器发出火灾报警信号等联动信号，经延迟一段时间(可人为设定)后，启动消防泵，打开电磁阀，实施喷水灭火。这种系统结构简单，但要求：(1) 探测器的探测距离和灭火装置的喷射距离相互匹配，否则会出现盲区；(2) 探测器是复合火灾探测器或组合火灾探测器，以便控制误报、误喷事件的发生。

图4.29　喷射型灭火装置外形图

3. 喷洒型自动射流灭火系统(Spray type automatic jet system)

图4.30是喷洒型自动射流灭火系统的主要部件：火灾探测器和大流量喷头。由于大流量喷头的安装高度为6—25 m，流量为5 L·s^{-1}、10 L·s^{-1}，相应的保护半径分别为6 m、8 m，所以不能用普通感温探测器像闭式喷头那样控制喷头打开、喷水灭火，所以高空用火焰探测器探测到火灾，报警信号经输入模块、回路总线到火灾报警控制器，火灾报警控制器再发出一个控制信号经回路总线、相应的输出模块(火灾探测器与大流量喷头有对应关系)、电磁阀，打开大流量喷头喷水灭火，如图4.31所示。喷头外罩在水力作用下旋转，形成两股旋转水洒向地面，实施喷水灭火。控制器的控制信号同时启动消防泵对管网供水，打开声光报警器发出火灾报

警信号。为了防止误喷，火灾探测器应采用复合火灾探测器。

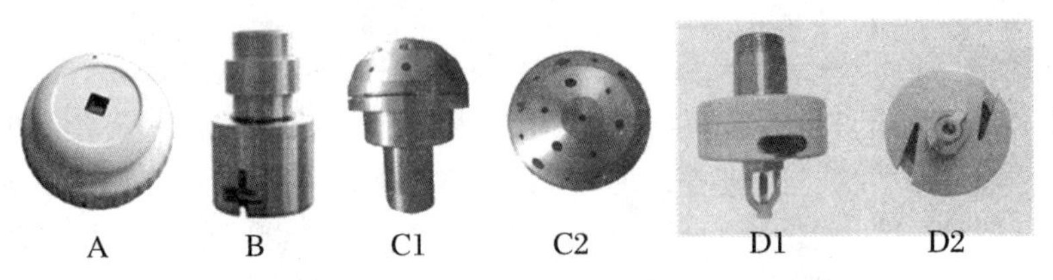

图 4.30　喷洒型自动射流灭火系统的主要部件

A—火灾探测器；B—大流量喷头；C、D—组合式喷头

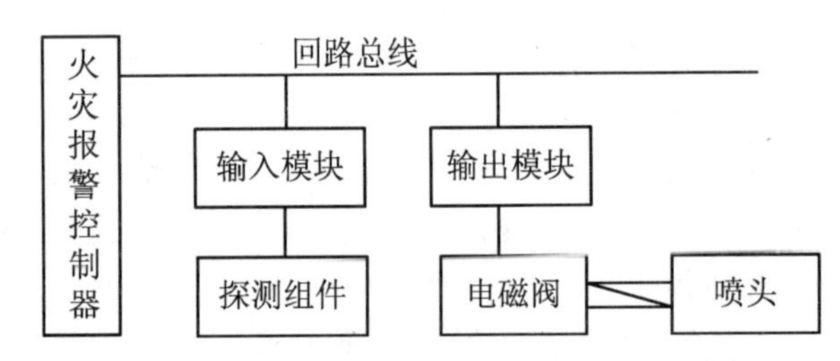

图 4.31　喷洒型自动射流灭火系统控制示意图

电磁阀除了受火灾探测器自动控制外，现场还设有手动控制盘进行手动控制大流量喷头喷水灭火。喷洒型自动射流灭火系统除了大流量喷头、火灾探测器、火灾报警联动控制器外，还配有消防泵、稳压泵、消防泵控制柜、水流指示器、声光报警器、UPS 电源等设备。

大流量喷头和火灾探测器除了分离结构形式外，还有将二者结合在一起的组合式喷头，如图 4.30 中 C、D 所示，C1、D1 是侧视图，C2、D2 是正视图。C 图大孔是火灾探测孔，小孔是喷水孔。为了防止误喷，火灾探测器应是复合探测器。D 图用感温探测器作为火灾探测、报警及控制元件，喷头外罩在水力作用下旋转，形成两股旋转水洒向地面，实施喷水灭火。D 图所示组合喷头受感温探测器的限制，安装高度不能太高。虽然感温探测器不是复合探测器，但达到 70 ℃的高温，即使不是火灾，也需要冷却；而火焰探测器则不同，可能是红外光或者紫外光干扰引起的误报，这时候喷水就是误喷，会造成不允许的损失，需要避免，为此火焰探测器要采用复合探测器或者组合式探测器。

4.3.4　细水雾灭火系统及其控制

细水雾灭火系统(Water mist extinguishing system)也是以水为灭火介质，由于水雾粒径比水雾更小，具有与气体灭火系统类似的灭火性能，所以常常把它归到气体灭火系统中。由于细水雾灭火系统具有优良的灭火特性，故今后将会有更广泛的应用。

细水雾是指在最小设计工作压力下，喷头所产生的雾滴直径 $D_V0.50$ 小于 200 μm，$D_V0.99$ 小于 400 μm 的水雾。细水雾灭火系统是由分配管网与供水装置或水和雾化介质的供给装置相连接，配有细水雾喷头，并能在火灾时喷放细水雾的自动灭火系统。细水雾灭火系统按控制方式分有泵组式和瓶组式，按喷头形式分有开式系统和闭式系统。泵组式细水雾灭火系统类似自动喷淋灭火系统，由高压消防泵将水压缩成 1 MPa 以上的压力水，经分配管道、细水雾喷头以细水雾形式喷放出来的灭火系统。瓶组式细水雾系统类似气体灭火系统，由高压气瓶中的压缩空气通入装有纯净水的高压钢瓶中产生压力水，经分配管道、细水雾喷头以细水雾形式喷放的灭火系统。通常保护范围较小的场所采用瓶组式细水雾系统，保护范围较大的场所采用泵组式细水雾灭火系统。瓶组式细水雾灭火系统采用开式喷头，泵组式细水雾灭火系统可以用开式喷头，也可以采用闭式喷头。

1. 开式细水雾灭火系统

图 4.32 是泵组式的开式细水雾灭火系统原理图。

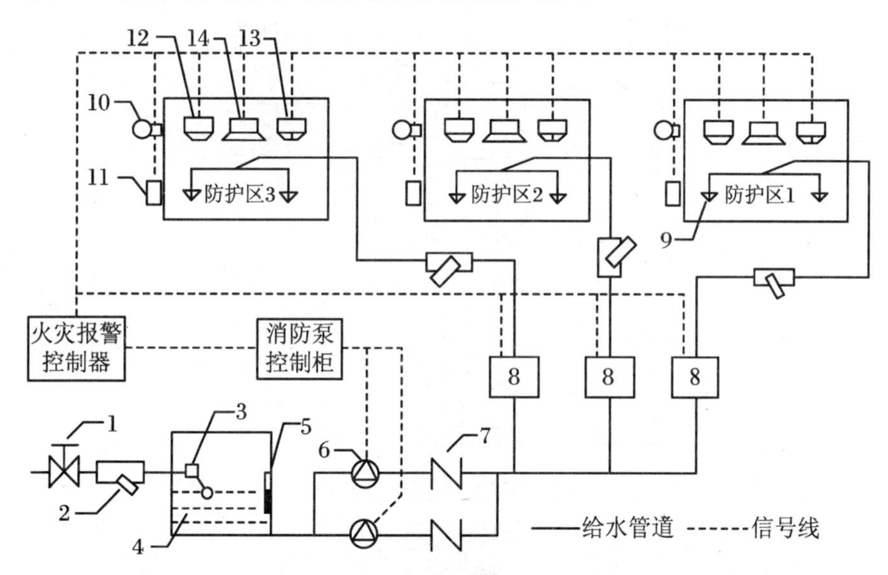

图 4.32　开式细水雾灭火系统原理图

1—阀门；2—过滤器；3—自动补水装置；4—水箱；5—水位指示装置；6—高压泵；7—截止阀；8—区域选择阀；9—开式喷头；10—释放指示灯；11—手动应急按钮；12—感烟火灾探测器；13—感温火灾探测器；14—声光报警器

图4.32中阀门1是受自动补水装置控制通、断的阀门。过滤器2的选择决定于高压消防泵，对于丹麦丹佛斯公司的PAH系列九柱塞泵要求采用专用的聚丙烯纤维折叠式过滤器，其最大过滤尺寸为3 μm，最大工作压力为0.6 MPa，以保护柱塞泵的柱塞部分不被划伤。其他柱塞泵用40目的Y型过滤器即可。图中其他过滤器的过滤孔尺寸为喷头最小孔径的0.8倍。当高压消防泵与区域选择阀的距离不远时，可以不设稳压泵；当距离远时，系统要设置稳压泵，以维持有水管道的水压处于准工作状态，稳压泵与高压消防泵并联连接。

警戒状态，区域选择阀前的管道内有压力水，区域选择阀后的管道内没有水，火灾探测报警系统处于监测状态。当图中3区发生火灾，该区感烟火灾探测器和感温火灾探测器先后发出报警信号，传输到火灾报警控制器。火灾报警控制器发出控制信号，经消防泵控制柜启动消防泵；打开区域选择阀，开式喷头喷水灭火；同时声光报警器、释放指示灯发出警报信号。其流程图见图4.33。

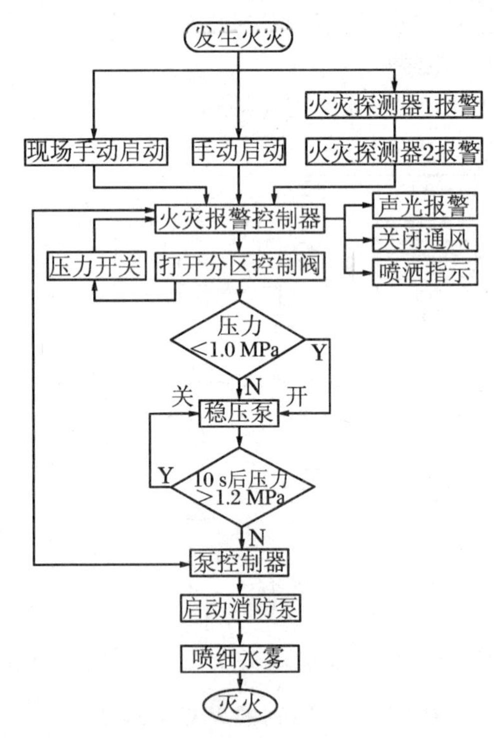

图4.33　开式细水雾灭火系统工作流程图

2. 闭式细水雾灭火系统

图4.34是闭式细水雾灭火系统原理图。闭式细水雾灭火系统是湿式系统，管网内充满压力水，维持在准工作状态。警戒状态时，火灾报警控制器通过压力传感器7监测分区管网的水压力，当管网内水压力降低到设定压力下限时，火灾报警控制器启动稳压泵，打开区域选择阀，对管网充水；当水压力达到管网设定压力上限时，关闭稳压泵和区域选择阀。

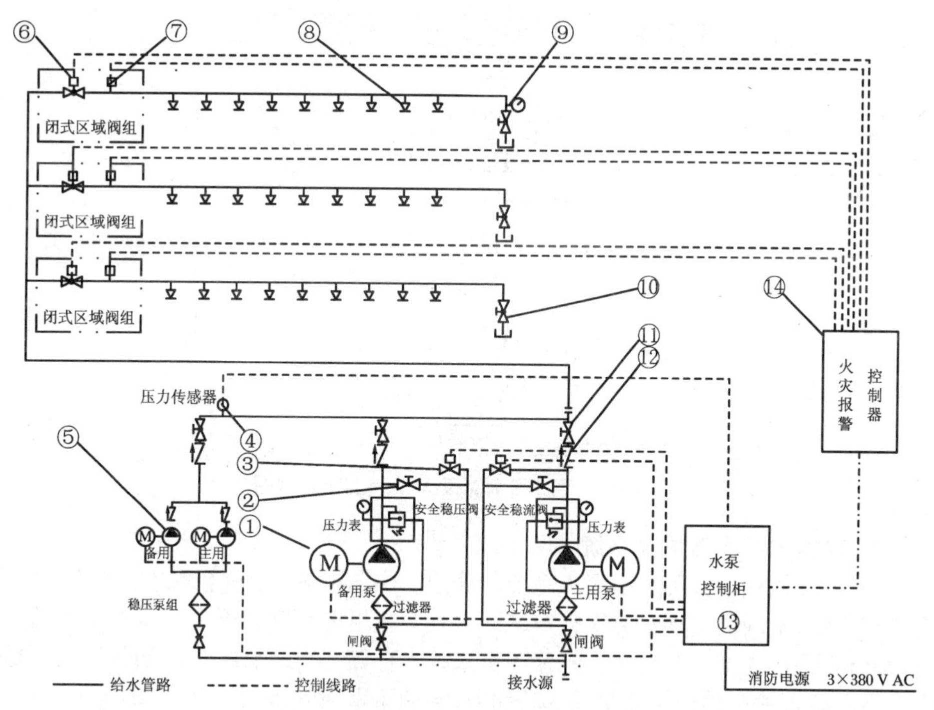

图4.34　闭式细水雾灭火系统原理图

1—高压消防泵；2—试泵阀；3—旁通阀；4—压力传感器；5—稳压泵；6—区域选择阀；7—压力传感器；8—闭式喷头；9—末端试水装置；10—试水阀；11—检修阀；12—止回阀；13—消防泵控制柜；14—火灾报警控制器

当发生火灾时，闭式喷头玻璃球破碎，分区管网压力降低到设定水压力下限时，启动稳压泵，打开区域选择阀对管网充水，由于选择稳压泵的流量小于一只最小流量喷头的流量值，因此稳压泵对管网充水，水压力始终达不到设定水压力的上限值，10秒钟(时间可设定)后，启动高压消防泵，对管网继续充水，这时管网的水压力可能远高于设定水压力上限值，关闭稳压泵，但区域选择阀只要高压消防泵运转就一直处于打开状态。其运行流程图见图 4.35。

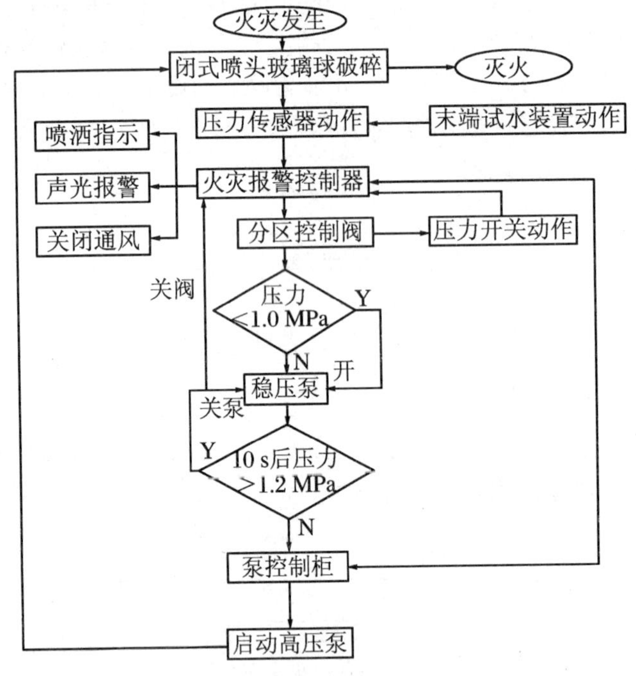

图 4.35　闭式细水雾灭火系统工作流程图

3. 瓶组式细水雾灭火系统

图 4.36 是瓶组式细水雾灭火系统原理图。由图可见，与气体灭火系统的结构几乎没有区别，不同的是细水雾灭火系统的灭火剂瓶组内储存的灭火介质是水，不是气体，所以喷头也为细水雾喷头。气体在本系统中存储在启动瓶组和驱动瓶组内，分别作为启动装置的启动信号和驱动水的动力(驱动瓶组内的压缩空气)。不少单位启动装置不用氮气启动，而用电气控制装置打开驱动瓶组。和气体灭火系统一样，该系统有自动、电气手动和机械应急手动等三种启动方式。其流程图如图 4.37 所示。

1) 自动启动

在警戒状态，用两种不同探测方式的火灾探测器(通常是感烟火灾探测器和感温火灾探测器)监测被保护空间。当两种火灾探测器先后报警，火灾报警控制器发出声光报警信号，同时发出联动控制信号，关闭火灾区域的风机、空调、防火阀、防火卷帘等，打开启动装置的选择阀，启动瓶组中氮气经管道启动驱动瓶组的瓶头阀，驱动瓶组中压缩气体(氮气)经管道进入储水瓶组，储水瓶组中的水灭火剂在压缩空气作用下，经集流管、选择阀、细水雾喷头向防护区喷放、灭火，同时喷放管道的压力开关动作，将细水雾喷放信号反馈给火灾报警控制器，并在控制器上显示。

在自动状态下，电气手动启动控制具有优先功能。

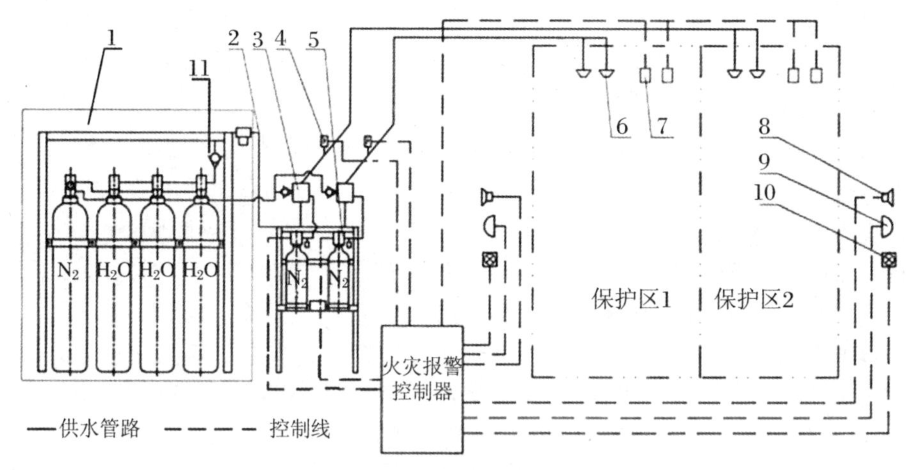

图4.36　瓶组式细水雾灭火系统原理图

1—高压瓶组；2—配水管；3—分区控制阀；4—压力开关；5—启动装置；6—喷头；7—火灾探测器；8—声光报警器；9—释放指示灯；10—手动控制盒；11—单流阀

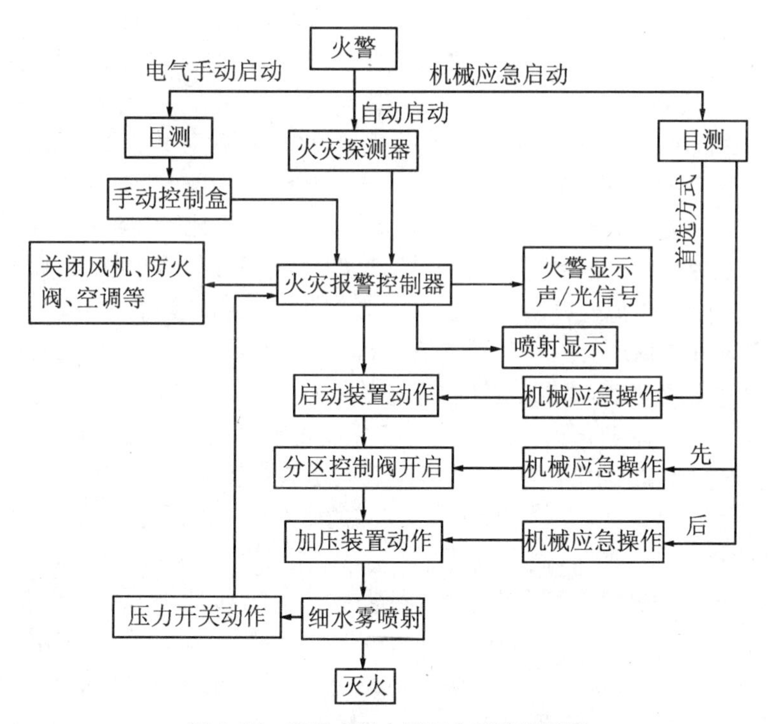

图4.37　瓶组式细水雾灭火系统流程图

2）电气手动启动

当人为发现火灾时，可按下相应区域的手动控制盘或火灾报警控制器上相应区域的灭火按钮，便可按预先设定的程序启动灭火系统，释放细水雾灭火。

3）应急启动

当防护区域发生火灾，且火灾报警控制器不能发出灭火指令时，应立即通知现场人员撤离现场，并关闭风机、空调、防火阀、防火卷帘等设备。然后拔去与火灾区域相应的电磁阀上簧片（保险销），压下电磁阀手柄，即可打开电磁阀，释放启动氮气打开相应的选择阀，接着打开驱动瓶组的瓶头阀，释放压缩氮气到储水瓶组，使水灭火剂经集流管、选择阀、细水雾喷头向防护区喷放细水雾、实施灭火。

以上介绍了固定式细水雾灭火系统，此外还有移动式细水雾灭火装置。移动式细水雾灭火装置可以是人背、车拖或车载等方式的移动灭火装置，它可以用来方便地扑灭局部火灾，也可以作为固定细水雾灭火系统的辅助灭火手段使用。

4.3.5　气体灭火系统及其控制功能

以惰性气体为灭火介质的灭火系统称为气体灭火系统（Gas fire extinguishing system）。在正常的空气中，存在大约 21%氧气，在一般燃烧环境中，只要含氧量低于 15%，大部分物料都燃烧不起来，气体灭火系统就是通过喷放灭火剂，使防护区的氧气浓度降低到 15%以下，使火焰窒息，导致火焰熄灭，达到灭火的目的。在大、中型计算机房、通信机房、变配电室等重要设备间，不能用水灭火系统的场所，需要寻找一种灭火剂不导电的新的灭火方法。最早使用的气体灭火系统是 CO_2 灭火系统，20 世纪 40 年代研制哈龙灭火剂，到六七十年代，哈龙（Halon）1211（CF_2ClBr，二氟一氯一溴甲烷）和哈龙 1301（CF_3Br，三氟一溴甲烷）灭火剂先后得到了广泛的应用，哈龙灭火系统也以灭火效率高（灭火浓度仅为 5%）、灭火速度快、喷放时间短（10 s）、工作压力低（2.5 MPa）以及不导电、低毒性、无残留物的独特优点受到消防界的青睐。哈龙灭火系统的优点突出，然而缺点也是不可饶恕的，它的温室效应是其他气体灭火系统的 2 倍以上，是破坏大气臭氧层的元凶，为了保护大气层、保护环境，结果一票否决，哈龙灭火系统被禁止使用。人们在寻求哈龙替代品时，哈龙 1301 的优良性能为其替代品的研发树立了标杆，成了追求的目标。故评价气体灭火剂性能时，通常应遵循下列 10 项原则：(1) 蒸发后无残留物；(2) 对大气臭氧层的损耗潜能值（ODP）小，甚至为 0；(3) 具有良好的灭火性能；(4) 低毒或无毒；(5) 合成物在大气中存留寿命（ALT）短；(6) 温室效应潜能值（GWP）小，甚至为 0；(7) 具有良好的气相电气绝缘性；(8) 具有良好的稳定性，能够长期储存；(9) 用量宜接近于哈龙 1301；(10) 价格不宜过高，经济合理。这 10 项原则中，前4项比较重要，可以作为评价气体灭火剂性能的主要依据。

目前的哈龙替代技术可归纳为三类：(1) 卤代烷烃类灭火系统，如七氟丙烷灭火系统；(2) 惰性气体灭火系统，如IG541、IG55、IG100等；(3) 气溶胶灭火系统，如细水雾灭火系统、气溶胶灭火系统和烟雾灭火系统。表4.2为几种常用气体灭火系统的性能比较。

表4.2 常用气体灭火系统的性能比较

名称	气溶胶	541	七氟丙烷	哈龙1301
成分	60%的气体、40%的金属氧化物	N_2、Ar、CO_2（5：4：1）	CF_3CHFCF_3	CF_3Br
适用范围	较小防护区	无人区域	无人区域	有人区域
灭火机理	化学抑制、冷却	窒息	化学抑制	化学抑制
灭火浓度	5%	25%—42%	8%	5%
灭火速度	快	慢	较慢	快
喷放时间	10 s	60 s	10 s	10 s
酸性值	低	低	中等	
毒性值	低	无	低（允许使用浓度≤9%）	低
储存压力	0.1 MPa	15—20 MPa	2.8—4.2 MPa	2.5—4.2 MPa
ODP	0	0	0.008	10
GMP	≤0.35	0	3800/100年	6900/100年
ALT	0	0	36.5年	65年
环境温度	－10—50℃	－10—50℃	－10—50℃	－10—50℃

注：(1) ODP(Ozone depletion potential)：臭氧耗损潜能值，ODP＞0.2的物质必须停止使用；(2) GMP(Global warming potential)：温室效应；(3) ALT(Atmospheric life time)：大气存留时间；(4) 灭火浓度：在101 kPa大气压和规定的温度条件下，扑灭某种火灾所需气体灭火剂在空气中的最小体积百分比；(5) 惰化浓度：有火源引入时，在101 kPa大气压和规定的温度条件下，能抑制空气中任意浓度的易燃可燃气体或易燃可燃液体蒸气的燃烧发生所需的气体灭火剂在空气中的最小体积百分比；(6) 灭火浓度与被保护可燃物有关。

气体灭火系统适用于扑救下列火灾：(1) 电气火灾；(2) 固体表面火灾；(3) 液体火灾；(4) 灭火前能切断气源的气体火灾等。而不适用于扑救下列火灾：(1) 硝化纤维、硝酸钠等氧化剂或含氧化剂的化学制品火灾；(2) 钾、镁、钠、钛、镐、铀等活泼金属火灾；(3) 氢化钾、氢化钠等金属氢化物火灾；(4) 过氧化氢、联胺等能自行分解的化学物质的火灾；(5) 可燃固体物质的深位火灾。

气体自动灭火系统由火灾探测器、火灾报警控制器和灭火设备组成。灭火设备分为管网灭火系统和预制灭火装置，管网灭火系统又分为单元独立系统和组合分配系统。灭火设备实际上是用一种将灭火剂输运到火焰上去的装置，为此气体灭火系统要有储存灭火剂的装置，提供灭火剂动力的装置，输运灭火剂的管道，控制灭火剂释放的阀门，喷射灭火剂的装置，显示灭火设备工作状态的指示器等等。在各类气体灭火系统中，除了灭火剂不同外，灭火装置基本上大同小异，所以按规范要求的控制、显示功能也基本相同，归纳起来有：(1) 显示系统的手动、自动工作状态；(2) 在报警、喷射各阶段应有相应的声、光报警信号，并能手动切除声响信号；(3) 防护区的主要出入口，应设置手动应急控制按钮；(4) 主要入口上方应设置气体灭火剂喷放指示灯；(5) 组合分配系统及单元独立系统宜在防护区的适当部位设置气体灭火控制盘；(6) 在延时阶段应设自动关闭防火门、窗，停止通风、空调系统，关闭有关部位的防火阀、防烟阀等等；(7) 显示气体灭火系统防护区的报警、喷放及防火门(卷帘)、通风空调等联动设备的状态；(8) 防护区内的疏散通道及出口，应设应急照明与疏散指示标志。气体自动灭火系统有三种控制方式：(1) 采用火灾报警、联动一体机的方式。火灾探测器接入火灾报警、联动一体机即防护区气体灭火控制盘，当火灾探测器探测到火灾并确认后，由气体灭火控制盘发出指令控制各联动设备动作，如火灾警报器、防烟排烟设备、灭火气体释放阀门等等。同时火警信号、放气信号、故障信号等通过输入模块反馈到大楼的火灾自动报警系统。(2) 区域火灾报警控制器 + 气体灭火控制盘控制方式。火灾探测器接入区域火灾报警控制器，当火警确认后，区域火灾报警控制器将报警信号传输到气体灭火控制盘，由气体灭火控制盘发出指令控制各联动设备动作，如火灾警报器、防烟排烟设备、灭火气体释放阀门等等。同时区域火灾报警控制器将火警信号、故障信号通过输入模块反馈到大楼的火灾自动报警系统，气体灭火控制盘将放气信号、故障信号通过输入模块传送到大楼火灾自动报警系统。(3) 大楼火灾自动报警系统 + 气体灭火控制盘控制方式。火灾探测器接入火灾自动报警系统的火灾报警控制器，当确认火警后，火灾自动报警系统将报警信号通过控制模块传输到该防护区的气体灭火控制盘，由气体灭火控制盘发出指令控制各联动设备动作，如火灾警报器、防烟排烟设备、灭火气体释放阀门等等。同时气体灭火控制盘需将放气信号、故障信号通过输入模块反馈到火灾自动报警系统。下面重点介绍七氟丙烷灭火系统的控制、显示功能。

1. 七氟丙烷灭火系统及其控制功能

七氟丙烷灭火系统是应用七氟丙烷作为灭火剂，依据防护区可燃物种类，在规定的时间内，使七氟丙烷灭火浓度达到国家设计规范(气体灭火系统设计规范

GB 50370—2005)规定设计浓度的气体灭火系统。七氟丙烷灭火系统有管网灭火系统和预制灭火装置两大类,下面分别介绍。

1) 管网灭火系统

七氟丙烷管网灭火系统有单元独立系统和组合分配系统两种形式,七氟丙烷组合分配系统见图4.38,一套组合分配系统最多允许保护8个防火分区。单元独立系统见图4.40,它与组合分配系统的区别是:它只保护一个防火分区,所以没有组合分配的管道和阀门。它们的工作过程相同,控制和显示方式也类似,故就不分别介绍了。

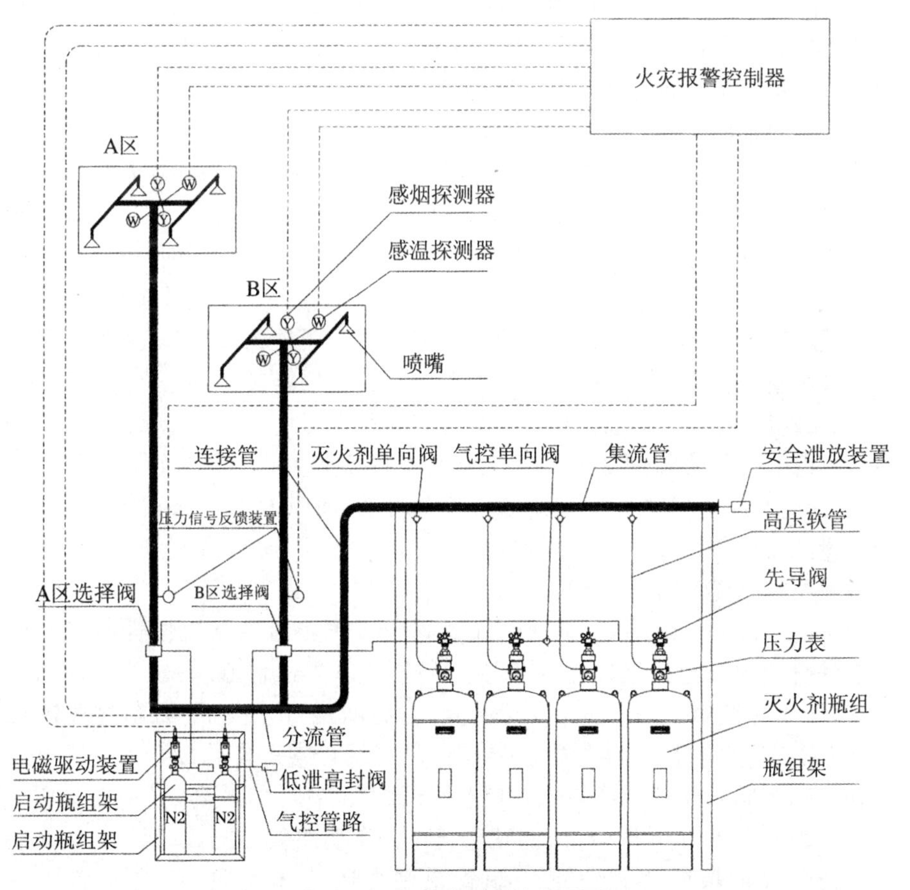

图4.38　组合分配系统原理图

自动控制是当灭火系统无人值守时,系统设置在自动控制档。其工作过程是:当防护区内出现火情,火灾报警控制器先后接收到感烟火灾探测器和感温火灾探测器的报警信号后，发出声光报警，防护区人员撤离，并关闭该防护区的空调、风机、防火阀、门窗等，延时30秒（可设置在0—30秒的任意值上）后，开启启动瓶组上瓶头阀的电磁驱动装置，打开启动瓶组，瓶组内的压力氮气（启动压力为0.6 MPa）通过启动管道打开区域选择阀和灭火剂瓶组先导阀，先导阀气动开启容器阀，灭火剂瓶组内的七氟丙烷（储存压力为4.2 MPa或5.6 MPa）经高压软管、单向阀进入集流管汇集，然后经选择阀、分配管道、喷嘴喷放在选定的防护区内，实施灭火。同时释放气体使装在集流管上或选择阀下游干管上的压力信号反馈装置的微动开关动作（动作压力≤0.16 MPa），并将动作信号反馈到火灾报警控制器，防护区门口的喷放灭火剂指示灯亮，显示该防护区已实施灭火。如果发现报警有误或采用其他灭火方式能扑灭火灾，在30秒延时时间内，可以操作设置在防护区门外的紧急停止按钮中断灭火系统的启动。

手动控制是指人工实施电气控制，即在有人值班的情况下，火灾报警控制器设置在手动挡。当接到火灾报警时，值班人员通过视频或到防护区现场确认火情，认为需要启动灭火系统时，可操作控制器的手动控制盘或设置在防护区门外的紧急启动按钮，立即启动灭火系统，实施灭火。在灭火系统启动的同时，联动指令同时发出，关闭该防护区内应关闭的设施。

机械应急操作是在自动控制和手动控制失灵或不能实施时，才采用机械应急操作。操作前，通知防护区内的人员撤离，并人工关闭防护区内应关闭的设施，然后实施机械应急操作灭火。机械应急操作有两种方法：(1) 人工开启对应防护区的启动瓶组上的手动启动装置，即可对该防护区实施灭火；(2) 当上述(1)操作失灵，人工开启对应防护区的选择阀，并逐个开启该防护区所属的灭火剂瓶组的手动启动装置，实施灭火。

系统控制流程图如图4.39所示。

图4.38和图4.36中，(1) 低泄高封阀用于防止启动瓶组慢性漏气造成气体在启动管道内压力积累，而导致灭火系统误喷。其工作原理是：当启动瓶组慢性漏气，压力较低时，气体通过该阀泄放；当启动瓶组开启，压力超过关闭压力（0.1 MPa）时，该阀自动关闭，确保启动控制系统正常工作。(2) 安全泄放装置用于防止选择阀未能开启或集流管堵塞，导致集流管压力升高，当集流管压力超过泄放压力9±0.45 MPa时，内部安全膜片会自动冲破泄压，以保证灭火系统的安全。(3) 气控单向阀在气动控制管道中控制气体流向（单向开启压力≤0.25 MPa），用于组合分配系统。在单元独立系统中，没有气控单向阀，也没有选择阀，如图4.40所示。(4) 灭火剂单向阀是又一种单向阀（单向开启压力≤0.2 MPa），防止已释放至集流管的灭火剂倒流至未启动灭火剂瓶组的容器阀上，

而造成未启动灭火剂瓶组误动作。(5) 压力表用于显示钢瓶内灭火剂的数量。正常情况下,压力表指示值应在绿色区内,低于绿色区表示需要补充灭火剂;高于绿色区表示应停止充装灭火剂。测量钢瓶内灭火剂储存量的新方法是将压力值经 A/D 变换后,以数字方式显示和发出需要充装的报警信号。

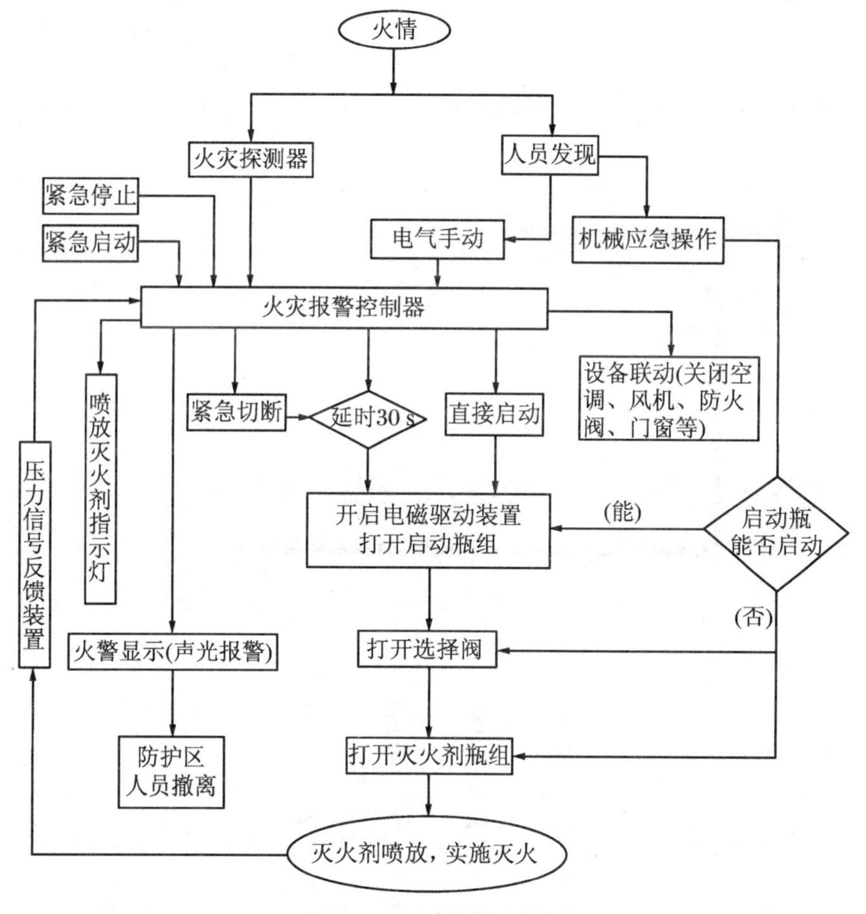

图 4.39　系统控制流程图

2) 预制灭火装置

预制灭火装置(又称无管网灭火系统)与管网灭火系统相比具有安装灵活方便、外观美观、灭火剂无管网损失、灭火效率高、灭火速度快等特点,是一种轻便、半固定自动灭火设备,无需钢瓶间,可装在防护区内,适用于较小保护空间内使用。装置有自动、手动和机械应急操作三种启动方式。自动启动由火灾自动报警系统提供灭火装置的触发信号和其他设备的联动控制信号。手动和机械应急操作由人工完成。结构形式有单瓶组预制灭火装置和双瓶组预制灭火装置两种，如图 4.41 和图 4.42 所示。

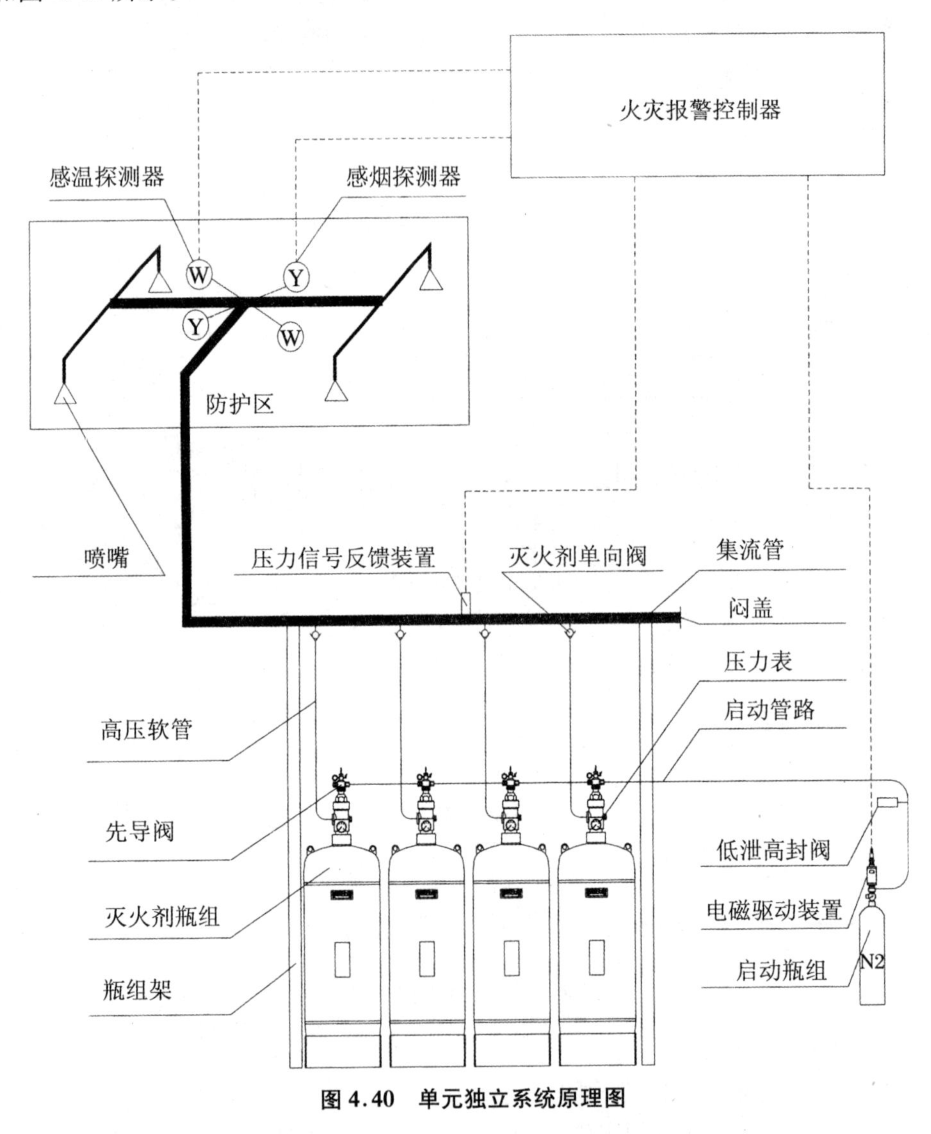

图 4.40　单元独立系统原理图

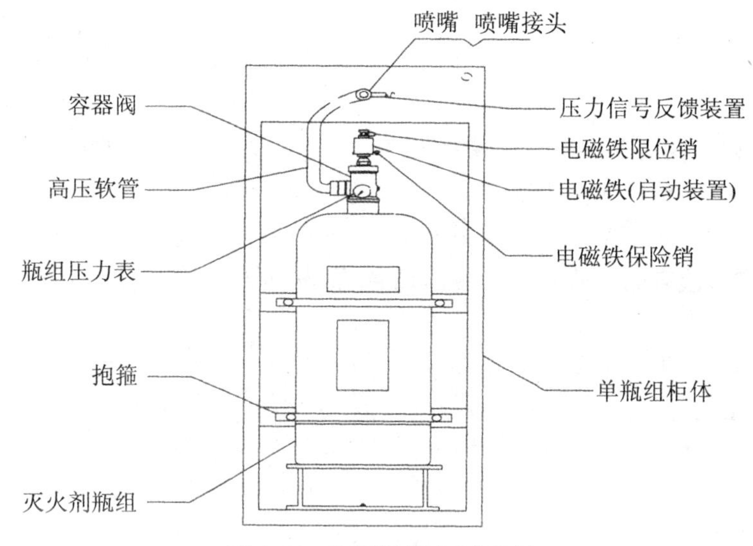

图 4.41 单瓶组预制灭火装置

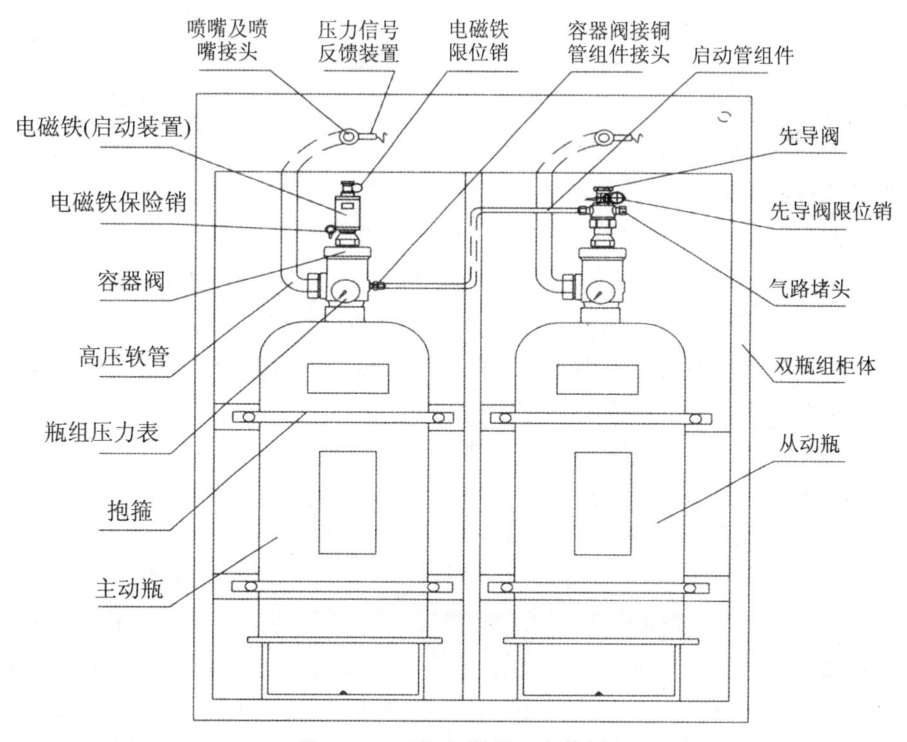

图 4.42 双瓶组预制灭火装置

2. 气溶胶灭火系统[22]

把一种或几种物质分散在另一种物质中所构成的系统称分散系统，其中被分散的物质称为分散质或溶质，而呈连续分布的物质称为分散介质或溶剂。若分散质的粒子在某个方向上的线度在 10^{-9}—10^{-7}之间，则这种分散系统称为胶体分散系统，简称胶体。线度大于 10^{-7}的称为粗分散系统。若分散介质为气态物质，分散质只能是液态或固态物质，此类胶体则称为气溶胶。分散介质为空气，分散质为液态的气溶胶称为雾；分散介质为空气，分散质是固态的气溶胶称为烟。

当气溶胶中的固体或液体分散质具有灭火性质时，那么这种气溶胶就可以用来扑灭火灾，这种气溶胶称为气溶胶灭火剂。气溶胶灭火剂按其产生的方式分为两类，即以固体混合物燃烧而产生的热气溶胶灭火剂和以机械分散方法产生的冷气溶胶灭火剂。按分散质不同，气溶胶灭火剂可分为固基气溶胶和水基气溶胶两种。水基气溶胶又分为超细水雾、过热蒸汽和热水基气溶胶等。超细水雾的粒径绝大多数在 200 μm 以下，严格说不能算气体灭火系统。

热气溶胶灭火剂由总质量 40%(体积比约为 2%)的固体微粒和 60%(体积比约为 98%)的气体组成。固体微粒由氧化剂、还原剂、黏合剂、燃速调节剂组成，主要是金属氧化物(MeO)、碳酸盐($MeCO_3$)和碳酸氢盐($MeHCO_3$)，其中氧化剂占 60%以上，它对灭火剂的性能有很大影响，所以我国在 GA 499.1 — 2004 标准中，根据氧化剂的不同，将热气溶胶灭火剂分成 K 型和 S 型。K 型热气溶胶灭火剂以 KNO_3 为主氧化剂，质量百分比占 30%以上；S 型热气溶胶灭火剂采用 $Sr(NO_3)_2$ 作为主氧化剂，质量百分比占 35%— 50%，同时以 KNO_3 作为辅氧化剂，质量百分比占 10%— 20%。气体主要是 N_2，少量的 CO_2 及微量的 CO、NO_x、O_2 和碳氢化合物。目前热气溶胶灭火剂得到了实际使用，所以以下讨论的气溶胶灭火系统均以热气溶胶为灭火剂。

冷气溶胶灭火剂的灭火微粒由普通干粉灭火剂中加入助磨剂、分散剂、防潮剂、防静电剂和流变剂等组成，制成超细干粉，以提高灭火效率。冷气溶胶灭火剂可分为普通型和多用型两大类，其中普通干粉(又称 BC 干粉)中，钠盐干粉以 $NaHCO_3$ 为基料，钾盐干粉以 $KHCO_3$ 为基料，等等。多用干粉(又称 ABC 干粉)主要有以磷酸二氢铵、磷酸氢二铵、磷酸铵或焦磷酸盐等为基料的干粉；以磷酸铵盐和硫酸铵盐的混合物为基料的干粉；以聚磷酸铵为基料的干粉。冷气溶胶灭火剂和热气溶胶灭火剂一样，作为一种气体灭火剂使用还要解决一些技术问题，其中一个关键问题就是灭火微粒的进一步细化。

1）灭火机理

以K型气溶胶灭火剂为例讨论气溶胶的灭火机理。

（1）吸热降温

K型气溶胶灭火剂的主要成分为K_2O、K_2CO_3、$KHCO_3$，这三种物质在火焰上均会发生强烈的吸热反应。K_2O在温度大于350 ℃就分解；K_2CO_3的熔点为891 ℃，超过这个温度就会分解；$KHCO_3$在100 ℃开始分解，200 ℃时完全分解。另外，K_2O和C在高温下还可以发生下列吸热反应：

$$K_2O + C \rightarrow 2K + CO \tag{4.1}$$

$$2K_2O + C \rightarrow 4K + CO_2 \tag{4.2}$$

固体微粒在火场中发生上述化学反应前，需要从火焰中吸收大量的热发生热熔和气化等物理吸热过程以达到上述反应所需的温度，而温度降低导致产生气化速度降低和自由基数量减少，使燃烧得到抑制。

（2）化学抑制

① 气相化学抑制作用

上述吸热反应分解出来的K可以以蒸汽或失去电子的阳离子形式存在，它和自由基$\dot{H}$、$\dot{O}$、$\dot{O}H$的亲和反应能力要比自由基之间的亲和能力大得多，可在瞬间发生下列化学反应：

$$K + \dot{O}H \rightarrow KOH \tag{4.3}$$

$$K + \dot{O} \rightarrow KO \tag{4.4}$$

$$KOH + \dot{O}H \rightarrow KO + H_2O \tag{4.5}$$

$$KOH + \dot{H} \rightarrow K + H_2O \tag{4.6}$$

如此反复，消耗大量自由基，并抑制自由基之间的放热反应，从而将燃烧的链式反应中断，使燃烧得到抑制。

② 固相化学抑制

气溶胶的固体微粒粒径很小（$10^{-9}-10^{-6}$ m），具有很大的比表面积和表面能，属于典型的热力学不稳定体系，它具有强烈地使自己表面能降低以达到一种相对稳定状态的趋势，因此它可以有选择性地吸附一些带电离子，使其表层的不饱和力场得到补偿而达到某种相对稳定状态。这些微粒虽小，但相对于自由基和可燃物裂解产物的尺寸来说要大得多，因而对自由基和裂解产物具有相当大的吸引力。当受到自由基和裂解产物碰撞冲击时，瞬间对这些自由基和裂解产物进行吸附，并发生下列化学作用：

$$K_2O + 2\dot{H} \rightarrow 2KOH \tag{4.7}$$

$$KOH + \dot{H} \rightarrow K + H_2O \tag{4.8}$$

$$KO + \dot{H} \rightarrow KOH \tag{4.9}$$

$$K_2CO_3 + 2\dot{H} \rightarrow 2KHCO_3 \tag{4.10}$$

通过上述化学作用达到消耗燃烧自由基的目的，另外吸附了可燃物裂解产物而未被分解的微粒，可使得可燃物裂解的低分子产物不再参与产生自由基的反应，这将减少自由基的产生，从而抑制燃烧速度。

2）应用范围

气溶胶灭火系统适合扑救下列初期火灾：(1) 变(配)电间、发电机房、电缆夹层、电缆井(沟)等场所的火灾；(2) 生产、使用或储存柴油(－35 号柴油除外)、重油、变压器油、动植物油等丙类可燃液体场所的火灾；(3) 可燃固体物质的表面火灾。

有些火灾 S 型气溶胶灭火系统适用而 K 型不适用，如计算机房、通信机房、通信基站等设有精密设备场所的火灾。

气溶胶灭火系统不能用于扑救的火灾有：(1) 无空气仍能氧化的物质，如硝酸纤维、火药等；(2) 活泼金属，如钾、钠、镁、钛等；(3) 能自行分解的化合物，如某些过氧化物、联氨等；(4) 金属氢化物，如氢化钾、氢化钠等；(5) 能自燃的物质，如磷等；(6) 强氧化剂，如氧化氮、氟等；(7) 可燃固体物质的深位火灾；(8) 人员密集场所的火灾，如影剧院、礼堂等。

3）系统组成和控制方式

气溶胶灭火系统由气溶胶灭火装置、气体灭火控制装置及火灾报警装置三部分组成，如图 4.43 所示。图 4.44 为设备连线图，图中气体灭火控制器可以是气溶胶设备输出企业提供的专用设备，也可以是火灾自动报警系统生产企业提供的火灾报警控制器和气体灭火控制盘组成的设备。火灾探测器应包含两种不同火灾探测原理的火灾探测器，如感温、感烟火灾探测器。

气溶胶灭火系统的控制方式有自动和手动两种方式：

(1) 自动控制

当感烟或感温两种探测器中任何一个探测到火灾信号时，控制器即发出声光预警信号；当两个探测器都感测到火灾信号后，控制器发出火警信号，同时关闭门、窗、风机和空调系统。在规定的延迟时间(一般 30 s)内，火灾现场人员撤离。延迟时间结束，灭火系统自动启动，释放出气溶胶进行灭火，释放指示灯闪烁点亮并向控制器返回信号。喷放结束，释放指示灯常亮，需要人工复位。

(2) 手动控制

无论控制器有无火警信号，只要防护区有火灾，通过按动手动控制盘的启动按钮或防护区门口的紧急启动按钮，即可执行灭火功能。在延迟时间内，只要确认防护区内无火灾或火灾已被扑灭，通过按动控制器的紧急停止按钮或防护区门口的紧急停止按钮，即可命令灭火系统停止启动。

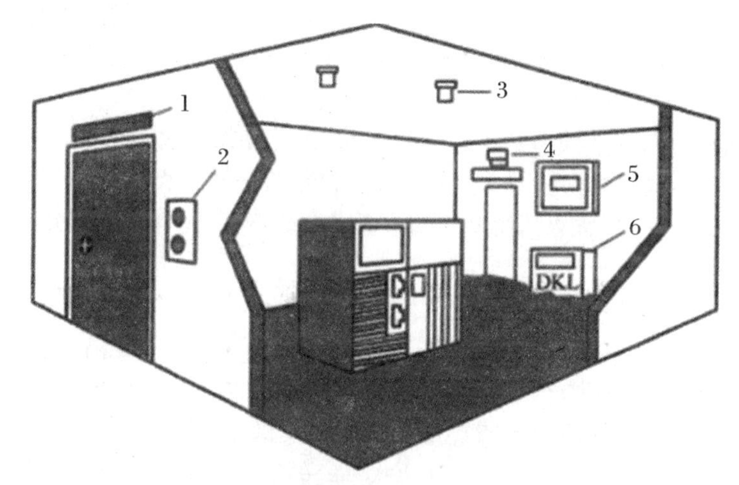

图4.43 典型气溶胶灭火系统结构图

1—释放指示灯；2—紧急启停按钮；3—火灾探测器；4—声光报警器；
5—气体灭火控制器；6—灭火装置

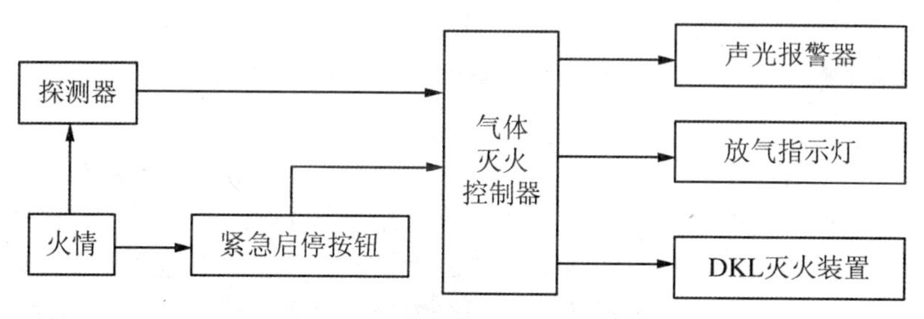

图4.44 气溶胶灭火系统连线图

4.3.6 泡沫灭火系统及其控制功能

1. 泡沫灭火系统

泡沫灭火系统(Foam extinguishing system)按照泡沫发泡倍数分为低倍数(发泡倍数在20倍以下)、中倍数(发泡倍数在20—200倍)和高倍数(发泡倍数在200倍以上)灭火系统。

低倍泡沫主要用于扑救易燃和可燃液体火灾和大面积流淌火灾。

高倍数泡沫灭火系统可用于控制和扑灭:A类火灾,如木材等;B类火灾,如燃油、苯等易燃液体;C类火灾,如天然气、液化石油气等,可燃固体和易燃液体共存的火灾,如飞机库、油码头等。

灭火机理是将泡沫喷射到燃烧物的表面,在燃烧物的表面形成一层泡沫或一层膜,使可燃物与空气隔绝,导致火灾窒息。高倍数泡沫灭火系统可分为全淹没式灭火系统、局部应用式灭火系统和移动式灭火系统三类,无论哪种灭火系统其灭火原理都是相同的。

全淹没式灭火系统是一种用管网输送泡沫灭火剂和水按比例混合后,用泡沫发生器发泡后喷放到被保护的区域,充满被保护空间或保持一定高度的覆盖层,使可燃物与空气隔绝,实现灭火的固定灭火系统。该系统主要适用于性质重要、火灾危险大的封闭空间或设有围挡设施的场所。如飞机库、地下油库等。下面以北京地区某飞机库为例说明全淹没式泡沫灭火系统的工作原理。飞机库是既重要同时也是火灾危险性大的场所,按照《飞机库设计防火规范》(GB 50284—2008)和《飞机喷漆机库设计规范》(GB 50671—2011)的有关规定,应设置火灾自动报警和固定泡沫灭火系统。为了提高灭火系统的可靠性,防止误动作,在火灾探测、报警装置方面,选用感温、感烟的“与门”控制方式。

图4.45为火灾自动报警装置和全淹没泡沫灭火系统组成的自动灭火系统原理图。

图4.45中有3个防护区,分别为13-1、13-2、13-3。当某防护区发生火灾时,该区内火灾探测器发出报警信号送到火灾报警控制器,通过“与门”控制回路,发出灭火信号,启动水泵和泡沫液泵。泡沫液和水经管道进入泡沫比例混合器,按照规定的比例混合后,通过管道将泡沫混合液经选择阀(图中电磁阀)送到灭火防护区的泡沫发生器,由泡沫发生器产生大量的泡沫喷向被防护区域,进行灭火。在消防中心和防护区附近均装有紧急启、停装置,供人工操作使用。另外,经常有人工作的场所,灭火信号发出到喷放泡沫灭火剂还有一定的延迟时间,工作人员可以在延时期间内撤离现场;在延时期间,如果发现是误报或者人工能扑灭的小火,可

按紧急停止按钮阻止灭火系统的喷放，以防误喷或降低灭火的损失。该系统还可以通过手动控制盘实现手动控制灭火系统进行灭火。

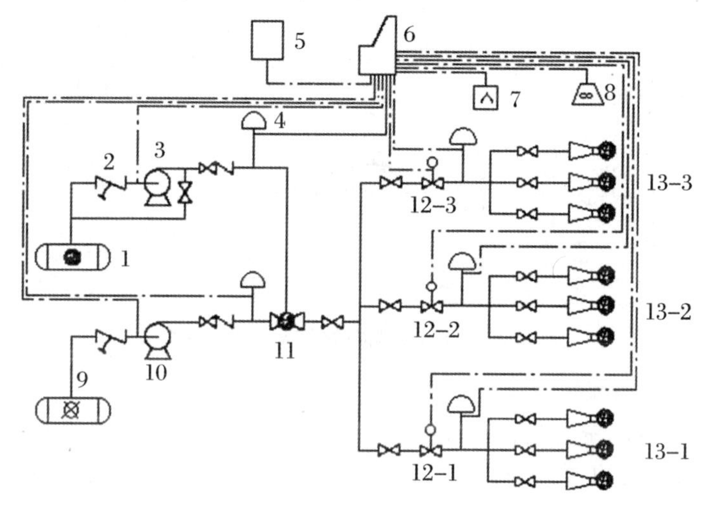

图 4.45　自动控制全淹没式泡沫灭火系统工作原理图

1—泡沫液储罐；2—过滤器；3—泡沫液泵；4—压力开关；5—手动控制箱；6—消防控制室；7—探测器；8—报警器；9—水池；10—水泵；11—比例混合器；12—电磁阀；13—发生器

2. 泡沫喷淋灭火系统

泡沫喷淋灭火系统是泡沫灭火系统和水喷淋灭火系统的联用系统，先喷放10分钟泡沫，压住火势，接着喷水冷却。其特点是灭火效率高，速度快，造价低，使用维护方便。该系统按使用方式分有开式泡沫喷淋灭火系统和闭式泡沫喷淋灭火系统两种，见图4.46和图4.47。

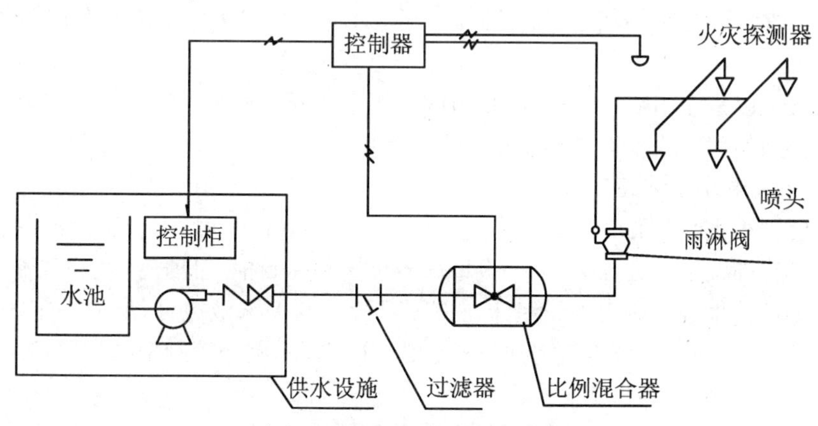

图 4.46　开式泡沫喷淋灭火系统示意图

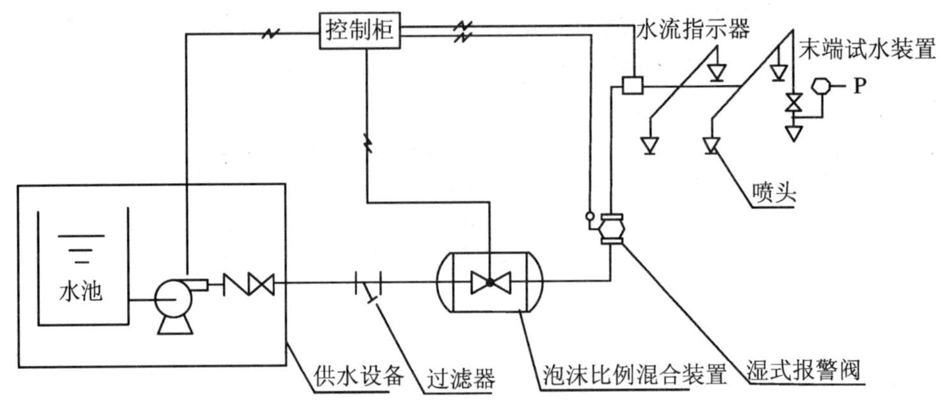

图 4.47　闭式泡沫喷淋灭火系统示意图

1）开式泡沫喷淋灭火系统

当火灾发生时，系统的控制过程如下：

(1) 自动控制：火灾报警控制器接收到同一防护区内两个及以上独立火灾探测器或者一个火灾探测器和一个手动报警按钮等设备的报警信号后，启动消防联动控制器发出一个联动控制信号经控制模块、控制柜启动消防泵，消防压力水经泡沫比例混合装置与泡沫混合，形成一定比例的泡沫混合液充满管网。消防联动控制器接收到消防泵启动的反馈信号后，经延时、再发出联动控制信号经控制模块开启雨淋阀，泡沫液经雨淋阀，由开式喷头喷向防护区，进行灭火。

(2) 手动控制：将雨淋阀和消防泵控制柜的启动、停止触点直接接到消防联动控制器的手动控制盘，实现雨淋阀和消防泵的直接手动操作，消防泵的启动应先于雨淋阀的开启。

(3) 消防泵控制柜接触器辅助触点的动作信号反馈到火灾报警控制器，并显示。

喷头可以是专用喷头，也可以是雨淋系统中的开式喷头。当选用开式喷头时，灭火剂必须使用水成膜泡沫液或水成膜氟蛋白泡沫液。

2）闭式泡沫喷淋灭火系统

当发生火灾时，闭式喷头的玻璃球在一定温度下破裂喷水，水流指示器、报警阀动作，经延时后，压力开关动作，报警信号传输到控制柜，启动消防泵，系统工作，同时水力警铃报警。压力水经泡沫比例混合装置与泡沫液混合，形成一定比例的泡沫混合液，经喷头生成空气泡沫，再灭火。水流指示器和控制柜的报警信号反馈到火灾报警控制器，并显示。

喷头可以是专用喷头，也可以是水喷淋系统中的闭式喷头。当选用闭式喷头时,灭火剂必须使用水成膜泡沫液或水成膜氟蛋白泡沫液。

4.3.7 干粉灭火系统及其控制功能[23]

干粉灭火系统(Powder extinguishing system)是由干粉灭火剂供应源通过输送管道连接到固定的喷嘴上,通过喷嘴喷放干粉灭火剂的灭火系统。

干粉灭火剂是20世纪30年代由美国Ansul公司开发的以碳酸氢钠为基料的干粉灭火剂,1969年日本将干粉灭火设备用于汽车库和储油罐的保护,我国在1970年将干粉灭火设备用于淬火油池和室内变压器的保护。广泛使用的干粉灭火剂主要是BC类(碳酸氢钠类)和ABC类(磷酸铵盐类)干粉灭火剂。由于普通的干粉灭火剂存在下列缺陷:受潮容易结块;较难穿过障碍物;释放后无法控制复燃火;冷却效果差;对精密仪器和电子设备造成二次污染;灭火后清洗困难;灭火过程中能见度降低等,使得干粉灭火系统的应用受到限制,发展缓慢。随着哈龙灭火剂被禁止使用,哈龙替代品的研究开发受到世界各国的重视,干粉灭火剂与其他灭火剂相比具有灭火时间短,环境毒性小,适合在缺水地区使用和易于长期存储等特点,对粉基灭火剂的研究重新得到消防界的重视。每种灭火剂的灭火粒子都存在一个临界值,粒径小于临界值的粒子全部起灭火作用,粒径大于临界值的粒子灭火效能急剧下降。但大粒径粒子的动量大,通过空气对小粒径粒子产生空气动力学拉力,迫使小粒径粒子跟随其后扑向火焰中心,而不是未到火焰就被热气流吹走。常用的干粉灭火剂粒度在10—75 μm之间,且大部分大于40 μm,这种粒子质量较大,弥散性差,沉降速度快,比表面积小,热分解速度慢,导致捕捉自由基的能力较小,故灭火效能低,一定程度上影响了干粉灭火系统的应用范围。所以寻找临界粒径大的干粉灭火剂和制备粒径更细的干粉灭火剂是提高干粉灭火剂灭火效率的关键,此外灭火效率还与灭火剂喷放的高度、压力和出粉的方式有关。超细干粉灭火剂正是基于这些理论开发出的新产品。干粉灭火系统的相关国家标准有《干粉灭火系统部件通用技术条件》(GB 16668—2010)和《干粉灭火系统设计规范》(GB 50347—2004)。

1. 灭火机理

火焰传播是关键活性基团(氢和氧原子、氢氧根)与蒸发燃料分子快速反应的结果。这些物质处在一个远远高于火焰温度内热平衡所期望的浓度。灭火剂的加入,产生的化学活性物质将这些基团降低到了平衡水平,从而将火焰抑制。粉基介质的灭火机理主要有冷却和化学抑制(均相和异相反应)两种机制。

1) *冷却*

冷却是指通过粉基介质颗粒的蒸发、气化、分解,吸收火焰的热量达到冷却的目的，大多数粉基介质的气化分解过程都是吸热反应。如 ABC 干粉灭火剂主要成分之一的硫酸二氢铵在 100 ℃就开始分解反应，且不同温度下分解的产物也不同，如：

$$NH_4H_2PO_4 \rightarrow H_3PO_4 + NH_3\uparrow \quad (160\ ℃) \tag{4.11}$$

$$2H_3PO_4 \rightarrow H_4P_2O_7 + H_2O \quad (220\ ℃) \tag{4.12}$$

$$H_4P_2O_7 \rightarrow 2HPO_3 + H_2O \quad (360\ ℃) \tag{4.13}$$

$$2HPO_3 \rightarrow P_2O_5 + H_2O \quad (600\ ℃) \tag{4.14}$$

BC 干粉灭火剂的主要成分为碳酸氢钠，它通过三步受热分解反应生成气态 Na_2O。同样是吸热反应，反应总吸热为 $1.8\ kJ \cdot g^{-1}$。

$$2NaHCO_3 \rightarrow Na_2CO_3 + CO_2\uparrow + H_2O\uparrow \quad (270\ ℃) \tag{4.15}$$

$$Na_2CO_3 \rightarrow Na_2O + CO_2\uparrow \tag{4.16}$$

$$Na_2O \rightarrow Na_2O\uparrow \tag{4.17}$$

氢氧化镁粉基介质在高温下发生分解，放出结晶水，在 350 ℃左右发生下列分解反应：

$$Mg(OH)_2 \rightarrow MgO + H_2O + \triangle H = 1.301\ kJ \cdot g^{-1} \tag{4.18}$$

氢氧化镁粉基介质受热分解时放出大量水分，同时吸收大量潜热。

由上可见，不同粉基介质的热分解温度、热分解吸热、热分解产物各不相同，同时各类粉基介质的颗粒粒径不同，分解的效果也不同，较大颗粒的不完全分解，同样会对粉基介质的吸热机制产生消极影响。

2）化学抑制

化学抑制又分异相反应和均相反应两种情况。异相反应是指火焰燃烧中产生的自由基(FFR)在温度较低的固体颗粒壁面发生“热寂”而消失的效应：单个没有分解或者未完全分解的粉基颗粒可以作为发生中断燃烧链反应的冷媒介，从而破坏 FFR。当大量粉基介质颗粒以“云团”状包围火焰时，这个灭火效应将充分发挥作用；均相反应是指粉基分解气态产物（如碱金属的氧化物）参与捕捉自由基的化学反应。如碳酸氢钠的气态分解产物 Na_2O 与 H_2O 发生均相反应生成 NaOH：

$$Na_2O + H_2O \rightarrow 2NaOH \tag{4.19}$$

正是 NaOH 参与自由基的捕捉，抑制了燃烧链反应：

$$NaOH + \dot{H} \rightarrow Na + H_2O \tag{4.20}$$

$$Na + \dot{O}H + M \rightarrow NaOH + M \tag{4.21}$$

$$NaOH + \dot{O}H \rightarrow NaO + H_2O \tag{4.22}$$

由上可见，粉基介质进入火焰区域后，发生吸热和化学抑制两种灭火机制，这两种灭火机制往往是相互关联的，并常以化学抑制为主。

2. 系统分类

按充装灭火剂的种类分：(1) BC超细干粉灭火系统；(2) ABC超细干粉灭火系统；(3) 烷基D类火灾专用超细干粉灭火系统。

按驱动气体储存方式分：(1) 储气瓶型超细干粉灭火系统；(2) 储压型超细干粉灭火系统；(3) 燃气型超细干粉灭火系统。

按用途分：(1) 通用型；(2) 车用灭火装置；(3) 油罐专用灭火装置，等等。

按管网分：(1) 有管网超细干粉灭火系统；(2) 无管网超细干粉灭火系统。无管网灭火系统(装置)又分为贮压悬挂式超细干粉灭火装置(壁挂式)、非贮压悬挂式超细干粉灭火装置(脉冲式、固气转换式)、柜式超细干粉灭火装置(也称为短管网)等。

3. 系统工作原理

利用氮气瓶组内的高压氮气经减压阀减压后进入干粉罐(其中一部分被送到罐的底部，起到松散干粉灭火剂的作用)，随着罐内压力的升高，使部分干粉灭火剂随氮气进入出粉管被送到干粉炮、干粉枪或干粉固定喷嘴的出口阀门处，当干粉炮、枪或干粉固定喷嘴的出口阀门处的压力到达一定值后(干粉罐上的压力表值达1.5—1.6 MPa时)，打开阀门(或者定压爆破膜片自动爆破)，将压力能迅速转化为速度能，这样高速的气粉流便从干粉炮(或干粉枪，固定喷嘴)的喷嘴中喷出，射向火源，切割火焰，破坏燃烧链，起到迅速扑灭或抑制火灾的作用。

由于超细干粉灭火剂是细微的粒子，相对普通干粉其动量小了许多，因而在干粉枪和干粉炮的射程方面不如普通干粉灭火系统远，试验表明，超细干粉使用普通干粉炮其最大射程在15—20 m，所以有待企业对干粉炮进行改进，以提高干粉炮的射程。在此之前，超细干粉灭火系统的优势还是通过管道输送到灭火场所，经喷头进行全淹没或局部淹没方式灭火。

4. 系统组成

干粉灭火系统由启动装置(如启动气瓶+拉杆机构)、氮气瓶组、减压阀、干粉罐、干粉枪、干粉炮、干粉喷头、电控柜、阀门和管网等零部件组成。一般为火灾自动报警系统与干粉灭火系统联动。

以ZFP贮气瓶型超细干粉灭火系统说明其控制过程，系统组成示意图如图4.48所示。

ZFP贮气瓶型超细干粉灭火系统(与火灾报警系统联动)的启动有电气自动控制、电气手动控制和机械应急启动三种方式。

(1) 在防护区无人看守的情况下,可将火灾报警控制器的选择开关置于"自动"位置,超细干粉灭火系统便处于自动探测、自动报警及自动释放(探测到火警并报警后延时 30 s)灭火剂、自动灭火的工作状态。

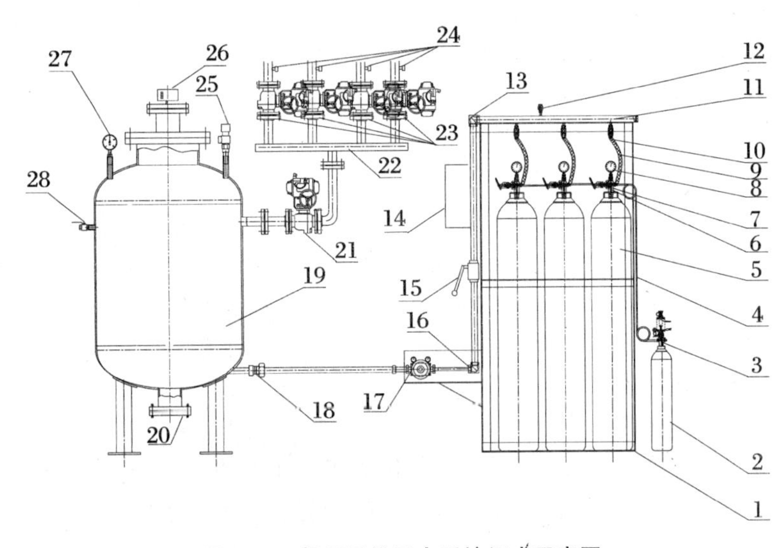

图 4.48　超细干粉灭火系统组成示意图

1—动力瓶组架；　2—启动氮气瓶；　3—电磁瓶头阀；
4—紫铜管；　5—动力氮气瓶；　6—先导阀；
7—瓶头阀；　8—高压压力表；　9—高压软管；
10—单向阀；　11—集气管；　12—泄压阀；
13—不锈钢弯头；　14—防爆型自动控制箱；　15—高压球阀；
16—不锈钢弯头；　17—减压器；　18—钢管活接；
19—干粉储罐；　20—清扫口；　21—出粉总阀(防爆型电动球阀)；
22—干粉汇集管；　23—分区阀(防爆型电动球阀)；　24—压力讯号器(分区释放反馈)；
25—安全阀；　26—防爆型压力开关；　27—不锈钢压力表；
28—放空球阀

(2) 当防护区有人看守时,可将火灾报警控制器的选择开关置于"手动"位置。当火灾探测器发出火灾信号时,火灾报警控制器便发出声、光报警信号,而灭火系统不启动。经人员确认火灾,按下设置在防护区门口的紧急启动按钮或者消防联动控制器手动控制盘的启动按钮,灭火系统启动并释放超细干粉灭火剂灭火(或由值班人员将火灾报警控制器上的开关转换到自动位置,超细干粉灭火系统即可自动完成灭火过程)。

(3) 在火灾自动报警系统失灵或消防电源断电的情况下,超细干粉灭火系统不能自动或电控启动灭火，此时现场人员可以机械方式操作，人工启动超细干粉灭火系统。首先拔掉启动瓶电磁阀上的保险卡簧，用力拍下手柄（或依次拔掉动力瓶上的保险插销，直接按下每个动力瓶手柄），当听到动力瓶气体进入粉罐的声音后，观察粉罐上的压力表，当压力上升到 1.4 Mpa 时，快速摇动出粉总阀上的开启手轮，释放灭火剂进入防护区灭火（特别提醒：如系统为组合分配方式时，必须首先确认发生火灾区域的分区阀，并快速摇动分区阀上的手轮开启阀门，然后再按上述机械应急操作全过程启动超细干粉灭火系统）。

(4) 紧急启动或紧急停止操作：当现场人员发现防护区发生火情后，在火灾自动报警系统还未报警的情况下，可提前直接启动灭火系统灭火。此时，现场人员击破紧急启停按钮上的防护玻璃，按下启动按钮，超细干粉灭火系统立即按自动灭火程序进行灭火。反之，当现场人员发现防护区并未发生火灾或人工能扑灭火灾，同时声光报警器已经发出火警信号，在延时 30 s 时间内，现场人员击破紧急停止按钮上的防护玻璃，按下停止按钮，可立即中断灭火系统的动作程序，停止灭火。超细干粉灭火系统控制程序见图 4.49。

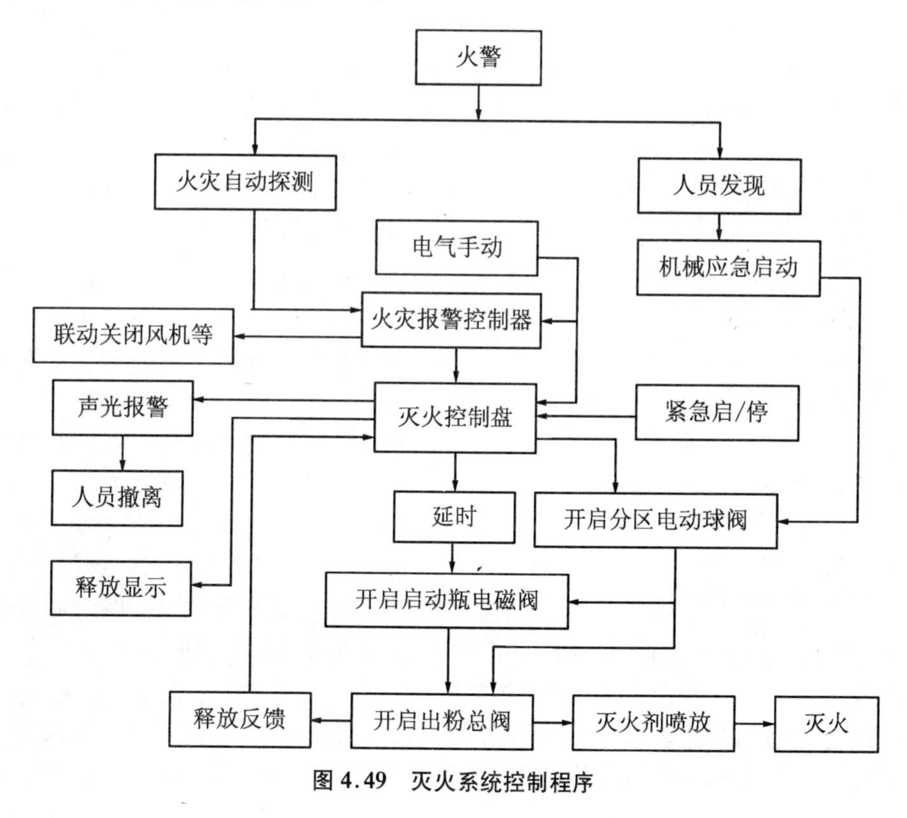

图 4.49 灭火系统控制程序

5. 超细干粉灭火系统的主要特点

ZFP 型超细干粉灭火系统对扑灭 A、B、C、D 四类火灾都可使用，工程设计时，应根据保护对象选用相应的超细干粉灭火剂。其主要特点如下：超细干粉灭火剂无毒、无害，对保护物无腐蚀；灭火迅速，灭火时间短，灭火效率高，对石油产品的灭火效果尤为显著；因绝缘性好，可扑救带电设备的火灾，灭火后对设备污损较小；可用于寒冷地区，不需防冻（在北方可室外安装使用，但必须采用低温钢材制作），也可用于缺水地区；超细干粉灭火剂久贮不变质（一般可达到 8 年以上）。

4.3.8 机械防烟、排烟设施的控制功能

火场的烟气，包括烟雾、有毒气体和热气，不但影响到消防人员的扑救，而且会直接威胁人身安全。根据国外资料统计，在火场的死亡人数中有 50%— 60%，甚至 70%是被烟气熏死的。火灾时有人跳楼也是因被烟气熏得受不了才做出的冒险行动。火灾时，水平和垂直分布的各种通风、空调系统的管道及竖井、楼梯间、电梯井等是烟气和火灾蔓延的主要途径。为了防止火灾通过管道从一个防火分区蔓延到另一个防火分区，在防火分区的交界处应设置防火阀，如图 4.50 所示。根据《高规》的要求，在空调送风的回风干管上，应设防火阀，其作用是在火灾中防止烟火通过风管通道蔓延，故在风管穿越防火区隔墙处应设防火阀。这些防火阀应为电动防火阀，平时为开启状态；火灾时自动关闭。当发生火灾时，消防联动控制器接收到该防护区的两个及以上独立的火灾探测器或者一个火灾探测器和一个手动报警按钮等设备的报警信号后，就关闭该防护区及相邻防护区的防火阀（早期还有人工操作关闭防火阀和温度为 76 ℃的熔断器熔断关闭防火阀的方法），停止相关空调送风，并有信号返回消防控制室，在控制器上显示防火阀关闭、空调停止运行等信息。防火阀复位用手动方式。发生火灾时，同时启动相关部位的排烟设施，对于防止火灾烟气对人的伤害，把火灾烟气排出建筑物之外或者利用加压送风建立正压无烟区空间，将烟气控制在一定的区域内，因此，防排烟系统能改善着火地点的环境，使建筑内的人员能安全撤离现场，使消防人员能迅速靠近火源，用最短的时间抢救濒危的生命，

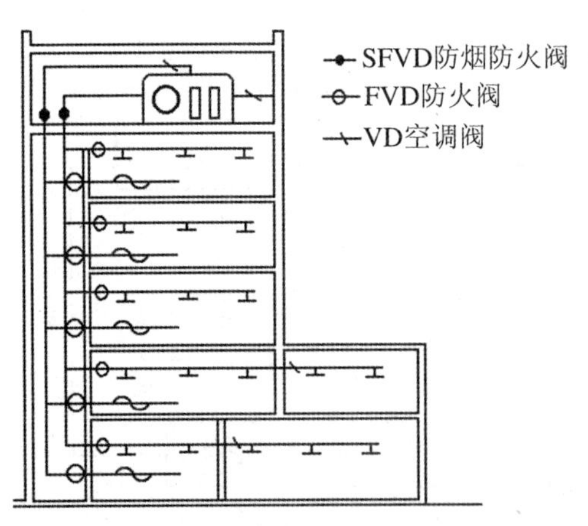

图 4.50 防火阀在通风空调系统的安装示意图

用最少的灭火剂在损失最小的情况下将火扑灭。此外,它还能将未燃烧的可燃性气体在尚未形成易燃烧混合物之前加以驱散,避免轰燃或烟气爆炸的产生。

以防烟楼梯间及其前室为例,说明防烟、排烟的控制过程。如图4.51所示,在无自然防烟、排烟的条件下,走廊作机械排烟,前室要作送风、排烟,楼梯间作正压送风。其压力差要符合楼梯间空气压力>前室空气压力>走廊空气压力,它们之间用防火门进行分隔。

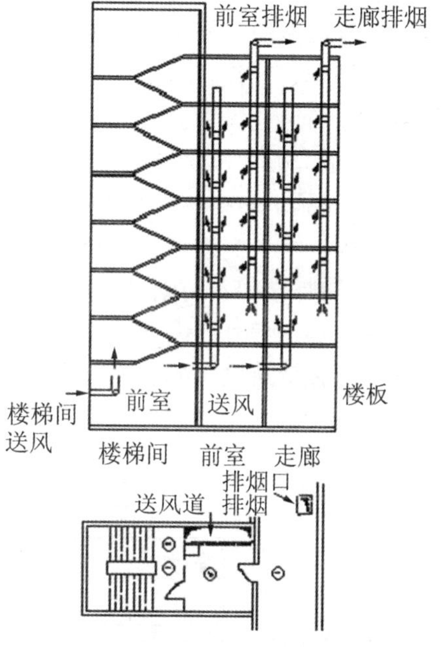

图4.51 防烟楼梯间及其前室的防排烟设备安装示意图

1. 自动防烟

(1) 消防联动控制器接收到感烟火灾探测器报警信号后,输出联动控制信号经控制模块打开该火灾楼层和相关楼层的加压送风口。(2) 消防联动控制器接收到两个及以上独立火灾探测器或者一个火灾探测器和一个手动报警按钮等设备的报警信号后,输出一个触发信号,启动正压送风机。(3) 由电动挡烟垂壁附近的感烟火灾探测器的报警信号作为电动挡烟垂壁降落的触发信号。

2. 自动排烟

(1) 消防联动控制器接收到两个及以上独立火灾探测器或者一个火灾探测器和一个手动报警按钮等设备的报警信号后,打开该防护区的排烟口和排烟阀,同时停止该防护区的空调送风系统。(2) 消防联动控制器接收到排烟口和排烟阀开启的反馈信号后,即输出联动控制信号启动排烟风机。(3) 前室和走廊的送风口在下部,排烟口在上部接近吊顶处。

3. 手动防烟、排烟

将防烟、排烟风机的启动、停止触点直接接到消防联动控制器的手动控制盘上,值班人员就可以用手动控制盘手动操作防烟、排烟风机的启动、停止。

电动防火阀、排烟口和排烟阀的关闭、开启反馈信号,防烟、排烟风机的启动、停止的反馈信号都应送到消防联动控制器,并在控制器上显示。

排烟风机房入口处的排烟防火阀在280 ℃自熔关闭后直接联动控制风机停止运行,排烟阀和排烟风机的动作信号送到消防联动控制器,并在控制器上显示。

防烟楼梯及其前室排烟送风系统的控制原理如图 4.52 所示。火灾发生时，火灾探测器报警(包括人工操作)后，由消防联动控制器发出联动信号，打开前室和走廊的排烟口(也可以是排烟阀或排烟防火阀)，联动排烟风机启动，进行排烟。同时关掉空调风机，关闭防火阀。向疏散楼梯间正压送风，以使疏散楼梯间的空气压力高于前室，前室的空气压力高于走廊，以阻止走廊的烟气进入疏散楼梯间，影响人员的安全疏散。当温度达到 280 ℃后，易熔金属熔化，排烟阀门关闭，排烟风机停止运行，以防通过风管引起二次火灾。排烟风机还可以人工启、停。从图中可见，风机和排烟口的动作信号都应回消防中心。个别单位认为排烟阀数量多，太麻烦，不将信号送到消防控制中心，这里要特别强调：不能这样省事！第一，很多火场的实例是：火场上人们逃到出口附近，因为烟气熏倒致死而阻塞了出口，后面的人也被熏死。防烟楼梯不防烟，导致后患无穷。第二，规范规定信号应返回消防控制中心，设计中不送信号回去，本身就违反法规。建筑电气专业对防烟、排烟系统已编制了图册，在建筑电气的图集上可以查到。

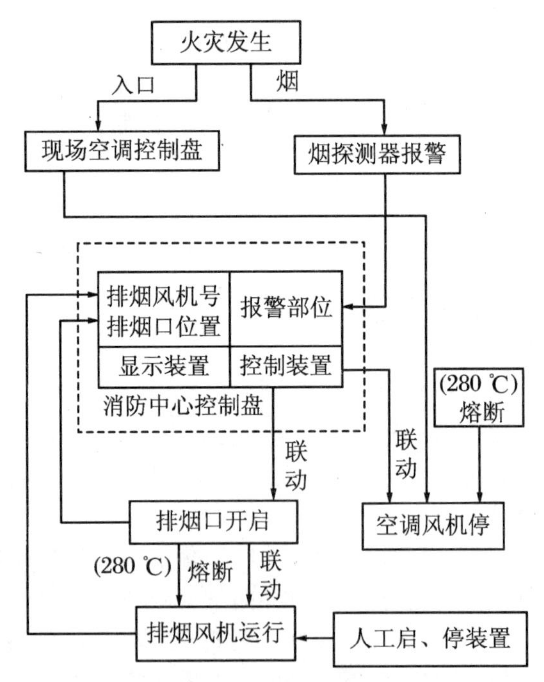

图 4.52　防烟楼梯间及其前室(包括合用的)排烟/送风系统控制图

送风机或排风机的控制装置接线原理图如图 4.53 所示，该控制装置适用于高层建筑对消防防烟(送风)和排烟机的控制。图中,ZJ 的输入电源信号来自消防控制中心,当接到报警后 ZJ 动作,1C 通电,送风机 1D 启动,同时 2C 通电,2D 排烟机启动。送风机、排烟机的启、停信号均反馈到消防控制中心。

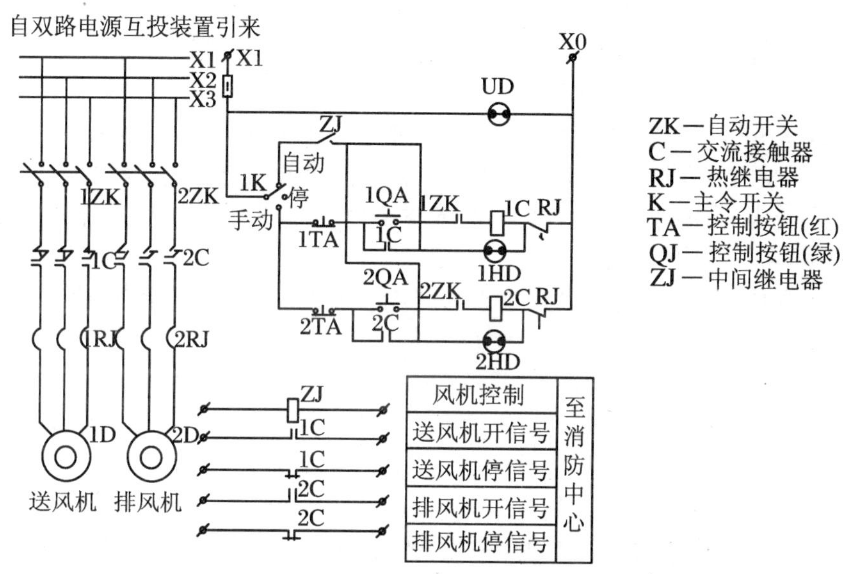

图 4.53 高层建筑消防送风机或排风机控制装置原理接线图

当然,在消防控制中心,可人工通过 1QA、2QA 启动 1D、2D,也可通过 1TA、2TA 停机 1D、2D,启、停信号均送消防联动控制器并显示。

4.3.9 火灾事故广播与警报装置

火灾警报装置(包括警铃、警笛、警灯等)是发生火灾向人们发出警告的装置,即告诉人们着火了,或者有什么意外事故。火灾事故广播,是火灾时(或意外事故时)指挥现场人员进行疏散的设备。由于两种设备各有所长,在火灾发生初期,两者交替使用,效果较好。虽然在设置范围上有些差异,使用起来应该是统一的。为了及时向人们通报火灾,指导人们安全、迅速地疏散,火灾事故广播和警报装置按要求设置是非常必要的。

1. 火灾事故广播的设置范围和技术要求

《建筑设计防火规范》(以下简称《规范》)规定:控制中心报警系统,应设置火灾应急广播系统,集中报警系统宜设置火灾应急广播系统。

技术要求:按照《规范》的规定,火灾事故广播系统在技术上应符合以下要求。

1) 对扬声器设置的要求

(1) 在民用建筑里,扬声器应设置在走道和大厅等公共场所,每个扬声器的额定功率不小于3 W,其间距应保证从一个防火区的任何部位到最近一个扬声器的步行距离不大于25 m,走廊末端扬声器距墙不大于12.5 m。

(2) 在环境噪音大于60 dB(A)的工业场所,设置的扬声器在其播放范围内,最远点的声压级应高于背景噪声的15 dB(A)。

(3) 客房独立设置的扬声器,其功率一般不小于1 W。

2) 火灾应急广播与其他广播(包括背景音乐等)合用时应符合以下要求

(1) 火灾时,应能在消防控制室将火灾疏散层的扬声器和公共广播扩音机强制转化为火灾应急广播状态。

(2) 消防控制室应能监控用于火灾应急广播扩音机的工作状态,并应具有遥控开启扩音机和采用传声器播音的功能。

(3) 床头控制柜设有扬声器时,应有强制切换到应急广播的功能。

(4) 火灾应急广播功放的额定功率不应小于火灾应急广播扬声器总功率的1.5倍,而背景音乐系统广播功放的额定功率应是背景音乐广播扬声器总功率的1.3倍,最终的广播功放功率值应取两个计算值中大的一个。

(5) 广播功放采用120 V定压输出功放是由于广播线路通常都相当长,须用高压传输减小线路损耗。

(6) 多台功放的音频输入端可并联使用,但2台功放的输出端不能并联使用。

3) 火灾事故广播的控制

当火灾发生时,火灾报警控制器接收到火警信号,并确认是火警后,经延时发出联动控制信号通过控制模块将指定的若干扬声器切换到火灾事故广播线路上,进行事故广播,如图4.54所示。当若干只扬声器正好是某楼层所有扬声器,那么可将这些扬声器作为一个报警点来处理,使得设计和布线大大简化。图4.54是火灾事故广播与广播音响系统(背景音乐)合用的情况。当只有火灾事故广播系统或两个系统同时独立存在时,只要将图中广播音响系统的线路去掉即为火灾事故广播系统。图4.54有自动和手动两种工作方式。自动方式:控制器可将本层和上下两个相关层的扬声器切换到火灾事故广播线路上。手动方式:当控制器的自动联动指令失效时,可单点控制控制模块,使该控制模块所连扬声器切换到火灾事故广播线路上。

2. 火灾警报装置的设置范围和技术要求

《规范》规定:设置区域报警系统的建筑应设置火灾警报装置,设置集中报警系统和控制中心报警系统的建筑宜设置火灾警报装置。同时还规定:在报警区域内,每个防火区至少安装一个火灾警报装置。其安装位置宜设在各楼层走廊靠近楼梯出口处。

为了保证安全，火灾警报装置应在火灾确认后，由消防中心按疏散顺序统一向有关区域发出警报信号，以便有次序地组织人员疏散。

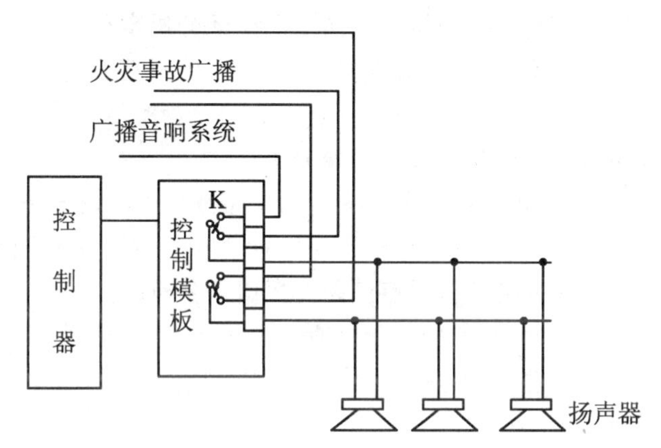

图4.54　火灾事故广播方框图

4.3.10　消防专用电话

为保证消防报警和灭火指挥通畅，应设置消防专用电话网络。当建筑物内出现火警等突发性灾害事件时，现场人员可利用分布于现场内的专用电话，无需拨号，举机即可接通总机，准确、及时地与消防控制室取得联络；同时消防电话系统也可进行反向操作，控制中心的火警电话主机可同时呼叫多个现场分机，实现紧急通信。二总线制消防电话通信系统如图4.55所示。

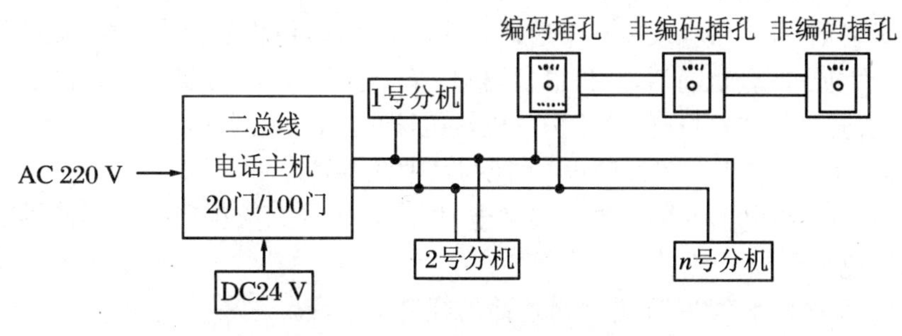

图4.55　二总线制消防电话通信系统图

《火灾自动报警系统设计规范》对消防专用电话的设置做了明确的规定：

(1) 消防专用电话,应建成独立的消防通信网络系统。

(2) 消防控制室、消防值班室或单位消防队(站)等处应装设向公安消防部门直接报警的外线电话。

(3) 消防值班室应设消防专用电话总机。

(4) 民用建筑的下列部位应设有消防专用电话分机塞孔:

① 消防水泵房、变配电室、防排烟机房、自备发电机房等与消防联动有关的值班室设分机;

② 灭火系统控制、操作处或控制室设分机;

③ 民用建筑中手动报警按钮及消火栓启泵按钮等处宜设消防电话塞孔;

④ 特级保护对象的建筑在各避难层应设置消防电话分机或消防电话塞孔。

(5) 工业建筑的下列部位应设有消防专用电话分机:

① 总变电站、配电站及车间变、配电所;

② 工厂消防电站,总调度室;

③ 保卫部门总值班室;

④ 消防泵房、取水泵房(处)、电梯机房;

⑤ 车间送、排风及空调机房等处;

⑥ 工业建筑中手动报警按钮、消火栓按钮等处宜设消防电话塞孔。

关于消防电话的使用及其注意事项为:

(1) 二线直线电话:只需要将手提式电话机的插头插入消防电话塞孔内,即可向消防控制室总机通话。

(2) 多门消防电话:多门消防电话有 20 门、40 门、60 门、100 门等规格。总机可呼叫分机通话,分机也可向总机报警。

分机向总机报警,分机摘机,总机即振铃或总机告警指示灯闪烁,分机指示灯亮(闪烁表示呼叫,常亮表示正常通话),总机摘机后,停止振铃或闪烁,即可与分机通话。总机呼叫分机通话,总机摘机,按住某分机号按钮,分机振铃,分机摘机后,总机可看到分机指示灯亮,停止按分机按钮,即可与分机通话。

(3) 电话线应单独管线敷设,不能与其他线共管。

(4) 当消防电话系统需要使用备电时,应避免与火灾报警控制器使用同一组电源,以免被干扰。

(5) 每次通话,数字录音机对通话内容自动录音。

4.3.11 电动防火门和防火卷帘的控制

一个大的建筑群或高层建筑,为了将火灾限制在一个小范围内,减少火灾造成的损失，往往将它分成若干防火区。在火灾发生时，区与区之间的通道部分用防火门将其分隔，这样防火门既是防火分隔体，又是人员正常通道或火灾时的疏散通道。按防火门的形式和材质分，有木质防火门、钢质防火门和钢结构的防火卷帘等；按控制方式分，有机械控制防火门、电动防火门和防火卷帘。这里讨论电动防火门和防火卷帘的控制问题。电动防火门和防火卷帘的自动控制只受安装在它们两侧的火灾探测器的报警信号控制。

安装在电动防火门两侧火灾探测器的任何一侧火灾探测器发出报警信号，传到控制器，控制器即发出一个联动控制信号经控制模块控制电动防火门关闭。电动防火门的关闭或开启工作状态在控制器上应有显示。

防火卷帘的两侧各安装一组感烟探测器和感温探测器。当火灾发生时，当两侧的任何一只感烟探测器发出火灾报警信号时，消防联动控制器发出控制信号经控制模块传输到防火卷帘控制器，使防火卷帘降至离地面约 1.8 m 处，并返回一个信号到控制器。当火灾蔓延、温度继续上升时，两侧的任一只感温探测器接着报警，消防联动控制器再发出一个控制信号，经控制模块、防火卷帘控制器使防火卷帘降到底，从而分隔成为两个防火分区，并再次将反馈信号送到控制器，图 4.56 为控制原理方框图。防火卷帘的关闭或开启工作状态在控制器上应有显示。

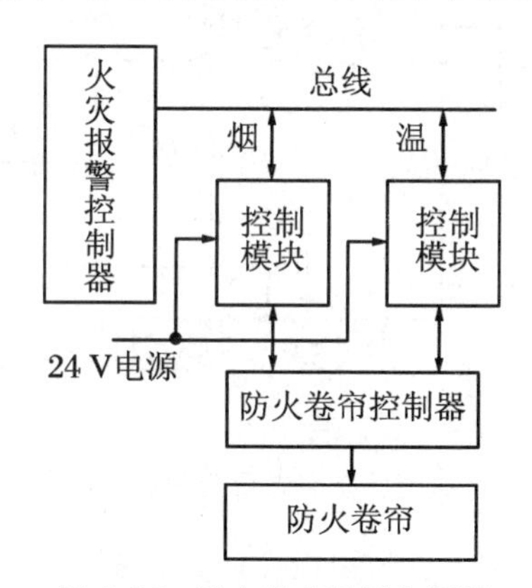

图 4.56　防火卷帘控制方框图

在控制器上，有自动和手动两种工作方式供选择。在自动方式下，在火警事件满足条件时，控制器自动控制卷帘下降。在自动方式下，手动操作有效。在手动方式时，控制器的自动控制无效，仅手动启动指令有效。

除了控制器能控制防火卷帘升降外，在防火卷帘两侧各安装一组手动开关，这个开关可手动控制防火卷帘的升或降或停在中间某个位置。此外在无电源的情况下，还可以通过链条机械，人工控制防火卷帘升、降。

防火卷帘动作时，将有一个返回信号经信号模块送到控制器，于是控制室能知道防火卷帘的工作状态。防火卷帘的下面是严禁存放东西的，否则防火卷帘下降不到地面，起不到防火分隔的目的。

图4.57为一种常用的防火卷帘控制器原理图。当控制模块动作时，接通DC24 V电源，中间继电器ZC动作，XC通电，卷帘门下降；当下降至距地1.8 m时，中限位行程开关ZXK动作，XC断电，防火卷帘停止，同时时间继电器SJ线圈通电，其常开触点延时30秒(时间可以调节。此功能对感烟感温组合探测器不适用)后闭合，XC通电，卷帘门继续下降，直至到底后下限位行程开关XXK动作，防火卷帘停止。XXK的另一副触点作为卷帘门落底反馈信号，经控制模块(即输入控制模块)，供消防联动控制器显示防火卷帘的工作状态用。有些防火卷帘控制器自带火灾探测器，自己完成对防火卷帘的控制，但对于疏散通道上的防火卷帘控制必须通过火灾报警控制器，并且防火卷帘的关闭和开启工作状态在控制器上应有显示。

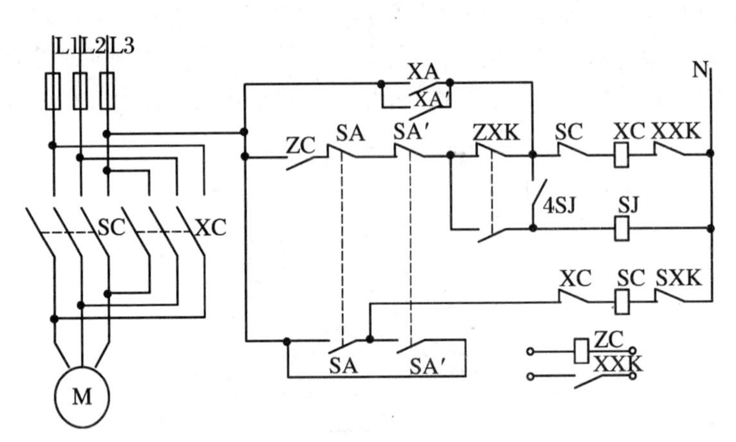

图4.57 防火卷帘控制器原理图

仅用于防火分隔用的防火卷帘由设在防火卷帘两侧的任一火灾探测器的报警信号送到控制器，控制器即发出联动控制信号，经控制模块、防火卷帘控制器控制防火卷帘一次下降到底，同时返回一个信号到控制器。

4.3.12 电梯回降控制

电梯是高层建筑的纵向交通工具，消防电梯是发生火灾时，供消防人员扑救火灾和营救现场人员用的。火灾时，一般电梯没有特殊情况不能作为疏散工具，因为发生火灾时，由于周围的高温，电梯门被振开，火使电梯门的联锁装置损坏，导致电梯机房着火、断电保险丝烧断等事故，所以电梯的电源没有保证，另外电梯井还容易成为火灾蔓延的通道，所以火灾时，客梯全部停在首层或电梯转换层，而消防电梯停留在首层待命，消防队员利用消防电梯进行火灾扑救和人员救援。

当火灾报警控制器确认发生火灾后，消防联动控制器发出控制信号通过控制模块控制电梯迫降到首层或转换层，电梯门打开，返回一个信号经信号模块到控制器，控制器接到返反馈信号后切断电梯的非消防电源，客梯就不能运行了，而消防电梯处于待命状态，如图4.58所示。上海消防研究所联合电梯生产厂家正在开展客梯在火灾期间作为消防电梯使用的可行性研究，此项研究一旦成功，并得到推广，将大大增加消防救援的手段和安全疏散的渠道。

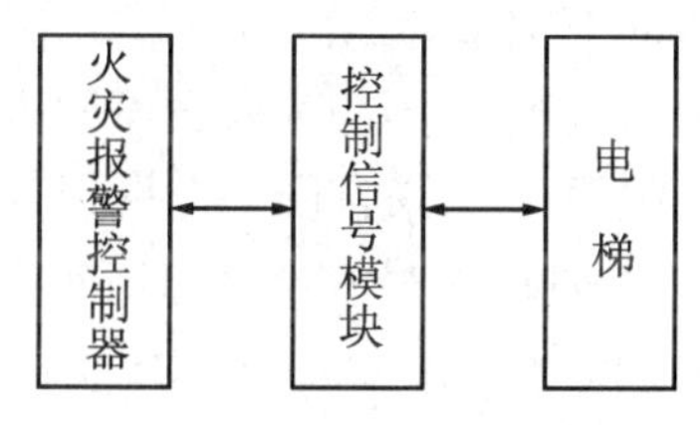

图4.58 电梯控制方框图

4.4 消防电源与接地

4.4.1 消防电源

消防电源是向消防用电设备供给电能的独立电源。独立电源是指不应将与消防无关的用电设备接入该回路。火灾时，消防电源一旦断电，势必给火灾早期报警、人员安全疏散、自动和手动灭火作业带来危害，甚至造成极为严重的人身伤亡和财产损失。所以，消防电源设计时，必须认真考虑火灾时消防用电设备的电能连续供给问题。消防控制室、火灾自动报警系统、自动灭火系统、消防水泵、消防电梯、防烟排烟设施、疏散应急照明和电动的防火门、防火窗、防火卷帘、阀门等消防设施用电应按现行的国家标准《供配电系统设计规范》(GB 50052 — 2009)、《火灾自动报警系统设计规范》(GB 50116)的规定进行设计。各类消防用电设备在火灾发生期间最少持续供电时间见表4.3。

表 4.3　各类消防用电设备在火灾发生期间最少持续供电时间表

设备名称	持续时间(min)	设备名称	持续时间(min)
火灾自动报警系统	>180	防烟、排烟系统	>180
自动喷水系统	>60	火灾应急广播	>20
水喷雾和泡沫灭火系统	>30	消防电梯	>180
CO_2 和干粉灭火系统	>30	应急照明疏散指示	>30

根据 GB 50052—2009 中 3.0.1 条的规定，消防供电电源应为一级负荷或者一级负荷中特别重要的负荷。一级负荷的供电应由双重电源供电，且不能同时损坏。目前地区大电力网在主网上部是并网的，用电部门无法得到严格意义上的两个独立电源。这里所说的双重电源是指：(1) 来自不同电网的电源；(2) 来自同一电网但在运行时相互间联系很弱；(3) 来自同一电网但其间的电气距离较远，一个电源系统运行异常或发生短路故障时，另一个电源仍能不中断供电。如图 4.59 所示，图中高压 1、高压 2 即为双重电源。双重电源为一用一备，当运行电源出现故障时，自动切换到另一个正常供电电源。由于不是真正的两个独立电源，电网的各种故障可能引起全部电源进线同时失去电源，造成停电，所以特别重要负荷，如火灾自动报警系统、消防通信设备和图形显示装置还要配备独立的应急电源供电。

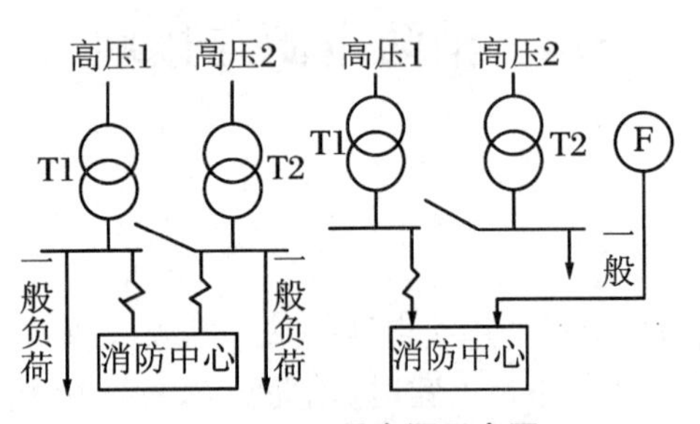

图 4.59　双重电源示意图

应急电源的选用依据是负荷容量、允许中断时间、直流还是交流电源等。如直流应急电源允许停电时间为 ms 级，且负荷不大时，可采用蓄电池装置。交流应急电源当负荷较小，允许停电时间为 ms 级，可采用静止型不间断供电装置；负荷比较大，允许停电时间 15 s 以上，可采用快速启动发动机组，如图 4.59 中的 F。各种备用电源的负荷严禁接入应急供电系统。备用电源和应急电源是两个完全不同用途的电源，备用电源是指正常电源断电时，由于非安全原因用来维持电气装置或其某些部分需要继续供电的电源，而应急电源是安全设施的电源，是为了人体和家畜的健康和安全，以及避免对环境和其他设备造成损失的电源(见GB 50052—2009)。

二级负荷中采用两回线路供电，见图4.60。两回线路与双重电源略有不同，二者都要求线路有两个独立部分，而后者还强调电源的相对独立，如图4.59中高压1和高压2，而图4.60中没有这个要求。根据《建筑设计防火规范》(GB 50016)规定，一类建筑应按一级负荷要求供电(两路供电源)；二类建筑的消防用电应按二级负荷(两回路电源或一回6 kV以上专用架空线路)供电。

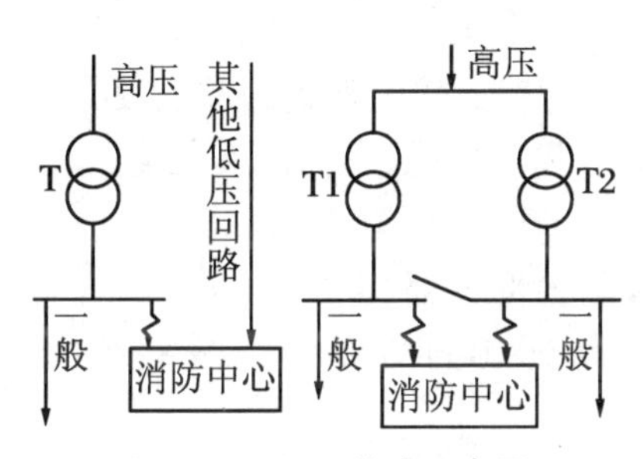

图4.60　两回线路示意图

火灾自动报警系统应设有AC电源和直流应急电源。AC电源应采用消防电源，AC电源的保护开关可采用只报警的剩余电流式电气火灾监控探测器进行监控。直流应急电源可采用火灾报警控制器自带专用蓄电池电源或集中设置的蓄电池电源。当采用集中设置蓄电池电源时，火灾报警控制器应采用单独供电回路，且保证在系统处于最大负载状态下不影响火灾报警控制器的正常工作。AC电源与蓄电池应急电源之间应有自动切换装置，以保证AC电源断电时系统能自动切换到直流应急电源(蓄电池应急电源)，AC电源恢复时又能自动切换到AC电源。同时要求AC电源应具有工作状态指示和过流保护措施，并在切换装置上要做好AC电源和直流应急电源的绝缘和隔离措施。

消防控制室、消防水泵、消防电梯、防烟排烟设施等应有两路电源供电，并在最末一级配电箱处设置自动切换装置。消防设备与其配电箱的距离不应超过30 m。

为进一步提高消防系统及火灾自动报警系统供电的可靠性，除应按相关规范的要求设计和配置供电系统外，在实际安装和运行时，尚应注意以下问题：

(1) 火灾自动报警系统的主要电源即AC电源，平时由市电供电。如果市电电压不能保持稳定的电压范围，则需为AC电源设置相应的交流稳压设备。

(2) 正常运行时，AC电源对蓄电池应急电源进行充电，所以，平时要注意检查

AC 电源对蓄电池应急电源的浮充情况，并按规定定期对蓄电池进行维护，防止火灾时，蓄电池不能满足供电要求。

(3) 消防联动控制器的直流电源工作电压应采用 24 V。

(4) 消防控制室应能显示系统内各消防用电设备的供电电源(包括交流电源和直流电源)和应急电源的工作状态。

(5) 为保证火灾自动报警系统供电的可靠性，系统 AC 电源接在消防电源上，并要求火灾自动报警系统采用单独的供电回路，在此供电回路中不应接入与消防无关的用电设备。

(6) 消防专用配电设备与普通用电设备的配电设备间应有分隔措施。消防配电设备上应采用明显标志和相应措施，以保证火灾发生时，人工紧急断电时不致误将消防专用电源切断。

(7) 配电箱的结构及其内部电器和导线，应采用耐火耐热型。配电箱安装的位置应尽可能避开易受火灾影响的场所，并从安装结构上采取必要的防火隔热措施。

(8) 火灾自动报警系统供电的布线应按《规范》规定的要求进行。如：系统的传输线路用绝缘导线时应采取金属管、硬质塑料管、半硬质塑料管或封闭线槽保护方式布线；消防控制、通信和报警线路应采用金属保护管，并宜暗敷在非燃烧体结构内，当必须明敷时，应在金属管上采取防火保护措施；强电电缆竖井和弱电线路的电缆竖井应分别设置；报警系统的传输线路应选用铜芯绝缘导线或电缆，其截面积应比按普通要求选取的截面积大些，这是考虑到火灾发生时，周围环境温度升高，导线内阻增大，因而要有更大的安全系数。

(9) 电气火灾监控系统是用来监控电源的工作状态，在电源发生过压、欠压、过流、缺相等故障时能发出报警信号的监控系统。电气火灾监控系统由电气火灾监控设备、剩余电流式火灾监控探测器及测温式电气火灾监控探测器等部分或全部设备组成。它独立于火灾自动报警系统，但又必须与火灾自动报警系统联网，将故障信息及时传输到火灾报警控制器，以便消防值班人员及时排除故障，保证系统的正常运行。一般控制中心报警系统和大型的集中火灾报警系统需配备电气火灾监控系统，区域报警控制系统和小型的集中控制报警系统可以不配备电气火灾监控系统。

4.4.2 接地

火灾自动报警系统的接地对系统安全可靠的运行具有十分重要的作用，接地不可靠或接地电阻过大会引起系统工作不稳定，甚至引起事故，损坏设备，所以《火灾自动报警系统设计规范》(GB 50116)对系统的接地做了明确的规定：

(1) 采用共用接地装置时，接地装置的接地电阻值必须按接入设备中要求的最小值确定。

(2) 采用专用接地装置时，接地电阻值不应大于4 Ω。

(3) 在消防控制室应设等电位连接网络。电气和电子设备的金属外壳、机柜、机架、金属管、槽、浪涌保护器接地端等均应以最短的距离与等电位连接网络的接地端子连接。

(4) 由消防控制室接地板引至各消防电子设备的专用接地线应选用线芯截面积不应小于4 mm^2 的铜芯绝缘导线。

在选用接地装置时，首先测试待接入点的建筑物共用接地电阻值，结合流过接地电阻的电流产生的电压降是否在允许范围内。若电压降在允许范围内，则可采用共用接地装置，省去设置专用接地装置的麻烦；若电压降超出允许范围，则要采用专用接地装置。专用接地装置由接地体和接地线组成。接地体可以是钢管、角钢等金属导电材料，根据接地电阻值的大小和地区的不同，确定接地体的数量，但为了安全可靠，接地体不得少于2根。专用接地装置设置方法：地上挖一个1 m深的坑，为了降低电阻率，在坑内洒入固体置换材料(如食盐、木炭、镁盐等)或化学降阻剂，接地体排成一排或一个圆打入地下，上端留0.2 m，再用扁钢将它们焊接在一起，并引出接地线。接地体埋入地下的深度不少于2 m，北方要埋在冻土层以下。接地线从屋外引入屋内最好从地下引入室内，接地线中间不能有接头，必须用整线，采用截面积不小于16 mm^2 的铜芯绝缘导线。安装完成后，用ZC-8型接地电阻测量仪测量接地电阻，若满足设计要求，可以填回土；若不能满足设计要求(消防专用接地电阻不大于4 Ω)，则要增加接地体数量，再重复上述过程，直至满足接地电阻值要求为止。

4.5　应急照明和疏散指示标志

在火灾发生时，为了防止火灾通过输电线路迅速蔓延，火灾自动报警系统会自动切断相关区域的非消防电源或者人为切断相关区域的非消防电源，以至于该区域的照明系统完全失效，这给人员疏散和消防扑救带来极大的困难。此外火灾产生的浓烟也使人的视线受到阻碍，影响人员的正常疏散。为保证消防人员的正常工作和居民的安全疏散，都必须保持火灾区域有一定照度的电光源，为此规范规定应设置火灾应急照明和疏散指示标志。

4.5.1 设置范围、照度和位置

1. 设置范围

疏散楼梯间、走道和防烟楼梯间前室、消防电梯间及其前室及合用前室，以及观众厅、展览厅、多功能厅、餐厅和商场营业厅等人员密集的场所，需设置应急照明外，火灾时不许停电，必须坚持工作的场所也应该设置应急照明。

公共建筑内的疏散走道和居住建筑内长度超过 20 m 的内走道，一般应该设置疏散指示标志。

2. 照度

照度指的是单位面积上接受到的光通量，单位是勒克斯(lx)。消防控制室、消防水泵房、防排烟机房、配电室、自备发电机房和电话总机房以及发生火灾时仍需继续坚持工作的地方和部位，当工作照明与事故照明混合设置时，事故照明的照度应为该区工作照明照度的 10%以上。具体数值可视环境条件而定，最大为 30%—50%。因为事故状态下工作毕竟是短暂的，虽有视觉上的不舒服，甚至加快视觉疲劳，但这是允许的。

3. 设置位置

楼梯间的应急照明灯一般设在墙面或休息平台板下；在走道，所设范围应符合人们行走时目视前方的习惯，容易发现目标，利于疏散。值得注意的是：疏散指示标志灯千万不可设在顶棚吊顶上，因为火灾时那里烟雾气流极易积聚，遮挡光线，使地面照度达不到设计要求。

4.5.2 疏散指示灯的布置

1. 布置原则

出口指示灯的安装部位：通常是在建筑物通向室外的正常出口和应急出口，多层和高层建筑各楼梯间和消防电梯前室的门口，大面积厅、堂、场、馆通向疏散通道或通向前厅、侧厅、楼梯间的出口。

出口标志和指向标志的安装位置和朝向：出口标志多装在出口门上方，门太高时，可装在门侧口，其高度以 2 — 2.5 m 为宜。应注意防止烟雾滞留在顶棚，将出口指示灯覆盖，使其失去指向效果。为防烟雾影响疏散人员的视觉，疏散指示标志朝向应尽量使标志面垂直于疏散通道的墙面(离地面≤1 m)；疏散指示标志布置在疏散通道地面时，箭头指向疏散方向。供人员疏散的疏散指示标志，在主要通道上的照度不低于 0.5 lx，其测定方法如图 4.61 所示。

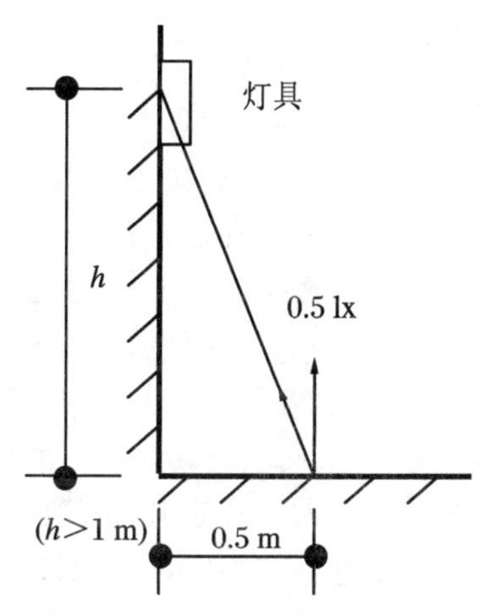

图 4.61　通道指示标志灯照度测定位置

在设计通道疏散照明时，宜用通道正常照明的一部分或全部，但应有标志。布置时要注意均匀性、距高比、地形变化和照度的要求。要特别注意火灾报警按钮和消防设施处的照度，以便人们容易找到这些设施。

2. 决定标志效果的因素

指示出口的指示灯，有的国家并不用照度表示，而用亮度表示。其图形和文字呈现的最低亮度不小于 15 $cd \cdot m^{-2}$，最高不大于 300 $cd \cdot m^{-2}$，任何标志上最低和最高亮度比在 1∶10 以内。因为标志效果和清晰度是由亮度、图形、对比、均匀度、视看距离和安装位置等因素决定的。为保证标志灯在烟雾下，仍能使逃难者清楚辨认，美国推荐最大视看距离为 30 m，我国为 20 m。

4.5.3　电光源和灯具的选择

应急照明必须采用能瞬时点燃的光源，一般采用 LED 灯、白炽灯、荧光灯等。当应急照明经常点燃（即在发生故障时不需要切换电源）且作为正常照明的一部分时，也可以采用其他节能型光源。

灯具的选用应与建筑的装饰水平相匹配，常采用的灯具有吸顶灯、深筒嵌入灯具、光带式嵌入灯具、荧光嵌入灯具。值得注意的是这些嵌入灯具要做散热处理，不得安装在易燃可燃材料上，且要保持一定防火距离。

对于应急照明灯和疏散指示标志灯，为提高其在火灾中的耐火能力，应设玻璃或其他不燃烧材料制作的保护罩。目的是延长其火灾期间的有效工作时间。

4.5.4 应急照明供电与配电

应急照明供电电源可以是柴油发电机组、蓄电池和城市电网电源中的任意两个组合,以满足双重电源、双回线路的供电要求。

对于火灾应急照明和疏散指示标志可以集中供电,也可以分散供电。对于大中型建筑,多用集中式供电。总配电箱设在底层,以干线向各层照明配电箱供电,各层照明配电箱装于楼梯间或附近,每回路干线上连接的配电箱不超过三个,此时的火灾事故照明电源可以从专用消防电源干线分配电箱取得;也可以从与正常照明混合使用的干线分配电箱取得。后者要从最末级的分配电箱进行非消防和消防电源的自动切换,即非消防电源断电时,能自动切换到消防电源上。

对于分散布置的小型建筑物,供人员疏散用的疏散照明装置由于容量较小,一般采用小型内装灯具、蓄电池、充电器和继电器的组装单元,图 4.62 为其原理方块图。

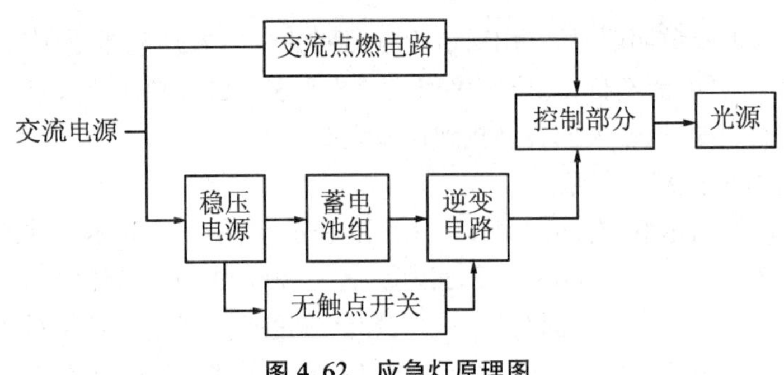

图 4.62　应急灯原理图

当交流电源正常供电时,一路点燃灯管,另一路驱动稳压电源工作,并以小电流给镍镉蓄电池组连续充电。当交流电源因故停电时,无触点开关自动接通逆变电路,将直流变成高频高压交流电;同时,控制部分把原来的电路切断,而将逆变电路与光源接通,转入应急照明状态,直流供电不小于 45 min。当应急照明达到所需时间后,无触点开关自动切断逆变电路,蓄电池组不再放电。一旦交流电恢复,灯具自动投入交流点燃电路,恢复正常点燃,同时,蓄电池组又继续重新充电。持续供电时间大于 30 min,电压不低于正常电压的 85%,故能满足消防照明对电压的要求。

这种小型内装式应急照明灯的蓄电池多为镍镉电池或小型密封铅蓄电池。优点是灵活、安装方便。缺点是费用高、检查维护不便、容易失效。

4.5.5 智能疏散逃生系统

在大空间建筑和通道复杂的场所，静态、一成不变的疏散指示不能适应火灾发生时多渠道、安全可靠逃生的要求，为此引入动态疏散的理念。所谓动态疏散是指以外部火灾信息为依据，根据火灾发生的部位和烟气的走向以及事先制定的疏散预案，对局部疏散路径进行动态调整，人员疏散改“就近引导”为“安全引导”。此外系统具备不同功能的消防疏散指示标志灯，再结合闪烁、语音、方向可调、视觉连续标志灯等声、光、图的动态功能，对逃生人员的视觉、听觉等感观进行刺激，使逃生人员在火场中更加安全、准确、迅速地逃生，如图4.63所示。

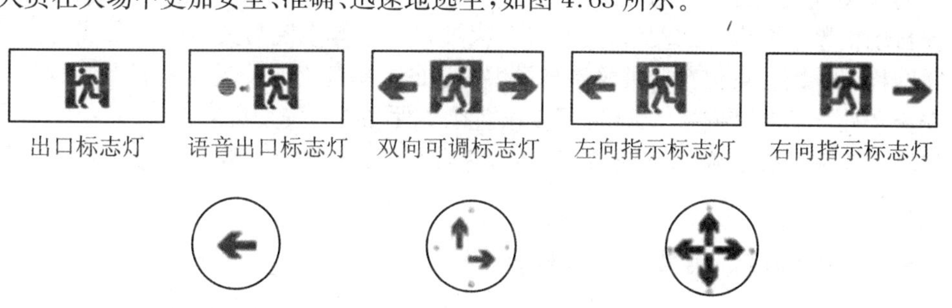

图4.63　部分疏散指示标志灯图例

消防应急灯具国家标准GB 17945—2000中规定：具有语音功能的消防应急灯具的音量在灯具正前方1 m处测得的声压级应在70—115 dB，且清晰可辨。语音提示宜使用“这里是安全（紧急）出口”或“禁止入内”等；闪亮式标志灯的闪烁频率应为1 Hz±10%，点亮和非点亮的时间比为4∶1；对于顺序闪亮并形成导向光流的标志灯，其顺序闪烁频率应在2—32 Hz范围内，设定后的频率变动不应超过设定值的±10%。

4.6　火灾信号传输

火灾自动报警系统的火灾报警控制器安装在消防控制室，而探测器和手动报警按钮等触发装置、警报装置、灭火装置、辅助灭火装置、信息指示设备等许多器件和设备安装在被保护的现场，它们之间有一定距离，因此火灾报警控制器和这些器件、设备构成了一个远距离信号采集、传输和控制的网络。为了保证火灾自动报警系统的稳定可靠工作，对火灾自动报警系统的探测、联动点数做了限制，这样一个大型建筑群可能有多套火灾自动报警系统，各个火灾自动报警系统之间要联网。为了使火灾自动报警系统“瘦身”，将有的报警设备或联动设备从火灾自动报警系统中剥离出去，形成独立报警系统、独立灭火系统或控制系统，火灾自动报警系统与这些系统之间需要联网。随着现代智能建筑的快速推进和城市公共安全的不断加强，要求火灾自动报警系统与建筑物内的其他网络系统之间实现联网，要求各单位的火灾自动报警系统与城市消防管理中心网络联网。为了讨论方便，这里将火灾自动报警系统内部的网络称为内网，火灾自动报警系统与其他网络系统之间的联网称为外网。火灾自动报警系统提供信息的准确性直接关系到人们生命财产的安全和社会的和谐安宁，因此除了要求各个器件和设备安全可靠运行外，火灾信号传输也要求十分准确，不能有差错，所以火灾信号传输成为火灾自动报警系统中的重要问题。

4.6.1 火灾自动报警系统的线制

在讨论信息传输线时，暂且先不考虑传输信号是开关量信号还是模拟信号或数字信号，是点对点之间传输还是一点对多点的传输。在建筑物内进行有线通信，可以减少空间无线电干扰，避免建筑物屏蔽效应对无线火灾信号的衰减，传输的信号比较稳定，通过长线直接对火灾探测器等前端器件提供电源。火灾自动报警系统的线制经历了多线制和总线制的不同发展阶段，多线制系统是指器件或设备用一根以上单独的导线与控制器直接连接的系统，总线制系统是器件或设备通过共用导线与控制器直接连接的系统。总线制是多线制发展的产物，它省工省料，安全可靠，所以目前的火灾自动报警系统几乎都是总线制火灾自动报警系统，但是一些要求特别可靠运行的设备，目前还是采用多线制方式与火灾报警控制器直接连接。

由于火灾自动报警系统要求“位置确认”，而不是“部件确认”，也就是说火灾报警不仅要知道哪个探测器、手动报警按钮或其他器件(统称部件)报警，还要知道这个报警部件安装在什么位置。由报警部件到报警位置通常用对照表或对照图来实现，如 7 号感烟火灾探测器报火警，而 7 号探测器安装在 1 号楼 210 房间，火警信号显示的是 1 号楼 210 房间或在相应的地图位置上标示出火灾图像，而不是显示 7 号感烟探测器报火警。早期产品由部件报警到部位报警的转换是 7 号感烟探测器报警后，控制室的火灾报警控制器面板上就有相应的指示灯亮，调试人员就在该指示灯旁标上 1 号楼 210 房间，或者在 CRT 显示屏上弹出 1 号楼 210 房间区域的平面图，并在 210 房间探测器安装位置显示闪烁的火灾图像；现代产品部件到部位的转换由现场调试人员通过计算机编程，由火灾报警控制器自动转换，在显示屏或数码管上显示完成。

1. 多线制火灾自动报警系统

最简单的方法是每个部件直接将火警和故障信号送到火灾报警控制器，火灾报警控制器起了显示、联动作用。每个探测器除了信号线外，还有电源线、选通线、自检线和地线等，所以每个探测器有 5 条线单独接到控制器，这种系统称为多线制火灾报警系统。多线制火灾报警系统随着探测器数量 n 增加，连接到控制器的导线数量大大增加，导线的总数为 $5n$ 根。由于连线太多，于是将所有探测器的电源线、选通线、自检线、地线进行合并、共用，这样连接到控制器的导线数量降低到 $4+n$ 根，如图 4.64 所示。图 4.65 举例说明这种系统的实现方法。

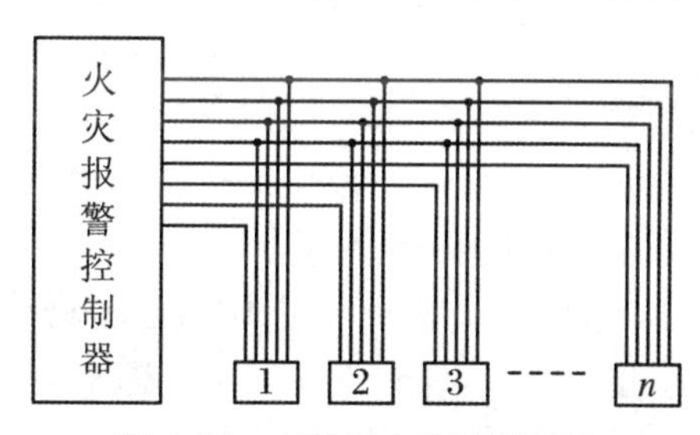

图 4.64　多线制火灾报警系统

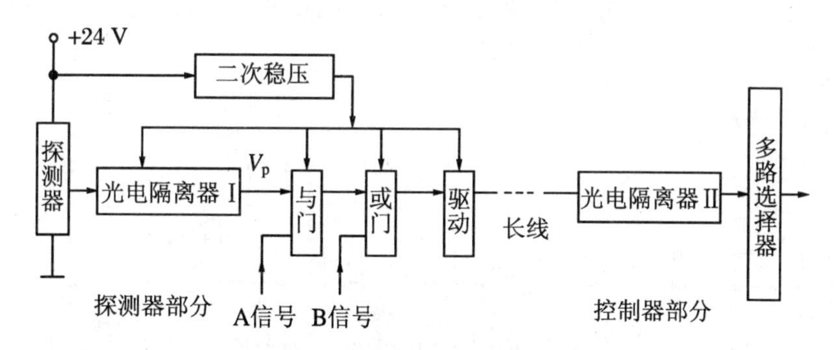

图 4.65　多线制火灾报警系统实例

探测器输出的电压信号经光电隔离器 I 转换成电压 V_p，当有火灾信号时，V_p 为 12 V 左右，当没有火灾信号时，V_p 为 0 V。光电隔离器还起到探测器与其他电路隔离的作用，减少了外界干扰对探测器的影响。V_p 电压经与门、或门、驱动器、长线和光电隔离器 II 传送到火灾报警控制器的多路选择器。由于与门、或门、驱动器采用 CMOS 电路，输入阻抗高、噪声容限大、输出高低电压差大，提高了远距离传输信号的能力。二次稳压电路将 24 V 消防电源变为 12 V 电源，供 CMOS 电路和光电隔离器 Ⅰ 使用。图中 A 信号、B 信号由火灾报警控制器发出，平时 A 信号为 1 电平，B 信号为 0 电平，保证探测器的信号顺利到达火灾报警控制器。当 A 信号为 0 电平，B 信号也为 0 电平，控制器接收不到探测器的信号，所以 A 信号是选通信号。当 A 信号为 0 电平，B 信号为 1 电平时，控制器应接收到 B 信号，若接收不到 B 信号，表示或门、驱动器、长线、光电隔离器 Ⅱ 不通，有故障，所以 B 信号是自检信号。为了防止干扰导致误判，可以连续发送几次 B 信号，来进一步确认是否真有故障存在。类似方法还可以检查 A、B 传输线有没有断线。光电隔离器 Ⅱ 除了使多路选择器与长线隔离，减少外界干扰外，同时将 CMOS 电平变为 TTL 电平。这种多线制火灾报警系统，当 $n = 100$ 时，火灾报警控制器将引出 104 根线，可见这种系统用线量仍然太多，穿线管的直径大，穿线和检查线路十分复杂，接点太多，施工难度大，线路故障多。

图 4.66 是电流传输方式多线制火灾报警系统，探测器按图接入系统，正常监视状态的回路电流为 50 μA 左右，有火灾信号时，报警电流为 80 mA。电流流过长线传输进入控制器的 I/V 转换部分，若 R_2 为 1 kΩ 电阻，则平时 U_A 电压为 0.66 V，有火灾信号时 U_A 为 9.70 V。U_A 电压通过多路选择开关后输入比较器部分。合理选择 R_3、R_4、R_5 分压电阻，使 U_D、U_E 输出有一定规律：正常监视状态，D 点为“1”电平，E 点为“0”电平；有火灾信号时，D 点为“0”电平，E 点为“0”电平；有故障信号时，D 点为“1”电平，E 点为“1”电平。根据这些规律，控制器(8031)就可以确定探测器的工作状态。

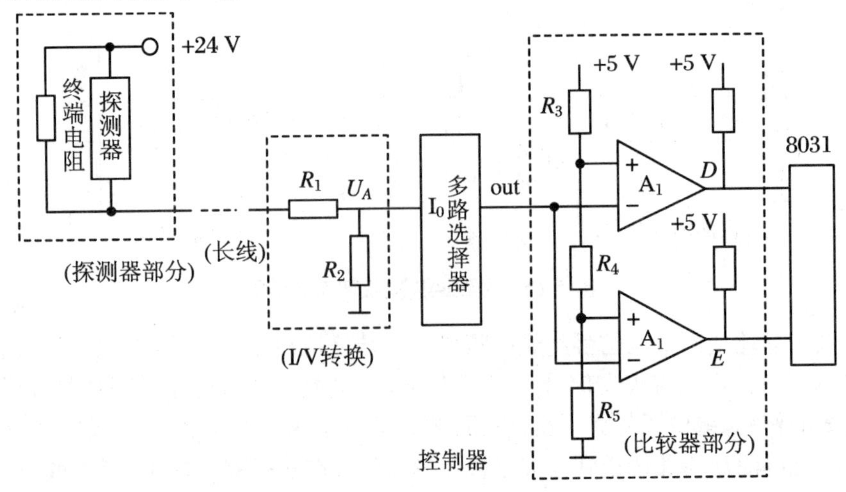

图 4.66　多线制火灾报警系统实例

用电流传输方式，在远距离传输中可以减少传输损耗。由于火灾自动报警系统要求“位置确认”，每个探测器必须有一根导线连接到控制器，以表示是该探测器发来的信号，所以探测器和控制器之间为二线传输（电源线、信号线）。虽然 n 个探测器只要 $n+1$ 根连接线，与图 4.65 的电压传输方式相比减少了 3 根传输线，但导线数量仍然很多，此外，这种系统每个探测器的输出信号必须占用多路选择器的一个入口，以区别是那个探测器发来的信号，当有成千上百个探测器时，多路选择器和控制信号就很复杂。详见文献[24]。

2. 总线制火灾自动报警系统

为了克服多线制火灾自动报警系统的缺点，20 世纪 80 年代提出了总线制火灾自动报警系统方案，它将所有探测器接到 2—4根总线上，如图 4.67 所示。每个探测器赋予一个特定的地址码，控制器根据报警信号的地址码就能确定哪个探测器发来了火警或故障信号，控制器再根据地址码和平面配置图就可确定探测器的位置。总线制火灾自动报警系统实例见图 4.68。

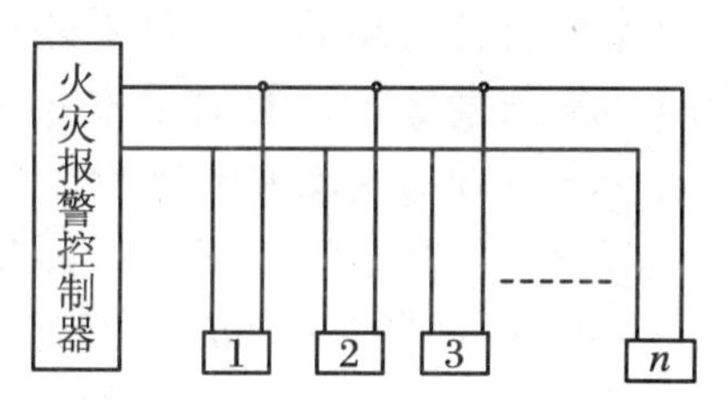

图 4.67　总线制火灾报警系统

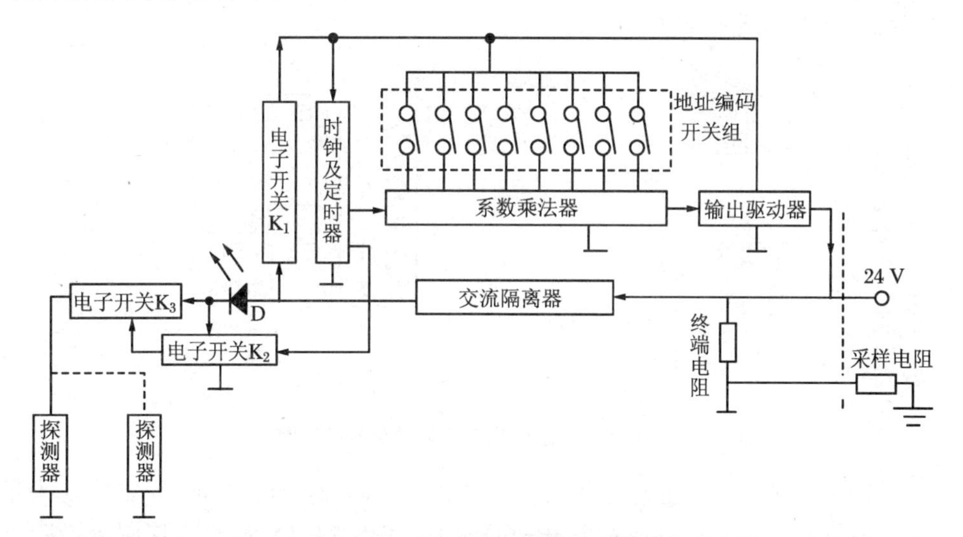

图 4.68　总线制火灾报警系统实例

图 4.68 的思路是在探测器底座上增加一个地址编码器，发生火灾时，地址编码器可以按火灾发生的位置发出相应的频率，通过长线传输到火灾报警控制器，控制器根据接收频率就可以知道是那个探测器发来的火警信号，这样，只要 2 根线就

能完成火灾报警和位置确认功能。

正常巡检时，探测器处于高阻状态，通电后电子开关 K_3 闭合，K_1、K_2 断开，这时发光二极管 D 不亮。由于 K_1 断开，使时钟及定时器、系数乘法器和输出驱动电路的电源被切断，这几部分电路不工作，无频率信号输出。这时采样电阻上只有直流信号输出。

有火灾信号时，探测器由高阻状态变为低阻状态，等效成一个 7 V 左右的稳压管，于是流过 D 的电流迅速增大，D 发出强红光。同时电子开关 K_1 迅速闭合，接通时钟及定时器、系数乘法器和输出驱动电路的电源，由时钟提供的时钟信号通过乘法器输出频率信号，该信号经过驱动器、长线后在采样电阻上就有同样频率信号输出。几秒钟后，定时器发出控制信号，使电子开关 K_2 闭合，K_1、K_3 断开，采样电阻上的频率信号消失，D 管中流过的电流减少，发光亮度降低。火灾报警完成后，系统不能自动复位，D 管依然发光，必须进行系统复位。系统复位后，就恢复到系统初始状态，即 K_3 闭合，K_1、K_2 断开，D 管不亮。有火灾信号，K_1 接通，时钟信号发生器的 f_0 信号进入乘法器，按照地址编码开关设定的数据 K，乘法器输出信号的频率为 f_c，则 $f_c = K f_0$，f_c 数据就是探测器地址码数值。详见文献[24]。

随着微电子技术的进步和微处理芯片的广泛使用，目前的总线制火灾自动报警系统方框图如图 4.69 所示。

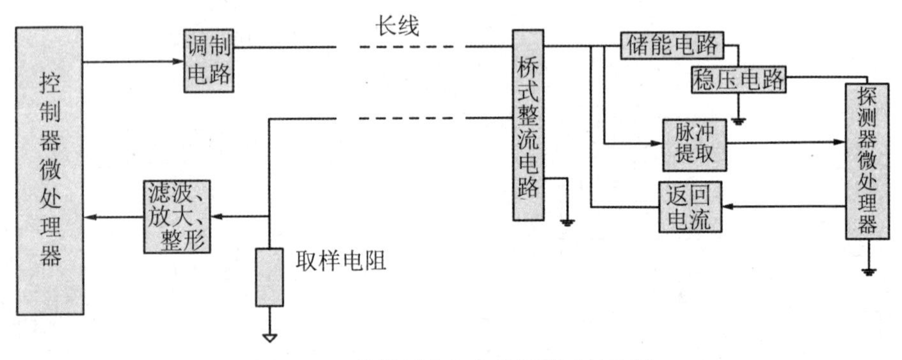

图 4.69 总线制火灾自动报警系统实例

探测器一般采用微处理器作为主控芯片，内部含有 EEPROM 等非易失性存储器。探测器的地址码存放在 EEPROM 中。在一个回路中，每个探测器的地址码都是不同的。控制器采用微处理器进行控制，微处理器按照一定的编码方式发送探测器的地址码，信号经过调制电路发送到总线上。探测器的桥式整流电路可以保证线路无极性，探测器中具有储能电路，经过稳压后对微处理器芯片供电。信号提取电路把输入信号转换为适合微处理器电平的信号送入微处理器解码，微处理器解码成功后，与自身存放在EEPROM中的地址比较，当比较一致时，通过电流返回电路发送自身的状态信号(正常、火警或故障)，控制器的取样电路接收此电流信号，并经过滤波、放大、整形电路后，送入控制器微处理器进行处理，解码出探测器状态信号(正常、火警或故障)，根据状态信号的不同，控制器做出相应的反应。类似控制器与探测器的通信方法，控制器可以接收信号模块发来的信号和消防联动控制器可以通过控制模块对其他消防设备进行控制。

二总线火灾自动报警系统使得系统布线大大简化，节省了大量的物力和人力，系统的可靠性也得到了很大提高，但是这种系统一旦有一个探测器短路，整个回路就会瘫痪，甚至导致控制器损坏。为了防止由于短路或开路(断线)产生的不安全因素，采用短路隔离器或环状连线方法。

图4.70为带短路隔离器的系统连线图，系统采用枝状连接方式，在每个枝路入口接一块短路隔离器。当隔离器后面的某一个探测器(也可是模块)发生短路时，短路隔离器就断开，使隔离器后面的所有探测器从火灾自动报警系统中分离出去，保证火灾自动报警系统的其他部分能正常工作。图4.71为环状连线的火灾报警系统示意图，回路的首尾两端(图中A、B)都接到火灾报警控制器。正常情况下，火灾报警控制器经A端向探测回路发送、接收信号。一旦C处断开，A、B两端都向探测回路发送、接收信号，这样1、2、3……号探测器由A端接入火灾报警控制器，n、$n-1$、$n-2$号探测器由B端接入火灾报警控制器，保证了所有探测器的正常工作。

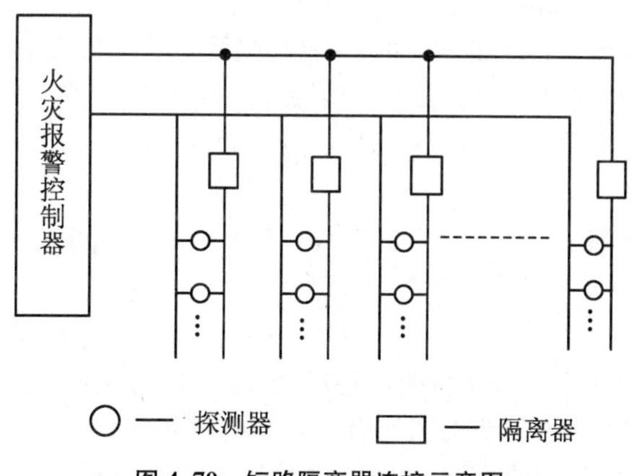

图4.70 短路隔离器连接示意图

前面说到在火灾自动报警系统中，有线通信比无线通信具有独特的优点，但是，长线传输会导致的空间雷电产生的直击雷和感应雷的干扰，强电线路的大功率用电设备的启停干扰，总线和其他线路的耦合干扰，长线的断开和器件或线路短路导致系统故障等等，这些问题仍然需要引起重视，例如采取防雷措施，采用平衡传输方式传输信号(见 4.3.6 节)等方式抑制上述干扰的影响。

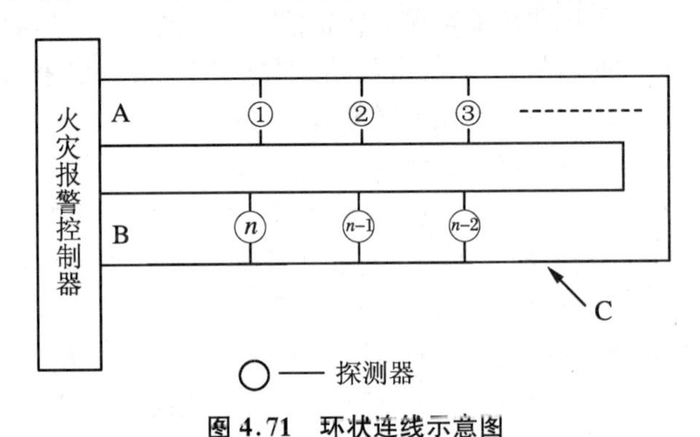

图 4.71　环状连线示意图

4.6.2　火灾自动报警系统内部通信协议

通信是实体之间的交流，通信协议就是规定交流的形式是什么，交流的符号是什么，怎么理解等，是一种技术规范。火灾自动报警系统通信协议通常包括两种数据通信协议。一种通信协议用于火灾报警控制器与火灾探测器、信号模块、控制模块之间的通信，即火灾自动报警系统内部各个设备之间的通信，称为内部通信协议；另一种火灾报警控制器与其他火灾自动报警系统、火灾报警远程监控系统、建筑物内其他网络系统之间的通信，即火灾自动报警系统与系统外的设备进行通信，又称外部通信协议，简称 ECP。目前这两种通信协议各个设备厂家都不公开，属于核心机密。这里仅提供一种内部通信协议设计和分析问题的思路[25]，不涉及具体设备的构成。

探测器和火灾报警控制器之间远距离传输的可靠性是保证火灾自动报警系统准确、可靠、稳定预报火灾的关键之一。

1. 多线制系统

对于多线制火灾自动报警系统，信号传输的内容就是火警或非火警的开关量信号，可以根据线路上电压或电流的有无来判断，实现起来比较简单。如图 4.72 中，根据时帧内脉冲高度的不同，表示该器件的不同状态：火警或非火警。这种通信方式虽然有效，但是容易受干扰信号影响产生误报或掩盖真实火灾信号导致漏报。为此在 20 世纪 70 年代后期到 80 年代初期，研制出基于总线制的许多系统通信协议,以减少误报和克服漏报。

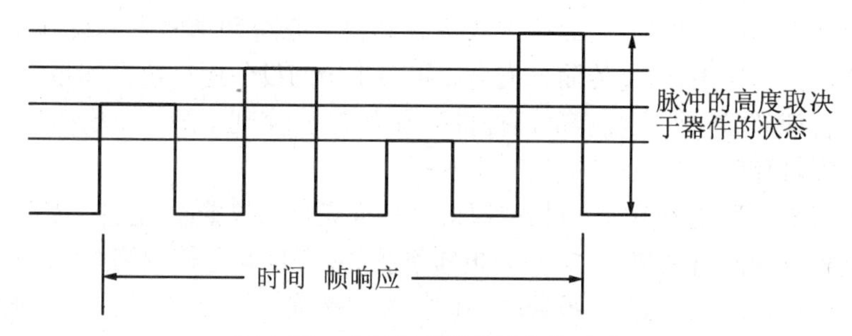

图 4.72 多线制系统信号传输方式

2. 总线制系统

对于总线制系统,根据传输信号内容的不同,分为开关量总线制系统和模拟量总线制系统。开关量总线制系统传输的信号是地址信息和火警或非火警信息。常用的地址信息传递方式有电平计数、脉冲宽度变化和双音多频编码等方式;报警信号可以在选通相应地址的探测器确定,如图 4.68 所示的那样。模拟量总线制系统传输的信号除了地址码外,还有探测器的类型标志、火灾探测信号、运行状态信号、系统检测控制信号等。使用较多的传输方式有脉冲宽度调制、电压频率变换和数字通信等方式。目前各厂家根据自己的技术水平和特点,研制了自己的通信协议,所以各厂家传输信号的种类、数量和传输方式不一致,因此各厂家的系统不能直接组网通信,设备不能互换,给工作带来了不便,影响了消防事业的发展。但不管各厂家的通信协议如何不同,作为火灾自动报警系统的总线及其通信协议至少应具有下列性能:传输数字信号;进行双向串行数据传输;足够高的传输速率;在普通双绞线上传输距离不少于 1500 m 等。至于具体的通信协议,各个厂家都没有公开,属于核心机密,这里也就不说了。

4.6.3 火灾自动报警系统外部网络

每个厂家都研制出满足自己产品特点的通信协议,各个厂家通信协议相互不能通用,而且都不公开,相互保密。这种状况,对于内部通信协议,仅仅影响设备和器件的通用性,而外部通信协议则影响到各厂家的火灾自动报警系统无法联网,火灾自动报警系统和智能建筑的其他网络系统之间无法通信,直接影响建筑管理系统的集成操作和综合管理,这不符合全球化经济发展的需要。为此许多学者或业内人士呼吁建立公共平台,采用公共通信协议,但很难实现。最后系统综合者不得不寻找制造适当兼容接口的产品,使这些系统能综合到一个大系统中进行操作和管理。火灾报警远程监控系统是以现代通信和网络传输技术为基础发展起来的火灾自动报警联网监控技术，可以确保火灾自动报警系统和消防安全设施正常运行并发挥其更大的作用，通过传输火灾自动报警系统的设备运行数据和报警信息，为消防监督管理部门和灭火救援部门提供强有力支持，实现了缩短报警时间，准确迅速扑救火灾，提高了整体防灾减灾技术水平。

火灾报警远程监控系统有过各种称谓，如火灾自动报警联网监控技术、火灾自动报警监控管理网络系统、火灾探测报警系统、火灾报警监控网络系统、火灾自动报警联网监控系统、火灾自动报警联网监控管理系统等等，现在统一称为火灾报警远程监控系统。火灾自动报警联网监控技术在国外发达国家和地区较早得到应用，我国此项技术的应用研究起步于20世纪90年代中期，并于2007年发布了《城市建筑消防设施远程监控管理系统设计规范》(GB 50440 — 2007)，到2010年初，有136个城市、121家企业建立了火灾报警远程监控系统。

火灾报警远程监控系统由火灾报警监控终端(亦称为火警传输设备/信息入网设备)、报警监控通信网络、消防监控中心等三部分组成，如图4.73所示。

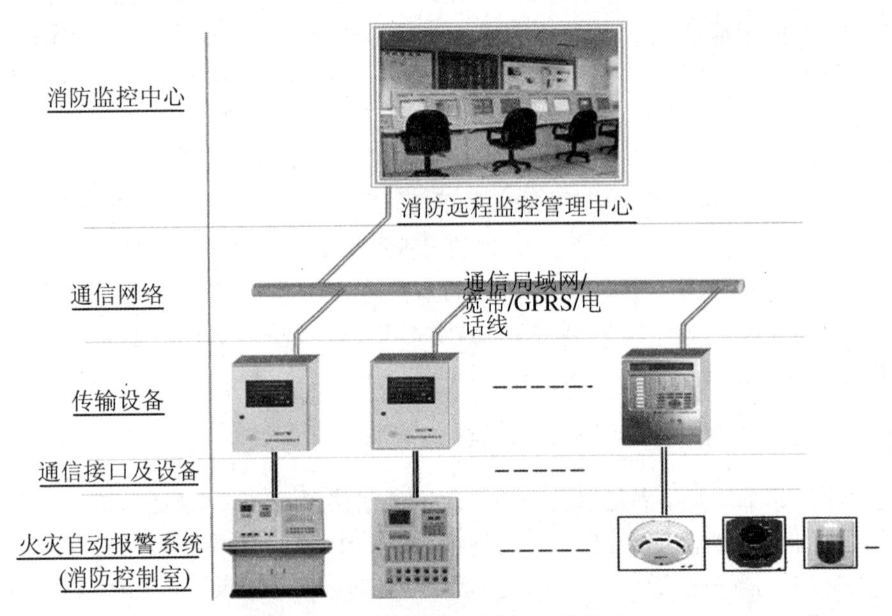

图4.73　火灾报警远程监控系统组成图

火灾报警终端设备是相对火灾自动报警系统而言，对火灾报警远程监控系统是入口设备，所以称传输设备更确切。传输设备起了不同协议的转换作用，帮助不具备联网通信功能的火灾自动报警系统接入网络监控系统。通过剖析火灾自动报警系统的数据通信协议,可以从输出数据中得到火灾报警部位、报警类型、系统运行状态、故障信息、工作记录等信息。

火灾报警监控通信网络是实现联网通信,向消防监控中心提供详细的火灾报警部位、报警类型、系统运行状态、故障信息、工作记录等信息,并可实现设备远程数据维护功能;多信息技术还可以提供火灾自动报警系统设备的运行信息,现场情况的图像、音频同步信息。公共安全行业标准《火灾自动报警系统监控网络通信协议》的颁布实施以及正在制定中的国家标准《火警传输设备》,为火灾自动报警监控联网技术规范化发展创造了有利条件。

火灾报警监控通信网络分为有线通信和无线通信两种方式。有线通信又分电话线和宽带网。电话线通信系统原来就有119火警电话,这种通信方式有通信前要建立物理连接(接入),然后才能通信,需要15—20秒时间,若跨电话局需要的时间更长;带宽小,无法传输图像信息;每次接通需要费用等缺点。网络通信系统结构可在集中智能或分布智能系统基础上形成,它是将计算机数据通信技术应用于火灾报警控制器,使控制器之间能够通过Ethernet、Token、Ring、Token Bus等网络通信协议,以及专用通信线或总线(RS232、422、485总线)交换数据信息,实现火灾自动报警系统层次功能设定、远程数据调用管理和网络通信服务等功能。而无线通信在未来的火灾报警远程监控系统中可以获得较好的应用,具有很大的发展空间。

消防监控中心由硬件和软件两部分组成。硬件包括电脑、服务器等设备;软件多采用模块化设计,一般包括系统管理软件、用户信息管理软件、报警信息处理软件、系统巡检维护软件、数据收发控制软件等。消防监控中心的主要功能有:(1)可同时接收多个监控终端发来的火灾报警信息或巡检信息,并能显示、存储、查询。(2)可巡检、查询用户端火灾探测报警系统的报警、运行、操作和故障等信息。(3)能检索显示服务区内消防安全重点单位的自然概况信息(单位编号、单位名称、单位地址、电话号码、联系人、联系方式、生产储存物质、建筑物类型及高度等)。(4)可设定用户处的监控终端的优先级别,巡检组别等组网操作。(5)可实现报警、故障信息与相应单位图形信息的对应显示,并可提供相应单位的其他相关信息。(6)具备系统日常管理操作功能,进行消防安全重点单位的信息及相关数据库的建立、维护等操作。(7)具备自动记录和统计功能,并可根据需要进行信息检索和打印输出。(8)能与消防通信指挥中心的火警受理台进行数据通信。(9)能自动寻呼报警单位的相关人员,确认报警信息。

以上介绍的火灾报警远程监控系统是火灾自动报警系统外部网络的一种,同样方法或稍做变动就可以与建筑物内的其他网络系统实现网络通信。

4.6.4 火灾自动报警系统外部通信协议[26]

前面说到，火灾报警远程监控系统中，最关键的技术在产生设备的协议转换工作。为此通过剖析爱德华 EST3 设备的外部通信协议 ECP(Extermal communication protocol)，来了解火灾自动报警系统外部通信协议的大致情况。

爱德华 EST3 火灾自动报警系统主机是一个符合 UL864 和北美 NFPA72 规范的设备。ECP 主要用于 EST3 的 FACP(Fire alarm control panel)与 PC 机进行通信，从而实现用 PC 机进行图形监控和报警功能。EST3 的 ECP 协议可看作仅使用了 OSI(开放系统互联)7 层(物理层、数据链路层、网络层、传输层、会话层、表示层和应用层)中的 3 层：物理层、数据链路层和应用层，下面分别对这三层做介绍。

1．物理层

EST3 系统的 FACP 上提供 RS232 标准串行通信接口，用于与 PC 机通信。分析通信协议采用(实际使用不是这样)：串行通信接口设置成采用二进制数据流的网关类型Ⅲ方式，并且采用主从方式进行通信。FACP 为通信的发起端(主站)，PC 机为从站端，从站只对主站发送的信息进行响应，自己从不主动发送信息。EST3 的 FACP 与 PC 机串行通信接口采用标准的 3 线连接方式，即 25 针接口只连接了第 2、3 和 7 脚。FACP 与 PC 机串行通信接口参数均被设置成 8 位数据位，1 位停止位，无奇偶校验位。通信数据的传输波特率为 19.2 Kbps。

2．数据链路层

EST3 的 ECP 通信帧的一般格式如图 4.74 所示，其中帧主体部分表示 ECP 应用层的数据。图中除了 FCS 由 2 个字节和 Data 由 L 个字节组成以外，其余每个数字标号代表一个字节长度。CL1 是通信传输控制字节；CL2 是数据控制字节；SEQ 是通信序号字节；L 是 2 个字节，表示数据区的长度值；FCS 是一个 CRC－16 循环校验码，校验范围从第 1 个字节到 $L+6$ 处的所有字节。当控制字段为一些特殊值时，帧格式可有图 4.75 所示的一些格式。

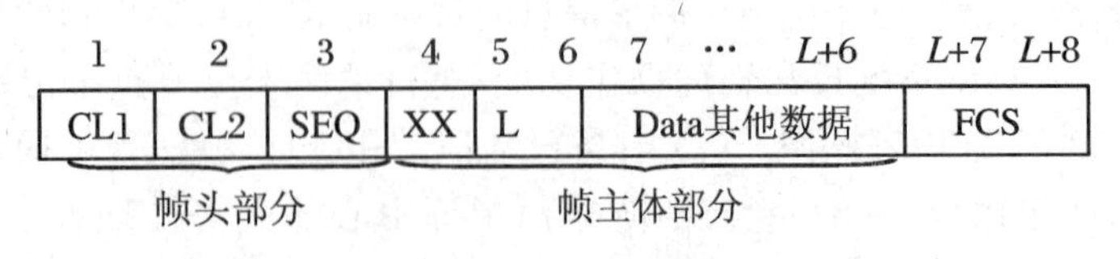

图 4.74 ECP 通信协议帧基本结构

第1个CL1控制字节中起作用的主要有0比特位和7比特位，其余比特位均为0。0比特位为0时，表示数据流中包含多帧连续同时发送/接收，称为"连续多数据帧"，其格式见图4.75的下面部分；0比特位为1时，表示单帧数据或连续帧的最后一帧。单帧数据又称"单数据帧"，见图4.75中间的帧格式。7比特位为0时，表示主站到从站；7比特位为1时，则反之。

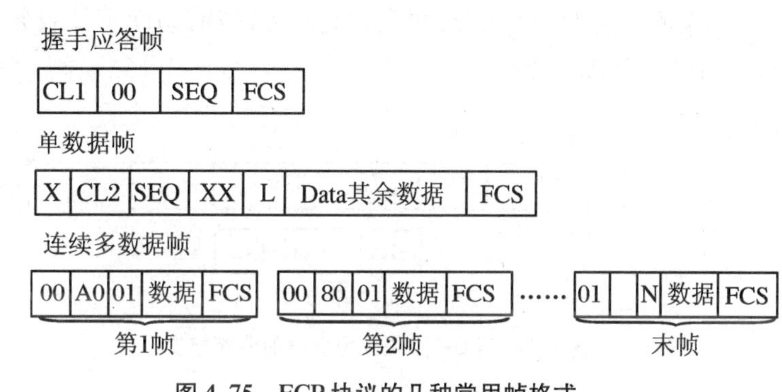

图4.75　ECP协议的几种常用帧格式

第2个CL2字节各比特位的作用见表4.3。

表4.3　CL2字节中各位的作用

位	名称	功能说明
B7	DATA	数据标志位。0:后边无数据;1:后边有数据
B5	MULTF	多帧起始标志。表示多帧第一帧。1:第一帧
B4	LINK	尝试连接。0:已连接;1:尝试连接
B3	LAST	末帧标志。表示末帧。0:非末帧;1:末帧

当CL2＝00h时，表示此帧中不带数据信息，见图4.75上面的帧格式。在无数据发送时，FACP会定时连续发送这种格式的帧，用于动态监测链路的通畅状态。主站(FACP)发送序号不断递增的这种帧，从站发送这种帧来应答，所以又称"握手应答帧"。"握手应答帧"中，第4、5字节FCS是帧头部分的校验字，校验的字节范围是前3个字节；"单数据帧"中的FCS也是校验字，但校验的范围是帧的第1个字节到倒数第3个字节。对于"单数据帧"和"连续多数据帧"，帧格式中的第4个字节通常均为0。第5、6字节L是随后所跟数据信息的长度值L，单位是字节。这些数据区中的数据就是应用层规定的数据。由于从串口以ECP协议进行通信的帧长度被限制在250个字节以内，所以第5字节的值通常一直为00h。

SEQ 用于避免收到重复帧,该字节的取值范围为 01h — 9Fh。主站负责设置该序号值,从站以相同序号的帧作响应。主站每发一帧,就递增该序号值。

3. 应用层

EST3 应用层分组的格式由该层的第 1 个字节(即链路层的第 7 个字节)来确定,如图 4.76 所示,称为服务类型字节,表示为“SRV”。这个字节的取值和具体含义见表 4.4,其余服务类型还有 06h:协议包裹服务;07h:访问事件服务;08h:区域复位服务;09h:命令日志服务。

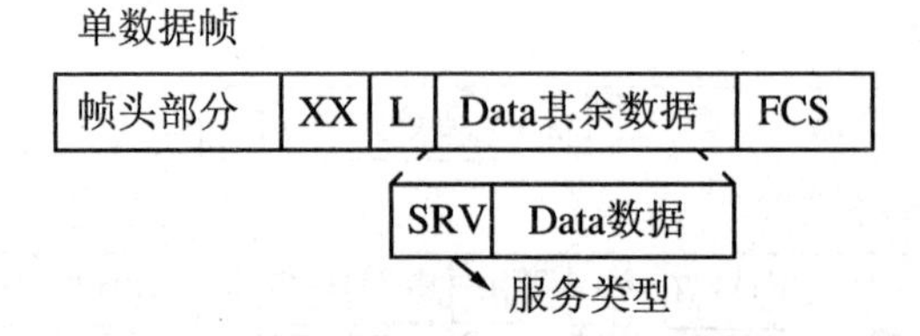

图 4.76　ECP 协议应用层一般分组格式

表 4.4　服务类别字节含义列表

Byte	名称	含义说明
01h	命令服务	命令数据,表示后面数据是从站(PC)发送到主站(FACP)的命令数据
02h	变动服务	变动服务数据。表示后面数据是 FACP 上状态发生变化的点的新状态,从站向主站传输
03h	报告服务	报告服务数据。应答 PC 的报告数据。双向传输
04h	面板状态服务	面板状态服务,使用 8 字节面板屏蔽串表示网络中有哪些面板处于活动状态
05h	日期/时间服务	通报时间、日期数据。主站向从站传输

根据服务类型不同,其后所跟的数据格式也不尽相同。这里仅简要介绍表 4.4 中常用的命令服务和变动服务的分组格式,由此了解服务类型构成的大致情况。

1) 01h 命令服务

命令服务的服务类型字节值为 01h,命令服务处理的各种设备称为对象类型。针对不同的对象类型所使用的格式也不同,命令服务的基本格式见图 4.77。

图 4.77 中第 1 个字节 01h 是服务类型字节;第 2 个字节 ATTR 和第 3 个字节 CMD 分别是对象命令的属性和对象命令;第 4 个字节 OBID 是所处理设备对象类

型的索引值；从第5个字节到最后 L 个字节是指定对象类型的数据格式。对于一般对象类型，通常用到的对象命令有01h（ON）、11h（OFF）、02h（ENABLE）、12h（DISABLE）等。举例：对于从PC机（从站）发送的设置（同步）FACP时间的命令服务，查阅相应文献[26]可知，第2字节（命令属性）为01h，第3字节命令是设置（ON，01h），第4字节（系统时间命令对象）应该是21h。如设置的时间为上午10点03分08秒，那么其应用层十六进制数据串为：01，01，01，21，0A，03，08，00，00，00，FF，FF，其中倒数第5个值（01h）用于填充，以形成双字节结构。类似地，同步日期2006（07D6h）年10（0Ah）月15（0Fh）日的命令服务串为：01，01，01，22，0A，0F，07，D6，00，00，FF，FF。

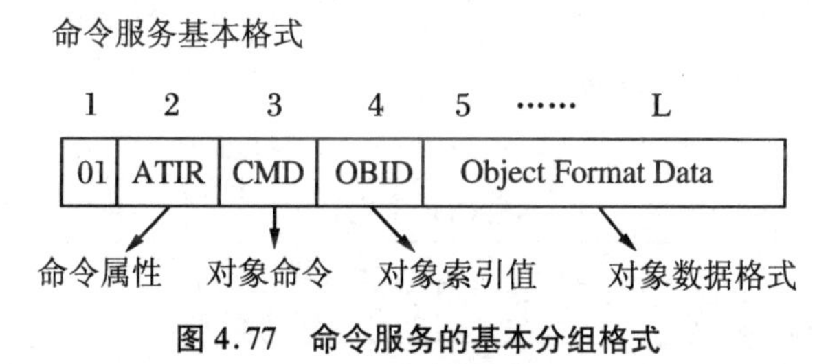

图4.77　命令服务的基本分组格式

对于从PC机（从站）发送出的盘消音操作命令：从文献[26]可知，其命令对象索引值为24（18h），对应的命令服务应用层数据串为：01，01，01，18，FF，FF，FF，FF，FF，FF，FF，FF，00，00，FF，FF，其中连续8个FFh字节是消防控制网络中各个控制面板FACP的屏蔽位串值，每个比特位表示一个FACP，因此8个字节的各个比特位次序表示第1—64个对应的控制面板FACP。若某一比特位处于设置置位（1）状态，表示当前命令对对应的FACP起作用。若全部8个字节都是FFh，则表示命令对网络上所有控制面板进行操作。

2）变动服务

变动服务是指当EST3设备由路由器发生状态变化时，FACP主动发送到PC机的输入信息。变动服务分组的基本格式见图4.78。

图4.78中NUM指出了当前分组中所给出输入器件点的个数。每个点的状态属性使用该点的当前状态（State）、设备事件类型（Tpte）、控制面板号（Panel）、卡号（Card）和点所在的地址（Address）来指定，共由6个字节组成，把这6个字节结构简称为STPCDD结构。每个器件都有一个状态字节S和一个器件类型字节T。在变动服务方式下，每个器件点的状态字节S的0位用来指明条件是激活还是正常非激活。当器件类型是0（Smoke）、1（Pull）、2（Heat）、3（Waterflow）、4（Stageone)、5(Zone)、41(LogicMatrix)和 45(ServiceGroup)时,那么当状态字节的 0 位为 1 时,则表示出现火警;对于其他类型,0 位为 1 表示有故障或是出现其他情况。例如下列的十六进制数据串是 FACP 发送给 PC 机截获的一条完整帧信息:00,0A,01,80,00,09,02,01,00,21,20,00,00,00,01,6A,EE,01,08,02,C1,D7。该帧的前 6 个字节是帧的控制信息,从第 7 个字节开始是变动服务分组的信息。变动服务分组部分由 2 个帧组成,分别是 7 — 17 字节和 18 — 22 字节。其中第 7 个字节是服务类型字节 SKV,第 8 个字节表示变动服务返回点信息的个数,这里只返回一个点的状态信息。第 10 — 15 字节分别是点的状态(21h)、事件类型(20h)和该点的地址(00,00,00,01)。最后第 18 — 22 字节是一个握手应答帧。

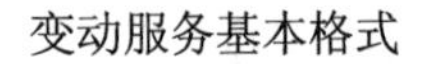

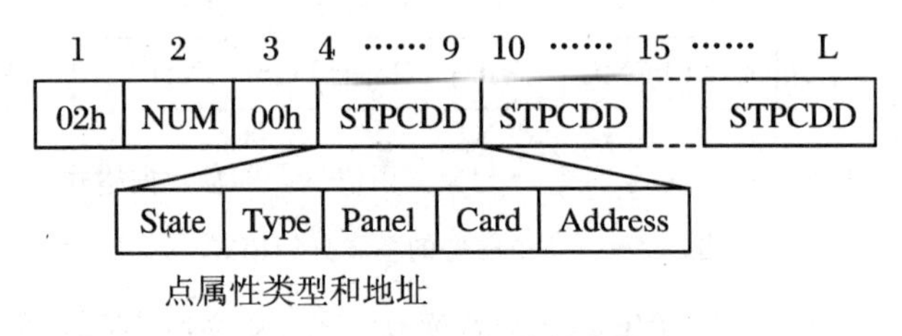

图 4.78　变动服务的基本格式

不同厂家的火灾自动报警系统通信协议各不相同,这里仅以 GE 爱德华 EST3 ECP 为例说明了通信协议的大致情况,分析了通信协议的一些思路,要进一步了解更深层次的问题或剖析某产品的通信协议,请参考更详细的资料。

4.7　应用举例

为了对整个火灾自动报警系统有一个全面的了解,列举了海湾、依爱和松江等厂家的火灾自动报警系统实例图,见图 4.79、图 4.80、图 4.81,供读者参考。

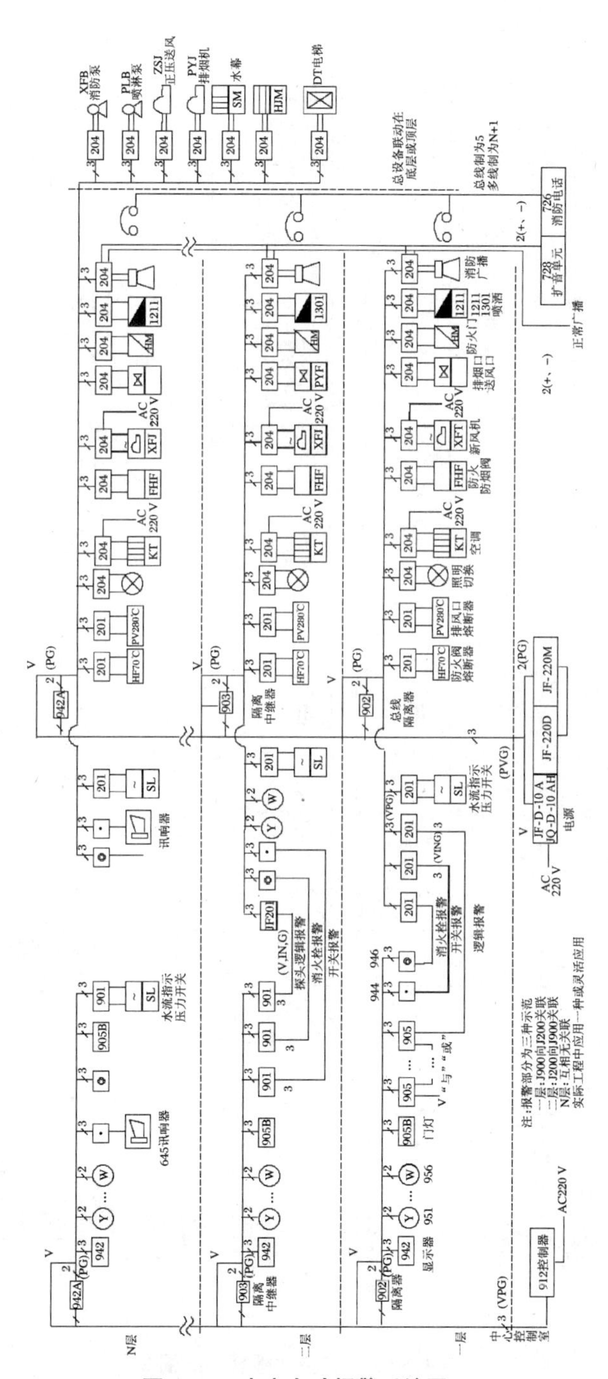

图 4.79　火灾自动报警系统图 1

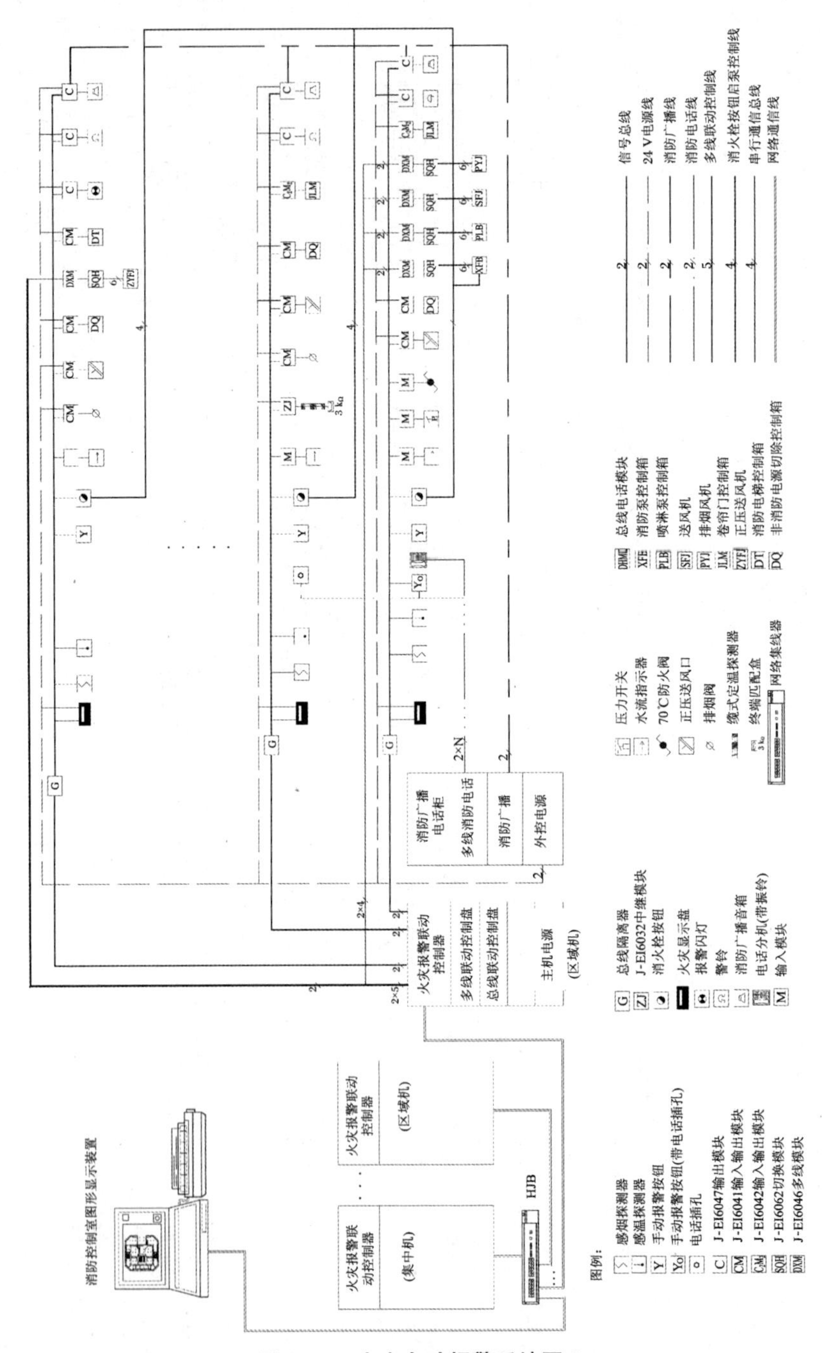

图 4.80　火灾自动报警系统图 2

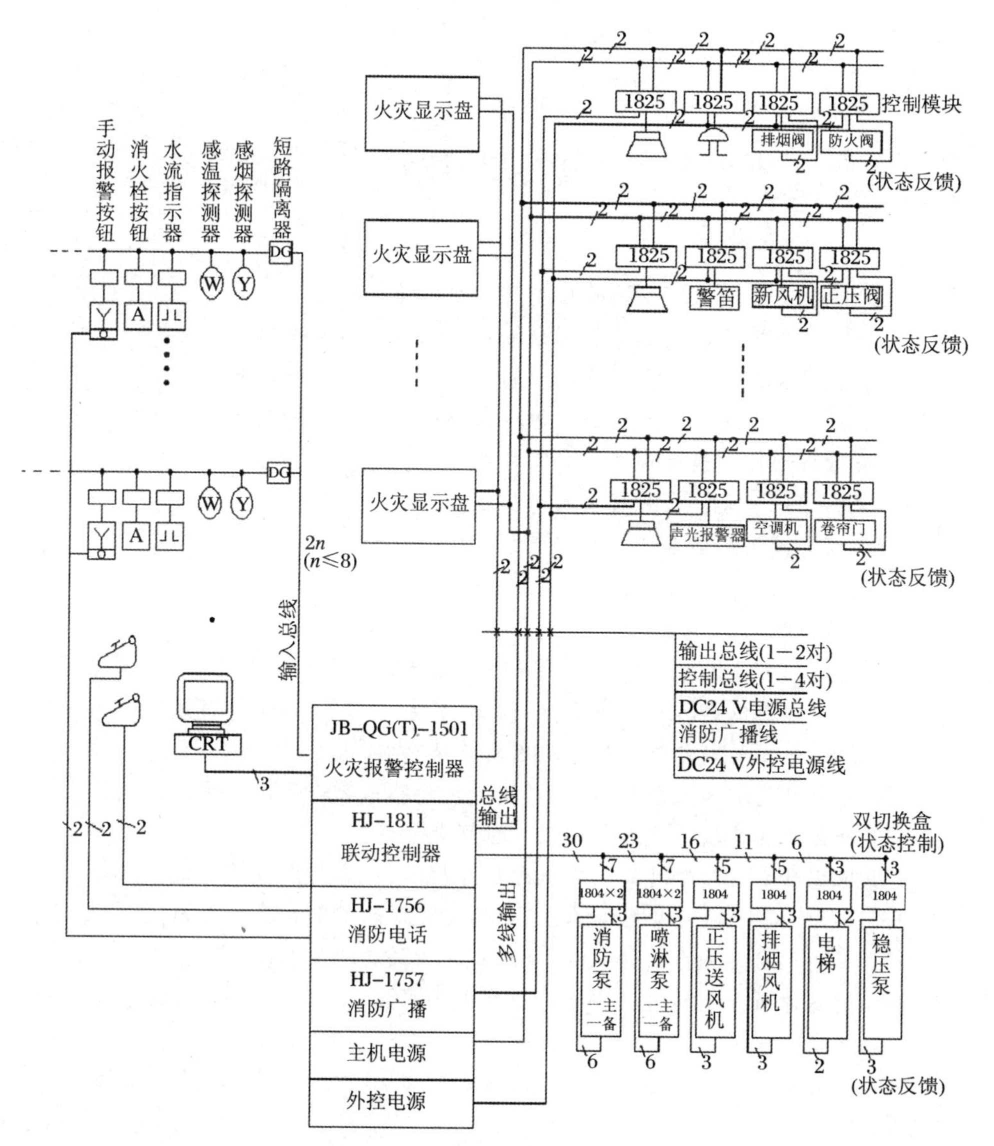

图4.81 火灾自动报警系统图3

复习思考题

1. 简述火灾自动报警系统的分类及其适用场所。

2. 火灾探测报警系统由哪些部分组成？说出各部分的功能。

3. 地址码在火灾自动报警系统中的作用是什么？如何设置地址码？

4. 依据控制模块和信号模块的原理方框图说出它们的工作过程及作用。

5. 消防联动控制器有哪些主要组成部分？

6. 说出你用消火栓系统灭火的工作过程。

7. 如何选择高层建筑的给水方式？

8. 说出各种自动喷水灭火系统的优缺点及其适用场所。

9. 湿式系统的工作过程如何？

10. 简述细水雾灭火系统的分类及各类系统控制方式的差异。

11. 说说如何根据防护对象正确选择细水雾灭火系统，并举例说明。

12. 简述气体灭火系统的分类及各自的特点。

13. 以七氟丙烷灭火系统为例，说明组合分配系统的工作过程。

14. 什么叫气溶胶？气溶胶的灭火机理是什么？

15. 根据开式泡沫喷淋灭火系统原理方框图，说出其灭火控制过程。

16. 说出 BC 干粉灭火剂和 ABC 干粉灭火剂的差别及其使用场所。

17. 简述干粉灭火系统的分类、特点及其应用场所。

18. 简述你所知道的火灾事故广播和警报装置。

19. 火灾发生时，如何使用消防电话？

20. 防火卷帘有哪些控制方式？比较疏散防火卷帘与仅用作防火分隔防火卷帘的异同。

21. 从消防角度说说建筑物内电梯的分类及用途。

22. 说出消防电源、独立电源、外接电源、应急电源、备用电源、两回线路和双重电源的定义，并比较两回线路与双重电源、应急电源与备用电源的差异。

23. 火灾自动报警系统如何接地？

24. 应急照明、疏散指示灯的照度是多少？如何安装应急照明灯、疏散指示灯？

26. 何谓火灾自动报警系统的线制？何谓枝状布线及环状布线？
27. 画出二总线火灾自动报警系统内部网络方框图并简述其工作过程。
28. 画出火灾报警远程监控系统方框图并简述其各部分的功能。
29. 说出电气火灾监控系统的功能及其主要部件。

参考文献

[1] 胡世超.火灾自动报警系统与消防控制室[J].消防技术与产品信息：增刊,1991.
[2] 建筑设计防火规范[S].GB 50016—2006.
[3] 杜成宝.火灾自动报警的线制[J].消防技术与产品信息：增刊,1996.
[4] 北京中安电子设备厂.微机型通用火灾报警控制器使用说明书[R].1993.
[5] 胡世超.火灾自动报警和消防联动控制系统设计[J].消防技术与产品信息：增刊,1996.
[6] 王学谦,刘万臣.建筑防火设计手册[M].北京：中国建筑工业出版社,1998.
[7] 朱关明.HJ1500系列设计手册[R].1995.
[8] 杜成宝,刘志珍.J200二总线消防联动控制系统使用说明书[R].1997.
[9] 蔡智敏,等.自动消防系统工作原理和维护管理[R].1998.
[10] 高层民用建筑设计防火规范[S].GB 50045—95.
[11] 梁延东.建筑消防系统[M].北京：中国建筑工业出版社,1997.
[12] 杨在塘.电气防火工程[M].北京：中国建筑工业出版社,1997.
[13] 火灾自动报警系统设计规范[S].GB 500116—2007.
[14] 火灾自动报警系统施工及验收规范[S].GB 50116—2007.
[15] 陈宇弘,江涛. 火灾报警系统的平衡总线技术[C]//消防电子技术与应用.沈阳：辽宁大学出版社,2010.
[16] 自动喷水灭火系统设计规范[S].GB 50084—2001.2005年版.
[17] 自动喷水灭火系统施工与验收规范[S].GB 50261—2005.
[18] 蒋琴华,陈勇.超高层室内消防系统比较研究[C]//亚洲建筑给水排水,2012(9).
[19] 刘江虹,等.细水雾灭火技术及其应用[J].火灾科学,2001(1).

[20] 葛晓霞,张学魁. 细水雾灭火系统技术研究进展[J]. 中国公共安全:学术版,2006(2).
[21] 气体灭火系统设计规范[S]. GB 50370—2005.
[22] 郭宏宝. 气溶胶灭火技术[M]. 北京:化学工业出版社,2006.
[23] 况凯骞. 细化粉基灭火介质与火焰相互作用的模拟实验研究[D]. 中国科学技术大学博士论文,2008.
[24] 吕俊芳. 火灾自动报警系统中信号远距离传输的几种方案[J]. 电子技术应用,1990(11).
[25] 焦兴国. 用于火灾报警系统的通信协议[J]. 消防技术与产品信息,2000(7).
[26] 赵炯,吴金宗,宋蕴璞. EST3 火灾报警系统外部通信协议剖析研究[J]. 制造业自动化,2008(11).

第5章　自动灭火系统与防排烟系统

5.1　火灾控制概述

火灾发生后，为了减少人员伤亡和财产损失，对火势的控制至关重要。最通常的考虑是利用灭火系统和防排烟系统。

根据燃烧的机理，一般有四种独立的不同方法可控制火灾，本章下面部分将详细介绍各种灭火方法和装置。周围环境对火灾的发展有不可忽视的影响，有效的通风和防排烟系统会有利于延缓火灾的扩大。

先介绍一下四种灭火机理：冷却灭火、稀释氧灭火、移去燃料灭火、化学抑制火焰灭火。

冷却灭火　火灾发生时，为了从一般可燃性材料（例如木材、稻草、纸、硬纸板，和用于建筑物和家具的其他材料）移走热量，最有效的方法是应用直水柱（具有一定射程和/或强有力的湿透作用）或广角度水喷雾方式。这种灭火方式的机理是使固体燃料冷却，因此使可燃性气体的释放速率降低并最终停止。冷却的同时形成水蒸气（在广角度水喷雾方式中特别明显），它可部分稀释舱室或建筑物火灾中周围氧气的浓度。

作为冷却介质的灭火剂，其灭火效果取决于它的比热和潜热，以及其沸点。水的优良性质可归因于它的比热、潜热和利用率较高。然而，水较重，当需要将其拖运一定距离时就会构成负担。固体表面因着火燃烧或因暴露于热源而产生的热量被水通过传导、蒸发和对流作用依次地带离而起冷却作用。

稀释氧灭火　“稀释”仅应用于气体状态，因为在化合状态下，氧固定在分子结构内，不可能稀释。因此，对于次氯酸盐、氯酸盐、过氯酸盐、硝酸盐、铬酸盐、氧化物和过氧化物等化学品，稀释氧作用是无效的。可用其他气体（如二氧化碳或氮气）人工喷射到含氧的空间，降低该空间中的氧气百分率，另外火灾中用水灭火产生的水蒸气也可稀释氧气。氧气稀释程度随燃料种类或其混合物而有很大不同。例如,乙炔燃烧时氧气浓度可低于4%;另一方面,稳定的烃类气体,在氧气浓度低于15%时,通常不燃烧。

在封闭空间中的火灾会消耗氧气。但不能企图冀此来达到自动灭火,因为在缺氧大气中由于燃烧不完全可导致产生大量易燃气体,如无意中打开进口或不适当的通风将引起这类空间爆炸,消防人员称此可怕的现象为"逆通风"。

有效利用氧稀释原理的典型例子是喷放二氧化碳气体至封闭或半封闭空间进行全淹没。局部施放二氧化碳的固定装置(以及用手提式二氧化碳灭火器喷射)可抑制另一个火焰特性,即"火焰速度",它随不同燃料而变化。二氧化碳的喷射气流可吸入周围空气,可动态地改变火焰的速度,通过氧稀释和火焰的"吹灭"这两种共同作用,导致迅速灭火。

移去燃料灭火 移去燃料的方法有:直接移去燃料,通过从有焰燃烧中排除可燃性气体而间接地移走燃料,或者(在无焰燃烧中)覆盖住灼热燃烧的燃料。

化学抑制火焰的灭火 用化学抑制火焰进行灭火的方法仅应用于有焰燃烧。用冷却、稀释氧气和移去燃料的方式进行灭火,可应用于所有类型的火灾,包括有焰燃烧和灼热燃烧。化学抑制火焰方法的杰出效果是熄灭火焰极其迅速和高效。这是唯一可防止易燃气体/空气混合物引燃后发生爆炸的方法。通过抑制火焰以灭火的方法其使用条件是:必须使活性基形式的 OH^*、H^* 和 O^* 等失去维持火焰的作用。

具有干扰活性基团而达到灭火目的的物质分别属于以下三类:

1. 气态和液态的卤代烃类

其所用的卤素等级越高则越有效。当前使用的一些例子有:

一溴三氟甲烷	$CBrF_3$	1301 灭火剂
一溴一氯二氟甲烷	$CBrClF_3$	1211 灭火剂
二溴四氟乙烷	$CBrF_2CBrF_2$	2402 灭火剂

虽然还有许多例子,但是稳定性和毒性的允许标准已成为限制它们使用的因素,与含氯的药剂(如四氯化碳)相比,含溴的药剂效果较好,毒性较小。

2. 碱金属盐类

其中的阳离子部分为钠或钾,阴离子部分为碳酸氢盐、氨基甲酸盐,或卤化物。目前使用的实例有:

碳酸氢钠　　　常称“常规干粉灭火剂”
碳酸氢钾　　　商品名称“紫K”
氨基甲酸钾　　商品名称“毛耐克斯”
氯化钾　　　　商品名称“超K”

还有许多其他物质属于这一类别，但形成水合物（高度吸湿性和毒性）造成的困难成为限制使用的因素。虽然人们发现的最有效的盐是草酸钾，但它由于上述限制因素而被禁止使用。

3．铵盐（最重要的是磷酸二氢铵）

其中形成阳离子氨基团（NH_4^+）和阴离子磷酸盐基团（$H_2PO_4^-$），后者吸收一个H^+活性基团变成正磷酸，它脱水成偏磷酸。

这些物质喷射到火焰上以后，它们热解成阴离子和阳离子游离基团，并促使OH^-和H^+（燃烧连锁反应的“传递者”）化合，从而减轻它们延续火焰的作用。以这种方式起作用的药剂，也可称为负催化剂。

以上灭火机理主要根据燃烧的性质、热平衡、通风程度以及火焰内发生的相互化学作用。很多时候，几种灭火机理是共同发挥作用的。例如利用水的冷却进行灭火时，添加下列物质到水内会得到更好的效果：

（1）表面活性剂，用以促进吸水和渗透作用。

（2）增稠剂，用以延缓流泻和渗透。

（3）磷酸铵、碳酸碱金属盐和硼酸碱金属盐，用以给残余火灾留下一层阻火覆盖层。

（4）泡沫液，用以对固体和多数液体形成泡沫覆盖层。

由于火灾是不可预料的，加之发生火灾后环境更加复杂，所以要求消防设施应有自动灭火系统。尤其在高度危险区、高堆垛贮藏区、高层建筑物以及消防人员难以接近的其他地方，自动消防灭火系统是必不可少的安全措施。在这一章的前面几节里分别介绍了水灭火系统、泡沫灭火系统。

火灾过程与周围环境的影响密不可分，通风与防排烟会对火灾的发展产生很大的影响。不良的通风或不适当的通风会导致“轰燃”及“逆通风”。本章将介绍防排烟系统的影响及设计。

5.2 水灭火系统

水是天然灭火剂，资源丰富，易于获取和储存，其自身和在灭火过程中对生态环境没有危害作用。水灭火系统包括室内外消火栓系统、自动喷水灭火系统、水幕和水喷雾灭火系统。

水的灭火机理：冷却，利用自身吸收显热和潜热的能力冷却燃烧，水的比热为4.186 J/(g·℃)，汽化热为2.260 J·g^{-1}，每公斤水自常温加热至沸点并完全汽化，将吸收大约2.595 J·g^{-1}的热量，其灭火时的冷却作用是其他灭火剂所无法比拟的；窒息，水被汽化后形成的水蒸气为惰性气体，且体积膨胀1.725倍，因此水在灭火中被汽化为水蒸气时将占据燃烧区的空间，排斥空气并窒息燃烧，水呈喷淋或喷雾状时，形成的水滴的比表面积大大增加，增强了水与火之间的热交换作用，因此强化了灭火时的冷却和窒息作用；此外，水呈喷雾状时，雾滴之间呈不连续的喷射状态，雾滴间混夹空气，因此能表现出良好的电绝缘性能，可安全扑救油浸式电气设备火灾，例如油浸式电力变压器等。

水喷雾电绝缘性能实验装置见图5.1。

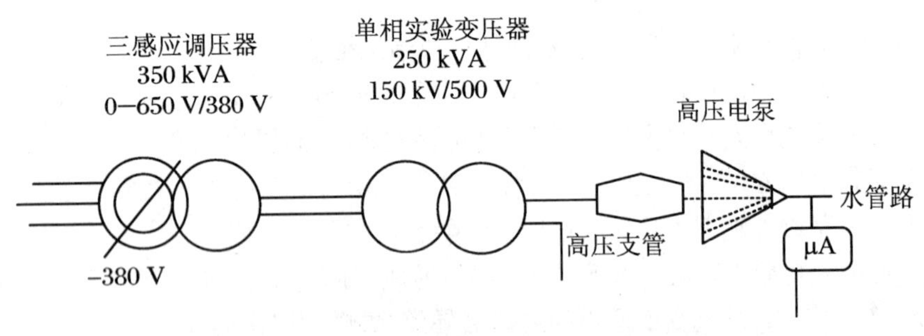

图5.1 水喷雾电绝缘性能实验装置示意图

水雾喷向液体时，由于具有较强的冲击作用，能搅拌液体的表层，使水溶性易燃液体的表层稀释，燃烧速度减缓，降低灭火的难度后在水喷雾的冷却窒息作用下灭火；水喷雾的冲击作用可使非水溶性可燃液体的表层乳化，并在其燃烧性能明显下降时在水喷雾的冷却和窒息作用下终止燃烧。

水喷雾扑救液体可燃物的实验数据见表5.1。

表5.1　水喷雾扑救液体可燃物实验数据

燃烧物	闪点(℃)	油盘面积(m^2)	油层厚度(mm)	预燃时间(s)	喷头数量(个)	喷头间距(m)	安装高度(m)	平均密度(L/(m^2·min))	灭火时间(s)
0#柴油	>38	1.5	10	60	4	2.5	3.5	12.8	5—34
煤油	>38	1.5	10	60	4	2.5	3.5	12.8	80—105
变压器油	140	1.5	10	60	4	2.5	3.5	12.8	3—8

水灭火系统的适用范围十分广泛，除下列情况外，可应用于各类民用与工业建筑。不适宜用水扑救的火灾有：过氧化物失火，如钾、钠、钙、镁等的过氧化物，这些物质遇水后发生剧烈化学反应，并同时放出热量、产生氧气而加剧燃烧；轻金属失火，如金属钠、钾，碳化钠、碳化钾、碳化钙、碳化铝等，遇水使水分解，并夺取水中的氧并与之化合，同时放出热量和可燃气体，引起加剧燃烧或爆炸的后果；高温黏稠的可燃液体失火，发生火灾时如用水扑救，会引起可燃液体的沸溢和喷溅现象，导致火灾蔓延；其他用水扑救会使对象遭受严重破坏的火灾以及高温密闭容器失火等。

5.2.1　消防给水系统和室内外消火栓系统

1．消防给水系统概述

1）分类

给水系统按供水压力的不同分为：高压给水系统、临时高压给水系统、低压给水系统。

(1) 高压给水系统

管网内经常保持能够满足灭火用水所需的压力和流量，扑救火灾时，不需要启动消防水泵加压而直接使用灭火设备进行灭火的消防给水系统。例如，一些能满足建筑物室内外最大消防用水量及水压条件，发生火灾时可直接向灭火设备供水的高位水池等给水系统。高压给水系统所需具备的条件相当苛刻，一般很难做到。城镇、工厂企业有可能利用地势设置高位消防水池，或由于生产需要设置集中高压水泵房，宜充分利用现有条件，但无需刻意追求。

(2) 临时高压给水系统

管网内最不利点周围平时水压和流量不满足灭火的需要，在水泵房(站)内设有消防水泵。起火时启动消防水泵，使管网的压力和流量达到灭火时要求的给水系统。临时高压给水系统是最常用的给水系统，例如消防水池、消防水泵和稳压设施等组成的给水系统是常见的临时高压消防给水系统。采用变频调速水泵恒压供水的生活、生产与消防合用系统，由于启用消防设备时需要消防水泵由变频转换为工频状态或需要启动其他水泵增加管道流量，故属于临时高压给水系统。

(3) 低压给水系统

管网内平时的压力较低但不小于 0.1 MPa，灭火时要求的水压、流量由消防车或其他方式加压达到压力和流量要求的给水水位。室外低压给水管道的水压，当生活、生产和消防用水量达到最大时不应小于 0.1 MPa(从室外地面算起)。

不论高压、临时高压或低压消防给水系统，生产、生活和消防共用一个给水系统时，均要求生产、生活用水量达到最大时，还能保证满足最不利点部位消防用水的水压和水量。

2) 水源

不论哪种水灭火系统，都必须有充足、可靠的水源。水源条件的好坏，直接影响火灾的扑救效果。仅以消火栓系统为例，扑救不利的案例，大部分与缺水有关。

消防水源，可以是市政或企业供水系统、天然水源或为系统设置的消防水池。其中，天然水源可以是江、河、湖、泊、池、塘等地表水，也可以是地下水。系统采用的天然水源，应符合下列要求：水量，确保枯水期最低水位时的消防用水量，也就是说，必须保证常年有足够的水量；水质，对消防用水质量虽无特殊要求，但必须无腐蚀、无污染和不含悬浮杂质，以便保证设备和管道畅通及不被腐蚀和污染，被油污染或含有其他易燃、可燃液体的水源不能作消防水源；取水，必须使消防车易于接近水源，必要时可修建取水码头或回车场等保障设施，同时应保证消防车取水时的吸水高度不大于 6 m；防冻，寒冷地区应有可靠的防冻措施，使冰冻期内仍能保证消防用水。

3) 消防水池

消防水池是储存消防用水的设施。一般下列情况应设消防水池：当生产、生活用水量达到最大时，市政给水管道、进水管或天然水源不能满足室内外消防用水量；市政给水量管道为枝状或只有一条进水管，且消防用水量之和超过 $25\ \mathrm{L \cdot s^{-1}}$。消防水池的容量，应满足火灾延续时间内室内、室外消防用水总量的要求，当室外消防给水管道不能保证高层建筑室外消防用水量时，其消防水池的有效容量应满足火灾延续时间内室内消防用水量和室外用水量不足部分之和的要求。

建筑物的火灾延续时间见表 5.2。

表5.2　建筑物的火灾延续时间

建筑类别	火灾延续时间(h)
居住区,工厂和丁、戊类仓库	2
甲、乙、丙类物品仓库、可燃气体储罐	3
易燃、可燃材料露天半露天堆场(不包括煤、焦炭露天堆场)	3
甲、乙、丙类液体储罐	6
浮顶罐、地下和半地下固定顶立式罐	4
覆土储罐,直径不超过20 m的地下立式固定顶罐 直径超过20 m的地上固定顶罐 液化石油气储罐	6
高层建筑:商业楼、展览楼、综合楼、一类建筑的财贸金融楼、图书馆、书库、重要的档案楼、科研楼、高级旅馆	3
其他高层建筑	2

消防水池的补水时间不宜超过48 h,缺水地区或独立的石油库区可延长到96 h。消防水池容量如超过1000 m^3 时应分设成两个独立使用的消防水池。高层建筑设置的消防水池,当容量超过500 m^3 时,就应分设成两个。高层建筑群可共用消防水池和消防泵房。消防水池的容量应按消防用水量最大的一幢高层建筑计算。供消防车取水的消防水池应设取水口或取水井,取水口与建筑物(水泵房除外)的距离不宜小于15 m,但距高层建筑的外墙距离不宜小于5 m,并不宜大于100 m。与甲、乙、丙类液体储罐的距离不小于40 m。与液化石油气储罐的距离不宜小于60 m,设有防止辐射热保护设施的,可减为40 m。供消防车吸水的取水口或取水井,应保证消防车的消防水泵的吸水高度不超过6 m。消防用水与其他用水合并使用的水池,应有确保消防用水量不作他用的技术措施。寒冷地区的消防水池应采取防冻措施。

4) 消防水箱

设置高压给水系统的建筑物,如能保证最不利点处水消防设施的水量和水压要求,可不设消防水箱。设置临时高压给水系统的建筑物则应设置消防水箱、水塔或气压水罐。

消防水箱应设置在建筑物的最高部位,依靠重力自流供水,是保证扑救初期火灾用水量的可靠供水设施。消防水箱(包括气压罐、水塔、分区给水系统的分区水箱)应储存10 min的消防用水量。室内消防用水量不超过25 $L\cdot s^{-1}$的,经计算消防水箱储水量超过12 m^3 的,仍可采用12 m^3;室内消防用水量超过25 $L\cdot s^{-1}$的,经计算消防水箱储水量超过 18 m^3 的，仍可采用 18 m^3。

消防水箱与其他用水合并的水箱，应有保证消防用水不作他用的技术措施。与其他用水合用的消防水箱，由于消防用水不断更新，可以防止水质腐败。水箱中储存的 10 min 消防用水，不应被生产、生活使用。具体的保障措施：可将生产、生活出水管管口的位置设在消防储存水量的水位之上，消防用水的出水管则应设在水箱的底部。

由消防水泵供给的消防用水，不应进入消防水箱。

《高层民用建筑设计防火规范》的规定[1]：

(1) 采用高压给水系统的高层建筑，可不设高位消防水箱；采用临时高压给水系统的高层建筑，应设高位消防水箱。

(2) 高位水箱的储水量，一类公共建筑不应小于 18 m^3；二类公共建筑和一类居住建筑不应小于 12 m^3；二类居住建筑不应小于 6 m^3。

(3) 高位消防水箱的设置高度应保证最不利点消火栓静水压力。当建筑高度不超过 100 m 时，高层建筑最不利点消火栓静水压力不低于 0.07 MPa；当建筑高度超过 100 m 时，高层建筑最不利点消火栓静水压力不应低于 0.15 MPa。当高位消防水箱不能满足上述静水压力要求时应设增压设施。

(4) 增压设施中增压水泵的出水量，对消火栓给水系统不应大于 5 $L \cdot s^{-1}$；对自动喷水灭火系统按满足 1 只洒水喷头要求确定不应大于 1 $L \cdot s^{-1}$。与增压水泵配套的气压水罐，其调节水容量按 2 只水枪和 5 只洒水喷头共同工作 30 s 的用水量确定宜为 450 L。

(5) 高层建筑采用并联给水方式的分区消防水箱的容量，应与高位消防水箱相同。

(6) 消防用水与其他用水合用的水箱应有确保消防用水不作他用的技术措施。

(7) 除串联消防给水系统的中间水箱外，发生火灾时由消防水泵供给的消防用水不应进入高位消防水箱。目的是为了防止消防用水量完全经消防水箱自流向消防设备，而不能保证设备所需求的水压和水量。

(8) 自动喷水灭火系统由高压给水系统供水，且能保证用水量和水压要求的，可不设高位消防水箱。

(9) 采用临时高压给水系统的自动喷水系统，则要求设有高位消防水箱。其容量要求按建筑物的 10 min 室内消防用水量确定，但可不大于 18 m^3。

(10) 轻、中危险级建筑物设计的自动喷水系统，如设有稳压泵或气压给水装置，可不设高位消防水箱。

5）消防水泵房和消防水泵

消防水泵房一般应采用一、二级耐火等级的建筑，附设在建筑内的消防水泵房，应用耐火极限不低于1 h的非燃烧体墙和楼板与其他部位隔开。

消防水泵是水灭火系统的心脏，在火灾连续时间内要保证正常运行。为保证不间断正常供水，一组消防水泵的吸水管和出水管均不应少于二条。当一条出现故障或维修时，其余的吸水管或出水管仍应能够通过全部用水量。对于高压和临时高压给水系统，应保证每一台运行中的消防水泵均有自己独立的吸水管。消防水泵一般应设备用泵，备用泵的工作性能不应低于同组中能力最大的消防水泵。消防水泵应采用自灌式吸水方式，并宜采用消防水池工作水位高于水泵轴线标高的自灌吸水方式。消防水泵的吸水管上应设阀门，出水管应设试验和检查用压力表和直径65 mm的放水阀。设有备用泵的消防泵站或泵房，应设有备用动力。采用双电源或双回路，有困难可采用内燃机作动力。消防水泵直接从室外给水管吸水时，水泵的扬程应按室外给水管网最低水压的条件考虑，同时为了防止经水泵加压后的供水压力过高，应对室外给水管网最高压力时对消防水泵加压供水的影响进行校核。消防水泵是按最大消防用水量确定选型的，但灭火过程中实际启用的消防设备往往低于设计值，尤其是自动喷水灭火系统，人为无法控制开放喷头的数量和出水量，成功灭火控火的案例中，自动喷水灭火系统的出水量往往低于设计流量。水泵出水量低于额定值时，其工作点沿曲线左移，导致水泵的压力升高，为此应在设计中采取相应的协调措施：采用多台水泵并联运行；选用流量—扬程曲线平缓的水泵；提高管道和连接件的承压能力；设置泄压阀或回流管；采取分区供水方式，控制竖向供水的压力；合理布置系统和管道。

6）消防用水量计算

城镇、居住区室外消防用水量应按同一时间火灾次数和一次灭火用水量确定。同一时间内的火灾次数和一次灭火用水量不应小于表5.3的规定。工厂、仓库和民用建筑的室外消防用水量应按同一时间火灾次数和一次灭火用水量确定：工厂、仓库和民用建筑在同一时间内的火灾次数不应小于表5.4的规定；建筑物的室外消火栓用水量，不应小于表5.5的规定；一个单位有泡沫设备、带架水枪、自动喷水灭火设备以及其他消防用水设备时，其消防用水量，应将上述设备所需的全部消防用水量加上表5.5规定的室外消火栓用水量的50%，但采用的水量不应小于表5.5的规定。

表 5.3　城镇、居住区室外消防用水量

人数(万人)	同一时间的火灾次数(次)	一次灭火用水量($L \cdot s^{-1}$)
≤1.0	1	10
≤2.5	1	15
≤5.0	2	25
≤10.0	2	35
≤20.0	2	45
≤30.0	2	55
≤40.0	2	65
≤50.0	3	75
≤60.0	3	85
≤70.0	3	90
≤80.0	3	95
≤100.0	3	100

注：城镇的室外消防用水量应包括居住区、工厂、仓库(含堆场、储罐)和民用建筑的室外消火栓用水量。当工厂、仓库和民用建筑的室外消火栓用水量按表 5.5 计算，其值与按表 5.3 计算不一致时，应取其较大值。

表 5.4　同一时间的火灾次数表

<table>
<tr><th>名称</th><th>基地面积
(ha)</th><th>附近居住区人数
(万人)</th><th>同一时间内的
火灾次数</th><th>备注</th></tr>
<tr><td rowspan="3">工厂</td><td rowspan="2">≤100</td><td>≤1.5</td><td>1</td><td>按需水量最大的一座建筑物(或堆场、储罐)计算</td></tr>
<tr><td>>1.5</td><td>2</td><td rowspan="2">按需水量最大的两座建筑物(或堆场、储罐)计算</td></tr>
<tr><td>>100</td><td>>1.5</td><td>2</td></tr>
<tr><td>仓库、
民用建筑</td><td>不限</td><td>不限</td><td>1</td><td>按需水量最大的一座建筑物(或堆场、储罐)计算</td></tr>
</table>

注：采矿、选矿等工业企业，如各分散基地有单独的消防给水系统时，可分别计算。

表 5.5　建筑物的室外消火栓用水量

耐火等级	建筑物名称及类别		一次灭火用水量($L \cdot s^{-1}$) ≤1500	1501—3000	3001—5000	5001—20000	20001—50000	>50000
一、二级	厂房	甲、乙	10	15	20	25	30	35
		丙	10	15	20	25	30	40
		丁、戊	10	10	10	15	15	20
	库房	甲、乙	15	15	25	25	—	—
		丙	15	15	25	25	35	45
		丁、戊	15	10	10	15	15	20
	民用建筑		10	15	15	20	25	30
三级	厂房或库房	乙、丙	15	20	30	40	45	—
		丁、戊	10	10	15	20	25	35
	民用建筑		10	15	20	25	30	—
四级	丁、戊类厂房或库房		10	15	20	25	—	—
	民用建筑		10	15	20	25	—	—

注：(1) 室外消火栓用水量应按消防需水量最大的一座建筑物或一个防火区计算。成组布置的建筑物应按消防需水量较大的相邻两座计算。

(2) 火车站、码头和机场的中转库房，其室外消火栓用水量应按相应耐火等级的丙类物品库房确定。

(3) 国家级文物保护单位的重点砖木、木结构的建筑物室外消防用水量，按三级耐火等级民用建筑物消防用水量确定。

表 5.6　冷却水的供给范围和供给强度

设备类型	储罐名称			供给范围	供给强度
移动式水枪	着火罐	固定顶立式罐(包括保温罐)		罐周长	$0.60\ L \cdot s^{-1} \cdot m^{-1}$
		浮顶罐(包括保温罐)		罐周长	$0.45\ L \cdot s^{-1} \cdot m^{-1}$
		卧式罐		罐表面积	$0.10\ L \cdot s^{-1} \cdot m^{-1}$
		地下立式罐、半地下和地下卧式罐		无覆土罐的表面积	$0.10\ L \cdot s^{-1} \cdot m^{-1}$
	相邻罐	固定顶立式罐	非保温罐	罐周长的一半	$0.35\ L \cdot s^{-1} \cdot m^{-1}$
			保温罐		$0.20\ L \cdot s^{-1} \cdot m^{-1}$
		卧式罐		罐表面积的一半	$0.10\ L \cdot s^{-1} \cdot m^{-1}$
		半地下、地下罐		无覆土罐表面积的一半	$0.10\ L \cdot s^{-1} \cdot m^{-1}$

续表

设备类型	储罐名称		供给范围	供给强度
固定式设备	着火罐	立式罐	罐周长	$0.50\ L\cdot s^{-1}\cdot m^{-1}$
		卧式罐	罐表面积	$0.10\ L\cdot s^{-1}\cdot m^{-1}$
	相邻罐	立式罐	罐周长的一半	$0.50\ L\cdot s^{-1}\cdot m^{-1}$
		卧式罐	罐表面积的一半	$0.10\ L\cdot s^{-1}\cdot m^{-1}$

注：(1) 冷却水的供给强度，还应根据实地灭火战术所使用的消防设备进行校核。

(2) 当相邻罐采用不燃烧材料进行保温时，其冷却水供给强度可按本表减少 50%。

(3) 储罐可采用移动式水枪或固定式设备进行冷却。当采用移动式水枪进行冷却时，无覆土保护的卧式罐、地下掩蔽室内立式罐的消防用水量，如计算出的水量小于 $15\ L\cdot s^{-1}$，仍采用 $15\ L\cdot s^{-1}$。

(4) 地上储罐的高度超过 15 m 时，宜采用固定式冷却水设备。

(5) 当相邻储罐超过 4 个时，冷却用水量可按 4 个计算。

甲、乙、丙类液体储罐区的消防用水量，应按灭火用水量和冷却用水量之和计算。其冷却用水供给强度不应小于表 5.6 的规定。覆土保护的地下油罐应设有冷却用水。冷却用水量应按最大着火罐罐顶的表面积（卧式罐按投影面积）计算，其供给强度不应小于 $0.10\ L\cdot s^{-1}\cdot m^{-1}$。当计算出来的水量小于 $15\ L\cdot s^{-1}$时，仍应采用 $15\ L\cdot s^{-1}$。液化石油气储罐区消防用水量应按储罐固定冷却设备用水量和水枪用水量之和计算。

建筑物内设有消火栓、自动喷水灭火设备时，其室内消防用水量应按需要同时开启的灭火设备用水量之和计算。

1. 室外消火栓

1）给水管道

室外消防给水管道应布置成环状。建设初期输水干管一次形成环状管道有困难时，允许采用枝状，但应保证在条件成熟时能完成环状布置。室外消防用水量不超过 $15\ L\cdot s^{-1}$的室外消防管道，可布置成枝状管道。为了保证向环状给水管的可靠供水，向环状给水管供水的输水管不应少于两根。当其中一条发生故障或检修时，其余的输水管应能通过消防用水总量。环状给水管道应用阀门分成若干独立段。阀门应设在管道的三通、四通的分水处，阀门的数量应按 $n-1$ 原则设置（三通 $n=3$、四通 $n=4$）。阀门分隔的每个管段内，消火栓的数量不宜超过 5 个。设置消火栓的消防给水管道，其直径应经计算确定。计算管径小于 100 mm 时，则应用 100 mm；计算管径大于 100 mm 时，按计算管径确定。

2）室外消火栓的布置

室外消火栓应沿道路设置。宽度超过 60 m 的道路，为避免水带穿越道路影响交通或被车辆轧压，宜将消火栓在道路两侧布置。为方便使用，十字路口应设有消火栓。消火栓距路边不应超过 2 m，距建筑物外墙不宜小于 5 m。

室外消火栓是供消防车使用的，每个室外消火栓的用水量，就是每辆消防车的用水量。一般情况一辆消防车出 2 只口径 19 mm 水枪，其充实水柱长度在 10—17 m 之间，相应的流量在 10—15 $L\cdot s^{-1}$之间，故每个室外消火栓的用水量按 10—15 $L\cdot s^{-1}$计算。室外消火栓的数量按室外消防用水量经计算确定。距离高层建筑外墙 40 m 以内范围内的市政消火栓，可计入其室外消火栓的数量。甲、乙、丙类液体储罐区和液化石油气储罐区的消火栓，应设在防火堤外，距离罐壁 15 m 范围内的消火栓，不计入该罐可使用的消火栓的数量内。

室外消火栓的保护半径不应超过 150 m，是按消防车的最大供水距离为依据确定的。消防车的最大供水距离 150 m，所以消火栓的保护半径也是 150 m。为节约投资，在市政消火栓保护半径 150 m 范围内，如室外消防用水量不超过 15 $L\cdot s^{-1}$，可不设室外消火栓。

室外消火栓间距不应超过 120 m，是为了保证沿街建筑能有 2 个消火栓保护。我国城市内道路之间的距离不超过 160 m，而消防给水干管则一般沿道路设置，所以两条消防给水干管的间距一般不超过 160 m。国产消防车的供水能力(指双干线最大供水距离)为 180 m，火场水枪手需要的水带机动长度为 10 m，水带在地面上的铺设系数为 0.9，则消防车实际的供水距离为：$(180-10)\times0.9=153$ m。

图 5.2 为城市街区道路室外消火栓布置示意图。为了使室外消火栓的保护范围覆盖整个城市街区，室外消火栓 A 与 C 距离为 150 m 时，A、B 间的距离为 127 m，所以规定室外消火栓的间距为 120 m。

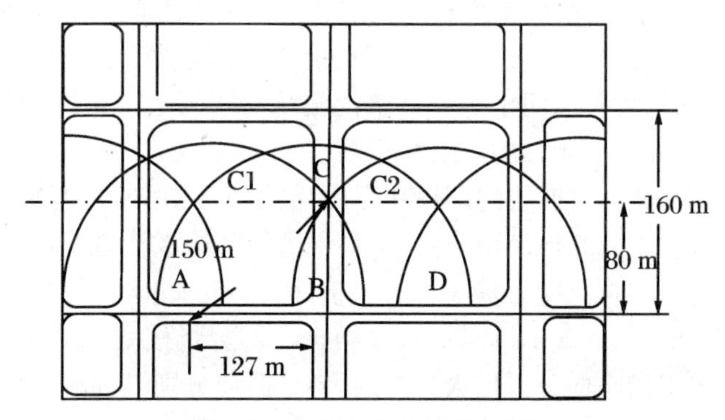

图 5.2　室外消火栓布置示意图

地上式室外消火栓应有一直径为 150 mm 或 100 mm 和两个直径为 65 mm 的

栓口;地下式室外消火栓应有直径 100 mm 和 65 mm 的栓口各一个,并应有明显的标志。

箱式消火栓是由消火栓、消防水带及多用雾化水枪和箱体等组成的室外消火栓。多用于石化企业的工艺装置内甲类气体压缩机、加热炉等需要重点保护的设备附近,其保护半径宜为 30 m。

2. 室内消火栓

1) 给水管道

室内消防给水管道的设置,直接关系向室内消火栓供水的可靠性。当室内消火栓的数量超过 10 个,且室内消防用水量大于 15 $L\cdot s^{-1}$时,其给水管道至少有两条进水管与室外环状管道连接。室内的给水管道应连成环状,并将进水管与室外给水管道连接成环状。当室内环状管道的一条进水发生故障或检修时,其余的进水管应能供给全部的室内消火栓用水量。

七层至九层单元住宅楼与每层不超过八户的通廊式住宅楼,其室内消防给水管道可布置成枝状,并可采用一条进水管。超过六层的塔式和通廊式住宅,超过五层或体积超过 10000 m^3 的其他民用建筑,超过四层的厂房和库房,如室内消防竖管为两条或两条以上,应至少为两根竖管相连组成环状管道,但采用双阀双口消火栓的塔式住宅楼除外。高层工业建筑室内消防竖管应布置成环状。每根消防竖管的直径,均应按供给最不利处消火栓总用水量的规定经计算确定。当计算结果小于 100 mm 时,仍采用 100 mm 直径的管道。

室内环状给水管道应用阀门将环管分成若干独立管道,两个阀门之间的消火栓的数量不应超过 5 个。当某独立管道发生故障或检修时,保证停止使用的消火栓的数量不超过 5 个。此外,室内消防给水管道上的阀门布置,应保证当一根消防竖管因故障或检修关闭时,其余的竖管应仍能供给室内消火栓的用水量。当布置的竖管超过三根时,可关闭两根竖管。室内消防给水管道上用于分隔管段的阀门应经常保持开启,并应有明显的启闭两标志。

高层民用建筑和超过四层的厂房和库房,高层工业建筑,设有室内消防给水管道的住宅及超过五层的其他民用建筑,应为室内消防给水管道设置水泵结合器,水泵结合器的位置应该在距室外消火栓或消防水池 15 — 40 m 范围内,每个水泵结合器的流量按 10 — 15 $L\cdot s^{-1}$计算,水泵结合器的数量按室内消火栓用水量计算确定。高层建筑采用竖向分区供水方式的,各分区应分别设置水泵结合器。

消防用水与其他用水合并使用的给水管道,当其他用水达到最大流量时,仍应能供给全部消防用水量。当其他用水量达到最大值,市政给水管道仍能供给室内外消防用水量时,消防水泵的进水管宜直接从市政给水管道取水。

寒冷地区不设采暖的厂房与库房的室内消火栓，为防止冰冻，给水管道可采用干式，但应在进水管上设快速启闭装置，管道的最高处还应设排气阀。

高层民用建筑的室内消防给水管道在布置上更为复杂，因此要求室内消防给水管道布置成环状。其供水管或引入管均不应少于两根，同样当其中一根故障或检修时，其余的进水管和引入管应仍能保证消防用水量和水压的要求。

消防竖管的布置应能保证同层相邻两个消火栓的出水压力满足水枪充实水柱达到保护范围内的任何部位的要求，每根消防竖管的直径应按通过的水量经计算确定，但不应小于 100 mm。十八层及十层以下，每层不超过 8 户，建筑面积不超过 650 m^2 的塔式住宅，当设两根消防竖管有困难时，可设一根，但室内消火栓必须要用双阀、双口消火栓。

室内消防给水管道应采用阀门划分成若干独立管段。阀门的布置，应保证故障和检修时关闭停用的竖管不超过一根。当竖管的数量超过四根时可关闭停用不相邻的两根。

2）室内消火栓的布置

室内消火栓是建筑防火设计中应用最普遍最基本的消防设施，除无可燃物的设备层外，凡设室内消火栓的建筑物，每层均应设置，同一座建筑物内应采用统一规格的消火栓，一般应采用栓口直径 65 mm 的消火栓，喷嘴口径不小于 19 mm、长度不超 25 m 的水带，应保证相邻消火栓水枪的充实水柱能同时到达室内任何部位。故每个消火栓仍按一支水枪计算。因此，只能采用单栓、单口消火栓，而不能采用单栓、双口消火栓。建筑高度小于或等于 24 m 且体积小于或等于 5000 m^3 的库房可采用一只水枪的充实水柱到达室内任何部位。

在灭火中，充实水柱（又称充实水流）的基本概念是：具有充实核心段的水射流。水枪的充实水柱长度应通过水力计算确定，一般建筑不应小于 7 m；甲、乙类厂房，超过四层的厂房和库房，以及超过六层的民用建筑和建筑高度不超过 100 m 的高层民用建筑不应小于 10 m；高层工业建筑、高架库房和建筑高度超过 100 m 的高层民用建筑不应小于 13 m。

水枪充实水柱长度的计算公式：

$$S_k = \frac{H}{\sin \alpha} \tag{5.1}$$

式中，S_k——水枪充实水柱长度；

H——建筑物层高；

α——水枪的上倾角，一般采用 45°，若有特殊困难可稍大些，考虑到消防队员的安全和扑救的效果，α 的取值不应大于 60°。

保证相邻两支水枪充实水柱同时到达室内任何部位(见图5.3)由下式确定:

$$S = \sqrt{R^2 - b^2} \tag{5.2}$$

式中,S——室内消火栓的间距(m);

R——消火栓的保护半径(m);

b——消火栓实际保护最大宽度(m)。

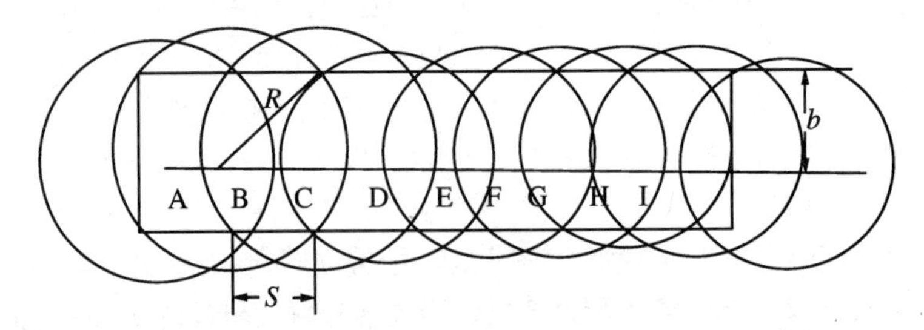

图5.3 消防栓位置图

采用一只水枪充实水柱到达室内任何部位相邻消火栓的间距(见图5.4),由下式计算确定:

$$S = 2\sqrt{R^2 - b^2} \tag{5.3}$$

式中,R——消火栓的保护半径(m);

b——消火栓实际保护最大宽度(m)。

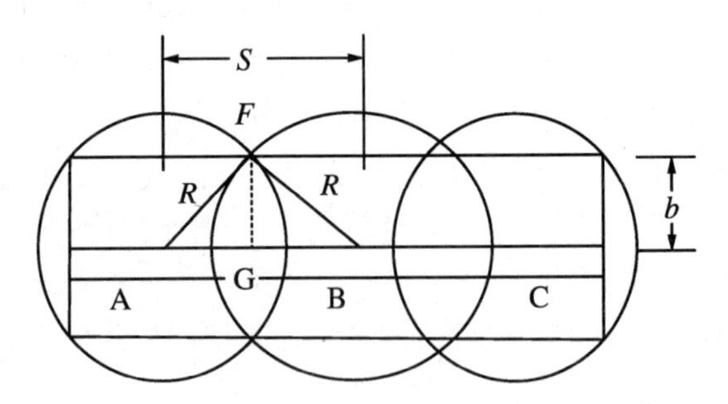

图5.4 消防栓间距计算图

高层工业建筑,高架仓库,甲、乙类厂房和高层民用建筑,室内消火栓的间距不应超过30 m;其他单层和多层建筑包括高层民用建筑的裙房,室内消火栓的间距不应超过50 m。

室内消火栓的安装位置,栓口距离地面的高度为1.1 m,其出水方向应向下或与设置消火栓的墙面垂直。消防电梯前室应设消火栓,但不计入消火栓的数量内。冷库的室内消火栓应设在常温穿堂或楼梯间内。

室内消火栓栓口的静水压力不应超过0.8 MPa，消火栓栓口处静水压力过大时，在扑救火灾过程中开启水枪产生的水锤作用，容易使给水系统中的设备遭受破坏，因此当室内消火栓栓口处的静水压力超过0.8 MPa时应采用分区给水系统。消火栓栓口的出水压力超过0.5 MPa时，对水枪产生的反作用力，使一个人很难稳定地操作水枪灭火。为此，要求采取减压措施，控制消火栓栓口的出水压力，并规定不应超过0.5 MPa。减压后的消火栓栓口的出水压力应保证水枪充实水柱长度要求。减压措施一般采用减压孔板或减压阀。

高层工业建筑和采用临时高压给水系统的其他建筑(包括高层民用建筑)，每个室内消火栓处应设能直接启动消防水泵的按钮，以便及时由消防水泵向室内消火栓供水，按钮应有防止误启动消防水泵的保护设施。高压消防给水系统由于经常保持能够满足室内消火栓所需压力和流量的状态，因此无需设置远程启动消防水泵的按钮。采用稳压泵的临时高压给水系统，当启动室内消火栓使给水系统管道压力下降时，能够迅速自动启动消防水泵的，可不设远程启动消防水泵的按钮。

消防软管卷盘(也称消防水喉)，是在启用室内消火栓之前供建筑物内一般人员自救初期火灾的消防设施，一般与室内消火栓合并设置在消火栓箱内。当建筑物内设置消防软管卷盘时，其间距应保证有一股水流能到达室内地面任何部位，消防卷盘的安装高度应便于取用。消防软管卷盘的栓口直径为25 mm，配备的胶管内径不小于19 mm，喷嘴的口径不小于6 mm。

5.2.2 自动喷水灭火系统

自动喷水灭火系统是建筑物最基本的自救灭火设施。除不能用水扑救的场所和部位外，民用与工业建筑均可设置自动喷水灭火系统。由于适用该系统的建筑物种类多、范围广，以及该系统灭火成功率高、造价低廉，其在建筑消防设施中的地位日益提高，正在逐步成为现代建筑不可缺少的必备的消防设施。

1. 系统概述

1) 发展简史

自动洒水喷头的发展，一直贯穿并代表着自动喷水灭火系统的发展历史。19世纪中叶，人们开始在工厂里容易发生火灾或火灾中人员不易到达的地方安装由阀门控制喷水的钻有孔眼的水管，用于灭火。这就是自动喷水灭火系统最原始的形式。经过一个半世纪的发展，自动喷水灭火系统已经拥有适用于不同性质场所的多种类型喷头和多种系统类型，并且日趋完善。

在喷头出现之前，经历了钢管钻孔，为防止锈蚀堵塞孔眼而为孔眼镶嵌铜套和利用易熔合金堵塞管孔的阶段，取得了利用易熔合金自动控制喷水范围和水量的初步突破。

1847年美国帕米里发明了采用易熔合金作感温元件,可以自动开启喷水的喷头,成为最早的实用型自动洒水喷头。经过改进的帕米里喷头,生产了10万只,在1877年至1881年的5年里成功地扑救了19次纺织厂火灾,向人们展示了自动喷水灭火系统的发展与应用前景[2]。

帕米里的发明解决了利用安装喷头部位环境温度的上升来激发喷头开放的关键性技术,此举对自动喷水灭火系统的发展产生了极为深远的影响,这一开启喷头的基本原理一直被延续使用至今。

帕米里时代的喷头都十分笨重,有的喷头竟重达1.3 kg,而且喷头的封闭性能和分散水流的效果均不理想。直到1882年,美国人格林奈尔发明了撑杆型易熔合金喷头后,才实现了自动洒水喷头发展史上的又一个飞跃。格林奈尔喷头的形状和结构与现代喷头已经很接近,因此被称作现代喷头的原型。格林奈尔喷头实现了水与易熔合金的隔离,极大地降低了水与易熔合金之间的热传导,大幅度提高了喷头感温的热敏性能。

玻璃泡喷头的出现始于1922年。起初仅仅是以充装工作液的玻璃泡取代易熔合金,十年后才有了显著的改进。玻璃泡与坐垫、调节螺钉的配合,保证了喷头的严密性。

早期的自动洒水喷头,只控制喷头的开放和喷出的水量,并不控制洒水。经过长期的应用和实验研究,人们才发现喷水的灭火效果不仅仅与喷头的洒水量有关,同时在很大程度上取决于喷出水的均匀分布。在完成对喷头出水均匀分布的控制后,于1953年研制成功当今世界各国大量生产和广泛使用的"标准型"喷头。

小火容易被扑灭,是世人皆知的常识。喷头在火灾初期及时动作开放,不仅可以有效地保护人身安全,而且可以有效地减少财产损失和灭火的用水量。"标准型"喷头虽然有多种公称动作温度,但该项性能指标只能控制喷头动作开放的温度,而不能控制当喷头受热时热敏元件温升速度的快慢。因此,往往不同生产厂出品的相同公称动作温度的喷头,当置于相同条件的热环境中时,可以表现出不同的动作时间,而且往往有较大的差异。这就是以往没有对喷头的热敏元件性能进行控制所产生的结果。

喷头的热敏元件,不管是易熔合金还是玻璃泡,都具有一定的质量和形状。质量将决定热敏元件自常温升温至公称动作温度所必须吸收的总热量,而形状则决定热敏元件在与火灾热气流进行热交换时的温升速度。因此,质量小、换热面积大的热敏元件将具有优良的热敏性能。

在上述理论的指导下,美国率先研制成功快速响应喷头,并在20世纪80年代开始介绍到我国。在最近的20年间,快速响应喷头、大覆盖面积喷头、住宅喷头及适用于高堆垛仓库等特殊场所的各种大口径喷头、大水滴喷头、快速响应—早期灭火喷头和重复启闭系统、水与泡沫联用的喷淋、细水雾系统等新技术、新设备的相继问世和推广应用,为自动喷水灭火系统注入了更为丰富的技术内涵,并使其应用技术和工作性能获得了一次历史性的技术进步。

自动洒水喷头严谨的结构和严格的性能要求及检测程序,决定了它极低的误动作率,并得到统计资料的充分证实。澳大利亚和新西兰的统计资料表明,100年间因系统误喷所造成的损失,仅相当于一起由自动喷水系统成功扑救的火灾损失。

据美国1980—1989年共10年的统计资料介绍,对于装与不装自动喷水灭火系统的工厂和仓库,二者之间的火灾损失相差4.5倍,安装该系统,相当于每年挽回十几亿美元的损失。

1991年2月23日晚8时,美国费城38层的第一子午广场大厦22层起火。该大厦仅在30层以上楼层安装有自动喷水灭火系统。消防队及时赶到,但未能控制火灾的蔓延。至次日早上7时,大火已蔓延至24层。在牺牲3名消防人员后,出于对安全的考虑,消防队员撤离大厦。火灾蔓延至30层后,在该楼层不同部位共开放了10只喷头后,遏制了大火的继续蔓延。这个案例充分说明了自动喷水灭火系统的功效。

2) 系统的类型

自动喷水灭火系统的类型,包括湿式、干式、干湿交替式、预作用式和雨淋式自动喷水灭火系统[3]。

(1) 湿式自动喷水灭火系统

湿式自动喷水灭火系统,由湿式报警装置、闭式喷头和管道等组成。该系统在报警阀的上下管道内均经常充满压力水。

① 技术特点

湿式系统是自动喷水灭火系统的基本类型和典型代表,其技术特点是:系统的管道内充满压力水,一旦发生火灾,喷头动作后立即喷水。该类系统受环境温度的影响较大,低温环境会使管道内的水结冰,高温环境会使管道内的压力增大,二者都将对处于准工作状态下的系统产生破坏作用。

闭式洒水喷头在系统中起定温探测器的作用,喷头的热敏元件在火灾热环境中升温至公称动作温度时动作,因此系统可利用自身的组件实现自动探测火灾的功能。

闭式洒水喷头还在系统中起自控阀门的作用。热敏元件动作后,释放机构脱落,压力水开启喷头。因此,系统可利用自身的组件,根据火源的位置及火的蔓延趋势，随机开放喷头，实现定点区域性局部喷水的功能。

利用喷头开放喷水后管道内形成的水压差，使水流动并驱使水流指示器、湿式报警阀、水力警铃和压力开关动作，实现就地和远程自动报警。

系统的启动，只能依靠组件间的联动全自动操作，无法实现人员干预的紧急启动。喷头不动作，系统将无法实现启动并实施喷水灭火。

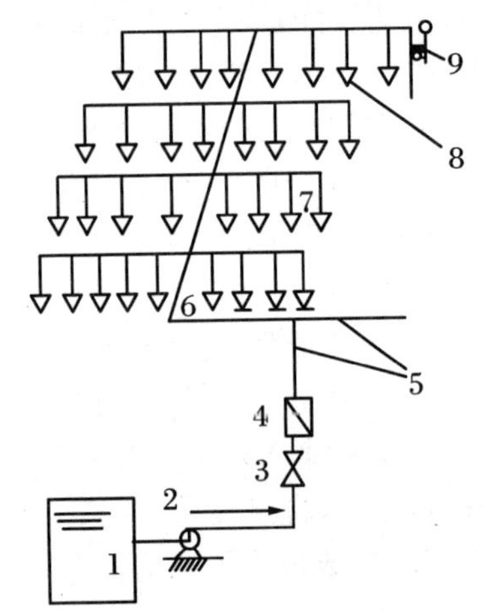

图 5.5 湿式喷水灭火系统示意图

1—水池；2—水泵；3—总控制阀门；4—湿式报警阀；5—配水干管；6—配水管；7—配水支管；8—闭式喷头；9—末端试水装置

② 系统组成

系统的组成如图 5.5 所示。系统的专用组件，包括闭式洒水喷头、水流指示器和湿式报警阀组。其中，湿式报警阀组由湿式报警阀、延迟器、水力警铃、压力开关，以及能显示启闭状态的控制阀，用于检验湿式报警阀与水流指示器、压力开关状态是否正常的试水装置、放水试验阀和压力表等组成。

用于连接系统专用组件的管道，包括配水支管、配水管和配水干管。配水支管用于直接安装喷头。当喷头安装在吊顶下或顶板下喷头与设于梁下的配水支管连接时，配水支管与喷头之间需要安装一段垂直短立管。

向配水支管供水的管道，称作配水管。向配水管供水的主管道，称作配水干管。配水支管、配水管和配水干管，组成系统的配水管道。

系统中需要设置的其他组件：

a. 末端试水装置，设于系统保护的每个防火分区和楼层中配水管道最不利点喷头处，用于检验系统及其专用组件的基本性能。例如最不利点出喷头的工作压力与流量、水流指示器等的灵敏性等。

b. 排气阀，设置于系统管道的最高点，用于开通系统时排尽管道内的空气。

c. 泄水阀，设置于某段系统管道的最低点处，用于系统检修时排尽管道内的积水。

d. 排污口，设置于系统管道水压最高的部位设置。

e. 泄压阀，有必要时，在系统管道水压最高部位设置。

f. 减压设施，包括减压孔板、节流管和减压阀。根据系统的设置要求和水力计算，在系统需要控制管道压力的区域设置。

对于系统的供水，可采用高压给水系统或临时高压给水系统。当采用临时高压给水系统时，系统应设主供水泵和稳压设施。稳压设施可采用高位消防水箱、稳压水泵或气压给水装置。稳压设施应能保持系统的管道在准工作状态下充满压力水。系统设有高位消防水箱时，其容量应按 10 min 室内消防用水量计算，但可不大于 18 m^3。

当采用的高压给水系统能够保证自动喷水灭火系统的用水量和水压时，自动喷水灭火系统可不设高位消防水箱；采用临时高压给水系统，但设有稳压水泵或气压给水装置的轻危险级和中危险级自动喷水灭火系统，可不设高位消防水箱。

自动喷水灭火系统延续时间应按不小于 1 h 计算，并依此计算消防水池容量。

(2) 干式自动喷水灭火系统

干式自动喷水灭火系统由干式报警装置、闭式喷头、管道和充气设备等组成。该系统在报警阀的上部管道内充以有压气体。

① 技术特点

与湿式系统的不同之处是：准工作状态下报警阀后的系统配水管道内充有有压气体(空气或氮气)，因此避免了低湿或高温环境水对系统的危害作用。

喷头动作后，管道内的气流驱动水流指示器，报警阀在入口压力水作用下开启。随后管道排气冲水，继而开放喷头喷水灭火。因此，喷头从动作到喷水有一段滞后时间，使火灾在喷头动作后仍能有一段不受控制而继续自由蔓延的时间。为了控制系统滞后喷水的时间，报警阀后充入有压气体的管道容积不宜过大。

② 系统的组成

如图 5.6 所示。与湿式系统的不同之处：系统采用干式报警阀，应设有快速排气装置和充气设备。

③ 工作原理

如图 5.7 所示。

(3) 预作用自动喷水灭火系统

预作用自动喷水灭火系统由火灾探测系统、闭式喷头、预作用阀和充以有压或无压气体的管道组成。该系统的管道中平时无水，发生火灾时，管道内给水通过火灾探测系统控制预作用阀来实现，并设有手动开启阀门装置。

① 技术特点

准工作状态下系统报警阀后的配水管道内不充水，因此具有干式系统不会因低温或高温环境使水危害系统的特点，且喷头误动作时不会引起水渍损失。

与之配套的火灾自动报警系统或传动管系统报警后，预作用阀开启，系统开始排气充水，转换为湿式系统，使系统具有喷头开放后立即喷水的特点。为了控制系统管道由干式转换为湿式的时间，避免喷头开放后迟滞喷水现象，报警阀后配水管道的容积不宜过大。

准工作状态下报警阀后系统配水管道内充入有压气体，起检验管道严密性的作用。

为了防止自动报警设备误报警或不报警，系统可有适时开放报警阀的多种保障措施，其中包括人为紧急操作启动系统。

报警阀采用雨淋阀(或称预作用阀)。系统配水管道设有快速排气阀。需配套设置用于启动系统的火灾自动报警设备。管道充气的预作用系统设有充气设备。

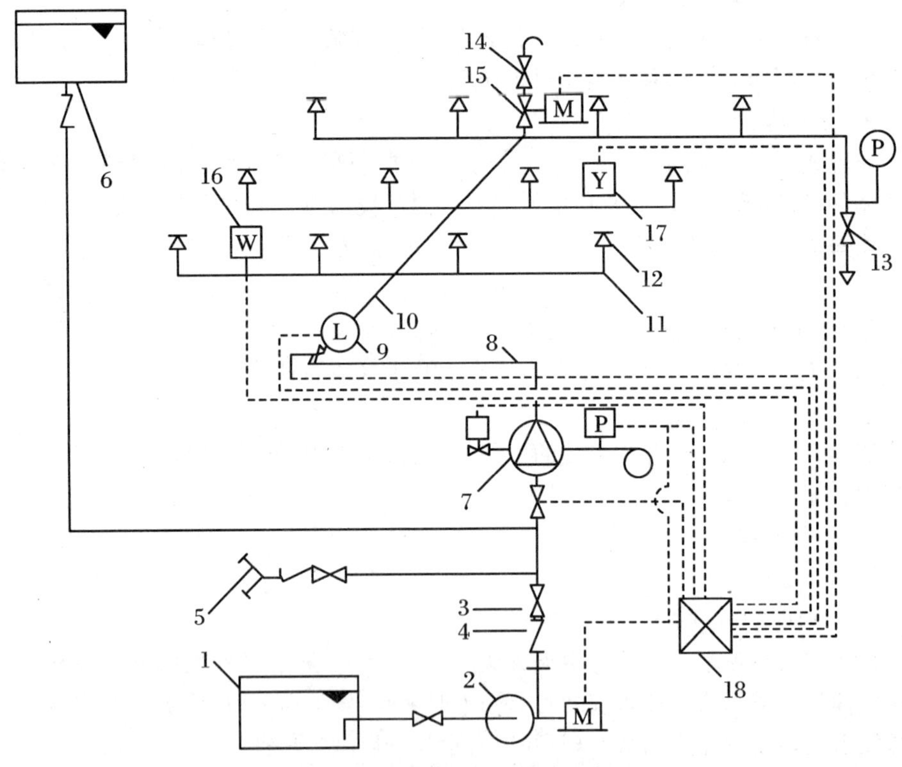

图 5.6　干式喷水灭火系统示意图

1—水池;2—水泵;3—闸阀;4—止回阀;5—水泵接合器;6—消防水箱;7—预作用报警阀组;8—配水干管;9—水流指示器;10—配水管;11—配水支管;12—闭式喷头;13—末端试水装置;14—快速排气管;15—电动阀 16—感温探测器;17—感烟探测器;18—报警控制器;P—压力开关;D—电磁阀;M—驱动电机;W—感温探测器

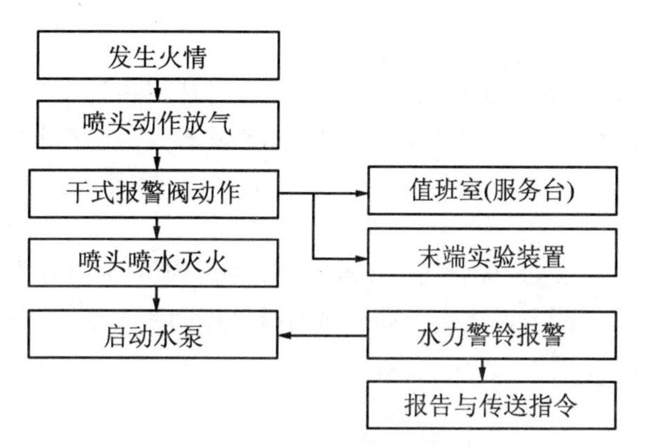

图5.7 干式喷水灭火系统工作原理示意图

② 工作原理

如图5.8所示。

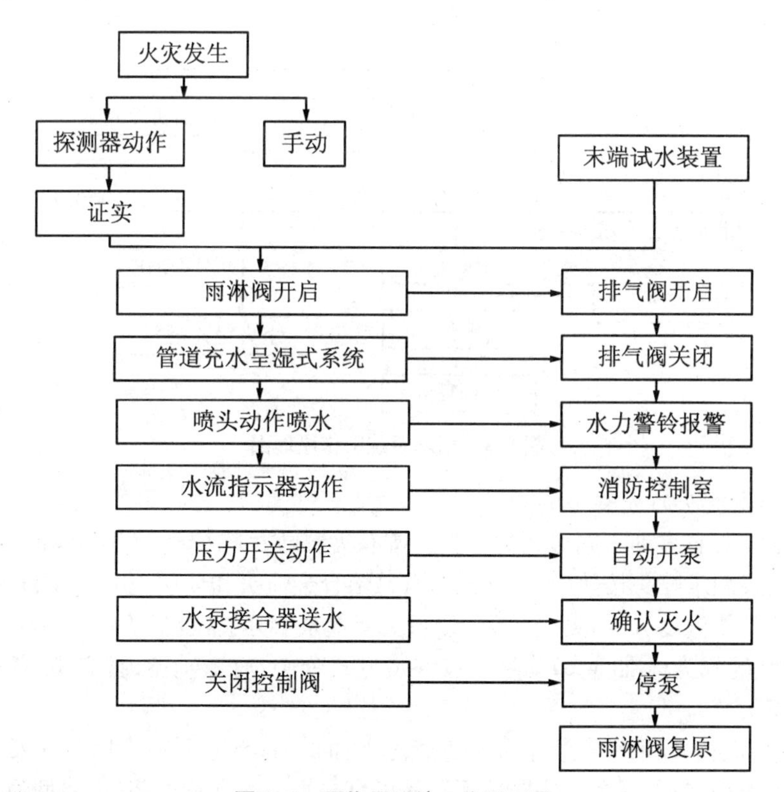

图5.8 预作用系统工作原理图

(4) 雨淋自动喷水灭火系统

雨淋灭火系统,由火灾探测系统、开式喷头、雨淋阀和管道等组成。发生火灾时,管道内给水是通过火灾探测系统控制雨淋阀来实现,并设有手动开启阀门装置。

① 技术特点

采用开式洒水喷头,系统启动后由雨淋阀控制一组喷头同时喷水。

自动操作的系统配套设火灾自动探测与报警控制系统或传动管报警系统。

② 工作原理

如图 5.9 所示。

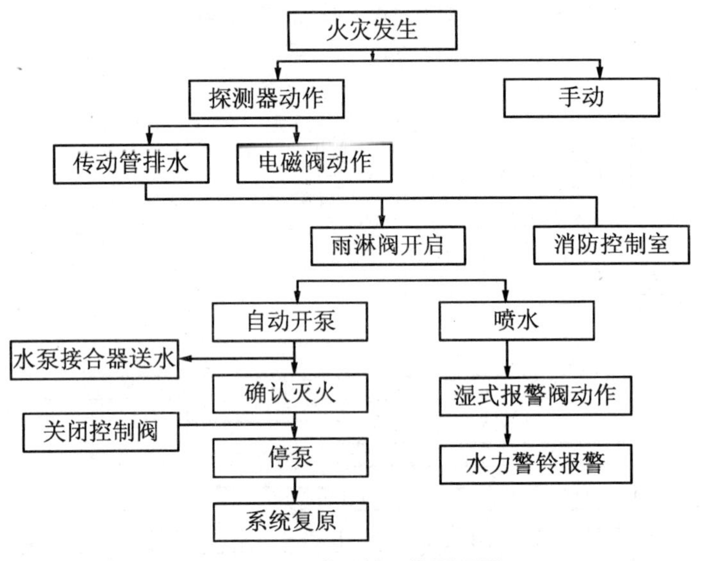

图 5.9 雨淋系统工作原理图

3) 洒水喷头的分类

洒水喷头有多种不同形式的分类。按有无释放机构分类,有闭式和开式洒水喷头。闭式洒水喷头按热敏元件分类,有易熔合金喷头和玻璃泡喷头;闭式洒水喷头按公称动作温度分类,见表 5.7。按喷头流量系数分类,包括 $K=55$、80、115(其中 $K=80$ 的称为标准喷头)几种。按安装方式分类,有下垂型、直立型、普通型和边墙型喷头。

下垂型喷头以下垂安装于配水支管之下而得名;直立型喷头以直立安装于配水管之上而得名;普通型喷头既可下垂又可直立于配水支管安装;边墙型喷头背向边墙安装,既有直立安装的,也有水平安装的。下垂和直立型喷头的洒水分布均呈抛物体形，向下喷洒的水量不应小于喷头流量的80%。普通型喷头的洒水分布呈球体形，向下与向上喷洒的水量各占喷头流量的约50%。

表5.7 常用闭式洒水喷头的公称动作温度和颜色标志

玻璃球泡水喷头		易熔元件洒水喷头	
公称动作温度(℃)	工作液色标志	公称动作温度(℃)	支撑臂色标志
57	橙	57—77	本色
68	红	80—107	白
79	黄	121—149	蓝
93	绿		
100	灰		
121	天蓝		
141	蓝		

闭式洒水喷头按热敏性能分类，有标准型喷头和快速响应喷头。

另有特殊喷头，包括隐蔽型喷头、埋入型喷头、扩展覆盖面积喷头、大水滴喷头和快速响应—早期灭火喷头等。

4) 自动喷水灭火系统与建筑物火灾危险等级的关系

判断设置自动喷水灭火系统的建筑物的火灾危险等级，是选择系统类型和确定设计基本数据的基础。建筑物火灾危险等级分类的原则包括火灾危险性大小、可燃物数量、单位时间内放出的热量、火灾蔓延速度以及扑救难易程度。具体考虑如下几个方面：

(1) 建筑物内存放或生产的可燃物性质、结构、数量、燃烧速度和放热量。譬如木材和木材制品与塑料或赛璐珞，在火灾时燃烧特性不一样，它们的火灾危险等级也不一样，木材加工厂属中危险级，赛璐珞制品工厂属严重危险级。又如棉纺织厂定为中危险级，而棉或棉制品仓库因为单位面积内放置可燃品多，定为严重危险级。

(2) 建筑物内可燃物品的堆放形式及松密情况。松散堆放的可燃物因接触空气的面积大，燃烧时氧气供应比紧密堆放的可燃物要多，燃烧速度也快。可燃物堆放高度除了影响单位面积内的荷载，发生火灾后的烟囱效应使燃烧速度加快，喷头喷出的水不易扑灭下部着火的可燃物，导致火势迅速蔓延。以上均是划分火灾危险等级时不可忽视的重要因素。

(3) 建筑物自身的特征。建筑物自身的特征对自动喷水系统扑救火灾的难易程度颇有影响。层高和面积较大的建筑物，火灾形成的热气流不容易在屋面下积聚，因此不容易接触或淹没喷头，使喷头的温升缓慢、动作时间推迟。喷头出水时间的延迟使火灾得以进一步扩展蔓延，致使系统灭火的难度增大。当建筑物的层高较大时，喷头洒水，穿越热气流区域的距离增大，被吹跑和汽化的水量增加，削弱了系统的灭火能力。基于上述原因，此类建筑物采用自动喷水系统扑救火灾难度较大，判定其火灾危险等级时应予以充分的考虑。这也是室内净空高度大于 8 m 的大空间，其顶板或吊顶下不设喷头的原因。

2. 系统的设计与相关的计算

1）系统的设计

(1) 规定与数据

自动喷水灭火系统的设计，应根据建筑物的功能与特点，正确判断其火灾危险等级，合理选择系统的类型和设计基本数据，做到保障安全、经济合理、技术先进。系统的设计能否做到安全可靠、经济合理、技术先进，主要取决于以下方面的工作：建筑物火灾危险等级的判定和系统选型及设计基本数据的确定，喷头的布置，系统的配置和设备材料的选型，水力计算。

室内温度不低于 4 ℃，且不高于 70 ℃的建筑物，宜采用湿式自动喷水灭火系统；室温低于 4 ℃或高于 70 ℃的建筑物宜采用干式或预作用自动喷水灭火系统；不允许有水渍损失的建筑物，宜采用预作用系统。湿式、干式和预作用系统，应按建筑物的火灾危险等级确定设计基本数据。上述三种系统的设计基本数据见表 5.8。

表 5.8 三种自动喷水灭火系统设计的基本数据

建、构筑物的危险等级 \ 项目		设计喷水强度 (l/(min · m^2))	作用面积 (m^2)	喷头工作压力 (Pa)
严重危险级	生产建筑物	10.0	300	9.8×10^4
	储存建筑物	15.0	300	9.8×10^4
中危险级		6.0	200	9.8×10^4
轻危险级		3.0	180	9.8×10^4

注：最不利点处喷头的工作压力均不应小于 4.9×10^4 Pa。

严重危险级建筑宜采用雨淋自动喷水灭火系统。

设计基本数据中，设计喷水强度是喷头向其保护范围内单位面积喷洒水量；作用面积是系统实施一次灭火过程中按设计喷水强度保护的最大面积，系统的供水就是按作用面积开放喷头的总流量确定的。因此，系统应能控制开放喷头的保护面积在作用面积之内实现控火或灭火。当开放喷头的保护面积超出作用面积后，系统的喷水强度将下降，导致控火失败。喷头工作压力除了保障喷头的流量外，还将决定喷水的动量(质量与下落速度的乘积)。喷水的动量将决定水的穿透力，即穿越、排斥热气流和冲击冷却燃烧表面的能力。因此，设计喷水强度、喷头工作压力和作用面积是体现自动喷水系统灭火能力的重要参数。

不同环境温度场所内设置的闭式洒水喷头，其公称动作温度宜比环境最高温度高30℃，以避免被保护场所环境温度发生较大幅度波动时喷头误动作。腐蚀环境内设置的喷头，应选用经过防腐蚀处理的产品，但防腐处理不得影响喷头热敏元件的性能。

每个系统均应设有报警阀组和电动报警装置(水流指示器、压力开关)，与报警阀或水流指示器配套设置的控制阀应有启闭指示装置。报警阀宜设在明显且便于操作的地点，距地面高度宜为1.2 m。报警阀设置地点的地面应有排水设施，以便对报警阀、水力警铃等进行试验时能顺利排水。水力警铃宜安装在报警阀附近人员易于听到警报的部位。为了保证其响声的强度，水力警铃入口的水压不应小于0.05 MPa。为了防止腐蚀和摩阻过大，水力警铃与报警阀的连接管道应采用镀锌钢管，其长度当采用15 mm直径钢管时不应大于6 m，采用20 mm直径钢管时不应大于20 m。

系统组件和配套设施的下列工作状态应予以监测：控制阀开启状态；消防水泵电源供应和工作情况；水池、水箱的水位；干式、预作用系统有压充气管道的气压；水流指示器、压力开关动作情况。上述状态的信号宜集中监测，监测装置应有备用电源。

每个报警阀控制的闭式洒水喷头数量，湿式和预作用系统不宜超过800个；对于干式系统，设有排气装置的不宜超过500个，不设排气装置的不宜超过250个。干式与预作用系统中每个报警阀后配水管道的容积，设有排气装置的干式系统不超过3000 L，不设排气装置的，则不宜超过1500 L。预作用系统则要求按管道排气充水的时间不宜大于3 min控制。干式系统充气管道的压力应与采用的干式报警阀的性能相匹配，取值由生产厂提供。预作用系统有压充气管道的压力不宜大于0.03 MPa。

预作用系统与雨淋系统应在其保护区域内设置相应的火灾自动报警系统或传动管系统。预作用系统配置的火灾探测器应在发生火灾时先于闭式洒水喷头动作。预作用与雨淋系统应有自动、远程和手动应急开启雨淋阀三种控制方式。

系统管道的工作压力不应大于1.2 MPa。系统配水支管和配水管的直径应经水力计算确定，最小管径不应小于 25 mm(包括短立管和末端试水装置的配管)。自动灭火系统报警阀的管道上不应设置其他用水设施，并采用镀锌钢管或镀锌无缝钢管。系统配水支管上设置的喷头应符合下列要求：轻、中危险级系统，配水管两侧每根配水支管上设置的喷头数不应超过 8 个。同一根配水支管在吊顶上下同时布置喷头时，其上下两侧的喷头数均应不超过 8 个。严重危险级系统对应情况下设置的喷头数不应大于 6 个。

(2) 喷头的布置

布置喷头是系统设计中的重要环节。系统能否在被保护场所发生火灾时正常启动并有效控火或灭火，在很大程度上取决于喷头的布置是否合理。各个火灾危险等级建筑物内布置标准喷头时每个喷头的最大保护面积，喷头最大水平间距及喷头与墙、柱面的距离见表 5.9。

表 5.9　标准喷头的保护面积和间距

建、构筑物危险等级分类		每只喷头最大保护面积(m^2)	喷头最大水平距离(m)	喷头与墙、柱面最大距离(m)
严重危险级	生产建筑物	8.0	2.8	1.4
	储存建筑物	5.4	2.3	1.1
中危险级		12.5	3.6	1.8
轻危险级		21.0	4.6	2.3

上述数据是以设计喷水强度为依据确定的。常用的喷头布置形式为正方形布置，如图 5.10 所示。图中喷头 A、B、C、D 组成一正方形，每个喷头平均有 1/4 水量喷洒在正方形面积内，则正方形面积内的喷洒水量相当于一个喷头内的出水量。根据设计喷水强度，就可以计算出喷头的水平间距和喷头的设计喷水半径。喷头的水平间距，这里指同一根配水支管上相邻两个喷头的距离，或相邻两根配水支管之间的距离。设计喷水半径是指正方形对角线长度的 1/2，即 $R = AB \cdot \cos45^\circ$。$R$ 值不是喷头的实际喷水半径，而是代表按设计喷水强度确定的使喷水不致出现未被覆盖的空白且不出现过多的重复覆盖面积的一个经

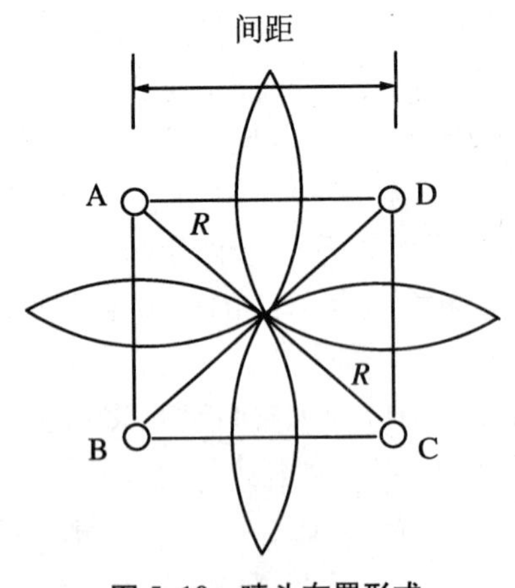

图 5.10　喷头布置形式

济数值。

例如，中危险级系统的设计喷水强度不应低于 6 $L \cdot min^{-1} \cdot m^{-2}$，喷头工作压力为 0.1 MPa，标准喷头（$K = 80$）的流量 $q = k(10p)^{0.5} = 80\ L \cdot min^{-1}$，则一个喷头的最大保护面积为 $S = \frac{80}{6} = 13.33\ m^2$，喷头的最大水平间距 $AB = 13.33^{0.5} = 3.65\ m$，喷头最大喷水半径 $R = AB \cdot \cos 45^{\circ} = 2.58\ m$。

表 5.9 中严重危险级系统的数据就是按上述方法确定的，轻、中危险级系统的数据是在计算的基础上参考发达国家相关规范的数据确定的。

喷头溅水盘与屋面的距离是布置喷头的另一个主要数据。发生火灾时，燃烧产生的热烟气流上升至屋面或吊顶后水平流动。在遭遇墙壁或梁时，烟气积聚、烟层加厚，逐渐淹没喷头。若为大面积水平屋顶，由于热烟气流在顶板下的流动不受阻挡，烟层厚度在一定时间内基本不变。热烟气流在流经喷头安装位置时加热热敏元件。因此，喷头距离顶板太远时，热敏元件受热升温缓慢，不利于喷头及时动作开放；喷头距离顶板太近，则会使洒水分布遭受顶板的阻挡。现行规范参考美国防火协会（NFPA）和英国消防委员会（FOC）相关标准规定了喷头溅水盘与顶板的距离。喷头溅水盘与顶板的距离，不宜小于 7.5 cm，并不宜大于 15 cm，当楼板、屋面板为耐火极限等于或大于 0.5 h 的燃烧体时，其距离不宜大于 30 cm。紧贴吊顶安装的喷头，应特别注意其喷水不应受吊顶的阻挡，因此应采用下垂式喷头。

喷头布置在梁侧附近时，喷头与梁边的距离，应按不影响其保护面积确定。当喷头的布水严重受梁阻挡时，应在梁的另一侧增设喷头。

边墙式喷头的布置间距和保护面积如表 5.10 所示。边墙式喷头溅水盘与屋面板的距离不应小于 10 cm，并不应大于 15 cm；与边墙的距离不应小于 5 cm，并不应大于 10 cm。

表 5.10　边墙型喷头的保护面积和间距

建、构筑物危险等级	每只喷头最大保护面积(m^2)	喷头最大间距(m)
中危险级	8	3.6
轻危险级	14	4.6

注：喷头与端墙的距离，应为本表规定间距的一半。

宽度不大于 3.6 m 的房间，可沿墙的长度方向布置一排边墙式喷头。宽度介于 3.6 m 至 7.2 m 之间的房间，要求沿房间的长度方向在房间的两侧墙壁各布置一排喷头。宽度大于 7.2 m 的房间，除沿墙布置两排边墙式喷头外，还应在房间的中间布置向下洒水的喷头。

坡度大于1∶3的尖屋顶,距屋脊75 cm范围内应布置有喷头,见图5.11。

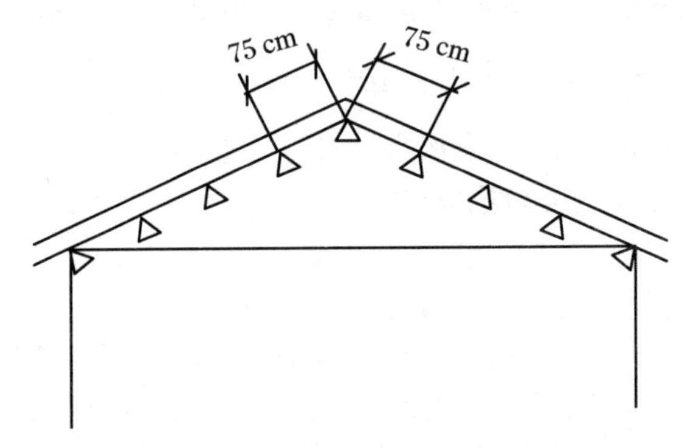

图5.11 在屋脊处增设喷头示意图

舞台葡萄棚以上如为金属承重结构时,应在屋顶下布置闭式喷头。

设置自动喷水灭火系统的建筑物,净距大于80 cm的闷顶和技术夹层,当其内部有可燃物或电缆电线时,应在闷顶或技术夹层内设置喷头。当建筑物内设置自动喷水灭火系统时,其宽度大于80 cm的挑廊下及宽度大于80 cm的矩形风道、直径大于1 m的圆形风道下也应布置喷头。

仓库的喷头布置:喷头溅水盘与其下方被保护的可燃物品堆垛顶面的垂直距离不应小于90 cm;与难燃物品堆垛顶面的垂直距离不应小于45 cm。可燃物品与难燃物品堆垛之间应设一排喷头,且堆垛边与喷头垂线之间的水平距离不应小于30 cm。高架仓库内屋顶板下布置的喷头,间距不应大于2 m,货架内储存可燃物品且分层布置架的喷头时,各层喷头之间的垂直距离不应大于4 m;货架内储存难燃物品且分层布置架内喷头时,各层喷头之间的垂直距离不应大于6 m。货架内喷头的水平间距按表5.9确定。当货架的分层板上有孔洞、缝隙时,应在孔洞或缝隙处喷头的上方设置金属板制作的集热板。见图5.12。当雨淋系统采用多台雨淋阀分区控制喷水范围时,喷水区域边界布置的喷头,应能有效扑救区域分界部位的火灾。

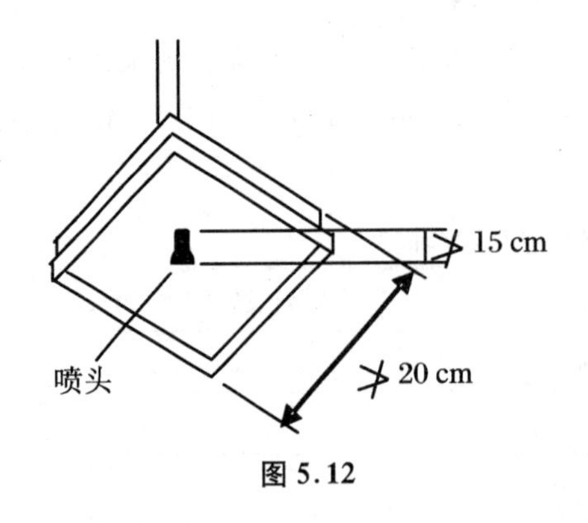

图5.12

（3）水幕系统

水幕系统不是灭火设施，而是用于防火分隔或配合分隔物使用的防火设施，包括防火分隔水幕和防护冷却水幕两种类型。

用密集喷洒形成的水墙或水帘代替防火墙，用于隔断空间、封堵门窗孔洞，起阻挡热烟气流扩散、火灾的蔓延、热辐射作用的，为防火分隔水幕。

防火水幕带的基本概念是：能起防火分隔作用的水幕，其有效宽度不应小于6 m，供水强度不应小于2 $L \cdot s^{-1} \cdot m^{-1}$，喷头布置不应小于3排，且在其上部和下部不应有可燃物构件和可燃物。

防火卷帘作为一种分隔建筑空间的分隔物，达不到防火墙的耐火性能要求，当配有能保障其耐火完整性和隔热性的水幕后，才能代替防火墙。这种配合防火卷帘等分隔物进行防火分隔的水幕，为防护冷却水幕。当防火分区无法采用防火墙等设施进行分隔，或必须采取措施配合防火卷帘、玻璃幕墙等分隔物进行建筑空间的防火分隔，以及因建筑物防火间距不足必须采取措施屏蔽辐射热等情况时，采用防火分隔水或防护冷却水幕解决。

总之，需要进行水幕保护或防火隔断的部位，设置水幕系统。

水幕系统采用开式洒水喷头或水幕喷头，由喷头、管道和控制水流的阀门等组成。水幕系统可采用自动控制或手动操作的方式启动。采用自动控制方式启动的系统应设雨淋阀。当采用自动控制方式时，应同时设有手动开启雨淋阀的装置。

自动开启雨淋阀的传动设备：火灾自动报警系统；安装闭式喷头的传动管装置；带易熔锁封的钢索绳装置。保护范围较小的水幕，可采用感温雨淋阀（或称开式喷头控制器）控制水幕的开启。

有些现代化高层公用建筑，较多地使用防火卷帘代替防火墙。如大型商场、展览楼、综合楼等。为了确保其阻火的可靠性，必须在防火卷帘的两侧设闭式自动喷水系统保护，喷头的间距不应小于2 m且为独立系统，火灾延续时间按3 h计算。对水幕用水量的规定：当水幕作为保护作用或配合防火幕或防火卷帘进行防火分隔时，其用水量不应小于0.5 $L \cdot s^{-1} \cdot m^{-1}$；舞台口、面积超过3 m^2 的分隔水幕以及防火分隔水幕带的用水量不宜小于2 $L \cdot s^{-1} \cdot m^{-1}$。

水幕采用的喷头，应根据喷水强度均匀布置，不得出现用水量分布的空白点，并应符合下列要求：水幕与防火卷帘等分隔物配合使用，或以防火降温为目的的作防护冷却时，可单排布置，并向防火幕或防火卷帘等保护对象喷水；舞台口和面积超过3 m^2 的孔洞部位的水幕喷头，宜成双排布置，两排之间的距离不应小于1 m（见图5.13，图中 S 按喷水强度计算确定）。

防火分隔水幕带的喷头布置不应小于3排,保护宽度不应小于6 m(见图5.14)。

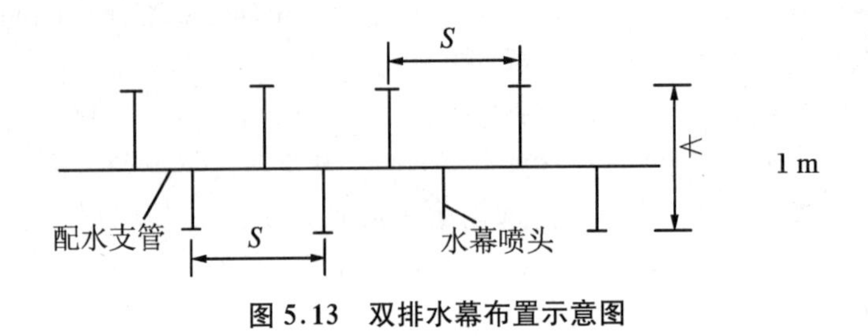

图5.13　双排水幕布置示意图

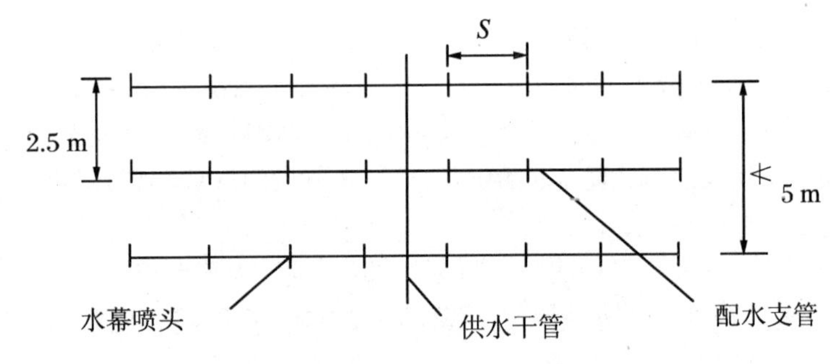

图5.14　水幕带布置示意图

每条水幕安装的喷头数不宜超过72个,以免系统过大,不便检修或检修时间影响的范围太大。同一根配水支管上应布置相同口径的水幕喷头。

水幕的有效性不仅取决于喷水强度,还取决于布水方式。对于防护冷却水幕,将水喷向防火卷帘等分隔设施的表面效果最好。对于防火分隔水幕,要阻挡火灾面积蔓延后形成的高温高速热烟气流,则绝非易事。因此要求根据情况布置2至3排喷头,组成有一定厚度且高强度喷洒的水幕。防火分隔水幕如采用洒水喷头,喷洒水量形成的冷却面积将大幅度增加,密集喷洒形成的水墙,阻挡和冷却高温高速火灾热气流及蔓延中火焰的效果更好。

2) 水力计算

(1) 喷头出水量

系统中喷头的出水量按下式计算:

$$q = k\sqrt{\frac{p}{9.8\times 10^{-4}}} \tag{5.4}$$

式中,q——喷头的出水量($\mathrm{L\cdot min^{-1}}$);

p——喷头的工作压力(Pa);

k——喷头流量特性系数

喷头出水量公式为通用公式，我国目前仅生产 $k=80$ 的标准喷头，国外则有多种 k 系数不同的喷头供设计选用，但各种 k 系数喷头的出水量均按上式计算。

(2) 系统设计流量

一般作用面积采用矩形，并按作用面积内喷头开放后的出水量计算系统流量。具体规定：

自动喷水灭火系统流量宜按最不利位置作用面积喷水强度计算。作用面积宜采用正方形或长方形。当采用长方形布置时，其长边应平行于配水支管，边长宜为作用面积值平方根的1.2倍。

轻、中危险级系统进行水力计算时，应保证作用面积内的平均喷水强度不小于规范的规定值(设计喷水强度)。作用面积内任意4只喷头组成的保护面积内的平均喷水强度，不应大于也不应小于设计喷水强度规定值的20%。由于计算时各喷头的流量假设相等，而实际上存在差异，因此配水管流量必须适当增大。为此，规定轻、中危险级系统的设计流量按下式计算：

$$Q_S = (1.15 - 1.3) Q_L \tag{5.5}$$

式中，Q_S——系统设计秒流量($L \cdot s^{-1}$)；

Q_L——设计喷水强度与作用面积的乘积($L \cdot s^{-1}$)。

1.15—1.30的取值，参考了发达国家系数的取值，并结合我国积累的设计计算经验确定。

对仅在走道内布置一排喷头的情况，不论走道内单排管道上布置多少喷头，每层均按最多开放5只喷头计算，但系统设计流量的确定方法不变。

(3) 管道水头损失

国内外对自动喷水灭火系统管道水头损失的计算公式类型较多，常用的有以下几种。

我国《建筑给水排水设计规范》公式[4]：

$$i = 0.0000107 \frac{v^2}{d_j^{1.3}} (MPa \cdot m^{-1}) \tag{5.6}$$

式中，v——管道内水的平均流速($m \cdot s^{-1}$)；

d_j——管道计算内径，取值为管道内径减去1(mm)；

0.0000107——摩阻系数，按旧钢管和 $v \geqslant 1.2\ m \cdot s^{-1}$ 选取。

综合各国规范的规定，我国现行确定系统管道内的水流速度不宜超过 $5\ m \cdot s^{-1}$，配水支管内的水流速度在个别情况下可超过 $5\ m \cdot s^{-1}$ 但不应大于 $10\ m \cdot s^{-1}$。

前苏联自动喷水系统规范采用的公式：

$$i = 0.000010293 \frac{Q^2}{d^{5.33}} (\mathrm{MPa \cdot m^{-1}}) \tag{5.7}$$

美、英、日、德采用的公式：

$$P = \frac{6.05 \times Q^{1.85} \times 10^8}{C^{1.85} \times d^{1.87}} (\mathrm{mbar \cdot m^{-1}}) \tag{5.8}$$

式中，C——T 管道材质系数，取 $C = 120$。

表 5.11　按各公式计算的水头损失比较表

流量		管径	流速	管道沿程水头损失（$mH_2O \cdot m^{-1}$）		
$L \cdot min^{-1}$	$L \cdot s^{-1}$	mm	$m \cdot s^{-1}$	式(5.6)	式(5.7)	式(5.8)
80	1.33	25	2.30	0.776	0.513	0.292
160	2.67	32	2.66	0.667	0.483	0.274
400	6.67	50	3.02	0.492	0.319	0.225
800	13.33	70	3.67	0.514	0.331	0.230
1200	20.00	80	3.93	0.467	0.229	0.222
1600	26.67	100	3.02	0.190	0.121	0.104
2400	40.00	150	2.25	0.0543	0.034	0.0328
公式选用的国家				中国	前苏联	美、英、德、日

由表 5.11 可见，由于各个公式本身的局限性或某些缺陷，以及所采用系数的取值上的差异，使计算结果相差较大。尤其我国《室内给排水和热水供应设计规范》采用公式计算的水头损失最高。

据资料介绍："经实测，自动喷水系统管道在使用 20 — 25 年后的水头损失接近设计值"，所以采用的管道水头损失的计算公式宜偏于安全。

鉴于我国目前尚无对自动喷水系统管道水头损失的实测资料，为了与室内给水管道的计算方法一致，规范确定选用我国《建筑给水排水设计规范》所采用的公式。

管道局部水头损失可采用当量长度法计算或按管网沿程水头损失值的 20% 确定。

除我国现行规范外，美、日、英、德国等发达国家均采用当量长度法计算局部水头损失（见表 5.12）。

我国标准规定报警阀和水流指示器的摩阻为 0.02 MPa。

（4）水力计算

自动喷水系统的管道水力计算较为繁琐。管道中同时有许多喷头喷水，且每个喷头由于工作压力不同而流量各不相同，计算过程中容易出现人为的差错。采用管道估算表是一种简化计算的方法。如表 5.13 所示。

表 5.12　美国标准规定的当量长度表

管件名称	管件直径(mm)										
	25	32	40	50	70	80	100	125	150	200	250
45°弯管	0.3	0.3	0.6	0.6	0.9	0.9	1.2	1.5	1.7	1.7	3.3
90°弯管	0.6	0.9	1.2	1.5	1.8	2.1	3.1	3.7	4.3	5.5	6.7
90°长弯管	0.3	0.3	0.3	0.9	1.2	1.5	1.8	2.4	2.7	4.0	4.5
三通或四通管	1.5	1.8	2.4	3.1	3.7	4.6	6.1	7.6	9.2	10.7	15.3
蝶阀				1.8	2.1	3.1	3.7	2.7	3.1	3.7	5.8
闸阀				0.3	0.3	0.3	0.6	0.6	0.9	1.2	1.5
止回阀	1.5	2.1	2.7	3.4	4.3	4.9	6.7	8.3	9.8	13.7	16.8
报警阀	—	—	—	6	12	—	18	24	30	46	62

表 5.13　各国规范管道估算表的汇总表

名称	英国(FOC)自动喷水装置规范			美国(NFPA)自动消防灭火设备规则			日本(损保协会)自动消防灭火设备规则				前苏联自动消防设计规范	我国兵器工业部五院资料
采用的计算公式	海澄—威廉公式：$\Delta P=\frac{6.05\times Q^{1.85}\times 10^{8}}{C^{1.85}\times d^{1.87}}$(mbar)，　$C=120$										满宁公式：$I=\frac{1}{n}R^{2/3}$	
											$n=0.010$	$n=0.0106$
建筑物危险等级	轻级	中级	严重级	轻级	中级	严重级	轻级	中级	严重级	—	—	—
喷水强度(L·min⁻¹)	2.25	5.0	15—30	2.4—4.1	3.3—8.5	8.1—15	5	6.5	10	15—25	—	—
作用面积(m^2)	84	72—360	260—300	139—372	139—465	232—557	150	240—360	360	260—300	—	—

续表

名称		英国(FOC)自动喷水装置规范		美国(NFPA)自动消防灭火设备规则			日本(损保协会)自动消防灭火设备规则				苏联自动消防设计规范	我国兵器工业部五院资料	
最不利点喷头出口压力(mH_2O)		5.0		10.0			10.0				5.0	5.0	
管道估算表	ø20	1	—	—	—	—	—	—	—	—	—	—	—
	ø25	3	2	2	2	2	1	2	2	1	—	2	2
	ø32	按水力计算	3	3	3	3	2	4	3	2	1	3	3
	ø40		4或6	4	5	5	5	7	6	4	2	5	5
	ø50		9	8	10	10	8	10	8	6	4	10	10
	ø70		18	12	30	20	15	20	16	12	8	20	20
	ø80		按水力计算	18	60	40	27	32	24	18	12	36	25
	ø100			48	>130	100	55	>32	48	48	16	75	40
	ø150			按水力计算		275	150		>48	>48	48	140	>40
	ø200					>275	>150				>48		

各国对管道估算表的使用也有所不同,前苏联规范规定采用管道估算表初步确定管径,然后采用水力计算验算;美、英等国则将管道估算表列为规范的公式规定,可以与水力计算同样有效地确定管径。

表 5.14　通过计算汇总得出的适用于我国规范的管道估算表

危险等级 / 允许安装喷头个数 / 管径(mm)	轻危等级	中危等级	严重危险级
ø25	2	1	1
ø32	3	3	3
ø40	5	4	4
ø50	10	10	8
ø70	18	16	12
ø80	48	32	20
ø100	按水力计算	60	40
ø140×5.5		按水力计算	>40

(5) 进水管压力计算

自动喷水系统由市政或其他给水管道供水的进水管的压力或消防水泵的扬

程，按下式计算确定：

$$H = \sum H + h_o + h_r + z \quad (5.9)$$

式中，H——进水管或消防水泵的计算压力(MPa)，$\sum H$ 为系统管道沿程和局部的水头损失的总和(MPa)；

h_o——最不利喷头的工作压力(MPa)；

h_r——报警阀的局部水头损失，取值 0.02 MPa；

z——最不利点处喷头与进水管或消防水泵的中心线之间的静水压(MPa)。

5.2.3 水喷雾灭火系统

水喷雾系统是由自动喷水系统派生出来的自动灭火系统，被广泛应用于火灾危险性大，发生火灾后不易扑救或火灾危害严重的重要工业设备与设施。

此外，由于水喷雾系统灭火速度快、灭火用水少有防护冷却效果好，可安全扑救油浸式电气设备火灾和闪点高于 60 ℃液体火灾。同时，该系统设计灵活，造价低，适合对工业设备实施立体喷雾保护。

1. 系统概述

1) 适用范围

适用于新建、扩展、改建工程中生产、储存装置或装卸设施设置的水喷雾灭火系统的设计；不适用于运输工具或移动式水喷雾灭火装置的设计。

2) 系统的特点和组成

消防设计中对火灾危险性大，蔓延速度快，火灾后果严重，扑救困难或需要全方位立体喷水和为消除火灾威胁而进行必要的防护冷却的对象，采用水喷雾灭火系统用水量低，效果好。

水喷雾灭火系统的组成和雨淋自动喷水系统相似，两种系统仅仅是采用的喷头不同。水喷雾系统采用水雾喷头，水雾喷头利用离心力或撞击的原理，在较高的水压作用下，将水流分解为呈喷射流态的细小水滴。在水雾喷头的雾化角范围内，喷出的雾状水形成一圆锥体。圆锥体内充满水雾滴，水雾滴的粒径一般在 0.3—1.0 mm 的范围内。在水压的作用下，水平喷射的水雾，沿雾化角的角边轨迹运行一段距离后，在水雾滴重力的作用下开始沿抛物线轨迹下落，自喷头喷口至水雾达到的最高点之间的水平距离，称作有效射程。有效射程内的喷雾，粒径小而均匀，灭火和防护冷却的效率高；超出有效射程的喷雾，部分雾滴的粒径增大，水平喷射时漂移和跌落的水量明显增加。

雨淋阀组的功能为接通或关闭水喷雾灭火系统的供水；接收电控信号，可液动或气动开启雨淋阀;具有手动应急操作阀;显示雨淋阀启、闭状态;驱动水力警铃;监测供水压力;电磁阀前应设过滤器。

2. 系统设计与相关的计算

1) 系统设计

(1) 设计参数

水喷雾系统的设计基本参数,包括喷雾强度、持续喷雾时间、水雾喷头的工作压力和系统响应时间。

喷雾强度是系统在单位时间内对保护对象每平方米保护面积喷射的喷雾水量,其与保护对象的保护面积和持续喷雾时间的乘积是确定系统用水量的依据。水雾喷头工作压力和系统响应时间则是保证水的雾化效果和喷雾的动量与强制开始喷雾时间的主要数据。

系统的组成与雨淋自动喷水系统十分相像,但由于采用水雾喷头,使灭火机理和保护对象发生了质的变化。

系统设计中对水雾喷头的选型有如下规定:为了保证安全扑救电器火灾,应选用离心雾化喷头;当用于腐蚀性环境时,应选用防腐型水雾喷头;当用于粉尘场所时,设置的水雾喷头应有防尘罩。

离心雾化型水雾喷头内的流道,流通水的截面一般很小。为了防止被堵塞,因此对水质有要求,所以规定雨淋阀前应设有过滤器。当水雾喷头无过滤器时,雨淋阀后的管道也要求设过滤器。为避免过滤器的局部阻力过大,过滤器滤网的孔径应符合 4 — 7 目 · cm^{-2}的规定,过滤器滤网则要求使用耐腐蚀金属材料制作。水喷雾系统雨淋阀后的管道应采用内外镀锌钢管,且宜采用丝扣连接。雨淋阀后的管道上不应设置其他用水设施;并应在管道的最低点和容易形成积水的部位设置泄水阀和相应的排水设施,防止管道内因积水结冰而造成管道损伤。

其他设计要求,与雨淋自动喷水系统相同。

表 5.15 为用于不同防护目的、不同保护对象的水喷雾系统的喷雾强度和持续喷雾时间的最低限度的规定,设计中采用的数据不应低于表 5.15 中的数据。为保证水喷雾喷头的雾化效果和喷雾应有的动量,用于灭火目的的系统,其水雾喷头的工作压力不应低于 0.35 MPa;用于防护冷却的系统,水雾喷头的工作压力较低,为保证水的分散性,不应低于 0.2 MPa。

表 5.15 设计喷雾强度与持续喷雾时间

<table>
<tr><th>防护目的</th><th colspan="2">保护对象</th><th>设计喷雾强度
$(\mathrm{L\cdot min^{-1}\cdot m^{-2}})$</th><th>持续喷雾时间</th></tr>
<tr><td rowspan="6">灭火</td><td colspan="2">固体火灾</td><td>15</td><td>1</td></tr>
<tr><td rowspan="2">液体火灾</td><td>闪点 60 — 120 ℃的液体</td><td>20</td><td rowspan="2">0.5</td></tr>
<tr><td>闪点高于 120 ℃的液体</td><td>13</td></tr>
<tr><td rowspan="3">电器火灾</td><td>油浸式电力变压器、油开关</td><td>20</td><td rowspan="3">0.4</td></tr>
<tr><td>油浸式电力变压器集油坑</td><td>6</td></tr>
<tr><td>电缆</td><td>13</td></tr>
<tr><td rowspan="4">防护冷却</td><td colspan="2">甲、乙、丙类液体生产、储存、装卸设施</td><td>6</td><td>4</td></tr>
<tr><td rowspan="2">甲、乙、丙类液体存储</td><td>直径 20 m 以下</td><td rowspan="2">6</td><td>4</td></tr>
<tr><td>直径 20 m 及以上</td><td>6</td></tr>
<tr><td colspan="2">可燃气体生产、输送、装卸、存储设施，罐瓶间，瓶库</td><td>9</td><td>6</td></tr>
</table>

鉴于水喷雾系统多用于高危险、难扑救、火灾后果严重必须尽快实施扑救措施的工业设施，因此对从火灾探测器动作到喷头喷出水雾的响应时间做了具体规定：用于灭火目的的水喷雾系统，不应大于 45 s；用于液化气生产、储存装置或装卸设施防护冷却的水喷雾系统，不应大于 60 s；用于其他设施防护冷却的系统，不应大于 300 s。

为了保证系统灭火或防护冷却的效果，以上设计基本参数应根据系统的防护目的与保护对象的具体情况确定。

为了充分发挥水喷雾对燃烧的冲击冷却与窒息作用，对保护对象应力求达到的是水雾直接喷射并完全覆盖的效果，对油浸式电力变压器、皮带输送机、多排敷设的电缆和液体燃料储罐、液化石油气储罐等需要全方位包围喷雾的对象也是如此。因此，除了液化石油气罐瓶间、实瓶库和火灾危险品生产车间、散装库房、可燃液体泵房、可燃气体压缩机房等采取屋顶安装喷头，向下集中喷射水雾的系统，按建筑物的使用面积确定系统的保护面积外，需要立体地喷雾保护的对象，保护面积按其外表面面积确定。上述确定保护对象保护面积的基本原则是国际上的习惯做法。对于外形不规则的对象，首先将其调整为能够包容保护对象的规则体或规则体的组合，如圆柱体、长方体等几何体，然后按规则体或组合各规则体的表面面积确定保护面积，这是系统设计的最初步骤。液化石油气球形储罐为规则的球体，储存液体燃料的卧式罐、立式罐也基本为规则体，其保护面积按储罐的外表面面积确定。油浸式电力变压器的保护面积除应按扣除底面面积的变压器外表面面积确定外，尚应包括变压器油枕和冷却器外表面面积以及集油坑的投影面积。输送机皮带包括上行和下行皮带，按水雾包围上下行皮带的方式喷雾灭火。由于包容皮带及输送物上下行皮带的规则体占据的空间较小，如按包容体外表面面积确定保护面积，将导致布置的喷头数量较多和系统的流量较大。因此皮带输送机的保护面积，按上行皮带的上表面面积确定。分层敷设的电缆同样按水雾包围多层电缆整体的方式喷雾灭火。由于多层敷设的电缆对水雾的直接喷射有较大的阻挡，所以其整体的保护面积按包容多层电缆所占据的最小空间的几何体的外表面面积确定。用于扑救开口容器（如淬火油槽）和小型燃油（如渣油）立式储罐的水喷雾系统，其灭火方式为喷雾覆盖整个液面，因此，保护面积按容器、储罐的液面面积确定。

(2) 喷头布置

为保护对象合理地布置喷头，最主要的准则是将喷雾均匀并直接喷射和完全覆盖保护面积，以及确保保护对象所需的设计喷雾强度。保护对象布置的喷头数量，应按灭火或防护冷却的喷雾强度、保护面积、系统选用水雾头的流量特性经计算确定。水雾喷头流量的计算公式为

$$q = K\sqrt{10P} \tag{5.10}$$

式中，q——水雾喷头的流量（$\mathrm{L\cdot min^{-1}}$）；

K——水雾喷头的流量系数，取值由水雾喷头的生产厂提供；

P——水雾喷头的工作压力（MPa）。

根据保护对象的保护面积，计算水雾喷头数量的公式为

$$N = W\cdot S/q \tag{5.11}$$

式中，N——由保护对象的保护面积、喷雾强度和喷头工作压力确定的水雾喷头的数量；

S——保护对象的保护面积（$\mathrm{m^2}$）；

W——保护对象的设计喷雾强度（$\mathrm{L\cdot min^{-1}\cdot m^{-2}}$）。

根据计算结果布置喷头时，应使水雾直接喷射并完全覆盖保护对象的保护面积，当计算得出的喷头数量不能满足直接喷射并完全覆盖保护面积的要求时，应按满足上述布置喷头的要求增设水雾喷头。

采取顶喷的方式，在屋顶或保护对象上方平面安装的水雾喷头，可按矩形或菱形方式布置。当按矩形布置时，为使水雾完全覆盖保护面积，且不出现空白，喷头

之间的距离，不应大于1.4倍喷头水雾锥的底圆半径(见图5.15)；当按菱形布置时，水雾喷头之间的距离，不应大于喷头水雾锥底圆半径的1.7倍(见图5.16)。

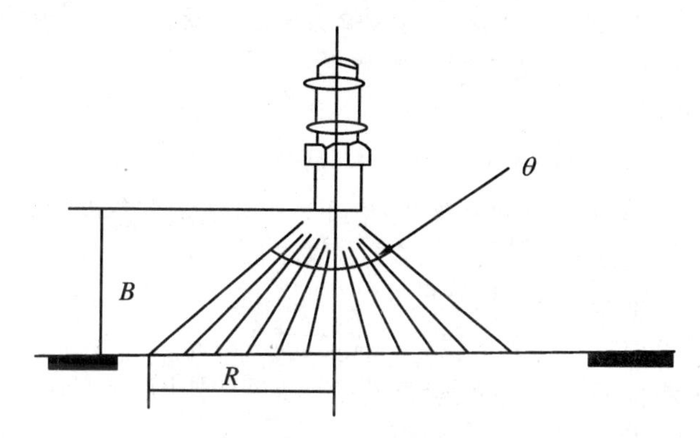

图5.15　喷嘴布置示意图

R——水雾喷头的喷雾半径；B——喷头与保护对象的间距；θ——喷头雾化角。$R = B \cdot \text{tg}\,\theta$

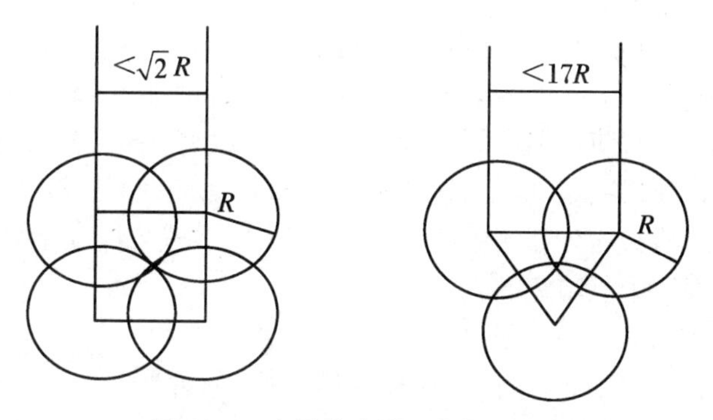

图5.16　水雾喷头间距及布置形式

水雾锥底圆半径的计算公式为

$$R = B \cdot \text{tg}\,\frac{\theta}{2} \tag{5.12}$$

式中，R——水雾锥底圆半径(m)；

B——水雾喷头的喷口与保护对象的保护面积之间的距离(m)，但取值不应大于喷头的有效射程；

θ——水雾喷头的雾化角。

对保护对象采取包围喷雾的系统，布置喷头时，水雾喷头与保护对象之间的距离同样不应大于水雾喷头的有效射程。

可燃气体和甲、乙、丙类液体储罐布置的水雾喷头，其喷口与储罐外壁之间的距离不应大于 0.7 m。

储罐设置水喷雾系统的目的是防护冷却，规定喷头与罐壁之间的距离，是为了防止火灾热气流和风对喷雾的影响，减少喷雾撞击罐壁后反弹形成的水量损失，保护喷雾在罐壁上形成水膜的水量和成膜效果。

球罐周围布置的水雾喷头，一般安装在水平环绕球罐的环管上。水雾喷头的喷口应面向球心。每根环管上布置的喷头，应保护水雾锥沿纬线方向有相互重叠交叉部分；上下相邻环管上布置的喷头，应保护水雾锥沿经线方向至少相切。容积 $\geqslant$1000 m^3 的球罐，赤道以上的环管，间距可放宽至 3.6 m。

无保护层的球罐钢支柱、液位计、阀门等处亦应有水雾喷头保护。

保护油浸式电力变压器的水喷雾系统，其喷头的布置应符合下列要求：为了保护水喷雾的电绝缘性能，水雾喷头应布置在变压器的四周，而不宜布置在变压器的顶部上方。为避免喷雾击中高压套管，保护变压器顶部的水雾不得直接喷向高压套管。布置在变压器四周的水雾喷头，应安装在环绕变压器的管道上。每排水平布置的喷头之间，以及上下相邻各排水平布置的喷头之间的距离，均应满足使上下及左右方向水雾锥的底圆有相互重叠相交的部分。变压器的油枕、冷却器和集油坑，应设有水雾喷头保护。水雾喷头在平滑而垂直的表面上是最理想的，但变压器的表面是凹凸不平的，使喷雾遭到一些阻挡而不能做到直接喷射和完全覆盖，这时则须增加喷头，弥补因喷雾受阻而造成的布水量不足的缺陷。变压器的不规则形状，使实际布置的喷头比计算的数量要多，保护变压器的实际喷雾水量比计算的用水量要多，这是设计中所难免的。

(3) 操作与控制

水喷雾灭火系统是用于保护火灾蔓延速度快、危害严重的工业场所与重要设备的消防设施，为了保护系统的响应时间和工作的可靠性，应设有自动控制、手动(远程)控制和应急操作三种控制方式。对规定系统响应时间大于 60 s 的保护对象，系统可采用手动(远程)和应急操作两种控制方式。

自动控制：是指系统的火灾探测、报警部分与供水设备、雨淋阀等部件自动联锁的控制方式。手动(远程)控制：指人为远距离操纵供水设备、雨淋阀启动的控制方式。应急操作：指人在现场操作启动供水设备、雨淋阀的控制方式。为了实现系统操作的自动控制，水喷雾系统需配套设置火灾自动报警系统或传动管报警系统。除点式感烟、感温探测器外，水喷雾系统可根据保护对象的现场环境条件，选用下列火灾探测器件：缆式线型定温火灾探测器、空气管式感温探测器或闭式(自动)洒水喷头。当采用闭式喷头做探测器时，应采用传运管传输火灾信号。采用闭式喷头做探测器的传动管火灾自动报警系统，利用闭式喷头的热敏元件探测火灾，抗环境因素干扰的能力强；利用传动管内的压力变化传输火灾信号，造价低，可靠性好。

传动管传输压力降的方式有气动和液动两种，气动方式的传动管内充压缩空气，液动方式的传动管内充有压液体、水或防冻液。传动管系统开启雨淋阀的方式有直接和间接两种。直接启动方式是将传动管与雨淋阀的控制腔连接，当喷头爆破、传动管泄压时，控制腔同时泄压开启雨淋阀；间接启动方式是利用压力开关将传动管的压力降信号传送给报警控制器，由报警控制器开启电磁阀后启动雨淋阀。在缆式线型定温探测器问世以前，传动管火灾报警系统在潮湿、粉尘、防爆等场所及室外的使用相当普遍。传动管上闭式喷头的安装间距不宜大于 2.5 m，传动管的直径宜为 15 — 20 mm、长度不宜大于 300 m。

水喷雾系统的保护对象主要是工厂企业中的液化石油气储罐、油浸式电力变压器、皮带输送机廊道和电缆隧道等。保护对象的规模、面积或长度一般都比较大，而且往往分组或分区段组成储罐区、生产线或大系统。一旦发生火灾，如不及时扑救，蔓延速度很快，而大范围保护将造成消防用水量过大。采取局部区域性保护的方式不仅效果好而且节约水量，因此系统往往被设计成多台雨淋阀分区控制喷头工作范围的形式。当保护对象的保护面积较大或保护对象的数量较多时，水喷雾系统应设置多台雨淋阀，并利用雨淋阀控制同时喷雾的水雾喷头的数量。保护液化石油气储罐系统的自动控制，除了应能启动保护直接受火灾威胁储罐的雨淋阀外，还应能启动保护距离直接受火灾威胁的储罐 1.5 倍罐径范围之内邻近储罐的雨淋阀，达到同时冷却保护直接受火罐及其一定范围内邻近罐的效果。

皮带输送机发生火灾后，探测器报警时，起火点很可能已经前移一段距离。因此，系统启动时除应立即切断输送机电源外，对分区段保护输送机皮带的系统，除启动保护起火报警区段雨淋阀外，还应能启动保护起火区段下游相邻区段的雨淋阀。

2) 水力计算

水喷雾系统的水力计算，要求对一次灭火操作中同时喷雾的水雾喷头，自保护范围内的最不利位置开始，至最有利位置，计算同时喷雾喷头的累计流量，并按下式确定系统的计算流量：

$$Q_{\mathrm{j}} = 1/60\sum_{i=1}^{n} q_i \tag{5.13}$$

式中：Q_{j}——系统的计算流量（$\mathrm{L \cdot s^{-1}}$）；

n——系统启动后同时喷雾的水雾喷头数量；

q_i——给定水雾喷头的流量（$\mathrm{L \cdot min^{-1}}$），按给定水雾喷头的实际工作压力

P_i(MPa)计算。

当系统采用多台雨淋阀,通过控制同时喷雾来控制喷雾区域时,系统的计算流量应按系统各个局部喷雾区域中同时喷雾的水雾喷头的最大用水总量确定。

系统的设计流量应按下式计算:

$$Q_s = k \cdot Q_j \tag{5.14}$$

式中,Q_s——系统的设计流量($L \cdot s^{-1}$);

k——安全保险系数,取值 1.05 — 1.10。

5.3 泡沫灭火系统

本章所涉及的泡沫系统系指空气机械泡沫系统。按发泡倍数,泡沫系统可分为低倍数泡沫灭火系统、中倍数泡沫灭火系统和高倍数泡沫灭火系统。发泡倍数在 20 倍以下的称低倍数泡沫;发泡倍数 21 — 200 倍之间的称中倍数泡沫;发泡倍数在 201 — 1000 倍之间的称高倍数泡沫[5]。

5.3.1 低倍数泡沫灭火系统

1. 系统概述

1) 适用范围

低倍数泡沫灭火系统适用于开采、提炼加工、储存运输、装卸和使用甲、乙、丙类液体场所。例如油田(海上、地面),炼油厂,化工厂,油库(地面库、半地下库、洞库),长输管线始末站,铁路槽车、汽车槽车的鹤管栈桥,油轮、油船付油台,加油站,码头(油化工产品),汽车库,飞机场,飞机维修库,燃油锅炉房等场所。

低倍数泡沫灭火系统不适用于船舶、海上石油平台以及储存液化烃的场所。如液化石油气,因为其在常温常压情况下属于气体状态,只有加压以后才成为液体状态。

2) 泡沫液的选择

首先要看保护对象是水溶性液体还是非水溶性液体。水溶性液体系指与水混合后可溶于水的液体,如化工产品甲醇、丙酮、乙醚等。非水溶性液体系指与水混合后不溶于水的液体,如石油产品汽油、煤油、柴油等。

扑救水溶性甲、乙、丙类液体火灾必须选用抗溶性泡沫液。其道理是:水溶性液体是一种极性液体。对于极性液体火灾的扑救，关键是能要有效地抑制极性液体强烈的脱水作用并在燃烧的液面上形成一个稳定的泡沫层。因而只能采用抗溶性泡沫。例如：凝胶型抗溶泡沫液，它由触变性多糖、氟碳表面活性剂、碳氢表面活性剂、溶剂与降黏剂、泡沫稳定剂等组分组成。触变性多糖是一种水溶性生物胶，它易溶于水，但不溶于极性液体。这种多糖水溶液遇到醇、酯、醚等极性液体时，立刻形成絮状沉淀，形成一层胶膜。这层胶膜可以阻止泡沫与极性液体接触，同时也阻止极性液体向上层泡沫扩散，抑制其脱水作用。从而保证在极性液体上形成一连续的泡沫层，并通过冷却、隔绝空气和抑制液体蒸发等作用而灭火。

扑救水溶性液体火灾，只能采用液上喷射泡沫，不能采用液下喷射泡沫，并且还必须采用软施放，不能将泡沫直接冲击或搅动燃烧的液面，因为泡沫中带有水，通过水溶性流体时，泡沫会遭到破坏，因而不能灭火。

对于非溶性液体火灾，当采用液上喷射泡沫灭火时，选用普通蛋白泡沫、氟蛋白泡沫液或水成膜泡沫液均可。当然选用扑救水溶性液体火灾的抗溶性泡沫或多功能泡沫也可以，但经济上不合理，因抗溶性泡沫液比普通蛋白泡沫液或氟蛋白泡沫液贵很多。

普通蛋白泡沫的灭火原理：通过泡沫和其析出液体对燃料的冷却，隔绝空气和抑制液体蒸发等作用而灭火。

对于非水溶性液体火灾，当采用液下喷射泡沫灭火时，必须选用氟蛋白泡沫液或水成膜泡沫液。因为液下喷射泡沫，泡沫通过油层浮升到油面时，在浮升过程中泡沫会挟带一些油。试验证明，普通蛋白泡沫的含油率（液体体积）达到8.5%时就会自由燃烧，即使能浮到液面上来也不能灭火；而氟蛋白泡沫的含油率达到23%时，泡沫才有可能发生自由燃烧。这是因为氟蛋白泡沫是由水解蛋白、氟碳表面活性剂、碳氢表面活性剂、溶剂以及必要的抗冻剂等成分组成。其中，氟碳表面活性剂的主要作用是大幅度降低泡沫混合液的表面张力，提高泡沫流动性。另外氟蛋白泡沫层与燃料表面的交界处存在一个由氟碳表面活性剂分子定向排列组成的吸附层，这样对燃料有很好的封闭作用，当采用液下喷射方式时，氟蛋白泡沫仍然也挟带些燃料，但由于其封闭作用，泡沫不易发生自由燃烧。其次氟碳基具有强烈的疏油作用，所以氟蛋白泡沫具有很强的抗燃料污染能力。

泡沫液配制成泡沫混合液，应符合一定要求。蛋白、氟蛋白、抗溶氟蛋白型泡沫液，配制成泡沫混合液，可使用淡水和海水；凝胶型、金属皂型泡沫液，配制成泡沫混合液，应使用淡水；所有类型的泡沫液，配制成泡沫混合液，严禁使用影响泡沫灭火性能的水；泡沫液配制成泡沫混合液用水的温度宜为4—35℃。泡沫液的储存温度应为0—40℃，且宜储存在通风干燥的房间或敞棚内。

3）系统型式的选择

系统型式的选择，一般应根据保护对象的规模、火灾危险性大小、总体布置、扑救难易程度以及消防站的设置情况等因素综合考虑确定。

总储量大于等于500 m^3 独立的非水溶性甲、乙、丙类液体储罐区，总储量大于等于200 m^3 的水溶性甲、乙、丙类液体立式储罐区，机动消防设施不足的企业附属非水溶性甲、乙、丙类液体储罐区，宜选用固定式泡沫灭火系统。

固定式泡沫灭火系统，是由固定消防泵站、泡沫比例混合器、泡沫液储存设备、泡沫产生装置和固定管道及系统组件组成的灭火系统，一旦保护对象着火，能自动或手动供给泡沫，及时扑救火灾。

机动消防设施较强的企业附属甲、乙、丙类液体储罐区，石油化工生产装置区火灾危险性大的场所，宜选用半固定式泡沫灭火系统。

半固定式泡沫灭火系统，是由固定泡沫产生装置和水源，泡沫消防车或机动消防泵，临时由水带连接组成的灭火系统；或者由固定的泡沫消防泵、相应的管道和移动的泡沫产生装置（泡沫炮、泡沫钩枪）用水带临时连接组成的灭火系统。

根据国内外的实践经验，企业油库或企业化工产品原料库、成品库及装置区等场所虽然火灾危险性较大，但这些企业均设有专职消防人员，泡沫、干粉水罐消防车通常配备较强，消防道路和水源完善，再加上可燃气体自动检漏报警设备和通信联络装置齐全，对于像这样条件下的被保护对象，综合考虑，仍宜选用半固定式泡沫灭火系统。

总储量不大于500 m^3、单罐容量不大于200 m^3，且罐壁高度不大于7 m的地上非水溶甲、乙、丙类液体立式储罐；总储量小于200 m^3、单罐容量不大于100 m^3 且罐壁高度不大于5 m的地上水溶性甲、乙、丙类液体立式储罐；卧式储罐（因卧式储罐一般容量较小，国内常用30 m^3 或50 m^3，最大也就是100 m^3）；甲、乙、丙类液体装卸区易泄漏的场所（如加油站、石化生产装置区可能发生液体跑、冒、滴、漏）；另外装置内由于工艺的要求，一般设置一些中间物料罐或泵，这些设备也易发生液体泄漏，以上这几种情况下，采用移动式泡沫灭火系统，使用起来机动、灵活。

移动式泡沫灭火系统，即由消防车或机动消防泵、泡沫比例混合器、移动式泡沫产生装置（泡沫炮、泡沫枪），用水带临时连接组成的灭火系统。

2. 系统设计

在储罐区泡沫灭火系统的设计中，其泡沫混合液量应满足扑救储罐区内泡沫混合液用量最大的单罐火灾的要求。这里应特别注意的是：泡沫混合液用量最大，不一定储罐容积最大。

例如，罐区有一座地上圆柱形立式钢质5000 m^3 拱顶汽油拱顶汽油罐，储罐直

径 $D=21\ \mathrm{m}$,其横截面面积为

$$S = \frac{\pi}{4} \times 21^2 = 346\ (\mathrm{m}^2)$$

则所需泡沫混合液供给量为

$$Q_{混} = q \times S \times T = 6 \times 346 \times 40 = 83040\ (\mathrm{L})$$

其中,q——泡沫混合液供给强度,取 $6\ \mathrm{L \cdot min^{-1} \cdot m^{-2}}$;

T——连续供给泡沫混合液时间,取 40 min。

另有 10000 m^3 外浮顶罐,其罐内径为 31 m,泡沫堰板距罐壁距离为 1 m,其罐壁与泡沫堰板之间的环形面积为

$$S = \frac{\pi}{4} \times [31^2 - (31 - 1 \times 2)^2] = 0.785(961 - 841) = 94.2\ (\mathrm{m}^2)$$

则所需泡沫混合液供给量为

$$Q_{混} = q \times S \times T = 12.5 \times 94.2 \times 30 = 35310\ (\mathrm{L})$$

外浮顶罐泡沫混合液用量显然比 5000 m^3 拱顶罐用量少。因为外浮顶罐的计算面积不是按罐的整个横截面面积计算,而是按罐壁与泡沫堰板之间的环形面积计算,虽然对外浮顶罐泡沫混合液供给强度为 $12.5\ \mathrm{L \cdot min^{-1} \cdot m^{-2}}$,但面积小,连续供给泡沫混合液的时间也短,所以泡沫混合液用量远小于 5000 m^3 拱顶罐用量。

泡沫混合液用量,除满足上述要求外,还应加上为扑救该储罐流散液体火灾所设辅助泡沫枪的混合液用量。因为储罐着火原因及现场情况千变万化,尤其是地上拱顶罐,可能先爆炸后着火,也可能先着火后爆炸,或在着火过程中发生爆炸。发生爆炸后,罐顶可能全部掀掉,也可能掀掉一部分,或者罐壁被拔起,罐壁和罐底部分脱开,油流散到防火堤内,这时虽然罐上泡沫产生器存在,但对流散到防火提内油火的扑救无能为力,所以还需设辅助泡沫管枪。因此,应把管枪所需泡沫混合液用量计算进去。

此外,泡沫液的总储量,除了按上述计算之外,尚应增加充满管道的需要量。因为泡沫连续供给时间,是从泡沫流至燃烧液面算起,一直到停止向液面喷射为止,此时管道内仍充满泡沫混合液或泡沫,所以泡沫液的总储量应增加管道内所需要量。

扑救甲、乙、丙类液体流散火灾,需用的辅助泡沫枪数量,应按罐区内泡沫混合液最大用量的储罐直径确定,其数量和泡沫混合液连续供给时间应不小于表 5.16 中数据。

表 5.16 罐区泡沫混合液数量与连续供给时间表

储罐直径(m)	配备 PQ8 型泡沫枪数(支)	连续供给时间(min)
<23	1	10
23—33	2	20
>33	3	30

5.3.2 高倍数、中倍数泡沫灭火系统

1. 系统概述

1) 适用范围

(1) 灭火机理

高倍数泡沫与火焰相遇时能产生如下作用:大量的高倍数泡沫以密集状态封闭了火灾区域,阻止了连续燃烧所必须的新鲜空气接近火焰,使火焰窒息;火焰的辐射热使高倍数泡沫中的水分蒸发,变成水蒸气,吸收大量的热,产生冷却作用,在蒸气与空气的混合气体中氧的含量为 7.5%,这个数值大大低于维持燃烧所需要的浓度。在一定意义上讲,高倍数泡沫是水的载体,如果不使用高倍数泡沫,在大火中是无法将少量的水输送到燃烧着的物体表面上的,由于泡沫表面张力较低,由泡沫产生的没有变成蒸气的泡沫的混合液对 A 类燃料有湿润作用,使其对燃烧物体的冷却深度远超过同体积普通水的作用。

由于上述效应的综合作用,使高倍数泡沫具有良好的灭火效能。

(2) 灭火特点

高倍数泡沫能迅速地充满大面积的火灾区域,以淹没或覆盖的方式扑灭 A 类和 B 类火灾,它不像气体灭火系统那样受到保护面积和空间大小的限制,适用于扑救发生在各种高度的火灾。在高倍数泡沫保持时间内,它还可以消除任何高度上固体的阴燃火灾,这一特点是其他灭火系统所无法比拟的。高倍数泡沫具有良好的"渗透性",对难于接近或难于找到火源的火灾非常有效。如堆置了大量的物资、器材和设备的场所发生了火灾,其内充满浓烟,找不到火源,如使用高倍数泡沫,则灭火迅速,损失小。水渍损失小,灭火效率高,灭火后高倍数泡沫容易清除,对于扑灭同一种火灾,高倍数泡沫灭火剂用量和用水量仅为低倍数泡沫灭火用量的二十分之一。如扑救 1000 m^3 空间的火灾,仅需用 42 kg 高倍数泡沫灭火剂和 1.4 吨水,而且高倍数泡沫灭火剂类似于清洁剂,灭火后不仅几乎没有水渍损失,并且对所保护对象和环境无污染,故可用来保护贵重物品。美国消防协会编写的《消防官员用灭火指南》推荐将它用于计算机房和图书档案库等处的火灾保护。灭火时被

保护区域重量负荷增加极小，由于高倍数泡沫灭火时，用水量和灭火剂用量极少，使保护对象增重很小，故可用于船舶甲板下的货舱、机舱、泵舱等处所，不致使船舶因灭火时的增重造成倾覆或沉没。此外，在水源困难的地方，亦采用这种灭火技术。高倍数泡沫可以隔绝火焰，防止火势蔓延到邻近区域，这对于容易引起爆炸和燃烧等连锁反应的场所尤为合适。如某场所一个区域发生了火灾，用高倍数泡沫可以隔断火灾向其他区域蔓延。高倍数泡沫绝热性能好，它能保护人员使之避免陷入炽热的火焰包围中。此外，高倍数泡沫无毒，对于为避免火灾危难而躲入其中的人员及现场灭火人员没有伤害作用，故可为火场中的人员提供避难场所。高倍数泡沫可以排除烟气和有毒气体。需要扑救产生有毒气体和烟气，危及人们生命安全的火灾时，如地下建筑失火，向其中输入高倍数泡沫，置换掉室内的烟气和有毒气体是很有效的。高倍数泡沫可以有效地控制液化气的流淌火灾。

由于高倍数泡沫具有上述灭火特点，所以它的应用范围很广泛。特别适用于有限空间大面积火灾的扑救。

中倍数泡沫的灭火机理和灭火特点基本与高倍数泡沫相同。

(3) 适用条件

高倍数、中倍数泡沫可用于扑救下列火灾：汽油、煤油、柴油、工业苯等B类火灾；木材、纸张、橡胶、纺织品等A类火灾；封闭的带电设备场所的火灾；控制液化石油气、液化天然气的流淌火灾。

高倍数、中倍数泡沫不得用于扑救含有下列物质的火灾：硝化纤维、炸药等在无空气的环境中仍能迅速氧化的化学物质与强氧化剂；钾、钠、镁、钦和五氧化二磷等活泼性金属和化学物质；未封闭的带电设备。

由于高倍数、中倍数泡沫是导体，所以不能直接与裸露的电器设备的带电部位接触，必须在断电后才可喷放泡沫。

2) 系统类型的选择

系统类型的选择应根据防护区的总体布局、火灾的危害程度、火灾的种类和扑救条件等因素，经综合技术经济比较后确定。

高倍数泡沫灭火系统可分为全淹没式灭火系统、局部应用式灭火系统和移动式灭火系统三种类型；中倍数泡沫灭火系统可分为局部应用式灭火系统和移动式灭火系统两种类型。之所以如此划分，主要是基于保护区的大小和火灾发生的各种不同形式，即有大封闭空间的、较小封闭空间的、火灾危险场合变化的、流淌的或非流淌的形式。但无论是哪种灭火系统，其灭火机理是相同的。

用泡沫将燃烧物或燃烧区域全覆盖(或淹没)是高倍数泡沫和中倍数泡沫灭火系统的各种系统类型的灭火方式的共同点。

(1) 全淹没式高倍数泡沫灭火系统

全淹没式灭火系统是一种用管道来输送高倍数泡沫灭火剂和水,连续地将高倍数泡沫按规定的高度充满被保护区域,并将泡沫保持到所需要的时间,进行控火和灭火的固定式灭火系统。该灭火系统特别适用于保护在不同高度上都存在火灾危险的大范围的封闭空间和有固定围墙或其他围挡设施的场所。

该灭火系统按控制方式可分为下列两种形式:

① 自动控制全淹没式灭火系统

防护区设置火灾自动报警系统,并与全淹没式灭火系统组成自动控制灭火系统,其系统方块图见图5.17。

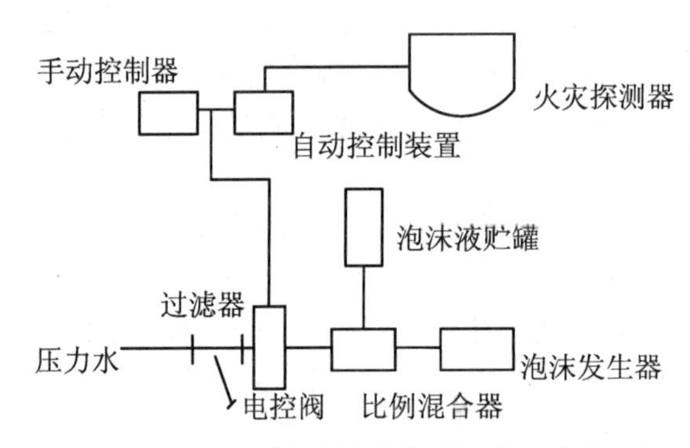

图5.17　自动控制全淹没式灭火系统图

该灭火系统可与自动喷水灭火系统联合使用,主要用于防护区域的火灾危险性大,需要对建筑物进行保护的场所。

② 手动控制全淹没式灭火系统

由于某种特殊原因取消了火灾自动报警系统时,可采用手动控制系统与灭火系统组成手动控制全淹没式灭火系统,但防护区昼夜要有人员工作或值班。

防护区内发生火灾时,应立即手动操作启动高倍数泡沫灭火系统,即同时启动水泵、泡沫液泵、电动阀门等,使具有一定压力的水和泡沫液进入比例混合器,按规定的比例进行混合后,经输送管道进入发生器,产生高倍数泡沫,淹没火灾区域,进行控火和灭火。

无论采用上述哪种型式的灭火系统,都应在防护区、消防控制中心和消防泵房设声光报警装置。

(2) 局部应用式高倍数泡沫灭火系统

局部应用式灭火系统是一种用管输送水和高倍数泡沫灭火剂,按一定比例混合后,将泡沫混合液输送到泡沫发生器,并向局部空间喷放高倍数泡沫的固定式或半固定式灭火系统。这种灭火系统最适宜在下述两种情况下应用：

① 大范围内的局部封闭空间。该种情况是指在一个大的区域范围内有一个或几个相对独立的封闭空间，需要用高倍数泡沫灭火系统进行保护，而其他部位则不需要进行保护或采用其他的防护系统（如消火栓系统、自动喷水灭火系统）。这一个或几个相对独立的封闭空间就是大范围内的局部封闭空间。例如需要特殊保护某一个大厂房内的火灾危险性较大的试验室（如发动机试验室）、高层建筑下层的汽车库和油锅炉房等场所。

② 大范围内的局部设有阻止泡沫流失的围档设施的场所。该种情况是指在大范围内没有完全被封闭的空间。此“空间”是用围墙或其他不燃材料围住的防护区，其围墙高度应大于该防护区所需要的泡沫淹没深度。这种形式的特点是它所保护对象的表面高度差不大，如油罐区或液化气贮罐区的防护堤内火灾、矿井巷道火灾以及沟渠火灾等。

该种灭火系统的水源可与大范围内的消防系统一并考虑。

（3）移动式高倍数泡沫灭火系统

该灭火系统的装置（或组件）可以是车载式也可以是便携式。该系统可以作为固定灭火系统的补充来使用；当无固定灭火系统时，它可作为主要的灭火手段。如将它安装在水罐消防车上，此车既可以作为高倍数泡沫消防车又可作为排烟车。

该灭火系统最适用于下列场所：

① 发生火灾的部位难以确定或人员难以接近的火灾场所。如建筑物内火灾、地下工程火灾、矿井巷道火灾等。

② 流淌的B类火灾场所。如油罐防火堤内的火灾及其他场所地面上由于泄漏而引起的流淌火灾。

③ 需要排烟、降温或排除有害气体的封闭空间。

对于一些封闭空间的火场，其内烟雾及有毒气体无法排除时，如果使用移动式灭火系统发泡，泡沫置换出封闭空间内的热烟气，降低了火场的温度，同时也扑救了火灾。

目前我国煤矿系统各矿山救护队都配置了移动式高倍数泡沫灭火系统，对扑救矿井火灾、排烟和清除瓦斯等都起到了很大作用。

工业发达国家（如美国）的专业消防队伍均配备有移动式高倍数泡沫灭火系统。目前我国各专业消防队伍均有水罐消防车或泡沫消防车，如配备移动式高倍数泡沫发生器和负压比例混合器以及高倍数泡沫灭火剂即可组成移动式高倍数泡沫灭火系统，扑救火灾。

(4) 局部应用式中倍数泡沫灭火系统

较小的封闭空间可以用中倍数泡沫扑灭A类和B类火灾,也可对易燃液体的溢流火灾或某些有毒液体迅速提供有效的泡沫覆盖层,达到控制和扑灭火灾的目的。

该灭火系统可分固定式中倍数泡沫灭火系统和半固定式中倍数泡沫灭火系统两种,目前主要在部分省市的油库中应用。

该灭火系统适用于下列场所的火灾:大范围内的局部封闭空间和局部设有阻止泡沫流失的围档设施的场所;流散的B类火灾和不超过100 m^2 流淌的B类火灾场所。

(5) 移动式中倍数泡沫灭火系统

该灭火系统的全部组件可以手提移动,它是一套机动灵活的灭火装置。

手提式中倍数泡沫发生器具有一定的射程,一般射程为10—20 m。由于中倍数泡沫发生器的发泡量和发泡倍数远低于高倍数泡沫发生器,因此移动式中倍数泡沫灭火系统适用于发生火灾的部位难以确定或人员难以接近的较小火灾场所、流散的B类火灾场所、不超过100 m^2 流淌的B类火灾场所。

3) 系统的组成

灭火系统的关键组件是泡沫比例混合器和高倍数泡沫发生器或中倍数泡沫发生器。简介如下:

(1) 高倍数泡沫发生器

高倍数泡沫发生器是高倍数泡沫灭火系统中产生并喷放高倍数泡沫的装置。发泡原理如图5.18所示。

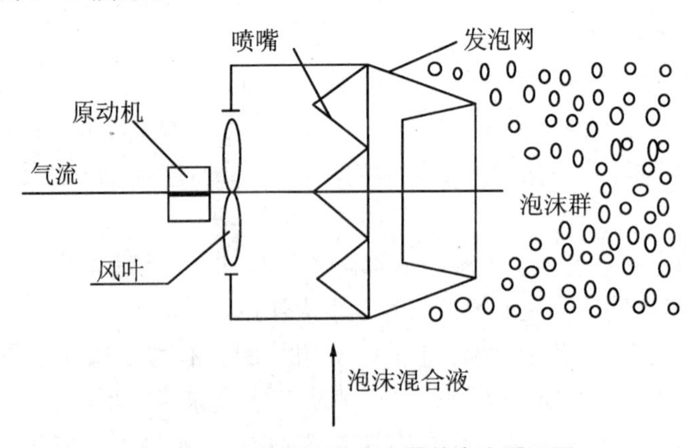

图5.18 高倍数泡沫发生器的发泡原理图

水和高倍数泡沫液按所要求的比例混合后，以一定的压力进入泡沫发生器，通过喷嘴以雾化形式均匀喷向发泡网，在网的内表面上形成一层混合液薄膜，由风叶送来的气流将混合液薄膜吹胀成大量的气泡(泡沫群)。

根据驱动风叶的原动机类型，目前国内高倍数泡沫发生器有水力驱动式高倍数泡沫发生器和电动机驱动高倍数泡沫发生器两种类型。

水力驱动式高倍数泡沫发生器，又可分为两种形式：水轮机驱动式高倍数泡沫发生器，该种发生器基本上都是用铜、不锈钢等耐腐蚀材料加工，发泡网使用1Cr18Ni9不锈钢板材制作，可在防护区内安装使用；水流反作用力式高倍数泡沫发生器，目前有PFS-160型发生器，其发泡网使用棉线制作，不允许在防护区内安装使用，可用于移动式高倍数泡沫灭火系统或将它放在免受火焰危害的部位，通过导泡筒向防护区输送高倍数泡沫扑救火灾。

电动机驱动式高倍数泡沫发生器适用于大范围的防护区，其中有的产品可用于移动式高倍数泡沫灭火系统，使其电动机免受火焰危害。

(2) 中倍数泡沫发生器

中倍数泡沫发生器与高倍数泡沫发生器的工作原理不同，后者是吹气型泡沫发生器，而前者是吸气型泡沫发生器。这种发生器不需用强风吹泡，因此结构简单，主要由喷嘴、发泡网及筒体等组成。其发泡原理见图5.19。

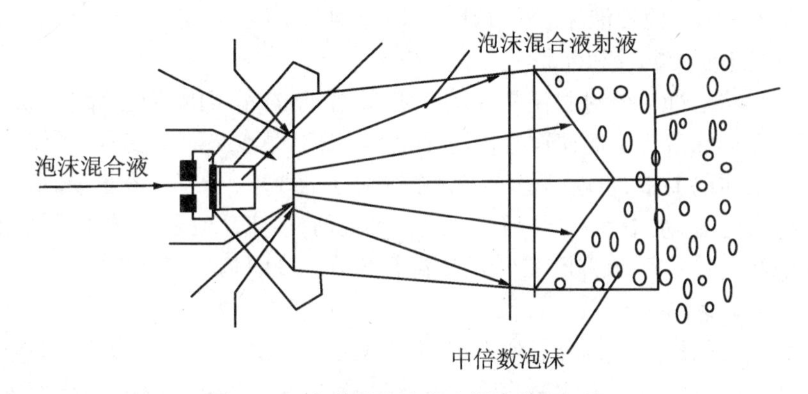

图5.19　中倍数泡沫发生器发泡原理图

(3) 泡沫比例混合器

泡沫比例混合器是一种将水和泡沫液按一定比例进行混合，形成泡沫混合液，供给泡沫发生器的装置。目前适用于高倍数泡沫灭火系统使用的比例混合器，有管线式负压比例混合器、管线式压力比例混合器、平衡压力比例混合器、置换式压力比例混合器。

4) 泡沫液的选择、贮存和配制及对系统组件的要求

高倍数、中倍数泡沫灭火剂又称高倍数、中倍数泡沫液。

(1) 泡沫液的种类及选择

高倍数泡沫液:淡水型高倍数泡沫液,是利用江、河、湖及城市用水(自来水)发泡;耐海水型高倍数泡沫液。上述两种泡沫液是按采用水源性质分类,它们都需用新鲜空气发泡。如利用防护区内热烟气发泡,对发出的泡沫有破坏作用。耐温耐烟型高倍数泡沫液,可利用防护区热烟气发泡。按泡沫液混合比分类,可分为3%型(泡沫液∶水=3∶97)和6%型(泡沫液∶水=6∶94),这个3%或6%参数是个公称值。混合比的变化与泡沫液性能有关,当混合比增大时,发泡倍数和析液时间随之增加,因此相应延长了泡沫覆盖时间及增强了泡沫的抗燃烧性能。试验证明:3%型泡沫混合比范围在1.5%—3%、6%型泡沫液混合比范围在4%—6%之间比较合适。高倍数泡沫灭火系统宜选用3%型泡沫液,这样可以降低灭火系统的造价。

中倍数泡沫液:研制中倍数泡沫发生器时,使用3%型和6%型高倍数泡沫液进行了大量的灭火试验,灭火效果很理想,所以高倍数泡沫液可以作为中倍数泡沫灭火系统的泡沫液使用。目前我国也有几种中倍数泡沫液,都是6%型。为了提高泡沫的稳定性,减少泡沫表面张力,增强灭火效果,6%型中倍数泡沫液在应用时混合比都取8%。该种泡沫液可使用淡水或海水发泡。

(2) 泡沫液的贮存和配制

各种泡沫液都应密封贮存并存放在阴凉、干燥的库房内,防止曝晒,贮存的环境温度应在泡沫液规定的使用温度范围之内,以确保泡沫液不变质。配制泡沫混合液时对水质的要求,也就是泡沫灭火系统对水的要求:当采用淡水、海水、硬水或软水进行发泡时,水中都不能混有防腐剂、抗凝剂、油或其他杂质,否则影响泡沫的产生和泡沫的稳定性;配制泡沫液的水温宜为5—30℃。

(3) 系统组件的要求

系统组件的涂色宜符合下列规定:泡沫发生器、比例混合器、泡沫液储罐、压力开关、泡沫混合液管道、泡沫液管道、管道过滤器宜涂成红色;水泵、泡沫液泵、给水管道宜涂成绿色。当选用贮水设备时,贮水设备的有效容积应超过该灭火系统计算用水贮备量的1.15倍,且宜设水位指示装置。固定式常压泡沫液储罐,应设置液面计、排渣孔、进液孔、取样孔、吸气阀及人孔或手孔等,并应标明泡沫液的名称及型号。泡沫液储罐宜采用耐腐蚀材料制作,当采用普通碳素钢板制作时,其内表面应做防腐处理。防护区内固定设置泡沫发生器时,其发泡网应采用耐腐蚀的金属材料。集中控制不同流量的多个防护区的全淹没式高倍数泡沫灭火系统或局部

应用式高倍数、中倍数泡沫灭火系统宜采用平衡压力比例混合器。集中控制流量基本不变的一个或多个防护区内的全淹没式高倍数泡沫灭火系统或局部应用式高倍数泡沫灭火系统宜采用压力比例混合器。流量较小的局部应用式高倍数泡沫灭火系统或移动式高倍数泡沫灭火系统宜采用负压比例混合器。集中控制流量基本不变的一个或多个防护区的局部应用式中倍数泡沫灭火系统宜采用环泵式比例混合器;移动式中倍数泡沫灭火系统宜采用负压比例混合器。系统管道的工作压力不宜超过1.2 MPa,泡沫液、水和泡沫混合液在主管道内的流速不宜超过 $5\ m \cdot s^{-1}$,在支管道内的流速不应超过 $10\ m \cdot s^{-1}$。泡沫发生器与比例混合器中与泡沫液或混合液接触的部件,应采用耐腐蚀的材料。固定安装的消防水泵和泡沫液泵或泡沫混合液应设置备用泵。泡沫液泵宜选用耐腐蚀泵。高倍数泡沫灭火系统的干式管道可采用镀锌钢管,中倍数泡沫灭火系统的干式管道可采用无缝钢管,并均应配备清洗管道的装置。高倍数、中倍数泡沫灭火系统的湿式管道可采用不锈钢管或内、外部进行防腐处理的碳素钢管。在有季节冰冻的地区,并应采取防冻措施。泡沫发生器前应设控制阀、压力表和管道过滤器。当泡沫发生器在室外或坑道应用时,采取防止风对泡沫的发生和分布影响措施。当防护区的管道采用法兰联接时,其垫片应采用石棉橡胶垫片。当采用集中控制消防泵房(站)时,泵房内宜设置泡沫混合液泵或水泵和泡沫液泵、泡沫液储罐、比例混合器、控制箱、管道过滤器等。消防泵房内应设备用动力。消防泵房内应设置对外联络的通信设备。防护区内应设置排水设施。管道上的操作阀门应设在防护区以外。在比例混合器前的管道过滤器两端宜设压力表。

2. 系统的设计

1) 系统的设计原则

应掌握整个工程的特点、防火要求和各种消防力量、消防设施的配备情况,制定合理的设计方案,正确处理局部与全局的关系;其次,还应考虑防护区的具体情况,包括防护区的位置、大小、形状、开口、通风及围挡或封闭状态等情况,防护区内可燃物品的性质、数量、分布情况,可能发生的火灾类型和起火源、起火部位等情况。只有全面分析防护区本身及其内部的各种特点、扑救条件、投资大小等综合因素,才能合理地选择灭火系统的类型。系统类型确定后,还应考虑全淹没或局部应用式高倍数泡沫灭火系统宜设置的火灾自动报警系统,可组成自动控制高倍数泡沫灭火系统。选择泡沫发生器的种类时,如果在防护区内设置并利用热烟气发泡,应选用水轮机驱动式泡沫发生器;一些高倍数泡沫发生器,其下面放置的泡沫液桶应采取防火隔热措施,使泡沫液的温度在发生火灾时也保持在 40 ℃以下。根据防护区的系统类型、各防护区的流量及其变化范围选择泡沫比例混合器的种类及规格型号。泡沫比例混合器宜放置在消防泵房内。根据系统采用水源的性质、混合比及是否利用热烟气发泡等因素选择泡沫液的种类。消防自动控制设备宜与防护区的门窗的关闭装置,排气口的开启装置以及生产、照明电源切断装置等联动。利用防护区外部空气发泡的封闭空间,应设置排风口。排风口在泡沫灭火系统发泡时应能自动或手动开启,其排风速度不宜超过 5 $m \cdot s^{-1}$。为了有效地控制火势和扑灭火灾,A 类火灾单独使用高倍数泡沫灭火系统时,淹没体积的保持时间应大于60 min;高倍数泡沫灭火系统与自动喷水灭火系统联合使用时,淹没体积的保持时间应大于30 min。控制液化石油气和液化天然气的流淌火灾,宜选用发泡倍数为 300 — 500 倍的高倍数泡沫发生器;泡沫混合液的供给强度应大于 7.2 $L \cdot min^{-1} \cdot m^{-2}$。局部应用式中倍数泡沫灭火系统用于油罐区时,宜选用环泵式比例混合器和中倍数泡沫液。

2) 系统的设计计算

(1) 高倍数泡沫灭火系统

泡沫淹没深度的确定应符合下列规定:当用于扑救 A 类火灾时,泡沫淹没深度不应小于最高保护对象高度的 1.1 倍,且应高于最高保护对象最高点以上 0.6 m;用于扑救 B 类火灾时,汽油、煤油、柴油或苯类火灾的泡沫淹没深度应高于起火部位 2 m,其他 B 类火灾的泡沫淹没深度应由试验确定。

淹没体积应按下式计算:

$$V = S \times H - V_g \tag{5.15}$$

式中,V——淹没体积(m^3);

S——防护区地面面积(m^2);

H——泡沫淹没深度(m);

V_g——固定的机器设备等不燃烧物体所占的体积(m^3)。

淹没时间应符合下列规定:全淹没式高倍数泡沫灭火系统和局部应用式高倍数泡沫灭火系统淹没时间不宜超过表 5.17 的规定;水溶性液体的淹没时间应由试验确定;移动式高倍数灭火系统的淹没时间根据现场情况确定。

泡沫最小供给速率应按下式计算:

$$R = \left(\frac{V}{T} + R_s\right) \cdot C_N \cdot C_L \tag{5.16}$$

$$R_s = L_s - Q_y \tag{5.17}$$

式中,R——泡沫最小供给速率($m^3 \cdot min^{-1}$);

T——淹没时间(min);

C_N——泡沫破裂补偿系数,宜取 1.15;

C_L——泡沫泄漏补偿系数,宜取 1.05 — 1.2;

R_s——喷水造成的泡沫破泡率($m^3 \cdot min^{-1}$)，当高倍数泡沫灭火系统单独使用时取零，当高倍数泡沫灭火系统与自动喷水灭火联合使用时可按上式计算；

L_s——泡沫破泡率与水喷头排放速度之比，应取 0.0748($m^3 \cdot min^{-1}$)/($L \cdot min^{-1}$)；

Q_y——预计动作的最多水喷头数目总流量(L/min)。

表 5.17　淹没时间

可燃物	高倍数泡沫灭火系统单独使用(min)	高倍数泡沫灭火与自动喷水灭火系统联合使用(min)
闪点不超过 40 ℃的液体	2	3
闪点超过 40℃的液体	3	4
发泡橡胶、发泡塑料、成卷的织物或皱纹纸等低密度可燃物	3	4
成卷的纸、压制牛皮纸、涂料纸、纸板箱、纤维圆筒、橡胶轮胎等高密度可燃物	5	7

防护区泡沫发生器的设置数量不得小于下式计算的数量：

$$N = \frac{R}{r} \tag{5.18}$$

式中，N——每台泡沫发生器设置的计算数量(台)；

r——每台泡沫发生器在设定的平均进口压力下的发泡量($m^3 \cdot min^{-1}$)。

防护区的泡沫混合液流量应按下式计算：

$$Q_h = N \cdot q_h \tag{5.19}$$

式中，Q_h——防护区发泡用泡沫液流量($L \cdot min^{-1}$)；

q_h——每台泡沫发生器在设定平均进口压力下的泡沫混合液流量($L \cdot min^{-1}$)。

防护区发泡用泡沫液流量应按下式计算：

$$Q_P = K \cdot Q_h \tag{5.20}$$

式中，Q_h——防护区发泡用泡沫液流量($L \cdot min^{-1}$)；

K——混合比，当系统选用 3%型泡沫液时，应取 0.03，当系统选用 6%型泡沫液时，应取 0.06。

防护区发泡用水流量应按下式计算：

$$Q_s = (1 - k) \cdot Q_h \tag{5.21}$$

式中，Q_s——防护区发泡用水流量($L \cdot min^{-1}$)。

泡沫液和水的储备量应符合下列规定：淹没式高倍数泡沫灭火系统，当用于扑救A类火灾时，系统泡沫液和水的连续供应时间应超过25 min；用于扑救B类火灾时，系统泡沫液和水的连续供应时间应超过15 min。局部应用式高倍数泡沫灭火系统，当用于扑救A类和B类火灾时，系统泡沫液和水的连续供应时间应超过12 min；当控制液化石油气和液化天然气流淌火灾时，系统泡沫液和水的连续供应时间应超过40 min。移动式高倍数泡沫灭火系统，当移动式高倍数泡沫灭火系统与全淹没式高倍数泡沫灭火系统或局部应用式高倍数泡沫灭火系统配合使用时，泡沫液和水的储备量可在全淹没式高倍数泡沫灭火系统或局部应用式高倍数泡沫灭火系统中的泡沫液和水的贮备量上增加5%—10%；当在消防车上配备时，每套系统的泡沫液量不宜小于0.5 t；当用于扑救煤矿火灾时，每个矿山救护大队应配置大于2 t的泡沫液。当系统保护几个防护区时，泡沫液和水的量应按最大一个防护区的连续供应时间计算。移动式高倍数泡沫灭火系统的供水压力可根据泡沫发生器和比例混合器的进口工作压力及比例混合器和水带的压力损失确定。

(2) 中倍数泡沫灭系统

除油罐区以外的防护区，系统设计时，可按泡沫供给速率计算；油罐区系统设计时，可按泡沫混合液的供给强度计算。

泡沫供给速率或泡沫混合液的供给强度应符合下列规定：

泡沫最小供给速率为

$$R = Z \cdot S \tag{5.22}$$

式中，Z 为泡沫增高速率($m \cdot min^{-1}$)，宜取0.3。

泡沫混合液的供给强度应大于4 $L \cdot min^{-1} \cdot m^{-2}$)；水溶性B类火灾的泡沫供给速率或泡沫混合液的供给强度应由试验确定。

泡沫的最小喷放时间应符合下列规定：当按泡沫供给速率计算时，泡沫的最小喷放时间应大于12 min；当按泡沫混合液的供给强度计算时，泡沫的最小喷放时间可按表5.18确定。

表5.18　泡沫的最小喷放时间

火灾类别	时间(min)
流散的B类火灾，不超过100 m^2 流淌的B类火灾	10
油罐火灾	15

注：水溶性B类火灾，泡沫的最小喷放时间应经试验确定。

泡沫液的最小储备量应符合下列规定：当按泡沫供给速率计算时，应满足在泡沫的最小喷放时间内泡沫液的使用量；当按泡沫混合液的供给强度计算时，系统用泡沫液的最小储备量应符合下列规定。

当用于油罐时，其泡沫液的最小储备量应按下式计算：

$$W_z = R_z \cdot S_z \cdot K \cdot T_z \tag{5.23}$$

式中，W_z——油罐用的泡沫液的最小储备量(L)；

R_z——泡沫混合液的供给强度($L \cdot min^{-1} \cdot m^{-2}$)；

S_z——油罐防护面积(m^2)，拱顶油罐、钢制浅盘和铝合金双盘内浮顶油罐的防护面积可按油罐截面面积计算，外浮顶油罐和钢制单盘、双盘内浮顶油罐的防护面积可按环形面积计算；

K——混合比，当采用混合比6%中倍数泡沫液时，取0.08；

T_z——最小泡沫液喷放时间(min)。

系统用泡沫液的最小储备量应按下式计算：

$$W = W_D + W_G \tag{5.24}$$

式中，W——系统用泡沫液的最小储备量(L)；

W_D——最大一个油罐用泡沫液的储备量(L)；

W_G——泡沫液储藏处至最远一个油罐泡沫发生器之间管道中的泡沫液量(L)。

系统用水的最小储备量应按下式计算：

$$W_s = \frac{1-K}{K} \cdot W \tag{5.25}$$

式中，W_s——系统用水的最小储备量(L)。

5.4 通风排烟

5.4.1 历史背景

无分隔大面积楼面的灭火问题特别难于对付，因为消防人员必须进入这些楼面，并在建筑物的中心部位灭火。如果消防队员因热和烟的积聚无法进入，则只能在火灾区的外围地段低效地使用水枪灭火，中心区域的火仍会继续毁坏建筑物，因而降低了灭火效果(见图 5.20)。

1953 年美国密执安州里伏尼亚市通用汽车公司的一场大火大大推动了人们对排烟散热问题的研究。这场大火在无顶棚通风设施、无垂直分隔、面积为 34 英亩的金属屋顶下水平蔓延。消防工程师一致认为,如果当时屋顶备有有效通风装置,火情可大幅度减小。

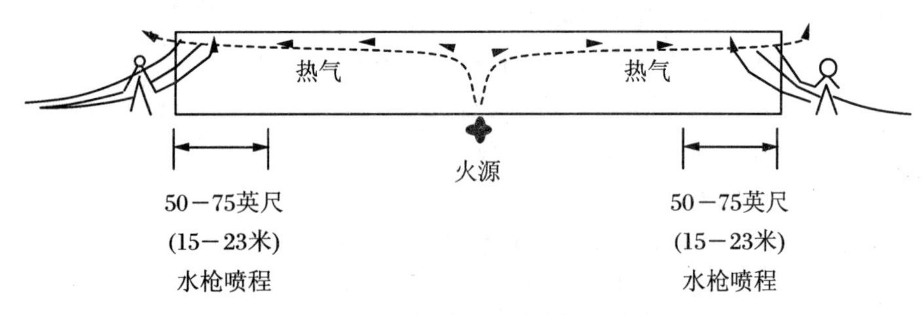

图 5.20　平顶建筑中的热气流分布图

配备喷水系统的建筑物中应用通风技术的悬而未决的问题有:

(1) 自动喷出的水对排烟散热效果的影响。

(2) 进入建筑物的新鲜空气对燃烧过程及喷水系统需水量的影响。自动喷出的水将降低可燃气体的温度,从而可能减少排气量,因而也就降低了排气的实际效果。另外,喷出的水会卷吸周围的烟及空气,从而把烟夹带到地面;如果喷嘴靠近通风孔,则还可能从排气口处吸入空气而进一步降低排气效果。除非建筑物很大,否则通过排气口吸入的新鲜空气,取代了该排气口排出的烟,从而增高着火空间的氧气浓度,使火反而烧得更旺,并可能因投入工作的喷头数量增加而供水不足。除了上述的不利后果外,也有一些有利因素,在很多情况下,火场的清晰可见度提高,便于消防队员投入工作;由于通风孔的流动空气产生降温作用,有时也会减少投入工作的自动喷头数。然而,无论是消防实践还是理论研究,都没有对这些悬而未决的问题做出能被普遍接受的结论[6]。

一般设计基本点包括:易熔金属片控制的屋顶通风孔、限制热扩散并阻止火势侧向蔓延的挡烟板以及建筑物下部补充新鲜空气的孔道(见图 5.21)。所考虑的是两种一般类型的火灾:有限扩展型火灾,即火势得到扩展不超过可预见最大范围的火灾;不断扩展型火灾,即消防人员干预之前火势可能无限扩展的火灾。顶棚开口上的机动通风装置可作为屋顶孔自然通风的一种选择方案,可用于平房或者多层建筑的楼顶。多层楼房下部各层的排气问题也可借助于机动排气装置得到解决。

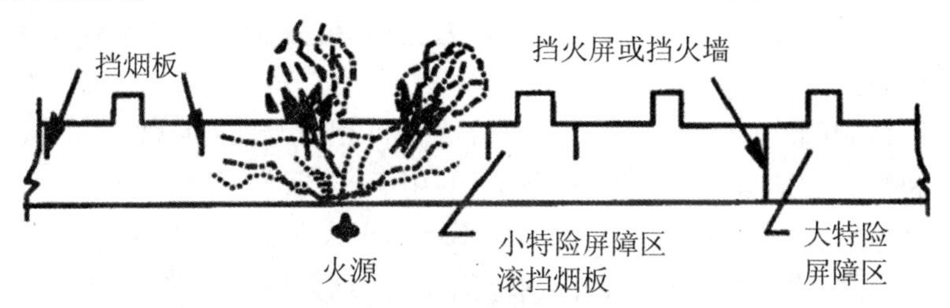

图 5.21　屋顶有通风孔及挡烟板的建筑物中燃烧产物的流动特性

5.4.2　工业建筑通风

尽管屋顶上的任何开口都在一定程度上有助于排烟散热，但建筑设计师和消防工程师不能依靠天窗、窗户或气窗等非专用通风装置。目前的标准包括单位通风口设计准则和测试规程以及模拟火灾试验及工程分析的要求。

1. 单位通风装置

单位通风口的面积较小，通常为 1.49 m^2 到 9.29 m^2。自动通风口按其启动方式可分为两种类型：易熔型金属片型及脱落式塑料天窗型。前者是一只带有盖板的金属壳体，盖板由额定温度的易熔金属片启动，也可以用烟、热等方法启动。后者是一个感温性很强的透明或半透明热塑性塑料圆盖，受热后变形而从屋顶脱落。为人工操作而设计的通风口有可耐火灾高温的金属盖，可在地面用金属线或线索开启。这种通风口也可以改造为自动控制型。

通风装置可以是单个单元，只需用一个感温器就可使整个单元全部打开；也可以是成排、成行、成组或成其他排列方式的多个单元，以满足特定火灾危险性的通风需要。

有火灾条件启动的机动屋顶通风装置可以用来代替顶棚上的自然通风设施，尤其适用于多层建筑物的下面各层。这类装置必须能在预定的火场高温时启动工作。

2. 挡烟板

在大面积建筑物中，除非有墙或隔板把通风的各个地方分隔开来，否则装用挡烟板极为重要，因为挡烟板可把热量围封在受挡范围内，以便加速启动排烟装置。挡烟板也可以在通风系统的安全设计周期内控制天花板下烟和热的蔓延。挡烟板可用任何能挡烟的不可燃坚固材料制成。

挡烟板的深度通常与烟层的设计深度相应，但不得小于天花板高度的 20%，以免烟在挡烟板下方溢出。此处的深度及天花板高度以最低通风口的中心点算起。挡烟板下端和端面的距离以大于 3 米为宜,但在特别危险处周围,挡烟板可延伸到这一极限。

挡烟板之间的距离不可超过天花板高度的 8 倍,以保证远离火源的通风孔能在挡烟隔间内有效地排烟。特别易于烧毁的用房,挡烟范围要小些(挡烟板之间距离短些)。但是要注意挡烟板之间的距离不可小于天花板高度的 2 倍,除非挡烟板的深度大于天花板高度的 40%。挡烟范围小,挡烟板的深度就必须相应增大,以防止火源过于接近挡烟板而使烟和热从挡烟板下方大量溢出。

3. 通风孔的大小和间隔

单个通风孔太大时,烟层之下的洁净空气就有可能被夹在烟气流的中心部位通过通风孔一起排出室外而降低排烟效果。为了防止夹带洁净空气,单个通风孔或群集通风孔的面积不可超过 $2d^2$,这里 d 指的是烟层的设计深度和挡烟板的深度。如果是成行的通风孔或气窗,则行距须小于 d。

数量多而间隔小的小面积通风孔比数量少间隔大的大面积通风孔要好。因为这种布局保证了火灾时第一批通风孔及早启动,减少挡烟区外火源上方最初产生的烟气漂移的可能性。矩形分布的通风孔,间隔绝不可超过 $2H$,这里 H 指的是天花板高度(水平天花板为地面与天花板之间的距离;倾斜天花板为地面与通风孔中心之间的距离)。在非矩形分布中,地面任何一点与最近的通风孔之间的距离不得超过 $2.8H$(即边长 $2H$ 的正方形的对角线)。

天花板下挡烟范围内的通风总面积大小取决于潜在的火势猛烈程度。

4. 新鲜空气的补充

地面或接近地面处必须安装补充新鲜空气的开孔,这对具有优良密封及保温性能的现代建筑物至关重要。这些开孔的总面积,在一般情况下,至少不得低于各挡烟隔间安装的通风孔面积,否则正常的排气将受到阻止。如果所设计的烟层下方的门窗不能符合所要求的总进气面积,就必须采取特别的措施来解决空气补充问题。

当第一个通风孔打开后约 1 分钟之内,必须以可靠的方式保证新鲜空气补入。如果空气不能及时补入,烟就会很快充满整个建筑物,只有在进风口启动并正常排烟后,下部(即洁净空气层的设计高度)的烟才会缓慢消失。

5. 火灾特性

每个挡烟隔间内,或者不要求挡烟板的建筑物天花板区内,总的安装通风面积(或机械通风时的排气量)必须足以排放预期烈度火灾产生的烟气。除了预计火灾烈度外,安装排气面积(或排气量)还取决于挡烟板的深度和烟层的设计深度。此外，除非是预计的火灾在最大预测程度时达到最高点或者保持稳定，否则，安装排气面积（或排气量）还取决于通风孔开始工作时起算的最低清晰能见度设计时间。

火灾类型不同，火灾烈度的表达也不同。为便于计算通风面积，把火灾类型分为有限扩展型和不断扩展型2种。

1）有限扩展型火灾

这种火灾的最大放热率不超过预测的最大值。放热率用瓦特表示。特种危险性火灾属于这一类型。虽集中堆放但有足够宽过道隔开的易燃物火灾也可归入此种类型。防止火焰（通过辐射）向侧向延烧的最小过道宽度 W_{min}（Alpere 与 Ward，1984）可以用火灾热辐射量及多数材料着火辐射强度偏低值（20.4 kW・m^{-2}）的方程式来估算：

$$W_{min} = 0.14Q^{1/2} \tag{5.26}$$

例如，预测的火灾最大放热率为31.6 MW，则过道宽度不得低于7.3 m。

2）不断扩展型火灾

这类火灾是指在消防人员干预之前可无限发展的火灾（见图5.22）。这类火灾经过一段潜伏期后起火，放热率不断升高，与时间的平方成正比。一定火灾的扩展时间，是指实际着火时间到火灾的放热率达到中等水平，即1054 kW之间的时间（可选择任何一种放热率作为参照，但火灾扩展时间也相应变化。这里为方便起见，选择了1054 kW）。

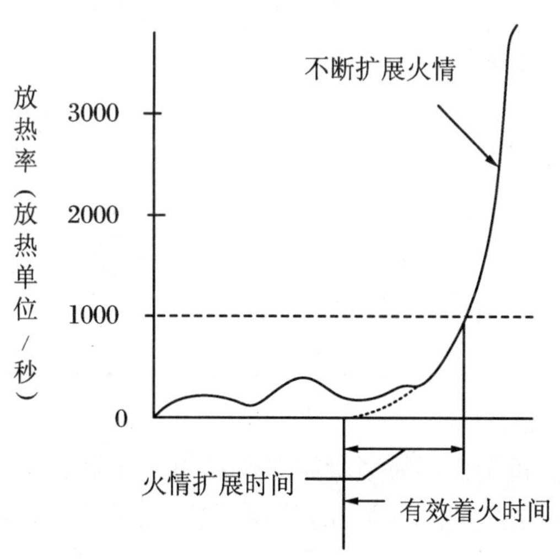

图5.22　不断扩展型火情的示意图

5.4.3 安装通风面积

1. 有限扩展型火灾

运用火灾烟气卷流夹带空气排出屋顶排气口的理论，可以计算出所需的通风面积。

超过某一放热率，屋顶通风的适用性，是有问题的，这一放热率用 Q_F 表示，可以用下列方程式估算：

$$Q_F = 1130(H - d)^{5/2} \tag{5.27}$$

式中，H 为天花板高度，d 为挡烟板深度（此处为 $0.2H$）（在达到 Q_F时，火灾可由屋顶排风装置的允许排风量控制，但并不保证室内有清洁空气层。在大于 Q_F的放热率通风以保持清洁空气时，需要有较大的通风面积）。

气体温度达 538 ℃以上时，屋内未受保护的钢架可能开始降低强度，在挡烟隔间内有可能出现轰燃。出现这些情况的最低放热率 Q_{1054}可从下列方程式中求出：

$$Q_{1054} = 69(H - d)^{5/2} \tag{5.28}$$

式中，$d = 0.2H$。

挡烟板深度高于天花板高度 20%时，通风面积乘以表 5.19 中所列的系数，即得出相应的通风面积。用方程(5.27)式和(5.28)式，取适当的 H 和 d 值，就可计算出 Q_F 和 Q_{1054}的值。

表 5.19　挡烟板深度不是天花板高度 20%时通风孔面积的倍乘系数

挡烟板深度与天花板高度的百分比	倍乘系数
30%	0.71
40%	0.53
50%	0.40
60%	0.29
70%	0.20
80%	0.13

2. 不断扩展型火灾

不断扩展型火灾每个挡烟隔间所需的通风面积除取决于天花板高度(H)、火势扩展时间、挡烟板间隔(S_C)、通风孔间距和通风孔启动方式外，还取决于第一批通风孔启动后室内达到最低能见度所需的最短时间。这种最低能见度设计时间有助于人们测定火源方位、估计火情严重程度、撤出建筑物内部物品以及做出调度消防人员和灭火装备的决定。

跟 Q_F 有关的通风面积用 A_F 表示，其值可用下列方程式求出：

$$A_F = 8.5(H - d)^{5/2}\mathrm{d}^{1/2} \tag{5.29}$$

与 Q_{1054} 相应的通风面积用 A_{1054} 表示，其值可用下列方程式求出：

$$A_{1054} = 1.6(H - d)^{5/2}d^{1/2} \tag{5.30}$$

其中 d 等于 $0.2H$。

每个挡烟隔间的通风面积按“3. 通风孔的大小和间隔”中的规定分配给挡烟区内的每个通风孔。有时，计算出来的通风孔数目很多，间隔小意味着第一批通风孔启动比设计早。启动早（如由火灾探测系统导致），还将提供小的清晰可见度时间。可以把排气口间距小于 $1/2S_C$，而缩短达到最低能见度的时间看作是一个安全因素。

3. 设计基准的选择

挡烟隔间的通风面积不必大于该挡烟区下方可燃物可能达到的最大有限扩展型火灾所需的推荐通风面积。根据方程(5.26)式，利用可燃物足够小的集放面积和最低过道宽度这两个因素，采用比不断扩展型火灾通风设计面积小的通风面积可以满足排烟通风的需要。当然，如果选用有限扩展型火灾作为设计面积的前提，对可燃物及其集放面积必须谨慎控制。另外此类设计中的放热率如大于 A_{1054}，则是冒险的，因为此时挡烟隔间下方的所有可燃物有可能轰燃。这种设计必须考虑到挡烟隔间所有可燃物的潜在放热率，而不应企望产生的放热率接近 Q_F。对于不断扩展型火灾，由于存在潜在的轰燃可能性，大于 A_{1054} 的通风面积设计是不可取的。

4. 机动通风装置

为能使机动通风系统在火情发生后发挥作用，每个挡烟隔间的推荐排烟量可从前一节中讨论的每个挡烟隔间的推荐通风面积数换算出来。

5.4.4 通风理论要素

参看图5.23。为了防止烟层下降，通风孔排出的炙热气体的质量流量 m_V，必须相当于烟气层界面处烟火柱所放出的气体质量喷射量 m_p，因而有必要用公式来表示通风量和火柱流量。

1. 通风量

通风量可用下列公式计算(Thomas, et al, 1963; Thomas & Hinkley, 1964)：

$$m_V = (2p_0^2 g)^{1/2}\left[\frac{T_0(T - T_0)}{T^2}\right]^{1/2} A_V d^{1/2} \tag{5.31}$$

式中，m_V 为通风孔排放气体的质量流量（$kg \cdot s^{-1}$）；p_0 为周围空气的密度（$kg \cdot m^{-3}$）；g 为重力加速度（$m \cdot s^{-2}$）；T_0 为室温（K）；T 为烟层温度（K）；A_V 为空气动力通风面积（m^2）；d 为烟层深度（m），通常指烟气界面到通风孔中心的距离。

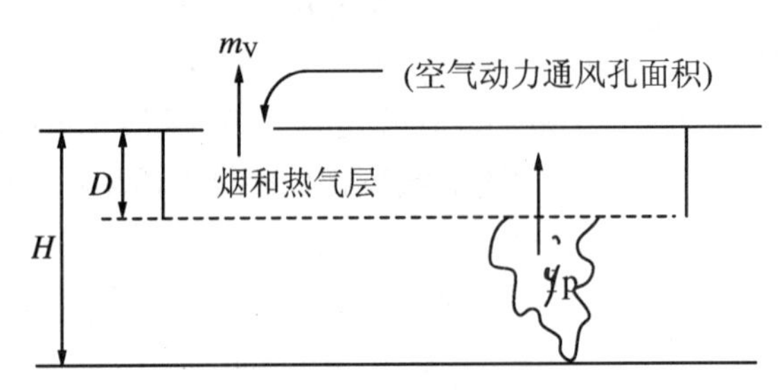

图 5.23　通风系统图解

空气动力通风面积 A_V 总是小于几何通风面积。简单的通风孔，空气动力通风面积 A_V 为几何面积的 0.6 倍。

当烟层温度介于 135 — 760 ℃这一范围（大部分通用实际情况）时，方程(5.31)式中的温度函数$\left[\frac{T_0(T-T_0)}{T^2}\right]^{1/2}$约为 0.50。这样，式(5.31)可简化为

$$m_V = (p_0^2 g/2)^{1/2} A_V d^{1/2} \tag{5.32}$$

为了防止烟下清洁层的空气卷吸至排烟口排除，托马斯（Thomas）和欣克利（Hinkley）建议：通风孔面积不要超过 $2d^2$。如果通风孔为狭长型，则要求其宽度不超过 d。

2. 烟火柱流量

烟火柱喷入烟层的质量流量实际上等于烟火柱从清洁层卷吸进的空气流量；相比之下，火源本身释放出的烟气作用较小。

烟火柱流量可以从两个方程式中选一个计算。选哪一个方程式则取决于火灾对流放热率是大于还是小于下式中的临界值 Q_c（火源被视为在建筑物的地面部分）：

$$Q_c = 11.3(H-d)^{1/2} \tag{5.33}$$

烟火柱流量的计算方程式为：

(1) 如果 $Q \leqslant Q_c$，则

$$m_p = 0.022Q^{1/3}(H-d)^{5/3}[1+0.19Q^{2/3}(H-d)^{5/3}] \tag{5.34}$$

(2) 如果 $Q > Q_c$，则

$$m_p = 0.097(H-d)^{5/2}(Q/Q_c)^{3/5} \tag{5.35}$$

上两式中，Q 和 Q_c 以 BTu · s^{-1}为单位，H 和 d 以英尺为单位。

3．必要通风面积

如果 $Q \leqslant Q_c$，从方程(5.33)式可求出 Q_c，设方程(5.34)式中的 m_p 值等于方程(5.32)式中的 m_V 值，就可求出空气动力通风面积 A_V。

如果 $Q > Q_c$，设方程(5.35)式中的 m_p 值等于方程(5.32)式中的 m_V 值，就可求出 A_V。

只要 Q/Q_c 值约大于0.2(在通风设计中几乎都是如此)，求 A_V 的计算方法就可大大简化。借助于方程(5.33)式，计算 A_V 的两个公式就可合并为一个公式，并适用于放热率大于或小于 Q_c 的两种情况：

$$A_V = 0.075 Q^{3/5} \frac{H - d}{d^{1/2}} \tag{5.36}$$

对于以时间的2次幂扩大的火灾(不断扩展型火灾)，方程(5.36)式可写成：

$$A_V = 4.8[t_d + t_r/t_g]^{6/5}(H - d)/d^{1/2} \tag{5.37}$$

式中，t_d 是探测时间，或第一批通风孔开始排烟的时间；t_r 是额外的清晰可见时间；t_g 是“火灾特性”一节中所说的火灾扩展时间。

排气系数修正为0.6(空气动力通风孔面积 A_V 除以0.6)。探测时间 t_d 是成矩形分布的通风装置中最早启用的通风孔(即火场中最有可能启动的通风孔)的排气时间。通风装置是由高出室温各种不同额定动作温度的热敏元件启动的。热敏元件的启动时间 t_d 可由已推导出的热敏元件热响应方程式(Heskestad & Smith，1976)及大型天花板下烟气温度和流速的通用数据(Heskestad，1972)求出。热敏元件的时间响应指数值定为287(m · s)$^{1/2}$，对已被列入实验室产品目录的热敏元件而言，此值偏高。

4．极限放热率

Q_{1054}连同方程(5.28)式一起，被定义为烟气温度可能超过538 ℃时的放热率，此时房屋钢架的强度可能减弱，挡烟隔间存在轰燃可能性。要得到 Q_{1054} 的公式，先运用方程(5.35)式，其中的 Q_c 用方程(5.33)式代替，从而得出求 m_p 的公式：

$$m_p = 0.0226(H - d)Q^{3/5} \tag{5.38}$$

其次，表示烟层平均升高温度 ΔT 的方程式为

$$m_p \cdot c_p \cdot \Delta T = Q \tag{5.39}$$

式中，c_p(J · kg^{-1} · K^{-1}))是空气的比热。此式假定热量并不散失到屋顶和墙壁中去。如果用方程(5.38)式替代，用 c_p = 1004 J · kg^{-1} · K^{-1}及 ΔT = 538 ℃替代式(5.39)中的 c_p 及 ΔT，就可得出计算 Q 的方程(5.28)式。当然，使用该式计算得到的结果是相当保守的，因为实际上有相当多的热量会散失到挡烟隔间的屋顶和

墙壁中去。

与方程(5.27)式联系在一起时,Q_F 是这样的一种放热率,即超过此值时,由于燃烧过程开始受到通风控制,如果采用目前的方法,则屋顶通风的可行性就成了问题。经验表明,通风控制的火灾并不保持清洁空气层,轰燃后着火房间就是一个典型例子。根据室内木垛堆火灾的经验(Croce,1978)(通过门和窗排烟)可知,当所谓"通风参数"$A_w\sqrt{h_w}$与质量燃烧率 R 的比值小于 364.6 $m^{5/2}/(kg\cdot s)$时,通风控制型火灾就开始了。此处 A_w 为窗(或门)的面积,h_w 为窗(或门)的高度。推广运用到任何可燃物,极限比值可用于化学剂量空气需求量的比值来表示。该化学剂量空气需求量与质量燃烧率 $R\cdot r$ 有关,r 为化学剂量的空气与可燃物的质量比(木材的这一比值定为 55)。这样,通风参数与穿过门窗的空气质量流量 m_V 成正比(Harmathy,1980):

$$m_V = 0.064A_w\sqrt{h_w} \tag{5.40}$$

因而,通风控制的极限条件可以用空气的质量通风量和化学剂量空气需求量的比值 $m_V/(R\cdot r)$来表示,其值约为 3。由于 $R\cdot r$ 可以写成$Q/(Hc/r)$,其中 Q 是放热率,Hc 是燃烧热,因而极限质量流量比可转换为极限放热率:

$$Q = \frac{1}{3}m_V(Hc/r) \tag{5.41}$$

在屋顶通风的计算中,m_V 可用方程(5.32)式表示。另外,对于一般可燃物来说,Hc/r 的值相当稳定。如果用方程(5.32)式代替,并取得值为 3086 $kJ\cdot kg^{-1}$,就可把方程(5.41)式变为

$$Q = 133A_V d^{1/2} \tag{5.42}$$

通风面积可由方程(5.36)式求出,得到的值再除以 0.6,就可得到几何通风面积,然后把该值代入方程(5.42)式,就可得到求解 Q 值的关系式。其结果就是极限放热率,也就是方程(5.27)式中 Q_F 的值。

复习思考题

1. 灭火机理有哪几种类型?
2. 自动喷水灭火系统有哪几种类型?在使用场所上有何差异?
3. 简述气体灭火系统的工作原理。如何计算气体灭火剂用量?

4. 如何设计高倍数泡沫灭火系统?

5. 简述通风排烟在扑灭火灾中的作用。影响通风的要素有哪些?

参考文献

[1] 高层民用建筑设计防火规范[S].GB 50045—95.

[2] 王吉会,杨亚群,李群英,等.易熔合金型自动喷水灭火喷头的设计与发展[J].消防技术与产品信息,2004(6):21-24.

[3] 自动喷水灭火系统洒水喷头的技术要求和试验方法[S].GB 5135—1993.

[4] 建筑给水排水设计规范[S].GB 50015—2009.

[5] 泡沫灭火系统设计规范[S].GB 50151—2010.

[6] 建筑设计防火规范[S].GB 50016—2006.

第 6 章　火灾探测与控制新技术

6.1　概　　述

火灾探测技术中,感温、感烟、感光以及复合型探测器都有其独特的性能特点,但同时也有其相应的局限性,不可能某一种探测器在所有场合下都能应用。由于受到各种因素(空间高度、空气流速、粉尘浓度、温度、湿度等)的影响,或因为被保护场所的特殊要求,这些技术会遇到各种问题而失去效用,例如大空间内早期火灾探测报警就成为一项难题,主要原因分析如下:

(1) 感烟火灾探测器可探测火灾产生的烟气并发出报警信号。火灾发生后,温度较高的火灾烟气向上运动,安装于顶棚上的感烟探测器探测到烟气的浓度大于某一极限浓度,就会发出报警信号。但是,火灾烟气在上升过程中温度会降低,当烟气温度与周围空气温度相同时,烟气就不再上升,所以,当空间高度增大时,烟气将不能到达顶棚,或由于空气的流动,使到达顶棚的烟气浓度达不到报警极限,感烟探测器就不会产生报警信号。另外,若粉尘浓度过大,会引起高灵敏度感烟火灾探测器误报警;长期的粉尘环境和湿度过大也会使感烟探测器失效,产生误报警或不报警。

(2) 感温火灾探测器可探测由于火灾产生的温度变化而发出报警信号。由于空间高度或空气的流动等原因,当火灾高温气体无法到达顶棚时,感温火灾探测器将无法正常工作,或当其他热源或环境温度较高时,该类火灾探测器容易产生误报。

(3) 感光火灾探测器是探测火焰发出的红外或紫外光并发出报警信号。由于判据单一,容易对高功率热源或强光(如电弧等)产生误报警。

(4) 复合型火灾探测器并没有完全消除以上的缺点,仅仅是增加了判据的数目,使探头的整体性能有所改善,但仍无法应用于大空间火灾的探测报警。

此外，一些特殊的重要场所，如金融中心、计算机中心、电力调度指挥中心、邮电通信枢纽、图文档案信息中心、半导体生产车间、核电站等，场所内的各种电气设备、电子设备、仪器仪表高度集中且处于长期运行状态，电气设备过载、过热、短路的火灾隐患较多，一旦发生火灾将给国家造成重大的经济损失，给社会带来重大影响；易燃、易爆的石油化工场所，一旦发生火灾爆炸事故，也将难以及时扑救。鉴于这些场所的重要性和特殊性，超早期火灾探测报警十分重要。各国对超早期火灾探测报警技术的研究和新产品开发十分重视，投入大量的科研经费、科技力量进行技术研究和产品开发。随着人们对火灾初期特征的认识和火灾探测技术研究的不断深入，研究了高灵敏度火灾探测、一氧化碳气体探测等早期火灾探测技术，开发出激光高灵敏度感烟火灾探测器、吸气式高灵敏度火灾探测报警装置和气体火灾探测报警系统等等。

超早期火灾报警的主要指导思想是：(1) 提高灵敏度，在火灾早期阶段燃烧产物较少的时候即可探测报警；(2) 探测火灾尚未形成之前的火灾特征及其产物特性，实现超早期火灾探测报警。为此，利用提高灵敏度实现早期火灾探测报警的方法中，已经将粒子计数测量技术用于火灾探测。为了更早发现火灾，采用主动采样式的吸气式方法以缩短被测物到达传感器的时间，改变了探测器的工作方式。利用气体及其成分进行火灾早期阶段生成物探测的火灾探测技术研究，也是超早期火灾探测另一个前景看好的研究方向。在研究超早期火灾探测技术的同时，将火灾探测报警分成火灾预警和报警两个阶段，探讨新的处理方法和概念，采用新的概念引导技术，会更有力地促进超早期火灾探测技术的发展。

对于易燃、易爆场所，一旦爆炸起火，火势蔓延速度快，难以控制，人们开发研制了在火灾爆炸事故之前，从可燃气体浓度方面进行故障分析和火灾爆炸危险性预测的线型可燃气体探测报警装置，它采用光学原理利用不同气体光谱特性的差别进行气体浓度探测，从根本上解决了点型可燃气体传感元件中毒、稳定性差、寿命短等缺陷，用于大面积可燃气体探测报警时，性价比较高，其原理可扩展用于其他场所气体泄漏的监测。目前的特殊场所下火灾探测报警还仅限于固定场所的研究，对于移动危险品及化学灾害事故的预测与探测报警尚处于空白阶段。

火灾探测技术在新的传感器技术、复杂的信号处理技术、对火灾机理的深入认识和对烟气运动的预知能力的推动下不断向更准确、更及时、更智能化的方向发展，比如模拟量火灾探测器、复合火灾探测器以及图像型火灾探测器等新型探测技术和产品的出现都表明了这种趋势。本章将重点介绍多传感火灾探测技术、图像识别方法、消防物联网等新技术。

6.2 多传感火灾探测技术

火灾是一个极其复杂的燃烧反应过程,会产生气(燃烧气体)、烟(烟雾粒子)、热(温度)、光(火焰)等火灾参量,因此很难用一种火灾参量来探测变化莫测的各类火灾。此外,灰尘、水气、香烟烟雾等非火灾信号,也能引起单一参量火灾探测器误报,因此,多参量复合探测技术结合相关的信号处理方法,不仅可以克服因使用单一火灾参量造成的漏报,还可以从根本上识别由于非火灾信号导致的误报,使得火灾的误报率大大降低。此外,多参量多判据火灾探测技术还可使火灾探测的时间缩短,达到早期预报的目的,因此综合多种火灾参量敏感元件组成的各种复合探测器仍将是今后火灾探测领域中主要研究方向之一。

在改进各类探测器可靠性的同时,多传感器探测装置是该领域最重要的研究进展之一。一段时间来,将温度和烟气探测结合在一起的双传感器探测装置较为常见,感温探测器还能在一个装置上同时实现定温探测和差温探测。有些制造商还推出了三传感器甚至更多传感器的探测装置,即在烟气和感温探测的基础上通过增加一氧化碳传感器或监视环境光和火焰特征的红外传感器来加强该探测装置的功能,盛赛尔、西门子公司等均推出了这种多传感器多判据产品[1]。

国内外应用最广泛的是多波段红外火焰探测器。其中三波段红外火焰探测器中使用三只中心波长不同的窄带滤波红外传感器,主传感器的中心波长对应火焰燃烧产生 CO_2 的中心波长,另外两只传感器的中心波长分布于 CO_2 中心波长的两侧或一侧。综合三只传感器对于同一信号不同的响应特性,通过数学算法模型进行分析判断。只有完全符合火焰特征的信号才会被认作是火警信号[2]。

6.2.1 基本原理

智能火灾探测器由微处理器、火灾传感器及一些相关电路组成,根据探测环境的不同选用多传感器复合探测器。选用火灾传感器时应遵循探测区域内火灾初期的形成及发展规律、误报原因等选用不同种类的传感器。充分发挥各个传感器的优势,取长补短,实现多元探测,更准确更完整地反映火灾的特征参量。但把能检测火灾特征的各种传感器全部集成复合会使器件过于复杂,降低微处理器处理数据的速度,以至于难以在探测器内部完成信号处理工作。目前,比较成熟的火灾探测器是两种或三种传感器复合，利用探测器内置的微处理器对几种探测源的数据进行综合评估，最终决定是否报警。

多传感器之间的信息共享和性能互补克服了单个传感器的不确定性和局限性，提高了整个传感器系统的有效性能，获得对被测对象的一致性解释与描述，使系统获得更充分的决策信息。图6.1是多传感器信息融合的示意图，传感器之间的冗余数据增强了系统的可靠性，传感器之间的互补数据扩展了单个传感器的性能。

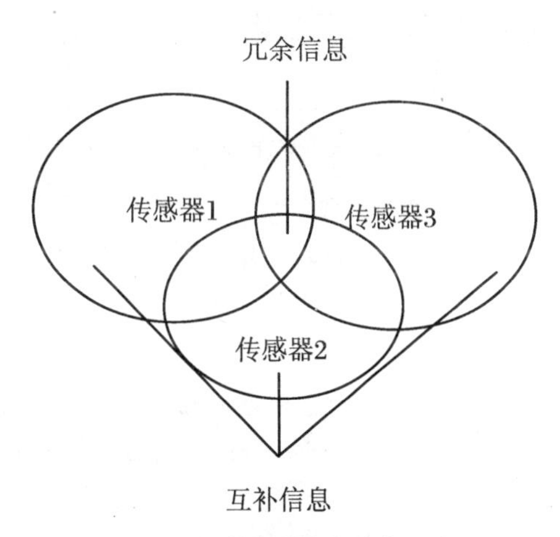

图6.1　多传感器信息融合示意图

6.2.2　智能火灾探测器信息融合算法

1. 多传感器数据融合的层次及功能

与经典的火灾信号处理方法相比，多传感器复合处理的信息具有更复杂的形式，且在不同层次上出现。多传感器数据融合可分三个层次：信息层、特征层及决策层。如图6.2所示，信息层主要完成原始数据的采集与处理；特征层利用信息层的输出信号进行数据融合，找出早期火灾发生和发展的特征参量；决策层则充分利用特征层输出的各类特征信息，采用适当的融合技术和判断规则给出火灾报警信息。

一般选择的多传感器观测的是多物理量，数据只能在特征层或决策层融合。数据融合技术用于火灾探测，是结合火灾特征，利用其独特的三层结构，更加清晰地处理火灾探测器采集的信息。在信息层里首先对单物理量传感器采集的信息进行局部处理，这样有利于发挥各个传感器的优势，降低融合中心数据处理的复杂度，具有并行分块处理的优点。

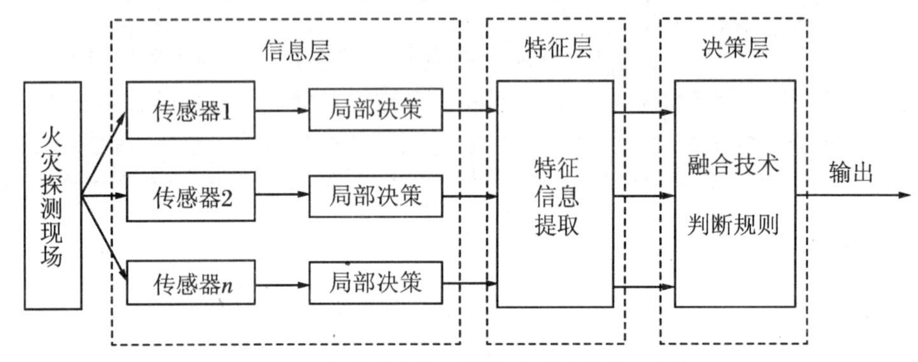

图 6.2 复合火灾探测器信息融合结构示意图

2. 常用多传感器数据融合算法

常用多传感器数据融合算法有加权平均法、卡尔曼滤波、贝叶斯估计、Dumpster-Shafer 证据推理、模糊逻辑、神经网络、遗传算法、粗糙集理论等，下面分别介绍。

(1) 加权平均法简单直接，这种方法从不同传感器获得权值信息，融合结果就是加权平均值。缺点是需要相当长的时间确保权值，而且很难得到最优加权平均值。

(2) 卡尔曼滤波适用于动态环境中的传感器信息融合。使用测量模型中的递归统计方法，根据各方面的统计数据估计最优融合数据。如果系统动态模型是线性系统，传感器噪声是高斯白噪声，则卡尔曼滤波可以在数据统计方面提供最优数据融合估计。由于递归的特点，这种算法的计算速度快，且内存空间需要较少。

(3) 贝叶斯估计是用于静态环境中低层次的多传感器信息融合方法，处理带有不稳定的高斯噪声的信息，这种算法被用于早期传感器信息融合技术。

(4) Dempster-shafer(DS)证据推理是贝叶斯估计的推广。如先前条件是相关的，贝叶斯估计很难保证估计的一致性。DS 证据推理使用不稳定时间间隔来确定不稳定未知先验概率，从而克服了贝叶斯估计的缺点，该方法成为解决多传感器信息融合的理论依据。

(5) 模糊逻辑在多传感器信息融合过程中使用 0—1 之间的数值直接表示不确定性。模糊逻辑不依赖于数学模型，所以它可以被用于模型不确定的系统中。

(6) 基于神经网络的信息融合是不确定性的推理过程，这种算法通过大量的学习和推理把不确定性的复杂系统融合成易理解的信号，具有兼容性强和计算快的优点。目前神经网络以其很强的环境适应性、学习能力、容错能力和并行处理能力在火灾探测系统中被广泛应用，使信号处理过程更接近人的思维活动，使火灾探测具有更强的智能性。

(7) 遗传算法(GA)具有较强的全局搜索能力，且简单通用、鲁棒性强，但拟合度函数变化较大，局部搜索能力较弱，且要求拟合度函数必须收敛于最小误差。

(8) 粗糙集理论是一种刻画不完整性和不确定性的工具，能有效地分析和处理不精确、不一致及不完整的各种不完备信息，并从中发现隐含的知识，揭示潜在的规律。利用粗糙集进行信息融合，主要是利用它可对不完整数据进行分析和推理，发现数据间的关系，提取出有用特征和简化信息的能力来融合多源复杂信息，以提高融合速度和进行最优化融合算法的选择，增强系统的决策能力。

3. 各种数据融合算法的综合使用

为弥补各算法的不足，用于火灾探测的多传感器数据融合算法一般采取上述几种方法相结合，如基于GA的径向基函数RBF(Radial basis function)神经网络算法用于火灾信号检测，GA算法用于使RBF神经网络的参数和结构最优化，增强子网络的自适应能力。为了避免常用的多层前馈神经网络算法在训练时容易陷入局部极小点、收敛速度慢等问题，在算法训练中常引入适合求取全局最优解的遗传算法GA(Genetic algorithm)，梯度下降法与高斯牛顿法结合的LM(Levenberg marquardt)算法等。还有种算法交替使用GA和LM优化神经网络，不仅增强了遗传算法的局部搜索能力，而且避免了神经网络训练陷入局部极小点。采用不同的数据融合算法，最后输出结果也不同。如：采用加窗最小二乘法提取CO浓度上升速度和CO_2的浓度上升速度作为火灾辨识的过程特征信息，决策层采用概率神经网络算法，输出结果为明火/阴燃火/无火灾；采用模糊神经网络算法形成火灾报警模型，神经网络的输出再经过模糊判断，最终得到火灾发生概率。因为模糊逻辑和神经网络具有一定的互补性，在火灾多信息融合算法中人们常将两种方法相结合，模糊神经网络提高了模糊逻辑的自适应性和神经网络的鲁棒性，其中神经网络理论用于火灾探测的常用方法有多层前馈网络BP(Back propagation)、径向基函数神经网络RBF(Radical basis function)等。模糊逻辑常采用“If-then”模糊逻辑推理方法、模糊聚类方法等。根据模糊逻辑和人工神经网络连接的形式和使用功能，两者融合的形态可归纳成以下五类：松散型、并联型、串联型、网络学习型及结构型等类型。

6.2.3 多传感信息融合关键技术

多传感器信息融合能获得比单一传感器更优越的性能和更可靠的决策，它的关键技术体现在：

1. 数据转换

由于各传感器输出的数据形式、对环境的描述和说明等都不一样，信息融合中心为了综合处理这些不同来源的信息，首先必须把这些数据转换成相同的形式、相同的描述和说明之后，才能进行相关处理。

2. 数据相关

数据相关的核心问题是如何克服传感器测量的不精确性和干扰等引起的相关二义性，即保持数据的一致性；如何控制和降低相关计算的复杂性，开发相关处理、融合处理和系统模拟的算法和模型。

3. 融合推理

融合推理是多传感器信息融合系统的核心，所需解决的问题是如何针对复杂的环境和目标时变动态特性，在难以获得先验知识的前提下，建立具有良好稳健性和自适应能力的目标与环境模型，以及如何有效地控制和降低递推估计的计算复杂性。

火灾发展的过程是一个随机的难以预测的复杂过程，为降低单一传感器引起的漏报和误报，提高火灾探测的可靠性，多传感器复合探测已成为火灾探测器发展的趋势。随着微电子、单片机技术的发展，火灾探测器正朝着小型化、智能化方向发展。多传感器火灾探测又促使多信息融合算法具有自学习、自适应、自组织以及容错能力等功能，各种信息融合算法虽有互补性，但是将多个方法相结合又会增加算法的复杂度，降低信息处理的效率，因此高效的信息融合算法还有待于进一步深入研究。

6.3 图像识别方法

6.3.1 概述

1. 工作原理

基于数字图像处理的火灾探测技术，是在视频监控的基础上实现对监控区域的火灾探测。利用摄像机监控目标区域，从监控视频中提取疑似火灾信息进行分析处理，再提取疑似区域的特征参数并与设定的特征阈值进行比较，从而判断是否发生火灾，并及时报警。图像型火灾探测技术克服了传统火灾探测技术受到环境因素制约的缺点，具有可视化、响应速度快、无接触、抗干扰、智能化等特点。当火焰燃烧时会产生大量的炽热微尘颗粒，这些炽热颗粒会向外辐射出电磁波和可见光，在视觉上显示出火焰的基本形态轮廓。根据火灾发生时火焰图像的特征，经过图像采集、图像增强、图像分割以及图像识别等多个步骤的火灾图像处理过程，从而判断是否发生火灾。在火灾图像处理识别的过程中，涉及算法的选择与使用。由于存在发生火灾的场所不固定的特点，很难设计出一种通用的识别算法，所以基于图像的火灾探测算法就必须针对一定的探测场景来设计，并且可以通过组合多种不同算法，尽可能地提高在不同环境中探测系统的通用性[3]。

2．图像型火灾探测器分类

根据国标《图像型火灾探测器（Video Image Fire Detector）》的分类方法，按火灾探测参数，图像型火灾探测器分为图像型感烟火灾探测器、图像型火焰火灾探测器和图像型感温火灾探测器。图像型感烟火灾探测器（VFD/S）是指采用视频图像方式分析燃烧或热解过程中产生的烟雾，进行火灾探测报警的装置；图像型火焰火灾探测器（VFD/F）是指采用视频图像方式分析燃烧过程中产生的火焰，进行火灾探测报警的装置；图像型感温火灾探测器（VFD/H）是指采用视频图像方式分析燃烧过程中的温度，进行火灾探测报警的装置。

此外，按传感部件的使用环境条件可分为室内型和室外型。按视频分析方式可分为分布式（又称前端化）图像型火灾探测器和集中式图像型火灾探测器。

3．图像识别技术的优点

1）图像信息直观、丰富

图像信号较之于其他火灾信号，具有直观、丰富的特性，对人脑来说，由于存在经验值与经验判断，可以对这些直观的信号进行直接判断，对于经过训练的计算机来说，这些直观的图像信号使火灾探测器能对第一时间得到的火灾灾情信息进行确认。目前基于火焰图像和烟雾图像的图像型火灾探测器已经获得实际应用，温度图像的火灾探测器正在研制过程中。新的图像型火灾探测器的国家标准也在制定中，该标准包括图像型感烟火灾探测器、图像型火焰火灾探测器和图像型感温火灾探测器等三种形式。本节以图像型火焰火灾探测器为例，说明图像型火灾探测器的工作原理。

2）火灾报警实时性好

基于图像处理与信号学的理论与算法基础，在计算机内对火灾信号的处理速度可以达到实时跟踪与监测要求，时间延迟不大于2—3 s。

3）火灾报警准确度高

火灾的实时智能报警最重要的是准确度高，能够正确地对火灾现场的灾情进行及时报警。图像型火灾探测器对火灾探测的过程中不易受到外界环境的干扰，并能实时反应火灾现场的火情信息，在计算机内能进行同步跟踪处理，因此，火灾报警能够达到较高的准确度。

4）对火灾现场的信息自动化处理能力强

由于基于图像处理的火灾监测监控的核心部件为微处理器，通过对微处理器的设置与编程，可以实现对火灾现场信息进行自动化、实时化、智能化处理，并给出有无火灾的决策信息。

6.3.2 图像感焰火灾探测技术

对于一般物质如木质制品等可燃物，早期火灾主要光谱特征在红外、红光及黄光范围，一般燃烧很难达到蓝光范围。通过摄像机提取的火灾影像，利用实时影像的多重判据，可实现火灾早期探测。

值得指出的是：单纯依靠彩色影像进行火灾探测还是不够的，红外光谱的组合将极大地改善利用影像信息探测火灾的效果，称这种组合探测方式为双波段图像型火灾探测。

1. 双波段成像器件

双波段图像火焰探测器的构成方式有IRCCD摄像机和普通CCD摄像机、红外热释电摄像机和普通CCD摄像机、红外微光摄像机和普通CCD摄像机、红外滤光片和普通CCD摄像机、液晶光闸和普通CCD摄像机组合等多种类型。

1）红外波段成像器件

主要有滤光片、热像仪、微光摄像机和黑白普通CCD摄像机。

热像仪依据物体的红外辐射成像，工作波长在3—5.4 μm，灵敏度高，但设备复杂，成本高，且要求在低温环境下工作，不宜用作火灾探测。

微光摄像机可分为主动式和被动式，前者称为主动式红外微光摄像机，具有光亮度高、闪烁小、场景反差大、成像清晰等优点，工作波段为0.76—1.2 μm，但需要自配光源，具有一定的限制性；后者称为低照度摄像机，可充分利用火灾早期近红外丰富的辐射能量，无需自配光源，应用范围广，但要处理好背景光对摄像机的影响，可用于探测早期火灾。

黑白CCD摄像机成像具有自扫描特性，且具有噪声低、灵敏度高、动态范围大、功耗低、体积小、质量轻和寿命长等优点，工作波段为0.4—1.0 μm，工作波段比低照度摄像机稍短，适合火灾探测场所。

2）彩色波段成像器件

彩色CCD摄像机工作范围在可见光区域，对于火灾火焰有很好的探测效果。

根据以上分析，综合考虑早期火灾探测能力、造价成本、寿命和稳定性等因素，用于火灾监控的首选摄像器件为微光摄像机(低照度摄像机)配合红外滤光，其次为黑白CCD配合红外滤光；从火灾确认的角度，微光摄像机加彩色摄像机即双波段探测是综合考虑烟气热辐射与火焰彩色视频的较好组合。

2. 双波段图像火灾探测器

采用普通CCD摄像机与液晶光闸结合，可以很好地实现双波段火焰探测的目的。液晶的光透过率和光偏振平面的变化形成了液晶的各种电光效应。主要的电光效应有电流效应和电场效应两种。其中电场效应又分为扭曲向列效应、电控双折射效应、向变效应和宾主效应。目前世界上应用最广泛的是扭曲向列效应。它是利用表面排列技术，对刻有透明电极的玻璃进行表面处理，使液晶分子在液晶盒内的排列方向平行于电极且呈现90°扭曲。液晶盒前后的偏振片分别称为偏振片和检偏振片，使其偏振光轴互相平行。当不施加电场时，液晶盒使入射光轴旋转90°，因而光不能透过检偏振片，液晶盒呈现不透明，相当于光闸断开的状态。当施加高于液晶阀值的电场时，液晶分子轴平行于电场方向排列。由于分子轴都顺着电场方向，入射光的偏振光轴很少扭转，通过检偏振片的光量就增加了。这时，入射光几乎不受液晶的影响而透过，液晶呈透明状态。这就是液晶的光闸功能，正确设计好液晶光闸就能很好地在火灾探测或其他场合得到广泛的应用。

被监控的场景经液晶光闸、CCD摄像机、视频转换器、图像采集卡进入计算机或微处理器，计算机或微处理器对视频图像信号进行图像处理和多项火灾判据识别后，给出有无火灾的判断。液晶光闸在控制器控制下，对可见光又分成开、关两种功能。当液晶光闸加上控制信号时，可见光能通过液晶光闸、CCD摄像机到达计算机，在计算机的监视器上显示出视频图像，这时系统既可以用来确认火灾，也可以作为安防监控系统使用。当液晶光闸不加控制信号时，可见光不能通过液晶光闸到达CCD摄像机，即可见光被滤除，而红外图像能经CCD摄像机到达计算机，这时液晶光闸为关闭方式，系统处在火灾监控状态。通常情况下，图像型火灾报警系统处在火灾监控状态。当探测到火灾时，计算机触发控制器发出控制信号，使液晶光闸接通，监视器上立即显示被监控场景。在自动方式时，经延时后自动启动火灾报警装置、联动装置和火灾扑救装置。在人工方式时，值班人员可以根据屏幕图像进一步确认火灾后，再人工启动火灾报警装置、联动装置和火灾扑救装置。控制器还可以通过视频转换器，依次将各个摄像机的输出信号接入火灾自动报警系统，实现火灾探测的巡检。该系统最多可以接255台摄像机，再结合常规的火灾自动报警设备，就构成了一个大的火灾自动报警系统。

3. 火焰的提取

火灾火焰一般具有较为明显的视觉特征：火焰颜色、火焰纹理、亮光、闪烁和外形变化等。图像型火灾探测探测器的研究最早开始于对火焰的检测，目前已经形成多种基于图像的火灾火焰检测算法。

1）火焰静态特征提取

静态特征主要体现在颜色、纹理、内部结构和外部轮廓。火焰颜色在不同彩色空间如RGB、HSV或HIS、YUV中具有特定的分布特性，在火焰区域内部还具有持续的层次性变化；同时燃烧使火焰区域始终处于持续的变化中，这决定了其结构的复杂性及其特有的纹理、轮廓等特性。尽管火焰静态特征较丰富，但却无法表达火灾燃烧的状态和过程变化的信息，单一将静态特征作为火灾判断的依据容易导致误判或漏报。

2）火焰的动态特征提取

相对于静态特征，火焰的动态特征更显著也更复杂。不同于一般目标的刚体运动或柔性扭曲，火焰运动具有随机性、层次性和时频性，主要表现为火焰边缘的抖动、火焰的蔓延或面积的变化和火焰的频闪等特性。

火焰的静态和动态特征都比较显著，也都具有复杂多样性，且共存互补，存在紧密的相关性，这对火焰特性的分析与建模构成了不少困难，必须对两者综合考虑才能全面有效地识别火灾事件，所以很多的研究中是将颜色、纹理、结构和运动特征结合起来对火灾火焰进行判断和识别。对边缘检测之后的二值图像进行边界跟踪，可得到一个八方向的边界链码的封闭图形，通过取阈值后统计图像的亮点数得到区域面积；通过计算像素点之间的位置关系得到形体变化特性；统计不同灰度级的像素点在空间的分布规律得到分层变化；通过寻找此图像中心点位置与上帧图形的位置变化得到整体移动特性，最后将提取的几个特征利用遗传算法和神经网络进行分类识别。

6.3.3 图像感烟火灾探测技术

火灾是一种复杂的燃烧现象，具有多种表征参数。如果想通过单一参数的测量进行早期阶段火灾探测，很难同时获得较高的准确性和广泛的适用性。复合探测技术通过对火灾中多个相互关联参数的综合判断，更为准确地体现了真实火灾现象的综合特征，使探测方法更加智能化。图像型探测系统可以有效地综合烟、温、光等主要火灾参数，使火灾探测更大程度地满足人们对火灾安全的要求，代表了当今火灾探测技术的较高水平。

在大多数场合，火灾烟雾的产生早于明火的出现，所以感烟火灾探测器获得了广泛的应用。目前已经应用于各种场合的感烟探测器有离子感烟(对有焰火灵敏)、光电感烟(减光型和散光型,对缓慢阴燃火灵敏)、有初步智能的模拟量报警式、响应阈值自动浮动式探测器。

随着科学技术的进步,CCD 摄像机的应用已经普及,光截面感烟相对于以上这些方法,可应用于大范围、超长距离火灾探测,使获取信息的成本大大降低,对有焰火和阴燃火灵敏度都有提高,误报率低,抗干扰性强,适应环境能力强,方便工程安装,可实现多层面立体安装,具有智能化。

火灾探测一直向着智能化方向发展,光截面图像感烟火灾探测器属于智能探测器,它使用了模式识别、持续趋势、双向预测算法,并运用了神经网络特有的自学习功能和自适应能力,可以根据现场自动调整运行参数,它的容错能力提高了系统的可靠性。传统的感烟火灾探测技术中由于烟雾的颜色、烟粒的大小、空间高度、气流、震动等因素所引起的误报、迟报得到了有效的解决。系统能自动检测和跟踪由灰尘积累而引起的工作状态的漂移,当这种漂移超出给定范围时,自动发出故障信号,同时这种探测器能跟踪环境变化,自动调节探测器的工作参数,因此可大大降低由灰尘积累和环境变化所造成的误报和漏报。

1. 工作原理与识别方法

在研究烟气运动规律及火灾烟气特性的基础上,对图像处理技术、信息处理技术进行深入探索,形成了一套便于工程实现又具有较高可靠性的算法。算法主要基于模式识别、持续趋势和预测适应方法。

系统由三部分组成:① 光源发光部分;② 截面成像部分;③ 信号处理部分。图 6.3 是三部分的组成示意图。

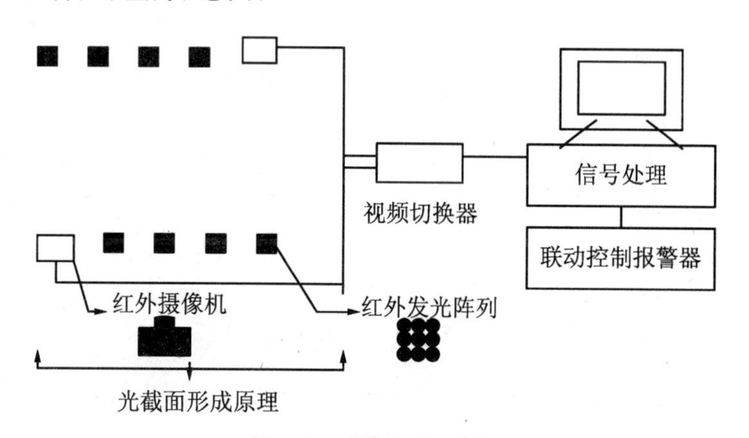

图 6.3　系统组成示意图

通过红外发光阵列发射红外光，光线穿过被监控区域上空，在红外摄像机光靶阵列上成像，形成红外光斑影像，分布于不同部位的红外摄像机以视频信号的方式将光斑影像传送给视频切换器，由视频切换器以巡检的方式逐一将被分析影像信号送入计算机进行火灾分析，如果发现火灾情况，即通过联动控制报警器进行火灾报警。

光线通过大气，要受到大气中颗粒的折射、散射和吸收的作用。这种作用基于Lambert-Beer 定律，即当光强为 $I_{\lambda 0}$ 的光束透过光学路径为 L、光谱吸收系数为 K 的均匀烟雾介质后，其透过光强 I_λ 可表述为

$$I_\lambda = I_{\lambda 0}\exp(-KL) \tag{6.1}$$

$I_{\lambda 0}$ 与 I_λ 分别为入射光强和透过烟气的光强，L 为平均射线行程的长度，K 为消光系数，它是表征消光的重要参数，可进一步表示为单位烟质量浓度的消光系数（K_m）与烟气质量浓度（M_s）的乘积：

$$K = K_m \cdot M_s \tag{6.2}$$

K_m 为比消光系数，它取决于烟颗粒的尺寸分布和入射光的性质，即

$$K_m = \frac{3}{2\rho_s}\int_{d\min}^{d\max}\frac{1\delta}{d}\frac{\delta M_s}{\delta d}Q_{ext}\left(\frac{d}{\lambda}, n_r\right)\delta d \tag{6.3}$$

式中，δ 代表微分符号；d 表示颗粒直径；ρ_s 表示烟颗粒密度；Q_{ext} 表示单一颗粒的消光系数，它是颗粒直径与波长之比（d/λ）以及颗粒折射率 n_r 的函数。一般木材和塑料明火燃烧时发烟的 K_m 值大致为 $7.6\ m^2 \cdot g^{-1}$，热解时发烟的 K_m 大致为 $4.4\ m^2 \cdot g^{-1}$。

对于早期火灾的木材和塑料，$K = 4.4\ M_s$，对于 L 为 50 m 的探测距离，有如下关系：

$$I_\lambda = I_{\lambda 0}\exp(-220\ M_s) \tag{6.4}$$

可以表示为图 6.4。

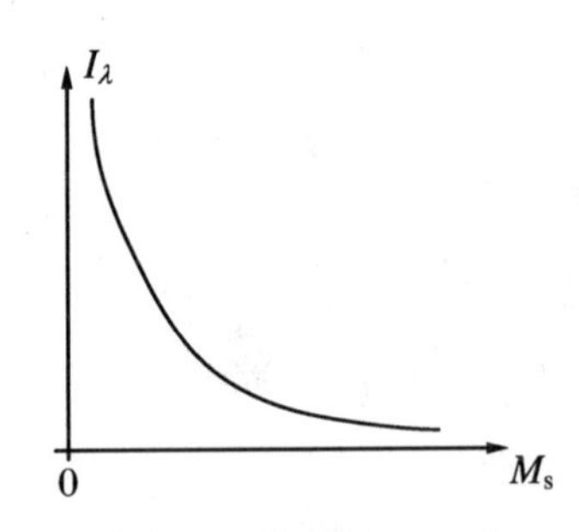

图 6.4　烟雾浓度与光线透射强度的关系

红外摄像机测得的光斑亮度 $X \propto I_\lambda$，通过分析 X 的变化情况，就可以判断光在光路上受烟气遮挡的状况，即烟气质量浓度（M_s）的大小，继而判断火灾的存在与否。

1）红外光斑亮度获取图像处理方法

对于每一个摄像机，面对的是一串红外光斑，通过计算机图像卡数字化后，以数字图像的方式存储于计算机内存。为了测量光斑的亮度，首先需对光斑进行分割与提取，采用动态直方图阈值分割与模板匹配的方法，将光斑与背景进行分离，实时测出一系列光斑亮度数据：

$$\begin{matrix} x_1(1) & x_2(1) & x_3(1) & \cdots & x_n(1) \\ x_1(2) & x_2(2) & x_3(2) & \cdots & x_n(2) \\ x_1(3) & x_2(3) & x_3(3) & \cdots & x_n(3) \\ \vdots & \vdots & \vdots & & \vdots \\ x_1(t) & x_2(t) & x_3(t) & \cdots & x_n(t) \end{matrix} \tag{6.5}$$

其中，t 指 t 时刻，n 表示第 n 个光斑。

通过对 $x_i(j)(i=1,2,\cdots,n;j=1,2,\cdots,t)$ 的分析，利用火灾识别模型来判断火灾的存在与否。

2）识别模式

采用模式识别、持续趋势和预测适应的方法，工作原理如下：分析实时图像信息，与烟气特性规律比较、匹配，得出结论。

对一个具体的光斑，从连续时序图像中提取数列：

$$\begin{aligned} x_i &= \{x_i(k) \mid k = 1,2,\cdots,n\} \\ x_0 &= \{x_0(k) \mid k = 1,2,\cdots,n\} \text{—— 参考序列} \end{aligned} \tag{6.6}$$

对每一个序列经过小波分析去除噪声并初步分类，处理机理基于白噪声的性态与信号的奇异性态在小波变换下具有截然不同的性质。分析如下：

$$f(x) \in C^a(R) \quad (0 < a < 1) \tag{6.7}$$

若

$$| f(x) - f(y) | = O(| x - y |^a) \tag{6.8}$$

设 $\psi(x)$ 是一允许小波，且 $|\Psi(x)|$、$|\Psi'(x)| = O((1+|x|)^{-2})$，记

$$\Psi_{j,k}(x) = 2^{\frac{j}{2}} \psi(2^j x - k) \tag{6.9}$$

则

$$W_{2^j} f(x) \leqslant 2^{-(\frac{1}{2}+a)j} \tag{6.10}$$

而作为方差为 σ^2 的宽平稳白噪声 $n(x)$，$W_{2^j} n(x) = 2^{\frac{j}{2}}(n(t)\Psi(2^j t - x))$ 并假定

$\Psi(x)$是实数，从而

$$W_{2^j}f(x)=2^{\frac{j}{2}}\int_R f(t)\,\overline{\Psi(2^j t-x)}\mathrm{d}t \tag{6.11}$$

$$|W_{2^j}n(x)|^2=2^j\iint_R n(u)n(v)\Psi(2^j(u-x))\Psi(2^j(v-x))\mathrm{d}u\mathrm{d}v \tag{6.12}$$

故

$$\begin{aligned}E|W_{2^j}n(x)|^2&=2^j\iint_R \sigma^2\delta(u-v)\Psi(2^j(u-x))\Psi(2^j(v-x))\mathrm{d}u\mathrm{d}v\\&=2^j\sigma^2\int\Psi(2^j(u-x))\mathrm{d}u\\&=\sigma^2\|\Psi\|^2\end{aligned} \tag{6.13}$$

表明 $W_{2^j}n(x)$作为一个平稳随机过程的平均功率与尺度 2^j 无关。然后各序列按可变窗持续时间趋势算法求取趋势值。过程如下：

定义累加函数 $K(n)$为

$$K(n+1)=\begin{cases}(K(n)+1)u(y(n)-St), & St>0\\(K(n)+1)u(St-y(n)), & St<0\end{cases} \tag{6.14}$$

其中 St 是预警门限，$u(\cdot)$是单位阶跃函数。

$$\begin{aligned}y(n)=&\sum_{i=0}^{N+K(n-1)-2}\sum_{j=i}^{N+K(n-1)-1}\mathrm{sgn2}[\mathrm{sgn1}(x_0(n-i)\\&-x_0(n-j))+\mathrm{sgn1}(x_0(n-j)-RW)]\end{aligned} \tag{6.15}$$

N 是窗口长度，平常检测使用短窗长，当趋势值超过了预警门限后，$K(n)$逐步增加。sgn2 和 sgn1 是符号函数：

$$\mathrm{sgn1}(x)=\begin{cases}1, & x>s\\0, & -s\leqslant x\leqslant s\\-1, & x<-s\end{cases}$$

$$\mathrm{sgn2}(x)=\begin{cases}1, & x>-1\\0, & -1\leqslant x\leqslant 1\\-1, & x<-1\end{cases} \tag{6.16}$$

其中 s 是转折门限。定义相对趋势值

$$\tau(n)=\frac{y(n)}{N\cdot(N-1)} \tag{6.17}$$

当 $\tau(n)\in[\Gamma1,\Gamma2]$时，判断各序列的关联匹配情况，如果关联值总体超过关联预值，确认火灾发生。

关联系数定义为

$$\xi_i(k) = \frac{\mathrm{Min}_t \mathrm{Min}_k \Delta_i(k) + \rho \mathrm{Max}_i \mathrm{Max}_k \Delta_i(k)}{\Delta_i(k) + \rho \mathrm{Max}_i \mathrm{Max}_k \Delta_i(k)} \tag{6.18}$$

其中 $\Delta_i(k) = |x_0(k) - x_i(k)|$ 称为第 k 个指标 x_0 和 x_1 的绝对差；$\rho \in (0, +\infty)$ 称为分辨系数；$\mathrm{MinMin}\Delta_i(k)$ 称为两级最小差；$\mathrm{MaxMax}\Delta_i(k)$ 称为两级最大差。

相关度：

$$\gamma_i = \frac{1}{n}\sum_{k=1}^{n} \xi_i(k) \tag{6.19}$$

如果 γ_i 都不小于 R，说明各序列满足关联匹配条件。

2. 系统评价

由多光束组成光截面，对被保护空间实施任意曲面式覆盖，极大地提高了快速响应区域的面积，使得在大空间实现早期火灾报警成为可能。

对光截面中相邻光束的相关分析，克服了单光束火灾报警由于系统偶然因素而引起的误报。

自动检测和跟踪会由于灰尘积累而引起工作状态的漂移，当这种漂移超出给定范围时，自动发出故障信号；同时这种探测器能跟踪环境变化，自动调节探测器的工作参数，因此可大大降低由灰尘积累和环境变化所造成的误报和漏报。

面成像自动跟踪定点监测，彻底解决了常规线型感烟由于安装移动而造成的误报问题；面成像的使用，使得光截面图像感烟在空间具有分辨发射光源与干扰光源的能力，提高了系统抗干扰性能，扩大了系统的应用领域。

6.4 高大空间火灾探测与扑救方法

6.4.1 引言

高大空间建筑具有空间高大、结构复杂、功能多样、体系复杂的功能结构特点，高大空间建筑基本上均是大型公共建筑，人群密度大，一旦发生火灾，易造成群死群伤，产生极大的经济损失与社会影响。因此，高大空间火灾防治要求在火灾早期阶段就能发现并及时扑灭。高大空间早期火灾探测与联动定位灭火，是高大空间火灾扑救必然的发展趋势。

对于空间空旷的高大空间，红外光束线型感烟探测器、火焰探测器较易满足探测器的安装高度要求和密度要求。智能水炮结合了火焰图像探测与火源定位灭火技术，实现了高大空间火灾探测与联动灭火的功能[4]。

本节主要介绍高大空间一对多式红外光束感烟探测、火焰图像探测与定位灭火技术原理。

1. 一对多式红外光束线型感烟探测器

由式(6.1)可知，线型感烟探测器探测到烟雾的浓度是其光学路径范围内烟雾浓度的积分值，很好地避免了点型感烟探测器无法探测较低浓度烟雾的不足。因此，其安装高度可以较高，而且还可以安装在建筑物两侧的墙上，安装工作相对较容易，是目前高大空间有效常用的探测器之一。

红外光束感烟探测器根据其发射和接收方式的不同，主要可分为一对一式红外线型探测器和一对多式红外光束感烟探测器两种，一对一式即一个红外发射光源对应一个红外接收器，一对多式即多个红外发射光源对应一个红外接收器。

一对一式红外光束感烟探测器由于采用水平层面布设进行感烟探测，无法探测到不同水平层面之间的火灾烟气，且对安装高度及安装间距有严格要求。为了克服这些缺点，采用多个红外发射，一个或少量红外接收器以在高大空间形成立体火灾烟雾监测网。

光截面式红外感烟探测器是典型的一对多式红外光束感烟探测器。图6.3是其结构示意图，主要由红外发射器、红外接收器、视频切换器、信息处理主机及联动控制器组成。

其工作方式如下：

(1) 红外发光阵列发射红外光，光线穿过被监控区域上空，在CCD红外摄像机光靶上成像。

(2) 分布于不同部位的红外摄像机以视频信号的方式将光斑影像传送至视频切换器。

(3) 视频切换器以巡检的方式逐一将影像信号送入计算机，将红外光斑影像信号转变成数字图像并存储。当视频切换器同时具有信息预处理功能时称为防火并行处理器，防火并行处理器的每个接收信道对各自接入的视频信号进行处理，当发现有疑似火灾时，再将疑似信号切换到信息处理主机进行进一步处理、识别，判断火灾的真假，提高了系统的可靠性，降低了主机的频繁运算，使构建大的火灾探测系统成为可能。

(4) 对光斑图像采用动态直方图阈值分割与模板匹配的方法，将光斑信号与背景信号分离，得到一系列光斑亮度数据。

(5) 对光斑图像数据采用模式识别、持续趋势和自适应算法，与烟气特性规律进行比较、匹配，从而判别火灾信号与非火灾信号。

采用多个发射、一个接收的布置方法，可在整个高大空间内形成立体覆盖的线型感烟探测。高大空间无论其是否存在热分层环境，早期火灾烟气只要穿过该保护截面，探测器就会响应并发出报警，从而降低了一对一式线型感烟探测火灾漏报的可能性。由于此系统使用红外摄像头作为接收装置，可通过调整发射器的间距调整覆盖保护截面红外光线的间距，且显示器上所显示的现场图像可供值班人员进一步确认火灾，因此提高了探测系统的准确性与可靠性，降低了值班人员的现场确认的麻烦。

2. 火焰图像探测与定位灭火技术

在大空间建筑物中，由于建筑物高度高、面积大，为了节省灭火剂，减少火灾扑救造成的二次损失，减少对人员的伤害，通常采用定点灭火的方法，即只有在有火灾的地方实施灭火，这就要求灭火器件喷放的灭火剂与火灾区域完全一致。消防水炮(通常称为消防炮)是目前较为广泛使用的一种灭火器件，自动消防炮灭火系统是火灾探测器发现火灾后，自动启动消防炮进行自动扫描，瞄准火源后再自动启动消防泵，打开阀门，喷水、灭火。光截面感烟火灾探测器能早期发现火灾，由于烟气的漂浮性，感烟火灾探测器不能精确确定火源的具体位置，也就不能用它启动消防炮定点灭火系统进行精确定位、实施有效灭火，所以感烟火灾探测器在自动消防炮灭火系统中起到了预警的作用，告诉值班人员，该防火分区有火警。如果有值班人员可以马上通过荧光屏确定火灾的大概位置，手动控制相应区域的消防炮，实施人工定位，手动灭火程序。如果没有值班人员，则等火焰火灾探测器发现火灾后，启动相应消防炮，实施自动灭火程序，这时感烟火灾探测器起到了复合火灾探测的作用。在这种系统中，对火灾进行了三次确认：第一次光截面感烟火灾探测器发现火灾，第二次图像型火焰探测器发现火灾，第三次固定在消防炮上的定位器瞄准火焰，再一次确认火灾，所以这种系统消防炮误喷的概率极低。对于防火要求较低的场所，也有只安装图像型火焰探测器发现火灾，并启动消防炮进行扫描、定位，由消防炮定位器进行火灾的二次确认的，这时消防炮误喷概率就没有前面方法低了。为了保证自动消防炮定点灭火有效，要求火焰探测器的灵敏度要高，早期发现火灾，早期扑救火灾，否则火焰范围大于消防炮的喷水落地面积，那么消防炮的自动灭火就很难有效了。

将火焰图像探测与消防水炮结合，利用图像探测器识别火焰，利用计算机视觉对火源进行定位，是一种行之有效的火焰探测与定位灭火技术。利用自动水炮对火源进行扫描，记录扫描过程中CCD摄像头的旋转、位移，可以及时发现火灾，同时，根据计算机视觉原理，建立摄像头在不同位置所拍摄的图像中火源图像坐标和火源的空间坐标之间的关系，可得到火源的实际位置。在对火源位置实现精确定位后，启动消防水炮，扑灭火源，从而实现大空间中火灾的自动定位与扑救。

6.4.2 图像型火焰探测原理

早期火灾火焰图像主要有以下特征：

1. 亮度特性

火焰亮度是可燃物燃烧时火焰图像的基本特性，在连续影像中长时间地表现为高亮度，它是火灾存在的最原始、最直接的特征。根据实际的应用环境，取火焰亮度 RGB 三基色的阈值 C_R、C_G、C_B，根据连续影像火焰亮度三基色与阈值的大小关系，可做出火灾的初步判断。

2. 光谱特性

由火焰能量函数 $E(\lambda)$的分布可知，火焰的光谱按三维(RGB)正态分布，其分布函数表示如下：

$$P(A)=\frac{1}{(2\pi)^{1.5}\left|\Sigma\right|^{0.5}}\mathrm{e}^{-0.5(A-\bar{A})^{\mathrm{T}}\Sigma^{-1}(A-\bar{A})} \tag{6.21}$$

其中，

$$A=(R,G,B)$$
$$\bar{A}=(\bar{R},\bar{G},\bar{B}) \tag{6.22}$$

Σ 是向量 A 的协方差，描述向量 A 在彩色空间的分布情况。在其概率空间中，椭球上的等密度线应满足下式：

$$(\bar{A}-\bar{A})^{\mathrm{T}}\Sigma^{-1}(A-\bar{A})=C \tag{6.23}$$

此处 C 为常量。在火灾图像的分割处理中，通过对目标的大量试验求得阈值 C_0。火焰图像的像素基色满足下式时，可以认为是火灾发生信号。

$$(A-\bar{A})^{\mathrm{T}}\Sigma^{-1}(A-\bar{A})<C_0 \tag{6.24}$$

对于不满足该式的像素，可认为是非火灾信号。

3. 纹理特性

对于失控燃烧的火灾来说，火焰影像表现出非常强的纹理特性，可以用火焰图像某区域 R 的空间方差表示这一特性。方差定义如下：

$$\delta_r^2 = \frac{1}{N}\sum(r-\bar{r})^2$$
$$\delta_g^2 = \frac{1}{N}\sum(g-\bar{g})^2 \qquad (6.25)$$
$$\delta_b^2 = \frac{1}{N}\sum(b-\bar{b})^2$$

式中，N 是区域 R 中像素的个数；(r,g,b)为各像素的三基色测量值；$(\bar{r},\bar{g},\bar{b})$为区域 R 中像素(r,g,b)的平均值。当$(\delta_r^2,\delta_g^2,\delta_b^2)$在一个适当的特征值范围内时，可以认为是火灾信号。

4. 位置相对稳定性

火灾发生后，火源点附近火焰图像在空间位置上具有相对稳定的特征。即使火灾正快速蔓延，火焰的根部位置也不可能呈跳跃式运动，根据这一特性可将一些假信号如电灯摆动、火把燃烧等干扰因素排除，如图 6.4 所示。

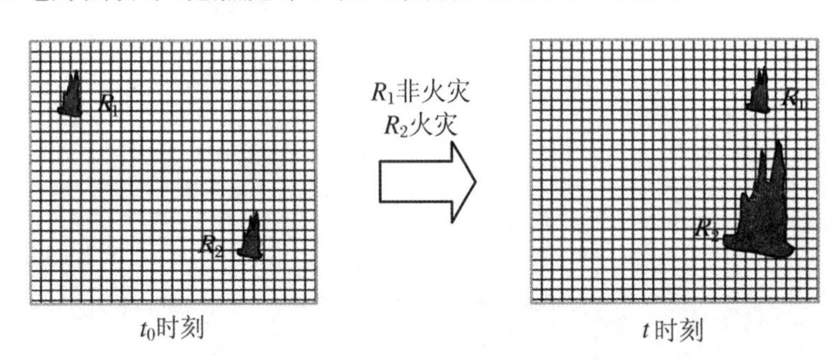

图 6.4　火焰的相对稳定性特征

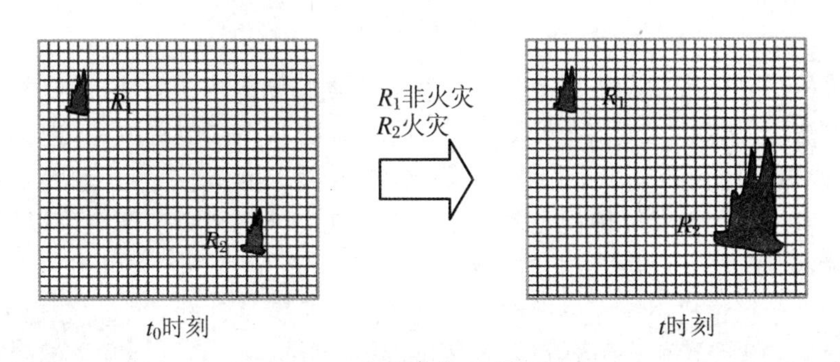

图 6.5　火焰的蔓延增长特征

5. 蔓延增长趋势特性

失控燃烧的火灾另一个显著特征是火焰的蔓延增长特性，在图像上表现为火焰面积呈一定规律增长扩大,如图6.5所示。当其增长扩大速率超过一定值,或者持续增长时,可以认为有火灾的可能。火焰面积增长率由图像像素总数的增长率来确定,某一区域 R_i 火焰增长率 G_i 表示为

$$G_i = \frac{\text{Size}(R_i)_t - \text{Size}(R_i)_{t_0}}{t - t_0} \tag{6.26}$$

6.4.3 基于计算机视觉的定位灭火原理

1. 计算机视觉原理

计算机视觉是采用人工智能的方法模拟人的视觉功能,利用二维投影图像来重构三维的影像世界。三维空间中的物体通过摄像机投影到视平面,其成像模型和视觉坐标系如图6.6所示。原点 O 为视点,视平面距原点的距离为 f,则视平面上的点 $p(x,y)$ 与空间中的对应点 $P(X,Y,Z)$ 有如下关系:

$$\begin{cases} x = f\dfrac{X}{Z} \\ y = f\dfrac{Y}{Z} \end{cases} \tag{6.27}$$

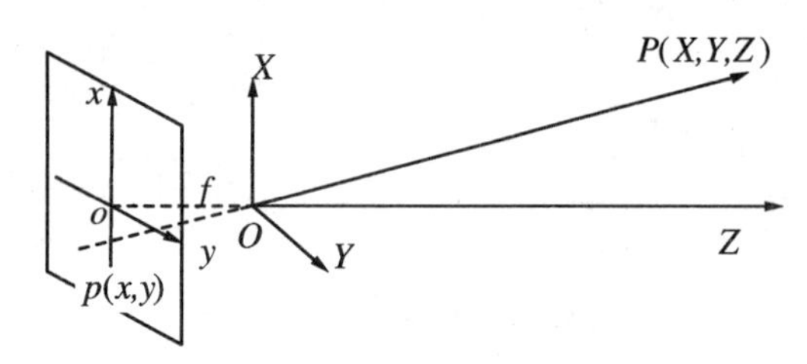

图6.6 视觉坐标系

计算机的立体视觉是仿照人类利用双目视觉感知距离的方法,采取基于三角测量的方法,运用两个(或多个)摄像机对同一景物从不同位置成像,进而从视差(不同摄像机图像上同一物体图像坐标的差异)中恢复距离信息,实现对三维信息的感知。基线和视差是立体视觉的两个要素。在立体视觉中需要解决以下问题:基线的确定、视差的计算和由视差恢复距离信息。

两个平行摄像机系统立体视觉的原理如图6.7所示。设 C_l、C_r 分别为左、右两个摄像机的光学中心(透镜中心),它们的光轴相互平行,C_l 与 C_r 之间的距离为 b(称为基线),摄像机的焦距为 f。设物体上的点 P 在左、右摄像机图像面上的投影点分别为 P_l、P_r,P 与 C_lC_r 连线间的距离为 d。令 $|A_lP_l| = l_a$,$|A_rP_r| = l_b$,则可由相似三角形推出:

$$d = \frac{bf}{l_a - l_b} \tag{6.28}$$

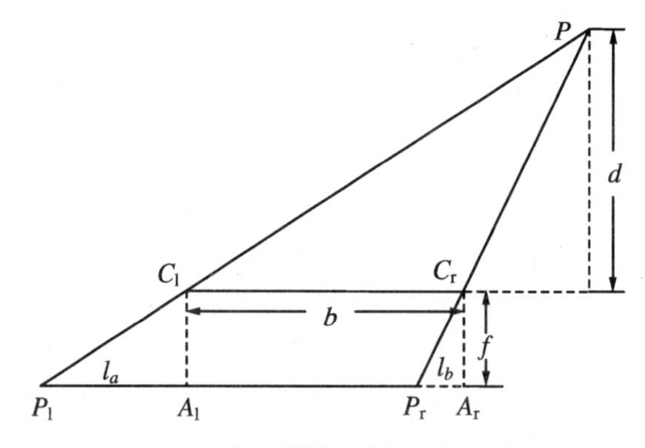

图6.7　双平行摄像机视差测距原理图

2. 扫描式单摄像机空间定位原理

双摄像机空间定位模型的关键在于基线和视差的确定,但它需要配备两个摄像机,而且所测距离并不能直接用于指导水炮自动灭火。为了解决这两个问题,采用一只固定在消防水炮炮管顶端的摄像机,利用同一摄像机转动时在不同时刻的位移和角度变化来模拟双摄像机系统进行空间定位。摄像机的光轴与水炮炮管的中轴平行安装,这样也解决了水炮的定位依据:火源点与摄像机的距离就等于火源点和水炮的距离;火源点与摄像机光轴的夹角就等于火源点与消防水炮炮管中轴的夹角。

当消防水炮转动时,前后两次摄像机位置之间的位移就构成了基线,对摄像机在不同位置采集的图像进行火源区域匹配之后便求得视差,这样就构成了双摄像机进行空间定位的两个要素。但是,由于摄像机转动后在 t_1、t_2 时刻的光轴不再平行,因此图6.7所示的平行摄像机定位原理不再适用,必须重新推导图像坐标和空间坐标的对应关系。

假定图6.8是发现火灾后 t_1 和 t_2 时刻的火源、摄像机、物方坐标系的关系。

根据图6.8所示几何关系,取右手方向为正,则 $\omega_1<0,\omega_2>0$。在物方坐标系和图像坐标系之间可以得到如下关系:

$$\begin{cases} Y = Y_1\cos\omega_1 - Z_1\sin\omega_1 + D\sin\omega_1 \\ Z = Y_1\sin\omega_1 + Z_1\cos\omega_1 + D\cos\omega_1 \end{cases} \tag{6.29}$$

$$\begin{cases} Y = Y_2\cos\omega_2 - Z_2\sin\omega_2 + D\sin\omega_2 \\ Z = Y_2\sin\omega_2 - Z_2\cos\omega_2 + D\cos\omega_2 \end{cases} \tag{6.30}$$

将式(6.27)代入式(6.29)和式(6.30),可得

$$Y = D(y_2 - f\mathrm{tg}\omega_2)[(\sin\omega_2 - \sin\omega_1 + A\cos\omega_1 - B\cos\omega_2)/(A + B) - D\cos\omega_2]/(y_2\mathrm{tg}\,\omega_2 + f) + D\sin\omega_2 \tag{6.31}$$

$$Z = \frac{D}{A - B}(\sin\omega_2 - \sin\omega_1 + A\cos\omega_1 - B\cos\omega_2) \tag{6.32}$$

其中

$$\begin{cases} A = (y_1 - f\cdot\mathrm{tg}\,\omega_1)/(y_1\mathrm{tg}\,\omega_1 + f) \\ B = (y_2 - f\cdot\mathrm{tg}\,\omega_2)/(y_2\mathrm{tg}\,\omega_2 + f) \end{cases} \tag{6.33}$$

但是式(6.31)与式(6.32)中图像坐标(x_1,y_1)和(x_2,y_2)是图像坐标系中的实际长度坐标,而不是图像上的像素坐标,为了将式(6.31)与式(6.32)中的 y_1、y_2 直接与像素坐标 j_1、j_2 相联系,还需要进一步换算。

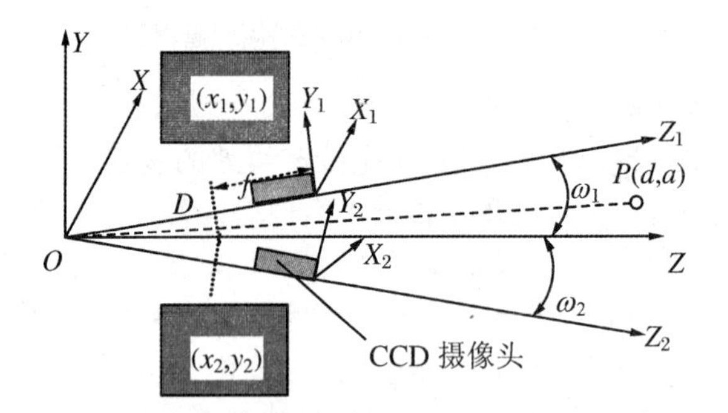

图 6.8 火源、摄像机、物方坐标系的关系

O-XYZ —物方坐标系;f —摄像机焦距;D —水炮转轴到摄像机位置距离;S_1-Y_1Z_1 — t_1 时刻图像坐标系;S_2-Y_2Z_2 — t_2 时刻图像坐标系;(x_1, y_1)— t_1 时刻火源图像坐标;(x_2, y_2)— t_2 时刻火源图像坐标;ω_1 — t_1 时刻摄像机光轴与 Z 轴夹角;ω_2 — t_2 时刻摄像机光轴与 Z 轴夹角;S —火源中心距物方坐标系原点距离;α —火源中心与 Z 轴夹角

为了将图像上的长度转化为像素,需要知道摄像机 CCD 单元的行距,可通过计算获得。常用的 CCD 单元有固定的大小,如 1/3 英寸。设 CCD 摄像机的 CCD 单元的扫描区域为 H 像素宽、V 像素高,实际大小为 h 米宽、v 米高,我们可得到 y_1、y_2 与 j_1、j_2 的关系如下(其中需要注意像素坐标 j_1 和 j_2 的原点是图像左上角):

$$\begin{cases} y_1 = (j_1 - V/2) \cdot v/V \\ y_2 = (j_2 - V/2) \cdot v/V \end{cases} \tag{6.34}$$

这样我们依据式(6.31)、式(6.32)、式(6.33)、式(6.34)可以从 t_1、t_2 时刻的图像像素坐标求得空间坐标 Y 和 Z，从而可以求出火源距水炮转轴的距离 d 和火源与水炮炮管中轴的夹角 α：

$$d = \sqrt{Z^2 + Y^2} \tag{6.35}$$

$$\alpha = \mathrm{tg}^{-1}(Y/Z) \tag{6.36}$$

3. 智能水炮定位灭火实现过程

消防水炮有数字信号控制接口，可以通过计算机来控制其转动，同时 CCD 图像也通过视频采集卡采集到计算机系统中，这样便实现了计算机控制的自动扫描定位系统，如图 6.9 所示。

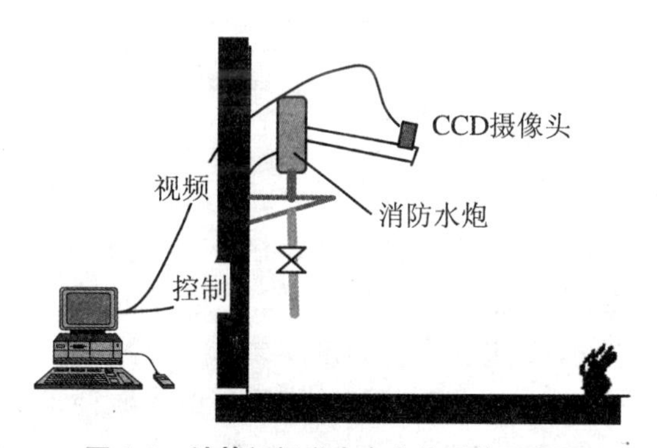

图 6.9　计算机视觉火灾定位系统示意图

电机驱动消防水炮和摄像机在水平 180°和竖直 180°范围内进行扫描，以角度 α_t 为步进，每转动 α_t 角度后根据摄像机图像判断当前摄像机的视野区域是否有火灾。通常 α_t 取为摄像机视角的 1/2，这样既能保证足够的扫描速度，又能保证覆盖所有区域。消防水炮在某一时刻的角度由水炮控制系统的角度反馈得到，扫描过程如图 6.10 所示。消防水炮的驱动电机有左上(图中 1 点)和右下(图中 6 点)两个极限位，定位过程开始后，水炮带动摄像机从 1 点经过 2、3、4、5 最后到达 6 点。

火源在图像上的坐标即为图像上火源区域的重心，在完成图像区域分隔之后由下式确定：

$$x = \left(\sum i_n\right)/N, \quad y = \left(\sum j_n\right)/N \tag{6.37}$$

其中 i_n、j_n 为火源区内第 n 点的像素坐标，N 为像素个数。如果扫描过程中没有发现火源，水炮将重新复位到1点。如果某次扫描中发现火源，则按照下列步骤进行：

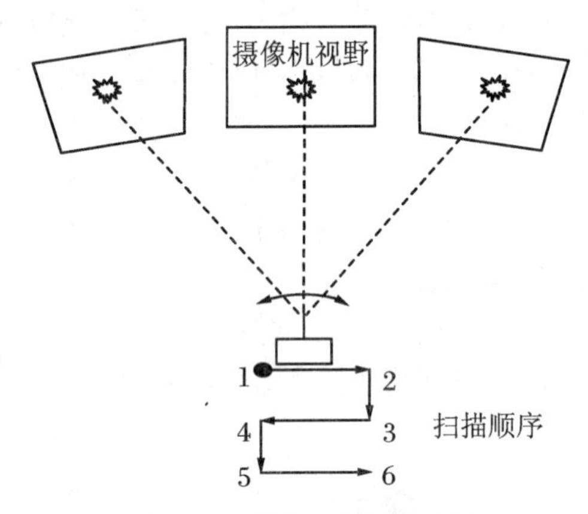

图 6.10 摄像机的扫描过程

(1) 在当前图像上标记出火源区域的重心，根据当前图像上火源重心坐标相对于图像中心的位置，以较小的步进转动水炮，同时摄像机连续采集图像，不断标记火源区域重心并与图像中心比较确定移动方向，当火源重心到达图像下边缘中央时停止转动，过程如图6.11中Ⅰ图所示。此作为 t_1 时刻，火源区重心的像素坐标为(i_1，j_1)并记录下当前电机的垂直角度反馈 ω_1。

(2) 电机垂直向下步进转动，摄像机连续采集图像，当火源重心到达图像上边缘中央时停止转动，如图6.11中Ⅱ图所示。此作为 t_2 时刻，火源区重心的像素坐标为(i_2，j_2)，记录下当前电机的垂直角度反馈 ω_2。

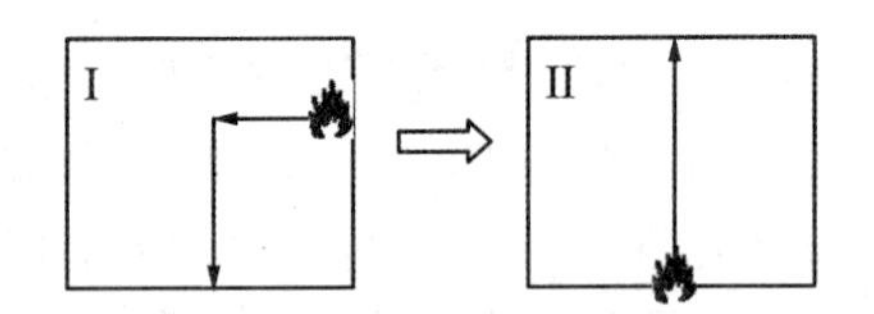

图 6.11 定位过程的火源重心移动

将上述参数代入式(6.31)至式(6.36)计算即可完成火源的空间定位。此外，根据式(6.28)可知，基线越长，定位精度越高，所以上述定位步骤中把火源的位置从图像的一个边缘移动到另一个边缘，是为了尽量增加 t_1、t_2 时刻之间摄像机的转动角度，即尽量增加两时刻间的位移，以获得最大的基线长度，提高定位的精度。

6.5 消防物联网

6.5.1 物联网概述

1. 引言

物联网(Internet of things,IOT)是继计算机、互联网与移动通信网之后的又一次信息产业浪潮。物联网对促进互联网的发展、带动人类的进步发挥着重要的作用,并将成为未来经济发展的新增长点。目前,美国、欧盟等发达国家和地区都在深入地研究和探索物联网,我国也高度关注这一新技术,物联网产业被正式列为国家重点发展的五大战略性新兴产业之一,物联网已经开始在军事、工业、农业、环境监测、建筑、医疗、空间和海洋探索等领域中得到应用。

"物联网"是将各种信息传感设备,如射频识别(RFID)装置、红外感应器、全球定位系统、激光扫描器等装置与互联网结合起来而形成的一个巨大网络结构。其目的是让所有的物品都与网络连接在一起,系统可以自动地、实时地对物体进行识别、定位、追踪、监控并触发相应事件。"物联网"概念的问世,打破了之前的传统思维。过去的思路一直是将物理基础设施和IT基础设施分开:一方面是机场、公路、建筑物等具体物体;另一方面是数据中心、个人电脑、宽带等信息设备。而在"物联网"时代,钢筋混凝土、电缆将与芯片、宽带整合为统一的基础设施,在此意义上,基础设施更像是一块新的地球工地,世界的运转就在它上面进行,其中包括经济管理、生产运行、社会管理乃至个人生活。

1999年MIT Auto-ID Center首次提出物联网概念,它的定义很简单:把所有物品通过射频识别等信息传感设备与互联网连接起来,实现智能化识别和管理,也就是说,物联网是指各类传感器和现有的互联网相互衔接的一个新技术。

2005年国际电信联盟(ITU)发布了《ITU互联网报告2005:物联网》,报告指出:无所不在的"物联网"通信时代即将来临,世界上所有的物体从轮胎到牙刷、从房屋到纸巾都可以通过因特网主动进行交换。射频识别技术(RFID)、传感器技术、纳米技术、智能嵌入技术得到了更加广泛的应用。

2008年3月在苏黎世举行了全球首个国际物联网会议,探讨了"物联网"的新理念和新技术以及如何将"物联网"推进发展到下个阶段。

奥巴马就任美国总统后，与美国工商业领袖举行了一次“圆桌会议”，IBM首席执行官首次提出“智慧的地球”这一概念，建议新政府投资新一代的智慧型基础设施，阐明其短期和长期效益。奥巴马对此给予了积极的回应：“经济刺激资金将会投入到宽带网络等新兴技术中去，毫无疑问，这就是美国在21世纪保持和夺回竞争优势的方式。”此概念一经提出，即得到美国各界的高度关注，并在世界范围内引起轰动。

2009年8月7日温家宝总理到无锡微纳传感网工程技术研发中心视察并发表了有关物联网的重要讲话。8月24日，中国移动总裁王建宙发表公开演讲指出：通过装置在各类物体上的电子标签(RFID)、传感器、二维码等经过接口与无线网络相连，从而给物体赋予智能，可以实现人与物体的沟通和对话，也可以实现物体与物体互相间的沟通和对话。王建宙同时指出：要真正建立一个有效的“物联网”，有两个重要因素，一是规模性，只有具备了规模，才能使物品的智能发挥作用；二是流动性，物品通常都不是静止的，而是处于运动的状态，必须保持物品在运动状态，甚至高速运动状态下都能随时实现对话。

2. 物联网的基本特征

从通信对象和过程来看，物联网的核心是物与物以及人与物之间的信息交互，物联网的基本特征可概括为全面感知、可靠传送和智能处理。

全面感知：利用射频识别、二维码、传感器等感知、捕获、测量技术随时随地对物体进行信息采集和获取。

可靠传送：通过将物体接入信息网络，依托各种通信网络，随时随地进行可靠的信息交互和共享，利用各种智能计算技术，对海量的感知数据和信息进行智能分析与处理，实现智能化的决策和控制。为了更清晰地描述物联网的关键环节，按照信息科学的视点，围绕信息的流动过程，抽象出物联网的信息功能模型[5]：

(1) 信息获取功能。包括信息的感知和信息的识别，信息感知指对事物状态及其变化方式的敏感和知觉，信息识别指能把所感受到的事物运动状态及其变化方式表示出来。

(2) 信息传输功能。包括信息发送、传输和接收等环节，最终完成把事物状态及其变化方式从空间(或时间)上的一点传送到另一点的任务，这就是一般意义上的通信过程。

(3) 信息处理功能。指对信息的加工过程，其目的是获取知识，实现对事物的认知以及利用已有的信息产生新的信息，即制定决策的过程。

(4) 信息施效功能。指信息最终发挥效用的过程，具有很多不同的表现形式，其中最重要的就是通过调节对象事物的状态及其变换方式，使对象处于预期的运动状态。

从技术架构上来看，物联网可分为三层：感知层、网络层和应用层。感知层由各种传感器以及传感器网关构成，包括二氧化碳浓度传感器、温度传感器、湿度传感器、二维码标签、RFID标签和读写器、摄像头、GPS等感知终端。感知层的作用相当于人的眼、耳、鼻、喉和皮肤等神经末梢，其主要功能是识别物体、采集信息。网络层由各种私有网络、互联网、有线和无线通信网、网络管理系统和云计算平台等组成，相当于人的神经中枢和大脑，负责传递和处理感知层获取的信息。应用层是物联网和用户（包括人、组织和其他系统）的接口，它与行业需求结合，实现物联网的智能应用。

从消防和应急管理业务来看，可以把物联网划分为感、传、知、用四个环节。

（1）感：搜集信息、汇集信息。针对感知需求和信息采集特征，通过多尺度应急现场信息感知关键技术实现信息获取。

（2）传：构建网络、传输信息。通过3G、卫星、WiFi、Zigbee等应急现场监测平台，实现物联网信息的传递。

（3）知：组织信息、分析信息。基于公共安全海量传感数据，利用典型突发事件的早期感知与预警技术对信息进行分级分类、信息融合、存储管理等，实现信息的分析和组织。

（4）用：反馈信息、控制信息。通过模拟仿真、人机交互等实现多智能体计算、分布式决策，完成公共安全物联网辅助决策功能。

6.5.2　消防物联网

"消防物联网"是针对社会消防安全管理的实际需求，采用"物联网"技术，实现火灾现场消防设备、设施运行状态数据的实时采集，通过远程传输网络，将数据动态上传至"消防物联网"数据中心，以实现对社会单位消防设备、设施日常运行状况全面、动态的监督和管理。该技术的推广使用，能够降低火灾等恶性灾害的发生，增强安全执法技术，提高事故溯源能力。

其实在消防安全领域，物联网并不是什么新鲜事物。从物联网感知信息的本质来看，建筑内部火灾自动报警系统实际上就是一种专门用于感知火情的物联网应用系统，而且这项技术已经从最初的本地监测报警发展到了区域性和城市范围的远程监控和报警，并形成了较为规范的技术标准和运行模式。除此以外，近年来全国各地的消防部门也在不断结合实际，积极探索物联网在消防安全领域中的应用。

1. 全方位的前端感知

1) 消防设施安全状态的感知

在火灾自动报警系统、自动灭火系统、消火栓系统、防排烟系统以及应急广播和应急照明、安全疏散设施等火灾自动报警系统上安装传感器和 RFID 标签，日常用于消防设施的维护管理，相关部门、相关人员可以清晰地了解到这个设施是否完好、是否需要定期检查、是否需要及时更换等等，一旦发生火灾，各种信息数据就会第一时间传到消防指挥部门，消防部门在力量出动之前就已经感知了火灾现场的情况。消防 119 指挥中心根据火场的实时灾情信息合理部署作战力量，真正做到"后方指挥前方"，并根据火灾蔓延态势不断调整作战方案。这方面的一个应用实例见图 6.12。

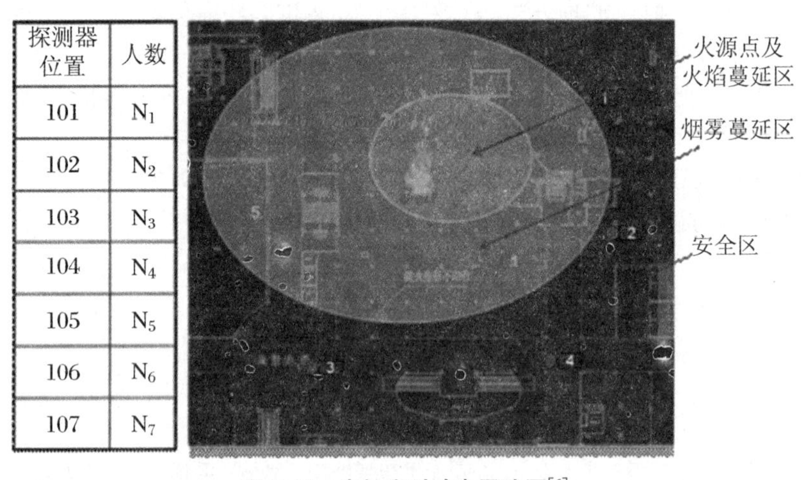

探测器位置	人数
101	N_1
102	N_2
103	N_3
104	N_4
105	N_5
106	N_6
107	N_7

图 6.12　火场实时动态风险图[6]

2) 消防装备的感知

在消防车上安装传感器、GPS 定位等装置，可以实时提供消防车的水量、泡沫量、所处的地理位置、行驶速度等信息；在消防官兵的头盔(或随身装备)上安装传感器，可以反映出消防员的生命体征、人员位置信息，在物联网技术支撑下，方可科学地进行力量部署、实施救援。

2. 宽领域的数据交互

消防部门感知到的灾情信息还可以为治安、交通、安监、城管、气象、水务、卫生等城市多部门所使用，反过来，消防指挥调度也可以接入其他部门的物联网信息，从而实现信息共享、应急联动的目标。

3. 智能化的决策分析

物联网提供了丰富的感知信息，拓宽了数据传输渠道，运用云计算、云存储等技术，对获取的物联网信息进行共享整合、智能分析和处理控制，通过有效的运行管理模式，为全面掌控城市安全运行和应急管理情况提供服务，为开展科学决策提供辅助支撑。

6.5.3 消防物联网的应用与实践

1. 实现城市安全体系的智能管理

1）消防水源的智能管理

消防水源是消防的重要基础设施，消防水源包括天然湖泊、人工水源、消防水池等。消防水源是否充足直接影响着灭火救援行动的成败，目前，消防部门还没有对全部的消防水源进行统一动态管理，无法实时了解天然湖泊、人工水源和消防水池的情况，只能依靠人工定期实地检查的方式，对属地的消防水源进行检查记录，这样不但效率低下，而且无法实时掌握消防水源的状态信息。

借助于消防物联网技术可以对消防水源进行统一动态的管理，如在消防水池、天然湖泊等重要位置安装简单的通信设备，通过水流触发传感器，将信息实时发送至中心服务器，消防部门可以通过手机、电脑终端等设备实时查询消防水源的状态，实现消防水源的联网监控。通过消防物联网技术，使消防水源的实时信息准确无误地传递到指挥中心及作战车辆，为灭火救援行动的展开提供可靠水源的信息。而且，通过预先设定的一些报警模式，如缺水报警，可第一时间将消防水源的异常信息发送给责任人和管理人，以加强对消防水源的维护与管理。

2）建筑物消防设施的智能管理

建筑物内的消防设施主要包括消火栓、喷淋泵、消防泵、烟感、温感、安全疏散标志、消防安全门等。建筑物消防设施的好坏，对初期火灾扑救发挥着十分重要的作用。如何确保这些消防设施处于良好工作的状态，目前常规的做法是通过消防监督员进行人工检查，不但工作量大，而且百密难免一疏。借助于消防物联网技术，则可以实现对建筑物消防设施的全动态智能监控。

对于消火栓和喷淋的管网水检测，可在消防管网中安装感应芯片实时掌握管网中消防水的压力，从而有效监控消防管网内是否有水以及水的压力大小。对于消防水泵，通过在消防泵开关阀上安装传感器，可以远程掌握消防泵的开合状态。

对于烟感和温感设备，通过在烟感和温感后段安装相应的传感器可以将烟感和温感的正常或告警状态传输到后方监控中心，中心监控人员可以随时掌控火灾探测器的状态。由于目前各类火灾探测器还无法避免误报，只有两个及以上火灾探测器报警后，才能执行联动功能，即使如此，仍须保持谨慎状态。

对于消防安全通道，可借助智能视频监控技术，通过视频处理系统，实时分析前端摄像头拍摄范围内或指定区域内的状况。如果存在占用消防安全通道隐患，智能视频监控平台会及时收到告警通知。通过该技术手段的应用，可高效协助防火监督员开展消防检查工作。

利用 3G 或者城市无线网络，可以将每幢高层建筑、每个消防重点单位的消防设备状态信息联网，在指挥中心实现建筑物消防安全设备的远程智能监控。

3）人员密度的智能监控

重大活动的特点就是人员高度聚集、客流量大、流动性强，这为安防管理带来很大的压力，借助于物联网技术可以提供有效的客流监控和引导的依据，通过对各区间的人群总量、人员密度以及人员流动动向的实时监控，可以对火灾等紧急情况下的人群疏散疏导进行指挥，从而确保重大活动安全、有序地进行。

物联网技术可以在重大活动的人员密度智能管理中发挥关键作用。基于 3G 网络，可以统计一定区域内的用户数，从而对重要活动场馆内的客流进行分析判断，并可根据一定的数据模型，对整体用户数目进行预测。根据实时采集的用户位置信息，系统可以对定义区域内用户数进行准确的统计，从而进一步提供定义区域的实时移动客流统计和历史客流统计查询功能。系统根据前后时刻的用户在特定区域的位置变化，可以计算出在某一时段特定区域的人员流入、流出以及流出的目标区域，从而判断出人员的流向变化，人员流向图在紧急状况下可以为指挥中心选择疏散方案提供辅助数据。

4）危险源全程动态智能管理

危险源监管是消防监管的重中之重，在危险源管理中可通过物联网技术实现以下的危险源智能管理：

(1) 危险品车辆运输过程中的智能监控

危险品车辆在运输过程中一旦发生事故将造成严重的后果。目前，对于危险品运输车辆的管理主要依靠 GPS 定位系统，通过 GPS 系统可以在指挥中心随时掌握车辆行驶的轨迹。但是对于消防安全来说，除了车辆的轨迹之外，运输过程中运送设备的状态也是重要的，如设备的阀门是否打开，运输车辆车柜门是否上锁，这些信息都是需要掌握的。借助物联网技术，可以及时掌握危险品运输车辆的位置和状态。

通过电子铅封技术，可以实现在日常危险品运输过程中对车柜门进行上锁、解锁、反向铅封等操作。通过中央电子铅封管理平台，集成已有管理系统的相关数据，电子铅封设备将统一登记与启用，锁与车辆一对一绑定，车辆状态可以在指挥中心进行统一的监控，这样有效地保证了危险品运输车辆的安全、有序运行。

(2) 化工装置、罐区及危险品存放地点的远程管理

化工装置、罐区、危险品仓库历来是消防安全重点保护部位，一旦这些场所发生事故将导致不堪设想的后果，因此对这些危险场所应进行实时监控，要求一旦发生问题能够在第一时间自动报警，以将灾害事故影响降到最低程度。

借助于物联网技术，通过在危险品存放地点部署内置物联网模块的统一环境智能感知终端，组成环境感知网络，对大气、水、罐区气体浓度、装置压力等环境信息进行实时监测。监测信息通过统一通信协议和物联网管理平台发送至指挥中心，中心服务器对感知的环境数据进行分析和综合处理，一旦发现有异常情况立即通过短信、语音实时报警。由于应用环境比较复杂，前端感知终端应是支持红外、气体、烟感等多路的无线或有线传输传感器。通过物联网监控传输系统，指挥中心可以实时了解重要部位的安全状况，从而起到对危险品存放点的安全管理作用。

2. 实现消防部队执勤战备动态式智能管理

1) 消防战斗车辆及人员的动态管理

通过物联网技术可以在每个中队的车辆和消防战斗员的战斗服上安装传感器，通过无线或有线的方式连接起来，形成一个基于物联网的装备管理系统。

对于战备车辆，可在中队所属车辆上安装车载终端。车载终端由GPS模块、采集模块、无线通信模块构成，通过采集模块可以实时采集车载装备的标签信息，确认车上所载装备类型和数量以及人员数量，所采集信息和车辆位置均通过无线网络传至后方指挥中心，指挥中心可以随时掌握车辆位置、随车装备的情况。

对于战斗员，在灭火救援时穿着装有电子芯片的智能战斗服，战斗服内嵌感应芯片，可以将战斗员的位置、分布、数量信息通过无线网络传输到后方指挥中心，以实现对人员的实时管理。

整个系统以无线传感网络为核心，辅以GPS、无线通信技术，可以在技术上形成一个消防中队的车辆和人员的完整管理系统，降低了管理的工作量，提高了管理的质量和透明度。

2) 消防装备的动态管理

现有的消防装备包括空气呼吸器、照明器材、堵漏装备、抢险器具、破拆工具、剪切工具、防毒救生装备等多种类型，数量繁多。目前，消防装备的管理主要通过软件来实现，在日常管理中容易造成遗漏，且动态更新比较麻烦。物联网技术可以把不同地方、不同种类的消防装备进行集中智能的管理，将分散的人员、车辆、设备等各种属性信息集成到一个网络中，提升消防工作和部队建设水平。

首先对所有的消防装备按照类型、功能、所属单位等属性进行分类，再在每件

消防装备上都加装 RFID 标签，甚至将 RFID 芯片作为标准配备固化到消防装备上，利用 RFID、短距离无线网络等技术，在消防装备的使用、运输和存储过程中实时记录这些装备的数据信息，最后将这些数据按照中队、支队、总队分级统计。借助于物联网技术，消防指挥中心可以动态地掌握现有装备的数量和分布，以及库存装备的情况。一旦发生重大灾害事故，智能装备管理系统可以根据指挥中心已派车辆的情况，动态地显示有多少装备投入了火场，目前还有多少装备可供调用，救援行动结束后可以立刻统计出所消耗的装备数量。这样不但为消防指挥调度提供了科学的依据，还为火场总结提供了科学的数据。

3）灭火药剂的动态管理

各类泡沫灭火剂主要用来扑救油罐、化工、危险品等的火灾，目前还缺乏专门针对各类灭火剂量的管理系统，这主要是灭火剂更新统计比较麻烦。可借助于物联网技术，实现对各类灭火剂的动态管理。首先是对各类灭火剂按照类型进行分类，然后在存放灭火剂的固定场所及消防车辆的内壁安装液面感应设备，这样可随时通过液面的高度来掌握灭火剂的数量，通过安装 GPS 芯片还可以知道位置的分布，最后借助于物联网将所有灭火剂的数据传送到中心服务器，这样就可以动态地掌握现有灭火剂的数量及分布情况。一旦出现重大灾害事故，指挥中心就可以通过该系统调用各类灭火剂，救援结束后可根据库存情况统计灭火剂消耗量，为指挥调度、战评总结提供科学依据。

3．实现灭火救援智能指挥

1）火场战斗车辆的智能调度

灭火救援过程中，车辆停靠的位置直接影响灭火救援行动的展开，车辆的类型、随车的装备、车辆的车况都是指挥调度时需要考虑的。借助于物联网的 RFID 技术，可以在消防车的水泵、发动机等重要位置安装相应的传感器，通过在火场临时架设的数据采集终端，现场指挥部及后方指挥中心可以了解有多少车辆到达了现场，车辆的停靠位置分布，消防车辆投入战斗的时间，多少车辆处于出水状态，有多少辆车在现场待命，有多少辆车处于长时间运转需要休整替换。通过车辆上安装的电子芯片，这些数据不再需要人工统计，可以直接显示在 PDA 或现场指挥车上。

2）火场进攻路线的智能管理

在实施灭火救援过程中，进攻路线的选择、水带的敷设、分水阵地的设置、水枪阵地的位置是成功扑救火灾的关键因素，是各级指挥员到场后第一时间急需了解的信息。目前上述信息只能通过口述或电台询问来了解，不免会造成信息的错误和遗漏，在瞬息万变的火场直接影响到指挥员的指挥决策。物联网技术的出现，使这些数据动态及实时地显示有了可能，通过在水枪头、分水器、水带上安装的感应芯片，可以将水枪头、分水器、水带的压力、位置、所属单位等信息上传到后方指挥中心，前方指挥员可以通过PDA或掌上电脑随时进行一线战斗员的排兵布阵，而且可根据火场实时灾情信息随时调整战斗部署。

3）内攻人员的数字化装备

火灾现场的烟、热、毒对每一名消防战斗员都是一种生命的威胁。通过在灭火救援装备上加装各种微型感应芯片，借助无线通信网络，与现在的互联网连接，可以让一线战斗员的装备"开口说话"。

利用物联网技术可构筑一套完整的单兵系统和现场指挥系统，它能将各种信息通过传感设备，如射频识别（RFID）装置、红外感应器、全球定位系统、有毒气体感应装置、温湿度探测器，与互联网结合起来而形成一个巨大网络，从而使后方的指挥员能够远程感知火场一线或深入内攻战斗员的信息，实时掌握一线战斗员周围的温度、有害气体浓度、水枪压力等数据，从而做出准确的决策。同时，通过单兵系统对现场的音、视频数据进行采集，确定消防员的位置，加强与消防员的沟通，提高了整体战斗力，保障了战斗员的安全。

4．实现火灾报警远程监控系统的功能拓展

现代通信技术、计算机网络技术、信息技术、物联网技术的快速发展，为研究开发新一代火灾报警远程监控系统提供了有力的支持。目前，火灾自动报警系统已广泛应用于各类建筑和工程中，火灾报警远程监控系统将各单位的火灾自动报警系统构成统一的城市消防监控网络。随着物联网技术的日益成熟，借助于射频自动识别（RFID）技术、计算机技术、控制技术、通信技术和图形显示技术，能更方便地将各单位的火灾自动报警系统信息收集到指挥中心，实现远程消防管理。

随着现代数字声像编码技术和宽带通信接入技术的发展，为火灾报警远程监控系统提供了更完美的解决方案——多信息火灾自动报警监控联网技术。多信息火灾自动报警监控联网技术，可以提供火灾探测报警系统设备运行、现场情况的图像、音频同步信息，内容详尽，效果直观，可实现全方位消防监控管理，极大地提高了报警效率和监管水平。同时，提供信息的直观性和报警操作的交互性可以极大地简化报警环节，缩短报警时间，最终实现早期预警、自动报警，对消防部队快速准确扑救火灾起到重要作用。多信息技术是未来火灾自动报警监控联网技术的主要发展方向。

6．北京市消防物联网的应用实践

"北京市火灾报警远程监控系统"采用政务物联专用网络将分散在各个建筑内

部的火灾自动报警系统联成网络，实时采集联网用户或单位的火灾自动报警系统的报警信息和运行状态信息，并与其他感知设备，如城市高点图像监控系统、楼宇安防监控系统、城市道路监控系统的图像信息建立关联，利用数据、视频、音频等多种信息感知手段实现对北京市消防安全重点单位和居民住宅楼消防安全状况的全方位感知、全过程监控，提前发现前端消防设施存在的各种故障隐患，督促单位整改，降低火灾风险；一旦探测到火警信息，消防局可以利用该系统第一时间感知火情并确定起火位置，快速调集力量进行处置，避免因人为报警不及时而造成的火势蔓延。

通过火灾报警远程监控系统的建设，具体实现以下功能：

(1) 通过数据接口与消防重点单位已有建筑内前端感知设备(火灾自动报警系统)相连，实时采集故障信息和火灾报警信息。

(2) 将前端火灾自动报警系统的故障信息和火灾报警信息通过政务物联专用网络上传到设在消防局监控中心的火灾报警远程监控系统。

(3) 监控中心收到报警信息后，能够根据预先采集的联网单位的数据库和消防设施点位图确定报警单位的名称、地址、地理信息坐标和前端传感探测器所在的具体位置。

(4) 通过电话或视频图像等手段对现场报警事件进行核实，确认为真实火警后迅速将报警信息发送到119指挥中心进行处置，同时通过手机短信平台(移动公网)通知事发单位的消防安全管理负责人和公安派出所、街道办事处(居委会)等的相关人员赶赴现场协同开展工作。

(5) 火灾报警远程监控系统能够实时自动地存储联网单位前端感知设备(消防系统)上传的报警信息和故障信息，并以Web方式向消防部门、属地公安派出所和单位内部安保部门提供信息查询服务，根据消防安全管理的需要对报警信息按时段、区域、事件类别和监管主体等要素进行统计分析，指导火灾防控工作。

若将物联网技术应用到火灾报警远程监控系统中，那么火灾报警远程监控系统将被赋予哪些新的功能？这个问题由读者自己回答和思考。

6.6 超高层人员定位技术

6.6.1 概述

随着我国社会经济发展和城市化进程加快，超高层建筑日益增多，超高层建筑一旦发生火灾，后果严重。中国大陆共有约20万栋高层建筑，其中超高层建筑有3000多栋。高层建筑的快速发展带来了严重的消防安全问题。据统计，2007年至2008年，我国共发生高层建筑火灾990起，直接经济损失达到3.3亿元人民币。严重影响安全生产和社会稳定。特别是随着高层建筑的快速发展，火灾安全隐患逐渐暴露。2009年2月9日晚，北京市朝阳区东三环中央电视台新址园区在建的附属文化中心大楼工地发生火灾，大火燃烧近6个小时后才被扑灭，火灾给国家财产造成严重损失。

高层建筑，特别是超高层建筑的火灾主要特点包括：

(1) 可燃物集中、火灾载荷大：高层建筑中，无论是宾馆、饭店，还是商场、办公楼，由于其使用功能需要，往往采用大量装潢考究的材料进行装修，宾馆办公室内的家具及用品、商场内的商品等等，大多数是可燃材料，因此高层建筑中可燃物质多，火灾荷载大。

(2) 烟囱效应明显、火势发展迅速：高层建筑的楼梯间、电梯井、管道井、风道、电缆井，如果防火分隔不严，发生火灾时将像一座座高耸的烟囱一样会产生烟囱效应，建筑高度越高，烟囱效应越强烈。因空气对流，在水平方向造成的烟气扩散速度为$0.3\ \mathrm{m \cdot s^{-1}}$，但烟气沿楼梯间或其他竖向管井扩散速度为$3-4\ \mathrm{m \cdot s^{-1}}$，一座高度100 m的高层建筑，在无阻挡的情况下，半分钟左右，烟气就可能沿竖向管井由底层扩散到顶层。

(3) 易形成立体火灾：火灾时，着火房间的窗户一旦烧破，大量的烟火从燃烧层的窗口喷出，在室外风力的作用下，上层玻璃窗烧毁，高温烟气就可引起上层室内的可燃物燃烧。内外结合、层层蔓延，使高层建筑形成立体火灾，大大增加了扑救难度。

(4) 人员被困机率高、疏散困难：高层建筑结构复杂，人员高度密集，所以人员被困的机率比较高；另一方面，高层、超高层建筑有几十层甚至几百层，由于垂直疏散通道有限，垂直疏散距离又长，通过疏散楼梯疏散的时间一般较长。据调查统计，一般的高层建筑办公楼，平均容纳 4000 — 5000 人；高度超过 300 m 的超高层建筑，可能容纳数万人，成千上万人从整栋大楼疏散到地面，需要很长时间，少则几十分钟，多则几个小时。

(5) 结构复杂、消防扑救难度大：高层建筑发生火灾，消防用水量比较大。如果大楼停电，消防泵失效或故障，室内供水系统无法满足要求，向上供水极其困难，消防扑救难度大。

(6) 超高层建筑火灾影响面大：高层，特别是超高层建筑往往是一个地区的标志，发生火灾时会受到社会广泛关注，如果扑救不成功会造成很大的负面影响，甚至会影响到政府及消防的声誉。

正因为以上诸多因素，当前超高层建筑火灾灭火救援存在一系列的技术瓶颈，主要体现在以下几个方面：

(1) 人员疏散引导缺乏技术支撑。超高层建筑通常都有避难层，但建筑结构复杂，疏散通道有限，人员构成多样，目前的应急照明灯和疏散指示标志(有智能型疏散指示标志)大多是预先按照安全出口位置设置的疏散路线进行疏散和引导，有的火灾按照预先设定的疏散路线可能存在疏散风险大甚至无法快速疏散的问题，为此需要根据实际火灾发生发展动态情况和待疏散人员分布情况有组织地进行疏散疏导。然而目前大多数办公、商业及写字楼等超高层建筑，楼内人员分布有效信息获取技术缺乏；即使部分建筑使用楼内视频监控系统获取人员信息，也存在获取信息模糊、无法量化和存在覆盖死角等问题，一旦发生火灾，仍无法准确了解待疏散人员的数量和位置。

(2) 消防指挥救援缺乏技术支撑。消防应急救援工作完成的好坏，很大程度取决于现场指挥官的指挥调度水平，良好的应急指挥除依靠指挥人员的冷静指挥和充足的经验外，更需要通过现代的信息获取和分析技术做支撑。然而对现场受困人员信息、火情及关联灾情信息、救援路径、救援人员数量与分布、历史相似案例处置数据的了解和掌握，传统的消防指挥扑救尚无相应成熟的信息获取技术、信息研判技术、指挥决策技术，导致信息滞后、研判依靠个人经验等问题，迫切需要改进情报获取、分析、研判的关键技术手段和装备，增强信息关联整合力度，提升信息共享联动能力，提高信息研判水平，通过相关技术突破，实现超高层建筑的高效灭火救援。

针对超高层建筑火灾灭火救援的世界性难题，研究基于超高层建筑内部监测的人员定位和疏散疏导技术，研发基于多源信息的消防现场指挥系统，对于提高超高层建筑火灾的应对能力是十分必要的，对于保障人民生命和财产安全具有重要意义。

6.6.2　技术方案

1. 设计目标

在火灾扑救中，人的生命安全是第一要素，紧密结合超高层建筑消防的实际需求，重点研究人员定位技术、无线传感技术及其集成技术，研究基于监测信息和反演模拟的建筑内火情估计和预测技术，研究疏散与救援交互的人员疏散模型及其人员疏散疏导策略与指示系统，研发超高层建筑的人员定位和疏散疏导指示系统，为超高层建筑消防现场指挥救援提供可靠的现场信息和技术支撑；研究基于信息交汇与火情感知的消防现场指挥技术和基于数据库架构的超高层建筑消防辅助决策支持系统，为超高层建筑火灾指挥提供可靠的现场指挥和辅助决策平台。

2. 系统功能

围绕超高层建筑火灾防控和灭火救援的重大需求，系统的主要功能如下：

(1) 超高层建筑人员实时定位。通过人员定位、无线传感等技术，对超高层建筑物内部的人员分布、受困人员位置、救援人员位置进行识别、计数、定位。人员定位技术通过给超高层建筑内部人员和消防救援人员配置相应传感器，通过设置在固定消防设备上的发射接收器定位人员位置。无线传感器技术通过各类集成化的微型传感器实时监测、感知和采集各种环境或监测对象的信息，通过嵌入式系统对信息进行处理，并通过随机自组织无线通信网络以多跳中继方式将所感知的信息传送到用户终端。

(2) 超高层建筑实时火灾风险分析。火灾发生后，利用相关传感器获取火场烟气、温度等环境信息，根据获取的信息反演建筑物内部二氧化碳、烟气浓度以及火焰范围和温度梯度等，以溯源火源点的位置和强度，并利用火灾动力学模拟方法进一步模拟分析火情发展趋势，为疏散和救援策略制定提供支持。

(3) 超高层建筑智能疏导和疏散策略研判。根据实时动态火场危险性分析结果，结合待疏散人员的数量和位置分布，采用风险综合分析方法、疏散路径二三维生成显示技术提供优化的疏导和疏散策略，提升超高层建筑人员疏散疏导的成功率和时效性。

(4) 超高层建筑多源信息的获取与融合。超高层建筑灭火救援指挥多源信息包括静态信息和动态信息。静态信息包括建筑周边及内部消防相关的基本信息，如单位概括、周边环境、消防设施分布、疏散通道、消防车道等；动态信息包括火灾发生时的火源情况、火情发展情况、人员分布情况、消防救援进展情况等。多源信息的获取方法包括实时信息的传输与接收，静态信息的数据库调用查询等功能[7]。

(5) 超高层建筑消防数字化预案。包括超高层建筑消防基本信息、灾情设置、灾情处置、预案制作与推演等功能。消防基本信息主要分为建筑本身的信息、周边信息和消防救援力量信息等，包括单位概况、毗邻情况、建筑布局、消防车道、消防设施（分为内部设施和外部设施）、重点部位。灾情设置通过对建筑内部进行火灾危险性分析辨识，设定典型的灾情。灾情处置包括力量构成、现场警戒、进攻方案、供水方案、注意事项等。预案制作与推演提供数字预案的制定工具和基础信息数据的维护工具，包括灾害设定、消防力量设定、力量部署、注意事项、预案预览、预案审批、预案提交。

(6) 前后方协同的救援指挥辅助决策。通过消防现场指挥系统，对火灾现场环境信息、人员分布信息，以及基础地理信息库、模型库、案例库、知识库等信息，进行分析研判，形成供指挥人员决策的态势图、专题图、行动方案。

3. 总体架构

总体架构如图6.13所示。

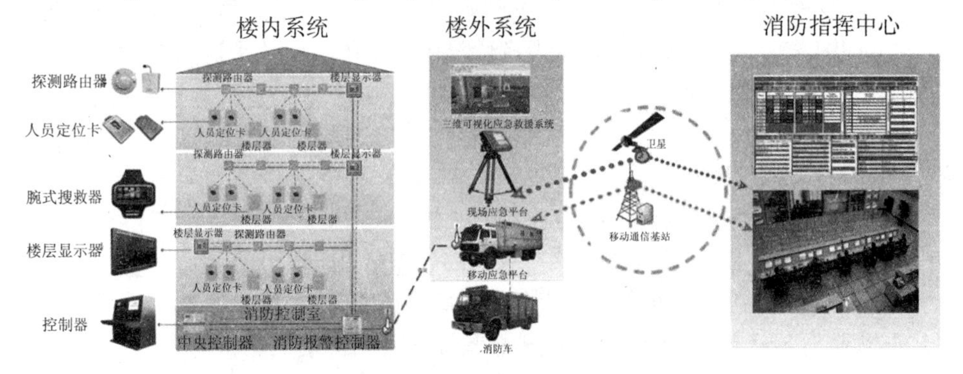

图6.13　超高层建筑消防应急救援系统总体架构图

4. 技术路线

1) 无线传感网络定位技术

根据具体火灾场景，研究人员定位技术在救援场景中的应用，建立不同拓扑结构布置方法，并通过设置在固定消防设备、消防车、指挥车上的发射接收器定位消防队员和受困人员的位置。

2) 无线传感技术信息获取与传输

利用相关传感器获得火灾现场环境信息（烟气、温度等），并在获得超高层建筑人员分布等信息的基础上，利用无线传感组网技术进行环境和人员信息的采集与传输。

3）内部传感器感知建筑物火情信息

通过不同传感器的传输数据，反演建筑物内部二氧化碳、烟气浓度，火焰范围和温度梯度等，以获取火源位置，并利用火灾模拟发展预测模型获得火情发展趋势。

4）基于监测信息的人员疏散疏导

建立疏散与救援交互的人员疏散模型，利用相关监测信息作为模型输入数据和验证手段，为人员疏散疏导提供决策依据。

5）复杂建筑的多源信息融合技术

根据火灾现场环境信息和人员分布信息，以及基础地理信息进行多源信息的融合。

6）现场指挥系统

基于灭火作战前线多源信息与现场指挥平台沟通的接收、传输和管理系统，以及消防现场指挥辅助决策技术，涉及数据库、模型库、案例库和知识库等的基于面向对象的信息挖掘系统。

建立用于超高层建筑消防现场指挥所需数据库、模型库、案例库和知识库等信息挖掘技术，实现辅助决策。

数据库系统包括空间信息数据库、超高层建筑3D数据库和消防资料数据库等。消防资料数据库包括：消防力量分布和装备情况3D数据库，消防水源分布数据库，超高层建筑消防安全管理信息数据库，建筑消防设施3D数据库（消火栓、火灾自动报警系统、固定灭火系统、防排烟系统、其他消防设施）等。

7）GIS平台建设

GIS平台包括生成矢量化数字地图、地形图、各专题图层、影像图等工具，可以实现多种查询和分析功能：查询灭火救援力量、灭火救援设施的分布和装备构成情况；查询道路，分析最短路径；直接在GIS图上进行标绘的功能，与预案生成使用形成交互；在GIS图上进行消防力量部署的功能。

8）数字化预案系统建设

数字化预案系统包括单位概况、内部消防设施、重点部位、消防车道、救援力量部署等，为火灾现场的消防救援指挥提供决策支持。

6.6.3　人员定位技术

1. 接收信号强度指示器（Received signal strength indicator，RSSI）测距

在超高层安全监控系统中，人员的位置信息是至关重要的。采用基于接收信

号强度指示器 RSSI 的人员定位技术为:人员定位卡周期性地发送定位信号,周边的探测路由器接收到定位卡发送信号后能够解析出 RSSI 值,再利用理论计算和实验测试得到的模型将 RSSI 值转化成距离,然后利用探测路由器的实际坐标通过定位算法计算得到人员定位卡的估计位置。

无线信号的接收、发射功率和信号传输距离之间的关系可以用下式表示:

$$P_R = P_T / r^n \tag{6.38}$$

其中,P_R 是无线信号的接收功率;P_T 是无线信号的发射功率;r 是收发单元之间的距离;n 是信号传播因子,它表明信号能量随着收发节点距离增加而衰减的速率,其数值的大小取决于无线信号传播的环境。式(6.38)两边取对数,可得式(6.39)、式(6.40):

$$10 \times n\lg(r) = 10 \times \lg(P_T/P_R) \tag{6.39}$$

$$10 \times n\lg(r) = 10 \times \lg(P_T) - 10 \times \lg(P_R) \tag{6.40}$$

人员定位卡的发射功率 $10\times\lg(P_T)$ 是已知的,可以用射频参数 A 来表示,A 的单位为 dB·m,表示距离人员定位卡 1 m 处所接收到信号平均能量的绝对值。将发射功率代入式(6.40),可得到式(6.41):

$$10 \times \lg(P_R) = A - 10 \times n\lg(r) \tag{6.41}$$

式(6.41)中的 $10\times\lg(P_R)$ 是探测路由器的接收功率,可以用 $RSSI$ 来表示,$RSSI$ 的单位为 dB·m。可得

$$RSSI = -(A + 10 \times n \times \lg(r)) \tag{6.42}$$

由上式可以看出,常数 A 和 n 的值决定了接收信号强度 $RSSI$ 和信号传播距离 r 的关系。

2. 室内环境信号衰减模型

$RSSI$ 值受周围环境的影响较大,具有时变特性,会偏离式(6.42)所示的模型,根据 $RSSI$ 值计算得到的距离 r 有较大的误差。通过大量数据分析,采用环境衰减模型,能够有效补偿环境带来的误差,如式(6.43)所示:

$$RSSI = -(A + 10 \times n \times \lg(r)) - EAF \tag{6.43}$$

其中 EAF 为环境影响因素,其取值取决于室内环境,是靠大量数据累积的经验值。EAF 是一个随机变量,考虑到定位实现,将其固定为一个定值。通过比较测试环境下测得的 $RSSI$ 值与理想状态下的 $RSSI$ 值,设定测试环境 EAF 取值为 11.9 dB·m,A 取值为 45,n 取值为 3.5。

传输距离较近时,信号强度衰减较快;传输距离越远,衰减越慢。根据人员定位卡和探测路由器的实际分布和信号传输,将其最大间距确定为 20 m,这个距离内的信号强度变化是明显可见的。

3. 定位算法

通过获得3个或3个以上周围探测路由器的坐标和距离来确定人员定位卡的位置。假设人员定位卡的坐标是(x,y),满足门限要求的探测路由器的坐标分别为(x_1,y_1),(x_2,y_2),…,(x_k,y_k),人员定位卡到探测路由器的距离分别是r_1,r_2,…,r_k,则有

$$\begin{cases}(x_1-x)^2+(y_1-y)^2=r_1^2\\(x_2-x)^2+(y_2-y)^2=r_2^2\\\cdots\cdots\\(x_k-x)^2+(y_k-y)^2=r_k^2\end{cases}\tag{6.44}$$

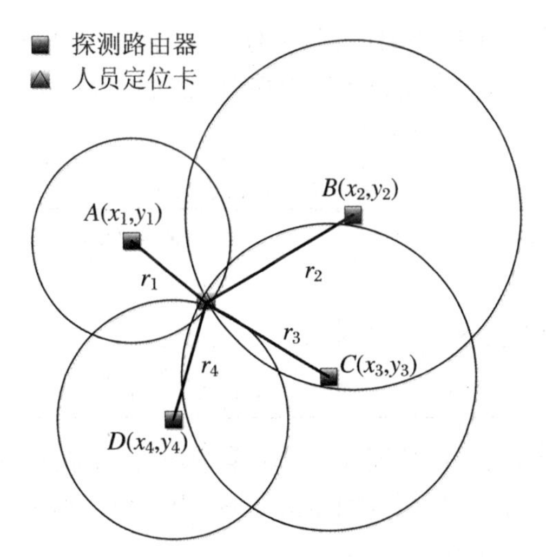

图6.14　定位算法示意图

将上式转换成线性方程式$\boldsymbol{AX}+\boldsymbol{N}=\boldsymbol{B}$,其中$\boldsymbol{A}$、$\boldsymbol{X}$、$\boldsymbol{B}$均为矩阵向量,其值分别为

$$\boldsymbol{A}=2\begin{bmatrix}(x_1-x_k) & (y_1-y_k)\\(x_2-x_k) & (y_2-y_k)\\\vdots & \vdots\\(x_{k-1}-x_k) & (y_{k-1}-y_k)\end{bmatrix}\tag{6.45}$$

$$\boldsymbol{X}=\begin{bmatrix}x\\y\end{bmatrix}\tag{6.46}$$

$$
\boldsymbol{B} = \begin{bmatrix} r_1^2 - r_k^2 - x_1^2 + x_k^2 - y_1^2 + y_k^2 \\ r_2^2 - r_k^2 - x_2^2 + x_k^2 - y_2^2 + y_k^2 \\ \vdots \\ r_{k-1}^2 - r_k^2 - x_{k-1}^2 + x_k^2 - y_{k-1}^2 + y_k^2 \end{bmatrix} \tag{6.47}
$$

其中 $\boldsymbol{N}$ 为 $k-1$ 维随机误差向量。利用最小二乘法原理，$\boldsymbol{X}$ 应使得向量误差最小，即 $\boldsymbol{N}=\boldsymbol{B}-\boldsymbol{AX}$ 为最小，通过最小化 $Q(x)=|\boldsymbol{N}|^2=|\boldsymbol{B}-\boldsymbol{AX}|^2$，求 $\boldsymbol{X}$ 的估计，对 $Q(x)$ 关于 $\boldsymbol{X}$ 求导并令其等于零，利用最小二乘法可以求得定位卡的估计位置为

$$
\hat{\boldsymbol{X}} = (\boldsymbol{A}^{\mathrm{T}}\boldsymbol{A})^{-1}\boldsymbol{A}^{\mathrm{T}}\boldsymbol{B}
$$

4. 结果分析

在实验场地安装4个探测路由器，坐标位置分别为(0,0)、(15,0)、(0,15)和(15,15)。携带人员定位卡在定位区域内移动，通过定位算法可实时计算得到人员定位卡的坐标值。如表6.1所示。

表6.1　定位结果

实际坐标(x,y)(m)	计算坐标(x,y)(m)	误差(m)
(2,3)	(1.6,2.5)	0.64
(8,6)	(8.4,7.1)	0.98
(12,12)	(12.7,11.6)	0.80

从实验结果来看，其定位精度在±1 m范围内，由于在室内环境采用 *RSSI* 进行定位容易受到多路径、非视距等因素的影响，当定位卡所处环境发生变化后，算法的定位精度也会有所不同。

复习思考题

1. 多传感火灾探测技术的工作原理是什么？

2. 常用多传感器数据融合算法包括哪几种？

3. 火灾的典型特征中，哪些特征是关于视觉描述的？在这些视觉描述中，又有哪些适合用作火灾判据？

4. 如何进行火焰的静态特征提取？

5. 如何进行火焰的动态特征提取?

6. 请设计一个用于消防科技中的简单物联网系统。

7. 简述超高层人员定位算法。

参 考 文 献

[1] 张兢,路彦和,雷刚.基于多传感器数据融合的智能火灾预警系统[J].计算机工程与应用,2006(6):206-208,212.

[2] 张小琴.石油化工装置火灾报警系统设计探讨[J].安庆科技,2010(4):37-39.

[3] 段悦,袁昌明.火灾探测中动态火焰的数字图像处理[J].中国计量学院学报,2009(1).

[4] 袁宏永,苏国锋,李英.高大空间火灾探测及灭火新技术[J].消防技术与产品信息,2003(10):71-72.

[5] 孙其博,刘杰,黎羴,范春晓,孙娟娟.物联网:概念、架构与关键技术研究综述[J].北京邮电大学学报,2010,33(3):1-9.

[6] 马鑫,黄全义,刘全义,疏学明,赵全来.基于物联网的建筑火灾动态监测方法[J].清华大学学报:自然科学版,2012,52(11):1584-1590.

[7] 田宇,疏学明,马鑫.消防部队灭火救援行动中的灾情信息需求与分析[J].武警学院学报,2011,27(6):70-72,76.

附录1　元素周期表

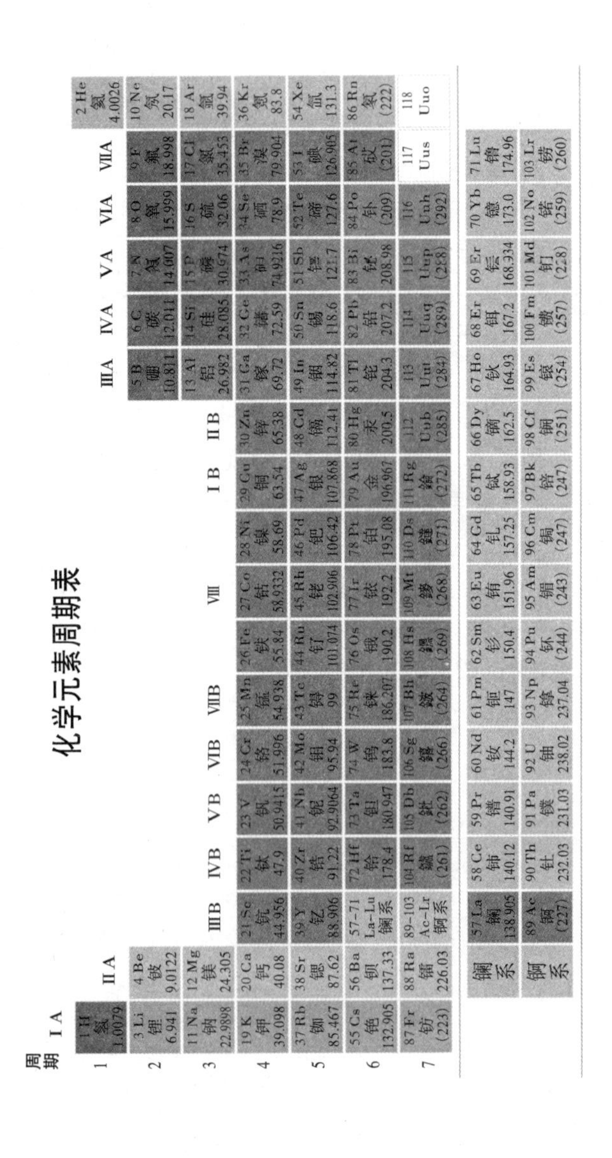

化学元素周期表

周期	I A	II A	IIIB	IVB	VB	VIB	VIIB	VIII			I B	II B	IIIA	IVA	VA	VIA	VIIA	
1	1 H 氢 1.0079																	2 He 氦 4.0026
2	3 Li 锂 6.941	4 Be 铍 9.0122											5 B 硼 10.811	6 C 碳 12.011	7 N 氮 14.007	8 O 氧 15.999	9 F 氟 18.998	10 Ne 氖 20.17
3	11 Na 钠 22.9898	12 Mg 镁 24.305											13 Al 铝 26.982	14 Si 硅 28.085	15 P 磷 30.974	16 S 硫 32.06	17 Cl 氯 35.453	18 Ar 氩 39.94
4	19 K 钾 39.098	20 Ca 钙 40.08	21 Sc 钪 44.956	22 Ti 钛 47.9	23 V 钒 50.9415	24 Cr 铬 51.996	25 Mn 锰 54.938	26 Fe 铁 55.84	27 Co 钴 58.9332	28 Ni 镍 58.69	29 Cu 铜 63.54	30 Zn 锌 65.38	31 Ga 镓 69.72	32 Ge 锗 72.59	33 As 砷 74.9216	34 Se 硒 78.9	35 Br 溴 79.904	36 Kr 氪 83.8
5	37 Rb 铷 85.467	38 Sr 锶 87.62	39 Y 钇 88.906	40 Zr 锆 91.22	41 Nb 铌 92.9064	42 Mo 钼 95.94	43 Tc 锝 99	44 Ru 钌 101.074	45 Rh 铑 102.906	46 Pd 钯 106.42	47 Ag 银 107.868	48 Cd 镉 112.41	49 In 铟 114.82	50 Sn 锡 118.6	51 Sb 锑 121.7	52 Te 碲 127.6	53 I 碘 126.905	54 Xe 氙 131.3
6	55 Cs 铯 132.905	56 Ba 钡 137.33	57–71 La–Lu 镧系	72 Hf 铪 178.4	73 Ta 钽 180.947	74 W 钨 183.8	75 Re 铼 186.207	76 Os 锇 190.2	77 Ir 铱 192.2	78 Pt 铂 195.08	79 Au 金 196.967	80 Hg 汞 200.5	81 Tl 铊 204.3	82 Pb 铅 207.2	83 Bi 铋 208.98	84 Po 钋 (209)	85 At 砹 (201)	86 Rn 氡 (222)
7	87 Fr 钫 (223)	88 Ra 镭 226.03	89–103 Ac–Lr 锕系	104 Rf 𬬻 (261)	105 Db 𬭊 (262)	106 Sg 𬭳 (266)	107 Bh 𬭛 (264)	108 Hs 𬭶 (269)	109 Mt 鿏 (268)	110 Ds 𫟼 (271)	111 Rg 𬬭 (272)	112 Uub (285)	113 Uut (284)	114 Uuq (289)	115 Uup (288)	116 Uuh (292)	117 Uus	118 Uuo
		镧系	57 La 镧 138.905	58 Ce 铈 140.12	59 Pr 镨 140.91	60 Nd 钕 144.2	61 Pm 钷 147	62 Sm 钐 150.4	63 Eu 铕 151.96	64 Gd 钆 157.25	65 Tb 铽 158.93	66 Dy 镝 162.5	67 Ho 钬 164.93	68 Er 铒 167.2	69 Er 铥 168.934	70 Yb 镱 173.0	71 Lu 镥 174.96	
		锕系	89 Ac 锕 (227)	90 Th 钍 232.03	91 Pa 镤 231.03	92 U 铀 238.02	93 Np 镎 237.04	94 Pu 钚 (244)	95 Am 镅 (243)	96 Cm 锔 (247)	97 Bk 锫 (247)	98 Cf 锎 (251)	99 Es 锿 (254)	100 Fm 镄 (257)	101 Md 钔 (228)	102 No 锘 (259)	103 Lr 铹 (260)	

附录 2　标准试验火的规格

火灾探测器性能评估和质量鉴定的一项重要考核指标是火灾探测器的灵敏度实验，该实验是将火灾探测器安装在标准实验室进行试验火燃烧实验，根据火灾探测器测得的数据来判定探测器的火灾灵敏度等级。世界各国对火灾探测器性能的检测标准不同，欧洲国家主要采用 EN 标准，美国采用 UL 标准和 ISO 标准，我国采用 SH 标准。由于标准试验火可操作性强，每种类型都具有典型意义，书中引用较多，所以，将 8 种试验火的具体情况列入下表。表中名称(TF)为美国标准代号，参考 ISO/WD 7240 — 29。

试验火名称	试验火燃料	试验火布置	点火位置	实验结束判断依据
木材热解阴燃火 SH1 (TF2)	10 根 75 mm × 25 mm × 20 mm 的山毛榉木棍(含水量约等于3%)	木棍呈辐射状放置于加热功率为 2 kW (额定功率)、直径为 220 mm 的加热盘上面。加热盘表面有 8 个同心槽，槽宽度为 5 mm，深度为 2 mm，槽与槽之间距离 3 mm，槽与加热盘边距离 4 mm	实验开始时，先给加热盘通电，加热盘的温度应在 11 min 内升到 600 ℃，并能稳定保持	m 值达到 2 dB・m^{-1}或者在达到 2 dB・m^{-1}之前所有探测器发出火灾报警信号
棉绳热解阴燃火 SH2 (TF3)	90 根长为80 cm、重为 3 g 的棉绳	将棉绳固定在直径为 10 cm 的金属圆环上，然后悬挂在支架上	在棉绳下端点火，点燃后立即熄灭火焰，保持连续冒烟	m 值达到 2 dB・m^{-1}或者在达到 2 dB・m^{-1}之前所有探测器发出火灾报警信号

续表

试验火名称	试验火燃料	试验火布置	点火位置	实验结束判断依据
聚氨酯塑料火 SH3 (TF4)	质量密度约 20 kg·m^{-3}的无阻燃剂软聚氨酯泡沫塑料	3块50 cm×50 cm×2 cm 的垫块叠在一起。底板为铝箔，其边缘向上卷起	直径为5 cm 的盘中，装入5 mL甲基化酒精，放在最下面垫块的一角点火	y值达到6或者在达到6之前所有探测器发出火灾报警信号
正庚烷明火 SH4 (TF5)	正庚烷(纯度≥99%)加3%的甲苯(纯度≥99%)，$G_0=650$ g	将燃料放置于用2 mm厚的钢板制成的底面积为1100 cm^2 (33 cm×33 cm)、高为5 cm的容器中	火焰或电火花点火	y值达到6或者在达到6之前所有探测器发出火灾报警信号
甲基化酒精火 SH5 (TF6)	90%的酒精加10%的甲醇，$V_0=1.5$ L	将燃料放置于用2 mm厚的钢板制成的底面积为1900 cm^2 (43.5 cm×43.5 cm)、高为5 cm的容器中	火焰或电火花点火	温升ΔT达到60 ℃或者实验时间t_E大于450 s，上述条件之前所有探测器发出火灾报警信号
木材火 SH6 (TF1)	70根250 mm×10 mm×20 mm的山毛榉木棍(含水量小于3%)	在防火底板上将燃料分7层，按长50 cm×宽50 cm×高8 cm布置，在防火底板中央放置直径为5 cm的容器，容器中装入0.5 cm^{3}的甲基化酒精	火焰或电火花点火	y值达到6.0或者实验时间t_E大于370 s，上述条件之前所有探测器发出火灾报警信号
慢速木材热解阴燃火 SH7(TF7)	10根75 mm×25 mm×20 mm的山毛榉木棍(含水量小于3%)	木棍呈辐射状放置在加热功率为2 kW(额定功率)、直径为220 mm的加热盘上面。加热盘表面有8个同心槽，槽宽度为5 mm，深度为2 mm，槽与槽之间距离3 mm，槽与加热盘边距离4 mm。实验室的顶棚距地面应为3 m	实验开始时，先给加热盘通电，加热盘温度为：3 min加至205 ℃；80 min加至470 ℃	m值达到1.15 dB·m^{-1}或者实验时间t_E大于75 min，上述条件之前所有探测器发出火灾报警信号

续表

试验火名称	试验火燃料	试验火布置	点火位置	实验结束判断依据
十氢化萘火 SH8（TF8）	十氢化萘：摩尔质量 = 138.25 $g \cdot mol^{-1}$，密度 = 0.88 $kg \cdot L^{-1}$，L = 170 mL	将燃料放置于用 2 mm 厚的钢板制成的底面积为 144 cm^2（12 cm × 12 cm）、高为 2 cm 的容器中	燃料中混入 5 g 甲基化酒精，采用火焰或电火花点火	m 值达到 1.7 $dB \cdot m^{-1}$ 或者实验时间 t_E 大于 1000 s，上述条件之前所有探测器发出火灾报警信号